LOIS DES BATIMENS,

OU

LE NOUVEAU DESGODETS.

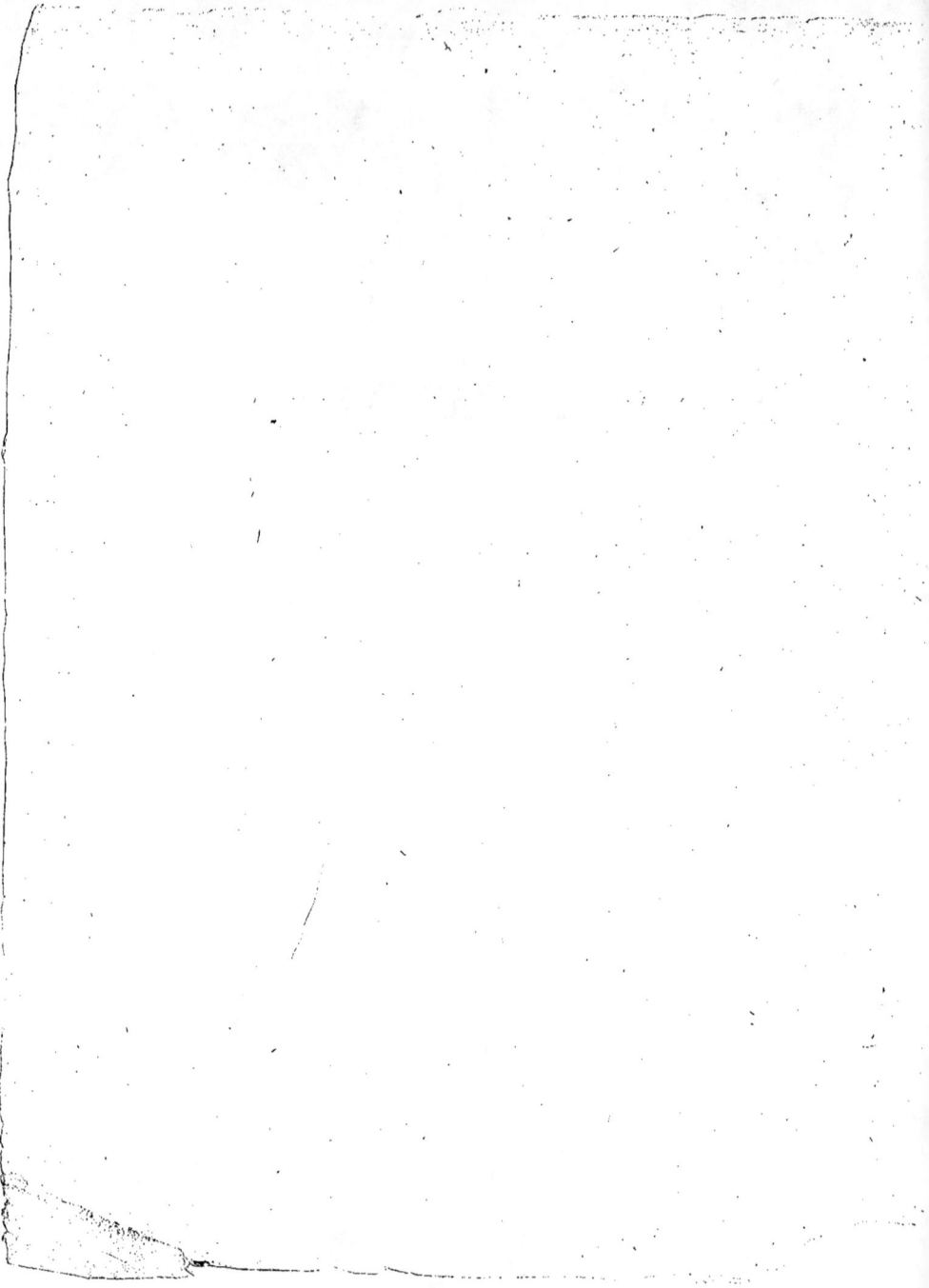

LOIS DES BATIMENS,

OU

LE NOUVEAU DESGODETS,

TRAITANT,

SUIVANT LES CODES NAPOLÉON ET DE PROCÉDURE,

1°. LES SERVITUDES en général, et particulièrement l'écoulement des eaux, le bornage, les clôtures, les murs mitoyens; les contre-murs pour les cheminées, fours et fourneaux; les vues chez le voisin, les fossés, les haies et autres plantations; le droit de passage, le tour d'échelle, la fouille des mines, le trésor :

2°. LES RÉPARATIONS occasionnées par vice de construction, par accidens et par vétusté; ce qui comprend la garantie des architectes, entrepreneurs et ouvriers; les devis et marchés; le privilége sur les constructions; les cas fortuits; les travaux faits chez le voisin; les incendies; les réparations locatives, usufruitières et de propriété :

3°. LES FORMES prescrites pour les visites des lieux, et les rapports d'experts, avec des modèles d'actes pour ces diverses procédures.

OUVRAGE nécessaire, non seulement à toutes les personnes employées dans l'ordre judiciaire; mais encore aux architectes, aux entrepreneurs, aux propriétaires, aux locataires et fermiers, et à tous ceux qui régissent des biens.

PAR P. LEPAGE, ANCIEN AVOCAT.

PARIS,

GARNERY, LIBRAIRE, RUE DE SEINE.

DE L'IMPRIMERIE DE VALADE, 1808.

PRÉFACE

Les Lois des bâtimens, par Desgodets, sont le seul ouvrage qui concerne ce qu'on pourrait appeler l'*Architecture légale*; c'est-à-dire, les lois que doivent connaître les architectes, les entrepreneurs et les ouvriers, pour construire de manière à ne pas compromettre les intérêts des propriétaires, et à ne s'exposer à aucune garantie.

Cependant, le travail de Desgodets n'est qu'un simple commentaire des articles qui, dans la Coutume de Paris, parlent des servitudes et des constructions. Les notes de cet architecte étaient loin de compléter la législation sur cette matière, lorsque Goupy, autre architecte, a ajouté ses notes à celles de Desgodets. Quelqu'estimable que fût dans cet état, le livre contenant les lois des bâtimens, il s'en fallait beaucoup qu'il présentât la même utilité qu'on aurait pû en tirer, s'il eût formé un traité méthodique.

D'ailleurs, il ne faisait connaître que les dispositions de la Coutume de Paris: par conséquent, les avis de Desgodets et de Goupy ne pouvaient être consultés fructueusement, que pour le ressort de cette Coutume.

Enfin, ces deux architectes, en indiquant la manière dont s'interprêtaient les lois relatives aux bâtimens, ne devaient traiter cette matière, que comme des artistes accoutumés à construire ; ils n'ont pas pû l'approfondir, comme l'aurait fait une personne versée dans la science du droit. Il faut pourtant l'avouer, un jurisconsulte se serait étendu sur les principes, et aurait nécessairement négligé de nombreux détails, fort utiles, et qui ne sont familiers qu'à ceux dont la profession est de bâtir.

En effet, nous avons plusieurs traités sur les servitudes, quoiqu'en petit nombre; mais, on y trouve seulement l'exposé plus ou moins satisfaisant des décisions générales, concernant cette matière. Desgodets est le seul qui ait essayé de particulariser les préceptes, en les appliquant aux différens cas qui peuvent arriver; aussi, son ouvrage étoit-il le plus généralement consulté par les praticiens, tant par ceux qui sont attachés aux tribunaux, que par ceux qui sont occupés aux constructions.

Néanmoins, depuis la promulgation des Codes Napoléon et de Procédure civile, cet ancien commentaire de quelques articles de la coutume de Paris, ne peut plus servir de guide. Il fallait donc, sur les lois des bâtimens, un nouveau travail, conforme à notre nouvelle législation. S'il eût été entrepris par un architecte, ce qui n'est relatif qu'au droit y aurait perdu, et ce qui concerne plus particulièrement la construction, n'y aurait pas gagné, puisqu'à cet égard il n'y a rien de changé. Présentées, au contraire, par un jurisconsulte, les *Lois nouvelles des Bâtimens* peuvent réunir le double avantage de la discussion des principes, et de leur application à tous les cas proposés par Desgodets et son annotateur.

Enrichi de toute l'expérience de ces deux habiles architectes, l'ouvrage qu'on publie est bien plus considérable que le leur, et se trouve, par la clarté des explications, à la portée d'un plus grand nombre de personnes.

D'abord, ce n'est plus un simple commentaire; mais un traité méthodique, où les principes sont développés conformément aux lois nouvelles. Ils sont éclaircis par des exemples multipliés; et on les a conférés avec les opinions des auteurs, dont les lumières ont jusqu'à présent éclairé cette matière.

En second lieu, cet ouvrage ayant pour base les décisions des Codes Napoléon et de Procédure civile, devient utile, non pas uniquement dans le ressort de la coutume de Paris; mais dans tout l'empire Français, et même dans les pays étrangers, où nos lois sont adoptées.

Troisièmement, outre que les matières traitées par Desgodets et son annotateur, ont ici un développement bien plus étendu, et sont expliquées avec une meilleure méthode, on a de plus embrassé une multitude d'objets, dont ces architectes n'ont pas parlé; c'est ce qu'on va voir par le court exposé de ce qui est contenu dans les *Lois nouvelles des Bâtimens*.

La première partie consacrée aux servitudes, en fait connaître l'origine, la nature et les différentes espèces: on y explique, dans le plus grand détail, toutes les sortes de servitudes nécessaires, qui sont naturelles ou légales; telles sont l'écoulement des eaux, le bornage, les clôtures, les murs mitoyens, les contre-murs pour cheminées, fours et fourneaux; les vues chez le voisin, les fossés, les haies et autres plantations ; le droit de passage, le tour d'échelle, la fouille des mines, le trésor. Cette même partie traite ensuite tout ce qui concerne les servitudes volontaires; c'est-à-dire, celles établies par la volonté des parties. On y voit aussi tous les droits résultant des servitudes, soit au profit, soit contre les propriétaires d'héritages dominans, ou d'héritages servans. Enfin on y enseigne comment les servitudes peuvent s'éteindre, ou par titres, ou par destruction, ou par confusion, ou par prescription.

Dans la seconde partie, on parle des réparations qui sont occasionnées, ou par vices de construction, ou par accidens, ou par vétusté. Rien de ce qui est dit ici sur les vices de construction, ne se trouve dans le commentaire de Desgodets, ni dans aucun auteur : on y développe les principes relatifs à la double garantie de ceux dont la profession est de construire. Il est étonnant que jamais personne n'ait cherché à les éclairer sur la nature, et sur les conséquences des engagemens qu'ils contractent. Cependant, il est du plus grand intérêt pour eux, de connaître jusqu'à quel point ils sont garans de la solidité des travaux dont ils sont chargés; de savoir qu'ils sont également tenus, sous leur responsabilité, d'observer, dans l'exécution de leurs ouvrages, les lois relatives au voisinage, et à la police; en quoi ces deux sortes de garantie diffèrent entre elles; le tems que dure chacune d'elles; enfin les condamnations auxquelles elles peuvent donner lieu.

Il était également nécessaire de marquer la part que les lois attribuent spécialement aux architectes, aux entrepreneurs, et aux ouvriers, dans les deux espèces de garanties auxquelles ils sont soumis, chacun en ce qui le concerne. Pour établir sur cette matière des principes certains, il a fallu indiquer aux différentes personnes employées dans les bâtimens, leurs obligations qui résultent, soit de leurs fonctions diverses, soit de la subordination que les entrepreneurs doivent aux architectes, et que les ouvriers doivent aux entrepreneurs.

En parlant des réparations occasionnées par accidens, on a expliqué des lois très-importantes, dont ne s'est nullement occupé Desgodets, ni son annotateur, quoiqu'on ait souvent besoin d'en faire l'application, sur-tout en cas d'incendie : cette espèce d'accident, malheureusement trop fréquent, a été traité fort en détail.

On a trouvé plus de secours dans le commentaire de Desgodets, et de son annotateur Goupy, pour les réparations causées par vétusté : c'est d'après eux qu'on a fait l'énumération des réparations locatives, de celles qui sont usufruitières, et de celles qui sont purement de propriété. Mais de plus, on a exposé méthodiquement les principes relatifs à ces objets ; on les a éclaircis par des discussions approfondies, et par des exemples multipliés. Ce travail important rend plus facile la décision d'une infinité de contestations, qui se présentent journellement, et qui n'en sont pas moins très-embarrassantes.

Cette partie est terminée par l'indication précise de la nature du bail à vie, du bail à rente, et du bail emphythéotique : on y voit en quoi ces trois différens baux diffèrent les uns des autres, ainsi que du bail à loyer ou à ferme ; et comment la charge des réparations se partage, dans chaque espèce de bail, entre le bailleur et le preneur.

La troisième partie enseigne les formes prescrites pour les visites des lieux, soit par des juges de paix, soit par des juges de tribunaux, soit par des experts : elle est entièrement neuve. En effet, ce qu'a pu dire Desgodets sur cette matière, d'après la coutume de Paris et l'Ordonnance de 1667, n'est plus d'aucune utilité, depuis le Code de Procédure civile ; c'est à cette seule loi qu'il faut aujourd'hui se conformer, pour procéder aux opérations dont il s'agit. On en distingue de trois sortes : les visites et appréciations faites par les juges de paix; les descentes de juges, ordonnées par les tribunaux ; et les rapports d'experts. On s'est attaché à en expliquer les formalités avec une telle clarté, que les personnes les moins versées dans la procédure, pourront facilement les comprendre. Afin de mettre ces opérations pour ainsi dire en action, on a donné des Modèles de tous les actes qui sont nécessaires, dans les différentes visites des lieux. Il était d'autant plus intéressant de montrer ce genre de procédure dans le plus grand jour, qu'il est bien peu de personnes qui n'aient besoin d'experts, ou qui ne puissent être appelées à en remplir les fonctions.

La multiplicité des matières, l'ordre et la méthode qui y règnent, l'étendue des développemens, le grand nombre des exemples qui rendent clairs et familiers l'application des principes puisés dans nos nouveaux Codes ; tels sont les caractères propres à distinguer les *Lois nouvelles des Bâtimens*, de celles publiées par Desgodets, et qui ne sont plus conformes à la législation actuellement en vigueur.

LOIS NOUVELLES
DES BATIMENS.

LES fonds situés dans les villes ou dans les campagnes, soit qu'ils consistent en bâtimens, soit qu'ils ne présentent que des terres sans aucune construction, forment la partie la plus importante des biens que l'on peut posséder. De leur situation, de leur contiguité, de leur jouissance, de leur construction, de leur entretien, il naît des droits, ou qui sont en faveur des propriétaires et possesseurs, ou qui s'exercent contre eux.

La plupart des droits auxquels donnent lieu les immeubles, considérés dans les rapports qu'on vient d'énoncer, sont compris sous la dénomination de servitudes, ou concernent les diverses sortes de réparations auxquelles les biens-fonds sont sujets.

Il n'est pas de matière qui nécessite davantage des visites de lieux, des descentes de juge et des rapports d'experts. Il est donc convenable de s'occuper de ces trois sortes de procédures, en même-tems que l'on explique ce qui est relatif aux servitudes, et aux différentes espèces de réparations des immeubles.

La diversité dans les coutumes et dans la jurisprudence de chaque parlement, avait introduit en France une législation très-compliquée, sur les objets dont nous nous occupons; mais le Code civil et le Code judiciaire, ayant établi des lois uniformes pour tout le territoire français, il devient facile autant qu'utile de réunir dans un seul ouvrage toutes celles qui concernent les bâtimens et autres immeubles.

Ce traité est divisé en trois parties.

La première contient tout ce qui concerne les servitudes;

La seconde parle de ce qui est relatif à toutes les sortes de réparations qu'exigent les immeubles;

La troisième indique, par des explications et des formules, les procédures à suivre par les juges de paix pour les visites et appréciations des lieux contentieux, par les tribunaux pour les descentes de juge et pour la nomination des experts, et par les experts pour faire régulièrement leurs rapports.

PREMIÈRE PARTIE.

DES SERVITUDES.

ON divise cette partie en six chapitres.

Le premier explique ce qu'on entend en général par servitudes;

Le second fait connaître la nature des servitudes réelles ou services fonciers, et leurs différentes espèces;

Dans le troisième sont traitées les servitudes nécessaires, ou autrement dit les lois du voisinage, qui comprennent les servitudes naturelles, et les servitudes légales;

Le quatrième parlera des servitudes volontaires;

Le cinquième expliquera les droits résultant des servitudes;

Au sixième on verra comment s'éteignent les servitudes.

CHAPITRE PREMIER.

DE L'ORIGINE DES SERVITUDES.

ON appelle en général servitude, l'assujétissement, soit d'une personne à une autre personne, soit d'une personne à une chose, ou d'une chose à une personne, soit d'une chose à une autre chose. De là vient la distinction que font quelques docteurs entre les servitudes personnelles, les servitudes mixtes et les servitudes réelles. On va parler de ces trois sortes de servitudes dans les trois articles suivans.

ARTICLE PREMIER.

Des servitudes personnelles.

L'assujétissement d'une personne à une autre, est une servitude purement personnelle. Si elle consiste dans le droit de propriété qu'une personne exerce sur une autre, il en résulte l'esclavage qui ne peut pas exister en France, suivant cet ancien axiome : *in galliâ libertas.*

Dans nos colonies, néanmoins, l'esclavage est admis ; mais cet état contraire à la nature n'a lieu qu'à l'égard des nègres et de leurs enfans : ils peuvent être la propriété des personnes qui les achetent. L'esclavage établi dans les colonies est semblable à celui qui existait chez les Romains : *servitus autem est constitutio juris gentium, quâ quis dominio alieno contrà naturam subjicitur.* Inst., liv. I, tit. III, § 2.

Quand l'assujétissement d'une personne à une autre n'est pas l'esclavage, qui n'a jamais lieu en France ; il consiste simplement dans la faculté qu'on a d'exiger de quelqu'un ce qu'il est tenu de faire, ou de ne pas faire, ou de donner; ce droit résulte de toutes les espèces de contrats et quasi-contrats.

De quelque nature que soit la chose qu'on est tenu de faire, l'action à laquelle on est exposé en ne satisfaisant pas à l'obligation, se résout en des dommages-intérêts, suivant cet axiome : *nemo potest præcisè cogi ad factum.* On serait également tenu des dommages-intérêts, si on avait fait une chose qu'on était obligé de ne pas faire.

Lorsque l'obligation consiste à livrer une chose qui n'appartient pas encore à celui à qui elle est due, il n'en résulte qu'une action pour forcer le débiteur à payer les dommages-intérêts, résultant de son refus de livrer l'objet convenu : c'est ce que les jurisconsultes appellent *jus ad rem.*

Il ne faut pas le confondre avec *jus in re*, c'est-à-dire, avec le droit que nous avons de réclamer la chose qui nous appartient. Le cas arrive, par exemple, lorsque j'exerce le réméré sur un objet que j'avais vendu sous la réserve de cette faculté. Pendant la durée du tems convenu pour le réméré, mon droit de propriété n'était en quelque façon que suspendu; ensorte que, la condition qui donne ouverture au réméré étant arrivée, ma propriété reprend toute sa force, et mon action n'est réellement que la revendication d'une chose qui m'appartient.

Dans ce cas, celui qui possède l'objet du réméré ne peut pas se dispenser de le livrer; il ne serait pas reçu à en offrir la valeur, ni toute autre indemnité.

ARTICLE II.

Des Servitudes mixtes.

L'assujétissement des personnes aux choses, ou des choses aux personnes, sont des *servitudes mixtes*, parce qu'elles participent des servitudes personnelles, et des servitudes réelles. Il y en a de deux espèces: l'une a lieu quand des personnes sont assujéties à des choses, et l'autre lorsque des choses sont assujéties à des personnes.

Depuis l'abolition de l'ancien système féodal, nous ne connaissons plus l'espèce de servitude mixte qui assujétissait les personnes aux choses, comme l'étaient les serfs à la terre seigneuriale, dans certaines coutumes. Ils n'étaient pas dans l'esclavage du seigneur; mais ils étaient personnellement attachés à la glèbe de son domaine; et entre différens devoirs qui leur étaient imposés, on remarque qu'ils ne pouvaient ni aller demeurer ailleurs, ni se marier à des personnes d'une condition différente, ni faire de testament, sans le consentement du propriétaire de la seigneurie, quelqu'il fût; car les serfs, ou gens de main-morte, étaient liés à la terre seulement, et non pas à la personne du seigneur. Les Romains avaient de pareils serfs qu'ils appelaient *ad scriptos glebæ.*

Les autres espèces de servitudes mixtes sont l'usufruit, l'usage et l'habitation; leur effet est d'assujétir non pas, comme faisaient les précédentes, des personnes à des choses, mais des choses à des personnes. Ainsi, la personne qui a un droit d'usufruit, ou d'usage, ou d'habitation s'en sert tant que dure son titre, dans quelque main que soit la propriété de l'objet, parce que c'est la chose qui est assujétie à sa personne. Par la même raison, celui qui a droit d'usufruit, ou d'usage, ou d'habitation, ne peut en jouir que pendant le tems réglé dans l'acte, et ne le transmet pas à ses héritiers, parce que la chose n'est assujétie qu'à la seule personne désignée dans le titre; ce qui résulte de la nature même de chacun de ces droits.

Par l'usufruit, on jouit d'une certaine chose dont on n'est pas propriétaire, comme ferait celui même à qui elle appartient, et à la charge de la lui conserver. Ainsi tout ce que produit une chose est à la disposition de l'usufruitier : c'est de là que lui vient ce nom qui exprime la faculté d'user des fruits ; mais, il doit veiller à la conservation de cet objet comme un bon père de famille. Il lui est permis de jouir, soit par lui-même, soit par des fermiers ou locataires ; mais quelqu'arrangement qu'il fasse avec des tiers, leur droit cesse aussitôt que l'usufruit a pris fin.

L'usage donne à l'usager la faculté de prendre dans les produits d'une certaine chose qui ne lui appartient pas, la quantité qui est nécessaire à ses besoins, ou qui est réglée par le titre, et cela pendant le tems qui y est spécifié.

A l'égard de l'habitation, elle consiste dans le droit d'habiter dans une maison dont on n'a pas la propriété, d'y rester pendant le tems convenu, et selon les conditions réglées par le titre.

Une différence essentielle ne permet pas de confondre l'usufruit avec l'usage et l'habitation. Nous avons dit que l'usufruitier peut jouir, soit par lui-même, soit par ses locataires ou fermiers; mais, celui à qui le droit d'usage ou d'habitation a été accordé, en doit jouir personnellement, et ne peut ni le louer, ni le céder; à plus forte raison il ne le transfère pas à ses héritiers. Du reste, l'usufruit, l'usage et l'habitation ont de grandes ressemblances : par exemple, c'est en bon père de famille que l'on doit en jouir ; si l'usufruitier est tenu aux réparations d'entretien, l'usager doit aussi contribuer aux frais de culture au prorata des fruits qu'il absorbe, et celui qui a un droit d'habitation est obligé de faire les réparations d'entretien en proportion de ce qu'il occupe dans la maison.

Quelques auteurs n'admettent que des servitudes personnelles, et des servitudes réelles ; ils entendent par les premières uniquement l'usufruit, l'usage et l'habitation ; ces servitudes prennent alors leur dénomination générale de ce que l'assujétissement de la chose est due à la personne. Nous avons préféré, comme plus exacte, la distinction des trois sortes de servitudes : celles qui sont purement personnelles ; celles qui ont lieu entre les personnes et les choses, et qu'on appelle mixtes ; enfin celles qui n'ont lieu qu'entre les choses.

ARTICLE III.

Des Servitudes réelles.

Une chose qui est assujétie à une autre chose présente l'exemple de ce qu'on appelle proprement servitudes réelles, du latin *res* qui signifie chose. Cependant ici le mot *réelle* doit être restreint aux seuls immeubles, comme étant les choses par excellence ; ensorte que l'on ne désigne jamais comme servitude l'assujétissement d'une chose mobilière à un autre chose, soit mobilière, soit immobilière, ni le service dont un immeuble est grevé envers un objet mobilier. Ces espèces d'engagemens prennent des noms relatifs à leurs différentes natures.

Ainsi, je fais avec vous un marché, afin que vous me prêtiez votre cheval toutes les fois que j'en aurai besoin pour me conduire à la campagne ; il n'y a là qu'un contrat de louage, et non pas une servitude, quoiqu'il s'agisse de l'assujétissement d'un objet mobilier à un autre objet de même nature.

Pareillement, si je conviens de fournir une corde pour le service du puits de votre maison, pendant tout le tems que j'y demeurerai, cette convention n'est point une servitude, quoiqu'il s'agisse de l'assujétissement d'une chose mobilière à un immeuble.

Enfin, je vous cède le droit de placer votre voiture sous ma remise, tant que vous demeurerez dans la maison de mon frère ; cet accord n'a point le caractère de servitude, quoique par là un immeuble soit assujéti à un objet mobilier.

On entend donc par servitude réelle, l'assujétissement d'un héritage pour le service d'un autre héritage, sans qu'il soit besoin d'en considérer les propriétaires; il suffit que les deux fonds n'appartiennent pas à la même personne.

Pour que les assujétissemens où il est question de quelque chose de mobilier, ne soient pas compris dans les servitudes réelles, on donne à celles-ci plus particulièrement le nom de *prédiales*, du latin *prœdia*, qui veut dire immeubles.

Au reste, comme les servitudes personnelles sont connues spécialement sous le nom d'esclavage, et que chacune des servitudes mixtes est désignée sous un nom qui lui est particulier, ainsi qu'on l'a vu plus haut, le simple nom de servitude est resté pour exprimer celles qui sont purement réelles. Maintenant on conçoit pourquoi le Code civil parle de servitudes simplement, quand il s'occupe des servitudes prédiales ou purement immobilières, c'est-à-dire de l'assujétissement d'un fonds à un autre fonds, et pourquoi ces mêmes servitudes y sont également appelées *services fonciers.* Nous nous occuperons de cette seule espèce de servitude, parce qu'elle seule entre dans le plan de notre travail.

CHAPITRE II.

DE LA NATURE DES SERVITUDES RÉELLES OU PRÉDIALES, ET DE LEURS ESPÈCES.

On divisera ce chapitre en deux articles : l'un traitera de la nature des servitudes réelles ou prédiales, et l'autre fera connaître leurs différentes espèces.

ARTICLE PREMIER.

De la nature des servitudes réelles ou prédiales.

Le premier caractère d'une servitude prédiale ou réelle, est qu'une charge soit imposée sur un héritage, pour l'usage et l'utilité d'un autre héritage appartenant à un autre propriétaire. *Code civil, art.* 637.

De cette définition, il résulte d'abord qu'il faut pour l'établissement d'une servitude, deux fonds différens, et que pour l'utilité de l'un, qui est appelé le fonds *dominant*, il soit dû un service par l'autre, qui est nommé le fonds *servant*. Le droit qu'a le propriétaire d'un fonds, de passer les récoltes qu'il en retire, sur le fonds appartenant à une autre personne, est donc une servitude prédiale; elle est évidemment établie sur un immeuble, pour l'avantage d'un autre immeuble.

En second lieu, il est nécessaire que ces deux héritages appartiennent à deux personnes différentes; car s'ils sont dans la propriété d'un seul, celui-ci ne peut pas exercer d'action contre lui-même, pour assujétir l'un à l'autre : *nemo ipse sibi servitutem debet.* L. 10, ff. *comm. præd.* Un propriétaire fait de ses biens ce qui lui plaît, et l'usage auquel il applique l'un à l'utilité de l'autre ne s'appelle pas servitude; c'est ce que l'on nomme destination de père de famille.

Troisièmement, la servitude prédiale, étant essentiellement due par l'héritage servant pour l'utilité de l'héritage dominant, elle reste la même, tant qu'il n'y a rien de changé à l'égard de ces deux fonds, malgré les changemens arrivés de la part des deux propriétaires. La faculté d'user d'une servitude considérée seule, et séparée du fonds dominant, ne peut donc être ni vendue, ni loué, ni donnée; celui qui possède le fonds dominant à juste titre est seul en droit d'exercer la servitude, sans pouvoir en faire participer d'autres possesseurs d'immeubles, ni même sans pouvoir l'étendre à d'autres biens qu'il posséderait lui-même.

Ainsi, celui qui peut faire abreuver les animaux servant à la culture de sa terre, dans les eaux de l'héritage voisin, ne peut transférer ce droit pour les animaux d'une autre terre, quand même il renoncerait à en user pour les siens. Ce genre de compensation ne peut pas être admis, parce qu'il s'agit d'un droit dû au seul héritage dominant, et non à la personne de son possesseur. Bien plus, si la servitude consiste à faire abreuver une certaine quantité de bestiaux, le propriétaire de l'héritage dominant ne peut pas en faire abreuver un plus grand nombre, sur l'héritage servant. L. 24, ff. *de serv. præd. rust.*

Puisque la servitude n'est établie que pour l'utilité de l'héritage dominant, si un droit quelconque, par exemple celui de passage, était accordé sur un héritage au propriétaire d'un autre héritage, seulement pour sa personne et sa famille, tant qu'il demeurera dans le voisinage, il n'y aurait pas servitude; la concession aurait un autre caractère, et prendrait le nom ou de louage, ou de tout autre contrat, selon l'objet qui y serait stipulé. En conséquence, l'acquéreur du fonds sur lequel ce droit aurait été accordé ne serait pas tenu de le laisser subsister, à moins qu'il ne s'y fût obligé personnellement; et alors, cette obligation ne se réglerait pas par les lois concernant les servitudes prédiales.

Il n'est pas contraire à la nature des servitudes que la même soit établie sur plusieurs fonds différens, au profit d'un seul, ni que plusieurs fonds aient droit à la même servitude sur un seul. Ainsi, le même droit de passage sur plusieurs héritages peut être dû pour l'utilité d'un seul fonds; comme un seul fonds peut devoir le même droit de passage à plusieurs héritages appartenant à des propriétaires différens. L. 15, ff. *comm. præd.*

Rien n'empêche que dans le titre portant établissement d'une servitude en faveur d'un héritage, une autre servitude ne soit imposée à ce même héritage pour l'utilité de celui par qui est due la première. Les servitudes simples sont celles où un des héritages est seulement dominant, et l'autre seulement servant: on appelle servitudes doubles ou réciproques, celles où chaque héritage est dominant pour un service foncier, et servant pour un autre service. Les servitudes réciproques ayant un double objet, tous les principes relatifs aux servitudes simples leur sont applicables; parce qu'on peut toujours ne considérer à-la-fois qu'un seul des objets à l'égard duquel l'un des héritages est dominant, tandis que l'autre est servant.

Un quatrième caractère des servitudes prédiales ou réelles, est tiré de ce qu'elles n'ont pas pour objet de forcer le propriétaire de l'héritage servant à faire quelque chose; mais bien à ne pas faire certaine chose, ou à souffrir qu'une chose soit faite chez lui. Si par exemple il s'était obligé à abattre des arbres; cette convention, valable en elle-même comme obligation personnelle, ne serait pas une servitude qui est un droit purement réel, dû par un héritage et non par une personne, à un autre héritage et non à une personne. Or, un immeuble étant incapable d'agir, son assujétissement ne peut pas consister à faire quelque chose; il a donc seulement pour objet ou la prohibition de faire quelque chose sur l'héritage servant, ou la nécessité de souffrir qu'il y soit fait quelque chose : *servitutum non ea natura est, ut aliquid faciat quis, veluti viridaria tollat, ut amœniorem prospectum præstet, aut in hoc ut in suo pingat, sed ut id patiatur, aut non faciat.* L. 15, § 1, ff. *de serv.*

On voit que la servitude donne au propriétaire de l'héritage dominant, un droit qu'il n'aurait pas naturellement sur l'héritage servant; par conséquent est diminuée la liberté naturelle dont pourrait jouir le propriétaire de l'héritage servant, sans l'existance de la servitude. Au reste, la propriété de la portion de l'héritage, sur laquelle est établie la servitude, ne cesse pas d'appartenir à celui qui possède le fonds servant; le propriétaire de l'héritage dominant n'a que le droit d'user de ce qui est affecté à l'utilité de son domaine : *loci corpus non est dominii ipsius cui servitus debetur, sed jus eundi habet.* L. 4, ff. *si serv. vind.*

Le cinquième caractère des servitudes est qu'elles sont essentiellement indivisibles; en effet elles consistent en un droit qui, de sa nature, ne peut pas s'exercer par portions, ni par conséquent être dû pour portion. On peut bien limiter une servitude quant à l'étendue des places qu'elle affecte, ou quant aux saisons, aux jours, aux heures où on peut l'exiger; mais ce droit ainsi limité est entier, et on ne peut pas le concevoir divisé en plusieurs portions. Cette doctrine est enseignée par Dumoulin, *de divid. et individ.* part. 3; et par Pothier, sur la coutume d'Orléans, dans son introduction au titre des servitudes. De là, ces docteurs concluent que dans le cas où l'héritage dominant a été divisé, la servitude est due à chacun des différens propriétaires en raison de la portion qu'il possède; c'est aussi ce que décide le *Code civil, art.* 700. Une conséquence qui résulte également de l'indivisibilité du service foncier, selon les mêmes auteurs, c'est que si l'héritage servant est divisé, chacun des propriétaires différens est tenu solidairement de laisser subsister la servitude. En parlant par la suite des droits et des obligations qui résultent des servitudes, on verra l'application de ces principes, qui n'obligent pourtant chaque possesseur de l'héritage divisé que jusqu'à concurrence de sa portion; car, n'étant pas tenu personnellement, il peut l'abandonner pour se libérer: *Code civil, art.* 699.

Un dernier caractère de la servitude est qu'en établissant un droit en faveur de l'héritage dominant sur l'héritage servant, elle n'attribut aucune prééminence d'un fonds sur l'autre: *Code civil, art.* 638. L'acte qui constitue la servitude n'admet donc aucune idée de féodalité; de manière que toute convention qui y serait faite, pour donner à l'un des héritages un droit quelconque de seigneurie sur l'autre, serait radicalement nulle comme contraire à la défense formelle portée par la loi.

ARTICLE II.

Combien il y a d'espèces de servitudes réelles ou prédiales.

Les jurisconsultes distinguent les immeubles de ville, *prædia urbana*, et les immeubles ruraux, *prædia rustica.* Les premiers comprennent toutes les espèces de bâtimens, tant ceux des villes que ceux des campagnes; les seconds sont tous les autres fonds de quelque nature qu'ils soient, prés, terres, vignes ou bois: *urbana prædia omnia ædificia accipimus, non solùm ea quæ sunt in oppidis, sed et si fortè stabula vel alia meritoria in villis, et in vicis, vel si prætoria voluptati tantùm deservientia. Quia urbanum prædium non locus facit, sed materia.* L. 198, ff. *de verb. sign.*

D'après cette distinction, les servitudes réelles ou prédiales établies pour l'usage des bâtimens, soit à la ville, soit à la campagne, sont appelées *servitudes urbaines*, tandis que l'on nomme *servitudes rurales* celles qui sont établies pour l'utilité des fonds de terre, quelqu'en soit la situation: *Code civil, art.* 687.

Ainsi, la convention par laquelle il vous est interdit de planter des arbres sur le terrain que vous possédez en face de mes fenêtres, est une servitude urbaine; car, encore bien que les deux héritages soient situés à la campagne, il est évident que la servitude dont il s'agit, est établie pour l'utilité d'un bâtiment. Au contraire le droit de prendre de l'eau dans votre maison pour arroser mon jardin, est utile non à des bâtimens, mais à la terre; c'est donc une servitude rurale, quoique les deux héritages soient situés dans une ville.

Une autre distinction est établie par le *Code civil, art.* 688; il ne confond point les servitudes prédiales qui sont continues avec celles qui sont discontinues.

Les premières sont celles dont l'usage peut être continuel, sans avoir besoin du fait actuel de l'homme. Par exemple, les vues sur un héritage voisin, les conduites des eaux qui y passent, sont des servitudes continues. Dès que les vues sont ouvertes, ou que les conduites d'eaux sont établies, leur effet est permanent, et opère dans tous les instans, sans qu'il faille faire quelque chose pour exercer le droit qui en résulte.

On nomme servitudes discontinues celles qui consistent dans un fait qu'on répète autant de fois qu'on veut user du droit auquel est assujéti l'héritage servant. Ainsi, le droit de passage, celui de puiser de l'eau, de prendre du sable, sont des servitudes discontinues, parce qu'elles cessent d'être exercées dans les intervalles qu'on met entre chacune des actions nécessaires pour en user.

La même loi, *art.* 689, distingue encore les servitudes apparentes et celles qui ne le sont pas.

Une servitude est apparente lorsqu'elle est annoncée par quelqu'ouvrage extérieur. Dans le mur qui sépare votre cour de la mienne, il se trouve une porte dont la fermeture est de votre côté ; voilà ce qui annonce le droit que vous avez de passer de votre maison par la mienne, et ce qui fait dire que cette servitude est apparente. S'il existe un aqueduc portant les eaux de mon héritage sur le vôtre, on voit évidemment que votre fonds est assujéti au mien ; c'est une servitude apparente.

Toutes celles qui ne sont indiquées par aucun signe extérieur, ne sont pas apparentes. La prohibition de construire sur votre terrain à une certaine place, ou de porter vos constructions au-delà d'une hauteur déterminée, ne laisse aucune trace de son existence qui n'est attestée que par le titre ; c'est donc une servitude non apparente.

Ces différentes distinctions qui tiennent à la nature des servitudes, sont nécessaires à connaître pour l'application de quelques principes qu'on aura lieu de développer par la suite.

Considérées par rapport à leur origine, les servitudes réelles ou prédiales forment deux classes ; elles sont ou nécessaires ou volontaires. Les servitudes nécessaires dérivent ou de la situation naturelle des lieux, ou d'obligations imposées par la loi ; elles sont volontaires quand elles sont établies par des conventions faites entre propriétaires ; *Code civil, art.* 639.

Les servitudes nécessaires, c'est-à-dire, celles formées par la nature du terrain, et celles établies par la loi, constituent ce que l'on peut appeler le *Code du voisinage;* elles feront la matière du chapitre suivant, après lequel on s'occupera dans un autre chapitre des servitudes volontaires, c'est-à-dire, de celles qui s'établissent par convention et d'après la libre volonté des parties.

CHAPITRE III.

DES SERVITUDES NÉCESSAIRES, OU LOIS DU VOISINAGE.

LE voisinage étant le résultat d'un fait, on peut le considérer comme un quasi-contrat qui oblige les propriétaires d'héritages voisins à agir entre eux avec des égards auxquels ils pourraient être contraints, s'ils y manquaient.

D'abord chacun doit jouir de son héritage de manière à ne pas nuire à l'héritage voisin. Encore bien qu'on soit libre d'user à son gré de sa propriété, néanmoins, la raison dit assez que ce droit occasionnerait les plus grands désordres et troublerait l'harmonie sociale, s'il était permis à chacun de faire chez soi des choses qui seraient nuisibles à ses voisins : *in suo hactenùs facere licet, quatenùs nihil in alienum immittat.* L. 8, § 5, ff. *si serv. vind.*

Observez que l'obligation où l'on est de ne rien faire qui nuise à l'héritage voisin, ne s'étend pas au cas où il s'agit de le priver d'une simple commodité. Par exemple, si vous recevez du jour de mon héritage, qui ne doit point de servitude, il ne m'est pas défendu de vous priver de cet avantage, en élevant un mur sur ma propriété : *cum eo qui tollendo obscurat vicini ædes quibus non serviat, nulla competit actio.* L. 9, ff. *de serv. urb. præd.*

En second lieu, si pour cultiver, entretenir ou réparer son héritage, un propriétaire cause quelques dégats à l'héritage voisin, il est tenu de payer une indemnité proportionnée au dommage qu'il a occasionné : *domum suam reficere uniquique, dùm non officiat invito alteri, inquo jus non habet.* L. 61, ff. *de div. reg. jur.*

Au surplus, en expliquant chaque espèce de servitudes nécessaires, on verra en quoi consistent les obligations qui naissent respectivement du voisinage. On distingue deux sortes de servitudes nécessaires, celles qui dérivent de la situation des lieux, et celles que les lois imposent, tant pour les bon ordre que pour l'utilité respective des héritages voisins. Ces deux sortes de servitudes nécessaires, dont les unes sont naturelles, et les autres sont légales, divisent ce chapitre en deux sections.

SECTION PREMIÈRE.

Des servitudes naturelles.

La situation respective de deux héritages voisins, rend nécessaire certains assujétissemens de l'un envers l'autre, sans qu'il soit besoin d'aucun titre. Ces assujétissemens sont des servitudes naturelles, puisqu'elles dérivent du fait seul de la nature, c'est-à-dire de la manière dont elle a disposé le terrain des deux héritages.

Dans l'usage ordinaire, les objets de servitudes naturelles sont, 1°. l'écoulement des eaux d'un fonds supérieur sur l'inférieur; 2°. le droit d'un propriétaire sur une source d'eau qu'il trouve dans son terrain; 3°. le droit d'un propriétaire sur l'eau courante qui borde ou traverse son fonds; 4°. l'action de bornage; 5°. la faculté de clore un héritage. Nous parlerons de ces diverses servitudes dans les cinq articles suivans.

ARTICLE PREMIER.

De l'écoulement des eaux d'un héritage supérieur sur l'inférieur.

Quand deux héritages sont situés de manière que, par la pente naturelle du terrain, les eaux pluviales, ou autres produites par la nature, coulent de l'un sur l'autre, celui-ci est nécessairement assujéti à recevoir ces mêmes eaux, sans qu'il soit besoin d'aucun autre titre : *Code civil*, *art.* 640.

De là, il suit qu'un écoulement qui serait l'effet de l'ouvrage des hommes, ne produirait pas une servitude naturelle; l'héritage inférieur ne serait pas tenu de recevoir cet écoulement artificiel, si l'assujétissement n'était pas établi dans la forme prescrite pour toute servitude qui n'est pas nécessaire, *ibid.*

Le propriétaire de l'héritage inférieur étant obligé de souffrir la chute naturelle des eaux, ne peut opposer aucune digue qui en empêche l'écoulement, *ibid.*

Le propriétaire supérieur aurait action contre l'inférieur pour faire détruire les digues, ou autres obstacles opposés par ce dernier à l'écoulement naturel des eaux. En vain dirait-on que les ouvrages du propriétaire inférieur, ont été faits sous les yeux du supérieur qui n'a fait aucune réclamation; ce silence, s'il n'a pas duré le tems nécessaire pour la prescription, n'est considéré que comme une erreur, fondée sur ce que le propriétaire supérieur n'a pas compris, jusqu'au moment de sa plainte, le tort que lui faisaient les digues construites par son voisin inférieur : *nulla enim voluntas errantis est.* L. 20, ff. *de aquâ et aquæ pluv.*

Cependant, il peut faire sur son terrain des travaux propres à recevoir les eaux de l'héritage dominant, pourvu qu'il n'en résulte aucun obstacle à leur écoulement.

De son côté, le propriétaire du fonds supérieur n'est pas libre d'aggraver l'assujétissement de l'inférieur, *ibid.*

Ainsi, l'écoulement n'étant dû que pour les eaux pluviales, par exemple, il ne pourrait pas y joindre d'autres eaux, sous prétexte qu'elles passent par le même chemin; pareillement, si les eaux avaient naturellement leur direction sur telle portion de l'héritage inférieur, et avec telle rapidité, le propriétaire supérieur ne pourrait pas les diriger vers une autre portion du même héritage, ni leur donner plus ou moins de rapidité sans le consentement du propriétaire inférieur.

Celui-ci ne peut-il pas exiger que le champ supérieur soit labouré dans le sens qui donne moins d'écoulement aux eaux? Non, la liberté la plus étendue doit être laissée à celui qui cultive son terrain; il est présumé prendre le parti qui paraît le plus avantageux, et il n'est pas tenu de faire des sacrifices pour son voisin. Cependant il ne peut pas chercher à nuire; en sorte que le propriétaire inférieur, non fondé à se plaindre du labourage, quelque soit la direction des sillons, réclamerait avec raison si les sillons étaient ou plus profonds qu'il n'est d'usage, ou plus en pente que ne l'exige la nature du terrain. L. 2, § 3, 4, 5, 7, ff. *de aquâ et aquæ pluv.*

Supposons que les eaux pluviales de votre héritage s'écoulent naturellement sur le mien, et qu'il vous soit plus agréable de les conduire soit chez un autre voisin qui y consent, soit dans une perte d'eau que vous voulez faire construire; puis-je m'y opposer, et exiger que vous laissiez suivre à ces mêmes eaux leur pente naturelle, afin que j'aie la faculté d'en user si je les trouve utiles?

D'un côté, on dit que le propriétaire supérieur ne peut pas aggraver la servitude, mais que rien ne s'oppose à ce qu'il la diminue, ou même à ce qu'il la rende sans effet. De plus, les eaux pluviales appartiennent à celui sur le fonds duquel elles tombent; il peut donc en disposer librement, et les employer en totalité pour son usage, ou les diriger comme bon lui semble, ou même les perdre dans un puisart construit sur son terrain.

D'autres veulent que l'héritage inférieur étant tenu de recevoir les eaux naturelles du supérieur, il soit juste aussi qu'on ne puisse pas le priver de ces mêmes eaux qui lui seraient utiles. Sans doute, ajoute-t-on, le supérieur peut user des eaux pluviales pour ses besoins; en sorte que s'il les absorbe entièrement, l'inférieur n'a rien à exiger; mais il serait trop dur que le supérieur, après avoir utilisé les eaux du ciel, pût perdre celles dont il ne se sert pas, et en priver l'héritage inférieur à qui la nature les destine tellement qu'il est tenu de les recevoir, quand il plaît au supérieur de les laisser couler.

On convient, dans la première opinion, qu'il y aurait beaucoup de dureté à priver l'héritage inférieur des eaux pluviales qui ne servent pas au supérieur; mais on pense que la liberté naturelle avec laquelle un propriétaire doit jouir de ce qui lui appartient, serait blessée si on le forçait à rendre compte de ce qu'il fait des eaux qui tombent sur son terrain. De là, on conclut, avec raison, que le propriétaire de l'héritage inférieur n'a aucune action en justice pour réclamer les eaux pluviales, quoiqu'il soit tenu de les recevoir quand elles ne sont pas absorbées par son voisin supérieur.

Au reste, dans une contestation qui s'élèverait sur une question semblable, il faudrait invoquer ce que le Code civil dit dans son *art.* 645, dont on ne peut pas trop louer la sagesse. Il ordonne aux tribunaux, dans ces sortes d'affaires, de concilier l'intérêt de l'agriculture avec le respect dû à la propriété; les localités, les usages, les circonstances, doivent être pris en considération. Il y a donc des cas où le propriétaire du fonds inférieur pourrait se plaindre utilement de ce que les eaux pluviales du fonds supérieur ont été détournées, tandis que dans d'autres cas il n'y aurait pas lieu d'écouter sa réclamation.

ARTICLE II.

Des sources d'eau.

Celui qui a une source d'eau dans son fond, peut en user à sa volonté, sans avoir égard à l'héritage inférieur sur lequel l'eau s'écoulerait si on l'abandonnait à elle-même : *Code civil*, *art.* 641.

Un pareil principe était trop conforme à la raison pour n'être pas adopté par nos législateurs; en effet, le propriétaire du fonds l'est nécessairement de tout ce qui est produit par ce même fonds. Le propriétaire de l'inférieur ne peut donc pas rechercher ce que deviennent les eaux de la source, ni les reclamer, à moins qu'il n'en ait acquis le droit par titre ou par prescription, *ibid.*

La même loi, *art.* 642, détermine la manière dont la prescription peut s'acquérir en pareil cas; elle ne peut résulter que d'une jouissance non interrompue pendant trente ans, à compter du jour où le propriétaire du fonds inférieur a terminé des ouvrages apparens, destinés à attirer sur sa propriété l'écoulement des eaux de la source.

Si donc la source avait coulé naturellement sur l'héritage inférieur, même pendant plus de trente ans, la prescription ne pourrait pas être invoquée en faveur de cet héritage; car, par la supposition, n'ayant été rien fait par le propriétaire pour se procurer la jouissance des eaux, il n'en résulte point la présomption d'un consentement émané du maître de la source; il l'a abandonnée à la localité, ce qui n'est pas s'assujétir expressément à une servitude. Voilà pourquoi la loi, dans le cas dont il s'agit, exige que la possession, pour engendrer la prescription, soit fondée sur un fait dont il reste des traces apparentes; de manière que le propriétaire de la source, en souffrant le résultat de ce fait pendant trente ans sans réclamation, soit réputé avoir consenti à la servitude, c'est-à-dire, s'être obligé à laisser écouler ses eaux sur le terrain voisin.

La précaution que prend la loi d'expliquer l'espèce de possession, qui seule est capable de produire la prescription en cette occasion, fait sentir à quel point les eaux d'une source appartiennent au maître du fonds où elle se trouve. Lorsqu'une prescription, telle qu'on vient de la caractériser, n'a point acquis à l'héritage voisin l'usage des eaux de la source, le maître de cette source peut en faire ce qui lui plaît; il peut même la détruire, si telle est son caprice, même quand il en résulterait la destruction des ramifications qui s'étendraient naturellement sur des terrains voisins : *si in meo fundo aqua erumpat quæ in tuo venas habet, si eas venas incideris, et ob id desierit aqua ad me pervenire, tu non videris vi fecisse, si nulla servitus mihi eo nomine debita sit.* L. 21, ff. *de aquâ et aquæ pluv. arc.*

Il faut pourtant supposer que le propriétaire de la source ne l'a point détruite avec dessein de nuire à son voisin. L. 1, § 12, ff. *de aquâ et aquæ pluv. arc.*; car, suivant une maxime très-sage : *malitiis indulgendum non est.* L. 38, *de rei vendic.*

Cette décision du droit romain, étant une conséquence essentielle de la propriété, est consacrée par le Code civil, qui n'admet que deux exceptions, dont l'une existe quand le droit du propriétaire est limité par titre ou par prescription, ainsi qu'on l'a dit. L'autre est écrite dans l'*art.* 643; elle a lieu lorsque la source fournit aux habitans d'une commune, d'un village, ou d'un hameau, l'eau qui leur est nécessaire. Ici se fait l'application d'un principe que personne ne peut méconnaître ; c'est que le droit d'un particulier fléchit toujours devant l'intérêt général. Cependant, en pareilles circonstances, celui dont la propriété est grevée a du moins le droit de se faire indemniser. En conséquence, suivant le même article, des experts évaluent à une somme d'argent, non pas ce que valent les eaux dont profitent les habitans à qui la source est nécessaire, car on ne peut pas mettre un prix à une chose de cette nature ; mais les experts disent de combien est diminuée de valeur le fonds où est la source, par l'assujétissement d'en laisser écouler les eaux. Dans bien des circonstances cette indemnité est peu de chose ; mais il est possible qu'elle ait quelqu'importance dans certaines localités.

On sent bien qu'une servitude de cette espèce se réduit à la seule obligation de ne pas changer le cours que prennent les eaux, en sortant du domaine où elles ont leur source. Ainsi, le propriétaire peut les faire circuler dans ses terres, pourvu qu'elles n'y soient pas entièrement absorbées, ni diminuées au point de n'en pas laisser une quantité suffisante aux habitans à qui elles sont nécessaires. Par la même raison, le propriétaire n'est tenu de faire aucuns ouvrages, soit dans son domaine, soit dehors, pour la conservation des eaux de sa source ; il remplit son devoir en ne faisant rien qui altère cette source. C'est donc aux habitans à faire les travaux que pourraient exiger, soit l'entretien de la source, si le propriétaire l'abandonnait à la nature, soit la conduite des eaux jusqu'à l'endroit où elles leur servent.

Tout ce qu'on vient de dire d'abord sur le droit que peut exercer le propriétaire d'un terrain, à l'égard d'une source d'eau qui s'y trouve, et ensuite sur les deux exceptions que nous avons remarquées, il faut ajouter la sage disposition de l'*art.* 645 du Code civil ; elle s'applique à toutes les eaux dont parle cette loi dans le chapitre où cet article se trouve placé. Il est ordonné aux juges, en prononçant sur les contestations qui ont pour objet des eaux réclamées par des propriétaires, de concilier l'intérêt de l'agriculture avec les égards dûs à la propriété. D'où on conclut que, par suite d'un concours de circonstances, on pourrait, en considération de l'agriculture, défendre au propriétaire d'une source particulière et qui n'est pas nécessaire à toute la commune, de mettre obstacle à ce que les eaux qui en sortent ne coulent sur les héritages inférieurs, après avoir utilisé les siens.

ARTICLE III.

Des eaux courantes.

Après avoir décidé que le propriétaire d'un fonds où se trouve une source d'eau, peut disposer de cette eau de la manière la plus absolue, sans s'inquiéter des héritages voisins, excepté dans les cas qui ont été prévus, le Code civil, *art.* 644, règle le droit qu'on a sur une eau courante qui borde un héritage. Cette eau n'étant pas le produit de cet héritage, puisqu'on la suppose venir de plus haut, le propriétaire de l'héritage n'a que la faculté de s'en servir pour l'irrigation de ses terres. Il ne peut donc pas en détourner le cours; ensorte que l'eau qu'il ne prend pas au passage, pour ses besoins, doit couler librement pour être employée au même usage dans les héritages inférieurs.

Remarquez que la disposition légale dont nous parlons, excepte formellement les fleuves, les rivières navigables ou flottables; ces eaux courantes sont d'une importance si grande, qu'elles ne sont, dans aucun cas, susceptibles de devenir propriété particulière; le Code civil, *art.* 538, les comprend textuellement dans le domaine public. Ainsi, la manière dont un propriétaire riverain doit se comporter à l'égard des eaux navigables et flottables qui baignent ou traversent ses terres, est réglée par les lois relatives à l'administration et à la police des fleuves et rivières.

Il ne s'agit ici que des eaux courantes qui ne font point partie du domaine public; elles sont en quelque sorte la propriété particulière des riverains. La loi veut pourtant que chacun en use sans nuire à ceux qui y ont également droit; voilà pourquoi en leur permettant de prendre au passage toute l'eau dont ils ont besoin, elle leur ordonne de laisser le surplus suivre son cours naturel, sans y mettre le moindre obstacle. Dans la supposition d'une eau courante qui borde mon héritage, cette même eau borde à l'autre rive les terres d'un autre propriétaire. Il a donc comme moi la faculté de prendre au passage toute l'eau qui lui est nécessaire ; par conséquent il peut comme moi aller en bateau sur cette eau courante, pourvu qu'il ne descende pas sur mon terrain, et qu'il n'y attache pas son bateau. Je dois également m'abstenir de faire sur son rivage ce qui lui est interdit sur le mien.

Puisque les riverains d'une eau courante qui n'est ni navigable, ni flottable, sont maîtres de prendre au passage l'eau dont il ont besoin, il est évident que le poisson qu'ils trouvent dans cette eau leur appartient. Ainsi, chacun peut pêcher le long de sa propriété, en opérant seulement sur son propre rivage : je ne pourrais donc pas tirer mon filet sur vos terres, qui sont à la suite des miennes, ni sur celles de la rive opposée, qui est la propriété d'un autre.

Ce qu'on vient de dire des eaux courantes, concerne le cas où elles bordent un héritage ; quel est donc le droit de celui dont ces mêmes eaux traversent le domaine ? Alors les deux rives sont à lui ; c'est pourquoi le Code civil, même article, décide que le propriétaire, non-seulement peut prendre au passage toute l'eau dont il a besoin, mais encore qu'il peut en régler le cours sur son terrain, comme il lui plaît, pourvu qu'à la sortie de sa propriété, les eaux reprennent leur direction ordinaire.

Toute eau courante, non navigable, ni flottable, qui traverse une terre, peut donc y être convertie en toutes sortes de formes ; y faire toutes sortes de sinuosités ; y avoir un lit d'une longueur, d'une profondeur et d'une rapidité aussi grandes ou aussi petites qu'on le veut ; y faire mouvoir des machines, et y former des jets, des cascades ; en un mot y être employée à tout ce qu'il plaît au propriétaire d'établir pour son utilité ou son agrément. La seule obligation imposée à ce propriétaire est de ne pas arrêter l'écoulement des eaux ; en sorte qu'après en avoir fait l'usage qui lui a convenu, dans son terrain, il faut qu'elles en sortent, et qu'elles prennent la voie qui leur est destinée, pour border ou traverser les héritages inférieurs.

Il est à remarquer que si, d'un côté, le propriétaire de l'héritage bordé ou traversé par une eau courante, ne peut pas en priver l'héritage inférieur, d'un autre côté aussi le propriétaire inférieur est tenu de recevoir cette même eau, selon que la nature du terrain l'exige. Ici s'applique donc tout ce qu'on a dit en l'article I de ce chapitre; car, encore bien qu'on n'y ait donné pour exemple que des eaux pluviales, on ne peut pas douter que toutes les espèces d'eaux qui se trouvent naturellement sur un héritage supérieur, doivent être reçues par l'héritage inférieur.

Sans doute, le propriétaire dont le fonds est traversé par une eau courante, n'a pas le droit d'en priver l'héritage voisin; mais aussi le propriétaire inférieur ne doit faire aucuns travaux qui empêcheraient l'écoulement des eaux, ou qui les forceraient à prendre un autre cours sur l'héritage supérieur.

Ces diverses réflexions font sentir combien est sage l'*art.* 645 du Code civil, qui s'applique évidemment à toutes les sortes d'eaux qui bordent ou traversent plusieurs héritages, soit qu'elles viennent du ciel, ou d'une source, ou d'un ruisseau. Dans toutes les contestations élevées entre des propriétaires à qui des eaux quelconques peuvent être utiles, on doit concilier l'intérêt de l'agriculture avec le respect dû à la propriété.

Il ne serait donc pas impossible que, fondé sur quelques circonstances particulières, un jugement défendît au propriétaire, dont l'héritage est traversé par une eau courante, de faire un certain usage de cette même eau, s'il était démontré que l'exercice de son droit de propriété, en cette occasion, causerait un préjudice notable à l'agriculture; il s'agirait alors de faire céder le droit d'un particulier à l'intérêt général. Alors, par respect pour la propriété, on admettrait toutes les modifications qui rendraient cette gêne plus supportable, et même on adjugerait au propriétaire de l'héritage supérieur une indemnité fixée par des experts.

ARTICLE IV.

Du bornage.

Cet article sera divisé en cinq paragraphes, où on verra, 1°. ce que c'est que l'action de bornage, et de quelle nature elle est; 2°. par qui elle peut être formée; 3°. contre qui; 4°. comment se fait le bornage; 5°. par qui les frais en sont supportés, et peines contre ceux qui déplacent les bornes.

§ Ier.

Ce que c'est que l'action de bornage, et de quelle nature elle est.

Le seul moyen d'empêcher les usurpations entre voisins, et d'éviter les contestations qu'elles font naître, est de marquer, par des bornes, les limites où finit un héritage, et où commencent les héritages qui lui sont contigus.

De cette vérité, il est résulté que les lois ont autorisé tout propriétaire, à demander en tout tems, que des bornes soient posées ou reconnues entre son héritage et ceux de ses voisins. Cette demande est ce que les jurisconsultes appellent action de bornage, *actio finium regundorum.*

Ceux contre qui cette action est dirigée, sont tenus de souffrir que l'opération ait lieu; voilà pourquoi le Code civil parle du bornage dans le titre des servitudes; car, à la considérer en elle-même, l'action pour borner des héritages n'est pas, à proprement parler, l'assujétissement d'un fonds à un autre fonds. Au reste, comme elle résulte essentiellement du voisinage, elle est ici placée fort convenablement.

Ce que dit le Code civil sur cette matière, est renfermé dans le seul *art.* 646; il autorise tout propriétaire à exiger de ses voisins le bornage de ses propriétés contiguës aux leurs; il décide ensuite que l'opération se fait à frais communs. Le Code n'ayant rien réglé de plus, il faut suivre pour tous les autres détails les principes généraux du droit, et les usages de chaque pays.

L'action de bornage est de nature mixte; elle est personnelle en ce qu'elle naît de l'obligation que deux propriétaires contractent ensemble par le seul fait du voisinage, *quasi ex contractu.*

La même action est réelle, parce qu'elle a pour objet de réclamer la portion de l'immeuble, qui peut avoir été usurpée, et qui sera déterminée par l'opération du bornage; or, selon une maxime connue, *actio quæ tendit ad immobile est immobilis.* C'est pour cette double raison qu'on regarde comme mixte l'action de bornage : *actio finium regundorum in personam est, licèt pro vindicatione rei est.* Leg. 1, ff. *fin. regund.*

Néanmoins, il ne faut pas croire que l'action afin de faire borner des héritages contigus, soit la même que l'action en revendication. Celle-ci qui est purement réelle, a pour but unique de faire rentrer le propriétaire dans la possession d'une chose dont il a été privé sans son consentement. L'objet du bornage est principalement de marquer la ligne qui sépare des héritages limitrophes; sous ce rapport, la demande qui en est formée est personnelle. Une suite possible et simplement accessoire du bornage, est de faire rentrer chacun des propriétaires voisins dans la possession des portions de terrain qui pourraient avoir été usurpés; voilà le rapport sous lequel cette action est réelle.

Une conséquence de cette différence est que l'objet réclamé par la revendication est susceptible d'être acquis par la prescription; tandis qu'il n'est pas possible d'opposer de plus long laps de tems à l'action de bornage. En effet, son but principal est de prévenir toute espèce de contestation, pour raison de la contiguité de divers héritages, et de faire connaître à chaque propriétaire ce qui lui appartient, et ce qu'il doit respecter, comme appartenant à ses voisins. Il est évident que jamais, sous prétexte d'une jouissance longue sans bornage, on ne peut pas s'opposer à une pareille opération, qui n'est qu'un exercice du droit de propriété.

A la vérité, il se mêle dans l'action de bornage quelque chose qui tient de la revendication; il faut en conclure que si, par l'évènement du bornage, on trouve que l'un des propriétaires a usurpé sur l'autre quelques portions de terre, et en est resté paisible possesseur pendant le tems nécessaire pour prescrire, les bornes seront placées, conformément à la jouissance actuelle; l'usurpateur ne sera donc pas tenu de rendre ce que la prescription lui aura acquis. Cet effet, fort remarquable, fait sentir combien il était nécessaire d'expliquer que l'action de bornage est mixte; qu'elle est personnelle, pour ce qui concerne le placement des bornes; tandis qu'elle est réelle, pour ce qui peut avoir été usurpé.

§ II.

Par qui le bornage peut être requis.

Quiconque a des droits dans la propriété d'un héritage, peut en demander le bornage; ainsi, cette action convient à celui qui est seul propriétaire d'un fonds, et à celui qui le possède par indivis avec d'autres, quand même ses copropriétaires ne se joindraient pas à lui. L'emphytéote et l'usufruitier ayant un droit de propriété dans l'héritage, *jus in re*, ils peuvent le faire borner. L. 4, § 9, ff. *fin. regund.*

Celui qui forme l'action de bornage est-il tenu de prouver son droit de propriété dans l'héritage qu'il possède, lorsque ce droit lui est contesté? Si on décidait pour l'affirmative, il en résulterait que celui qui posséderait sans titre, ne pourrait pas faire borner, tant que la prescription ne serait pas acquise; et même, après une jouissance fort longue, le propriétaire voisin qui ne voudrait pas procéder au bornage, pourrait contester la prescription. On sent assez que ce voisin n'a aucune qualité pour discuter le droit de celui qui demande le bornage; on peut donc assurer que le défendeur est non recevable à se refuser à l'opération, sous le prétexte que le titre de celui qui l'a requise n'est pas suffisant; dès que celui-ci est en possession, et se déclare propriétaire, il faut procéder au bornage.

Néanmoins, le voisin défendeur a réellement intérêt à ce que le bornage soit fait avec le véritable propriétaire. C'est pourquoi, s'il n'est pas recevable à contester le titre du demandeur, il est fondé, du moins, à mettre en cause celui qu'il croit être le légitime propriétaire. Cette précaution n'est pas seulement utile lorsque le demandeur en bornage paraît être un usurpateur; si c'est un emphytéote, ou un usufruitier qui requiert le bornage, il est bon d'y appeler celui à qui appartient la nue propriété; en effet, l'opération étant faite sans ce dernier, il pourrait à son tour en demander une pareille pour lui. Par une raison semblable, si c'était le propriétaire qui eût requis le bornage, il serait prudent d'y appeler l'emphytéote, ou l'usufruitier; autrement ils pourraient exiger pour eux-même un autre bornage.

Un tuteur peut-il, sans une autorisation du conseil de famille, provoquer le bornage des immeubles de son pupile?

Ceux qui croyent l'autorisation indispensable, considèrent que l'action *finium regundorum* est mixte; par conséquent, sous un certain rapport elle est immobilière. Or, le Code civil, *art.* 464, défend au tuteur d'introduire en justice une action relative aux droits immobiliers du mineur, ni d'acquiescer à une demande relative aux mêmes droits, sans y être autorisé par avis de parens.

Pour l'opinion contraire, on dit que l'action de bornage n'est réelle qu'accidentellement, et que son caractère principal est d'être personnelle. L'intention de la loi, ajoute-t-on, est que le tuteur ne puisse pas légèrement s'engager dans un procès, dont les suites pourraient porter atteinte aux droits immobiliers du mineur; or, demander que les héritages du mineur soient bornés, n'est point élever une contestation; c'est le seul moyen de connaître les limites des biens dont l'administration lui est confiée, d'éviter des usurpations, et de prévenir toutes sortes de difficultés. Le tuteur, en provoquant le bornage, ne fait donc qu'un acte d'administration.

Comment pourrait-il veiller à la conservation des biens du mineur, s'il n'en connaît pas parfaitement les limites?

On ajoute encore que l'autorisation du conseil de famille n'est utile à demander, que quand il y a matière à délibérer, et que les parens sont libres de ne pas l'accorder. Or, peut-on imaginer un seul cas où il fût raisonnable de refuser au tuteur la faculté de faire borner les héritages du mineur?

Enfin, les droits immobiliers du mineur ne peuvent jamais être mis en danger par le bornage ; cette opération tend à faire connaître, et à renfermer dans des limites apparentes, toutes les portions des héritages qui lui appartiennent. Si pourtant, par l'effet de l'opération, il résultait que le voisin a usurpé des portions de terrain appartenant au mineur, le tuteur ne pourrait pas former, à cette occasion, une demande appuyée sur le travail des experts, sans y avoir préalablement été autorisé par avis de parens. Réciproquement, si le voisin du mineur prenait de l'opération du bornage occasion de réclamer des portions de terrain, le tuteur ne pourrait pas acquiescer à cette demande, sans y être autorisé.

De cette discussion, il résulte que le bornage en lui-même est un actes de simple administration, et que le tuteur peut le provoquer sans autorisation spéciale ; mais que si cette opération donne lieu à revendication de la part du mineur, la demande n'en peut être dirigée par le tuteur qu'après s'y être fait autoriser en conseil de famille; comme aussi, dans le cas où c'est par le voisin du mineur qu'est faite la revendication en conséquence du bornage, il faut que le tuteur se fasse autoriser pour acquiescer ou défendre à cette demande.

Puisqu'il faut avoir un droit quelconque de propriété dans un héritage, pour être fondé à le faire borner, on doit conclure que celui qui le possède à titre précaire, tel qu'un fermier, n'a pas qualité pour intenter l'action *finium regundorum*. Le fonds lui est loué dans l'état où il se trouve ; s'il est troublé dans la jouissance des objets compris en son bail, par des contestations relatives aux limites respectives, il n'a pas d'autre voie que celle de dénoncer le trouble à son bailleur, et de lui demander qu'il fasse borner. Un fermier, en effet, ou un locataire, ne peut agir qu'en vertu de son bail ; il ne peut donc réclamer que contre le bailleur par une action purement personnelle, et non pas contre un tiers qui ne lui a point souscrit d'obligation, et qui n'est tenu de connaître que le propriétaire de l'héritage affermé.

§ III.

Contre qui le bornage doit être requis.

Les principes qui règlent par qui le bornage peut être demandé, servent aussi à faire connaître contre qui l'action peut être donnée. Il est évident que pour répondre à pareille demande, il faut avoir un droit de propriété dans l'héritage contigu à celui qu'il s'agit de borner.

Si le défendeur n'est pas seul propriétaire de l'héritage, à l'occasion duquel il a été assigné, il agira prudemment s'il met en cause ses copropriétaires; comme aussi dès que le demandeur les connaîtra, il s'empressera de les appeler. Les deux parties ont un égal intérêt à faire l'opération en présence de tous les intéressés, afin que ceux qui n'y auraient pas été appelés ne puissent pas demander un autre bornage; ce qui serait onéreux aux uns et aux autres, puisque les frais de chacune de ces opérations sont supportées en commun par le demandeur et par le défendeur.

Pareillement, si le défendeur est usufruitier ou emphitéote, il sera utile de mettre en cause celui à qui appartient la nue propriété.

A la demande en bornage, dirigée contre un tuteur, celui-ci peut-il répondre sans y être autorisé par avis de parens?

Suivant *l'art.* 464 du Code civil, un tuteur, non-seulement ne peut pas intenter en justice une action relative aux droits immobiliers du mineur, sans autorisation du conseil de famille; mais encore cette autorisation lui est nécessaire pour répondre à une demande relative aux mêmes droits. Or, dit-on, l'action en bornage étant mixte, est immobilière sous un certain rapport; comment donc le tuteur peut-il procéder à l'opération qui lui est demandée, s'il n'est pas autorisé?

Ici s'applique tout ce qu'on vient de dire au paragraphe précédent, sur la question de savoir si le tuteur peut provoquer le bornage, sans y être autorisé par avis de parens. Ceux qui pensent que le tuteur peut faire borner les héritages du mineur, sans autorisation, croyent à plus forte raison que quand le bornage est requis par le voisin du mineur, le tuteur ne peut se dispenser d'y procéder, et qu'il ne lui faut pas d'avis de parens; et dans l'opinion contraire, les plus raisonnables conviennent que pour répondre à une demande en bornage, le tuteur n'a pas besoin d'autorisation; ils se fondent sur ce que, suivant *l'art.* 646, tout propriétaire peut être forcé par son voisin au bornage des héritages contigus. En effet, il serait bien inutile d'assembler le conseil de famille pour délibérer sur une demande à laquel il n'est jamais permis de se refuser. Si le mineur ne peut pas résister au partage provoqué par l'un des copropriétaires, et si en conséquence le tuteur peut y procéder sans avis de parens, comme le décide *l'art.* 465 du Code civil, à plus forte raison doit-il en être de même quand le simple bornage est demandé par un voisin du mineur.

Remarquez pourtant que si, par suite de l'opération, il est reconnu que le voisin a usurpé, et qu'il faille former contre lui une demande pour le forcer à restituer, le tuteur s'y fera autoriser par le conseil de famille. Dans le cas où l'usurpation se trouverait faite au profit du mineur, il faudrait un avis de parens pour autoriser le tuteur à acquiescer aux réclamations du voisin, ainsi qu'on l'a expliqué au paragraphe précédent.

§ IV.

Des formalités du bornage.

Le bornage est un contrat synallagmatique; il suffit pour sa validité, qu'il soit signé par les parties intéressées, dans la forme de toutes les conventions de même nature, puisque le Code civil ne l'a pas soumis à des formalités particulières. De là, il suit que l'on ne doit plus avoir égard aux dispositions coutumières qui exigeaient, avant le Code, qu'un bornage fut fait par autorité de justice: on ne doit recourir aux tribunaux que quand les parties ne sont pas d'accord; par exemple, lorsque l'une refuse de procéder au bornage, ou quand elles ne peuvent pas convenir d'experts.

Que doit-on décider s'il s'agit d'un bornage auquel un mineur est intéressé? Le tuteur peut-il procéder à l'amiable à cette opération, ou bien est-il nécessaire quelle soit dirigée par le tribunal?

Ce qu'on a dit plus haut sur la question de savoir si un tuteur peut procéder au bornage, sans y être autorisé par avis de parens, sert à se décider dans l'espèce proposée. Par le bornage n'est-il besoin que de fixer les véritables limites des héritages contigus, d'après les titres et l'arpentage, de manière que la juste étendue de chaque propriété soit reconnue sans aucune difficulté? une pareille opération, n'excédant pas les limites d'une simple administration, peut se faire à l'amiable par le tuteur, comme tout autre acte de simple gestion, tels que les beaux à fermes ou à loyers. Mais, si par l'action bornage on prétend, de part ou d'autre, reclamer des portions de terrain usurpé; en un mot, si à l'occasion du bornage, soit avant de le commencer, soit pendant l'opération; il s'élève quelque difficulté concernant des portions d'immeubles, il est évident, comme on l'a vu, que le tuteur ne peut pas procéder sans autorisation; et comme les délibérations du conseil de famille, en pareil cas, doivent être homologuées, on voit qu'alors le bornage doit être opéré par les ordres et sous les yeux de la justice.

Pour parvenir à faire un bornage à l'amiable, trois experts sont convenus entre les parties; à cet effet, il est naturel que chacune nomme le sien, en sorte qu'elles n'ont plus à s'accorder que sur le troisième. L'acte par lequel les parties nomment des experts, énonce les héritages dont il s'agit de marquer les limites, d'après les titres qui sont remis aux experts. En vertu de ce pouvoir, contenu dans cet acte synallagmatique signé par chacun des propriétaires, les experts procèdent d'abord à l'examen des titres, puis à l'arpentage des terres, ensuite à la reconnaissance des anciennes bornes s'il en existe; enfin à poser les bornes nouvelles. De leurs différentes opérations ils dressent procès-verbal, dans la forme qui sera expliquée dans la troisième partie de cet ouvrage.

Si leur rapport convient aux deux parties, soit qu'il ait été fait à l'unanimité, soit qu'il ne présente que l'avis de la majorité, elles passent un acte où elles s'obligent l'une envers l'autre à reconnaître pour bornes des héritages contigus, celles établies par les experts.

Quoique nous ne voyons aucune raison pour empêcher que l'acte de nomination d'experts, et celui qui adopte leur travail, soient faits sous signature privée, nous conseillons de passer ces sortes d'actes devant notaire ; ils consernent des propriétés immobilières dont il est toujours fort utile que les titres soient authentiques.

Il n'est pas besoin de dire comment se fait un bornage en justice. Celui qui le provoque assigne le propriétaire voisin, dans les formes prescrites pour toutes les demandes ordinaires. Le jugement qui intervient contient la nomination des trois experts, faite d'après le choix des parties, sinon d'office par le tribunal. Assignés en exécution de ce jugement, les experts prêtent serment, et procèdent tant en présence qu'en absence des parties, après qu'elles ont été dûment averties, et sur les seuls titres qu'elles leur ont remis. Cette procédure sera plus au long expliquée dans la troisième partie de cet ouvrage : on y verra comment le rapport des experts est déposé au greffe ; comment une expédition en est délivrée au requérant pour faire enthériner ce rapport. Le jugement qui adopte le travail des experts, est le titre en vertu duquel les parties sont tenues de respecter les bornes posées juridiquement pour la séparation de leurs propriétés voisines.

S'il paraît, par l'arpentage, que l'un des propriétaires possède une quantité de terre plus grande que celle énoncée par ses titres, tandis que l'autre propriétaire se trouve posséder moins de terrain qu'il n'en est indiqué par les siens, comment doivent opérer les experts ?

Lorsque la quantité qui excède d'un côté, se trouve égale à celle qui manque de l'autre, il n'y a aucune difficulté ; on rend à celui-ci ce que l'autre a de trop ; *qui majorem locum in territorio habere dicitur, cæteris qui minus possident, integrum locum assignare compellitur.* L. 7, ff. *fin. reg.*

Mais si l'un des propriétaires avait, au-delà de son contingent, plus de terrain qu'il n'en manque à l'autre, on ne prendrait pour remplir la part de ce dernier, que ce qui serait strictement nécessaire ; en pareil cas, l'excédant doit rester à celui qui le possède.

Supposons que ce qui excède d'un côté, ne suffise pas pour remplacer de l'autre; alors on donne à celui qui a moins, seulement ce qui se trouve de trop dans l'héritage contigu ; car, on n'est pas obligé de compléter, à son détriment, la portion de terrain qui paraît manquer à son voisin.

Au reste, ce qu'on vient de dire sur la justice qu'il y a, quand on procède au bornage, de prendre chez le propriétaire qui a trop, pour le donner au voisin qui a moins, ne peut avoir d'application au cas où celui qui possède au-delà de la quantité de terrain fixée par ses titres, invoque utilement la prescription ; car, cette manière d'acquérir est un titre légal. Ainsi, quand il serait prouvé que le terrain qui excède l'indication donnée par les titres de l'un, faisait réellement partie de l'héritage de l'autre; dès que le premier possède, non à titre précaire, depuis le tems nécessaire pour prescrire, il est aux yeux de la loi le vrai propriétaire de l'objet contesté. Par conséquent les bornes doivent se placer suivant l'état de la possession actuelle.

Il y a des bornes immuables, tels qu'une montagne, une rivière, un bois, un chemin public, un édifice, et autres objets dont la situation est invariable. Quand on manque de pareilles limites, on place des bornes mobiles; non pas qu'on néglige de les enfoncer dans la terre, mais elles sont ainsi appellées, parce qu'elles peuvent être déplacées par le simple travail de l'homme.

La forme des bornes mobiles varie selon les pays. Dans la plus grande partie de la France, on se sert de pierres d'une certaine grosseur, enfoncées en terre; tantôt il en excède une portion à l'extérieur, et tantôt elles ne sont point apparentes. Dans l'un et l'autre cas, pour qu'on ne croie pas que la pierre qui sert de borne, et qui assez souvent est brute, ne se trouve là que par hazard, on enterre autour de cette pierre d'autres pierres moins grosses, qu'on nomme témoins, parce qu'elles servent à faire reconnaître que la pierre principale est une borne. Dans certains pays, d'autres signes servent de témoins aux bornes.

Assez souvent, le bornage consiste à faire la reconnaissance des bornes indiquées par les titres et par les plans. Comme les bornes qui ne sont pas immuables, sont plantées principalement à la pointe de chacun des angles de la pièce de terre, l'opération des experts consiste à faire fouiller dans les places indiquées par les titres et le plan ; si les pierres trouvées sont déclarées être des bornes, l'opération est bientôt terminée ; il ne reste plus qu'à tirer une ligne d'une borne à l'autre, pour avoir la figure de la pièce de terre.

§ V.

Des frais de bornage, et des peines contre ceux qui déplacent des bornes.

Puisque le bornage est essentiellement utile aux deux propriétaires voisins, il doit se faire à frais communs : *Code civil, art.* 646.

Cette disposition ne souffre aucune difficulté quand ceux, dont les propriétés sont contiguës, s'occupent de concert à marquer les limites de leurs héritages. Mais, si le défendeur résiste, le demandeur qui a obtenu un jugement pour faire procéder au bornage, avance les frais nécessaires ; quand ensuite le rapport des experts est enthériné, et que les frais sont liquidés, il obtient contre son adversaire un exécutoire montant à la moitié des frais de l'opération.

Observez que les dépens occasionnés par la résistance du défendeur, c'est-à-dire, ceux qu'il a fallu faire pour obtenir jugement contre lui, sont supportés en totalité par celui qui succombe ; ces sortes de dépens ne sont pas compris dans les frais de l'opération, qui seuls doivent être payés en commun. Il en est de même des contestations qui surviennent pendant le bornage, ou à son occasion ; elles donnent lieu à des dépens que supportent les parties condamnées par les jugemens rendus sur ces mêmes contestations ; les seuls frais de l'opération sont payés en commun. En cas de difficulté, on fait taxer ces mêmes frais, selon les règles ordinaires, établies par le décret impérial du 16 février 1807, relatif à la procédure qu'il faut suivre pour la taxe des frais et dépens.

Il est si intéressant pour l'ordre social que les bornes mobiles soient respectées, que, de tout tems, des peines sévères ont été prononcées contre ceux qui osent les déplacer. On trouve dans le digeste un titre entier consacré à cette matière. Voyez *lib.* 41, *tit.* 21, *de termino moto.*

Par la loi du 28 novembre 1791, le déplacement des bornes a été mis au nombre des délits de police correctionelle; et comme tel, il doit être puni d'une amende, et d'une détention de plusieurs mois, indépendamment des dommages-intérêts dûs à la partie lésée. La détention du délinquant peut même être de deux ans, lorsqu'il est prouvé que son intention a été d'usurper une portion de l'héritage voisin.

ARTICLE V.

Du droit de clôture.

Avant le Code civil, il y avait des coutumes, dans lesquelles un propriétaire ne pouvait clorre qu'une portion déterminée de ses héritages, et cette portion variait selon les divers pays. Cette défense d'enclorre une plus grande quantité de terrain que ne le prescrivait la coutume, était fondée sur le droit que chacun des habitans d'une commune avait de faire paître ses animaux, sur les terres des autres habitans de la même commune. Quelquefois ce droit était réciproque entre les habitans de deux communes limitrophes. Bien entendu qu'on ne pouvait envoyer paître ses animaux que sur des terres en jachères, c'est-à-dire qui se reposaient, ou bien sur celles dont la récolte était faite.

Ce droit des habitans d'une commune d'envoyer leurs animaux sur leurs propriétés respectives, et même sur les propriétés des habitans d'une autre commune, qui ont réciproquement la même faculté, se nomme *parcours*. Il faut le distinguer du *pâturage*, qui est le droit que, par exemple, j'ai de faire paître des animaux sur le terrain d'un autre, sans que celui-ci ait un droit semblable sur mon héritage. Le parcours résulte d'une sorte de société établie par la loi entre les habitans d'une même commune, ou entre les habitans de deux communes voisines : *percursus est societas quædam inita pascendi pecudes suas, et eas pascendi in alterius domino ;* c'est la définition qu'en donne Ducange dans son glossaire. Le parcours suppose un droit respectif, établi entre plusieurs propriétaires, pour faire paître leurs bestiaux sur les terrains qui appartiennent aux uns et aux autres.

A l'égard du pâturage, c'est un droit dont un propriétaire est obligé de souffrir l'exercice sur son fonds, pour l'utilité des animaux d'un fonds voisin. De là, il suit que c'est une servitude ; et comme elle n'est pas imposée nécessairement par la nature, c'est une servitude volontaire qui suit les principes de toutes les servitudes de la même espèce, et qu'on expliquera au chapitre suivant.

Le parcours n'étant pas une servitude, nous ne pouvons pas en parler dans cet ouvrage, nous renvoyons aux lois qui composent le Code rural. Il nous suffit ici de faire voir comment des propriétaires qui participaient au parcours, ne pouvaient pas à volonté clorre leurs terres, puisque c'était évidemment les retirer de l'espèce de société formée pour le pâturage.

Le Code civil n'a point aboli le parcours, mais il a voulu établir un droit commun concernant la faculté d'enclorre les terres, afin de faire disparaître sur ce point la diversité des dispositions coutumières, qui permettaient aux propriétaires d'enclorre ici le quart, là le dixième, ailleurs d'autres portions plus ou moins grandes de leurs héritages. On a considéré que personne ne peut malgré lui rester en société, et que le droit sacré de propriété permet à chacun de faire de son bien ce qui lui plaît. En conséquence, *l'art.* 647 du Code civil, décide que tout propriétaire peut clorre son héritage, quand aucune servitude ne l'oblige pas à le tenir ouvert. Cette disposition qui est générale pour toute la France, et qui fait taire toutes celles des coutumes qui y sont contraires, est suivie d'une autre dont la justice est évidente : on voit dans *l'art.* 648 : que le propriétaire qui veut se clorre, perd son droit au parcours en proportion du terrain dont il prive la communauté.

Ainsi, lorsqu'un propriétaire, dans un pays où le parcours est établi, met en clôture la moitié, ou le tiers, par exemple, des terres qu'il possède dans la commune, il perd la faculté d'user du parcours pour la moitié, ou le tiers du nombre des animaux qu'il avait droit de faire paître sur les terres non closes des autres propriétaires. Par conséquent, si la totalité des terres d'un habitant était fermée par des clôtures, il perdrait en totalité le droit de participer au parcours.

Dans les communes où le parcours existe, combien d'animaux chaque habitant peut-il faire paître ? Sur ce point, le Code civil ne s'explique pas ; en conséquence on doit se conformer aux coutumes et aux usages particuliers de chaque localité. Il paraît que le droit commun est qu'un habitant peut user du parcours, pour autant de têtes d'animaux qu'il possède d'arpens de terre non fermés ; c'est donc cette règle qu'il faut suivre dans les lieux où, soit la coutume, soit l'usage, n'ont rien déterminé à ce sujet.

Pareillement, pour connaître les époques où il est permis et défendu d'envoyer paître les animaux sur les terrains assujétis au parcours, ainsi que pour savoir quels sont les animaux qui ne peuvent jamais être envoyés à cette sorte de pâturage, on doit observer les coutumes et les usages de chaque pays, en ce qui n'est pas contraire aux dispositions du Code rural.

Il nous reste à dire, sur cette matière, que la faculté de clorre les terres est limitée au cas où on est tenu, par l'effet d'une servitude, à les laisser accessibles. Voilà pourquoi *l'art.* 647 du Code civil, donne la liberté indéfinie de se clorre, sauf l'exception portée en l'*art.* 682 ; il y est parlé du droit de passage pour arriver à un fonds enclavé ; c'est-à-dire, qui n'a aucune issue sur la voie publique. On verra dans la seconde section de ce chapitre, que ce droit est une servitude nécessaire établie par la loi. Ainsi, l'héritage enclavé peut bien être fermé, puisqu'il ne doit rien aux autres ; mais les héritages qu'il faut traverser pour arriver à celui qui est enclavé, ne peuvent pas être totalement entourés de clôture ; la portion destinée au passage doit rester libre. Il en est de même d'un héritage qui a été assujéti volontairement à livrer passage pour arriver plus commodément à un autre héritage non enclavé; l'héritage servant ne peut pas être fermé au préjudice de la convention faite pour la commodité de l'héritage dominant.

Ce qui concerne, soit la manière dont on peut clorre son terrain, soit les clôtures qui sont mitoyennes, sera expliqué dans la section suivante.

SECTION II.

Des servitudes légales.

L'ordre social impose aux propriétaires, par rapport à leurs immeubles, des obligations respectives, autres que celles qui résultent de la nature et de la situation des lieux : c'est ainsi, par exemple, que l'écoulement des eaux du terrain supérieur sur l'inférieur est un effet nécessaire de la nature, tandis que la faculté de rendre mitoyen un mur qui ne l'est pas, trouve son principe dans les devoirs réciproques qui sont prescrits entre voisins par les lois du voisinage.

On nomme donc servitudes légales, les servitudes prédiales qui résultent nécessairement de l'état où se trouve un héritage par rapport à un autre, mais qui pourtant n'existe que par l'autorité de la loi.

Ces sortes de servitudes ont pour objet soit l'utilité publique ou communale, soit l'utilité des particuliers : *Code civil*, *art.* 649.

Une des servitudes établies pour l'utilité publique, concerne le marche-pied qu'un propriétaire est tenu de laisser sur le bord d'une rivière navigable ou flottable, lorsqu'elle baigne ou traverse son héritage. Les servitudes qui ont pour objet la construction ou les réparations des chemins et monumens publics, sont dans la même classe : on peut donner pour exemple de cette espèce de servitude, celle qui consiste à laisser tirer du sable ou des pierres dans un héritage pour des travaux publics. Si les travaux n'intéressent que la commune, ce sera une servitude légale, ayant pour objet l'utilité communale : *Code civil*, *art.* 650.

Tout ce qui regarde les servitudes légales motivées sur l'intérêt public ou communal, est déterminé par des lois ou règlemens particuliers qui tiennent au droit public, et non pas au droit privé qui est l'unique objet du Code civil. *Ibid.*

Par exemple, c'est dans les lois et les règlemens sur la navigation, que l'on voit les caractères auxquels on reconnaît qu'une rivière est navigable ou flottable, et par conséquent si chaque propriétaire riverain doit abandonner du terrain pour le marche-pied. Pareillement dans les lois et règlemens relatifs aux travaux publics, aux mines, aux canaux, on trouve à quoi sont assujétis les héritages qui peuvent y servir. Les lois et règlemens qui concernent les droits et l'administration des communes, disent également ce que les propriétaires de fonds sont obligés de souffrir pour les ouvrages utiles à chaque commune, tels que les chemins vicinaux. Suivant l'*art.* 652, d'autres obligations qui dérivent du voisinage, sont reglées par les lois de la police rurale.

Nous ne nous occuperons ici que des engagemens que fait naître le voisinage entre propriétaires, uniquement pour leurs intérêts particuliers : ce sont les seuls dont s'occupe le Code civil. Ils concernent 1°. les murs mitoyens ; 2°. les précautions à prendre pour certaines constructions ; 3°. les vues sur les propriétés voisines ; 4°. l'égout des toits ; 5°. les fossés mitoyens ; 6°. les haies mitoyennes ; 7°. les plantations près d'un héritage voisin ; 8°. le droit de passage. On va expliquer ces divers objets dans les huit articles suivans.

ARTICLE PREMIER.

Des murs mitoyens.

Ce que nous avons à dire sur cette matière fort étendue, se divise en treize paragraphes qui expliquent, 1°. quels murs sont mitoyens ; 2°. à quelles marques on reconnaît la mitoyenneté d'un mur ; 3°. aux frais de qui est l'entretien du mur mitoyen ; 4°. comment se fait l'évaluation des frais d'entretien ; 5°. quand on peut exiger la contribution à l'entretien ; 6°. comment on peut se dispenser de contribuer à l'entretien; 7°. quel usage on peut faire d'un mur mitoyen; 8°. ce qui concerne l'exhaussement de ce mur; 9°. comment un mur qui n'est pas mitoyen peut le devenir; 10°. comment s'acquiert la mitoyenneté de l'exhaussement d'un mur, qui n'est mitoyen que jusqu'à une certaine hauteur; 11°. quand on peut forcer un voisin à faire une clôture à frais communs; 12°. comment sont supportées les réparations d'une maison, dont les divers étages appartiennent à des propriétaires différens; 13°. ce que deviennent les servitudes, quand on reconstruit le mur mitoyen.

§ Ier.

Quels murs sont mitoyens.

On appelle mur mitoyen, le mur qui sépare deux héritages contigus, et qui appartient en commun aux propriétaires des deux héritages. Pour entendre les obligations que le voisinage impose, relativement aux murs mitoyens, il faut considérer qu'un héritage est borné, ou par un autre héritage, ou par un objet qui ne fait pas partie de l'héritage voisin, tel qu'un chemin, une rivière. Si le propriétaire ferme son héritage par un mur du côté du chemin ou de la rivière, il est évident que cette clôture n'appartient qu'à lui seul, et que le voisin, de qui il est séparé par le chemin ou la rivière, ne peut jamais acquérir droit de communauté en un pareil mur. En effet, ce voisin ne pourrait profiter de ce mur pour y appuyer quelque chose, qu'en obstaclant l'air qui est au-dessus du chemin, ce qui est prohibé par les lois de police.

Quand l'héritage touche immédiatement au fonds voisin, le propriétaire peut placer son mur de clôture, soit sur le bord extrême de son terrain, soit en laissant une espace quelconque pris sur son fonds, entre sa clôture et le terrain voisin. Dans le premier cas, il est évident que le mur appartient en entier à celui qui l'a fait construire à ses dépens sur son propre héritage. Mais, ce mur pourra devenir la propriété commune des deux voisins, si celui sur le terrain duquel il n'est pas construit veut acquérir le droit d'en faire usage; c'est une servitude imposée par la loi, et motivée sur la contiguité qui existe entre le mur et le terrain voisin, comme on le verra par la suite.

Cette contiguité n'existe pas, lorsqu'entre le mur de clôture et l'héritage voisin, il a été laissé une portion quelconque de terrain; alors, le mur n'est pas susceptible de devenir commun par l'effet du voisinage, comme dans le cas précédent; le voisin dont l'héritage ne touche pas immédiatement au mur, ne peut pas exiger qu'on lui vende la faculté d'en faire usage.

De là, il résulte que ce qui est réglé, par les lois du voisinage, concernant les murs mitoyens, ne s'entend que d'un mur qui touche les confins de deux héritages qu'il sépare, c'est-à-dire, dans le langage des praticiens, d'un mur joignant sans moyens. A l'égard d'un mur joignant deux héritages avec moyens, c'est-à-dire, d'un mur au-delà duquel est un espace quelconque qui l'empêche de toucher immédiatement à l'héritage voisin, il ne se trouve jamais dans le cas d'être mitoyen.

Peu importe que cet espace soit un chemin, ou un ruisseau public, ou un terrain appartenant au propriétaire du mur.

Chez les Romains, le voisinage n'imposait pas la nécessité de rendre mitoyen un mur qui séparait deux héritages; les propriétaires qui voulaient bâtir étaient tenus en conséquence de laisser un espace de deux pieds et demie, entre leurs murs et le terrain du voisin, soit que ce dernier eût lui-même une clôture, soit qu'il n'en eût pas. De là vient que dans la plupart des lois, les maisons sont appelées îles; car, les bâtimens étaient la plupart isolés les uns des autres; ils ne se touchaient pas, et les murs de séparation n'étaient communs entre deux voisins, que quand il y en avait une convention spéciale.

Nous voyons aussi parmi nous des bâtimens très-voisins les uns des autres, et qui sont séparés par un espace; c'est ce qui arrive lorsque celui qui a bâti le premier, a laissé du terrain au-delà de son mur. Il en est résulté que pour construire le bâtiment voisin, on n'a pas pu acquérir la mitoyenneté. Par conséquent, il a fallu faire un autre mur;

de sorte que les deux bâtimens se trouvent séparés par une espace que l'on nomme *tour d'échelle* ou *échellage*, et quelquefois *ceinture*.

Cependant, de tous tems nos lois ont établi comme chose utile au public et aux propriétaires, que tout mur pût être placé sur l'extrêmité de l'héritage, de manière à toucher sans moyens l'héritage voisin. Celui qui n'a aucun droit dans le mur de séparation n'est pas lézé par un pareil usage; parce qu'il peut acquérir, quand il lui plaît, la communauté à ce même mur, sous les conditions dont on parlera au neuvième paragraphe.

Souvent il arrive que deux propriétaires voisins font construire à frais commun le mur de séparation; alors, moitié de son épaisseur est placée sur le terrain de l'un, et moitié sur le terrain de l'autre. Il est assez évident en pareil cas, que le mur appartient aux deux propriétaires voisins. Observez même que dans les villes et faubourgs, un propriétaire peut toujours forcer son voisin à contribuer aux frais du mur de séparation; c'est ce qu'on expliquera par la suite.

Ainsi, d'abord un mur ne peut être mitoyen que quand il joint sans moyens les deux héritages. En second lieu, pour qu'un mur ainsi placé, appartienne indivisément aux deux voisins, il faut, ou qu'ils l'aient fait construire à frais commun, ou que l'un des voisins en ait acquis la mitoyenneté, de celui par qui ce mur a été construit.

La communauté des murs est si favorable en France, qu'on présume toujours qu'elle existe, à l'égard d'un mur joignant sans moyens deux héritages contigus, à moins que le contraire ne soit prouvé. Le Code civil, *art.* 653, dit que dans les villes et dans les campagnes, tout mur servant de séparation entre bâtimens jusqu'à l'héberge, ou entre cours et jardins, et même entre enclos dans les champs, est présumé mitoyen, s'il n'y a titre ou marque du contraire. Par cette disposition, la présomption est que le mur de séparation n'a été fait à frais commun, ou que l'un des voisins n'en a acheté la mitoyenneté que pour la portion dont il avait besoin. C'est ce qu'expriment les mots, *jusqu'à l'héberge*, c'est-à-dire, jusqu'à la hauteur des bâtimens appuyés sur le mur de séparation.

Si donc, les constructions que soutient le mur d'un côté et de l'autre, sont égales en hauteur et longueur, la mitoyenneté est supposée exister pour la totalité du mur. Si les bâtimens que l'un des voisins appuie sur le mur de séparation en couvrent toute la longueur, et seulement moitié de la hauteur, ce voisin ne sera réputé avoir la mitoyenneté que de la moitié du mur. Si les constructions d'un voisin, en ne s'élevant qu'à la moitié de la hauteur du mur, n'occupaient que la moitié de la longueur, son droit à la communauté ne comprendrait que le quart de ce mur, c'est-à-dire, la moitié de la hauteur sur la moitié de la longueur. En un mot, la présomption de droit n'attribue de mitoyenneté au voisin, qu'en proportion de la surface prise sur le mur de séparation, pour appuyer son bâtiment.

Cette explication s'entend, quand un propriétaire use d'une portion de mur, plus grande que celle utilisée par le voisin, tout le mur appartient au premier, sauf la portion qui sert au second, et qui, à cause de cela, est mitoyenne. Mais, supposons que le mur de séparation excède également les constructions faites des deux côtés, que faudra-t-il décider relativement à la partie de mur qui excède?

Il nous paraît conforme à l'esprit de la loi de se déclarer pour la communauté du mur entier, s'il n'y a titre ni marque pour attester la non mitoyenneté de la portion de mur qui excède les bâtimens.

Quand le mur qui fait contestation sert simplement de clôture, sans construction ni d'un côté, ni de l'autre, la mitoyenneté est également présumée en vertu de la loi, à moins que le contraire ne soit prouvé; c'est ce que décide expressément l'art. qu'on vient de citer. Qu'arriverait-il si ce mur avait une hauteur plus grande que celle réglée pour les clôtures ordinaires? Pour décider si ce qui excède la mesure prescrite est mitoyen ou non, on consulte, soit les titres, soit les marques offertes par le mur lui-même; et si l'on n'y voit aucun motif de détermination, la faveur de la mitoyenneté doit l'emporter; le mur est déclaré commun dans toute sa hauteur.

§ I I.

A quelles marques on reconnaît qu'un mur n'est pas mitoyen.

La présomption qui fait regarder comme mitoyen un mur joignant sans moyens deux héritages, cesse lorsque le contraire est attesté par les titres. Cette décision est conforme aux principes sur les présomptions de droit; elles ne servent qu'à défaut de titres. Mais, ce qui est particulier à la matière que nous traitons, c'est que les titres peuvent être remplacés par certaines marques qui se trouvent aux murs de séparation.

On prouve que la mitoyenneté n'existe pas lorsque la sommité d'un mur est droite d'un côté, et à plomb de son parement; tandis que de l'autre cette même sommité présente un plan incliné. *Code civil, art.* 654.

Par l'effet que produit le haut d'un mur terminé comme on vient de le décrire, les eaux qui tombent sur l'épaisseur du mur coulent nécessairement le long du plan incliné, et par conséquent sur l'héritage qu'il regarde. Or, on présume que le propriétaire de cet héritage a seul construit le mur; si le voisin y avait contribué, le mur aurait été terminé par un chaperon à deux pentes, pour jetter les eaux autant d'un côté que de l'autre. *ibid.*

Non-seulement, le mur n'est pas réputé mitoyen, lorsqu'il n'est chaperonné que d'un côté, comme on vient de l'expliquer, mais encore lorsqu'on y a mis en le construisant, des filets ou des corbeaux de pierre d'un seul côté; dès-lors, le mur est censé appartenir au seul propriétaire dont les filets ou corbeaux regardent l'héritage. *ibid.*

Il est bon d'observer que la loi n'exige aucune preuve, et n'indique aucune marque, pour constater la mitoyenneté d'un mur; car, cette mitoyenneté est présumée exister de plein droit. Il n'est donc besoin de preuves, que pour détruire cette présomption. Or, les preuves que la loi admet sont d'abord les titres, et à leur défaut certaines marques présentées par le mur lui-même; ces marques sont de trois espèces, la première est le chaperon à une seule pente, tournée du côté de l'héritage du réclamant ; la seconde consiste dans des filets de pierre, construits avec le mur, et placés du côté de celui qui prétend avoir la propriété du mur entier. Ces filets prennent différens noms, selon les formes qui leur sont données par les architectes ; tantôt ce sont des corniches, tantôt des larmiers, tantôt des cordons, tantôt des plaintes. Voilà pourquoi la loi se sert du mot filet pour exprimer en général tout ce qui forme ligne saillante sur une des faces du mur.

Enfin, pour troisième espèce de marque, la loi désigne des corbeaux ; ce sont des pierres en saillie, placées de distance en distance dans le mur, du côté de celui qui les invoque comme des témoins de son droit exclusif à la propriété du mur.

L'une de ces marques suffit pour opérer la preuve de la non mitoyenneté. Ainsi, quand même le mur aurait un chaperon à double pente, il n'en serait pas moins considéré comme n'étant pas mitoyen, s'il présentait un filet, ou bien des corbeaux de pierre d'un seul côté. Pareillement un mur chaperonné à double pente, avec des filets des deux côtés cesserait d'être réputé mitoyen, s'il présentait des corbeaux d'un seul côté.

Il y avait des coutumes qui admettaient d'autres marques, pour attester, soit la mitoyenneté, soit la propriété non commune du mur de séparation ; on demande s'il faut suivre leurs dispositions à cet égard.

La négative n'est pas douteuse ; car, le Code civil ne permet de consulter les coutumes que dans les circonstances qu'il indique, ou du moins dans certains cas qu'il n'a pas prévus. Ici, sa décision est claire et sans exception ; il faut donc la suivre dans toute la France, sans se permettre de l'interpréter par les coutumes.

Ainsi, par exemple, l'article 124, de la coutume d'Orléans, porte que si des corbeaux de pierres saillantes sont arrondis en-dessous, ils attestent que le mur est commun ; tandis que si les corbeaux sont arrondis en-dessus, il en résulte que le mur n'est mitoyen que jusqu'à la hauteur de ces marques. Une pareille disposition est contraire à celle du Code civil, qui ne distingue pas si les corbeaux sont arrondis en-dessus, ou en-dessous ; il n'admet pas non plus des marques pour attester la mitoyenneté, qui est en général l'état présumé de tout mur de séparation. Il faut donc invoquer des marques dans le seul cas où on veut prouver qu'un mur n'est pas mitoyen; car, sans marques et sans titres, la mitoyenneté existe de plein droit. Pareillement, s'il y a des corbeaux en saillie dans un mur de séparation, peu importe qu'ils soient arrondis en-dessus ou en-dessous; ils annoncent la propriété entière de ce mur, en faveur de celui dont ils regardent l'héritage.

Ce que disent de contraire les coutumes, ne peut donc plus servir que pour les constructions faites avant la publication du Code.

On demande si les marques n'étant pas placées au haut du mur, il en résulte que la portion qui leur est inférieure est seule mitoyenne, et que celle qui leur est supérieure n'est pas en commun. Cette question ne convient évidemment qu'aux murs ou portions de mur qui ne supportent point de bâtimens; car, quand des bâtimens sont appuyés de part et d'autre contre un mur, il appartient aux deux propriétaires, dans les proportions indiquées au § précédent. Si ce mur excède les bâtimens et qu'il y ait des filets ou des corbeaux d'un seul côté, on décidera que le seul maître de cet excédant est le propriétaire du côté duquel sont placées les marques. A l'égard du cas où le mur de séparation ne fait partie d'aucun bâtiment, c'est aussi par les marques, à défaut de titres, qu'on pourra connaître à qui il appartient exclusivement. Mais, doit-on faire attention à la hauteur où sont placées les marques, soit dans un mur entier, soit dans une portion de mur excédant les bâtimens?

Si la marque de non communauté consiste dans la sommité du mur, qui ne se trouve chaperonnée qu'à une seule pente; ou bien, si, le chaperon étant à deux pentes, un filet règne d'un seul côté comme servant de bord au chaperon, il n'est pas douteux que le mur ou la portion de mur en litige, appartienne en totalité à la personne dont la marque regarde l'héritage.

Mais, s'il y a un filet ou des corbeaux placés de manière que le mur les excède, par exemple, de moitié ou du tiers; faut-il en conclure que le mur appartient tout entier au propriétaire du côté duquel se trouvent les marques? Ou bien, faut-il décider que le mur est mitoyen depuis le bas jusqu'aux marques, et qu'il cesse de l'être pour la portion qui s'élève au-dessus des marques?

Le Code civil ne dit autre chose, sinon que la propriété du mur non mitoyen est présumée appartenir au voisin dont les marques regardent l'héritage. De là, quelques personnes pensent que les marques indiquent la non mitoyenneté du mur entier; la loi n'ayant fait aucune distinction relative aux places qu'occupent les marques dans le mur, on ne doit pas diminuer leur effet, sous prétexte qu'elles sont posées ou plus haut ou plus bas.

Nous croyons que le silence du Code civil sur la place des marques dans le mur, laisse toute faculté de suivre les usages des lieux. Ainsi, dans les pays où la place des filets et corbeaux annonce que telle portion du mur est commune, tandis que l'autre portion ne l'est pas, on doit continuer de donner la même interprétation à ces marques.

Bien plus, dans les pays où l'usage n'est pas constant sur ce point, il nous semble que, suivant l'esprit du Code civil, on doit considérer le placement des filets et corbeaux, afin de reconnaître ce que le mur a de mitoyen. En effet, la mitoyenneté est l'état présumé de tout mur de séparation; il faut des titres ou des marques pour prouver le contraire. De là, il suit que les marques établissant une exception au droit commun, il ne faut pas les interpréter dans le sens le plus étendu; en conséquence, il paraît conforme à l'intention de la loi de déclarer la non mitoyenneté d'un mur, seulement pour la portion qui s'élève au-dessus des marques; autrement on ne pourrait pas expliquer pourquoi les filets et corbeaux se trouvent dans certains murs à telle hauteur plutôt qu'à telle autre. Dailleurs, puisque des marques dans un mur sont admises pour servir de titre, et que souvent la communauté du mur n'a lieu que pour portion, il est naturel de faire exprimer par les marques, ce qui serait écrit dans un titre, c'est-à-dire, si le tout ou seulement portion du mur, est une propriété exclusive.

Observez que les filets et corbeaux doivent être en pierres; il serait trop facile de les figurer furtivement en plâtre, et de priver ainsi le voisin de son droit de communauté dans le mur. En un mot, il faut que l'on ait la certitude que ces marques ont été placées en construisant le mur; leur témoignage ne serait point reçu, s'il paraissait qu'elles ont été incrustées postérieurement à la construction.

§ III.

Aux frais de qui est l'entretien d'un mur mitoyen.

Lorsqu'un mur de séparation n'est pas mitoyen, il ne peut pas y avoir de difficulté quand il s'agit de le réparer; celui à qui appartient le mur, et qui seul a droit de s'en servir, doit seul en supporter les charges. Ainsi, les lois du voisinage n'ont dû parler des réparations des murs, que pour le cas où ils sont mitoyens, afin de régler pour quelle portion chaque voisin doit contribuer à leur entretien et à leur reconstruction.

Il est de principe que l'un des propriétaires d'un objet qui appartient à plusieurs, a le droit de forcer ses associés à faire avec lui les dépenses nécessaires à la conservation de la chose commune. Or, par le seul fait de la mitoyenneté d'un mur, il devient la propriété des deux voisins; de cette communauté naît l'obligation où ils sont de veiller à sa conservation, et de le réparer ou même de le reconstruire à leurs frais, chacun en proportion de son droit à la communauté de ce mur. *Code civil*, *art.* 655.

Si donc le mur n'est mitoyen que pour la moitié, et que l'autre moitié appartienne exclusivement à l'un des voisins; celui-ci entretiendra seul cette moitié, dont il est l'unique propriétaire. A l'égard de la moitié qui est en communauté, chaque voisin y contribuera par égale portion; en sorte que dans le cas proposé, un des voisins aura à sa charge les trois quarts du mur; tandis que l'autre voisin n'en payera qu'un quart.

Le mur de ma maison est mitoyen pour un tiers de sa longueur avec un premier voisin, pour un autre tiers avec un second voisin, et enfin pour le dernier tiers avec un troisième voisin; la moitié des frais de la réparation ou de la reconstruction de ce mur, sera supportée par moi, et la dépense de l'autre moitié sera divisée par égales portions entre mes trois voisins.

Pareillement, si la partie de mur qui me sépare d'avec l'un de mes trois voisins, est la seule qui ait besoin d'être réparée ou reconstruite, la dépense en sera faite à frais communs entre ce même voisin et moi.

Observez que les réparations ou reconstructions qu'il faut répartir entre les voisins, proportionnellement à leur droit dans la communauté du mur, sont uniquement celles qui sont occasionnées par la vétusté, ou par quelqu'accident qui ne provient pas de la faute d'un des propriétaires. En effet, lorsque le mur est dégradé, ou entièrement ruiné par le fait d'un des voisins, par exemple, pour avoir été souvent froissé par ses voitures, ou par celles qui sont venues chez lui; celui-ci doit seul supporter la dépense des réparations ou de la reconstruction, dépense qui n'aurait pas eu lieu s'il avait su prendre des moyens suffisans pour garantir le mur. A cet effet, l'autre propriétaire peut former son action, pour forcer celui qui doit réparer le mur à y mettre des ouvriers. Si le défendeur prétend n'être pas l'auteur des dégradations, ou qu'elles n'existent pas, ou qu'elles ne sont pas telles que le demandeur les exige, on fait constater l'état du mur par des experts. Ils donnent un détail estimatif des réparations, s'il s'en trouve de nécessaires; et ils déclarent en même-tems qu'elles proviennent du fait de l'un des voisins, ou d'une cause qu'on ne peut imputer ni à l'un, ni à l'autre. D'après le rapport des experts, il est ordonné que les réparations qui y sont décrites seront supportées, soit par l'un des voisins, si elles proviennent de son fait particulier, soit à frais communs et dans la proportion du droit de chacun, si elles ont pour cause ou la vétusté, ou un accident dont aucun d'eux n'est responsable.

Si l'un des propriétaires est seul condamné à faire des réparations, et qu'il ne les fasse pas dans un certain délai qui lui est fixé, son voisin pourra y faire travailler en vertu du jugement. En conséquence, sur la représentation des quittances des ouvriers, exécutoire lui sera délivré pour le montant des sommes qu'il aura payées, conformément aux détails exprimés dans le rapport des experts.

Dans le cas où, soit la réparation, soit la reconstruction du mur mitoyen est déclarée une dépense commune, le demandeur est autorisé à passer seul les marchés avec les ouvriers, si, après y avoir appelé le défendeur, il ne se présente pas. Le même jugement ordonne que sur le vû des quittances des ouvriers, il sera délivré au demandeur exécutoire pour la somme à laquelle doit contribuer le défendeur.

§ IV.

Comment s'évalue la contribution à l'entretien du mur mitoyen.

Quand un voisin ne renonce pas à la communauté d'un mur, il est contraint, ainsi qu'on l'a dit, de contribuer aux réparations, ou à la reconstruction, en proportion de son droit à ce mur. Si les parties ne sont pas d'accord sur quelques circonstances, ont fait visiter les lieux par des experts; ils suivent certaines règles pour évaluer la portion de chaque voisin, dans la dépense que doit occasionner la réparation d'un mur mitoyen.

La première règle, comme on l'a dit, est que chacun contribue au prorata de son droit à la communauté du mur. Si donc la mitoyenneté ne s'étend qu'au tiers, ou au quart du mur, ce qui se voit par les titres ou par les marques, le tiers ou le quart des frais est payé en commun par égales portions; le surplus est supporté par celui à qui appartient la portion de mur qui n'est pas mitoyenne.

La seconde règle est que celui des propriétaires qui veut reconstruire le mur dans des dimensions plus fortes, doit prendre sur lui cette dépense; le voisin n'est obligé qu'à souffrir le travail. Néanmoins, celui qui fait la construction est tenu de garantir et indemniser ce voisin, de tous les accidens qui pourraient arriver à ce dernier. Si donc les bâtimens du voisin ont besoin d'être étayés pendant les travaux, c'est à celui qui les fait à se charger des étayemens.

Ce qu'on vient de dire a lieu quand le mur mitoyen qu'il s'agit de reconstruire est encore bon pour l'usage auquel il a été consacré jusqu'alors; car, il est juste qu'un propriétaire ne soit pas entraîné dans des dépenses que son voisin seul trouve utiles. Mais, si le mur mitoyen était caduc et entièrement corrompu, l'un des deux voisins aurait la faculté d'en provoquer la reconstruction à frais communs.

Le mur caduc ayant de plus faibles dimensions qu'il n'est d'usage dans le pays, on demande si l'un des voisins a droit d'exiger que la reconstruction se fasse dans les dimensions ordinaires. Il y a des personnes qui croient que le mur doit être reconstruit comme il était.

Cette décision ne paraît pas devoir être adoptée, parce que les dimensions d'usage, dans chaque pays, sont établies pour la durée des bâtimens et pour la sûreté publique. Il serait donc contraire aux devoirs d'un bon voisinage, de se refuser à reconstruire un pareil mur selon les règles ordinaires, quand même il aurait été originairement élevé dans des dimensions plus faibles.

Si le mur mitoyen avait des dimensions plus fortes que celles d'usage, ou s'il avait été établi avec des matériaux plus précieux que ceux qu'on a coutume d'employer, serait-on obligé de le refaire suivant les dimensions qu'il avait, et avec des matériaux de même nature? On pense pour l'affirmative. En effet, d'après l'existence ancienne de la construction, on peut supposer qu'il y a eu convention entre les voisins, pour établir un mur plus solide et plus dispendieux que ceux qui se font ordinairement. L'un des voisins qui exigerait que le mur ne fût reconstruit que suivant les règles d'usages, ne réussirait donc pas. La communauté d'un mur étant présumée, tant que le contraire n'est pas prouvé, on a droit de soutenir que si le mur a été construit dans de plus fortes dimensions, et avec des matériaux plus précieux qu'il n'est d'usage, c'est par suite d'une convention suffisamment attestée par le mur lui-même.

Au reste, quand on a déterminé de quelle manière un mur mitoyen, qui est caduc, doit être reconstruit, chacun doit y contribuer selon sa part dans la communauté de ce mur; et si l'un des deux voisins voulait que le mur neuf fût construit plus épais, ou plus long, ou plus haut, ou avec des matériaux plus chers, il faudrait que l'excédant de la dépense fût à sa charge. Le prix qu'aurait coûté le mur, s'il avait été reconstruit suivant le rapport des experts, est le seul pour lequel les copropriétaires doivent contribuer, chacun en raison de sa part dans la mitoyenneté. Par conséquent, celui qui ne tire aucune utilité de la plus grande force ou de la plus grande dimension donnée au mur, ne doit supporter, sans indemnité, que la portion des embarras et des dépenses accessoires qu'il aurait eu à souffrir, si le mur eût été reconstruit sans augmentation.

Supposons donc que ce voisin ait des bâtimens adossés au mur qu'on refait avec une épaisseur beaucoup plus forte qu'elle n'était; la dépense des étayemens, par exemple, n'en est pas plus considérable. Mais, cet excédant d'épaisseur fait durer les travaux plus de tems qu'il n'en faudrait, si l'on suivait les anciennes dimensions; il est dû alors des indemnités au voisin, pour la prolongation d'embarras qui le fait souffrir au-delà de ce qu'il devait s'y attendre, soit dans son commerce, soit à raison de ses locations.

Si un des propriétaires du mur qu'il s'agit de reconstruire, avait fait des embélissemens de son côté, soit en peinture, soit en sculpture; on demande s'ils seraient rétablis à frais communs.

On répond que si le mur est reconstruit parce que l'un des propriétaires en a causé la chûte, ou parce qu'il ne le trouve pas assez fort pour son usage, celui-ci doit supporter seul la dépense totale du mur, et en outre réparer les torts qu'il cause à son voisin; par conséquent il sera tenu de rétablir les embélissemens.

Il n'en serait pas de même si la reconstruction du mur était nécessitée par la vétusté, ou par un accident, dont aucun des propriétaires ne serait l'auteur : le mur seul serait refait à frais communs, et chacun supporterait les pertes et les embarras qui lui seraient particuliers, et qui seraient une suite de l'accident. Ainsi, le rétablissement des ornemens serait à la charge de celui à qui ils appartenaient; comme aussi chacun ferait étayer de son côté, selon qu'il en serait besoin, sans que ces dépenses pussent être partagées.

Un propriétaire a élevé un bâtiment sur un mur mitoyen, le croyant assez fort pour supporter cette charge. Au bout de quelques années, ce mur est écrasé par le bâtiment; on demande si le propriétaire de ces constructions nouvelles doit rétablir seul tout le mur de séparation.

Il faut savoir si celui qui a construit sur le mur, a payé à son voisin une indemnité pour raison de la surcharge, comme le prescrit le Code civil, dans l'*art.* 658, dont on parlera par la suite. Dans le cas où cette indemnité n'a pas été acquittée, quelques personnes prétendent que la chûte du mur mitoyen ayant été occasionnée par la charge des bâtimens, celui à qui ils appartiennent doit seul réparer le tort qu'ils ont causé.

D'autres pensent, avec plus de raison, que cette décision est trop rigoureuse. Sans doute que celui qui appuye sur un mur, un poids disproportionné à la force de ce mur, est cause de l'écroulement, et doit supporter la peine de son imprudence; mais il ne serait pas juste qu'il fût tenu de fournir un mur neuf, à la place d'un mur qui peut-être avait déjà passé les deux tiers de sa durée, lorsqu'il a été chargé d'une nouvelle construction. Le propriétaire qui n'a pas eu la précaution de consolider le mur avant de s'en servir, n'est tenu envers son voisin que de réparer le préjudice occasionné; il ne doit donc supporter seul que la perte qu'il fait éprouver à ce voisin, en le forçant à contribuer au mur, avant le tems où il en aurait été besoin. Des experts alors apprécient ce dommage, en raison du tems que le mur aurait pû encore durer sans la surcharge; et la somme qu'ils fixent pour cette indemnité, est payée, par le propriétaire imprudent, en outre de sa part des frais communs, et en diminution de celle de son voisin.

Si l'indemnité de surcharge a été payée, il semble que le propriétaire qui a bâti ait acheté le droit d'accélérer la vétusté du mur; par conséquent, il ne paraît pas que, quand l'écroulement arrive, il soit dû aucun dédommagement pour un évènement qui a été prévu, et dont l'indemnité a été payée d'avance.

La reconstruction, dans ce cas, semble donc devoir s'opérer à frais communs, sans en faire supporter une plus forte part à celui qui a surchargé le mur.

Quelque raisonnable que paraisse cette opinion, il serait plus juste d'examiner si l'indemnité qui a été payée lors de l'élévation des bâtimens sur le mur mitoyen, est suffisante, eu égard au tems qu'a duré le mur depuis la surcharge qu'on lui a fait supporter. En effet, cette indemnité de surcharge peut avoir été évaluée fort légèrement; on peut s'être trompé sur la force présumée du mur; le propriétaire qui a bâti, a pu faire des constructions plus pesantes que celles qu'il avait projettées. A raison de ces différentes circonstances, l'écroulement du mur peut être arrivé beaucoup plutôt qu'on ne devait s'y attendre. Nous pensons donc qu'il faut faire décider par des experts, si, nonobstant l'indemnité de surcharge payée d'avance par le propriétaire qui a bâti sur le mur, ce dernier ne doit pas supporter dans la reconstruction une plus forte portion que celle dont il est tenu, proportionnellement à son droit de communauté au mur; ils diront à quoi se monte le supplément d'indemnité, s'il en est dû.

§ V.

Quand peut-on exiger la réparation, ou la reconstruction d'un mur mitoyen?

Un mur mitoyen est dans le cas d'être réparé lorsque, par quelque cause que ce puisse être, il se trouve dégradé, de manière à porter même la plus légère atteinte à la solidité du mur. Les hommes de l'art sont toujours consultés sur de pareils faits, quand il s'élève à ce sujet des contestations; leur avis alors est d'autant plus utile, que le plus souvent il faut, non-seulement désigner les réparations nécessaires, mais encore déterminer la manière dont chaque espèce de réparation doit être exécutée, et fixer les prix de chacune.

En général, un mur mitoyen doit être réparé quand il s'y trouve des lézardes, soit d'un côté, soit de l'autre; quand il manque de crépi en quelques places, tant sur une face que sur l'autre; quand le chaperon est endommagé en quelques une de ses parties; quand une ou plusieurs des pierres qui forment le mur viennent à se déplacer; quand le mur déverse, c'est-à-dire quand il penche d'un côté; quand il présente des renflemens soit d'un côté, soit de l'autre. Au reste, on le répète, lorsque les copropriétaires ne sont pas d'accord, sur l'existence ou la nature des réparations nécessaires pour conserver un mur en bon état, on doit le faire examiner par des experts, qui, selon une infinité de circonstances diverses et d'après la localité, reconnaissent s'il y a lieu à réparer, et indique les ouvrages à effectuer.

A l'égard de la reconstruction d'un mur mitoyen, on peut dire la même chose. Si les parties ne s'accordent pas à le regarder comme caduc, c'est aux gens de l'art à décider. Il est certain d'abord que quand le mur mitoyen est tombé, l'un des propriétaires a droit d'exiger qu'il soit rétabli.

En second lieu, lorsqu'il est corrompu, c'est-à-dire, tellement mauvais qu'il ne peut plus servir à l'usage auquel il est destiné, il doit être refait. Les signes auxquels on reconnaît qu'un mur est corrompu varient selon la nature de ses matériaux, selon son épaisseur et son élévation, et selon l'usage auquel il sert. Un mur de clôture, par exemple, fait dans les dimensions ordinaires, doit être en plus mauvais état pour être condamné à la démolition, que s'il était d'une plus grande élévation avec la même épaisseur. Pareillement, il faut des signes de corruption encore bien moins prononcés, pour contraindre à la reconstruction d'un mur qui soutient des bâtimens; on doit en prévenir la chûte, autant pour l'intérêt des propriétaires que pour la sûreté publique.

Troisièmement, un mur qui penche d'un côté ou de l'autre très-sensiblement, peut être condamnable selon les circonstances. S'agit-il d'un mur mitoyen qui porte des édifices? La règle la plus généralement observée est de ne le condamner à être démoli, que quand il est hors de son à plomb, de plus de la moitié de son épaisseur. Si donc un mur qui est commun à deux bâtimens, avait dix-huit pouces d'épaisseur et dix toises de hauteur, et qu'il penchât de trois quarts de pouce par toise, le déversement serait de sept pouces et demi; ce qui ne suffirait pas pour le faire abattre, parce que la moitié de l'épaisseur est neuf pouces. Si ce même mur avait treize troises de haut, avec le même déversement, il serait condamnable, parce qu'alors le surplomb serait au total de neuf pouces et trois quarts de pouces ; ce qui excéderait la moitié de son épaisseur.

On n'est pas à beaucoup près aussi exigeant, lorsqu'il s'agit d'un simple mur de clôture ; quelque soit son déversement, on le laisse subsister, tant qu'il ne menace pas d'une ruine prochaine ; et même on considère encore sa position, pour le déclarer plus ou moins promptement en état de ruine. S'il sépare seulement deux enclos à la campagne, loin des habitations, on le laissera subsister plus long-tems que s'il forme séparation entre les cours de deux maisons habitées par un grand nombre de personnes.

§ VI.

Comment on peut se dispenser des réparations d'un mur mitoyen.

Il y a une différence bien remarquable entre le cas où la réparation d'un mur mitoyen provient du fait d'un des propriétaires, et celui où la dépense doit être supportée en commun, proportionnellement au droit de chacun. Dans la première hypothèse, celui qui seul a été cause des dégradations, ne peut jamais se dispenser d'en supporter seul la dépense, soit que le mur se trouve mitoyen, soit qu'il appartienne en entier au voisin ; car, on est toujours obligé personnellement de réparer les torts qu'on a occasionnés. Mais, quand la réparation ou la reconstruction est une charge de la communauté du mur, celui qui ne veut pas y contribuer a un moyen de se soustraire à l'obligation de la mitoyenneté ; il consiste à abandonner son droit relatif à la propriété de ce mur : *Code civil, art.* 656.

Cette disposition est fondée sur ce que la mitoyenneté frappe plutôt sur l'immeuble que sur la personne du voisin ; ensorte que celui-ci cessant d'être propriétaire de la chose asservie à la communauté, il est déchargé de l'obligation qui en résulte. L. 6, § 2, ff. *si serv. vend.*

Au reste, ce que dit à cet égard le Code civil, conformément au droit Romain, reçoit deux exceptions. L'une a lieu lorsque le mur mitoyen soutient des bâtimens appartenant au voisin de qui on réclame une contribution aux réparations. En effet, par l'abandon que ce propriétaire ferait de sa part dans la communauté, le mur soutenant ses bâtimens ne serait pas entièrement à la disposition de son voisin, puisque celui-ci serait gêné par les bâtimens appuyés sur le mur.

On demande si en abandonnant également ces mêmes bâtimens, celui à qui ils appartiennent peut se dispenser de contribuer aux réparations du mur? La négative ne paraît pas douteuse, parce que la loi ne permet d'abandonner que ce qui est mitoyen; or, les bâtimens qui s'appuyent sur le mur ne font pas partie de la communauté. Celui à qui ils appartiennent ne peut donc pas forcer son associé de les prendre, et d'augmenter ainsi sa propriété, souvent d'une manière qui lui serait plus onéreuse qu'utile.

La seconde exception est pour les villes et faubourgs; on verra par la suite que le propriétaire d'une maison située dans une ville ou dans un faubourg, peut toujours forcer son voisin à faire un mur en commun pour séparer les deux héritages. De là, il doit résulter que s'il y a lieu à réparer, ou à reconstruire un mur mitoyen dans une ville ou dans un faubourg, l'un des voisins, pour se décharger de l'obligation de contribuer à cette dépense, n'a pas la faculté d'abandonner son droit de communauté.

On ne doit donc étendre la disposition de l'*art.* 656, du Code civil, qu'aux murs mitoyens qui séparent des héritages situés dans les campagnes, ou qui font partie, soit d'un hameau, soit d'un village, soit même d'un bourg.

Celui qui pour se décharger de l'obligation de réparer un mur mitoyen, en abandonne sa portion, doit-il délaisser aussi le terrain sur lequel est posé la moitié de l'épaisseur du mur?

La réponse est tirée de la nature même de la chose, dont il s'agit. En effet, le mur ne peut pas exister sans la terre où sont ses fondations; par conséquent si ce mur est commun, la terre où il pose doit l'être également.

En renonçant à la communauté du mur, on renonce donc à tout

ce qui le compose ; c'est-à-dire, non-seulement aux matériaux dont il est formé, mais encore à la terre sur laquelle il est fondé, puisque sans cette terre qui le soutient, le mur ne subsisterait pas.

Supposons que mon voisin ait abandonné son droit au mur qui sépare nos deux héritages, et qui était mitoyen. Par cet abandon, que je fais constater dans un acte, je deviens seul propriétaire du mur, qui doit être considéré comme s'il avait été construit par moi seul, et par conséquent comme si, dans toute son épaisseur il avait été fondé sur mon terrain. Dans la suite, le mur tombe en ruine, et je ne juge pas à propos de le reconstruire; au contraire, je veux cultiver la place où il était posé. On demande si je pourrai comprendre dans ma culture, la portion de terrain qui portait la moitié de l'épaisseur de ce mur, et qui m'a été abandonnée avec le mur lui-même, lorsque mon voisin a voulu se décharger de l'obligation de contribuer aux réparations.

Pour l'affirmative, on dit que l'abandon du droit à la communauté ayant compris nécessairement la terre qui portait le mur, elle est devenue une propriété incommutable. Je l'ai en quelque sorte acquise cette terre, ainsi que les matériaux du mur, pour le prix auquel se montait la portion des réparations dont le voisin a voulu s'épargner la dépense.

D'autres, avec plus de raison, soutiennent que le prix de l'abandon n'est pas seulement la portion des réparations qui étaient dues quand il a eu lieu; mais encore toutes les réparations qui devaient se faire à l'avenir. Si donc le mur vient à tomber, et qu'il ne soit pas relevé, la condition de l'abandon cesse d'être remplie, et par conséquent cet abandon cesse lui-même d'avoir son effet. On conclut de là que le voisin qui avait renoncé à la communauté du mur, sous une condition qui n'est pas exécutée, n'est plus obligé par une convention que l'autre partie méconnaît; il peut donc reprendre non-seulement la portion du terrain qu'il avait cédée, mais encore la moitié des matériaux du mur démoli; en un mot, il rentre dans le droit qu'il avait avant l'abandon.

§ VII.

Quel usage on peut faire d'un mur mitoyen.

Lorsqu'un mur n'est pas mitoyen, on sent bien que le propriétaire à qui il appartient a le droit exclusif de s'en servir; le voisin ne peut pas même y appuyer du treillage, ni tout autre objet, quoique ce mur touche sans moyen ses terres; car, il est la propriété entière et exclusive de celui qui l'a fait construire.

Mais, lorsqu'un mur qui sépare deux héritages appartient aux deux propriétaires voisins, chacun a la faculté d'en jouir en proportion du droit qu'il a dans la mitoyenneté.

Si donc le mur qui sépare mon héritage du vôtre, est mitoyen seulement pour la moitié de la longeur ou de la hauteur, et que l'autre moitié vous appartienne exclusivement, je ne pourrai me servir que de la moitié qui est en commun; tandis que vous aurez l'usage du mur entier.

Les deux voisins doivent jouir du mur mitoyen, ou de la portion du mur en mitoyenneté, de manière à ne pas se nuire; voilà pourquoi chacun doit s'en servir de son côté seulement.

Ainsi, chacun peut appuyer sur la face du mur mitoyen qui le regarde, tel bâtiment qu'il veut. Néanmoins, chacun peut faire porter par ce mur, soit des poutres, soit des solives, et les placer dans toute l'épaisseur de la maçonnerie, à l'exception de cinquante-quatre millimètres, qui valent deux pouces. Ce n'est pas qu'il soit défendu de percer le mur d'outre en outre, pour placer les bois plus facilement; mais on est tenu alors de remplir en maçonnerie les deux pouces que les poutres ou les solives laissent vides; il faut que les bois ne paraissent pas du côté du voisin. *Code civil, art.* 657.

On demandera sans doute comment fera l'autre propriétaire, s'il a besoin, par la suite, de placer des poutres ou des solives précisément aux endroits où se trouvent les bois de celui qui, le premier, a construit. La réponse est dans le Code civil, qui, au même article, réserve au voisin le droit de réduire la poutre avec l'ébauchoir jusqu'à la moitié de l'épaisseur du mur. Par ce moyen la poutre de l'un touche par le bout la poutre de l'autre, et les deux pièces de bois occupent chacune la moitié de l'épaisseur du mur.

Si un propriétaire voulait adosser une cheminée contre le mur mitoyen, précisément vis-à-vis de la poutre du voisin, on réduirait également la longueur de cette poutre, de manière qu'elle ne vînt que jusqu'à la moitié de l'épaisseur du mur; on ne pourrait s'en dispenser, afin d'éloigner du corps de cheminée la pièce de bois. Cette précaution ne dispense pas de celles dont on parlera au § 4 de l'article suivant, et qui sont indispensables pour prévenir les accidens du feu.

En indiquant l'ébauchoir, comme l'instrument avec lequel la poutre peut être diminuée jusqu'à la moitié du mur, la loi fait assez entendre que l'on ne peut pas déranger les bois que l'un des voisins a posés le premier; et que s'il est permis de retrancher sur la longueur de ces mêmes bois, ce qui excède la moitié de l'épaisseur du mur commun, c'est à condition qu'on se servira de moyens qui ne puissent pas nuire aux constructions déjà faites.

Le propriétaire qui veut faire travailler à un mur mitoyen, comme il en a le droit, est-il tenu d'en prévenir son voisin?

Quelques coutumes l'exigeaient; de ce nombre est celle de Paris, article 204; et même, par son article 203, elle chargeait les maçons d'avertir, par une simple signification, tous ceux avec qui était mitoyen le mur qu'il s'agissait de démolir, percer ou reconstruire. Le Code civil n'impose point aux maçons l'obligation d'avertir les intéressés au mur qu'ils sont chargés de percer ou démolir; mais aussi, il exige que le propriétaire qui veut se servir du mur, ne se contente pas de faire une simple signification au voisin. *L'art.* 662 défend à tout propriétaire de pratiquer dans le corps d'un mur mitoyen aucun enfoncement, ni d'y appuyer aucun ouvrage sans le consentement du voisin. Si celui-ci refuse de consentir, l'autre peut faire indiquer, par des experts, les moyens nécessaires pour que la nouvelle construction ne soit pas nuisible aux droits de l'opposant.

Rien n'est plus raisonnable qu'une pareille disposition ; elle empêche qu'un des propriétaires du mur mitoyen, n'abuse de son droit au détriment du voisin. Il n'a jamais été permis de faire travailler à un mur commun, sans en avertir les parties intéressées, et sans leur laisser le tems de prendre leurs précautions, soit pour prévenir les dégâts que pourraient leur occasionner les travaux, soit pour qu'ils puissent reclamer contre l'entreprise du voisin, s'il n'est pas fondé à toucher au mur. Mais, souvent les avertissemens étaient signifiés infidèlement, rien ne réglait le tems convenable qu'il fallait accorder aux voisins, pour se garantir des torts qu'ils pouvaient craindre comme suite des travaux. On a remédié à ces inconvéniens, en exigeant le consentement de ceux qui ont droit à la communauté du mur, ou de portion du mur qu'il s'agit de percer. Si ce consentement est accordé volontairement, le tems où commenceront les travaux est réglé à l'amiable; on fixe par le même accord l'époque où finiront ceux qui peuvent gêner le voisin.

Les parties intéressées sont-telles en contestation ? elles s'adressent à la justice, qui, sur le vu des titres, et sur un rapport d'experts, s'il en est besoin, défend de toucher au mur quand le demendeur n'est pas fondé ; dans le cas contraire, elle règle la manière dont les travaux seront faits, ainsi que le tems où ils commenceront, et où finiront ceux qui peuvent causer de l'embarras aux voisins.

Y a-t-il des travaux concernant le mur commun, auxquels un voisin peut s'opposer absolument, par la seule raison qu'ils ne lui conviennent pas ? ou bien, la faculté que donne le Code civil de recourir à des experts en cas de refus du voisin, s'étend-elle à toutes sortes d'ouvrages qu'on projette, relativement au mur mitoyen ?

La raison de douter est que la disposition légale est générale; dans tous les cas, où le voisin refuse son consentement, elle autorise à faire nommer des experts.

Il est certain que quelque soit le refus du voisin, on a le droit de recourir à des experts, toutes les fois qu'on a besoin de faire examiner les droits respectifs, et de connaître si le refus du voisin peut être absolu, ou s'il doit se borner à contester le mode de construction. Mais quand un voisin prétend faire au mur mitoyen, des ouvrages qu'il lui est défendu par la loi d'entreprendre, tel que le percement pour un passage, dont il n'y a pas de titre, à quoi servirait-il d'avoir un rapport d'experts? On sait que tout copropriétaire d'un mur mitoyen a le droit, en pareil cas, de refuser son consentement d'une manière absolue, et sans autre raison que sa volonté. Il en serait autrement si la mitoyenneté était contestée; il faudrait, pour la juger, avoir l'avis des gens de l'art.

S'agit-il de travaux qui sont permis à chacun des copropriétaires du mur, par exemple, de placer des poutres? Le refus du voisin ne peut être fondé que quand il craint qu'on ne prenne pas les précautions nécessaires; c'est encore alors qu'il y a lieu de s'adresser à des experts, pour indiquer la manière de construire régulièrement.

Par cette explication, on voit que la faculté de recourir à des experts, lors d'un refus de la part du voisin, n'est accordée que pour les cas où il s'agit de faire au mur mitoyen des travaux relatifs, soit à sa conservation, soit à l'usage que l'on est en droit de faire d'un mur dont la jouissance est en communauté.

L'embarras de ces sortes de travaux doit être souffert par le voisin, comme l'autre souffrirait également les travaux que voudrait faire son copropriétaire. Cependant, on ne doit pas abuser de cette règle de réciprocité; et il entre dans l'intention de la loi, en forçant de prendre le consentement du voisin pour travailler au mur mitoyen, de faire fixer le tems que durera l'embarras qu'il est obligé de souffrir. On demande donc d'après quels principes il faut déterminer les époques, soit pour commencer, soit pour finir les ouvrages dont il s'agit?

D'abord, avant de les commencer, il est nécessaire de laisser aux voisins un tems suffisant, tant pour se préparer à souffrir l'incommodité des travaux, que pour garantir les objets qui en pourraient recevoir du dommage.

Quant à l'époque où doivent être terminés les ouvrages qui sont de nature à gêner les voisins, la règle est de ne pas discontinuer de travailler dès qu'on a commencé, et d'employer autant d'ouvriers à la fois qu'il est permis par la localité.

Chacun des propriétaires d'un mur commun ayant droit d'y faire travailler, après en avoir obtenu l'autorisation volontaire ou forcée, il en résulte que celui qui bâtit n'est pas tenu des dommages que les voisins auraient pu éviter, en prenant des précautions ordinaires. Par exemple, un voisin se plaint de ce que les coups portés contre le mur, ont cassé une glace qui y était appuyée; il ne sera pas écouté, parce qu'ayant été prévenu de l'époque où les travaux devaient commencer, il a dû garantir les meubles qui pouvaient en souffrir.

Pareillement, un voisin a appliqué le long du mur mitoyen de légers ouvrages, qui ont été endommagés par les efforts nécessaires pour opérer le percement; celui à qui ces ouvrages appartiennent, doit s'imputer de ne les avoir pas soutenus par des étais ou de toute autre manière.

Mais, s'il survient des dégâts que le voisin n'a pû prévoir, par exemple, si, en frappant le mur pour le percer, des éclats de pierres avaient brisé une croisée ou une porte du voisin, celui qui fait travailler serait tenu de réparer le dommage. De même, si le percement mettait à découvert une poutre, une solive, ou toute autre partie du bâtiment voisin, et qu'il fût nécessaire de l'étayer, ce serait au frais de celui qui fait construire; ces sortes d'ouvrages étant des accessoires de la construction qu'il a entreprise, il a dû les calculer dans sa dépense.

Le consentement du voisin, ou à son refus l'autorisation de la justice est nécessaire, pour quelqu'espèce d'ouvrage qu'on veuille faire au mur mitoyen. Ainsi, on doit le demander, s'il faut faire, soit un percement pour placer des poutres, soit la démolition du tout ou de partie du mur; il en est de même s'il s'agit d'un simple enfoncement, comme une niche pour un poële ou une armoire, ou tout autre objet. On conçoit que ce genre d'ouvrage doit affaiblir le mur, en diminuant son épaisseur dans la partie que l'on fait travailler; et si le voisin avait un pareille enfoncement de son côté vers le même endroit, le mur se trouverait sans aucune soutenue. Il est donc essentiel que les copropriétaires s'entendent en pareil cas, ou que des experts, en vertu d'un jugement, réglent ce qui est convenable pour la conservation du mur, sans blesser les droits d'aucune des parties intéressées.

Plusieurs coutumes, parmi lesquelles est celle de Paris, avaient prescrit de faire poser les poutres, soit sur des jambes ou chaînes de pierres, soit sur des corbeaux de pierres de taille; le Code civil n'ayant point changé cette précaution, est-elle restée obligatoire?

La loi nouvelle a tout prévu, en exigeant ou le consentement du voisin, ou, sur son refus, l'autorisation de la justice, pour faire travailler à un mur mitoyen. En effet, par l'accord volontaire les parties conviennent de la manière dont l'ouvrage doit être fait, pour la solidité du mur. S'il a fallu recourir à la justice, le jugement, sur le rapport des experts, détermine les précautions qu'il faut employer pour la sûreté de la construction. Ainsi, on n'est jamais dans le cas de toucher à un mur mitoyen, sans que les parties intéressées aient été à portées de consulter les gens de l'art; ce qui suffit pour que chacune puisse connaître ce qu'elle doit exiger de celui qui veut bâtir sur le mur commun. Il nous paraît que la législation actuelle est plus parfaite, en ce point, que la précédente; parce qu'on ne peut pas prévoir toutes les circonstances qui se rencontrent, lorsqu'il s'agit de se servir d'un mur mitoyen pour y appuyer de nouvelles constructions. Il vaut mieux que les parties déterminent d'avance la manière dont se feront les travaux, que de s'exposer à des contestations, pour raison de constructions vicieuses. Il arrivait souvent que les précautions indiquées dans l'ancienne loi étaient ou insuffisantes, ou excessives, eu égard aux ouvrages projettés. D'ailleurs les régles à suivre pour la solidité des travaux varient selon les pays, en raison de la différence des matériaux et de la nature des bâtimens.

Ces réflexions nous engagent à ne pas imiter quelques commentateurs de coutumes, qui indiquent les différentes manières de construire sur un mur mitoyen, selon que ce mur est plus ou moins fort. Outre que tous les cas ne peuvent pas être prévus, en pareille matière, les méthodes se perfectionnent, et elles ne conviennent pas à toutes les localités. Le plus certain est donc, suivant le Code civil, de consulter des hommes de l'art chaque fois qu'il en est besoin.

Ce qu'on a dit jusqu'ici de l'usage que l'on peut faire d'un mur mitoyen, concerne le cas où il faut faire travailler à ce mur; mais on demande si chacun des propriétaires peut, de son côté, se servir du mur, soit pour y adosser des amas de différens objets, tels que des matériaux, des pavés, des terres, du bois, du fer, du fumier et autres choses, soit pour y appliquer du treillage, des boiseries, et autres ornemens?

La règle est qu'un propriétaire ait l'usage de la face que présente le mur de son côté, pour y adosser ou y appliquer ce qu'il juge à propos; pourvu qu'il ne porte aucun préjudice à la solidité de ce mur, et que ce qu'il dépose au bas, ne puisse servir à s'introduire chez le voisin, ni même à regarder ce qui s'y passe.

Ainsi, lorsque le mur mitoyen supporte un bâtiment d'un côté, il a la force de soutenir des bois, des pavés, et autres objets posés par terre le long de ce mur, de l'autre côté, et accumulés à une certaine hauteur. Cependant, si le voisin avait une croisée dans ce mur, par l'effet d'une servitude, les objets dont il s'agit ne devraient pas être amoncelés au point de faciliter ou la vue ou le passage par cette croisée; pareillement, les choses que l'on pose ainsi le long du mur, ne doivent pas obstacler le jour que ce voisin a droit de retirer de sa croisée.

A l'égard des murs de clôture, n'étant pas destinés à supporter la moindre chose, ceux à qui ils appartiennent ne peuvent y rien adosser de ce qui peut faire effort, comme des terres, du sable, du fumier.

On ne doit pas adosser contre un mur quelconque, des matières capables d'engendrer de l'humidité; il se fait une fermentation qui corrompt les mortiers, et attaque la solidité du mur. Si on fait un contre-mur, pour garantir le mur commun des inconvéniens dont on vient de parler, le voisin n'a plus à se plaindre; il en est de même, si les choses qui sont amoncelées le long du mur, telles que des pierres, sont posées sur leur lit, de manière qu'elles n'aient aucune poussée.

Le voisin pourra exiger dans tout les cas, que les objets adossé le long du mur mitoyen, même quand il y a contre-mur, ne s'élèvent pas assez pour qu'à l'aide de ces objets on puisse regarder ou passer par dessus le mur.

Comme la loi défend d'appliquer aucun ouvrage dans le corps d'un mur mitoyen, sans le consentement du propriétaire voisin, ou sans autorisation de la justice; on demande si ces précautions sont nécessaires, lorsqu'il s'agit d'appliquer, sur le parement du mur, un treillage, une peinture, des boiseries, des papiers, et autres ornemens qui n'ont aucun poids, et ne font aucun effort contre le mur.

Il est évident que ces sortes d'ouvrages ne sont pas compris parmi ceux que le Code civil ne permet de faire, qu'après avoir obtenu consentement ou autorisation; car, ils ne se font pas dans le corps du mur, comme ceux que nécessite l'application d'un bâtiment, d'un appentis, d'un hangard. La loi a voulu que chaque propriétaire du mur commun n'en pût user de manière à nuire à son voisin; or, les simples ornemens dont on parle ne pouvant causer aucune dégradation au mur, on les place sans le consentement du voisin. En conséquence, pour ces objets, la liberté du droit de propriété n'est point gênée; elle doit l'être d'autant moins, que la face du mur, du côté d'un des voisins, ne peut jamais servir qu'à lui.

En défendant de faire aucun percement au mur mitoyen, sans le consentement du voisin, la loi comprend nécessairement la faculté d'y ouvrir des fenêtres. Cette défense résulte naturellement de l'*art.* 662, qu'on vient d'expliquer; mais elle est formellement écrite dans l'*art.* 675, dont il sera parlé dans la suite, quand on traitera ce qui concerne les vues qu'on peut avoir sur la propriété voisine.

Les décisions, dont on vient de s'occuper, supposent que le mur est en communauté; car, on ne doit pas oublier ce que nous avons dit plus haut, que l'on n'a pas droit de toucher d'une manière quelconque à un mur dont on n'a pas la mitoyenneté. Il appartient exclusivement à celui qui l'a fait construire; lui seul peut donc en jouir. Ainsi, lorsque mon mur joint sans moyen votre héritage; c'est-à-dire, lorsqu'étant construit jusque sur le dernier pouce de mon terrain, il touche immédiatement votre fonds, je ne peux faire aucun usage de la face que présente ce mur de votre côté, parce qu'il faudrait anticiper sur votre propriété, qui commence où finit l'épaisseur de mon mur; mais, vous n'en avez pas plus de droit sur cette face du mur, puisqu'il ne vous appartient pas. Vous ne pourriez pas y appuyer du treillage, ni même des objets mobiles, tels que des bois ou des fers emmagasinés; en vain diriez-vous qu'ils seraient placés de manière que par le bout inférieur ils porteraient sur votre terrain, et ne poseraient que par le bout supérieur le long du mur. A plus forte raison, il ne vous est pas permis de mettre un amas de pierres, de terres, de sable, de fumier contre ce mur. En un mot, vous ne pouvez pas y toucher d'une manière quelconque; et cette défense doit être d'autant plus rigoureuse, qu'il vous est facile de la faire cesser, en acquérant la mitoyenneté, comme on l'expliquera dans la suite.

On demande pourtant si vous pourrez peindre de votre côté, la façade de ce mur dont vous ne voulez pas acquérir la mitoyenneté. Il ne paraît pas raisonnable que je puisse vous en empêcher, car, je n'ai d'action qu'en raison de mon intérêt; or, on sait que la peinture loin de nuire au mur, ne peut que conserver l'enduit sur lequel elle est appliquée. Ce serait donc par pure méchanceté que je voudrais vous priver du plaisir de donner au mur un aspect plus agréable pour votre habitation. C'est pourquoi je ne serais pas écouté; les obligations du bon voisinage me défendent de vous gêner sur un point qui vous convient, lorsqu'il ne m'est pas nuisible : *malitiis non est indulgendum.*

§ VIII.

De l'exhaussement d'un mur mitoyen.

Du droit que chaque propriétaire exerce sur le mur mitoyen, il suit, comme on l'a dit, qu'il peut s'en servir pour appuyer une nouvelle construction, en prenant les précautions dont il est parlé dans le paragraphe précédent, afin de ne pas nuire au droit de son voisin. Mais, il peut arriver, ou que le mur ne soit pas assez élevé, ou qu'il ne soit pas assez fort pour soutenir le bâtiment que l'un des copropriétaires veut établir; on demande si ce dernier a le droit d'exhausser le mur, ou de le fortifier, ou même de le détruire pour en reconstruire un autre d'une force plus considérable.

L'embarras qu'un tel travail doit occasionner au voisin à qui le mur convient tel qu'il est, serait le seul motif qui pourrait faire obstacle; mais, l'intérêt de la société est que les bâtimens puissent se perfectionner, devenir plus grands, plus commodes; d'ailleurs, celui à qui le mur paraît suffisant, pouvait se rencontrer dans des circonstances qui lui auraient fait desirer un mur plus haut, ou plus fort; enfin, il peut arriver dans la suite que lui ou ses successeurs, soient bien aises de profiter de l'élévation du mur, ce qui lui serait permis, comme on le verra dans le paragraphe suivant.

Les règles du voisinage autorisent donc un des propriétaires du mur mitoyen à l'exhausser quand il en a besoin, et à forcer l'autre voisin a souffrir l'embarras de ce travail. Les anciennes lois avaient des dispositions qui le disaient expressément, et le Code civil les a adoptées dans son *art.* 658. Mais, il ordonne en même tems que les dépenses de l'exhaussement soient en totalité à la charge de celui qui a besoin d'une plus grande élévation; il n'est pas juste de forcer le voisin à contribuer à cette augmentation. Par conséquent, cet excédant de mur est la propriété exclusive de celui qui l'a payé, et qui seul est chargé de l'entretenir; car, le mur n'est mitoyen que depuis le bas jusqu'à l'endroit où commence l'exhaussement.

De là, il résulte que le voisin qui n'a pas contribué à l'élévation du mur, n'a le droit de se servir en aucune manière de la portion qui ne lui appartient pas; il ne lui est pas même permis d'y appuyer des choses mobiles, telles que sont des pièces de bois ou de fer en dépôt. Par leur extrémité supérieure, elles ne doivent toucher qu'à la partie mitoyenne du mur; et si ces pièces étaient plus hautes, il faudrait s'arranger pour qu'elles ne touchassent à l'exhaussement, pas même légérement. Cette règle doit s'observer d'autant plus rigoureusement, que le propriétaire qui trouve utile pour lui, l'élévation faite au mur par son voisin, est libre d'acquérir le droit de s'en servir, comme on le verra par la suite.

Quoique celui qui n'a pas contribué à l'exhaussement du mur n'y ait aucun droit de propriété, et qu'ainsi l'entretien ne le concerne pas; cependant, si ce qui excède la portion mitoyenne menaçait ruine, de manière à faire craindre quelqu'accident chez lui, il aurait action pour forcer son voisin, ou à réparer l'exhaussement, ou à l'abattre. Ceci est une conséquence du quasi-contrat qui naît du voisinage, et en vertu du quel il n'est pas permis de causer le moindre préjudice à son voisin.

Outre l'obligation de payer seul l'exhaussement, le propriétaire qui le fait faire est tenu, suivant le Code civil, même *art.* 658, de donner à son voisin une indemnité proportionnée à la diminution que le mur mitoyen éprouvera dans sa durée. En effet, l'exhaussement le chargera nécessairement d'un poids, qui accélérera l'époque où il sera nécessaire de le reconstruire, et qui au moins en rendra les réparations plus fréquentes et plus considérables. Sous ce rapport, le voisin éprouve un préjudice dont il est juste qu'il soit indemnisé. La coutume Paris, dans son *art.* 197, avait fixé l'indemnité à raison du sixième de l'exhaussement; c'est-à-dire, que si le mur mitoyen recevait une élévation de six toises superficielles, il fallait payer au voisin le prix d'une toise. La coutume avait donc décidé que le mur qu'on élevait diminuait de valeur dans la proportion d'un tiers de l'exhaussement; en conséquence, deux voisins étant supposés propriétaires indivis, chacun pour moitié, du mur auquel l'un des deux avait donné de l'élévation, celui-ci était tenu de payer à son voisin, la moitié de la dépréciation du mur, c'est-à-dire, le demi-tiers ou le sixième du prix de l'exhaussement.

Il est aisé de sentir tous les calculs auxquels donnaient lieu cette décision, selon les différentes circonstances. D'abord, si la mitoyenneté du mur n'était pas égale entre les deux voisins; par exemple, si l'un y avait contribué pour deux tiers, et l'autre seulement pour un tiers, ce n'était plus le sixième que celui-ci devait payer, lorsqu'il voulait exhausser le mur; l'indemnité devait être proportionnée, d'une part à la portion mitoyenne, et de l'autre à la portion qui n'était pas en communauté. Pareillement, il fallait considérer de quelle nature était l'exhaussement; s'il avait été établi des chaînes de pierres à partir de la fondation, il était juste d'avoir égard à cette dépense, propre à fortifier le mur mitoyen. En un mot, la fixation du sixième pour indemnité, n'abrégeait pas les opérations arithmétiques qu'exigaient les circonstances, et souvent même elle était un obstacle à ce que l'on suivît exactement la raison et l'équité.

Pour s'en convaincre, supposons un mur mitoyen de six toises de longueur, sur deux toises de haut; ce qui fait un total superficiel de douze toises, dont chaque voisin a payé six toises. Un d'eux veut exhausser ce mur de six toises, sur toute sa longueur; la superficie de l'exhaussement sera donc de trente-six toises, dont le sixième serait six toises. Ainsi, ce que recevrait le voisin pour la charge de l'exhaussement, serait égal au prix que lui a coûté toute sa part dans la construction du mur commun. Or, il n'est pas convenable, en pareille circonstance, qu'une simple indemnité absorbe la valeur entière de la chose qui n'est que diminuée de valeur, et non pas anéantie.

Ces réflexions ont sans doute déterminé les législateurs à ne point fixer le taux de l'indemnité, dans le cas dont il s'agit; l'*art.* 658 du Code civil, dit seulement qu'elle sera en raison de l'exhaussement et suivant la valeur. Ainsi, le propriétaire qui veut exhausser un mur mitoyen, doit en obtenir le consentement de son voisin, ou à son refus, s'y faire autoriser par justice; car, l'*art.* 662, comme on l'a dit dans le paragraphe précédent, ne permet pas, sans cette précaution, de faire au mur mitoyen le moindre travail qui puisse blesser les droits des parties intéressées. Les gens de l'art que l'on est alors dans le cas de consulter à l'amiable, ou qui sont nommés juridiquement pour experts, évaluent l'indemnité en raison de la qualité du mur mitoyen; de ses dimensions, de l'exhaussement qu'on veut faire, de la nature des matériaux qu'on y employera; enfin, ils auront égard à toutes les circonstances qui peuvent modifier l'indemnité. Tout ce que les commentateurs ont dit pour indiquer aux experts les moyens de faire concorder avec l'équité, la fixation de l'indemnité au sixième de l'exhaussement, devient donc inutile, depuis la disposition du nouveau Code; elle leur recommande seulement d'être justes, et de prendre en considération, tant l'exhaussement que la valeur du mur mitoyen. Ils diront par conséquent si le mur est en état de supporter l'élévation projettée, et de combien de tems sa durée en sera abrégée. Dans le cas où le mur ne pourrait pas supporter l'exhaussement, ils indiqueront comment il faut s'y prendre, pour que la construction nouvelle puisse se faire sans danger. Tantôt ils annonceront qu'il ne manque au mur mitoyen, pour avoir une force suffisante, que des chaînes de pierres; tantôt ils feront remarquer que les fondations de ce mur doivent être fortifiées sousœuvres; d'autre fois ils prononceront que le mur a besoin d'être reconstruit, ou en entier, ou dans certaines portions, et avec une épaisseur plus considérable.

Si, d'après l'arrangement amiable des parties, ou l'avis des experts nommés judiciairement, il faut, pour supporter l'exhaussement, que l'on travaille au mur mitoyen, soit pour y mettre des chaînes de pierres, soit pour fortifier les fondations sousœuvres, soit pour le reconstruire en totalité, ou seulement dans certaines places, la dépense devra être à la charge de celui seul qui veut faire l'exhaussement, puisque c'est à lui seul que ce travail sera utile.

Si cette construction cause quelque dommage au voisin; par exemple, si elle le force à des indemnités envers ses locataires, celui qui fait construire en doit tenir compte; ces objets font partie de la dépense d'exhaussement. Par la même raison, dans le cas où il faudrait donner plus d'épaisseur au mur, le terrain nécessaire pour l'excédent de cette dimension serait pris du côté de celui qui fait exhauser : *Code civil, art.* 659.

Un mur peut être mitoyen jusqu'à une certaine hauteur, et le surplus appartenir exclusivement à celui qui veut exhausser encore plus qu'il n'avait déjà fait; alors, il doit une indemnité en raison de cette seconde augmentation de hauteur, qui est aussi une augmentation de poids sur la portion mitoyenne du mur.

Tous les gens de l'art blâment les exhaussemens qui ne se font que sur la moitié de l'épaisseur d'un mur; c'est une mauvaise construction. Veut-on que l'élévation soit moins épaisse que le mur qui la porte? il faut alors que le milieu de l'épaisseur de la construction nouvelle soit perpendiculaire sur le milieu de l'épaisseur de la construction inférieure; par ce moyen, l'excédant d'épaisseur de la partie ancienne du mur paraît moitié d'un côté et moitié de l'autre. En adoptant la méthode vicieuse de placer l'élévation sur la moitié de l'épaisseur, du côté de celui qui fait exhausser, éviterait-il de payer une indemnité? Ne pourrait-on pas soutenir que celui qui a fait l'exhaussement, ne l'a placé que sur la moitié qui lui appartient dans l'épaisseur du mur? Non; car, la propriété du mur mitoyen qui sépare nos deux héritages, par exemple, est tellement indivise, que la moitié des pierres dont il est construit, tant celles qui sont de votre côté, que celles qui sont du mien, vous appartient, et que l'autre moitié des mêmes pierres est à moi. Ainsi, en posant l'exhaussement de ce mur seulement sur la moitié de l'épaisseur, de votre côté, vous n'en surchargez pas moins ma propriété. On pourrait même ajouter que le mur mitoyen, surchargé seulement sur la moitié de son épaisseur, est plus en danger de boucler et de se détériorer. Par conséquent, bien loin de rien épargner par cette vicieuse construction, l'indemnité n'en serait que plus considérable; car, elle est évaluée proportionnément au genre d'exhaussement, et au tort que le mur mitoyen en peut éprouver. Il est donc bien essentiel que les constructeurs soient persuadés qu'il n'y a rien à gagner, à ne pas se conformer aux règles de l'art; elles prescrivent de placer toujours le milieu de l'épaisseur de l'élévation, sur le milieu de l'épaisseur du mur qui la supporte.

Lorsque celui qui fait l'exhaussement prend sur lui de reconstruire en entier le mur mitoyen, qui, quoique bon, n'était pas assez fort pour supporter l'élévation, doit-il l'indemnité? Non, si on exige que ce qui sera fait à neuf, ait une dimension suffisante pour supporter la nouvelle construction aussi long-tems qu'aurait duré le mur mitoyen. On voit alors, que l'intérêt du voisin ne sera pas blessé, et par conséquent qu'il n'y a pas lieu à indemnité; elle se trouvera naturellement comprise dans la reconstruction du mur qui sera fait sur de plus fortes dimensions. C'est sans doute pour cette raison que le Code civil, dans son *art.* 659, en prévoyant le cas dont nous parlons, ne fait aucune mention de l'indemnité qu'il a ordonnée par son article précédent, où il s'agit d'exhausser le mur mitoyen tel qu'il se trouve.

Si un mur mitoyen est mauvais, le voisin qui veut l'exhausser peut exiger qu'il soit refait à frais communs; sauf à payer l'indemnité pour la charge qu'il y mettra, ou à supporter seul l'augmentation proportionnée des dimensions, comme il vient d'être dit.

Dans le cas où le mur ne serait pas absolument mauvais, pouvant durer encore quelques années si on n'y touchait pas, il n'en faudrait pas moins le reconstruire en entier avant de l'exhausser; le voisin serait même tenu d'y contribuer, en diminuant néanmoins sa part, en proportion du tems que le mur aurait encore duré. L'indemnité, pour la charge de l'exhaussement, serait due en outre, à moins que le mur ne fût refait de manière à durer autant que s'il n'y avait pas d'exhaussement; l'augmentation des dimensions, formerait alors l'indemnité.

Observez que quand un mur mitoyen est reconstruit d'après des dimensions plus fortes, le voisin qui ne prend aucune part à l'exhaussement, ne doit contribuer à l'entretien du mur mitoyen, que comme si le mur avait conservé son épaisseur primitive, et s'il n'y était entré que des matériaux semblables à ceux dont il se trouvait construit quand il s'est agit de l'exhausser. On n'a pas besoin de répéter ici que la portion exhaussée n'est pas mitoyenne, et que par conséquent son entretien reste à la charge de celui qui l'a faite.

Qu'arriverait-il si le mur mitoyen était un pan de bois, fort bon pour servir de séparation, mais hors d'état de supporter un exhaussement? Il serait sans doute nécessaire de remplacer ce pan de bois par un mur en maçonnerie; mais serait-il fait en commun, ou seulement aux frais de celui qui veut exhausser?

Par-tout un mur mitoyen est d'une utilité si grande, qu'il doit toujours être propre à servir aux deux voisins, et à être exhaussé s'il en était besoin. Il faut donc qu'il soit fait dans les dimensions, et avec les matériaux qui sont en usage dans chaque pays pour ces sortes de séparations. Or, un pan de bois n'est considéré par aucun architecte, comme suffisant pour soutenir les bâtimens qu'on voudrait y appuyer des deux côtés; il est surtout hors d'état de supporter un exhaussement, et de recevoir des cheminées. En conséquence, beaucoup de personnes croient que le propriétaire, qui veut exhausser un mur mitoyen consistant en un pan de bois, peut contraindre son voisin à le reconstruire à frais communs, en maçonnerie, précisément comme dans le cas où le mur mitoyen est absolument mauvais. Dans cette opinion, qui est celle de Desgodets, en sa note 18, sur l'*art.* 195, de la *Coutume de Paris*, on ne peut se refuser à cette reconstruction, dans les villes et les faubourgs, puisque l'on est tenu d'y avoir des murs mitoyens, quand l'un des voisins l'exige. A l'égard des campagnes, bourgs et villages, le seul moyen de ne pas contribuer à la conversion du pan de bois en un mur de maçonnerie, est d'abandonner la mitoyenneté.

Un mur mitoyen qui a été exhaussé par un voisin, vient à tomber de vétusté; faut-il encore payer l'indemnité, pour relever l'exhaussement avec le mur? Oui; celui qui reconstruit seul l'exhaussement doit une indemnité pour la charge qu'il va mettre sur la portion mitoyenne. En vain, dirait-on qu'il a déjà indemnisé, lorsque la première fois il a fait exhausser; on répondrait que cette première fois il n'a payé qu'en proportion de ce que devait durer le mur mitoyen, et que l'époque de le reconstruire étant arrivée, le tems pour lequel a été fixée l'indemnité est expiré. Ainsi, dès qu'il faut renouveller le mur mitoyen, celui qui veut surcharger ce mur par un exhaussement, doit une nouvelle indemnité. En effet, le nouveau mur, s'il n'est porté qu'à l'élévation de la mitoyenneté, durera plus long-tems que s'il est fait sur une hauteur plus grande; par conséquent, celui qui ne profite pas de l'exhaussement, doit être indemnisé de la diminution de durée qu'en éprouvera la propriété commune.

Si, en travaillant sousœuvres, on ne reconstruit que le mur mitoyen, la portion faite par exhaussement se trouvant bonne, on demande si celui à qui elle appartient, doit encore à cette époque une indemnité à son voisin. Ce cas ne diffère du précédent qu'en ce que l'élévation au-dessus de la mitoyenneté n'est pas reconstruite ; mais, tel qu'est cette élévation, elle n'en sera pas moins une charge sur le mur commun qu'il faut refaire à neuf. La première indemnité ne doit produire son effet que pendant la durée du mur ancien. Le tems est-il venu d'en bâtir un neuf ? L'un des propriétaires n'a pas le droit de le surcharger pour son compte, sans indemniser encore son voisin ; peu importe que l'exhaussement soit une nouvelle construction, ou un reste de l'ancienne.

Bien entendu que si le mur n'était reconstruit sousœuvres, que dans une portion de ce qui est en communauté, le surplus pouvant rester ; on ne devrait de nouvelle indemnité, pour l'exhaussement, que dans la même proportion. Prenons pour exemple un mur de six toises de long, sur quatre toises de haut, dont deux toises ont été faites par exhaussement, sur toute la longueur ; on voit que la partie mitoyenne est seulement de six toises de long, sur deux toises de haut. Vient une époque où il faut reconstruire, non pas la totalité de ce qui est en commun, mais une toise de haut sur toute la longueur ; il est évident que celui, à qui appartient l'exhaussement, ne devra payer pour nouvelle indemnité, qu'en raison d'une toise de haut, c'est-à-dire, la moitié de ce qu'il aurait dû s'il eût fallu reprendre sousœuvres toute la portion mitoyenne.

On propose le cas où l'exhaussement seul ayant été détruit, on a l'intention de le reconstruire, sans qu'il soit besoin de toucher à ce qui est mitoyen ; doit-on payer une nouvelle indemnité ? On répond que si la reconstruction est de même nature et de même dimension que le premier exhaussement, il ne sera rien dû ; car, l'indemnité a été payée pour tout le tems que le mur mitoyen pourra supporter une pareille charge. Par conséquent, si pendant que le mur subsiste encore, l'exhaussement tombe, celui qui l'avait construit le rétablira sans nouvelle indemnité, ayant acquis le droit de charger le mur pendant tout le tems de sa durée. Observez que s'il met une charge plus forte, soit en exhaussant davantage, soit en donnant à sa construction plus d'épaisseur, il devra indemnité pour ce qui excédera la charge qu'il s'agissait de remplacer.

On verra bientôt que celui qui n'a pris aucune part à l'exhaussement d'un mur mitoyen, a le droit d'en acquérir la communauté quand il veut, soit pour le tout, soit pour portion, en payant une part proportionnelle de la dépense; on demande si dans cette dépense, on doit comprendre l'indemnité qu'il a reçue à l'époque de l'exhaussement. On ne peut pas en douter : elle fait partie du prix qu'a coûté l'exhaussement.

Si le mur mitoyen avait été reconstruit plusieurs fois, l'indemnité pour l'exhaussement aurait aussi été payée le même nombre de fois, ainsi qu'on l'a dit plus haut; or, le voisin acquérant la communauté de la portion exhaussée, remboursera-t-il sa part de l'indemnité autant de fois qu'elle lui a été payée? Non certainement : c'est comme si l'exhaussement ayant été reconstruit plusieurs fois, on demandait si, pour en acquérir la mitoyenneté, il faut la payer le même nombre de fois; on ne balancerait pas à décider qu'on ne doit considérer que la valeur actuelle de l'exhaussement. Il en est de même de l'indemnité; elle est relative à la durée du mur mitoyen; quand ce mur a besoin d'être reconstruit, une nouvelle indemnité est due, pour le seul tems qu'il durera. Dans l'évaluation de l'exhaussement, il ne faut donc comprendre que l'indemnité payée la dernière fois. Ainsi, le voisin qui acquiert la mitoyenneté de l'exhaussement doit sa part de la dernière indemnité seulement. On observera que cette indemnité a été évaluée en raison de la durée que devait avoir alors le mur mitoyen; il faut donc avoir égard au tems qui s'est déjà écoulé depuis cette évaluation, lorsqu'il s'agit de déterminer la portion d'indemnité que doit supporter celui qui demande à jouir en commun de l'exhaussement fait antérieurement sans lui.

Desgodets, en sa note 17, sur l'*art.* 197, de la *Coutume de Paris*, dit que le voisin qui ne paie pas les charges de l'exhaussement, est garant pendant dix ans de la durée du mur mitoyen; mais, que passé la dixième année, il n'y a plus lieu à cette garantie, et que même l'autre voisin n'a plus le droit de réclamer son indemnité. Nous ne voyons pas sur quoi cette opinion est fondée; on ne connaissait alors, comme aujourd'hui, de garantie de dix ans que celle des entrepreneurs de bâtimens; mais, elle leur est personnelle, et a été établie afin de les forcer à suivre les règles de leur art. On ne peut donc pas l'appliquer à tout voisin qui fait exhausser un mur mitoyen sans payer les charges.

Personne, suivant l'*art.* 662 du Code civil, ne peut faire travailler à un mur mitoyen sans le consentement des parties intéressées, ou sans l'autorisation de la justice. Celui qui se permettrait de violer la loi en ce point, se rendrait coupable d'un quasi-délit, et serait condamné à tous les dommages-intérêts qui pourraient en résulter. L'action personnelle que l'on aurait contre lui, serait soumise à la prescription ordinaire de trente ans. Observez que les dommages-intérêts seraient plus ou moins considérables, selon que le quasi-délit aurait des effets plus ou moins prompts. Ainsi, le mur mitoyen est-il écroulé dans la première année de l'exhaussement? l'indemnité sera plus forte que si la ruine de ce mur n'eût eu lieu qu'au bout de douze ans. Dans tous les cas, il est nécessaire d'avoir égard au tems que le mur avait déjà duré. En effet, s'il n'avait plus de force que pour dix ans quand l'exhaussement a eu lieu, et que l'écroulement se soit opéré au bout de huit ans, le dommage n'est pas si grand que si l'accident fût arrivé dès la première année.

A l'égard du propriétaire qui, avant de faire exhausser le mur mitoyen, s'est mis en règle vis-à-vis de son voisin, le prix de l'indemnité a nécessairement été fixé, soit à l'amiable, soit par des experts nommés juridiquement. Or, celui qui, dans ce cas, ne paye pas cette indemnité, donne lieu à une action qu'on peut exercer contre lui pendant le tems réglé pour la prescription en pareille matière. Au reste, peu importe alors, que le mur mitoyen cède plus ou moins promptement à la charge de l'exhaussement; il n'est dû que l'indemnité fixée, qui n'est susceptible ni d'augmentation, ni de diminution.

Ainsi, dans aucun cas, l'action qu'on a contre le voisin qui exhausse le mur mitoyen sans payer l'indemnité, ne doit être confondue avec la garantie dont est tenu l'entrepreneur qui a fait la construction, et qui, suivant l'*art.* 2270 du Code civil, serait responsable si son travail ne durait pas au moins pendant dix ans.

§ IX.

Comment un mur qui n'est pas mitoyen peut le devenir.

Parmi les obligations qui naissent du voisinage, est celle de vendre la mitoyenneté d'un mur de séparation, lorsqu'il convient au voisin de l'acquérir. Au premier aspect, il paraît étonnant qu'on puisse forcer quelqu'un à vendre sa propriété; mais, dans le cas dont il s'agit, il est évident que le quasi-contrat qui se forme par le voisinage, non-seulement oblige les propriétaires des héritages contigus à ne rien faire qui puisse réciproquement leur être nuisible, mais encore force l'un à laisser faire ce qui, sans lui être préjudiciable, peut être utile à l'autre. En effet, par aucun motif raisonnable, je ne peux refuser de vous vendre la communauté au mur qui sépare nos deux maisons; j'y trouve même un avantage, puisque je reçois par ce moyen la moitié de la valeur de ce mur, et que dès-lors je suis soulagé de la moitié de son entretien. Ma résistance ne serait donc dirigée que par l'envie de vous désobliger, et de vous contraindre inutilement à la dépense d'un autre mur; ce qui est condamnable, suivant la maxime de droit, *malitiis non est indulgendum.*

C'est sur ce fondement qu'est établie l'*art.* 661 du Code civil; on y voit que le propriétaire, dont l'héritage touche à un mur construit sur l'héritage voisin, peut rendre mitoyen le mur entier, ou seulement une portion, sans que le maître du mur puisse s'y refuser. A cet effet, il faut payer à celui-ci la moitié de la valeur du mur, ou de la portion qu'on veut rendre commune, et la moitié du terrain sur lequel est la fondation de ce mur ou de cette portion de mur.

Si un mur a cessé d'être mitoyen par l'abandon que l'un des propriétaires en a fait à l'autre, celui des deux voisins qui a ainsi renoncé à la communauté du mur, peut la reprendre à volonté, en payant ce que prescrit la loi; car, elle parle de tout mur qui n'est pas mitoyen, à l'époque où le droit d'en jouir en commun est réclamée. D'ailleurs, les motifs qui ne permettent pas de refuser la mitoyenneté au voisin qui la demande, sont les mêmes, soit que le mur n'ait jamais été mitoyen, soit qu'après l'avoir été il ait cessé de l'être.

Celui qui veut rentrer dans la communauté du mur doit sans doute en payer la moitié; mais faut-il qu'il paye aussi la moitié du terrain sur lequel sont les fondations? Avant l'abandon qu'il a été obligé de faire, pour éviter de contribuer aux réparations du mur mitoyen, ce terrain appartenait à lui seul, et alors le prix ne lui en a pas été payé. Pour rentrer dans la mitoyenneté, il lui suffit donc, suivant certaine personnes, de rembourser la moitié de la valeur du mur; à l'égard du terrain qu'il avait abandonné sans rien recevoir pour indemnité, il y rentre naturellement. En effet, dit-on, ce terrain n'avait été compris dans l'abandon, que par l'impossibilité de séparer la jouissance du mur, de celle du fonds sur lequel il se trouvait construit; lors donc que les choses reprennent leur premier état de mitoyenneté, pourquoi celui à qui appartenait le terrain abandonné, serait-il tenu d'en payer la valeur à son voisin qui n'en a jamais fait l'acquisition pour un prix quelconque?

On répond à cette opinion, que le texte de l'*art.* 661 s'y refuse formellement. Il y est dit d'une manière absolue, et sans aucune restriction, que la mitoyenneté ne peut être acquise, qu'en payant la moitié de la valeur du mur et la moitié du terrain; pourquoi admettrait-on une exception que n'a pas désigné la loi? *Ubi lex non distinguit, nec nos distinguere debemus.* Celui qui avait abandonné son droit à la communauté du mur, ne peut donc le reprendre qu'en remboursant au voisin moitié de la valeur, tant du mur que du terrain sur lequel il est supporté. Cette décision était écrite dans l'*art.* 212 de la *Coutume de Paris;* on y lit que le voisin qui demandait à rentrer en son premier droit de mitoyenneté, devait rembourser la moitié de la valeur du mur et du terrain; comme cette disposition faisait le droit commun, il paraît qu'elle a été adoptée par nos législateurs.

Au surplus, il est raisonnable d'obliger celui qui reprend la mitoyenneté, à payer aussi la moitié du terrain sur lequel est fondé le mur.

Quand, pour éviter de contribuer à l'entretien, il a fait abandon de son droit, il y a compris sa portion de terrain; par conséquent, l'abandon a été fait purement et simplement, à condition d'entretenir le mur: cette vérité a été démontrée au paragraphe VI. Tant qu'existe le mur, il appartient donc en totalité, y compris le terrain, au voisin à qui l'abandon a été fait. Le prix, dont celui-ci a payé les objets compris dans cet abandon, et par conséquent le prix de la moitié du terrain, consiste dans les dépenses d'entretien et de reconstruction du mur; ainsi, après l'abandon de la mitoyenneté, le voisin, à qui il a été fait, est devenu propriétaire véritable et à titre onéreux du mur et du terrain. De là, il suit nécessairement que celui qui veut rentrer dans son droit de communauté précédemment abandonné, doit acheter non-seulement la moitié du mur, mais encore la moitié du terrain, cette moitié ayant cessé de lui appartenir lors de l'abandon qu'il en avait fait.

Objectera-t-on qu'au paragraphe V, nous avons décidé que celui qui a abandonné son droit à la communauté du mur, peut rentrer dans la jouissance du terrain qui en faisait partie, si par la suite le mur vient à périr et à n'être pas relevé? La réponse est que le terrain abandonné n'est devenu la propriété du voisin, resté seul maître du mur, que sous la condition de l'entretenir; or, si ce mur n'existe plus, le motif de l'abandon s'évanouit, il n'a plus d'effet: *cessante causâ, cessat effectus*. Celui qui avait abandonné la moitié du terrain où était assis le mur peut donc reprendre cette moitié, puisqu'il n'y a plus de raison pour qu'elle demeure dans la possession du voisin. Celui-ci serait susceptible d'être attaqué par une action qui aurait pour objet la revendication d'un terrain dont il ne fait pas l'usage convenu.

Celui qui n'a besoin de rendre mitoyen qu'une portion du mur de séparation, par exemple, le quart de la longueur dans toute la hauteur, ou le quart de la hauteur, soit dans toute la longueur, soit seulement dans une partie de la longueur, n'est pas obligé d'acquérir la mitoyenneté du surplus; alors il paie moitié de la seule portion qui lui est utile. Si, par la suite, il avait encore besoin d'une autre partie, ou de tout le reste du même mur, il pourrait en acquérir la mitoyenneté, en payant la moitié de ce qu'il faudrait ajouter à la possession commune.

Si on ne veut rendre mitoyen que la moitié, le tiers, ou le quart, ou toute autre partie prise dans la longueur du mur sur toute sa hauteur, on ne paiera la moitié que d'une pareille portion du terrain. Mais, si on demandait à jouir, par exemple, de la moitié de la longueur du mur, sur la moitié de sa hauteur, ce serait le quart du mur entier; or, l'emplacement sur lequel se trouve cette quatrième partie du mur forme la moitié du terrain nécessaire à sa fondation entière. Par conséquent, après avoir payé à raison du quart des matériaux et de la façon du mur, il faudrait en outre acquérir la communauté dans cette moitié du terrain.

Cet exemple fait voir que les experts doivent, pour plus de clarté dans leurs opérations, évaluer séparément le mur et le terrain; car, il peut arriver que la portion de maçonnerie qu'on veut rendre commune, occupe du terrain dans une plus grande proportion.

Dans l'évaluation du mur ou de la portion de mur, dont je veux acquérir la mitoyenneté, on ne doit comprendre que les fondations qu'il est d'usage de donner à un mur tel que celui dont il s'agit. En conséquence, si vous avez fait à votre mur des fondations profondes, pour avoir des caves sous votre bâtiment, et que je n'aie pas besoin de construire des caves de mon côté, je ne serai tenu de vous payer que la moitié de la valeur des fondations considérées comme elles devraient être, si vous n'aviez pas de caves. Par la suite, si je desire avoir des caves, il faudra que, pour me servir du surplus des fondations de votre mur, je vous paie la moitié de ce que vaut ce surplus.

Par la même raison, si vous n'avez pas de caves, et qu'après avoir acquis la mitoyenneté de votre mur, je veux construire des caves de mon côté, je serai tenu de faire sous œuvre, la fondation plus profonde qui me sera nécessaire, et je serai seul propriétaire de cette augmentation souterraine. Par conséquent, si vous voulez par la suite, vous servir de cet excédant de fondation pour des caves, il faudra que vous me remboursiez la moitié de ce qu'il aura de valeur à cette époque.

Que déciderait-on si, le mur ayant douze toises de long sur quatre toises de haut, on ne voulait acheter la mitoyenneté que des deux toises les plus élevées, dans toute la longueur? Ce cas arriverait, s'il s'agissait d'appuyer au mur une gallerie à la hauteur du premier étage; celui qui voudrait la faire construire n'aurait pas besoin de la portion inférieure du mur.

Plusieurs personnes croient qu'il suffit d'acquérir la mitoyenneté de la portion supérieure du mur, parce que le Code civil, *art.* 661, accorde la faculté de rendre mitoyen la seule portion du mur dont on a besoin, sans distinguer si elle est supérieure ou inférieure, et sans dire que, pour se servir de la partie supérieure, on soit obligé d'acquérir la portion qui est immédiatement dessous.

D'autres pensent, plus raisonnablement, que la partie supérieure d'un mur ne pouvant pas subsister sans la partie inférieure qui la supporte, celui qui a besoin de la portion élevée, profite nécessairement aussi de celle de dessous. Ainsi, on doit mesurer la portion de mur dont on veut acquérir la mitoyenneté, à partir des fondations jusqu'à la hauteur dont on a besoin. En adoptant cette opinion, Desgodets, dans sa 16e. note, sur l'*art.* 194, de la *Coutume de Paris*, ajoute que la gallerie saillante ne doit pas être supportée uniquement par le mur, surtout si elle a une certaine largeur, il faut encore qu'elle porte sur des pilliers fondés dès le bas, ou sur un corps de bâtiment appartenant à celui par qui elle est construite.

Est-il nécessaire que je justifie avoir besoin de la communauté de votre mur, pour que je puisse vous forcer à me la céder? Il y a des auteurs qui ont prétendu que l'obligation où vous êtes de me vendre la jouissance commune de votre mur, est contraire au droit sacré de la propriété, qui naturellement laisse chacun maître de vendre ou de ne pas vendre ce qui lui appartient. Cette obligation n'est donc qu'une exception établie en faveur du voisinage; elle doit être, dit-on, restreinte au seul cas où la communauté reclamée peut être utile.

D'autres soutiennent, avec plus de raison, que l'*art.* 661 du Code civil a donné, d'une manière absolue et sans aucune restriction, à tout propriétaire, le droit de rendre mitoyen le mur qui sépare immédiatement son héritage de l'héritage voisin. De là, ils concluent que celui qui veut acquérir la mitoyenneté, n'est pas tenu de prouver qu'elle lui est utile ; on présume qu'il y trouve un avantage quelconque, puisqu'il se détermine à en payer la valeur.

On insiste, en disant que s'il en est ainsi, le voisin achetera la communauté du mur, uniquement pour faire boucher les jours de souffrance qui y ont été pratiquées, et qui l'importunent; car, une fois le mur devenu mitoyen, il invoquera l'*art.* 675 du Code civil, qui ne permet pas d'ouvrir des jours dans un mur mitoyen, sans le consentement du voisin. La réponse est que l'avantage de faire boucher des vues importunes, paraît un motif suffisant pour autoriser l'acquisition de la mitoyenneté, puisque ce motif est fondé sur la loi même; c'est l'avis de Pothier, dans son *Traité du Contrat de Société*, second appendice, *art.* II, § III.

Vous voulez avoir la mitoyenneté d'un mur que j'ai fait construire; il est maintenant dans un tel état de vétusté, qu'il ne peut subsister si on ne le rétablit en totalité. En conséquence, au lieu de m'offrir la moitié de la valeur du mur, vous demandez qu'il soit relevé à frais communs; et afin de n'avoir pas à me tenir compte de la moitié du terrain, vous proposez que ce mur soit assis, moitié sur votre héritage, et moitié sur le mien.

Les uns prétendent que je ne peux pas me refuser à laisser placer ce nouveau mur qui va être mitoyen, comme il l'aurait été dans l'origine, si on l'eût d'abord établi en commun.

Ceux qui sont d'avis contraire nous paraissent mieux fondés; ils disent que je ne peux pas être forcé par vous à reconstruire mon mur, quelque mauvais qu'il soit, avant que vous en ayez acquis la mitoyenneté. Ainsi, vous n'avez pas le droit, au lieu de m'offrir la valeur du mur, de demander qu'il soit relevé à frais communs. La marche dictée par la loi est que vous me remboursiez la valeur du mur, quelque modique qu'en soit le prix, et que vous achetiez la moitié du terrain sur lequel ce mur est assis. C'est alors que, devenu copropriétaire du mur, vous pouvez me forcer de contribuer à sa reconstruction, s'il est réellement hors d'état de servir. Or, cette reconstruction doit se faire sur le même terrain et d'après le même alignement ; car, l'un des copropriétaire n'a pas le droit de faire changer la place où est assis le mur. Il appartient à la communauté tel qu'il est posé ; de manière que l'un des voisins ne peut en rien le déranger sans le consentement de l'autre. On peut même sentir facilement que la faculté de faire changer la fondation serait souvent nuisible, en ce que les bois, qui d'un côté ou de l'autre sont appuyés sur le mur mitoyen, deviendraient trop courts, si ce mur était reculé de huit à neuf pouces, vers le côté opposé. Cette décision a lieu, quelque soit celui des deux voisins qui demande le reculement ; car, si l'un, pour avoir la mitoyenneté, est tenu d'acheter la moitié du mur et du terrain, en l'état où il est, l'autre est forcé de lui vendre cette moitié, telle qu'elle est placée.

Un propriétaire peut bâtir sur un mur mitoyen qui est bon pour clôture, mais qui est insuffisant pour soutenir les édifices qu'il veut élever. En conséquence, comme nous l'avons dit plus haut, d'après l'*art.* 659 du Code civil, il peut reconstruire ce mur en entier, l'exhausser et le fortifier autant qu'il en est besoin, pourvu qu'il en fasse la dépense, et qu'il prenne sur son terrain l'excédant de l'épaisseur. Ce mur reste mitoyen jusqu'à hauteur et épaisseur de clôture ; et pour le surplus, il appartient exclusivement à celui qui l'a reconstruit. Par la suite, l'autre voisin veut aussi appuyer des bâtimens sur la portion de mur, qui n'est pas en communauté ; on demande ce qu'il doit payer pour acquérir la mitoyenneté.

Beaucoup d'experts évaluent le mur dans l'état où il est, ainsi que tout le terrain de sa fondation. Ils défalquent de cette valeur celle du mur considéré comme simple clôture, puisque c'est là ce qui est déjà en communauté. L'excédant leur paraît être le prix de ce qui n'est pas mitoyen ; et ils désignent la moitié de cette excédant, comme devant être payé par celui qui veut rendre le mur entièrement commun.

Exemple. Les experts trouvent que le mur, s'il fût resté simple clôture, vaudrait 1200 fr. ; mais, dans l'état où il a été reconstruit, ce mur vaut 3400 fr. Dans ces évaluations, le terrain est compris. La mitoyenneté, disent-ils, existe déjà pour la clôture de 1200 fr. ; il s'agit donc de l'acquérir pour le surplus. Si donc de la valeur totale qui est de 3400, on ôte 1200 fr. qui représentent la mitoyenneté existante, il restera 1800 fr. pour l'objet non commun. En conséquence, pour en acquérir la mitoyenneté, il faut payer moitié de cette somme, c'est-à-dire, 900 fr., à celui qui a fait la reconstruction du mur.

L'annotateur de Desgodets, sur l'*art.* 194 de la *Coutume de Paris*, blâme cette manière d'opérer. Suivant lui, la mitoyenneté du mur entier met les deux voisins au même état que si, à frais communs, ils avaient reconstruit le mur tel qu'il est ; or, en pareil cas, ils auraient démoli le mur de clôture pour le remplacer par un mur plus haut et plus épais ; les seuls matériaux du mur de clôture leur auraient servi, ainsi que le terrain de la fondation. De là, il résulte que pour opérer avec justice dans l'espèce proposée, celui qui veut acquérir la communauté du mur entier, doit être considéré comme abandonnant son droit de simple clôture qui ne lui suffit plus, et comme faisant construire à frais communs le mur tel que son voisin l'a établi. Il faut donc évaluer ce que vaut le mur dans l'état où il est actuellement, et la moitié de sa valeur fait le prix de la mitoyenneté. Dans cette évaluation, on ne fait entrer que le terrain qui a été nécessaire pour donner au mur une plus grande épaisseur; car, le surplus de la terre qui servait de fondation à la clôture, avait été prise sur les deux héritages contigus. Quant aux matériaux de la clôture, ils sont d'une bien petite considération, surtout si on défalque de leur valeur le prix de la démolition et de l'enlèvement des gravois. Cependant, si, par extraordinaire, les bons matériaux sortis du mur de clôture avaient tourné au profit de celui qui a fait la reconstruction, il serait juste de tenir compte de ce profit, dans l'évaluation de la mitoyenneté reclamée, ayant égard à la détérioration de ces matériaux pendant le tems qui s'est écoulé depuis qu'ils ont été employés.

Il est à remarquer que l'*art.* 661 du Code civil, ne dit pas que la mitoyenneté sera acquise en payant moitié de la dépense faite pour construire le mur ; il ordonne seulement de payer la moitié de la valeur du mur, ou de la portion de mur dont on veut jouir en commun. Ainsi, lorsqu'on fait l'évaluation du mur, il ne faut pas se reporter au tems où il a été bâtie, mais le considérer dans l'état où il est au moment de l'expertise. Si donc un mur fait pour durer cent ans, n'était rendu commun qu'au bout de cinquante ans ; le prix de la mitoyenneté serait moins considérable que si elle eût été requise 25 ans plutôt ; pareillement il serait plus fort que si l'évaluation se faisait vingt-cinq ans plus tard.

Celui qui veut acquérir la mitoyenneté d'un mur pour y adosser des bâtimens, doit-il payer la moitié du mur et du terrain, avant de se servir de ce mur ? La Coutume de Paris a décidé pour l'affirmative, dans l'*art.* 194 ; et cette disposition est conforme aux principes de droit, d'après lesquels tout propriétaire peut ne pas livrer la chose qu'il vend, s'il n'en a reçu le prix. Celui à qui la mitoyenneté est demandée, est donc libre de s'opposer à ce que le voisin fasse aucun usage du mur, tant qu'il n'aura pas acquitté le prix fixé, soit pour la maçonnerie, soit pour le terrain.

Un voisin demande la mitoyenneté d'un mur seulement jusqu'à la hauteur de clôture ; elle ne peut pas lui être refusée. Mais, quand il se trouvera copropriétaire de la clôture, ne pourra-t-il pas demander, en vertu de l'*art.* 658 du Code Napoléon, qu'il lui soit payé une indemnité pour la charge qu'occasionne l'excédant de la hauteur du mur ?

Le cas sur lequel prononce l'article cité, n'a lieu que quand l'exhaussement du mur s'effectue postérieurement à l'état de mitoyenneté ; tandis que la question suppose qu'un mur fort élevé appartient exclusivement à l'un des voisins, lorsque l'autre vient lui demander à s'en servir jusqu'à hauteur de clôture. Dans le cas prévu par le code, la propriété commune étant détériorée par l'exhaussement qui est fait postérieurement, il est dû évidemment une indemnité pour la part de celui qui ne fait pas exhausser. A l'égard de l'espèce proposée, celui qui demande à jouir du mur jusqu'à hauteur de clôture, n'achète ce droit que ce qu'il vaut actuellement ; or, dans l'évaluation on a considéré que la portion rendue mitoyenne était chargée d'un exhausement. Ainsi, le voisin qui ne demande communauté que jusqu'à hauteur de clôture, ne peut plus se plaindre de la charge qui existait quand il a fait sa convention, ni par conséquent reclamer d'indemnité, pour ce qui excède la hauteur de clôture; car le prix qu'il a payé a été d'autant moins considérable, que le mur était chargé d'un plus grand exhaussement.

Lorsque l'on veut seulement adosser des cheminées à un mur qui apppartient au voisin, on a droit de lui acheter la mitoyenneté de la portion de mur que les cheminées occuperont dans toute leur hauteur, et sur leur largeur. A ce sujet, on observe que l'usage est de calculer la largeur des cheminées, comme ayant un pied de plus de chaque côté, sur toute la hauteur; c'est ce que les constructeurs appellent le pied d'aile. Goupi, annotateur de Desgodets, trouve cet usage injuste, attendu que celui dont le bâtiment n'est pas élevé, n'a besoin de monter ses cheminées que jusqu'au sortir de ses combles; c'est l'exhaussement du mur de séparation qui le force à les conduire plus haut. Celui à qui appartient cet exhaussement, cause donc de la gêne au voisin, qui, pour indemnité, devrait être autorisé à faire l'adossement de ses cheminées, sans payer la mitoyenneté de la portion de mur qu'elles occupent; au moins cette portion qu'il faut payer, ne devrait-elle pas être augmentée d'un pied d'aile de chaque côté de la largeur, sur toute la hauteur.

On répond que celui qui a élevé son mur a usé de son droit de propriété; que le voisin en peut profiter, en rendant mitoyen ce mur, pour le tout ou pour partie; et que si actuellement il n'en use que pour ses cheminées, il peut arriver un moment où il sera bien aise d'en user pour son bâtiment entier. A l'égard de l'usage où on est de calculer la portion de mur réclamée, comme si la cheminée avait une largeur plus grande d'un pied de chaque côté, il serait possible de le contester, suivant les circonstances, et si cet usage n'était pas bien constant dans le pays où on le trouve; car, la loi n'oblige à payer la mitoyenneté que de la seule portion de mur qu'on veut occuper pour adosser les cheminées.

Il paraît au surplus que cet usage est fondé sur ce que, pour faire tenir le corps d'une cheminée sur la face du mur, il faut maçonner à droite et à gauche, au-delà de la place qu'occupe la largeur de cette cheminée. Ce motif nous paraît suffisant pour autoriser le pied d'aile.

Faut-il que les cheminées qu'on adosse au mur du voisin, en lui en payant la place, soient élevées verticalement, ou bien est-il permis de les dévoyer ?

Il est bien nécessaire de savoir à quoi s'en tenir sur ce point, parce qu'autrement il y aurait souvent des querelles entre des voisins. Celui à qui appartient le mur, et qui y a pratiqué des vues, se trouverait lézé par la mitoyenneté, si le voisin masquait avec ses cheminées les jours percés dans ce mur. L'autre, sous prétexte de donner telle direction à ses cheminées, pourrait exécuter le dessein secret de nuire à son voisin par méchanceté.

D'après ces réflexions, il est juste de s'arrêter à ce qui est le plus convenable pour la solidité du mur. Or, les architectes conviennent tous qu'une cheminée dévoyée altère la bonté du mur plus qu'une cheminée droite. En conséquence, il faut décider que celui qui achète la mitoyenneté d'une portion de mur pour adosser ses cheminées, n'est pas le maître de choisir sur le mur les places où il veut les faire passer. Pareillement, le propriétaire du mur n'a pas le droit, en recevant le prix de la mitoyenneté, de tracer aux cheminées le chemin qu'elles suivront.

Puisque l'*art.* 662 du Code Napoléon, défend de toucher à l'objet de la mitoyenneté, avant d'avoir réglé avec le voisin la manière d'exécuter le travail sans nuire à ses droits, il est convenable que, par l'acte qui établit la communauté de la portion de mur, destinée à recevoir les cheminées, leur direction soit déterminée, ou à l'amiable ou par experts.

Si le mur qu'il s'agit de rendre mitoyen est totalement corrompu et hors d'état de servir, celui qui veut en acquérir la jouissance peut-il forcer son voisin à reconstruire ce mur à frais communs ?

Il faut distinguer si le voisin à qui appartient le mur y a des bâtimens adossés, ou si ce mur est une simple clôture. Dans ce dernier cas, le propriétaire du mur peut soutenir qu'on n'a rien à exiger de lui, jusqu'à ce qu'on ait acheté la mitoyenneté, en payant la moitié de la valeur du mur, quelque petite que soit cette valeur, et en payant le prix de la moitié du terrain. Dès que le mur sera devenu mitoyen, celui à qui la reconstruction sera proposée pourra s'en décharger, en abandonnant la mitoyenneté, conformément à l'*art.* 656 du Code.

Lorsque des bâtimens sont appuyés sur le murs, celui à qui le tout appartient pourrait aussi ne rien écouter, tant que la mitoyenneté ne lui serait pas payée, quelque modique qu'en fût le prix. Après ce paiement si le mur était condamné à être reconstruit, le propriétaire à cause de ses bâtimens, serait tenu d'y contribuer pour sa part. Au surplus, quand cette nécessité de reconstruire le mur est constatée par le rapport qui évalue la mitoyenneté, on ne peut pas exiger que le demandeur paie autre chose que la moitié du terrain et les matériaux qui pourront servir au mur neuf. Ce dernier cas diffère du précédent, en ce que celui à qui appartenait le mur, n'a pas la faculté de se décharger de la reconstruction en abandonnant la mitoyenneté, parce que le mur soutient ses bâtimens; c'est ce que décide le même *art.* 656.

Cependant, s'il détruisait les bâtimens qui s'appuyent sur le mur, il se trouverait dans le premier cas, et il pourrait abandonner la mitoyenneté, pour éviter de contribuer à la reconstruction du mur.

Quand le mur qui me sépare de mon voisin est d'une grosse épaisseur, et que j'ai besoin seulement d'une simple clôture, suis-je obligé d'acquérir la mitoyenneté de toute l'épaisseur, ou puis-je restreindre ma demande à une épaisseur de clôture ordinaire?

Ceux qui pensent que je ne suis tenu qu'à payer l'épaisseur de clôture, se fondent sur ce que la loi décide qu'on peut acquérir la mitoyenneté pour tout le mur, ou seulement pour portion. Ainsi, de même qu'un mur fort élevé, et fort long, peut-être rendu commun seulement jusqu'à la hauteur de clôture, et pour une portion de sa longueur; de même aussi on peut n'acheter que l'épaisseur de clôture; cette opinion est celle de Desgodets. On a vu en effet, que si un mur mitoyen est trop faible pour soutenir les bâtimens de l'un des voisins, celui-ci peut leur donner plus de hauteur et d'épaisseur; ce qu'il ajoute dans ces deux dimensions n'est pas mitoyen. Pourquoi donc, lorsqu'un mur a vingt-un pouces d'épaisseur, par exemple, n'en pourrais-je pas acquérir la communauté pour quinze pouces seulement?

D'autres, du nombre desquels est Pothier, disent que l'on ne peut pas se servir d'une portion de l'épaisseur d'un mur, comme on fait d'une portion de sa longueur; toute l'épaisseur est indivisible; elle profite en totalité à celui qui se sert du mur, jusqu'à une certaine hauteur, ou longueur. Ces raisons ne nous paraissent pas suffisantes. La question, au reste, n'est pas sans difficulté; elle peut être décidée différemment selon les circonstances. C'est pourquoi, il faut en pareil cas que les experts s'expliquent dans chaque affaire, et que les juges statuent sur ce point selon l'équité.

Votre mur est construit en pierre de taille; suis-je obligé, pour m'en servir comme d'une simple clôture, de vous payer la moitié de sa valeur, ou seulement la moitié de ce que vaudrait un mur de clôture fait en moëllons ordinaires?

Le *Code civil, art.* 661, dit-on d'un côté, donne à un propriétaire le droit de rendre mitoyen le mur ou portion du mur construit par son voisin; mais, il ne fait aucune distinction concernant la qualité du mur; c'est le mur tel qu'il est, en moëlons, ou en pierres de taille, dont il faut payer la moitié. Si ce mur n'était qu'en plâtre, ou en terre, on ne serait tenu de payer que la moitié d'un mur de cette espèce. Par la même raison, s'il est construit en matériaux plus précieux, la moitié de sa valeur en doit être plus considérable. Celui qui a établi ce mur a usé de son droit de propriété, il était libre de le faire comme il lui plaisait; lors donc qu'on veut lui en acheter la mitoyenneté, il faut la lui payer ce qu'elle vaut. En un mot, ajoute Pothier en adoptant cette opinion, c'est un mur en pierre de taille qui existe; c'est donc la valeur de ce mur qu'il faut considérer, et non pas celle d'un mur en moëlons qui n'existe pas.

Pour l'opinion contraire, embrassée par Desgodets, on dit que, suivant l'esprit de la loi, on n'est tenu d'acheter que la portion de mitoyenneté dont on a besoin. Cette règle est fondée sur la nécessité de faire participer aux avantages du voisinage, toutes les classes de propriétaires, les riches aussi bien que ceux dont la fortune est bornée. Il est bien certain que mon voisin a été le maître de faire construire à grands frais, et même avec luxe, le mur qui sépare son héritage du mien; mais, par son goût pour une dépense au-dessus de mes moyens, il n'a pas pû me reduire à l'impossibilité de me servir de son mur, qui joint sans moyen ma propriété.

Cependant, s'il fallait que je payasse la motié de la valeur d'un mur en pierre de taille, lorsque je n'ai besoin que d'un mur de clôture, je serais hors d'état de profiter de la faculté que la loi accorde à tout propriétaire de jouir en commun d'un mur de séparation. Il serait trop dur que mon sort fût devenu plus fâcheux, parce que j'ai un voisin fort riche, ou qui a construit follement. C'est cet inconvénient qu'a voulu prévenir le Code civil, en permettant d'acheter seulement la portion de mitoyenneté dont on a besoin. Si donc il me suffit d'avoir droit à un simple mur fait en moëlon, vous ne pouvez pas me forcer à payer la dépense folle ou luxueuse qu'il vous a plû de faire, pour établir fort chèrement un mur en pierres de taille.

Sur cette difficulté, comme sur la précédente, nous préférons l'avis de Desgodets. Au surplus, les experts doivent bien expliquer les circonstances dans lesquelles se trouvent les parties, et les juges détermineront, selon les différens cas, la valeur pour laquelle doit être acquise la mitoyenneté.

§ X.

Comment l'exhaussement d'un mur peut devenir mitoyen.

Dans le paragraphe précédent, on a considéré le mur qui joint sans moyens deux héritages, comme ayant été construit par l'un des propriétaires; on a vu comment l'autre voisin peut obtenir la mitoyenneté, soit de la totalité, soit seulement d'une portion de ce mur. Maintenant, nous supposons que le mur est mitoyen, et que l'un des propriétaires l'a fait exhausser à ses frais, en payant à l'autre voisin une indemnité proportionnée à la charge qu'il fait porter pour son utilité, par le mur qui est en commun. Dans ce cas, la mitoyenneté ne subsiste que jusqu'à l'exhaussement qui appartient exclusivement à l'un des voisins. Par conséquent, les deux propriétaires n'ont l'usage commun que de la portion de mur qui est mitoyenne; et celui qui a fait l'exhaussement a seul le droit de se servir de cette portion élevée. Mais, par la suite le voisin qui n'a pas contribué à cet exhaussement, peut-il acquérir le droit de l'utiliser de son côté? Il en a la faculté, en payant la moitié de la dépense qu'a coûté cet exhaussement, et la moitié du terrain fourni pour l'excédant d'épaisseur, si pour exhausser il a fallu rendre le mur plus fort : *Code civil*, *art.* 660.

Cette disposition a le même fondement que celle de l'*art.* 661, qui oblige un voisin à céder la mitoyenneté du mur qu'il a fait construire. Voyez ce que nous avons dit au commencement du paragraphe précédent, pour faire sentir combien il est juste de ne pas laisser au propriétaire d'un mur de séparation, la liberté de refuser au voisin la faculté de s'en servir. Il nous reste donc ici à expliquer quelques difficultés relatives à l'exhaussement qu'il s'agit de rendre mitoyen.

La première est tirée du texte même de l'*art.* 660 : il veut que, pour avoir la mitoyenneté de l'exhaussement, on paie la moitié de la dépense qu'il a coûté. Si on suppose que l'exhaussement est déjà fort ancien, celui qui veut en acquérir la communauté ne doit-il payer que la moitié de la valeur actuelle de cette portion du mur, ou bien, sans avoir égard au tems qu'elle a déjà duré, doit-il payer la moitié de la dépense qu'elle a coûté?

Le doute vient de ce que l'*art.* 661, en parlant de la mitoyenneté du mur, dit qu'on paiera seulement la moitié de sa valeur actuelle, tandis qu'en parlant de l'exhaussement, l'*art.* 660 exige qu'on rembourse la moitié de la dépense que cet exhaussement a coûté.

Il ne peut pas y avoir deux manières d'être juste, en sorte que si, d'après le Code lui-même, on ne doit que la moitié de la valeur actuelle du mur dont on veut acquérir la mitoyenneté, il en doit être de même lorsqu'il s'agit de rendre commun l'exhaussement fait à ce mur; c'est seulement la moitié de sa valeur actuelle qu'on est tenu de payer. Par conséquent, si cet exhaussement avait été construit de manière à durer cent ans, et que la mitoyenneté n'en fût requise qu'après un laps de cinquante ans, la moitié de la valeur dont il faudrait tenir compte, ne serait pas si considérable que si l'exhaussement eût été fait vingt-cinq ans plus tard.

Ainsi, c'est par l'*art.* 661 qu'il faut interpréter l'*art.* 660; celui-ci, en parlant de la moitié de la dépense qu'à coûté l'exhaussement, a voulu faire sentir que, dans l'évaluation de la mitoyenneté de cette portion de mur, il faut avoir égard non seulement aux matériaux et à la main-d'œuvre qu'il a fallu employer, mais encore aux dépenses accessoires que cet exhaussement a occasionnées.

Par exemple, si pour donner au mur mitoyen une élévation plus grande, j'ai été obligé de le reconstruire en tout ou en partie; s'il m'a fallu faire des chaînes de pierre, des jambes boutisses, des jambes étrières, ou faire des fondations plus profondes, pour le rendre plus fort; si j'ai été forcé d'étayer votre bâtiment, d'y faire des travaux à la couverture, de vous payer des indemnités pour non valeur de location; en un mot, si l'élévation du mur mitoyen m'a coûté autre chose que les matériaux et la main-d'œuvre, il est nécessaire que vous participiez à ces dépenses accessoires, lorsque vous voulez vous servir de l'exhaussement. Il est vrai que dans l'évaluation de ces objets accessoires on a égard au tems qui s'est écoulé depuis la construction de l'exhaussement, comme quand on apprécie cette portion de mur en elle-même.

De là, il suit que pour avoir droit de communauté à l'exhaussement du mur, il faut payer la moitié de la valeur actuelle de cette construction, y compris la moitié du terrain qui a servi à donner au mur plus d'épaisseur, si cette augmentation a été nécessaire. On paye en outre la moitié de la valeur actuelle des dépenses accessoires auxquelles elle a donné lieu.

Une seconde question consiste à savoir si on peut acquérir la mitoyenneté d'une portion de l'exhaussement, ou bien si, pour se servir d'une partie de cet exhaussement, on est tenu de payer, comme si on avait besoin de la totalité.

Le doute vient encore de la différence qu'on remarque entre l'expression de l'*art.* 660, et celle de l'*art.* 661. Ce dernier dit précisément que l'on a la faculté de rendre mitoyen le tout ou partie d'un mur de séparation. Le précédent parle de l'exhaussement fait sur un mur mitoyen, aux dépens d'un seul voisin; il permet à l'autre voisin d'en acquérir la mitoyenneté, et ne prévoit pas le cas où une seule portion de cet exhaussement serait utile à ce dernier.

Pour se décider, on doit suivre l'esprit de la loi; il se manifeste dans l'*art.* 661, qui doit servir d'interprétation à l'*art.* 660. Il est évident que celui qui veut acquérir un droit de mitoyenneté, peut, dans tous les cas, le restreindre à une portion quelconque du mur, pourvu que cette portion se mesure, à partir des fondations, ainsi qu'on l'a observé dans le paragraphe précédent. On ne voit pas pourquoi, lorsqu'il s'agit de l'exhaussement, on serait tenu d'acheter la communauté du tout, quand on n'a besoin que d'une portion. Un mur qui a trente toises de long, sur deux toises de haut, a été construit à frais communs; l'un des voisins, par la suite, ayant fait à ses dépens un exhaussement de trois toises sur toute la longueur, le mur est resté mitoyen pour l'ancienne construction, et ne l'a point été pour l'exhaussement. Quelques années après, celui qui n'a pas contribué à l'exhaussement voudrait bien en avoir la mitoyenneté, dans une longueur de douze toises; l'autre propriétaire ne peut-il pas exiger qu'il prenne la mitoyenneté de la totalité de l'exhaussement? Non il serait autorisé à n'acquérir qu'une portion de la communauté du mur, si rien n'en était mitoyen; par la même raison, il peut n'acquérir qu'une portion de l'exhaussement, lorsque cet exhaussement seul n'est pas mitoyen. Il y a même raison pour décider à l'égard de l'exhaussement, comme on le fait à l'égard du mur entier : *Ubi eadem est ratio, idem jus dicendum est.*

Lorsqu'un propriétaire veut rendre mitoyen un exhaussement, et qu'il ne le trouve pas assez fort, il a la faculté de le reconstruire ou de le rendre plus solide à ses frais; il supporte en outre également seul toutes les dépenses accessoires, telles que celles nécessaires pour étayer les bâtimens du voisin, pour faire le raccordement de ses couvertures, le rétablissement de ses corps de cheminées. Mais si l'exhaussement est en mauvais état, et incapable de subsister quelques années, le propriétaire qui veut acquérir la mitoyenneté, peut-il exiger que son voisin contribue à la reconstruction ? Oui, sans doute : alors il faudra rétablir l'exhaussement suivant les dimensions, et avec les matériaux d'usage; car, si celui qui réclame la mitoyenneté faisait reconstruire l'exhaussement d'une manière plus dispendieuse, le voisin ne contribuerait point pour l'excédant de dépense qui en résulterait : bien plus, il lui serait dû une indemnité pour la charge plus grande mise sur le mur mitoyen.

On demande si celui qui a fait l'exhaussement, peut refuser de participer à la reconstruction, en abandonnant la mitoyenneté. Rien n'empêche d'appliquer à l'exhaussement, ce qui est décidé par l'*art.* 656 pour le mur lui-même. En conséquence, si celui qui a fait l'exhaussement n'y a pas de bâtimens adossés, il peut en abandonner la mitoyenneté; dès-lors cet exhaussement appartiendra exclusivement au voisin qui demande à le reconstruire pour en faire usage. La reconstruction s'en fera donc à ses frais, et il supportera seul les dépenses accessoires, telles que celles qu'il faudra faire aux bâtimens voisins pour étayemens et raccordemens.

Dans le cas où celui qui seul a fait l'exhaussement, en abandonne la mitoyenneté pour s'exempter de contribuer à la reconstruction, l'autre voisin qui en supporte les frais, doit-il payer une indemnité pour raison de la charge qu'il maintient sur le mur mitoyen ?

Oui; car, l'exhaussement qu'il reconstruit n'étant utile qu'à lui, et n'appartenant qu'à lui par suite de l'abandon, il se trouve dans le même cas où il serait, si l'exhaussement était fait pour la première fois; or, alors il devrait une indemnité pour la charge imposée au mur mitoyen, selon qu'on l'a expliqué au § VIII.

Après l'abandon de l'exhaussement, si un propriétaire avait besoin de s'en servir, il pourrait en recouvrer la mitoyenneté, en payant la moitié de la valeur, tant de cet exhaussement, que des dépenses accessoires qui en ont été la suite. Il tiendrait compte aussi de la moitié de l'indemnité qu'il aurait reçue, pour la charge produite par l'exhaussement sur le mur mitoyen. C'est une des circonstances où l'*art.* 660 du Code civil reçoit son application.

Ce qui est réglé pour acquérir la mitoyenneté de l'exhaussement d'un mur, doit s'étendre à l'augmentation donnée au même mur en sens contraire, c'est-à-dire, par ses fondations. Ainsi, une clôture mitoyenne n'étant d'abord fondée qu'à trois pieds en terre, reçoit par la suite de nouvelles fondations bien plus profondes, aux frais d'un des voisins qui veut se faire des caves. Cet enfoncement de la clôture appartient exclusivement à celui qui en a fait la dépense; lui seul a droit de s'en servir, et lui seul est tenu de le réparer. Mais, si l'autre propriétaire voulait aussi se faire des caves, il pourrait acquérir la mitoyenneté du mur souterrain, soit pour le tout, soit pour portion, de la même manière qu'il pourrait acquérir la mitoyenneté d'un exhaussement. A cet effet, il payerait la moitié de la valeur de ce qu'il desire mettre en commun dans le mur souterrain; et pour trouver cette valeur, on aurait égard aux dépenses accessoires occasionnées par la construction de ce mur inférieur, et au tems qu'elle a déjà duré, comme pour un exhaussement.

Il y a, cependant, une différence entre le cas où il s'agit de l'excédant d'un mur en fondation, et un exhaussement; quand un seul voisin construit sur un mur mitoyen, il doit une indemnité, en raison du poids qu'il établit sur l'objet commun. Mais quand la fondation est rendue plus profonde par un des voisins, il est évident qu'il ne charge pas le mur, et qu'ainsi il ne doit aucune indemnité.

De là, il suit, que celui qui veut avoir la mitoyenneté d'un exhaussement, auquel il n'a pas contribué, doit rembourser la moitié de la valeur de cette construction, des dépenses accessoires qu'elle a occasionnées, et de l'indemnité qu'il avait reçue. S'il s'agit d'avoir la jouissance commune d'une construction faite sous des fondations, on paye moitié de sa valeur, ainsi que des dépenses accessoires; mais il n'y a pas lieu au remboursement d'une portion d'indemnité relative à la charge, puisqu'il n'en avait été payé aucune pour cette construction souterraine.

§ XI.

Quand on peut forcer son voisin à faire une clôture à frais communs.

On a considéré jusqu'à présent les obligations du voisinage, sans distinguer où sont situés les héritages séparés par des murs; maintenant, il faut remarquer une différence entre les villes et les campagnes. Dans les campagnes, et par conséquent dans les bourgs, villages, hameaux, en un mot dans tous les lieux qui ne sont point compris dans les limites des villes ou de leurs faubourgs, chacun est maître d'enclorre sa propriété, ou de la laisser accessible. De là, il suit que si l'un des propriétaires veut avoir une clôture, il la peut faire sur son propre terrain, soit en laissant un espace entre le mur qu'il construit et l'héritage contigu, soit en plaçant son mur sur l'extrême limite, de manière qu'il touche sans moyen la propriété voisine. Ce mur appartient exclusivement à la personne qui en a fait la dépense; et s'il y a un espace entre ce mur et l'héritage du voisin, celui-ci ne peut jamais avoir droit au mur, le terrain laissé hors de la clôture, s'oppose à l'acquisition de la mitoyenneté. Mais, si le mur touche sans moyen la propriété du voisin, celui-ci a la faculté d'en jouir en commun, après avoir remboursé la moitié de la valeur du mur qu'il s'agit de rendre mitoyen, et la moitié du terrain qui porte les fondations. Tels sont en général les droits du voisinage qui ont été expliqués dans les paragraphes précédens, concernant les murs de séparation, et qui s'exercent sans exception dans les campagnes.

Dans les villes et faubourgs, un propriétaire peut aussi acquérir la mitoyenneté d'un mur qui touche sans moyen son héritage; mais, ce qui est particulier, c'est que quiconque veut séparer son héritage de celui du voisin, a le droit d'exiger que ce dernier contribue pour moitié à la construction du mur de séparation. Presque toujours on use de ce droit, d'abord, parce que la dépense du mur est partagée entre les voisins; et en second lieu, parce que le terrain sur lequel est la fondation se trouve économisé. En effet, puisque les deux propriétaires doivent contribuer également à la confection du mur, celui qui l'exige est autorisé à placer l'épaisseur de la séparation, moitié sur son héritage, et moitié sur l'héritage contigu : *Code napol. art.* 663.

Cette disposition, qui semble gêner le droit de propriété dans les villes et faubourgs, plus que dans les campagnes, a pour objet de prévenir de trop fréquens sujets de contestations entre des voisins dont les habitations, nécessairement très-rapprochées, ont des communications trop faciles. Cette sorte d'assujétissement qui force deux voisins à s'enclorre à frais communs, a également pour but la sûreté et la salubrité, dans les communes où les habitans se trouvent réunis en certain nombre. Plusieurs coutumes avaient imposé une pareille obligation, seulement pour certaines villes de leur ressort ; mais le Code, en reconnaissant l'utilité de cette servitude légale, l'a étendue à toutes les communes qui ont le titre de villes, et à leurs faubourgs.

Ainsi, dans les villes et faubourgs, celui qui s'enclot peut asseoir moitié de l'épaisseur du mur sur le terrain du voisin ; mais, il n'a droit d'exiger de celui-ci que la moitié de la dépense et du terrain d'un simple mur de clôture. S'il lui plaît que la séparation soit une maçonnerie plus considérable, il supportera seul la dépense de ce qui excédera le prix d'une clôture ordinaire, et il prendra sur son héritage le terrain nécessaire à la plus grande épaisseur qu'il voudra donner au mur. Alors, ce mur ne pourra servir en commun que comme clôture, et jusqu'à la hauteur de clôture ; la jouissance plus étendue qu'on en pourra faire, appartiendra exclusivement à celui qui aura construit.

Par suite de ce principe, le voisin qui a contribué, seulement jusqu'à concurrence de clôture, n'est tenu des réparations et de la reconstruction que dans la même proportion, et comme si le mur n'était qu'une simple clôture.

Ces réflexions font sentir la nécessité de constater par titres ou par des marques, les cas où le mur n'est mitoyen que comme clôture ; car, s'il était construit sur des dimensions plus considérables, et qu'on ne vît aucun indice pour faire connaître à qui appartient l'excédant de clôture, on présumerait que le mur est mitoyen pour la totalité.

Un mur qui touche sans moyen deux héritages qu'il sépare, se nomme mur de clôture, quand ni d'un côté, ni de l'autre, il ne supporte aucun bâtimens. Si l'un des voisins y a placé des constructions, c'est pour lui un mur de séparation servant de clôture à l'autre. Enfin, si de part et d'autre on se sert du mur mitoyen pour recevoir des bâtimens, c'est pour les deux voisins un mur de séparation. Nous indiquons ici ces dénominations qui sont en usage dans la pratique des constructeurs, afin de mieux sentir en quoi consiste le mur de clôture, auquel on a droit de faire contribuer le propriétaire voisin. L'intention de la loi, par cette servitude, est de pourvoir plus efficacement à la sureté et à la salubrité des habitans des villes et faubourgs; elle entend seulement les autoriser à clorre leurs propriétés à frais communs, avec leurs voisins; on ne peut donc pas étendre cette autorisation au-delà de simple clôture.

Il eût été à desirer que le Code civil eût spécifié sans restriction, en quoi doit consister un mur de clôture; mais, les législateurs ont senti que les matériaux étant différens, selon les différentes contrées, la manière de se clorre doit changer selon les pays. En conséquence, l'*art.* 663 dit que la hauteur de la clôture sera fixée suivant les réglemens particuliers, et les usages constans et reconnus. Ainsi, dans les pays où les coutumes s'expliquent sur ce point, il faut suivre leurs dispositions. A l'égard des coutumes qui ne parlent pas des dimensions à donner aux murs de clôture, on doit suivre les usages constans et reconnus dans chaque pays. Enfin, si aucun usage n'est suffisamment constaté, le même article décide que tout mur de séparation qui sera construit nouvellement par la suite, ou qui sera rétabli à la place d'un ancien, dans les villes et faubourgs formant une population de cinquante mille âmes et au-dessus, aura au moins une hauteur de trente-deux décimètres; c'est-à-dire, dix pieds, y compris le chaperon. Dans toutes les autres villes et leurs faubourgs, la hauteur d'un mur de clôture doit être au moins de vingt-six décimètres; c'est-à-dire, de huit pieds, toujours en supposant qu'il n'y ait sur les lieux, ni usage, ni réglement qui décide autrement.

Demandera-t-on qu'elle doit être, soit l'épaisseur d'un mur de clôture, soit la profondeur de ses fondations, et pour quoi la loi n'en a pas parlé en même-tems qu'elle a déterminé la hauteur ? La réponse est que l'épaisseur d'un mur et la profondeur de ses fondations, ne dépendent pas uniquemment de sa hauteur; mais encore de la nature des matériaux qu'on employe, et du terrain sur lequel on le construit. Or, chaque contrée a des matériaux qui lui sont propres, et le terrain est fort solide dès la surface dans un endroit, tandis que dans d'autres, il faut fouiller profondément pour trouver de quoi poser solidement les fondations; il n'a donc pas été possible, d'indiquer dans la loi, ni l'épaisseur du mur, ni la profondeur à laquelle il faut l'asseoir. Le but qu'elle se propose, étant de prescrire une séparation capable de procurer la tranquillité respective des voisins, dans les villes et faubourgs, il a suffit de fixer la moindre élévation nécessaire pour opérer une clôture. A l'égard de l'épaisseur du mur, de la profondeur de sa fondation, et de la manière de le construire, soit en moëllons durs ou tendres, soit avec chaux et sable, soit avec plâtre ou avec tout autre mortier, il faut suivre les usages du pays. On peut dire en général que quand on exige du voisin sa contribution à la clôture, non-seulement le mur doit avoir la hauteur prescrite, mais encore une épaisseur et une profondeur proportionnées.

Pareillement, il faut que l'on employe pour le mur les matériaux qui sont d'usage dans le pays, de manière à faire une séparation d'une solidité ordinaire et approuvée par les règles de l'art.

Observez que pour construire un mur de clôture, auquel on force le voisin à contribuer, il faut obtenir préalablement son consentement, ou à son refus l'autorisation de la justice; c'est une conséquence de l'*art.* 662, que nous avons expliqué au § VII, en parlant de l'usage qu'on peut faire d'un mur mitoyen. Il ne serait pas prudent de faire construire le mur, et ensuite de demander au voisin qu'il ait à en payer la moitié. Une pareille manière d'agir pourrait occasionner beaucoup de contestations qui s'éviteront en formant d'abord la demande, et en ne procédant à la construction de la clôture, qu'après avoir obtenu une autorisation volontaire ou judiciaire. Or, de quelque manière qu'intervienne l'autorisation, on fait régler, soit à l'amiable, soit par justice, sur rapport d'experts, la nature des matériaux à employer, et les dimensions à observer, tant en hauteur qu'en épaisseur et profondeur; en sorte que le mur étant fait, suivant ce qui est ainsi prescrit, il ne donne lieu à aucune difficulté.

Le sol d'un héritage peut-être plus élevé que le sol de l'héritage contigu, et cette différence peut se rencontrer précisément sur la ligne où doit être construit le mur de clôture; on demande comment satisfaire à la loi pour donner, par exemple, dix pieds de haut au mur de séparation. La difficulté vient de ce que si on observe les dix pieds, à partir du terrain le plus bas, on ne trouvera pas la même hauteur en mesurant le mur du côté opposé. Fera-t-on le mur sur une hauteur de dix pieds, à partir du sol le plus élevé? On aura de l'autre côté une hauteur qui excédera celle prescrite; alors, naît la question de savoir si on peut forcer le propriétaire du terrain le plus bas, à contribuer au mur de séparation, pour la portion qui excédera, de son côté, la hauteur légale.

Les uns disent que la loi est suffisamment exécutée, lorsque la clôture est de la hauteur prescrite, à partir du sol le moins élevé. En effet, le but est la sureté respective des deux voisins; or, si le mur a d'un côté la hauteur réglée, c'en est assez pour que les deux héritages se trouvent séparés par un obstacle tel que le veut la loi. Exemple: supposons qu'à partir du sol inférieur, le mur ait dix pieds de haut, et que ce même mur ne se trouve élevé que de sept pieds de l'autre côté; l'un et l'autre voisin auraient également une hauteur de dix pieds à franchir pour passer par desssus le mur. Le propriétaire du sol inférieur trouverait cette hauteur en montant; et l'autre, qui à la vérité n'aurait que sept pieds à monter, trouverait les dix pieds quand il s'agirait de descendre chez le voisin.

Desgodets et son annotateur, dans leurs commentaires sur l'*art.* 209, de la *Coutume de Paris*, ne pensent pas que la séparation soit égale de part et d'autre dans l'espèce proposée, attendu qu'un mur est franchi en descendant, bien plus facilement qu'en montant. Ils concluent de là, que pour atteindre le but de la loi, il faut que le mur de clôture ait la hauteur légale, à partir du terrain le plus élevé. Il en résulte sans doute une plus grande hauteur de l'autre côté; mais, puisqu'il faut qu'il ait de l'inégalité, il vaut mieux qu'elle procure une plus grande sureté à l'héritage inférieur, que de rendre insuffisante la sureté de l'héritage supérieur.

En prenant ce parti, que nous regardons comme le plus raisonnable, le mur ne peut monter à la hauteur prescrite du côté le plus élevé, sans excéder la mesure nécessaire du côté opposé; qui donc supportera la dépense de cet excédant? Le propriétaire du sol le plus bas doit, suivant Desgodets, contribuer pour la moitié de la hauteur de clôture, en la mesurant de son côté. L'autre moitié est payée par le propriétaire du terrain supérieur; de plus, ce propriétaire doit faire à ses dépens toute la portion dont il est nécessaire d'élever encore ce mur, pour qu'il ait de son côté la hauteur de clôture. On en donne pour raison que celui qui a un terrain élevé, doit supporter les charges auxquelles cette circonstance donne lieu. Le voisin n'est tenu de contribuer que jusqu'à la hauteur prescrite, en mesurant de son côté; en outre, il a droit d'exiger qu'en mesurant de l'autre côté, il y ait une semblable hauteur de clôture. Si donc, à cause de l'élévation du terrain voisin, cette hauteur ne se trouve pas, c'est au propriétaire de ce terrain à supporter la dépense qu'il faut faire pour que, de son côté, le mur ait la hauteur nécessaire.

C'est par une raison semblable que, suivant ce qui a été dit précédemment, le propriétaire du terrain le plus élevé est tenu de faire de son côté un contre-mur, pour empêcher que la clôture ne soit détruite par le mouvement des terres qui la pousseraient. Le propriétaire du terrain bas ne doit pas contribuer à la dépense du contre-mur, parce que la cause qui nécessite cette construction ne vient pas de son fonds.

et que chacun doit supporter les inconvéniens qui résultent de la supériorité ou infériorité de son terrain.

Un exemple, dans lequel l'intérêt du terrain le moins élevé est blessé, se présente lorsque des eaux lui viennent naturellement de dessus le terrain supérieur; il doit les supporter, sans qu'on puisse faire aucun ouvrage pour les empêcher de s'écouler; c'est un inconvénient attaché à la nature de l'héritage inférieur.

Certains faubourgs se terminent par des terrains qui semblent faire partie de la campagne, et où il n'existe pas une construction. On peut citer, par exemple, les marais qui se trouvent à l'extrémité des faubourgs dans la plupart des villes. Si le propriétaire d'une portion de pareils terrains veut enclorre sa possession, pourra-t-il forcer ses voisins à contribuer à la clôture, quoique ceux-ci ne possèdent auprès de son héritage que des terres labourées?

La raison de douter vient de ce que l'*art.* 663 du Code civil, ne force à la contribution d'un mur que, quand il s'agit de séparer des maisons, des cours, des jardins; or, par l'hypothèse, les terrains dont il est question sont de simples champs, cultivés comme en pleine campagne, et qui ne tiennent à aucune maison.

D'ailleurs, l'obligation de contribuer aux murs de séparation n'est établie dans les villes et faubourgs, que pour la sureté respective des voisins; or, dans le cas proposé, celui qui veut s'enclorre y trouve seul son avantage, puisque les autres n'en restent pas moins sans clôture de toute autre part.

Quelques spécieuses que soient ces raisons, elles ne peuvent pas balancer la disposition de la loi, qui veut généralement qu'on soit tenu de contribuer au mur de clôture dans les villes et faubourgs. Ainsi, dans les questions semblables à celles qui nous occupent, la seule chose à examiner est le fait de la situation des terrains; s'ils font partie de la ville ou des faubourgs, il est certain que la contribution au mur peut être exigée. Elle ne paraît actuellement utile qu'à celui qui fait construire; mais, dans la suite, elle pourra servir également aux voisins quand il leur conviendra de s'enclorre. Bien souvent une première construction engage à en faire d'autres à côté ; et, sous ce rapport, il devient utile de forcer des voisins dans les villes et faubourgs, à la contribution des murs qui séparent leurs propriétés contiguës, quoique labourées.

A l'égard de l'objection tirée de ce que l'*art.* 663 ne parle que de la séparation des maisons, cours et jardins, et non pas des terrains cultivés comme des champs et des marais ; on répond que la loi n'entend pas faire une énumération des seuls objets qu'on a le droit d'enclorre à frais communs. En désignant les maisons, cours et jardins, elle a voulu comprendre toutes les espèces de terrain qui se trouvent ordinairement dans les villes et faubourgs. D'ailleurs, dès qu'un propriétaire enclos sa possession, il y fait essentiellement ou une cour, ou un jardin, ou une maison, et quelquefois ces trois choses à la fois; ainsi, il est dans les termes mêmes de la loi, qui ne considère pas si le terrain situé dans une ville ou un faubourg, était un champ, mais seulement s'il s'agit d'en faire une maison, ou une cour ou un jardin.

Si, après avoir fait enclorre son terrain à frais communs, un propriétaire continue à le cultiver comme un champ, sans y faire ni maison, ni cour, ni jardin, les voisins pourront-ils répéter ce qu'ils ont payé pour leurs portions de la clôture? Non, parce que la loi n'a pas prescrit l'emploi qu'on doit faire du terrain ; il suffit qu'il soit dans une ville ou dans un faubourg, et qu'on veuille l'enclorre, pour qu'on ait le droit d'exiger que les voisins contribuent à la construction des murs. Au surplus, dès qu'un terrain labouré est entouré de murs, il cesse d'être un champ; c'est un véritable jardin, quelqu'en soit la culture.

Vous possedez un terrain qui finit précisément à la limite du faubourg, et il est contigu à mon héritage qui commence la campagne au delà de cette limite. Vous voulez entourer de murs votre possession ; pouvez-vous me forcer à contribuer à la clôture qui doit séparer nos deux héritages?

Si on décide négativement, on vous prive de la faculté accordée à tous ceux dont la propriété est située dans une ville ou dans un faubourg ; en adoptant l'affirmative, on m'impose une obligation qui ne doit pas m'atteindre, puisque mon terrain est hors des limites.

Dans cette alternative, il vaut mieux restreindre la prérogative, que d'étendre la servitude au delà des bornes prescrites par la loi ; vous serez donc tenu de faire à vos dépens la clôture de mon côté, s'il ne me convient pas d'y contribuer. Cette décision est conforme au texte même de l'*art.* 663, qui n'exige la contribution au mur, que quand les deux héritages qu'il s'agit de séparer, sont l'un et l'autre situés dans la ville ou les faubourgs ; par conséquent, s'il n'en est qu'un qui soit en deçà des limites, tandis que l'autre se trouve dans la campagne, la disposition légale ne reçoit pas d'application. En effet, il n'y aurait plus de réciprocité entre les voisins ; celui qui est en deçà des limites exercerait, contre le propriétaire de l'héritage situé au delà, un droit dont ce dernier ne jouirait pas ; car, son terrain étant entièrement dans la campagne, la loi n'autorise pas à l'enclorre à frais communs, pas même du côté qui touche la limite du faubourg.

Si donc, celui dont l'héritage situé dans la campagne, commence à l'endroit où se termine le faubourg, venait à s'enclorre, il ne pourrait pas exiger que son voisin qui est en deçà de la limite, contribuât à la construction du mur de séparation ; car, cette faculté ne s'exerce qu'entre deux héritages qui font partie de la ville ou des faubourgs. Quand un seul y est compris, et que l'autre est dans la campagne, le propriétaire du premier, comme on vient de le dire, n'a pas le droit de forcer son voisin à payer une portion de la clôture ; réciproquement, lorsque c'est celui-ci qui construit, il n'est pas fondé à faire contribuer l'autre à la construction du mur de séparation.

Un troisième cas arrive, lorsque la ligne qui fait la limite du faubourg coupe mon héritage, de manière qu'il n'y en a qu'une portion, par exemple, la plus petite, en deçà de la limite. Puis-je alors refuser de payer ma part du mur de séparation que vous construisez sur le bord de votre héritage qui est dans le faubourg, et qui est contigu au mien? Ne puis-je pas dire, que l'*art.* 663 s'applique seulement au cas où les deux voisins peuvent user de réciprocité ? Or, le droit que vous exercez contre moi, je ne puis pas le faire valoir contre mes autres voisins, puisque leurs terrains limitrophes du mien sont situés hors des limites.

On répond qu'il existe une réciprocité suffisante dans l'exemple proposé; car, si vous me faites contribuer au mur, c'est parce que je pourrais exercer la même faculté contre vous, si c'était par moi que fût construit cette clôture. Dans un pareil cas, les deux portions de terrain sur lesquelles est fondé le mur, se trouvent enclavées dans le faubourg; c'en est assez pour que l'*art.* 653 reçoive son application.

Si cependant ce qui est renfermé dans le faubourg était une portion de terrain si petite, qu'il ne fût pas possible de la séparer utilement du surplus, peut-être me traiterait-on comme si je ne possédais rien en deçà de la limite; car, le peu quelquefois est considéré comme rien. Les circonstances bien constatées par les experts, pourraient alors déterminer une décision qu'il faudrait d'autant moins regarder comme contraire à la loi, qu'elle n'en serait qu'une application raisonnable.

La faculté d'exiger la contribution du voisin au mur de séparation, dans les villes et faubourgs, ne s'étend pas au delà des dimensions d'une simple clôture, ainsi que nous l'avons observé au commencement de ce paragraphe. Si donc un propriétaire fait un mur plus élevé et plus fort, la dépense qui excède est à sa charge; et par conséquent, le mur n'est mitoyen que jusqu'à la hauteur de clôture; c'est encore ce que nous avons remarqué. Pareillement, si le voisin qui n'a contribué que pour sa part de clôture, voulait que ce qui excède, ou qu'une portion de ce qui excède, fût en commun, il pourrait l'obtenir en remboursant la moitié de la valeur de ce dont il desirerait avoir l'usage. Ici s'applique ce qu'on a dit dans le § X, sur la manière d'acquérir la mitoyenneté de l'exhaussement fait par un seul propriétaire sur un mur mitoyen.

Quand la portion de clôture qui excède la hauteur exigée par la loi, a été rendue mitoyenne, les réparations et même la reconstruction de cette portion doivent se faire à frais communs. Mais, l'un des deux voisins peut-il s'exempter de contribuer aux réparations, en abandonnant la mitoyenneté de la portion qui excède la hauteur de clôture?

La raison de douter est que dans les villes et faubourgs, on n'a pas la faculté d'abandonner la communauté de la clôture; or, il semble que ce qui est construit au-dessus de cette clôture doit avoir le même sort.

Ce qui doit décider, c'est que dans les villes et faubourgs la mitoyenneté n'est forcée que jusqu'à la hauteur de clôture, pour la sureté réciproque des voisins; c'est ici une servitude légale qu'il n'est pas permis d'étendre au delà du cas prévu. Si donc, il est fait un exhaussement sur le mur de séparation, cet exhaussement peut devenir mitoyen, ou cesser de l'être à la volonté des parties; pareillement, la mitoyenneté peut en être abandonnée. En un mot, pour cet excédant de clôture, on suit les règles expliquées au § X, concernant l'exhaussement des murs mitoyens en général.

Par cette même raison, après avoir abandonné la communauté de ce qui excède la clôture, on peut la reprendre en totalité ou en partie, en remboursant la moitié de ce que vaut la portion dont on veut jouir.

§ XII.

Du cas où les divers étages d'une maison appartiennent à différens propriétaires.

En jurisprudence, le sol s'entend de la superficie d'un fonds de terre. Le dessus du sol comprend donc ce qui est sur la surface du terrain, comme les arbres, les édifices, les eaux; et le dessous du sol se dit des objets qui se trouvent plus bas que la superficie, comme les caves, les puits, les égoûts, les carrières, les mines, les sablonnières, les sources d'eau.

Il est de principe que celui qui est propriétaire du sol, peut disposer également du dessous et du dessus, à moins qu'il n'y ait titre contraire. Plusieurs coutumes, en avaient une disposition expresse, que le Code Napoléon a consacrée par son *art.* 552.

En conséquence, le propriétaire de la surface d'un terrain peut construire et planter dessus, comme il lui plaît, et à telle hauteur que bon lui semble. Pareillement, il peut creuser son fonds aussi profondément qu'il le veut, soit pour construire des caves, des puits, des égoûts, des souterrains quelconques, soit pour tirer des pierres, du sable, des eaux, des minéraux, et généralement ce qu'il trouve dans son héritage.

Cette faculté du propriétaire du sol pour faire dessus et dessous ce qui lui plaît en constructions, plantations et fouilles, est soumise, selon le même *art.* 552 du Code, aux modifications qui y sont apportées, soit par les servitudes naturelles, légales et volontaires, soit par les lois ou réglemens relatifs aux mines et à la police.

Ainsi, vous ne pouvez pas faire sur votre terrain, des constructions qui empêcheraient l'eau pluviale de descendre du terrain voisin; car, votre héritage est assujéti, par une servitude naturelle, à recevoir les eaux qui sont amenées naturellement de dessus l'héritage supérieur.

Pareillement, vous ne pouvez pas creuser un puits ou une fosse d'aisance dans votre terrain, trop près de mon mur; une servitude établie par les lois vous force de tenir votre fouille à une certaine distance, ou de garantir mon mur par un contre-mur, suivant l'usage des lieux.

De même, si j'ai un titre par lequel il vous est défendu de faire des plantations devant mes croisées, votre droit de propriété est limité par cette servitude volontairement consentie.

Il est certain aussi qu'un propriétaire ne pourrait pas construire une maison dans une ville, avec des matériaux prohibés par la police du lieu. Enfin, il y a des mines qui ne peuvent pas s'ouvrir par le propriétaire du terrain, sans en avoir obtenu l'agrément du Gouvernement.

Au reste, puisque celui qui a le sol est nécessairement propriétaire du dessus et du dessous, sauf les exceptions dont on vient de parler, il suit que toutes constructions, toutes plantations, et généralement tous ouvrages établis sur un terrain, ou dans son intérieur, sont présumés faits par le propriétaire du sol, et lui appartenir, à moins que le contraire ne soit prouvé; car, soit par titre, soit par prescription, un souterrain, ou un des étages d'une maison, ou toute autre portion d'un bâtiment, peut cesser d'être dans la possession du propriétaire du sol: *Code Napol.*, *art.* 553.

Il peut donc arriver que les différens étages d'une maison appartiennent à autant de personnes différentes; comme aussi le même étage peut être divisé en plusieurs portions, et appartenir à autant de propriétaires différens. De pareils arrangemens sont occasionnés le plus souvent par des partages, surtout dans les campagnes, ou dans des villes peu commerçantes. Il est mieux, quand on fait de semblables divisions de la même maison, de régler en même-tems le mode à suivre pour les réparations et les reconstructions qui peuvent devenir nécessaires, et de désigner pour quelle part chaque propriétaire doit contribuer à la dépense.

Néanmoins, il n'est pas rare que cette sage précaution ait été négligée; d'ailleurs, elle ne peut avoir lieu lorsque la division de la maison s'opère, soit par prescription, soit par d'autres voies qui ne supposent aucun accord entre les propriétaires.

Dans ce cas, on contribue aux réparations et aux reconstructions, comme le prescrit le Code Napoléon, dont l'*art.* 664 est d'autant plus remarquable, qu'il établit un droit nouveau, tout-à-fait différent de ce qui était réglé par les coutumes; en ce point ce Code a fait une amélioration très-louable.

1°. Les gros murs et le toit sont à la charge de tous les propriétaires; chacun y contribue en proportion de la valeur de son étage. Par conséquent, si le même étage est divisé entre plusieurs personnes, la part de dépense attribuée à cet étage est supportée par chacun des propriétaires, en raison de ce que vaut la portion qui lui appartient dans ce même étage.

Rien n'est plus raisonnable, parce que les gros murs et le toit d'une maison sont des objets communs à tous les propriétaires; il est juste que ceux à qui ils sont utiles en supportent les charges, en proportion de ce qu'ils en profitent. Les coutumes qui avaient parlé de cette contribution entre les divers propriétaires de la même maison, voulaient que chacun fît réparer les portions de murs qui répondaient à son étage, ce qui donnait lieu à des difficultés sans nombre; tandis que rien n'est plus simple à exécuter que la disposition du Code.

2°. Le propriétaire de chaque étage entretient et reconstruit le plancher sur lequel il marche. Ce plancher, il est vrai, est un objet commun à lui et au propriétaire de l'étage inférieur; mais, il est évident que la seule personne qui fatigue un plancher, est celle qui marche dessus, et non pas celle qui est dessous. Quelques coutumes avaient décidé qu'en pareil cas, le propriétaire d'un étage serait chargé du plancher de dessus; de là, il résultait que le propriétaire des greniers était obligé à l'entretien énorme de la couverture, ce qui était injuste. Il est évident que la disposition du Code est plus raisonnable.

Lorsque le même étage est divisé en plusieurs propriétaires, chacun est tenu d'entretenir et de reconstruire, s'il y a lieu, la portion du plancher sur laquelle il marche.

On demande si le plafond en plâtre, ou en tout autre substance, dont est revêtu le dessous d'un plancher, est à la charge du propriétaire qui marche sur ce placher; ou bien si la dépense en est supportée par le propriétaire inférieur, qui a la vue et la jouissance de ce plafond.

Nous croyons que le plafond ne fait point partie de ce que la loi entend par le plancher, qui consiste dans les solives, les planches qu'elles supportent, et le carreau ou le parquet que l'on met assez souvent sur ces mêmes planches. Le plafond dont le propriétaire de l'étage inférieur revêt le dessous du plancher, pour masquer les solives, est un ornement qui n'est pas nécessaire; lui seul a droit de le faire établir, lui seul en jouit, lui seul par conséquent est tenu de l'entretenir s'il veut le conserver.

Cependant, il est bon de distinguer si c'est par vétusté que le plancher a besoin d'être réparé, ou si c'est par l'effet d'une force majeure, ou bien si le propriétaire qui marche dessus est cause de la dégradation. Dans les deux premiers cas, le plafond dont est revêtu le dessous du plancher sera réparé aux frais de celui à qui ce plafond appartient; dans l'autre cas, le propriétaire par le fait duquel est arrivé la dégradation, sera tenu de faire rétablir le plafond, parce qu'on est toujours responsable du dommage que l'on occasionne par sa faute dans la propriété d'autrui.

A la charge de qui sera le plancher qui couvre le dernier étage? La difficulté vient de ce que personne ne marche sur ce plancher.

On distingue les étages au-dessus desquels il y a des greniers, et ceux au-dessus desquels est le toit, comme dans la plupart des mansardes. Si au-dessus d'un étage est un grenier, celui à qui ce grenier appartient, est tenu d'entretenir le plancher sur lequel il marche pour jouir du grenier. Quand entre le dernier plancher et le toit il n'y a point de grenier, ce plancher est considéré comme faisant partie du toit; en sorte qu'il est entretenu à frais communs.

A l'égard de l'intérieur de chaque étage, où sont, par exemple, des portes, des croisées, des cloisons et des murs servant à la distribution des appartemens, chaque propriétaire doit entretenir ce qui lui appartient; ces objets ne servent point en commun.

3°. Il reste à parler des escaliers; d'après la loi, le propriétaire du premier étage entretient l'escalier qui y conduit; le propriétaire du second étage entretient la portion d'escalier qui y conduit, à partir du premier étage; le propriétaire du troisième étage entretient la portion d'escalier qui y conduit, à partir du second étage, et ainsi desuite.

Bien entendu que si les personnes des étages supérieurs, endommageaient les escaliers des étages inférieurs, en faisant monter des objets qui par leurs poids, ou par leur forme peuvent causer du dégât, les réparations seraient supportés par ceux qui les auraient occasionnés.

Si quelqu'un était propriétaire seulement des caves d'une maison, l'escalier qui descend à ces caves sera-t-il à la charge du propriétaire du rez-de-chaussée? Il faudrait décider pour l'affirmative, si on s'arrêtait à la lettre de la loi; car, si l'escalier qui va du rez-de-chaussée au premier étage, est entretenu par le propriétaire du premier étage; l'escalier qui monte de la cave au rez-de-chaussée doit être réparé par le propriétaire du rez-de-chaussée.

Mais, il est facile de sentir que l'esprit de la loi s'oppose à cette conséquence. Le rez-de-chaussée est le point de départ pour la distribution des escaliers entre les propriétaires des différens étages. En conséquence, s'il se trouve des étages souterrains, c'est du rez-de-chaussée qu'on y descend, comme c'est du même point que l'on monte aux étages supérieurs. De là, il suit que pour appliquer aux caves la disposition de la loi relative à l'entretien des escaliers, il faut dire que le propriétaire de la première cave sera chargé des réparations de l'escalier qui y conduit, à partir du rez-de-chaussée; pareillement, le propriétaire de la cave inférieure aura à sa charge l'escalier qui y conduit, à partir de la cave supérieure.

En est-il des voûtes de caves comme des planchers? Le propriétaire qui marche sur une voûte est-il tenu de la réparer et de la reconstruire? Les coutumes qui en parlaient, mettaient les voûtes de caves à la charge des propriétaires du dessous; mais le Code Napoléon ayant changé sur ce point l'ancienne législation, elle ne doit plus servir de règle. Ce Code ne s'est pas expliqué particulièrement sur les voûtes de caves: la question est donc de savoir si sa disposition concernant les planchers, doit s'appliquer aux voûtes de caves quand les titres de propriété n'en parlent pas. Nous croyons que par l'expression de plancher, le Code comprend également les voûtes; comme par l'expression d'étages il entend aussi les caves; ainsi le propriétaire du rez-de-chaussée est chargé de la voûte de la première cave, et le propriétaire de cette première cave doit entretenir la voûte de la cave qui lui est inférieure.

Quand il y a des caves ou des souterrains, les gros murs descendent jusqu'au bas de ces constructions profondes; par conséquent les propriétaires des caves contribuent aux réparations ou reconstructions de ces gros murs, chacun en proportion de la valeur de sa cave.

Si un gros mur avait besoin de réparation dans une partie seulement, par exemple au second étage, les propriétaires des étages inférieurs seraient-ils tenus de contribuer à la dépense?

Non sans doute, disent les uns, parce que l'intention de la loi est que chaque propriétaire contribue aux réparations des gros murs, à raison de la valeur de l'étage qui lui appartient, c'est-à-dire, à raison de son intérêt dans la communauté du mur. Or, le propriétaire de l'étage où le mur se trouve défectueux, est seul intéressé à la réparation; peu importe au maître d'un étage, que le mur soit mauvais dans les parties qui excèdent. De là, on conclut que la disposition par laquelle chaque propriétaire est tenu de contribuer à un gros mur, ne doit s'appliquer qu'au cas où la réparation est à faire dans toute sa hauteur.

Ce raisonnement est entièrement contraire à la lettre et à l'esprit de la loi. D'abord, le texte dit expressément que les gros murs et le toit seront réparés et reconstruits à la charge de tous les propriétaires, chacun en proportion de l'étage qui lui appartient; il ne distingue pas le cas où le mur n'a besoin de réparations qu'à la hauteur d'un étage. Ainsi, supposons que le gros mur ait un bouclement dans la portion qui soutient le second étage, le travail qu'il faut faire dans cette seule place doit être aux frais de tous les propriétaires; celui des caves, celui du rez-de-chaussée, celui du premier étage se joindront au propriétaire du second étage, ainsi qu'aux propriétaires des étages supérieurs. La dépense sera supportée par tous, et chacun y contribuera en proportion de la valeur de son étage. Si donc les caves, le rez-de-chaussée et le premier étage sont chacun d'une valeur plus considérable que le second étage, la contribution de chacun des propriétaires inférieurs sera plus forte que celle du propriétaire du second étage, quoique la réparation se fasse particulièrement chez ce dernier.

L'esprit de la loi ne permettrait pas une autre interprétation; elle considère que les gros murs et le toit d'une maison dont les divers étages appartiennent à différentes personnes, sont des objets communs, possédés indivisément par les propriétaires, qui tous ont intérêt de conserver ces parties essentielles; car il n'est pas indifférent à l'un des propriétaires, qu'un étage supérieur au sien vienne à tomber en ruine, ni de posséder un étage dans une maison où les autres étages sont mal entretenus.

Dans le fond d'une cour est un corps de logis; pour y arriver il faut passer à travers un autre corps de logis donnant sur la rue. Ces deux bâtimens appartiennent à deux particuliers différens; en sorte que le maître du corps de logis placé au fond de la cour, n'est propriétaire dans l'autre bâtiment que du passage, c'est-à-dire, d'un portail au-dessus, au-dessous, et aux côtés duquel sont des constructions qui ne lui appartiennent pas. On demande comment se fait la contribution aux réparations de ce passage.

Suivant ce qu'avaient réglé les coutumes, on était fort embarrassé pour prendre un parti raisonnable. Nulle difficulté ne se présente pour appliquer la disposition du Code. Les deux murs qui forment le passage sont communs entre tous ceux à qui ils sont utiles, et chacun doit y contribuer en raison de la valeur de sa portion de propriété dans la maison. Par conséquent, celui qui possède le passage payera en raison de la valeur de ce passage ; ceux à qui appartiennent le rez-de-chaussée à droite et à gauche du passage, payeront en raison de la valeur de leur possession ; ceux qui ont des étages au-dessus du passage, et dans lesquels sont nécessairement compris l'élévation des deux murs dont il s'agit, doivent payer en raison de la valeur de leurs portions de propriété. Si même ces deux murs descendent profondément pour former des caves, ceux à qui les constructions souterraines appartiennent, doivent contribuer aussi à la réparation de ces murs, en proportion de la valeur de leurs caves. Pour qu'il y ait lieu à cette contribution, peu importe à quel étage ces murs ont besoin d'être réparés; que ce soit dans les caves seulement, ou dans les greniers, tous ceux dont les propriétés partielles sont soutenues d'un côté ou de l'autre par ces murs, doivent participer aux réparations.

Si l'un des murs formant le passage était mitoyen, et par conséquent s'il servait de séparation entre la maison à laquelle tient le passage, et la maison du voisin, celui-ci, étant à lui seul propriétaire de la moitié du mur mitoyen, supporterait à lui seul la moitié des réparations; l'autre moitié serait répartie entre ceux à qui appartiennent le passage et les différens étages placés dessus et dessous, en raison de leurs portions de propriété.

Quand le passage est fermé par une porte, elle est entièrement à la charge du maître de ce passage. Mais, le mur de face, dans lequel est ouverte la baie qui reçoit la porte, est en communauté, comme les deux murs entre lesquels on passe. Chacun des divers propriétaires à qui ce mur de face est utile, en supporte donc les réparations, en raison de la valeur de l'étage, ou de la portion d'étage qu'il possède. Ainsi, celui à qui appartient le passage, ne peut pas être chargé seul des réparations qu'il faudrait faire à la partie de mur, à laquelle touche la porte; tous ceux que ce mur intéresse doivent y participer; le maître du passage doit aussi sa part des réparations qui se font au même mur dans les autres étages. Cette explication est une conséquence directe de l'*art.* 664, qui veut que les gros murs soient réparés en commun, entre les différens propriétaires d'étages.

Le plancher qui termine la hauteur du passage est à la charge de celui à qui appartient l'étage supérieur; car, c'est ce propriétaire qui seul marche sur ce plancher, et en fait usage, *ibid.*

Par la même raison, les voûtes des caves qui sont sous le passage, doivent être à la charge de celui qui marche dessus. Il est donc le plus intéressé à ce que les eaux ne filtrent pas sur la voûte, et à la ménager de manière qu'elle se conserve le plus long-tems possible.

Les gros murs et le toit d'une maison, dont les divers étages se trouvent partagés entre plusieurs personnes, sont des objets qu'elles possèdent en commun, et sur lesquels elles ont des droits proportionnés à la valeur des portions qui leur appartiennent dans cette maison. Il faut donc que chacune use de ces objets communs, de manière à ne pas nuire à ses copropriétaires. Ainsi, les réparations et la reconstruction de ces objets communs ne doivent se faire aux frais de tous, que quand elles sont exigées par la vétusté ou par une force majeure; car, si les réparations ou la reconstruction étaient occasionnées par le fait d'un des propriétaires, il serait seul tenu d'en supporter la dépense. En un mot, ici s'applique ce que nous avons dit concernant les obligations respectives de deux voisins à l'égard d'un mur mitoyen; en effet, les gros murs et le toit sont possédés en commun, par les personnes qui se partagent les différens étages d'une maison, de la même manière qu'un mur mitoyen est possédé en commun, par les deux voisins dont il sépare les héritages.

De là, il suit que la disposition de l'*art.* 662 du Code Napoléon, qui ne permet pas de mettre des ouvriers au mur mitoyen sans le consentement des parties intéressées, doit être suivie dans le cas où les étages d'une maison appartiennent à plusieurs personnes séparément. L'une ne peut donc pas faire travailler au toit ni à un des gros murs, sans avoir obtenu préalablement le consentement des autres propriétaires. Si l'un d'eux refuse de consentir, il faut se pourvoir en justice, où interviendra un jugement qui donnera l'autorisation, si la demande est trouvée raisonnable. Par ce moyen, avant de commencer aucun travail, la nature des ouvrages, et la part pour laquelle chaque intéressé doit y contribuer, se trouvent réglés soit à l'amiable, soit par des experts nommés judiciairement. Alors, il n'est plus question que d'exécuter les travaux projetés, conformément à ce qui est expliqué par le rapport des experts.

Il est plus ordinaire de diviser une maison entre plusieurs particuliers, lorsqu'elle a différens corps de logis; alors, la cour qui contient ces divers bâtimens est commune à tous ceux à qui ils appartiennent. Cette communauté se règle d'après les mêmes principes dont on vient de parler. Chacun doit user de cette cour, de manière à ne point gêner ses copropriétaires. Ainsi, il est permis de changer les portes et les fenêtres, d'en faire un plus grand nombre, ou de leur donner de plus grandes ou de plus petites dimensions, à moins que par des titres positifs cette liberté ne soit limitée. En effet, quand aucune convention particulière n'existe à ce sujet, il est évident que les copropriétaires de la cour, n'éprouvent aucun préjudice de ces sortes de changemens.

Mais, il n'est loisible à aucun de ceux qui jouissent de la cour en commun, d'y faire des constructions qui excèderaient les alignemens du pourtour, ni même de faire aucun ouvrage en saillie, quoique ne portant pas sur le terrain de la cour, telle que serait une galerie extérieure au premier étage.

Pareillement aucun des propriétaires de la cour n'a le droit d'en changer la forme, ni d'y rien déranger sans le consentement des autres intéressés : par exemple, l'écoulement des eaux qui tombent dans cette cour, ne peut recevoir une autre direction que celle établie, si toutes les parties n'y donnent pas leur approbation.

Si dans cette cour il y avait en commun un puits, un hangard, des latrines ou autres objets, il faudrait également que chaque propriétaire en fît usage, de manière à ne porter aucun préjudice aux autres, et à ne point gêner leur jouissance. On ne peut pas non plus y rien déranger, ni y faire aucuns changemens sans le consentement de tous ceux entre qui est établie ce genre de communauté.

On conçoit bien que les réparations à faire soit au pavé de la cour, soit aux murs de simple cloture, soit à la porte qui la ferme et qui sert à tous les propriétaires, doivent être supportées en commun; c'est-à-dire que, comme le veut l'*art.* 664, chacun doit y contribuer en proportion de la valeur de sa propriété. Il en est de même des réparations à faire au puits, aux latrines, au puisard, au hangard, en un mot à tous les objets appartenant à plusieurs personnes.

En se conformant à l'esprit de l'*art.* 662, aucun des propriétaires ne peut mettre des ouvriers pour réparer la chose qui est en communauté, sans en avoir obtenu, soit le consentement des autres intéressés, soit l'autorisation de la justice. Par ce moyen, la nature des travaux et le mode de contribution à la dépense qu'ils doivent occasionner, se trouvent préalablement réglés par les experts choisis à l'amiable, ou nommés judiciairement.

De ce principe, il faut donc conclure que le propriétaire d'un étage, ou de toute autre portion de maison, ne peut faire aucun changement aux gros murs, au toit, aux escaliers, aux planchers, et, en général, à ce qui ne lui sert pas exclusivement, sans le consentement des autres personnes intéressées, ou sans l'autorisation de la justice. Cette conséquence, dit-on, est fort juste à l'égard des gros murs et du toit, parce que les réparations doivent en être faites en commun. Mais, ce qui concerne les escaliers et les planchers n'est plus dans le même cas; celui qui est seul chargé d'entretenir le plancher sur lequel il marche, ou la portion d'escalier qui conduit de l'étage immédiatement inférieur à celui qu'il habite, semble être le maître de ces objets; il peut en disposer comme il veut, pourvu qu'il conserve un escalier ou un plancher.

Ce raisonnement ne nous paraît pas admissible, parce qu'encore bien que la loi ait mis chaque portion d'escalier et chaque plancher, à la charge d'un seul des propriétaires, il n'en est pas moins vrai que ces objets sont utiles à plusieurs. En effet, l'escalier qui conduit du rez-de-chaussée au premier étage, sert pour les étages supérieurs; il ne peut donc pas être permis au propriétaire, qui seul est tenu des réparations de cette portion d'escalier, de la changer à sa volonté, ni d'y mettre trop souvent des ouvriers qui obstaclent le passage, ou le rendent incommode pendant que dure leur travail. Pareillement, combien est importuné celui qui habite un étage, quand on fait des changemens ou des réparations dans le plancher qui est au-dessus de sa tête! De pareils travaux, d'ailleurs, peuvent endommager les gros murs sur lesquels est appuyé ce plancher. Il est donc évident que la personne chargée seule de l'entretien du plancher, n'a pas le droit d'y faire des changemens aussi souvent qu'il lui plaît, même sous prétexte de le réparer.

Le seul moyen d'éviter toute difficulté sur ce point, est, en se conformant à l'*art.* 662, de ne mettre des ouvriers à aucune des parties de la maison, qui sont utiles à plusieurs des propriétaires, sans avoir préalablement obtenu leur consentement, ou, à leur refus, sans s'y être fait autoriser par un jugement. Les experts qui, en pareil cas, sont nommés ou à l'amiable, ou judiciairement, déclarent si les changemens ou les réparations sont nécessaires; ils indiquent la nature des ouvrages, et les indemnités qui peuvent être dues; en un mot, en suivant alors leur rapport adopté volontairement par les parties, ou autorisé par jugement, il ne peut plus y avoir lieu à contestation.

§ XIII.

Ce que deviennent les servitudes quand on reconstruit un mur mitoyen.

On verra, en parlant des servitudes établies par convention, qu'elles s'éteignent quand leurs objets sont réduits au point qu'on ne peut plus en faire usage ; on verra aussi qu'elles revivent, les choses étant remises dans l'ancien état On demande ce qui a lieu à l'égard des droits respectifs de deux voisins, lorsque le mur mitoyen est détruit, ou lorsque les bâtimens qu'il soutenait n'existent plus.

La difficulté vient de ce que dans les servitudes prédiales, il y a nécessairement un fonds pour l'utilité duquel est due la servitude, et un autre fonds assujéti à cette servitude. Un mur mitoyen n'offre pas l'idée d'un héritage servant et d'un héritage dominant ; il est assis également sur l'un et l'autre terrain. Les droits des deux voisins sont les mêmes pour jouir du mur qui leur appartient en commun ; on ne peut pas dire que l'une des propriétés est seule assujétie à l'autre sans réciprocité ; la mitoyenneté est plutôt l'objet d'une société que d'une servitude. De là pouvait naître la question de savoir, si les principes concernant l'extinction des servitudes, étaient applicables à la mitoyenneté des murs.

L'affirmative n'est pas douteuse, quand on considère que la communauté d'un mur est une véritable servitude prédiale. Elle diffère de celle qui existe entre un héritage dominant et un héritage servant, en ce que les deux propriétés séparées par le mur mitoyen sont réciproquement asservies l'une à l'autre ; chacune domine l'autre et en est dominée à son tour, pour raison du même objet. Quand un héritage est tenu de recevoir les eaux qui s'écoulent naturellement de l'héritage supérieur, il y a servitude simple qu'on pourrait appeler *unilatérale*, parce que l'obligation est due d'un seul côté. On trouve dans la mitoyenneté d'un mur une servitude réciproque, ou si l'on veut une servitude *bilatérale*, parce que l'obligation est due de part et d'autre. En effet, chacun des héritages contigus est tenu de recevoir la moitié de l'épaisseur du mur ; si l'on ne peut pratiquer d'un côté aucun enfoncement dans ce mur, ni lui faire supporter aucune construction, sans le consentement des parties intéressées, de l'autre côté on est assujéti à la même obligation.

Au reste, pour prévenir toute sorte de difficulté sur cette question, le Code Napoléon en réglant ce qui concerne les murs mitoyens, a déclaré, *art.* 665, que quand on reconstruit un mur mitoyen, ou une maison, les servitudes actives et passives se continuent à l'égard du nouveau mur ou de la nouvelle maison, sans toutefois qu'elles puissent être aggravées, et pourvu que la reconstruction se fasse avant que la prescription soit acquise ; c'est-à-dire précisément, que les principes relatifs à l'extinction des servitudes s'appliquent au cas où le mur est mitoyen ; nous renvoyons donc pour les détails, à ce qui sera expliqué sur cette matière, dans le chapitre qui traitera des servitudes volontairement consenties.

Ainsi, quand un mur mitoyen s'est écroulé, et qu'il est relevé à frais communs, non-seulement il devient mitoyen de la même manière qu'il était avant ; mais, si ce mur donnait lieu à quelque servitude, elle reprendrait sa force comme avant l'écroulement du mur. Si, par exemple, l'un des propriétaires s'était engagé à ne jamais élever ce mur au-delà d'une hauteur déterminée, afin de ne pas priver d'air la maison voisine, cet assujétissement existerait encore après la reconstruction du mur, quoiqu'il se fût passé plusieurs années entre son écroulement et son rétablissement. Il ne serait pas nécessaire qu'il intervînt un titre nouveau pour faire revivre cette servitude, quand même, pendant l'intervalle, il ne serait resté aucun vestige du mur mitoyen. Mais, si le tems écoulé entre la destruction du mur et son rétablissement, était suffisant pour compléter la prescription, la servitude serait éteinte; elle ne pourrait revivre que par un titre nouveau. Le mur dont la reconstruction se ferait à frais communs, serait donc mitoyen suivant les règles générales; et sans restriction pour cause de servitude, de manière que chacun des propriétaires aurait droit de l'exhausser, en se conformant à ce qui est expliqué dans le § VIII.

Qu'arriverait-il, si un mur mitoyen était reconstruit aux frais d'un seul propriétaire? L'autre aurait toujours le droit d'en faire usage, en remboursant sa part de la dépense; il ne paierait rien pour le terrain, si le mur a été placé sur l'ancienne trace, c'est-à-dire, moitié sur un héritage et moitié sur l'autre. Dans le cas où le mur aurait été assis dans toute son épaisseur sur le terrain du propriétaire qui l'a fait reconstruire, le voisin devrait lui rembourser, outre sa part de la dépense, la moitié de la valeur du terrain sur lequel se touverait la fondation du mur.

Celui qui fait reconstruire un mur mitoyen peut-il forcer son voisin à y contribuer? Oui, sans doute; et celui-ci n'a d'autre manière d'éviter le paiement de sa part, qu'en abandonnant la mitoyenneté, suivant ce qui a été expliqué au § VI. Comme dans les villes et les faubourgs on peut exiger de son voisin qu'il contribue à une clôture commune, ainsi que nous l'avons dit au § XI, il s'en suit que dans les villes et les faubourgs on n'a pas la faculté d'abandonner la mitoyenneté du mur, pour éviter de payer la moitié de la reconstruction; on ne peut pas se dispenser d'y contribuer jusqu'à hauteur et épaisseur de simple clôture.

Concluons de tout ce qu'on vient de dire, que la reconstruction d'un mur de séparation, quelque long que soit le tems écoulé depuis sa destruction, n'empêche pas qu'on ne puisse lui appliquer les principes relatifs à la mitoyenneté; elle est susceptible d'être acquise ou abandonnée, selon ce qui a été expliqué à l'égard d'un mur construit pour la première fois.

Pareillement, les servitudes volontaires auxquelles un mur, quoique mitoyen, peut être assujéti, ne cessent pas d'exister après sa reconstruction, comme elles étaient auparavant, si elles n'ont point été éteintes par la prescription dont on parlera par la suite.

Ce qui a lieu à l'égard d'un mur mitoyen qu'on reconstruit et qui est l'objet d'une servitude, s'étend au cas où il s'agit de rebâtir une maison entière; les servitudes qui lui étaient dues, ou celles qu'elle devait, revivent comme auparavant, à moins qu'elles ne soient de nature à être prescrites, et que le tems utile à la prescription ne se soit écoulé entre la destruction de la maison et sa réédification.

Dans le cas de la reconstruction du mur mitoyen ou de la maison entière, il n'est pas permis de faire la moindre innovation capable d'aggraver les servitudes; elles revivent après le rétablissement, de la même manière qu'elles existaient auparavant, sans distinguer si elles ont pour cause, soit la situation des lieux, soit la loi, soit une convention.

ARTICLE II.

Des contre-murs.

Cet article est divisé en neuf paragraphes ; dans le premier sont quelques observations générales sur les précautions à prendre lors de certaines constructions. On trouvera dans les autres l'application de ces principes généraux ; ainsi, dans le second paragraphe on parlera des puits ; dans le troisième, des fosses d'aisance ; dans le quatrième, des cheminées et âtres ; dans le cinquième, des forges, fours et fourneaux ; dans le sixième, des étables ; dans le septième, des magasins de sel et des amas de matières corrosives ; dans le huitième, des voûtes ; enfin dans le neuvième, des contre-murs entre deux héritages qui ne sont pas de même niveau.

§ Ier.

Observations générales.

Par le quasi-contrat du voisinage, un propriétaire qui fait sur son terrain certaines constructions, dont le voisin pourrait être incommodé, est tenu de suivre les règles que l'art indique, pour éviter l'accident qui serait à craindre si on négligeait les précautions nécessaires.

Voilà pourquoi le Code Napoléon, *art.* 674, dit que près d'un mur qui sépare deux héritages, on ne peut creuser un puits ou une fosse d'aisance, y construire une cheminée, un âtre, une forge, un four, un fourneau, y adosser une étable, ni un magasin de sel, ni un amas de matières corrosives ; à moins de laisser la distance prescrite par les réglemens et usages particuliers relatifs à ces objets, ou à moins de faire les ouvrages qu'exigent ces mêmes réglemens et usages, pour éviter de nuire aux voisins.

Quelques coutumes, du nombre desquelles est celle de Paris, ne parlent de précautions à prendre pour les constructions dont il s'agit, que quand elles sont faites près d'un mur mitoyen; mais, les commentateurs et la jurisprudence ont décidé qu'en cette occasion, par mur mitoyen, la coutume entend un mur de séparation, même quand il n'est pas commun aux deux voisins. Pour lever toute difficulté sur ce point, le Code a étendu expressément sa disposition au cas où le mur est mitoyen, et au cas où il ne l'est pas; ce qui est juste, puisqu'une forge et toutes les autres constructions désignées par l'*art.* 674, peuvent nuire au voisin, même quand le mur de séparation n'est pas mitoyen, et lui appartient exclusivement.

Il eût été à désirer que les législateurs eussent spécifié les distances qui doivent être observées, entre l'héritage voisin et chacune des constructions dont ils parlent, et qu'ils eussent indiqué les sortes d'ouvrages intermédiaires qu'il faut faire, quand on ne peut pas observer les distances prescrites; mais, il est évident qu'une disposition uniforme pour toute la France, était impossible sur un pareil sujet: les précautions à prendre, pour ne pas nuire au voisin par des constructions de la nature de celles dont il s'agit, dépendent de la forme de ces constructions, du terrain où elles sont faites, des matériaux que l'on trouve dans chaque pays. De là, il est résulté la nécessité de se borner à poser le principe dans la loi. Ainsi, dans toute l'étendue de la France on doit prendre des précautions, pour empêcher que les constructions désignées par l'*art.* 674 ne portent préjudice aux voisins. Ces précautions sont de deux sortes; ou bien on met une certaine distance, entre le mur de séparation et la construction qui pourrait nuire, ou bien, quand la distance suffisante n'est pas observée, on fait un ouvrage intermédiaire entre la construction nuisible et le mur de séparation.

Quelle distance faut-il laisser? et au lieu de distance quel ouvrage intermédiaire faut-il faire? Le Code, sur ces deux objets, se contente de dire que, dans chaque pays, on suivra les réglemens particuliers et l'usage; en conséquence, dans le ressort des coutumes qui s'en expliquent, on doit se conformer à leurs dispositions. Dans les coutumes qui ne parlent pas de ces détails, ainsi que dans les pays qui se gouvernaient d'après le droit Romain, on doit observer les réglemens particuliers à cette matière, et à défaut de réglemens les usages.

De ce que celui qui fait une des constructions dont il s'agit, est tenu d'user de certaines précautions, il résulte que le voisin a le droit de veiller à ce que ces sortes de constructions se fassent de telle manière, qu'il ne puisse en craindre aucun inconvénient. Par la même raison, lorsque ces constructions se trouvent établies sans que le voisin en ait eu connaissance, il a le droit de faire vérifier si les précautions convenables ont été prises. Ainsi, il est prudent à celui qui construit, et qui veut éviter toute contestation, de faire constater en présence de son voisin, ou celui-ci duement appelé, que les coutumes ou réglemens, ou à leur défaut les usages ont été observés, dans l'établissement des objets désignés par l'*art.* 674.

Lorsque, malgré les précautions prescrites pour l'une des constructions dont il s'agit, il est causé quelque dommage au voisin, est-on tenu de l'indemniser?

Avant de prononcer sur une pareille question, on doit examiner si l'accident vient de ce que l'on a mal exécuté ce qui constitue les précautions prescrites; car, alors le tort occasionné au voisin aurait pour cause la faute des ouvriers: or, le propriétaire pour lequel ils ont travaillé est responsable de leur mauvais ouvrage, sauf son recours contre eux.

Dans le cas où il est reconnu que les ouvrages de précaution ont été faits suivant l'usage et les règles de l'art, il y a des personnes qui prétendent que le maître de la construction n'est pas tenu des accidens qui arrivent. Suivant eux, il est à l'abri de tous reproches dès qu'il a pris les précautions prescrites; les évènemens qui peuvent suivre sont donc à la charge du voisin qui en souffre, comme s'il s'agissait d'une force majeure, parce qu'on a fait tout ce qui était ordonné pour le garantir.

D'autres soutiennent avec plus de raison, que le principe qui défend de causer du tort à autrui n'a point ici d'exception. Si donc, malgré les précautions d'usage, une des constructions dont il s'agit a occasionné un accident chez le voisin, on doit l'indemniser, et faire cesser cet accident par des moyens plus efficaces que ceux qu'on avait employés.

On demandera peut-être à quoi sert de prendre les précautions indiquées par la loi, si l'on n'en est pas moins garant en cas d'accident? La réponse est que, faute de précautions, le voisin a le droit de s'opposer à la construction pendant qu'on y travaille; et, si elle est déjà faite, il peut en demander la reconstruction, même sans attendre qu'il soit arrivé aucun accident. En effet, quand les précautions d'usage n'ont pas été prises, il y a présomption qu'il en résultera des inconvéniens; ce qui suffit pour donner à celui qui en est menacé, le droit de forcer son voisin à faire ce qui est nécessaire, pour prévenir tout évènement fâcheux. Au contraire, quand on a employé tous les moyens préservatifs indiqués par la loi, il est présumable qu'aucun accident ne surviendra; dès lors, quelque crainte que puisse concevoir le voisin, il ne peut pas empêcher la construction, ni troubler la jouissance de celui qui en a fait la dépense; et si, par la suite, le nouvel ouvrage occasionne des accidens, c'est alors seulement que le voisin pourra réclamer la réparation des torts qu'il aura éprouvés. Sans doute que si l'ouvrage était reconnu de mauvaise exécution, le propriétaire aurait son recours contre l'entrepreneur pendant les dix premières années; mais, vis-à-vis du voisin réclamant, le propriétaire est, dans tout les cas, tenu de réparer le préjudice occasionné par la construction, soit qu'elle ait été mal faite, soit que l'accident ne puisse pas être imputé à l'ouvrier. En effet, quoique les ouvrages de précaution aient été bien faits, si néanmoins il est arrivé des inconvéniens, il en faut conclure que ces ouvrages étaient insuffisans. Ce sera, si on veut, l'effet d'une cause qu'aucun homme de l'art n'aurait prévue; dans ce cas même, le propriétaire des constructions est le seul qui doive supporter les suites fâcheuses de cet évènement; il serait injuste d'en faire retomber la perte sur le voisin, qui n'a aucune part aux constructions, et qui n'en doit pas profiter.

Nous venons de dire que le recours contre l'entrepreneur, n'a lieu que pendant les dix premières années, à compter du jour où les ouvrages sont reçus; c'est ce que l'on trouve dans l'*art.* 2270 du Code Napoléon. Le sens de cette disposition est que tout ouvrage neuf qui a duré dix ans, sans qu'il s'y soit manifesté aucun défaut, est réputé avoir été suffisamment bien construit.

De là il suit que les entrepreneurs ne sont jamais garans des ouvrages auxquels ils ne font que des réparations. Il suit de là encore, que si des vices de constructions sont évidens, ils ne peuvent pas être couverts par le laps de dix ans. Le tems de la prescription n'opère qu'une présomption ; or, dans l'hypothèse d'un vice qui est mis à découvert, il y a impossibilité d'établir une présomption de bonne construction. Par exemple, un entrepreneur a fait passer une solive par le tuyau d'une cheminée, ou bien il n'a pas construit un contre-mur entre une fosse d'aisance et le puits du voisin. Douze année après, le feu prend par la solive posée dans la cheminée, ou bien, le puits du voisin se trouve infecté par les matières de la fosse d'aisance ; on ne doute pas que l'entrepreneur ne soit responsable de ces évènemens. En vain dirait-il qu'ils sont arrivés plus de dix ans après la confection des ouvrages ; il est manifeste qu'il ne s'est pas conformé aux règles qu'il devait suivre, et que c'est par sa faute que les accidens sont arrivés. L'évidence du fait résisterait sans cesse à la présomption d'une bonne construction, parce que cette présomption qui résulte du laps de dix années, ne produit d'effet que quand il ne paraît aucune infraction aux règlemens.

Il nous reste à faire l'application des observations générales dont on vient de s'occuper, aux différentes sortes de constructions indiquées dans l'*art.* 674 du Code Napoléon ; c'est ce qui va faire la matière des paragraphes suivans.

§ I.

Des Puits.

Un propriétaire qui n'est privé par aucun titre du dessous de son sol, peut creuser un puits dans telle place de son terrain qu'il lui plaît de choisir, et le faire aussi large et aussi profond que bon lui semble. Il n'a pas besoin de s'inquiéter s'il y a sur l'héritage voisin un puits moins profond que le sien, parce que les divers propriétaires ne sont pas obligés de tenir leurs puits au même degré de largeur et de profondeur. La raison en est que les eaux viennent ou de source, ou d'un dépôt formé au sein de la terre.

Les sources sont toutes placées dans la terre très-inégalement : tel propriétaire en trouve à une petite profondeur, et dans un espace peu large, tandis que son voisin, pour en rencontrer, est obligé de fouiller une étendue bien plus grande, et de descendre bien plus bas. Il serait donc impossible d'assujétir des voisins à faire des puits de profondeur et de largeur égales, lorsqu'ils ne peuvent se procurer que de l'eau de source.

Si l'eau qu'ils obtiennent vient d'un grand dépôt, formé par la nature au sein de la terre, et qui s'étend en superficie dans tout un pays, peu importe que le puits d'un héritage soit plus profond ou plus large que celui de l'héritage voisin. Un réservoir aussi considérable alimentera également l'un et l'autre puits; et quelle qu'en soit la largeur ou la profondeur, l'eau ne montera pas dans l'un plus haut que dans l'autre. Ils différeront seulement, en ce que le plus large et le plus profond aura une plus grande masse d'eau, soit en épaisseur, soit en superficie; mais chacun en aura autant qu'il est capable d'en contenir.

Si, par le puits que je fais dans mon terrain, je taris le vôtre, suis-je tenu de vous indemniser, et de faire cesser le tort que je vous cause? D'après ce qu'on vient de dire sur les deux voies qui procurent de l'eau dans les puits, la question se décide négativement. En effet, votre puits manquant d'eau dès que le mien est ouvert, c'est une preuve que j'ai rencontré la même source que vous, que cette source passe sur mon terrain avant d'arriver sur le vôtre, et qu'elle n'est pas suffisante pour alimenter l'un et l'autre puits. Cet événement est une conséquence des lois de la nature, et ne vient pas du fait de l'homme qui ne peut y remédier. En conséquence, chacun doit jouir de l'avantage naturel de sa situation; et comme, en creusant mon puits, j'ai usé de mon droit de propriété, sans qu'il me soit donné aucun moyen d'empêcher le préjudice que vous en recevez, je n'en suis pas responsable. Le seul remède à l'inconvénient que vous éprouvez, consiste à faire creuser votre puits plus profondément, afin de trouver une autre source dont les conduits n'aboutissent pas au mien.

Quand le puits que l'on veut faire est à la proximité, soit d'un mur qui sépare deux héritages, soit d'une cave ou d'un autre puits placés sur le terrain voisin, on doit, en construisant le puits, établir un contre-mur, pour garantir ou le mur de séparation, ou la cave du voisin, ou son puits, de tous les dommages que pourrait causer l'infiltration des eaux.

Pour opérer son effet, le contre-mur doit être fondé plus bas que le sol du puits; il doit monter jusqu'au niveau du terrain, comme la maçonnerie sur laquelle se pose la mardelle, c'est-à-dire, l'espèce de garde-fou qui borde l'ouverture à hauteur d'appui. La longueur du contre-mur doit être telle, que l'on ne puisse pas craindre l'infiltration des eaux au-delà de ses extrémités. Le plus sûr est de faire le contre-mur circulairement, selon la circonférence du puits; par ce moyen, on est assuré, d'une part, qu'aucune infiltration des eaux n'aura lieu dans les terres; et de l'autre, que le puits conservera l'eau parfaitement; ce qui est très-utile pour l'héritage même sur lequel ce puits est construit.

A l'égard de l'épaisseur du contre-mur, elle ne se trouve pas fixée par le Code; il veut seulement que sur ce point on suive les réglemens et les usages de chaque pays. Il est à remarquer que les dispositions coutumières sont très-variées à cet égard; il en est sans doute de même dans les pays où les coutumes ne s'en expliquent pas, et où ces sortes de constructions sont déterminées par des réglemens ou des usages particuliers. Par exemple, suivant la coutume de Paris, *art.* 191, le contre-mur doit avoir un pied d'épaisseur; la coutume de Sens, *art.* 106, dit que le contre-mur aura une épaisseur d'un pied et demi; d'autres exigent une épaisseur de deux pieds, et même de trois pieds.

Quand la coutume ou quelque réglement de localité a fixé l'épaisseur du contre-mur, on ne craint pas d'être inquiété par le voisin, en se conformant à ce qui est prescrit pour cet objet. Mais, s'il n'y a rien dans la coutume ou dans les réglemens du pays, pour prescrire les dimensions nécessaires il faut consulter l'usage. Alors, la prudence veut que celui qui fait construire un puits, souscrive avec son voisin un arrangement à l'amiable ; en cas de refus de la part de ce dernier, on doit obtenir préalablement l'autorisation de la justice. Par ce moyen, les experts choisis volontairement, ou nommés judiciairement, indiquent l'usage et la manière de rendre la précaution plus efficace. Après avoir ainsi, sur leur rapport, obtenu le consentement du voisin, ou à son refus un jugement, on est assuré de n'être point troublé dans la construction, ni dans la jouissance du puits.

Lorsque Desgodets écrivait, on était dans l'usage de ne point incorporer le contre-mur avec le mur qui sépare les deux héritages ; on en donnait pour raison, que le mur et le contre-mur en étaient plus faciles à réparer chacun séparément. Mais l'architecte Goupy, son annotateur, dit que cet ancien usage ne subsiste plus ; et que l'expérience a fait reconnaître combien il est plus avantageux pour la conservation du mur et du contre-mur, qu'ils soient liés, et ne fassent qu'un seul corps de maçonnerie. Il observe qu'une pareille construction exige que le milieu du mur soit rempli, non pas de pierraille, mais de bons moëllons placés sur leur lit et bien liaisonnés.

Au reste, il ne faut pas oublier qu'encore bien qu'on ait suivi une bonne méthode de construction, et qu'on ait observé ce qui est ordonné, soit par une disposition précise de la coutume ou d'un réglement particulier, soit par le rapport des experts choisis volontairement ou judiciairement, on n'en est pas moins tenu de réparer les accidens que le puits occasionnerait. En effet, ces accidens annonceraient, ou que l'ouvrage de précaution a été mal exécuté, ou qu'il est insuffisant ; or, dans l'un et l'autre cas, celui à qui le puits appartient doit remédier au mal qui en résulte.

Ainsi, le mur qui sépare les deux héritages se trouve-t-il détruit dans ses fondemens, beaucoup plutôt qu'on ne devait s'y attendre ? On examine si la cause en est dans l'infiltration des eaux du puits voisin ; et s'il y a puits d'un côté et de l'autre, on vérifie de quel puits les eaux sont parvenues jusqu'au mur mitoyen. Après le rapport des experts, le propriétaire dont les eaux sont reconnues comme cause du dépérissement du mur, est tenu d'une indemnité proportionnée au tort qu'il a causé. Par exemple, supposons que le mur de séparation ait été construit de manière à durer cent ans, et que les eaux du puits aient avancé de vingt ans la destruction de ce mur. C'est évidemment par l'effet de l'infiltration des eaux, que la séparation des deux héritages a besoin d'être reconstruite vingt ans trop tôt; voilà le préjudice que l'on doit faire apprécier par experts. Si le mur n'est pas mitoyen, l'estimation du préjudice est la seule chose que doive le propriétaire du puits; et si le mur est mitoyen, cette évaluation du préjudice est due par le propriétaire du puits, au-delà de sa part des réparations du mur.

Ce que nous venons de dire des effets d'un puits à l'égard d'un mur de séparation, s'étend également au cas où les eaux de ce puits préjudicieraient à tous autres objets situés sur l'héritage voisin, tels que seraient un autre puits ou des caves. Quelques coutumes ont prévu le cas où un puits est creusé sur un héritage, peu loin d'un puits existant dans l'héritage voisin; il faut alors suivre ce qu'elles prescrivent pour les précautions à prendre. Dans les pays où les lois locales ne s'expliquent pas sur ce point, on suit l'usage établi soit dans le lieu, soit dans les contrées voisines où la nature du terrain paraît être semblable, et où la manière de construire est la même.

La coutume de Paris, par exemple, exige au moins une maçonnerie de trois pieds, y compris l'épaisseur du mur et du contre-mur. S'il y a déjà un mur mitoyen entre les deux puits, chacun doit en être séparé par un contre-mur d'un pied, ce qui fait au moins les trois pieds au total; car, il n'y a point de mur mitoyen qui n'ait au moins un pied d'épaisseur; il est même assez d'usage de les faire de dix-huit pouces d'épaisseur.

Si, entre les deux héritages, il n'y a pas de mur de séparation, le propriétaire qui le dernier fait un puits, doit sans doute le tenir à distance légale du puits déjà existant; mais, ne suffit-il pas qu'il fasse le contre-mur prescrit? Faut-il qu'il établisse à ses dépens, tout ce qui manque de maçonnerie pour que la séparation ait l'épaisseur exigée?

Il ne peut pas y avoir de difficulté dans les villes et les faubourgs; on peut y exiger de son voisin qu'il contribue à la clôture commune. Par conséquent, celui qui construit le second puits, demande qu'un mur soit établi entre les deux puits à frais communs, parce que c'est une véritable cloture. Dès lors, il est dans le cas de celui qui place son puits près d'un mur de séparation, et dont on a parlé plus haut.

Dans les campagnes, celui qui veut s'enclore fait le mur à ses dépens, lorsque son voisin refuse d'y contribuer. Si donc un propriétaire ouvre un puits à la proximité du puits de l'héritage voisin, dont il n'est séparé par aucun mur, doit-il fournir à lui seul toute la maçonnerie nécessaire pour arriver à l'épaisseur légale?

Les uns n'en font aucun doute, parce que celui qui bâtit le dernier leur paraît seul dans le cas d'observer les réglemens: lors que le premier puits a été construit, on ne pouvait pas prévoir que le voisin en voudrait établir un autre à la proximité; c'est donc à celui-ci à faire sur son terrain le mur de séparation, outre son contre-mur; ces constructions, jointes à celle du puits ancien, composeront l'épaisseur de maçonnerie exigée. Si, par la suite, il s'agit d'acquérir la mitoyenneté du mur qui formera le milieu de cette maçonnerie, l'acquisition s'effectuera en payant la valeur de ce qu'on voudra rendre commun.

D'autres soutiennent avec plus de raison, que le propriétaire du nouveau puits peut forcer son voisin à contribuer à la portion de maçonnerie qui doit tenir le milieu entre les deux contre-murs. Ce n'est pas sans doute en vertu du droit qu'on a de s'enclore en commun, puisque ce droit ne s'exerce que dans les villes et les faubourgs, et que dans l'hypothèse on se trouve à la campagne. Mais, le propriétaire de l'ancien puits est contraignable à faire sa part de maçonnerie intermédiaire, en vertu de la loi qui veut qu'entre deux puits voisins, il y ait une certaine épaisseur de muraille. Cette loi ne distingue pas si les puits sont construits à la ville ou à la campagne; la précaution est exigée pour la conservation des deux puits; les deux propriétaires doivent donc y contribuer. Quand le premier puits a été construit, on a dû prévoir que le cas où on se trouve pourrait arriver un jour, et par conséquent s'attendre à la dépense nécessitée aujourd'hui, quoiqu'il ne fût encore obligatoire de la faire à cette époque.

Rien n'empêchera que celui des deux propriétaires qui voudra élever un mur de séparation, sur le milieu de la maçonnerie placée entre les deux puits, n'en fasse la dépense; alors le mur de séparation lui appartiendra exclusivement, à partir du dessus de la maçonnerie qui est en terre, et qui est commune. En conséquence, il sera tenu seul des réparations du mur extérieur, tandis que la partie du même mur qui est souterraine, et qui sépare les deux contre-murs des puits, sera entretenue à frais communs.

Observez que celui qui ferait élever ainsi hors de terre le mur de séparation devrait payer une indemnité, en raison de la charge que porterait la partie inférieure et mitoyenne de ce mur.

Il est aussi à remarquer que la mitoyenneté de cet exhaussement du mur enterré, peut s'acquérir de la même manière que celle de tout autre exhaussement fait sur un mur qui est tout entier en élévation. On peut voir à ce sujet ce qui est dit au § X de l'article précédent.

Si un mur mitoyen, dans le ressort de la coutume de Paris, par exemple, avait deux pieds d'épaisseur, les contre-murs des deux puits construits de part et d'autre pourraient-ils n'avoir que chacun six pouces? La raison de douter est que, dans cette coutume, on exige trois pieds de maçonnerie entre deux puits placés sur deux héritages voisins; or, dans l'hypothèse, le mur mitoyen ayant deux pieds d'épaisseur, il suffit que chaque contre-mur ait six pouces, pour qu'il se trouve trois pieds de maçonnerie entre les deux puits.

Ce qui décide est, d'abord, que chaque contre-mur ne peut être d'une moindre épaisseur que celle fixée par la loi; dans la coutume de Paris cette épaisseur étant d'un pied, rien ne peut dispenser de cette dimension. Si elle se rencontre avec un mur fort épais, la précaution prescrite n'en sera que plus efficace. En second lieu, une certaine épaisseur de contre-mur est fixée pour garantir le mur mitoyen, et assurer que les eaux ne filtreront pas jusqu'à lui; or, quelle que soit la forte épaisseur de ce mur, il serait exposé à la dégradation par les eaux, si des deux côtés il n'était pas revêtu d'un contre-mur ayant l'épaisseur requise, et réglée dans chaque pays en raison de la nature, tant du sol que des matériaux qu'on y emploie.

Un propriétaire est seul maître du mur qui le sépare de l'héritage voisin; il veut construire un puits près de ce mur; est-il tenu de prendre les précautions exigées par la loi, pour prévenir les dégradations que les eaux du puits pourraient occasionner à ce mur? Personne n'ayant le droit d'exiger, qu'il garantisse la conservation d'un mur qui n'appartient qu'à lui, il est libre de construire son puits comme il lui plaît.

On ne pense pas non plus que, pendant la construction de ce puits, le voisin qui n'a aucun mur dans le cas de craindre la filtration des eaux, puisse intenter aucune action pour forcer ce propriétaire à faire les ouvrages de précaution prescrits par la loi. Mais, la prudence, qui prévoit que, par la suite, le voisin pourra faire des constructions auxquelles les eaux du puits deviendraient nuisibles, l'avertit assez de ne pas s'exposer pour l'avenir à des travaux qui, alors, seraient bien plus dispendieux que s'il les eût fait en établissant son puits.

En effet, si le voisin vient à acquérir la mitoyenneté du mur, qu'on ne peut jamais refuser de lui vendre, il a le droit de forcer le propriétaire du puits, à garantir le mur commun par un contre-mur de dimensions convenables. Si, sans rendre mitoyen le mur de séparation, le voisin fait chez lui des caves qui se remplissent des eaux du puits, il peut forcer le propriétaire de ce puits à faire les ouvrages capables d'empêcher les eaux d'entrer dans les caves. On ne peut donc jamais conseiller à celui qui ouvre un puits près de l'héritage voisin, de ne pas prendre toutes les précautions nécessaires, pour garantir cet héritage de la filtration des eaux, quand même il n'y aurait actuellement sur ce même héritage aucune construction.

L'établissement d'un puits ou d'une cave fait d'après les réglemens pourrait causer quelque dommage au voisin, on demande par qui serait supportée la perte qui en résultera. Il n'est pas douteux que le propriétaire du puits ou de la cour serait tenu de réparer le tort que sa construction aurait occasionné; l'événement prouve que les précautions qu'il a prises sont suffisantes, quoiqu'il se soit conformé à la loi. Il est vrai qu'il a son recours contre celui à qui il a confié sa construction, si l'accident arrive dans les dix premières années; car, suivant le Code Napoléon, *art.* 2270, après ce laps de tems, l'architecte et les entrepreneurs sont déchargés de la garantie des gros ouvrages qu'ils ont faits ou dirigés. Si donc un puits ou une cave, ou toute autre construction faite sur un héritage depuis plus de dix ans, occasionne quelque dommage chez un voisin, le propriétaire de la construction qui a causé l'accident, n'a plus de recours contre l'architecte ou l'entrepreneur; mais, il n'en doit pas moins indemniser le voisin qui a éprouvé le préjudice.

On demandait, avant le Code Napoléon, si l'entrepreneur qui baissait le fond d'un puits construit par un autre, était responsable des évènemens que ce renfoncement pouvait occasionner. Souvent, il est vrai, un puits d'une certaine profondeur ne porte pas atteinte aux bâtimens qui sont aux environs; mais si, pour y avoir une plus grande quantité d'eau, on le creuse plus bas, il est possible qu'alors les constructions supérieures ou voisines en soient endommagées. Or, disait-on d'une part, l'entrepreneur qui a creusé après coup, a dû s'arranger de manière que les édifices qui jusqu'alors n'avaient pas souffert, n'éprouvassent aucun tort. D'un autre côté, on soutenait qu'il serait injuste de faire retomber l'indemnité sur le second entrepreneur, d'abord parce que l'accident pourrait bien venir de la mauvaise construction faite originairement par le premier; en second lieu, si pour des ouvrages accessoires qui sont peu lucratifs, on courait les risques d'une garantie aussi importante, on ne trouverait aucun entrepreneur qui voulût s'en charger.

Cette dernière opinion ayant été adoptée par le Code Napoléon, il est évident que la question ne peut plus souffrir de difficulté; l'article qu'on vient de citer ne charge l'architecte et les entrepreneurs de garantir que les gros ouvrages qui leur sont confiés, et non pas les travaux secondaires, qui consistent en raccommodages ou perfectionnemens d'ouvrages existans. Cependant, pour éviter la garantie en faisant des travaux secondaires, le constructeur doit suivre les règles de l'art; s'il y avait manqué, et qu'il fût prouvé que l'accident n'est arrivé que par sa négligence ou son ignorance, il ne pourrait pas, pendant les dix années de garantie, éviter la condamnation aux dommages intérêts.

L'entrepreneur d'un puits qu'il faut ouvrir à neuf, est-il tenu d'y faire venir une quantité d'eau déterminée ? Dans plusieurs circonstances, la décision de cette question dépend de la nature du marché, et du prix convenu. Mais, en général, et quand les conditions du marché ne contiennent aucune particularité à ce sujet, l'entrepreneur d'un puits ne peut pas être garant de la quantité d'eau qui y viendra. S'il est convenu de creuser le puits à une profondeur déterminée, son obligation est remplie quand l'excavation est achevée, sans examiner s'il y vient de l'eau ou non. Faut-il encore le rendre plus profond, parce que l'eau n'y paraît pas ? c'est un nouveau marché à faire avec l'entrepreneur.

A-t-il été convenu avec lui qu'il creuserait le puits jusqu'à ce qu'il y vînt une quantité d'eau suffisante ? Desgodets et Goupy disent, sur ce cas, que si le puits est fait dans une saison où les eaux sont hautes, on l'enfonce le plus possible, sans qu'on puisse garantir ce qui en résultera lorsque les eaux seront basses, attendu la difficulté d'un travail pareil pendant que les eaux sont élevées. De là, il résulte que l'on doit préférer la saison des eaux basses pour construire un puits; car, alors, disent les mêmes architectes, on peut facilement y procurer deux à trois pieds d'eau, qui suffisent pour que l'entrepreneur n'ait aucun reproche à craindre.

Cependant, si le propriétaire loue sa maison en stipulant qu'il y a un puits, il suffit qu'on y trouve un pied d'eau pendant les plus basses eaux, parce qu'avec cette quantité on peut puiser avec un seau ordinaire. Mais si le puits, dans la saison la plus sèche, ne contenait pas au moins un pied d'eau, le locataire aurait droit de se plaindre, et de demander, ou qu'on lui procurât une quantité suffisante d'eau dans le même puits; ou qu'on lui donnât la jouissance d'un autre puits; si non il pourrait conclure à la résiliation du bail. Il en serait de même si l'eau du puits, quoiqu'abondante, était infectée.

§ III.

Des fosses d'aisance.

Tout ce qu'on a dit relativement aux puits, s'applique aux fosses d'aisance; en sorte que nous nous contenterons ici d'énoncer ce qui a été dit dans le paragraphe précédent, où nous renvoyons pour les développemens. Les seuls points auxquels nous nous arrêterons, sont ceux qui présentent quelque chose de particulier aux fosses d'aisance. On ne doit pas en construire à la proximité d'un mur de séparation, soit qu'on en ait la mitoyenneté, soit qu'il appartienne exclusivement au voisin, sans faire un contre-mur pour garantir son mur du contact des matières de la fosse; elles ne tarderaient pas à corrompre les fondemens de ce mur sans cette précaution.

Ainsi, il faut que le contre-mur soit de bonne construction, fait avec des matériaux d'excellente qualité; leur choix dépend des localités. La longueur du contre-mur doit être telle que les urines, en filtrant à travers les terres, ne puissent pas attaquer le mur par les extrémités du contre-mur. Le plus certain est d'entourer la fosse par le contre-mur, de manière à ne laisser aucun passage aux matières.

L'épaisseur du contre-mur est différente selon les différens pays; on doit se conformer dans chacun aux dispositions de la coutume ou des réglemens particuliers, ou consulter l'usage. Quand cet usage n'est pas constant, il est prudent, lorsqu'on ouvre une fosse d'aisance à la proximité d'un héritage voisin, de s'entendre avec le propriétaire de cet héritage pour s'en rapporter à des gens de l'art; s'il refuse ou fait nommer des experts en justice. Par ce moyen, on est assuré de construire sans craindre d'être arrêté pendant les travaux, par aucune contestation sur la manière dont ils sont exécutés.

De bons architectes assurent qu'il n'est plus d'usage de séparer le mur et le contre-mur; suivant eux, l'expérience prouve que l'une et l'autre construction sont mieux conservées, quand elles ne font qu'un seul corps de maçonnerie.

Au surplus, quelqu'exactitude qu'on ait mis à observer ce qui est prescrit par la coutume, ou les réglemens, ou l'usage, comme ouvrages de précaution pour une fosse d'aisance, le propriétaire qui la fait construire n'en est pas moins tenu des dommages qui pourraient résulter, soit de l'excavation, si elle occasionnait quelque fraction ou autre préjudice aux bâtimens voisins, soit de l'infiltration, si les matières pénétraient jusqu'au mur du voisin, ou dans ses caves. De-là naît la nécessité, non pas seulement de se conformer aux réglemens, mais de réussir à contenir dans la fosse toutes les matières, et à les empêcher de sortir d'aucun côté. Voilà pourquoi il faut que la maçonnerie des quatre faces de la fosse soit impénétrable; en conséquence, on doit la faire de l'épaisseur convenable, selon la nature des meilleurs matériaux que l'on peut trouver dans le pays.

Il n'est pas moins important que le fond de la fosse soit bien maçonné, afin que les eaux infectées ne puissent pas, en s'imbibant dans la terre, parvenir jusqu'aux constructions voisines. Quelques ouvriers mettent un lit de glaise sur le fond de la fosse; mais les quatre murs qui s'élèvent du fond, n'ont pas assez de liaison avec cette glaise, et les matières pénètrent facilement par dessous ces murs. Il faut donc suivre la méthode indiquée par l'annotateur de Desgodets: elle consiste à faire sur le terrain du fond, un massif d'un pied d'épaisseur en bons moëllons posés sur leur lit, bien liaisonnés et bien maçonnés avec mortier ou plâtre pur. Sur ce massif, on étend du sable jusqu'à quatre ou cinq pouces de haut; sur ce sable, on pave en grès posés à bain de mortier de chaux et de ciment, en observant de former le revers du pavé du côté du mur voisin, afin que la pente porte les eaux du côté opposé.

Il faut éviter de fonder les fosses d'aisance jusqu'à l'eau, parce que les eaux venant à croître se mêlent aux matières; quand ensuite les eaux baissent, elles portent l'infection partout où elles pénètrent, et souvent dans les puits voisins qu'elles alimentent. Cependant, il est quelquefois impossible de ne pas trouver l'eau, quand on creuse une fosse dans des terrains bas; alors, on doit l'épuiser pendant la construction, et trouver les moyens d'établir un fond solide, comme on vient de le décrire.

On lui donne l'épaisseur nécessaire pour qu'il ne soit pas pénétré par l'eau; en sorte qu'en construisant convenablement les quatre faces de la fosse sur un pareil fond, les matières s'y trouvent contenues comme dans un pot.

Dans les coutumes où est réglée quelle maçonnerie doit exister entre deux puits placés sur deux héritages, on applique les mêmes dispositions au cas où il s'agit de creuser deux fosses d'aisance dans deux héritages contigus. Quant aux pays où les lois locales ne s'en expliquent pas, on suit l'usage. Nous citerons ici, comme exemple, la coutume de Paris : dans son *art.* 191, elle veut qu'une épaisseur de trois pieds de maçonnerie sépare deux puits qui n'appartiennent pas au même propriétaire; elle ne parle pas de deux fosses d'aisance placées l'une près de l'autre sur deux héritages contigus. Nous pensons avec les commentateurs de cette coutume, qu'il faut aussi trois pieds de maçonnerie entre les deux fosses. Ce que nous avons dit à ce sujet, concernant deux puits construits à la proximité l'un de l'autre, soit qu'il existe entr'eux un mur de séparation, soit qu'il n'en existe pas, s'applique à deux fosses d'aisance. Nous ne répéterons pas ici ce que nous avons dit à ce sujet; on peut le voir dans le paragraphe précédent.

Quand deux fosses d'aisance sont l'une d'un côté du mur de séparation, et l'autre du côté opposé, le contre-mur de chacune doit être fait si solidement, que le mur soit garanti de l'atteinte des matières, et qu'il ne se fasse aucun écoulement d'une fosse dans l'autre. Cependant, avec le tems, la maçonnerie la mieux faite finit par céder à la force corrosive des matières; en sorte que quand il s'agit de faire des réparations au mur qui sépare les héritages, il est difficile de reconnaître dans quelle proportion chaque propriétaire doit y contribuer.

En règle générale, chacun doit réparer son contre-mur; à l'égard du mur qui est au milieu, s'il est mitoyen, la réparation s'en fait en commun, et s'il appartient à un seul propriétaire, celui-ci seulement est tenu de l'entretenir; le voisin ne doit payer que les dommages occasionnés par sa fosse d'aisance. Par exemple, si le contre-mur d'une fosse était bien sain, tandis que l'autre contre-mur serait imprégné de matières, ainsi que le mur, il serait évident que la destruction de ce mur proviendrait de la fosse dont le contre-mur est gâté; alors le propriétaire de cette fosse serait seul tenu de faire à ses frais la réparation du mur. Cette décision convient au cas où le mur appartient à un seul, aussi bien qu'au cas où il est mitoyen, parce que toujours on doit seul supporter les dommages qu'on a seul occasionnés. Dans l'évaluation de ce dommage, on a égard au tems que le mur a déjà duré, et on ne considère comme véritable préjudice, que le tems dont la destruction du mur se trouve accélérée.

Quand les deux contre-murs sont également pénétrés de matières, en sorte qu'on ne peut pas savoir de quelle fosse le mur a reçu plus d'atteinte, ce mur est réparé en commun s'il est mitoyen; et s'il appartient à un seul, le propriétaire supporte seul la dépense.

Il arrive quelquefois qu'une fosse a plus contribué que l'autre à la destruction du mur de séparation; c'est un point assez difficile à décider, et qui dépend de l'examen bien attentif d'experts très-versés dans leur art. On a lieu de le juger ainsi, lorsque, par exemple, une fosse est plus basse que l'autre, et que les matières de la moins enfoncée coulent dans la plus profonde. Il est assez naturel de penser alors, que cet accident est cause de ce que le mur de séparation est devenu mauvais plutôt qu'on ne devait s'y attendre, du moins à partir de sa fondation jusqu'à l'endroit par où s'écoulent les matières. Il est donc raisonnable de faire supporter ce dommage, par le propriétaire de la fosse la moins creuse, soit que le mur appartienne à un seul, soit qu'il se trouve mitoyen.

Lorsqu'on fait une fosse d'aisance, est-il nécessaire que le contre-mur qui garantit le mur de séparation, s'élève, non-seulement jusqu'au niveau du terrain, mais encore jusqu'à la hauteur du tuyau, qui monte quelquefois au dernier étage?

Si le tuyau est fait simplement en maçonnerie, il n'est pas douteux qu'il faille l'appuyer sur le contre-mur, qui monte alors, depuis le bas de la fosse jusqu'à la partie la plus élevée du tuyau. En effet, les matières qui coulent dans ce tuyau, corrompraient très-promptement le mur de séparation, s'il n'était pas garanti par un contre-mur; le motif qui a fait ordonner cette précaution pour la fosse, subsiste pour le tuyau qui n'en est que la prolongation.

Cependant, lorsque le tuyau est en métal ou en terre cuite, les architectes décident que les matières ne peuvent pas pénétrer à l'extérieur, et qu'il n'y a aucun danger pour le mur de séparation, auquel ces tuyaux ne touchent pas. Ils exigent, que le tuyau de métal, ou de terre cuite, soit entouré d'une chemise de plâtre ou de mortier, d'un pouce et demi au moins d'épaisseur. L'isolement du tuyau doit être conservé, en sorte qu'il y ait un espace vide entre la chemise de maçonnerie qui le recouvre, et le mur de séparation. Cet espace ne doit point être fermé par les côtés, afin de laisser l'air circuler librement. Il faut aussi que le mur de séparation soit enduit solidement vis-à-vis du tuyau; ce qui se fait aux frais de celui à qui appartient le tuyau. Desgodets appuie cette opinion sur un arrêt du Parlement de Paris, rendu en la seconde chambre des enquêtes, le 27 avril 1648. Goupy, annotateur de Desgodets, observe à cette occasion, qu'on ne laisse presque jamais circuler l'air entre le tuyau et le mur; l'isolement est toujours observé, mais on le masque par des languettes qui règnent à droite et à gauche du tuyau, afin de dérober l'apparence d'un tel objet, et d'en écarter jusqu'à la pensée. Au surplus, ajoute-t-il, les propriétaires se passent réciproquement cette sorte de déguisement, qui contribue à l'agrément des maisons. Dans ce cas, il faut que le mur de séparation soit d'une construction bien pleine et bien compacte; autrement, il pourrait être imprégné, sinon de matières, du moins d'une mauvaise odeur qui infecterait les appartemens du voisin. Celui-ci aurait droit de s'en plaindre; alors le propriétaire du tuyau d'aisance serait tenu de faire cesser l'accident.

Pour diminuer la mauvaise odeur qui sort par les cabinets d'aisance, on donne ordinairement une issue à l'air de la fosse, par des ventouses pratiquées à cet effet. Il n'est pas permis d'ouvrir ces sortes de ventouses chez le voisin, même quand le mur de séparation est mitoyen. Bien plus, quand une pareille ventouse, ouverte du côté de celui à qui elle appartient, incommode le voisin parce qu'elle est trop près de ses fenêtres, celui-ci peut exiger que le propriétaire de la ventouse détourne la mauvaise odeur, en lui donnant une autre direction.

Quelques coutumes ont aussi prévu le cas où une fosse d'aisance est ouverte sur un héritage, à la proximité d'un puits placé sur l'héritage voisin. Dans les pays où les lois locales ne s'en expliquent pas, on suit l'usage. Il paraît en général, que la maçonnerie entre une fosse d'aisance et un puits, doit être plus épaisse qu'entre deux puits ou deux fosses; la raison en est que l'on ne peut trop prendre de précautions, pour empêcher que les eaux du puits ne soient infectées par les matières de la fosse.

La coutume de Paris, dans son *art.* 191, exige, par exemple, qu'entre les deux puits ou les deux fosses de deux héritages, la maçonnerie ait trois pieds, tandis qu'elle lui prescrit une épaisseur de quatre pieds entre une fosse d'aisance et un puits.

Pour bien entendre comment s'effectue l'épaisseur de maçonnerie ordonnée par les coutumes, ou par les réglemens, entre une fosse d'aisance et le puits d'un voisin, il faut considérer les diverses circonstances où la question peut se présenter.

Si les deux constructions s'opéraient simultanément près du mur de séparation, le propriétaire du puits ne serait tenu qu'à faire un contre-mur, de l'épaisseur réglée pour le cas où un puits est ouvert près d'un mur; à l'égard du propriétaire de la fosse, il donnerait à son contre-mur assez d'épaisseur pour que, réuni au mur et à l'autre contre-mur, il y eût entre le puits et la fosse la maçonnerie exigée. En prenant pour exemple la coutume de Paris, le contre-mur du puits n'aurait qu'un pieds, qui, joint au mur de séparation, dont l'épaisseur n'est quelquefois que d'un pied, formerait une épaisseur de deux pieds; en conséquence, le contre-mur de la fosse devrait avoir deux pieds. Si le mur avait dix-huit pouces, comme les architectes le conseillent toujours, le contre-mur de la fosse n'aurait besoin que de dix-huit pouces d'épaisseur, pour que toute la maçonnerie eût quatre pieds dans cette dimension.

Remarquez que, si le mur de séparation avait deux pieds et demi d'épaisseur, ce qui n'arrive que rarement, les contre-murs de part et d'autre n'en auraient pas moins un pied chacun, quoiqu'alors le total de la maçonnerie excédât quatre pieds. En effet, les deux contre-murs sont destinés à garantir le mur d'un côté et de l'autre; ils ne pourraient produire cet effet, si chacun n'avait pas au moins la plus petite épaisseur fixée pour toute espèce de contre-mur.

Ces décisions s'appliquent au cas où, le mur et le puits existant sur le même fonds, le voisin veut établir de l'autre côté une fosse d'aisance. Celui-ci doit faire son contre-mur de telle épaisseur, que, joint au mur de séparation et au contre-mur du puits, la maçonnerie totale forme l'épaisseur prescrite. Cependant, jamais le contre-mur de cette fosse ne peut avoir moins d'épaisseur qu'il n'est ordonné pour ces sortes de constructions; à Paris, cette épaisseur est au moins d'un pied.

Vient maintenant le cas où on veut creuser le puits, lorsque déjà une fosse d'aisance est ouverte près du mur de séparation. Desgodets prétend qu'on n'est pas obligé de donner au contre-mur du puits, plus d'épaisseur qu'il n'est prescrit pour une pareille construction; d'où il tire la conséquence, que le propriétaire de la fosse est tenu de fortifier son contre-mur, s'il en est besoin, pour que la masse des deux contre-murs et du mur de séparation atteigne l'épaisseur ordonnée.

Goupy, l'annotateur de Desgodets, est d'une opinion contraire, que nous regardons comme la plus raisonnable. En effet, celui qui a construit la fosse d'aisance près du mur de séparation, ne voyant pas de puits de l'autre côté, n'était tenu qu'à un contre-mur d'une épaisseur légale; par exemple, à Paris, elle aurait été d'un pied. En se conformant à la loi sur ce point, le propriétaire de la fosse n'a dû craindre aucun reproche. Si donc le voisin veut avoir près de là un puits, il semble naturel qu'il doive faire son contre-mur de telle épaisseur, qu'entre le puits et la fosse il se trouve la quantité de maçonnerie exigée. Ne serait-il pas trop dur et même injuste, de forcer le propriétaire de la fosse à démolir son contre-mur, et à le reconstruire sur une plus grande épaisseur, parce qu'il a plu à son voisin de faire par la suite un puits à la proximité?

Quoiqu'il en soit, l'essentiel ici n'est pas tant de donner une épaisseur légale au contre-mur, que de construire la fosse de telle manière, que les matières y soient contenues de tous les côtés, comme elles le seraient dans un pot. En effet, en donnant au contre-mur l'épaisseur légale, on est seulement assuré que pendant la construction, le voisin ne réclamera pas; mais, sur quelque forte dimension qu'ait été formé ce contre-mur, si les matières pénètrent jusqu'au mur de séparation, le voisin aura le droit de se plaindre, et de forcer le maître de la fosse à la rétablir plus solidement. Ainsi, on ne peut trop le répéter, c'est la parfaite construction qui est principalement à observer dans ces sortes d'ouvrages.

Il est inutile de dire que si, en creusant une fosse d'aisance, il en résultait quelque fraction au bâtiment du voisin, ou tout autre dommage, le propriétaire de la fosse devrait l'indemnité, sauf son recours contre l'entrepreneur. Ici s'appliquent les réflexions que nous avons faites au paragraphe précédent, en parlant du préjudice que l'enfoncement d'un puits peut occasionner à l'héritage voisin.

Par son *art.* 193, la coutume de Paris exige qu'il y ait des latrines, dans chacune des maisons situées en la ville et faubourgs de Paris; d'autres coutumes, comme celles d'Orléans, de Bourbonnais, de Nivernais, ont des dispositions semblables. On demande s'il faut s'y conformer; car le Code Napoléon n'a point parlé de cet objet.

Les uns disent que le silence du Code est une abrogation tacite; et qu'ainsi on n'est pas obligé de se soumettre aux articles des coutumes qu'il n'a pas formellement autorisés.

D'autres soutiennent avec raison que l'abrogation tacite a lieu, quand une loi nouvelle porte des dispositions qui ne peuvent subsister en même tems que celles de la loi antérieure. Le silence du Code Napoléon sur le point dont il s'agit, prouve seulement que les législateurs n'ont pas voulu le régler d'une manière générale. Aucun texte du Code ne se trouve en opposition avec ce qui a été prescrit, par les réglemens locaux relatifs à la question; d'où il suit qu'ils n'ont été ni formellement, ni tacitement abrogés. On ajoute que la disposition dont on s'occupe actuellement, tient à la matière des servitudes; l'obligation d'avoir des latrines est une véritable servitude légale dans les coutumes qu'on a indiquées. Or, l'esprit du Code est évidemment de laisser subsister toutes les lois locales concernant les servitudes, excepté dans les cas qu'il a réglés expressément. D'un autre côté on peut dire que les servitudes naturelles et légales tiennent, pour la plupart, à la police, au bon ordre; ce qui est principalement vrai, à l'égard de la nécessité de faire des latrines dans chaque maison. Or, le Code n'a point entendu innover aux lois générales, ni aux réglemens particuliers relatifs à la police. Toutes ces raisons nous portent à croire que l'on doit suivre dans chaque pays ce que la coutume, ou des réglemens locaux, ou l'usage, ont établi concernant la salubrité et les autres objets de police ou de sûreté publique. Concluons que dans la ville et les faubourgs de de Paris, chaque propriétaire doit avoir des latrines dans sa maison; il en doit être de même dans les villes et faubourgs des pays régis par des coutumes qui ont des dispositions semblables. A l'égard des villes et faubourgs des contrées où il n'y a rien de réglé à ce sujet par les lois locales, nous pensons que les magistrats qui y exercent la police, doivent exiger cette précaution utile, et que réclame l'intérêt public. Dans les villages où il y a moins de population, et où chacun a plus d'espace pour son habitation, il n'y aurait pas les mêmes inconvéniens à craindre, si on laissait construire des maisons sans latrines.

Pour que ces sortes de constructions produisent l'utilité qu'exige la salubrité de la ville, chaque fosse d'aisance doit être d'une capacité proportionnée au nombre des personnes qui en ont l'usage; de manière que l'on ne soit pas obligé de la vider trop fréquemment. Les architectes qui ont écrit sur ce sujet, pensent qu'un propriétaire, dont les latrines sont dans le cas d'être vidées tous les ans, par exemple, peut être forcé, sur la réclamation de ses voisins, soit par voie d'action en justice, soit par voie de police, à faire une fosse plus grande.

Celui qui, soit pour établir une fosse d'aisance plus spacieuse dans un autre endroit, soit pour toute autre raison, abandonne des latrines qui existaient, doit d'abord les faire vider, et faire enlever les terres, sables et matériaux infectés qui s'y trouvent; c'est seulement après ce préalable nécessaire, qu'il est permis de combler la fosse.

Avant de terminer ce qu'on avait à dire sur la nécessité d'avoir des latrines, et de les construire d'une manière assez solide pour que les matières ne filtrent pas, il est bon d'observer que l'entrepreneur qui les fait à neuf, garantit pendant dix ans qu'elles n'occasionneront aucune incommodité aux voisins. Si donc, avant ce laps de tems, un propriétaire est attaqué par son voisin pour inconvéniens résultant des latrines, il peut mettre en cause l'entrepreneur qui a été chargé de les construire. Mais, après l'expiration des dix premières années, à compter du jour où l'ouvrage a été reçu, tout recours cesse, à moins que l'entrepreneur ait manqué aux réglemens; cette faute n'est pas prescrite par dix ans.

§ IV.

Des cheminées et âtres.

On ne peut trop prendre de précautions contre l'incendie, quand on construit une cheminée. Par son *art.* 674, le Code Napoléon a ordonné de suivre, sur cette matière, les réglemens et les usages locaux, auxquels il n'a apporté aucun changement.

La plupart des coutumes règlent ce qu'il faut faire, soit au contre-cœur, soit au tuyau, soit à l'âtre d'une cheminée.

Le contre-cœur est le mur qui forme le fond de la cheminée, et que l'on couvre ordinairement d'une plaque de fer fondu.

L'âtre est la place sur laquelle est posé le combustible qu'on allume dans la cheminée; il est recouvert de briques ou de carreaux de terre. A droite et à gauche, l'âtre est fermé par deux jambages qui s'élèvent à une certaine hauteur; en sorte que l'ouverture de la cheminée, dans la chambre, embrasse tout l'espace contenu entre les deux jambages.

La ligne qui termine cette ouverture dans la partie supérieure, est marquée par une saillie que l'on nomme le manteau de la cheminée, et qui sert à porter une tablette de bois, ou de pierre, ou de marbre. Le devant de cette saillie, ainsi que les faces antérieures des jambages, sont ordinairement revêtus en bois, ou en pierre, ou en marbre; cet ornement est appelé chambranle.

Le tuyau est le conduit par où s'échappe la fumée; il commence depuis le manteau, et s'élève jusqu'au-dessus des combles. Le corps de la cheminée est la portion de tuyau mesurée depuis le manteau jusqu'à la couverture du bâtiment; et ce qui excède le toit est nommé la tête de la cheminée.

On conçoit que dans certains pays, les précautions qu'on est obligé de prendre pour la construction des cheminées, ne soient pas les mêmes que celles prescrites dans d'autres contrées. Par exemple, la Coutume de Paris, *art,* 189, comme d'autres qui lui ressemblent en ce point, ne permet pas de se servir pour le fond d'une cheminée d'un mur de séparation mitoyen ou non; il faut le garantir par un contre-mur qui devient le contre-cœur auquel touche le feu. Il doit avoir six pouces d'épaisseur, former le fond de la cheminée dans toute sa largeur, jusqu'à la hauteur du manteau. Le contre-mur arrive à cette hauteur, en perdant insensiblement de son épaisseur, de manière qu'il cesse d'exister sans que la retraite soit marquée. Cette obligation est imposée par la coutume, à celui qui construit une cheminée, même quand le mur auquel il l'appuie, n'appartient qu'à lui seul. Tous architectes ou entrepreneurs, chargés de construire des cheminées, sont responsables de l'exécution de cet ouvrage de précaution. S'ils le négligent, ils commettent une faute qui ne se prescrit pas par le laps de dix ans.

Il est à desirer que, dans les pays où il n'a rien été réglé pour le contre-cœur des cheminée, on adopte cette construction exigée par plusieurs coutumes, et recommandée par tous les bons architectes.

Au reste, depuis que l'industrie s'est perfectionnée, on a imaginé de faire des contre-cœurs en plaques de fer fondu; ce qui préserve les murs beaucoup mieux qu'une maçonnerie en briques. On satisfait donc suffisamment aux coutumes qui exigent des contre-murs, dès qu'on met au fond de chaque cheminée une plaque de fer fondu. Desgodets veut qu'on laisse un pouce de distance entre la plaque de fonte et le mur, pour les petites cheminées; la distance est de deux pouces pour les grandes cheminées où on fait beaucoup de feu, telles que celles des cuisines. Cette distance peut se remplir avec plâtre et poussier, ou tel autre mortier. Goupy, son annotateur, assure qu'on pose les plaques de fonte tout près du mur, et qu'on y coule du plâtre ou mortier, seulement pour remplir le peu de vide qui pourrait se rencontrer. Il ajoute qu'on n'a jamais reconnu de dommage fait au mur par la chaleur, derrière des contre-cœurs de cette espèce.

Quand le mur appartient exclusivement au voisin, il est évident qu'on ne peut pas y appuyer des cheminées, sans avoir acquis la mitoyenneté au moins de la portion de mur qu'elles touchent.

Soit qu'on élève des cheminées le long d'un mur mitoyen, soit que ce mur appartienne tout entier à celui qui construit, on demande s'il est permis de former leurs tuyaux dans l'épaisseur du mur. Voyons d'abord le cas où le mur est mitoyen, du moins dans la partie où s'appliquent les cheminées.

Des coutumes, du nombre desquelles est celle de Paris, ne permettaient pas à un des copropriétaires d'un mur mitoyen, d'y faire le moindre enfoncement sans le consentement du voisin; par conséquent, aucun de ces mêmes propriétaires n'avait le droit de placer ses cheminées dans l'épaisseur du mur commun, à moins d'un accord entre eux.

D'autres coutumes telles que celles d'Auxerre, de Berri, de Sedan, autorisaient celui des deux voisins qui, le premier, construisait des cheminées, à les encastrer dans la moitié de l'épaisseur du mur mitoyen. Dès que l'un avait usé de cette faculté, l'autre, s'il faisait ensuite des cheminées, ne pouvait plus les placer au même endroit; car, les deux cheminées prenant chacune la moitié de l'épaisseur du mur, il aurait été détruit.

Cette diversité de dispositions n'exite plus depuis le Code Napoléon qui, dans son *art.* 662, défend à un propriétaire de pratiquer dans le mur mitoyen aucun enfoncement, sans le consentement du voisin; il consacre en loi générale, pour toute la France, ce que la Coutume de Paris a ordonné.

Il est vrai que, suivant le même article, si le voisin refuse de consentir, on a droit de faire régler par experts les moyens d'exécuter le nouvel ouvrage sans nuire à l'opposant. De là, quelques personnes concluent que, dans les coutumes qui permettent de placer les cheminées dans la moitié de l'épaisseur du mur mitoyen, on doit sans doute, pour satisfaire à la loi, demander le consentement du voisin; mais, à son refus, elles disent qu'on fait régler par experts la manière d'exécuter selon les règles de l'art, cet encastrement des cheminées permis par la coutume.

Nous n'adoptons pas cette interprétation; il nous semble que le Code, en défendant toute espèce d'enfoncement dans un mur mitoyen, sans le consentement du voisin, a fait assez entendre que celui-ci est toujours reçu à s'opposer aux travaux projetés, même à l'encastrement des cheminées. En effet, la défense est générale, et porte sur toutes les sortes d'enfoncement à faire dans un mur mitoyen, sans restriction en faveur des pays où il était permis de placer des cheminées dans l'épaisseur des murs mitoyens. Ainsi, partout l'Empire, il faut examiner les motifs sur lesquels est fondé le refus du voisin; et comme il est évident, pour tout constructeur, que l'encastrement des cheminées est un ouvrage capable de détériorer le mur, le voisin est trouvé bien fondé à refuser son consentement à une construction aussi vicieuse, même dans le ressort des coutumes qui l'autorisaient avant le Code.

Il n'en serait pas de même s'il s'agissait de poser une poutre ou des solives sur le mur mitoyen; car, cette opération ne peut pas détériorer le mur; elle reste par conséquent au nombre de celles qui constituent la jouissance de la chose commune. Voilà pourquoi le Code permet aux deux propriétaires de disposer, chacun de son côté, de la moitié de l'épaisseur du mur, pour y poser des pièces de bois. Celui qui veut user de cette faculté, n'est pas dispensé à demander le consentement de son voisin; ce n'est pas que ce dernier ait droit de le refuser, sous prétexte que le mur en souffrira; mais, il peut avoir des moyens à opposer d'une autre nature. Par exemple, s'il prouve que le mur n'est pas mitoyen, ou qu'une servitude établie par titre défend au voisin de placer des bois sur le mur, il pourra s'opposer au travail projeté. En pareil cas, ce n'est pas sur la détérioration du mur qu'il faut motiver le refus; car, si le voisin s'obstinait à ne pas consentir, sans présenter d'autres raisons, le tribunal accorderait l'autorisation convenable.

Quelquefois, sans donner un refus absolu, le voisin met à son consentement des conditions, concernant la manière de faire le travail projeté. Si les parties ne s'accordent pas sur le mode d'exécution, on a recours aux juges qui, sur un rapport d'experts, déterminent les moyens les plus convenables d'effectuer les ouvrages, sans nuire aux droits du réclamant.

De cette opinion, il résulte que dans toute la France, même dans les coutumes qui permettaient l'encastrement des cheminées, on ne peut pas aujourd'hui forcer un voisin à y consentir. Aux raisons qu'on vient d'expliquer, on peut ajouter que le feu qui prend dans une cheminée, se communique bien moins, quand le mur a conservé toute son épaisseur. Ce motif d'utilité publique serait seul capable de faire proscrire le système de l'encastrement des cheminées, dans les coutumes qui, avant la publication du Code, permettaient cette monstrueuse construction.

Examinons maintenant si celui qui est propriétaire de la totalité du mur de séparation, peut y enclaver ses cheminées. Il n'est pas douteux qu'il est maître de faire de sa chose ce que bon lui semble; mais ce mur qui, dans l'hypothèse, touche sans moyens l'héritage du voisin, peut devenir propriété commune dès que ce dernier voudra en payer la moitié. Alors, il pourra exiger que les cheminées soient retirées hors de l'épaisseur du mur. Ce droit du moins est incontestable dans les coutumés qui défendent d'enclaver les cheminées; car, celui qui bâtit sait bien qu'un mur qui le sépare immédiatement de l'héritage voisin, est susceptible de devenir mitoyen; il ne peut donc rien faire contre ce droit éventuel qu'il lui est facile de prévoir. De là il suit, qu'il serait imprudent à un propriétaire, de placer ses cheminées dans l'épaisseur d'un mur de séparation dont il est le seul maître, puisqu'il peut arriver, au moins dans la coutume de Paris et dans celles qui lui ressemblent, qu'on lui fasse retirer ses cheminées quand le mur sera devenu mitoyen. Ceux qui, comme nous, pensent que le Code a rendu générale à toute la France la disposition de la Coutume de Paris sur ce point, voient que dans tout l'Empire celui qui adosse des cheminées à son propre mur, doit éviter de les y encastrer, quand ce mur est susceptible de devenir mitoyen. Ce qui nous confirme dans cette opinion, c'est que tous les bons architectes regardent l'encastrement des cheminées dans les murs de séparation, comme une construction vicieuse qu'il est utile de bannir même des pays où elle avait été permise.

Un propriétaire juge à propos d'encastrer ses cheminées, dans l'épaisseur d'un mur qui se trouve au milieu de son bâtiment; ses deux héritiers se partagent l'immeuble, de manière que ce mur devient mitoyen. On demande si l'héritier du côté duquel se trouvent les cheminées, est tenu de les rétablir hors de l'épaisseur du mur? La négative ne souffre aucune difficulté, parce que l'état dans lequel existent les cheminées a été considéré dans le partage, il en est une des conditions; dès lors l'enfoncement des cheminées dans le mur mitoyen, se trouve autorisé par le consentement du voisin, puisque c'est avec lui que s'est fait le partage.

Si le mur, devenu mitoyen par l'effet du partage, avait besoin d'être reconstruit en entier, faudrait-il le rétablir comme il était? Pourrait-on forcer le maître des cheminées de les refaire hors de l'épaisseur du mur? La reconstruction doit être exécutée sans changer en rien l'ancien état des choses. En effet, l'encastrement des cheminées ayant été consenti par le partage, c'est un droit que le propriétaire qui en jouit ne peut perdre que par la prescription. C'est le cas d'appliquer l'*art.* 665 du Code Napoléon; il décide que quand on reconstruit un mur mitoyen, les servitudes actives et passives continuent à l'égard du nouveau mur, comme elles étaient à l'égard de l'ancien.

Les architectes, considérant combien est vicieuse la méthode d'encastrer les cheminées dans un mur qui sépare deux héritages, et les dangers qui en peuvent résulter, croient qu'on ne peut pas trop étendre la défense de faire aucun enfoncement dans de pareilles séparations. En conséquence, dans l'espèce proposée, ils voudraient que le propriétaire des cheminées ne fût pas autorisé à les replacer dans l'épaisseur du mur nouveau, sauf à l'indemniser, s'il en résultait plus de dépense pour la reconstruction commune, ou une diminution dans la valeur de sa maison. L'intérêt public nous semble ici un motif assez puissant pour faire adopter cette opinion, toutes les fois que les circonstances le permettront; car, au moyen de l'indemnité proposée, le propriétaire des cheminées n'a plus à se plaindre.

La saillie qui forme le manteau de la cheminée est bâtie sur un chassis, dont les branches sont scellées dans le mur. Sans cette précaution, cette saillie ne serait pas solide, et ne pourrait pas supporter la tablette de bois, ou de pierre, ou de marbre dont elle est ordinairement couverte. Il n'est pas permis de faire en bois le chassis dont il s'agit, il y aurait trop à craindre que le feu ne s'y mît et ne causât un incendie; le chassis du manteau est ordinairement en fer.

Il existe un réglement de police, du 21 janvier 1672, qui défend d'adosser des cheminées à des cloisons ou à des pans de bois, même en usant de la précaution d'un contre-mur. Ce réglement qui a été renouvelé le 10 novembre 1781, et récemment encore en janvier 1808, est trop sage pour ne s'y pas conformer; et encore bien qu'il n'ait été fait que pour Paris, il convient que les architectes et les entrepreneurs des départemens s'y conforment. Faut-il conclure de là, qu'on doit renoncer à placer des cheminées du côté où se trouve une cloison ou un pan de bois? Ce serait souvent une gêne considérable dans la distribution des appartemens. Voici donc ce qui se pratique, pour éviter tous les accidens que le réglement de police a voulu prévenir. On coupe le pan de bois dans toute la hauteur de l'étage où l'on veut faire la cheminée, et dans une largeur qui, à droite et à gauche, excède de six pouces au moins la largeur de la cheminée. La portion coupée est remplacée par un mur soit en moëllons, soit en briques. Près de ce mur, avec la précaution d'un contre-mur, on peut construire la cheminée pour ce même étage. A l'égard du tuyau qui monte dans les étages supérieurs, on l'appuie sur le contre-mur qu'on élève alors autant que le pan de bois qu'il s'agit de garantir. Goupy, qui donne ce conseil, dit que cette précaution n'est pas toujours suffisante; d'où nous concluons qu'il serait plus sûr de couper le pan de bois dans toute sa hauteur jusqu'à la couverture, à partir de l'étage où se trouve le contre-cœur de la cheminée, et dans la largeur nécessaire; le vide serait rempli en maçonnerie, comme on vient de le dire. Alors, en faisant un contre-cœur, on peut, sans aucun danger, adosser la cheminée au pan de bois qui, dans cette partie, devient un véritable mur.

Par le même réglement de police, il est défendu de faire passer aucune pièce de bois dans des tuyaux de cheminées, même en recouvrant ces bois d'une forte épaisseur de maçonnerie. S'il arrive qu'un tuyau de cheminée passe près d'une pièce de bois, cette pièce, quoique se trouvant hors du tuyau, doit être recouverte de six pouces de maçonnerie. Pour que ce recouvrement puisse tenir, on enfonce dans la pièce de bois des chevilles de fer dont il reste en dehors une longueur de six pouces. Quand il est possible de laisser un espace vide de quelques pouces entre le tuyau de cheminée et la maçonnerie dont la pièce de bois est recouverte, on ne doit pas le négliger; cet isolement est d'une utilité reconnue, et une sûreté de plus contre les accidens du feu.

Le même réglement détermine les dimensions de l'espace intérieur des tuyaux de cheminées; mais il suffit qu'un homme puisse monter et descendre dans les cheminées, pour les nettoyer et les raccommoder. Les plus petites dimensions du vide intérieur d'un tuyau de cheminée, c'est-à-dire, du chemin laissée à la fumée, est aujourd'hui de deux pieds trois pouces de large, sur dix pouces de profondeur, dans toute la longueur du tuyau.

Un autre article du même réglement, qu'on ne peut trop rigoureusement exécuter, est celui qui défend de poser l'âtre des cheminées au-dessus d'une pièce de bois, faisant partie du plancher, quelqu'épaisseur de maçonnerie que l'on mit entre le carreau de l'âtre et les bois sur lesquels il serait posé; il faut donc faire une enchevêtrure à la charpente du plancher, au-dessous de l'âtre. Par l'effet de ce travail, toute la place destinée à l'âtre est absolument vide de charpente; ce vide, qu'on nomme le treillis de la cheminée, est rempli de maçonnerie, de manière que sous l'âtre il n'y a aucun bois. Il faut observer que l'enchevêtrure, c'est-à-dire, le chassis de charpente qui forme le treillis de la cheminée, et reçoit la maçonnerie servant de base à l'âtre, soit, de dedans en dedans, d'une longueur plus considérable que celle du manteau de la cheminée. Les jambages qui supportent ce manteau doivent poser sur la maçonnerie qui remplit le vide du treillis; et il est bon qu'il y ait encore six pouces entre les bords de ce chassis de charpente et les jambages. Quant à la largeur du treillis, elle est telle que depuis le contre-cœur jusqu'au chevêtre, il y ait de deux à trois pieds, selon que la cheminée est plus ou moins profonde.

Desgodets cite un arrêt du 29 mars 1610, par lequel il a été jugé au Parlement de Paris, qu'un propriétaire ne pouvait pas être forcé d'élever au-delà de trois pieds, les tuyaux de ses cheminées au-dessus des combles; cependant, la maison dont il s'agissait était basse. Néanmoins, cet architecte ajoute que si une cheminée était adossée à un mur de clôture, d'une hauteur ordinaire, il serait à propos de porter la cheminée à six pieds au-dessus du faîte de l'édifice, et de la reculer, au moins de six pieds, des fenêtres voisines par où la fumée pourrait entrer trop facilement, sans cette précaution.

Ceux qui entreprennent la construction d'une cheminée, sont garans pendant dix ans des accidens qui arrivent par défaut de solidité; c'est une conséquence de l'*art.* 2270 du Code Napoléon, en vertu duquel les entrepreneurs doivent répondre que leurs ouvrages dureront au moins dix ans. Mais, ils seraient responsables aussi long-tems que d'un quasi-délit, de l'incendie qui aurait pour cause une construction faite sans les précautions ordonnées par la loi et les réglemens.

Ainsi, par exemple, un tuyau de cheminée vient à crever après un laps de dix années, et cet événement allume un incendie; l'entrepreneur ne peut pas être attaqué en dommages-intérêts. Mais, si l'accident est occasionné par une solive laissée sous l'âtre de la cheminée, ou par une pièce de bois qui traverse le tuyau, l'entrepreneur en est encore responsable, parce qu'il a commis une faute que le laps de dix ans ne peut pas couvrir.

§ V.

Des forges, fours et fourneaux.

Il en est des forges, fours et fourneaux comme des cheminées; le Code Napoléon, *art.* 674, veut qu'en les construisant, près d'un mur de séparation, mitoyen ou non, il soit observé les précautions prescrites par les réglemens locaux, et qu'à défaut de réglemens on se conforme à l'usage.

Beaucoup de coutumes exigent un contre-mur, entre une forge, ou un four, ou un fourneau, et le mur de séparation; mais elles varient sur la fixation de l'épaisseur de ce contre-mur, qui dans certains pays comme à Clermont, à Nevers, doit avoir un demi-pied d'épaisseur; à Blois, un demi-pied et un empan est la mesure indiquée; à Paris, à Calais, à Rheims, il faut un pied d'épaisseur au contre-mur, un pied et demi à Sedan, à Troyes, à Cambray, et deux pieds dans les coutumes de Bar et de Châlons.

Il faut aussi, selon plusieurs coutumes, que le contre-mur soit éloigné du mur, par un intervalle vide dont l'étendue est fixée diversement. Par exemple, à Paris, ce vide est d'un demi-pied, et se nomme *tour du chat.*

Pour la Lorraine, ni cet intervalle, ni l'épaisseur du contre-mur ne sont spécifiés; il est dit seulement que le contre-mur se construit de telle manière que le voisin ne puisse recevoir aucun dommage. C'est l'énoncé du principe général; il est la règle commune pour tous les pays, même pour ceux où les réglemens locaux ne s'expliquent pas sur cet objet. En effet, il est d'équité naturelle que personne ne fasse, dans sa propriété, même pour son utilité, rien qui soit nuisible à ses voisins, rien, par conséquent, qui expose leurs bâtimens à l'incendie. Les avis des architectes qui ont écrit sur les constructions des forges, fours et fourneaux, seront donc ici placés convenablement. Les entrepreneurs y trouveront des instructions fort utiles, qui ne doivent pas, néanmoins, leur faire oublier de se conformer aux dispositions des coutumes et réglemens locaux.

D'abord le contre-mur qui forme le fond de la forge, ou du four, ou du fourneau, doit avoir l'épaisseur fixée par la loi du pays; à Paris, cette épaisseur est d'un pied. En second lieu, entre ce contre-mur, et le mur près duquel se fait la construction, il faut observer un intervalle vide, dans la dimension prescrite par les réglemens du pays; à Paris, le tour du chat, c'est-à-dire ce vide qu'il faut laisser entre le contre-mur et le mur, est de six pouces. Troisièmement, le contre-mur doit s'étendre dans toute la largeur et la hauteur de la forge, du four ou du fourneau; et l'espace vide qui le sépare du mur ne doit être fermé, ni par les extrémités, ni par le haut, afin que l'air, passant librement, garantisse le mur des atteintes de la chaleur.

Parmi les forges auxquelles sont applicables les règles de construction dont on parle, sont comprises celles des maréchaux, des taillandiers, des serruriers, des couteliers, des orfèvres, et généralement de tous les ouvriers qui se servent de forges, quelle qu'en soit la forme, et quelle que soit la matière qui y est travaillée.

Les fours dont il s'agit ici sont, non-seulement ceux des boulangers, des pâtissiers, des traiteurs, des cuisines, mais encore tous ceux que l'industrie allume pour quelqu'objet que ce soit, et quelle qu'en soit la forme. Ainsi, les fours propres à cuire la porcelaine, la poterie de terre, et ceux des autres manufactures sont dans le même cas; on observe même que ces sortes de fours étant beaucoup plus ardens que ceux des boulangers et des pâtissiers, il est convenable que l'espace vide, qui sépare le mur et le contre-mur, soit plus considérable, c'est-à-dire au moins d'un pied.

Enfin, sous le nom de fourneaux, il faut entendre tous les feux qui servent aux arts et métiers, quels que soient leur dénomination, leur forme et leur usage. Ainsi, les fourneaux des salpêtriers, des brasseurs, des teinturiers, des affineurs, des fondeurs, des chapeliers, et généralement de tous les genres quelconques de manufactures, doivent être construits avec les précautions convenables, pour qu'ils ne donnent lieu à aucune crainte d'incendie.

On demande si le fourneau potager d'une cuisine exige un contre-mur. Il ne paraît pas que le contre-mur soit nécessaire, quand le mur près duquel on construit le fourneau, est de bonne maçonnerie. Mais, si le fourneau de cuisine est placé près d'une cloison ou d'un pan de bois, tous les architectes s'accordent à dire qu'il doit être pris des précautions. La plus certaine est de faire un contre-mur, construit avec un rang de briques posées sur leur plat; ce contre-mur doit avoir toute la longueur du fourneau, et monter plus haut. Pour gagner de la place, on peut couper le pan de bois, dans une largeur et hauteur suffisante, et remplir le vide en bonne maçonnerie de moëllons ou briques. Entre le mur et le contre-mur, faut-il laisser un espace vide? On n'a pas coutume de tenir le contre-mur éloigné du mur, lorsqu'il s'agit d'un fourneau construit dans une maison particulière; mais, on serait en droit d'exiger cet isolement du contre-mur, si le fourneau était celui d'un traiteur, d'un restaurateur, et en général d'une cuisine où le feu est considérable et continuellement allumé.

En comparant à une cheminée soit une forge, soit un four, soit un fourneau, on distingue dans chacun de ces objets le contre-cœur, l'âtre et le tuyau. Ce qu'on vient de dire du contre-mur, s'entend du contre-cœur de la forge, du four ou du fourneau; c'est lui qu'il faut tenir dans l'isolement. A l'égard de l'âtre, on doit y appliquer les règles prescrites pour l'âtre des cheminées; c'est-à-dire qu'il n'est pas permis de le poser sur une partie de plancher qui contienne du bois, quelqu'épaisseur de maçonnerie que l'on mette pour couvrir les morceaux de bois. Il faut donc pratiquer une enchevêtrure, comme pour l'âtre d'une cheminée, ainsi qu'on l'a expliqué au paragraphe précédent. En effet, si cette précaution est prescrite pour les âtres de cheminées, à plus forte raison doit-elle avoir lieu pour les âtres où se fait un feu bien plus ardent.

Quant aux tuyaux des forges, des fours et des fourneaux, il faut aussi se conformer à ce qui est prescrit pour la constructions des tuyaux de cheminées. On observe de plus, qu'on ne peut se dispenser d'isoler les tuyaux des forges, fours et fourneaux dans lesquels il est allumé un feu considérable et continuel. Ainsi, par exemple, le tuyau d'un four à porcelaine ou à poterie de terre, le tuyau d'une forge où se fabrique le fer, le tuyau d'un fourneau de salpêtrier ou de fondeur de gros objets, doivent être isolés de manière qu'il y ait un espace vide entre chaque tuyau et le mur près duquel il s'élève.

Les précautions prescrites pour la construction des forges, des fours et des fourneaux, peuvent être exigées par le voisin, quand le mur est mitoyen, et quand le mur lui appartient exclusivement. Mais, si celui qui construit la forge, le four ou le fourneau, est seul maître du mur de séparation, son voisin peut-il le forcer à se conformer aux règles dont on vient de parler?

Cette question, considérée sous le rapport de la propriété, a été traitée dans le paragraphe précédent: on y examine si le propriétaire peut encastrer ses cheminées dans un mur de séparation qui n'appartient qu'à lui seul. Les observations faites à ce sujet, conviennent entièrement au cas où la construction, au lieu d'une cheminée, est une forge, ou un four, ou un fourneau; nous ne les répèterons pas ici. Cependant, sous le rapport de la sûreté publique, et du danger des incendies, il n'est pas douteux qu'un propriétaire peut exiger de son voisin les précautions prescrites par la loi ou l'usage, dans une construction destinée à recevoir du feu. Encore bien que cette construction se fasse entièrement sur ma propriété, il m'est expressément défendu par les lois de police, de commettre des imprudences qui laissent craindre les accidens du feu chez moi-même, parce que j'exposerais mes voisins à des dangers trop certains.

§ VI.

Des étables.

Sous la dénomination d'étables, on entend ordinairement les lieux où sont renfermés des animaux, dont le fumier n'est retiré que quand il se profondeur. Quand l'étable n'est pas pavée à chaux et ciment, la fondation du contre-mur doit être plus basse ; prudemment il faut lui donner trois pieds de profondeur.

Desgodets pensait que le contre-mur ne devait pas être incorporé, afin qu'il fût plus facile de le réparer sans endommager le mur. Mais, suivant Goupy, son annotateur, l'expérience a démontré que le mur est plus sûrement garanti, quand le contre-mur lui est incorporé ; en sorte qu'on ne manque plus de lier le contre-mur avec le mur mitoyen.

§ VII.

Des magasins de sel, et des amas de matières corrosives.

Le principe qui ne permet pas à celui qui jouit d'un mur mitoyen, d'en user de manière à en accélérer la destruction, s'étend, non seulement à tous les cas dont il a été parlé dans les paragraphes précédens, mais encore à ceux où on place près de ce mur des amas de sel ou de matières corrosives. Le Code Napoléon, *art.* 674, dit expressément qu'on prendra, pour les cas dont il s'agit, les précautions ordonnées par les coutumes ou par les réglemens locaux.

Le moyen le plus certain de garantir un mur mitoyen des atteintes de matières capables de l'altérer, est de le couvrir par un contre-mur qui, suivant les différentes circonstances, doit avoir des dimensions plus ou moins fortes en longueur, épaisseur et hauteur. Si les lois du pays sont muettes sur le genre d'établissement qu'on se propose de faire, des experts nommés à l'amiable ou juridiquement, indiquent la manière de construire un contre-mur convenable à la circonstance.

Si on fait un magasin de sel, ou de morues salées, ou de toute autres espèces de salines, tous les architectes veulent que le contre-mur, fait en bons matériaux, ait un pied d'épaisseur avec la même longueur et la même hauteur que le mur mitoyen, et avec une fondation de trois pieds de profondeur.

Quand on entasse du fumier près d'un mur mitoyen, comme il arles précautions, le mur mitoyen vient à être endommagé par les fumiers de l'étable. Ainsi, sans s'arrêter absolument à ce qui est ordonné par les réglemens de chaque pays, on doit regarder comme principe incontestable, que le contre-mur a besoin d'être construit de manière qu'il garantisse parfaitement le mur mitoyen; en conséquence, voici quelques avis qui pourront être utiles.

D'abord, le contre-mur doit régner dans toute la longueur de l'étable, avec l'épaisseur et la hauteur prescrite par la coutume ou l'usages du pays. A Paris, l'épaisseur doit être de huit pouces; ce qui suffit lorsqu'on emploie de bons moëllons, et un bon mortier. Quant à la hauteur, la Coutume de Paris veut que le contre-mur monte jusqu'à la mangeoire, parce qu'on est dans l'usage de relever les fumiers sous la mangeoire. Dans les pays où, ni la loi locale, ni un usage constant ne s'expliquent pas sur ce point, on peut raisonnablement se conformer à cette disposition; car, on ne voit pas l'utilité d'un contre-mur qui aurait une plus grande élévation.

Si le mur mitoyen est précisément celui auquel ne sont pas attachées les mangeoires, faudra-t-il qu'il soit garanti par un contre-mur? L'affirmative n'est pas douteuse, parce que le côté où sont placées les mangeoires, n'est pas le seul exposé aux fumiers dont les eaux s'écoulent, même plus abondamment vers les autres côtés. Lors donc qu'une étable est fermée, soit au fond, soit à droite, soit à gauche par un mur mitoyen, il faut le garnir intérieurement d'un contre-mur, sans distinguer si la mangeoire y est appuyée ou non; et si, à chacun des trois côtés de l'étable, il se trouvait un mur mitoyen, le contre-mur à hauteur de mangeoire régnerait au pourtour de ces trois murs, quand même les mangeoires ne seraient appuyées à aucun d'eux.

Pour que la précaution du contre-mur soit utile, il faut, outre l'épaisseur et la hauteur convenables, une fondation assez basse, pour empêcher les eaux de l'étable de pénétrer jusqu'aux fondemens du mur mitoyen. A cet effet, on distingue si l'étable est ou non pavée à chaux et à ciment. Comme cette manière de paver est très-solide, les architectes pensent que le contre-mur est suffisamment fondé à un pied de profondeur. Quand l'étable n'est pas pavée à chaux et ciment, la fondation du contre-mur doit être plus basse ; prudemment il faut lui donner trois pieds de profondeur.

Desgodets pensait que le contre-mur ne devait pas être incorporé, afin qu'il fût plus facile de le réparer sans endommager le mur. Mais, suivant Goupy, son annotateur, l'expérience a démontré que le mur est plus sûrement garanti, quand le contre-mur lui est incorporé ; en sorte qu'on ne manque plus de lier le contre-mur avec le mur mitoyen.

§ VII.

Des magasins de sel, et des amas de matières corrosives.

Le principe qui ne permet pas à celui qui jouit d'un mur mitoyen, d'en user de manière à en accélérer la destruction, s'étend, non seulement à tous les cas dont il a été parlé dans les paragraphes précédens, mais encore à ceux où on place près de ce mur des amas de sel ou de matières corrosives. Le Code Napoléon, *art.* 674, dit expressément qu'on prendra, pour les cas dont il s'agit, les précautions ordonnées par les coutumes ou par les réglemens locaux.

Le moyen le plus certain de garantir un mur mitoyen des atteintes de matières capables de l'altérer, est de le couvrir par un contre-mur qui, suivant les différentes circonstances, doit avoir des dimensions plus ou moins fortes en longueur, épaisseur et hauteur. Si les lois du pays sont muettes sur le genre d'établissement qu'on se propose de faire, des experts nommés à l'amiable ou juridiquement, indiquent la manière de construire un contre-mur convenable à la circonstance.

Si on fait un magasin de sel, ou de morues salées, ou de toute autres espèces de salines, tous les architectes veulent que le contre-mur, fait en bons matériaux, ait un pied d'épaisseur avec la même longueur et la même hauteur que le mur mitoyen, et avec une fondation de trois pieds de profondeur.

Quand on entasse du fumier près d'un mur mitoyen, comme il arrive aux maraîchers, aux jardiniers fleuristes et pépiniéristes, on doit garantir ce mur par un contre-mur, non-seulement pour empêcher les fumiers de toucher au mur, mais encore pour que ses fondations n'en soient pas altérées. En conséquence, il faut que le contre-mur soit assez épais, assez élevé, et d'une construction assez bonne, pour que les eaux du fumier ne pénètrent pas jusqu'au mur. Par la même raison, ce contre-mur doit être fondé assez bas, pour que les fondemens du mur ne soient pas attaqués.

Desgodets pense qu'un pareil contre-mur doit avoir au moins huit pouces d'épaisseur, s'étendre en longueur et hauteur autant que la masse du fumier, et être fondé au moins à deux pieds de profondeur. Cet architecte cite un arrêt rendu le 26 août 1650, en la seconde chambre des enquêtes du Parlement de Paris, et par lequel Jean de Calogne a été condamné à réparer un mur, contre lequel il avait déposé du fumier sans un contre-mur intermédiaire.

De pareilles précautions doivent être prises par ceux qui, par leur état, emmagasinent, ou font des amas de différentes matières corrosives, comme des salpêtres, des débris d'animaux pour les manufactures de sel ammoniac, et autres semblables. Pour connaître les proportions des contre-murs dans les différens cas où ils sont nécessaires, il faut, si les parties ne sont pas d'accord, s'en rapporter à des experts qui sont alors nommés ou à l'amiable ou en justice.

C'est ici le lieu d'avertir que pour faire passer de l'eau par un aqueduc, le long d'un mur mitoyen, il faut faire un contre-mur d'une épaisseur suffisante, pour que l'eau ne puisse pas pénétrer jusqu'au mur. En cas de difficultés sur les dimensions de ce contre-mur, on a recours à des experts qui prennent en considération, la qualité des matériaux, la nature des eaux, leur abondance et leur rapidité.

A l'égard des eaux qui coulent sur la superficie du terrain, on ne doit pas leur donner passage près du mur mitoyen, sans avoir garanti ce mur par un revers de pavé bien cimenté. Par ce moyen, les eaux ne touchent point au mur, et ne peuvent pas pénétrer jusqu'à ses fondations. Une précaution plus certaine est de faire couler les eaux dans une gargouille, c'est-à-dire, par un canal creusé dans la pierre.

Quand on adosse à un mur mitoyen une pierre à laver, elle doit avoir des rebords, au moins du côté du mur, pour qu'il ne soit pas dégradé par les eaux qui le toucheraient sans cette précaution.

Puisqu'on parle des différentes manières de garantir de toutes sortes d'atteintes les murs mitoyens, on doit dire que dans les passages propres aux voitures, il faut placer des bornes pour empêcher les dégradations que pourraient occasionner les roues. Dans les passages peu larges, où les bornes prendraient trop de places, on garantit les murs en y appliquant des bandes de fer d'une largeur suffisante, et placées à la hauteur où les essieux peuvent toucher les murs. Si ces passages sont communs, les précautions dont il s'agit sont payées en proportion de la propriété de chaque voisin; mais, si le passage est à l'usage d'un seul, il doit seul supporter la dépense nécessaire, pour garantir les murs mitoyens des dégradations que les voitures pourraient faire de son côté.

Il faut aussi mettre des barrières, ou de charpente, ou de pierres, dans le fond des remises, qui sont appuyées contre un mur mitoyen, afin d'empêcher les dégradations que pourrait occasionner le reculement des voitures.

Selon l'*art.* 192 de la Coutume de Paris, celui qui, ayant place vide près d'un mur mitoyen, voulait faire labourer cette place, était tenu d'y construire un contre-mur. Les commentateurs disent que ce contre-mur ne se pratique pas; on se contente de laisser un petit sentier entre le mur et la terre labourée. C'est sans doute par cette raison, que le Code Napoléon ne parle pas de contre-mur pour le cas dont il s'agit. En conséquence, nous ne pensons pas que ce contre-mur soit maintenant d'obligation, soit à Paris, soit dans les coutumes semblables. Pour ce cas, ainsi que pour ceux non prévus, il suffit du principe général, d'après lequel un propriétaire qui fait faire un ouvrage quelconque, est responsable du dommage qu'il occasionne à son voisin. Nous verrons dans la seconde partie, chapitre II, avec quelle restriction ce principe reçoit son application.

Observez aussi que, malgré les précautions dont on vient de parler, si les murs mitoyens viennent à se détériorer, le propriétaire de l'objet qui a occasionné la dégradation, n'en est pas moins tenu de la réparer; car, ou bien ce qui devoit prévenir l'accident n'a pas été régulièrement fait, ou bien quelque solide que fût l'ouvrage de précaution, il était insuffisant; dans l'un et l'autre cas, le voisin, qui est étranger à la cause de détérioration, n'en doit pas souffrir.

§ VIII.

Des voûtes de caves.

On ne trouve pas dans le Code Napoléon de dispositions qui obligent à faire un contre-mur pour soutenir la voûte d'une cave ou de toute autre construction adossée à un mur mitoyen. Cependant, Desgodets assure qu'encore bien que la coutume de Paris n'ait rien prescrit pour le cas dont il s'agit, l'usage est de prévenir la poussée qu'opère une voûte, dont la naissance touche au mur mitoyen. Pour cela, on fait un contre-mur qui soutient l'effort de la voûte, et empêche le mur de boucler ou de déverser; ce qui arriverait par l'effet de la pression de la voûte, sans cette précaution.

Partout où le même usage se trouve établi, il n'est pas douteux qu'on doive s'y conformer, aussi bien que dans les pays dont la loi locale s'explique à cet égard. En conséquence, un propriétaire peut être forcé par son voisin, en pareille circonstance, à faire un contre-mur dans les dimensions usitées dans le pays. Mais, dans les endroits où ni les réglemens particuliers, ni un usage constant ne tient lieu de loi, a-t-on le droit d'empêcher le voisin d'appuyer la voûte de sa cave sur le mur mitoyen? Ici l'*art.* 662 du Code Napoléon reçoit son application; il ne permet pas de faire une construction sur le mur commun, sans le consentement du voisin; et quand ce dernier refuse, on fait décider par experts si la construction peut être faite sans nuire à son droit. Lorsqu'il s'agit, par exemple, d'une petite voûte en plein ceintre, appuyée sur un mur mitoyen d'une épaisseur et d'une solidité extraordinaire, il serait possible que les experts fussent d'avis de laisser appuyer la voûte sur le mur, ne se trouvant, comme dans l'hypothèse, gêné dans leur détermination par aucune loi, ni aucun usage contraire.

Ce cas possible dont on vient de parler, est rare, et il est à présumer que le plus souvent les experts ne laisseront pas une voûte porter contre un mur mitoyen. On sait que le poids d'une pareille construction agit latéralement; par conséquent le mur serait en danger de déverser du côté du voisin, si on ne prévenait pas l'accident.

Au reste, soit qu'on ait pris la précaution d'un contre-mur, soit qu'on l'ait négligée, si le mur mitoyen se trouve détérioré par l'effort de la voûte, celui à qui elle appartient est responsable du tort arrivé par son fait à la chose commune. Cette réflexion fait sentir que la prudence doit servir de loi, à ceux qui construisent des voûtes près d'un mur mitoyen; ainsi, les conseils des architectes qui leur recommandent de faire des contre-murs, méritent quelqu'attention.

Il est clair que le contre-mur doit régner, dans toute la longueur de la portion du mur mitoyen qu'il s'agit de protéger. Quant à la hauteur, elle est déterminée par la nature de la voûte; la règle est que sa courbe prenne naissance sur le contre-mur. A l'égard de l'épaisseur du contre-mur on peut dire la même chose; car, il doit être assez fort pour soutenir la poussée de la voûte : on sait qu'un plein ceintre pousse latéralement beaucoup moins qu'une voûte surbaissée; et plus le surbaissement est grand, plus la poussée latérale est considérable. Desgodets conseille de donner un pied d'épaisseur au contre-mur pour les berceaux de caves, tels qu'on les fait ordinairement; c'est donc au-delà d'un pied qu'il faut tenir l'épaisseur du contre-mur, quand il s'agit d'une voûte, soit d'un plus grand diamètre, soit d'un ceintre plus surbaissé; en un mot, l'augmentation d'épaisseur est proportionnée aux dimensions de la voûte.

Autrefois on avait soin de ne pas incorporer le contre-mur au mur mitoyen; mais, l'expérience ayant prouvé que le contre-mur est plus solide lorsqu'il est lié au mur, on pratique toujours l'incorporation, lorsque le mur et le contre-mur sont construits en même tems. Quand le contre-mur est fait postérieurement au mur mitoyen, on ne peut incorporer, sans le consentement du voisin, ou à son refus sans l'autorisation de la justice, conformément à l'*art.* 662 du Code Napoléon.

Les voûtes dont on a parlé jusqu'à présent, sont celles qui forment un simple berceau, de manière que le ceintre ne se porte que vers la droite et vers la gauche; les deux bouts sont fermés alors par des murs qui font l'office de pignons. Mais, il y a des voûtes qui sont ceintrées des quatre côtés. La réunion des parties ceintrées forme aux quatre angles, quatre arrêtes qui sont saillantes; elles se croisent et se rencontrent dans le haut en un centre commun. Chacune de ces quatre parties ceintrées se nomme lunette; en sorte que l'ensemble de cette construction est appelé voûte d'arrêtes en lunettes.

Quand une voûte de cette dernière espèce se rencontre près d'un mur mitoyen, on n'a pas besoin de faire un contre-mur; mais on construit le long du mur, deux dosserets; c'est-à-dire, deux espèces de pilastres en saillie construits en pierre. On donne à ces dosserets une épaisseur et une largeur suffisantes, pour porter les pieds des deux arrêtes qui se courbent du côté du mur mitoyen. Si les quatre parties ceintrées de la voûte avoisinaient plusieurs murs mitoyens, on ferait porter les quatre pieds de cette voûte sur quatre dosserets d'une force proportionnée.

Si une voûte en simple berceau, est fermée à l'une de ses extrémités par un mur mitoyen, il n'est pas besoin de contre-mur; car la voûte ne porte en aucune manière sur ce mur qui lui sert de pignon.

Un mur mitoyen qui soutiendroit d'un côté la voûte de ma cave, et de l'autre la voûte de la cave voisine, n'aurait pas besoin d'être garanti par des contre-murs: la force de la voûte placée à droite, soutiendrait celle de la voûte placée à gauche; en sorte qu'il n'y aurait pas à craindre que le mur déversât d'un côté ou de l'autre. Cette égalité de force n'aurait pas lieu, si les deux voûtes n'étaient pas vis-à-vis l'une de l'autre; l'équilibre n'existant plus, il faudrait de part et d'autre un contre-mur, pour que le mur de séparation ne fût pas dans le cas de déverser, soit d'un côté, soit même des deux côtés à la fois.

Est-il besoin d'un contre-mur pour soutenir la voûte d'une cave, lorsque du côté du voisin il n'y a que la masse des terres? Desgodets pense qu'un contre-mur est nécessaire pour soutenir la poussée des terres. Son annotateur assure qu'il n'est pas d'usage de faire un contre-mur en pareil cas; il dit que le mur qui porte la voûte, joint à la voûte elle-même, suffit pour retenir les terres, sauf dans des cas extraordinaires, comme lorsque la terre pleine est d'une très-grande hauteur.

Nous ajouterons que la prudence doit diriger dans de semblables circonstances; quand on s'y trouve, il ne faut pas oublier que celui qui construit, est tenu des dommages que ses travaux occasionnent aux bâtimens voisins, et qu'il pouvait prévoir. En conséquence, soit qu'il ait été fait un contre-mur, soit qu'on ne l'ait pas jugé nécessaire, il est certain que si la poussée des terres était plus forte que l'obstacle qui lui aurait été opposé, le propriétaire de la cave serait responsable du préjudice qu'aurait causé au voisin l'éboulement des terres; car alors, celui qui construit la cave, doit se reprocher, ou d'avoir négligé les précautions indiquées par les circonstances, ou d'en avoir pris d'insuffisantes.

§ IX.

Des contre-murs entre deux héritages qui ne sont pas de même niveau.

On a vu dans le paragraphe précédent ce qui concerne les contre-murs qui soutiennent les terres du voisin, quand on creuse une cave près de son héritage. Mais, s'il s'agissait de construire un mur mitoyen entre deux héritages, dont l'un aurait son sol plus élevé que le sol de l'autre, faudrait-il un contre-mur? aux frais de qui devrait-il être construit?

Il n'est pas douteux qu'un contre-mur soit nécessaire dans le cas proproposé, parce que les terres étant plus élevées d'un côté que de l'autre, le mur souffrirait beaucoup de cette inégalité, et finirait par déverser du côté de l'héritage inférieur.

A l'égard de la question de savoir aux dépens de qui doit être fait le contre-mur, il est facile de décider que si l'inégalité du terrain ne vient pas du fait de l'un des deux propriétaires, c'est à la situation naturelle des héritages que doit être attribué l'inconvénient. En conséquence, celui à qui appartiennent les terres élevées, doit les empêcher de faire tort aux voisins; le propriétaire de l'héritage supérieur est donc tenu seul de faire le contre-mur de son côté, pour garantir le mur mitoyen.

Dans le cas où l'inégalité du sol provient d'un ouvrage commandé par l'un des propriétaires, celui-ci paie la dépense du contre-mur. C'est pour cette raison que, quand on fait une cave à côté d'un mur qui ne descend pas plus bas que le rez-de-chaussée, celui qui l'a construit doit garantir ce mur, par une maçonnerie capable de soutenir en même tems la poussée des terres.

Pareillement, si deux héritages, ayant leur sol au même niveau, sont rendus inégaux par des terres jectices, c'est-à-dire, qui ont été rapportées pour élever l'un des deux sols, le contre-mur est fait aux dépens du propriétaire de l'héritage devenu supérieur. Cette décision a lieu, soit que le mur de séparation appartienne exclusivement au voisin, soit qu'on le construise en commun. Dans l'un ou l'autre cas, les terres du sol élevé ne doivent pas porter préjudice au propriétaire du sol inférieur.

Un contre-mur est-il nécessaire, lorsque le mur de séparation n'appartient qu'au maître de l'héritage qui a élevé son terrain? La réponse est qu'il doit empêcher les terres qu'il a rapportées, de se jeter chez le voisin : il doit donc les retenir par une force suffisante; ce qui n'est guère praticable qu'en fortifiant son mur par un contre-mur. Sans cette utile précaution, il s'expose volontairement aux dommages-intérêts résultant de son imprudence. D'ailleurs, le mur qui touche l'héritage voisin sans moyens, peut d'un jour à l'autre, devenir mitoyen; et une fois la mitoyenneté acquise, on peut le forcer à construire un contre-mur. De là il suit, qu'il est de l'intérêt du propriétaire des terres jectices, de les retenir par des moyens efficaces.

Supposons le contraire du cas précédent. Un des héritages a été rendu plus bas que l'autre, par l'enlèvement d'une quantité de terre; dès-lors, le terrain resté supérieur peut s'ébouler; ce qui l'endommagerait, et ferait tort également à l'héritage inférieur. On demande sur qui retomberaient les pertes du dédommagement.

Il est évident que le propriétaire qui a baissé son sol, est cause de l'évènement; c'était à lui à le prévenir. Ayant négligé toute précaution, il est responsable des accidens occasionnés par son manque de prévoyance. Il doit donc construire une maçonnerie pour retenir les terres devenues supérieures par son fait; et si en pareil cas, on construisait un mur de séparation, il faudrait nécessairement le garantir par un contre-mur, tout entier à la charge du propriétaire du terrain rendu inférieur. Il serait contraint à cette dépense, sans distinguer si la séparation est mitoyenne, ou si elle n'appartient qu'à lui seul, ou bien si elle est la propriété exclusive du voisin.

On conçoit bien que l'épaisseur du contre-mur, dans tous les cas où il est nécessaire, doit être prise sur le seul terrain de celui qui est tenu de l'établir. Cette construction doit régner, en longueur et en hauteur, dans toute l'étendue des terres supérieures qu'elle est destinée à retenir. Les architectes disent qu'on ne peut pas donner de règle certaine, pour fixer l'épaisseur d'un pareil contre-mur; elle dépend de la hauteur de ces terres, de leur nature, et du tems qui s'est écoulé depuis qu'elles ont été apportées. En supposant que les terres ne soient ni trop légères, ni trop fortes, et qu'elles aient déjà pris leur affaissement, on détermine l'épaisseur en raison de la hauteur.

Desgodets ne donne que six pouces d'épaisseur au contre-mur, quand les terres supérieures ne sont élevées que d'un pied. Si la hauteur est plus considérable, jusqu'à trois pieds, l'épaisseur doit être de douze pouces. On augmente ensuite l'épaisseur, en partant du bas, à raison de deux pouces par chaque pied qui excède en hauteur les trois premiers pieds, en observant de réduire insensiblement l'épaisseur à n'avoir que douze pouces dans la partie qui est au niveau des terres supérieures. Ainsi, ces terres sont-elles élevées de trois pieds, le contre-mur est d'un pied d'épaisseur dans toute sa hauteur. Si les terres ont six pieds de haut, le contre-mur aura dix-huit pouces d'épaisseur depuis le bas jusqu'à trois pieds; son épaisseur diminuera ensuite insensiblement, de manière à n'avoir que douze pouces dans sa plus haute élévation. Par le même calcul, si le contre-mur avait neuf pieds de haut, son épaisseur, pour le tiers de son élévation, serait de deux pieds, savoir : douze pouces pour l'épaisseur nécessaire à une hauteur de trois pieds, et de plus, deux pouces d'épaisseur pour chacun des six pieds qui excèdent cette première hauteur; ce qui fait une épaisseur totale de deux pieds, pour le premier tiers.

Le second tiers au-dessus aurait une épaisseur de dix-huit pouces, savoir : douze pouces pour l'épaisseur nécessaire à sa hauteur qui est de trois pieds, et ensuite six autres pouces, formant une augmentation d'épaisseur, à raison de deux pouces pour chacun des trois pieds qui excèdent en hauteur ce second tiers.

Enfin, le tiers le plus élevé n'aurait que douze pouces d'épaisseur, parce qu'il ne supporte aucune portion de plus en hauteur, et que douze pouces sont l'épaisseur suffisante pour un contre-mur qui n'a que trois pieds de haut.

Cet exemple suffit pour faire connaître comment il faut calculer, pour donner à un contre-mur qui soutient des terres, l'épaisseur convenable en raison de sa hauteur.

Que faudrait-il faire si le sol de l'un des héritages avait été baissé, tandis que le sol de l'autre aurait été élevé par des terres rapportées?

Pour la conservation du mur de séparation, qu'il soit mitoyen ou non, le propriétaire qui a baissé son terrain, doit de son côté un contre-mur, mais seulement jusqu'à la hauteur du niveau naturel. Pareillement, l'autre doit aussi de son côté un contre-mur, pour soutenir les terres qui excèdent le même niveau naturel. Mais, au lieu de faire deux contre-murs, dont l'un sur l'héritage le plus bas, et l'autre sur l'héritage le plus élevé, il est plus conforme aux règles de l'art, et d'un effet plus solide, de faire ces deux contre-murs l'un sur l'autre du même côté, ou, pour mieux dire, de ne faire qu'un seul contre-mur d'une hauteur convenable. Il est alors plus efficace que le contre-mur soit placé sur l'héritage où se trouve le terrain le plus élevé, sauf à creuser les fondations suffisamment; par ce moyen, il sert tout entier d'intermédiaire entre le mur de séparation et la totalité des terres qu'il soutient. Cet arrangement, qui se fait entre les deux voisins, ne peut guère avoir lieu que quand l'abaissement d'un côté s'opère en même tems que l'élévation de l'autre côté; car, si un propriétaire élève son terrain, tandis que l'héritage contigu reste au niveau naturel, il est tenu de faire de son côté un contre-mur. Quelques années après, si le voisin s'avise d'abaisser son terrain, il doit faire également de son côté un autre contre-mur; et alors le mur de séparation est garanti par deux contre-murs, l'un à droite, et l'autre à gauche, l'un supérieur, et l'autre inférieur.

Lorsque les deux voisins se sont arrangés pour que l'ouvrage de précaution soit fait du côté du terrain le plus élevé, sa fondation, plus basse que le niveau de l'héritage inférieur, doit être d'une profondeur relative à la hauteur, qu'il faut porter jusqu'au niveau de l'héritage supérieur. Un pareil contre-mur appartient indivisément aux deux propriétaires, savoir : à l'un, en raison de l'abaissement qu'il a opéré, et à l'autre, en raison de l'élévation qu'il a faite. C'est donc dans cette proportion, qu'ils doivent contribuer à la construction et à l'entretien du contre-mur.

Ainsi, en supposant que l'un des héritages ait été baissé de trois pieds, par exemple, et que l'autre ait été élevé pareillement de trois pieds; le contre-mur devra avoir dix-huit pouces d'épaisseur jusqu'à la moitié de sa hauteur, et douze pouces pour l'épaisseur de sa moitié supérieure; ce calcul a été démontré plus haut, d'après l'avis de Desgodets. En pareille circonstance, le propriétaire du terrain bas paiera seulement ce qu'il en aurait coûté, pour ne faire qu'un contre-mur de trois pieds de haut, lequel n'aurait eu que douze pouces d'épaisseur. Le surplus de la dépense doit être supporté par l'autre propriétaire, puisqu'il est cause de ce que le contre-mur est d'une hauteur et d'une épaisseur plus considérables.

On demande si le propriétaire supérieur doit payer une indemnité, pour la charge de sa portion du contre-mur sur la portion inférieure qui appartient au voisin. Le contre-mur étant sur le terrain de ce dernier, on ne doute pas qu'il ne fût dû une indemnité pour cette charge, comme dans le cas de toute espèce d'exhaussement. Mais, par l'hypothèse, c'est sur le terrain supérieur qu'est placé le contre-mur; or, d'après l'arrangement qu'on propose, le propriétaire inférieur ne paie rien pour sa portion du terrain qu'occupent les fondations du contre-mur; par une compensation qui paraît juste, le propriétaire du terrain bas ne doit rien recevoir, pour l'indemniser du poids dont la portion élevée du contre-mur charge la portion inférieure.

ARTICLE III.

Des vues sur les propriétés voisines.

Il est question ici de faire connaître, quand et comment un propriétaire peut se procurer des vues du côté de l'héritage voisin. Pour traiter cette matière avec méthode, il faut la considérer suivant diverses circonstances : 1°. se présente le cas où on perce un mur mitoyen, c'est ce qu'on appelle des vues de souffrance; 2°. quand le mur n'est pas mitoyen, et qu'il touche sans moyen l'héritage voisin, on ne peut avoir que des vues légales; avant le Code, elles se nommaient vues de coutumes : 3°. cette dernière espèce de vue doit être placée et construite selon que la loi le prescrit; 4°. si, entre le mur et l'héritage voisin, il y a une certaine distance, on peut se procurer sur le voisin, ce qu'on appelle une vue droite; 5°. enfin, d'après la position du mur, par rapport à l'héritage voisin, les vues qu'on peut prendre de son côté, se nomment obliques. Ces différens objets vont être expliqués dans les cinq paragraphes suivans.

§ Ier.

Des vues de souffrance.

Suivant l'*art.* 660 du Code Napoléon, on ne peut faire aucun percement, ni aucun enfoncement dans un mur mitoyen, sans le consentement du voisin. A son refus, des experts règlent le moyen d'exécuter l'ouvrage projeté, sans nuire aux droits du voisin. Cette disposition a été expliquée plus haut, en parlant de la manière de jouir d'un mur mitoyen; nous avons remarqué que la faculté d'ouvrir des jours à travers le mur possédé en commun, était nécessairement comprise dans cette défense.

Lorsque le voisin refuse sans motifs, de consentir qu'il soit fait aucune ouverture au mur, peut-on avoir recours à des experts, pour indiquer comment obtenir le jour desiré, sans nuire aux droits de ce voisin? Non; en pareil cas, s'il était nommé des experts, ce serait seulement pour vérifier si le mur est ou non mitoyen. S'il appartenait exclusivement à celui qui veut ouvrir un jour, les experts décideraient si le jour peut être droit ou oblique, et de quelle manière il faudrait l'établir pour ne pas nuire aux droits d'autrui. Lorsque la mitoyenneté du mur est reconnue, les experts n'ont plus d'avis à proposer sur la construction de l'ouverture, parce qu'elle ne peut avoir lieu sans le consentement du voisin, qui n'est pas obligé de le donner. Cette décision est textuellement écrite dans le Code Napoléon, *art.* 675; il ne permet pas même une fenêtre à verre dormant dans un mur mitoyen, sans le consentement de tous ceux qui en ont la jouissance en commun. Plusieurs coutumes, et notamment celles de Paris, *art.* 199, avait décidé de la même manière.

Ainsi, lorsque le Code, *art.* 662, dit qu'en cas de refus du voisin, on fait régler par experts le mode à suivre pour que l'objet projeté soit construit sans nuire aux droits de ce voisin; cela s'entend des seules constructions que celui-ci n'a pas droit d'empêcher, et auxquelles il se refuse, dans la crainte qu'on ne les exécute pas avec les précautions convenables. Par exemple, je veux placer des poutres sur un mur mitoyen, et vous me refusez votre consentement. J'ai recours à des experts qui seront nommés ou l'amiable, ou judiciairement; car, vous ne pouvez pas m'interdire de faire porter mes bois sur le mur commun; cette faculté est comprise dans la jouissance que la loi accorde à tout copropriétaire d'un mur mitoyen : *Code Napoléon*, *art.* 657. Votre opposition, dans ce cas, ne peut donc avoir d'autre but, que de faire régler la manière dont je construirai, pour que vous n'en receviez aucun préjudice.

Mais, je veux faire percer des jours dans le mur mitoyen, et vous ne le permettez pas; inutilement je demanderais des experts, parce qu'il vous est libre de consentir à cette sorte de percement, ou de vous y opposer, d'après le même Code, *art.* 675.

De là, il résulte que les vues qui se trouvent pratiquées dans des murs mitoyens, sont établies ou par suite de la complaisance du voisin, ou en exécution d'un titre. S'il y a titre pour ouvrir un jour dans des murs mitoyens, c'est une servitude volontairement consentie dont le voisin ne peut point empêcher l'exercice. On parlera au chapitre suivant de ces sortes de servitudes, créées par la volonté des parties; bornons-nous ici à expliquer le cas où le copropriétaire du mur mitoyen veut bien, par complaisance, et sans y être obligé par un titre, permettre à son voisin d'ouvrir un jour dans le mur possédé en commun. Une pareille ouverture est ce qu'on nomme *jour de souffrance*, parce qu'elle n'est que tolérée par l'un des propriétaires, qui pourrait s'opposer à l'ouverture, et qui, après avoir souffert qu'elle fût faite, a droit de la faire boucher s'il lui plaît.

Cette tolérance est écrite ou tacite; elle est écrite lorsque le consentement du voisin a été constaté par un acte qui atteste sa complaisance, et, par conséquent, qui lui réserve la faculté de faire boucher les vues, même quand cette clause aurait été omise. En pareil cas, il n'est jamais possible que celui qui jouit des vues, puisse les acquérir par prescription, parce que l'on ne prescrit point contre un titre. Le laps de tems nécessaire pour la prescription, donne simplement lieu de présumer que la servitude a été convenue entre les parties; mais, quand est produit l'acte qui atteste l'origine de la vue établie, toute présomption de servitude est détruite, par la preuve contraire résultant de l'acte de tolérance.

Dans les coutumes qui n'admettaient aucune servitudes sans titre, comme dans la coutume de Paris, toute ouverture dans un mur mitoyen, quelqu'ancienne qu'elle fût, était toujours regardée comme un jour de souffrance, tant qu'on ne rapportait pas un titre capable de lui donner le caractère de servitude. C'était donc sans inconvénient qu'on laissait pratiquer par le voisin une fenêtre dans le mur mitoyen, puisqu'on pouvait en tout tems, exiger la fermeture de ce percement, de quelque nature qu'il fût.

Il en était autrement dans les coutumes où les servitudes s'acquéraient par la prescription; on ne pouvait plus forcer le voisin à boucher les jours qu'il s'était ouverts, par tolérance, dans le mur mitoyen, dès qu'il en avait jouit sans interruption, pendant le tems nécessaire à la prescription. Aussi, ne voyait-on guère de jours de souffrance dans ces sortes de coutumes, à moins qu'il n'en eût été dressé un acte dans lequel celui qui donnait son consentement au percement du mur mitoyen, se réservait de faire boucher les ouvertures; faculté qu'il pouvait exercer, même après l'expiration du tems nécessaire à la prescription, quand cet acte était produit.

Aujourd'hui, ce qui avait lieu dans ces dernières coutumes, est général à toute la France; car, dans son *art.* 690, le Code Napoléon permet d'acquérir par la prescription de trente ans les servitudes continues et apparentes, telles que sont toutes les vues prises dans un mur mitoyen. Nous expliquerons cet article dans le chapitre suivant, en parlant des servitudes volontaires; nous ne citons ici cette disposition, que pour faire sentir combien il est imprudent de laisser ouvrir des jours de souffrance sans constater par écrit, la complaisance qu'on veut bien avoir pour le voisin, afin qu'il ne puisse jamais se prévaloir d'une jouissance paisible pendant trente ans. Quand on n'a pas eu la précaution de faire un acte, pour attester, à toujours, la complaisance dont on a bien voulu gratifier le voisin, il faut avoir l'attention de ne pas laisser écouler trente ans, sans exiger, ou que les vues de souffrance soient bouchées, ou que le voisin ait souscrit la soumission de les boucher quand il en sera requis.

Ordinairement, quand on consent pour un tems à un jour de souffrance, on stipule les dimensions qui lui seront données, la manière dont il sera construit, et la place qu'il occupera dans le mur mitoyen. On peut, dans cet acte, insérer telles conditions que l'on veut, et même mettre un prix au consentement que l'on donne; un pareil marché doit être exécuté. Ce n'est pas une servitude àperpétuité; elle n'est pas établie sur un fonds pour l'utilité d'un autre fonds; c'est une obligation purement personnelle, contractée entre les deux propriétaires. Cette différence est nécessaire à remarquer, afin que l'on ne s'avise pas d'appliquer à une convention de cette nature, les principes consacrés aux servitudes seulement.

Quand la vue de souffrance est tolérée tacitement, on n'examine pas quelles en sont les dimensions ni le genre de construction; car, le voisin est libre de la faire boucher quand il veut. On ne peut lui objecter ni la petitesse de l'ouverture, ni l'impossibilité où elle est de nuire. Le voisin, à cause de la mitoyenneté, peut s'opposer à toute espèce de vues prises à travers le mur commun, sans être obligé de déduire aucun motif de son refus.

Ce droit, acccordé par l'*art.* 675 du Code Napoléon, comme l'avaient fait plusieurs coutumes, est fondé sur ce que chaque voisin, est co-propriétaire du mur mitoyen, il ne peut donc y être rien innové sans un consentement mutuel.

Ce principe qui est vrai, soit qu'on veuille poser des poutres sur le mur, soit qu'on ait dessein d'y ouvrir des vues, n'a pas, dans le premier cas, les mêmes conséquences que dans le second. En effet, si l'un des propriétaires s'opposait à ce que le mur fût percé pour des poutres, on aurait recours à la justice, qui, sur un rapport d'experts, indiquerait les moyens de faire le travail convenablement. Il n'en serait pas de même s'il s'agissait de pratiquer un jour; l'un des propriétaires pourrait s'y refuser sans qu'il fût possible de le forcer à donner son consentement; c'est ce qu'on a démontré au commencent de ce paragraphe.

Cette différence vient de ce que le placement des bois sur un mur, ne lui cause aucune détérioration notable, et ne peut pas gêner la jouissance du voisin. Au contraire, le percement d'une fenêtre altère nécessairement la solidité du mur, et cause au voisin une importunité perpétuelle. De là, il résulte qu'on ne peut pas refuser son consentement au placement des poutres et solives; on n'a que le droit accordé par l'*art.* 662, de faire régler le mode du travail. A l'égard de l'ouverture d'une vue, le voisin peut s'y opposer d'une manière absolue, en vertu de l'*art.* 675, et sans rendre compte des motifs qui déterminent son refus. On sentira facilement combien la loi est raisonnable sur ce point, en considérant que l'on ne peut pas permettre à l'un des propriétaires du mur mitoyen, d'ouvrir des vues, sans accorder la même faculté à l'autre. Or, outre l'importunité réciproque qui résulterait d'une pareille législation, que deviendrait le mur, si chacun des propriétaires le perçait à volonté pour en tirer du jour? Sa destruction ne tarderait pas à arriver. Il était donc juste d'interdire aux deux voisins, des travaux qui détérioreraient leur propriété commune, et qui leur causeraient de continuelles discussions; voilà pourquoi l'un ne peut jamais avoir de fenêtres dans le mur mitoyen, si l'autre n'y consent pas, ou si ce genre de servitude n'est pas établi volontairement par titre.

Si le mur n'était mitoyen que jusqu'à hauteur de clôture, et que l'exhaussement appartînt à un seul, les ouvertures qu'il ferait dans cette portion de mur, seraient-elles des jours de souffrance que le voisin pourrait faire boucher, ou des vues légales qu'il ne pourrait empêcher?

Pour le propriétaire de l'exhaussement, on dit qu'il peut user de la portion de mur qui lui appartient, comme il userait du mur entier s'il était sa propriété exclusive; or, dans ce cas, il pourrait ouvrir des vues légales, comme on le dira au paragraphe suivant. Desgodets, dans son commentaire sur l'*art.* 199 de la coutume de Paris, rapporte un arrêt rendu en faveur de cette opinion, le 15 février 1635, en la grande chambre du Parlement de Paris.

M. Daquin, ayant fait abattre un mur mitoyen qui séparait son jardin de celui de M. Mergeray, l'avait fait reconstruire, à ses dépens, plus haut et plus épais qu'il n'était précédemment. D'après ce qu'on a dit dans l'article Ier, ce nouveau mur était mitoyen jusqu'à la hauteur de l'ancien; le surplus n'appartenait qu'à M. Daquin, qui avait pris sur son terrain, l'excédant de l'épaisseur. Il avait pratiqué des fenêtres dans l'exhaussement de ce mur; ce qui motiva une demande de la part de M. Mergeray. Une sentence des requêtes du Palais entérina le rapport d'experts, et condamna M. Daquin à boucher les vues donnant sur la propriété de M. Mergeray. Mais cette sentence fût infirmée par l'arrêt, attendu que les vues étaient pratiquées dans l'exhaussement du mur; il est à présumer aussi que ces vues étaient construites conformément à la coutumes. Le même architecte, dans son commentaire sur l'*art.* 200 de la coutume de Paris, cite huit autres arrêts qui ont maintenu des vues légales pratiquées dans des exhaussemens faits aux dépends d'un seul propriétaire, sur un mur mitoyen.

L'annotateur de Desgodets convient de l'existence de ces arrêts; néanmoins il ne trouve pas convenable de permettre des vues dans l'exhaussement d'un mur mitoyen; d'abord, parce que ce mur, étant placé pour la moitié de son épaisseur sur l'héritage voisin, l'exhaussement, au moins quant à son assiette, participe de la mitoyenneté. En second lieu, l'*art.* 200 de la coutume de Paris n'avait autorisé les vues de coutumes, que dans le mur appartenant en entier à celui qui les voulait pratiquer; d'où on devait inférer que s'il n'était propriétaire que de l'exhaussement du mur, la faculté de percer même la partie exhaussée ne lui était pas accordée. Enfin, il pense qu'il est d'autant mieux de ne pas étendre aux exhaussemens de murs mitoyens, le droit de tirer des vues de coutumes, qu'elles sont peu utiles à ceux qui veulent s'en aider, et qu'elles sont au contraire fort nuisibles aux voisins qu'elles importunent. Le peu d'utilité résulte et des conditions gênantes que la loi exige pour établir de pareilles vues, et de l'incertitude de les conserver, puisque le voisin peut les faire boucher en acquérant la mitoyenneté de l'exhaussement. Elles nuisent beaucoup à ceux sur qui le jour est pris, parce qu'en montant sur une chaise, on peut voir ce qui se passe chez eux, et qu'elles présentent de leur côté, un aspect fort désagréable, ces sortes de vues étant percées sans aucune symétrie.

Ces raisons ne nous paraissent pas décisives. Le Code Napoléon, *art.* 676, adopte la disposition de la coutume de Paris, qui permet au maître d'un mur de séparation d'y pratiquer des jours, pourvu qu'ils soient construits de la manière prescrite par la loi, et dont on parlera dans le chapitre suivant. On ne voit pas pourquoi cette décision ne serait pas appliquée aux exhaussemens faits sur des murs, aussi bien qu'aux murs eux-mêmes; celui qui tire du jour d'un exhaussement à lui seul appartenant, est absolument dans le même cas que celui qui perce un mur dont il est seul propriétaire.

Dira-t-on que l'assiette de l'exhaussement est la même que celle du mur; et que si ce mur est mitoyen, l'exhaussement est porté, au moins médiatement, sur le terrain qui est en communauté? La réponse est que la totalité de ce terrain est nécessaire à la portion mitoyenne du mur; c'est pour cette portion qu'il a été fourni, et quand même l'exhaussement ne subsisterait pas, le terrain qui contient les fondations n'en resterait pas moins dans la mitoyenneté. C'est donc avec raison qu'on ne croit porter aucune atteinte à la mitoyenneté des fondations, en réservant l'usage exclusif de l'exhaussement à celui qui seul en a fait la dépense; au contraire, il y aurait de l'injustice à ne pas lui en laisser la jouissance, sous prétexte que le terrain qui porte le mur mitoyen appartient aux deux voisins.

Il est facile de répondre à l'objection tirée de ce que la loi ne permet de pratiquer des vues légales, autrefois appelées des vues de coutume, que quand le mur n'est pas mitoyen. Cette disposition n'ayant aucune restriction, elle s'étend naturellement à tout mur qui a été construit par un seul propriétaire, sans distinguer si ce mur pose directement sur le sol, ou sur un autre mur, en forme d'exhaussement. Ici la loi a reconnu le droit de propriété, qui s'étend au mur entier, ou se restreint à l'exhaussement, selon que le tout ou une partie apppartient à une seule personne; la loi n'a voulu que régler la manière dont le maître exclusif du mur ou de l'exhaussement peut s'en servir, pour être moins incommode aux voisins. Une limitation à l'exercice de ce droit sacré ne peut pas être admise, si elle n'est exprimée : celui qui a construit à ses dépens l'exhaussement d'un mur mitoyen, ne peut donc pas être privé de la faculté d'user à sa volonté de cette portion, qui lui appartient exclusivement; par conséquent il a droit de la percer, comme il pourrait le faire, s'il avait à lui seul la propriété du mur entier. Alors, ses ouvertures ne seront pas de simples jours de souffrances, mais des vues légales.

A l'égard du peu d'avantage qu'on retire d'une vue légale, et de la gêne qu'elle cause aux voisins, ce ne sont que des considérations qui ne peuvent pas détruire l'effet des principes. D'ailleurs, les vues pratiquées dans un mur qui n'est pas mitoyen, ont les mêmes inconvéniens; pourquoi les craindre davantage, quand il s'agit de percer un exhaussement de mur ?

§ II.

Des vues legales.

Du droit d'user de sa propriété, naît la faculté de percer un mur qu'on a fait construire à ses propres dépens. Néanmoins, lorsque ce mur qui n'est pas mitoyen touche immédiatement l'héritage d'autrui, la loi règle la manière dont les fenêtres doivent y être placées et construites. Elle rend hommage au droit du propriétaire; mais elle veut que les vues qu'il se procure, ne soient pas trop incommodes au voisin.

Il s'agit ici du cas où il n'existe aucun titre, propre à donner au propriétaire du mur le droit d'ouvrir des jours; car ce titre établirait une servitude, pour laquelle il faudrait se conformer aux conventions faites entre les parties, ainsi qu'on l'expliquera au chapitre suivant, où on parlera des servitudes volontaires.

Les vues dont il est question dans ce paragraphe, sont celles que le propriétaire exclusif d'un mur qui touche sans moyen l'héritage voisin, a la faculté d'ouvrir, en se conformant aux conditions que lui impose la loi. Ainsi, ces vues sont légales, d'abord parce que le droit de les établir vient de la loi, et non pas d'une convention; en second lieu, parce que la loi règle la manière de placer et de fermer les ouvertures d'où on tire du jour dans un mur de cette nature.

C'est l'*art.* 676 du Code Napoléon, qui, adoptant pour toute la France la disposition de la coutume de Paris, et de plusieurs autres sur ce point, accorde au propriétaire d'un mur non mitoyen, joignant immédiatement l'héritage d'autrui, la faculté de pratiquer dans ce mur des jours ou fenêtres, fermées avec fer maillé et verre dormant. Le même article donne les dimensions des mailles de fer, et de la hauteur à laquelle les vues doivent être percées; c'est ce que nous expliquerons dans le paragraphe suivant: celui-ci est consacré uniquement à connaître quand on a droit d'établir des vues légales.

On demande si un mur, dont la moitié de l'épaisseur est assise sur un héritage, et l'autre moitié sur l'héritage voisin, est susceptible d'être percé par des vues légales, quand ce mur est bâti en totalité aux dépens d'un seul propriétaire, Desgodets pense pour l'affirmative, et son annotateur Goupy pour la négative.

Le premier fonde son opinion, sur ce que le mur appartient à celui qui l'a fait construire à ses dépens, quoiqu'assis comme le serait un mur mitoyen, c'est-à-dire, moitié de l'épaisseur sur un héritage, et moitié sur l'autre. Le second des architectes cités prétend que le mur dont il est question, n'appartient pas entièrement à celui qui en a fait seul la dépense, et que le voisin y a une part quelconque, en raison du terrain qu'il a fourni pour les fondations. Cette circonstance, dit-il, est suffisante pour que le mur dont on parle ne soit pas confondu avec un mur construit aux dépens d'un propriétaire, et assis en entier sur son propre terrain. Or, ajoute-t-il, c'est seulement dans un mur de cette dernière espèce, qu'il est permis d'ouvrir des vues légales.

Nous ne croyons pas devoir adopter cette dernière opinion, surtout après avoir prouvé dans le paragraphe précédent, qu'on peut ouvrir des vues légales dans l'exhaussement d'un mur mitoyen, quand on a la propriété exclusive de cet exhaussement.

D'ailleurs, dans quel cas peut-il arriver qu'un mur entier soit construit, moitié sur un héritage et moitié sur un autre, quoique la dépense en soit supportée par un seul propriétaire? Certainement ce n'est pas lorsque le mur est établi pour la première fois; car, ou bien les voisins s'accordent pour faire un mur mitoyen, et alors il est construit en entier à frais communs ; ou bien, si on est à la campagne, l'un des deux voisins refuse de contribuer à la construction du mur, et alors il est assis de toute son épaisseur, sur le fonds du propriétaire qui le construit seul. Pour qu'il y ait lieu à la question proposée, il faut donc que le mur ait été originairement mitoyen, et que l'un des deux propriétaires en ait abandonné la mitoyenneté ; or, on a vu dans l'article I, § IV, de ce chapitre, que tout le terrain sur lequel est assise le mur abandonné, fait nécessairement partie de l'abandon. Ainsi, celui qui est devenu maître du mur entier, l'est également de tout le terrain de la fondation, quoique primitivement il ait été pris sur les deux héritages.

Pour prouver que celui qui a abandonné la mitoyenneté du mur, conserve un certain droit sur la moitié du terrain, Goupy dit que s'il convenait à ce propriétaire de reprendre la mitoyenneté, comme il en a la faculté, il ne payerait que la moitié de la construction, et rien pour la moitié du terrain. C'est une erreur ; car, dans l'abandon de la mitoyenneté, le terrain est compris. En conséquence, celui qui veut rentrer dans la mitoyenneté qu'il avait abandonnée, doit rembourser moitié de la valeur, tant du mur que du terrain servant à la fondation. Cette vérité a été démontrée au § IX de l'article Ier.

Tout exhaussement d'un mur mitoyen est susceptible de recevoir des vues légales, quand cet exhaussement appartient exclusivement à l'un des deux voisins ; on a prouvé cette proposition dans le paragraphe précédent. Néanmoins, l'annotateur de Desgodets la conteste ; il ne veut pas que l'on fasse dans l'exhaussement dont on est le seul maître, les mêmes ouvertures qu'on a droit de pratiquer dans le mur dont on a la propriété exclusive. En discutant cette question, on a vu que les raisons sur lesquelles s'appuie cet annotateur, n'ont rien de solide.

Pour avoir des vues légales, il faut être propriétaire exclusif de la séparation, ou de son exhaussement. Mais, il peut arriver que le mur ou l'exhaussement qu'on possède seul, soit rendu commun ; ce qui a lieu quand le voisin en acquiert la mitoyenneté, selon qu'on l'a expliqué dans le § IX de l'article Ier. Dès que le mur, ou son exhaussement, est devenu mitoyen, aucune des vues légales qui s'y trouvent pratiquées ne peuvent plus subsister; il faut les boucher, à moins que le voisin ne consente à les laisser dans l'état où elles sont. Voilà pourquoi il arrive souvent que la mitoyenneté d'un mur ou de son exhaussement est acquise, uniquement pour avoir droit de faire disparaître des vues importunes.

Celui qui acquiert la mitoyenneté d'un mur ou d'un exhaussement, est-il en droit, par ce seul fait, d'exiger la destruction des vues légales qui s'y trouvent placées; ou bien, est-il forcé à les laisser subsister, tant qu'il n'élève pas de constructions qui les masque?

Les principes que nous avons développés sur cette matière, ne permettent pas de douter que, par l'acquisition du droit de communauté à un mur de séparation, ou à l'exhaussement, on a la faculté d'empêcher qu'aucune vue n'y soient pratiquée, et qu'on peut faire boucher celles qui s'y trouvent. Nous avons eu occasion de discuter ce point dans l'article Ier., § IX. On y examine la question de savoir si, pour forcer le voisin à céder la mitoyenneté de son mur, on est tenu de justifier qu'on en a besoin. Nous avons démontré que la volonté seule de celui qui demande à acquérir la communauté au mur, suffit pour qu'on ne puisse pas la lui refuser. On n'exige pas que la mitoyenneté lui soit utile actuellement; on suppose qu'il se prépare la faculté de s'en servir quand il voudra, ce qui est un intérêt assez grand pour un propriétaire. On a parlé du cas où je réclamais la jouissance commune, dans le seul dessein de faire disparaître des vues légales; et il a été décidé que le desir d'empêcher le voisin de regarder chez moi, était un motif assez raisonnable pour que l'acquisition de la mitoyenneté fut regardée pour moi comme un besoin. Ainsi, non-seulement il n'est pas nécessaire d'être dans la disposition de bâtir contre le mur, pour en obtenir la mitoyenneté; mais même, quand celui qui la réclame déclarerait hautement que son but unique est de se débarrasser de l'importunité des vues légales, le propriétaire du mur ou de l'exhaussement, n'en serait pas moins forcé à consentir la mitoyenneté.

Desgodets, en expliquant *l'art.* 200 de la coutume de Paris, adopte un avis contraire, qu'il appuie sur des arrêts; suivant lui, ils ont jugé que l'exhaussement d'un mur mitoyen, ayant été fait par un seul propriétaire, celui-ci a le droit d'ouvrir des vues légales dans la portion qui n'appartient qu'à lui, jusqu'à ce que le voisin veuille appuyer des bâtimens sur la maçonnerie où sont ces mêmes vues. De là, Desgodets conclut que ce voisin ne peut exiger d'autre mitoyenneté, que celle de la portion de mur qui sera couverte par ses bâtimens projetés; ensorte qu'il ne pourra pas faire boucher les vues légales, qui se trouveront plus élevées dans le mur commun, que les constructions qu'il aura appliquées contre ce même mur.

Des huit arrêts que cet architecte cite, six ont jugé seulement qu'on est autorisé à pratiquer des vues légales dans l'exhaussement d'un mur qui est mitoyen; ces arrêts, il est vrai, disent que ces mêmes vues resteront jusqu'à ce qu'il convienne au voisin de bâtir contre le mur, après avoir remboursé le prix de la mitoyenneté de l'exhaussement. Mais il est facile de voir que la question qui se présentait à juger, était uniquement de savoir si l'exhaussement étant placé sur un mur mitoyen, le propriétaire de cet exhaussement pouvait y pratiquer des vues légales. Ce qu'ajoutent ces arrêts, en parlant de l'époque à laquelle ces vues pouvaient être bouchées, n'est qu'une manière d'indiquer au demandeur son droit de faire disparaître les vues, en acquérant la mitoyenneté de l'exhaussement. Or, comme il n'était guère d'usage de faire pareille dépense, que quand on voulait se servir de la partie exhaussée, il n'est pas étonnant que les jugemens aient désigné la circonstance principale où on se déterminait à acquérir une mitoyenneté. Au reste, on doit d'autant moins argumenter de cette indication, qu'elle n'avait qu'un rapport très-éloigné avec l'objet des contestations.

Cependant, un autre arrêt, cité par Desgodets, et qui est du 15 février 1635, paraît avoir expressément décidé que le remboursement de la mitoyenneté peut être refusé, tant que le voisin qui en fait l'offre ne bâtit pas contre le mur. La question qu'avait à juger cet arrêt, consistait encore à savoir seulement si les vues placées dans l'exhaussement d'un mur, qui n'était mitoyen que jusqu'à hauteur de clôture, devaient être bouchées. Après avoir décidé, comme dans les arrêts précédemment cités, qu'elles subsisteraient jusqu'à ce que le voisin voulût bâtir contre le mur, et rembourser la moitié de l'exhaussement; la Cour ajoute : « Lequel remboursement, celui qui a les vues ne sera pas contraint » de recevoir ; à moins que le voisin ne bâtisse contre le mur ». Il est possible que des circonstances particulières aient motivé cette particularité; car cet arrêt est le seul qui ait ainsi prononcé formellement contre les principes que nous adoptons. Ils étaient ceux de la coutume de Paris, comme ils sont aujourd'hui ceux du Code Napoléon, et par conséquent ceux à suivre dans toute la France. Pothier, en rappelant ce même arrêt dans son contrat de société, second appendice, article II, § III, atteste que la disposition n'en a point été suivie.

Au reste, on trouve d'autres arrêts qui ont prononcé conformément à notre opinion. L'un, qui est du nombre des huit que cite Desgodets, a été rendu en la première chambre des enquêtes du Parlement de Paris, le 20 juillet 1651. Il rejette une demande tendante à faire boucher les vues pratiquées dans l'exhaussement d'un mur, qui n'était mitoyen que jusqu'à hauteur de clôture; l'arrêt ajoute : « Si mieux n'aime » le demandeur rembourser les charges suivant la coutume; auquel » cas le mur en question sera commun et mitoyen entre les parties ».

D'après ce jugement, il est évident que le demandeur, pour faire boucher les vues légales, n'avait besoin que de rendre l'exhaussement mitoyen; l'obligation de bâtir ne lui a point été imposée.

Un autre arrêt non moins décisif, favorable à la même opinion, est relaté par l'annotateur de Desgodets; il est du 12 juillet 1670, et a été rendu à la grand'chambre du Parlement de Paris, sur les conclusions de M. l'avocat général Talon. Il porte que les vues légales pratiquées dans l'exhaussement d'un mur qui n'était mitoyen qu'à hauteur de clôture, et qui fermait le jardin du président Perot, seraient bouchées, en remboursant par celui-ci au voisin la somme de deux milles livres, pour l'estimation de la moitié de ce qui n'était pas mitoyen; il était pourtant avoué que le président n'avait pas dessein de bâtir contre le mur.

Rien n'est plus positif que cette décision; et comme elle est postérieure à celles qui sont citées pour l'opinion contraire, on est fondé à soutenir que tel est le dernier état de la jurisprudence; elle est au surplus complètement conforme aux dispositions du Code, sur la mitoyenneté des murs et sur la faculté d'ouvrir des vues légales. Ainsi, on peut faire boucher ces vues dès qu'on rembourse la moitié de la valeur du mur, ou de la portion de mur où elles sont placées, sans qu'on soit tenu, pour exercer ce droit, d'élever un bâtiment capable de couvrir les ouvertures qu'il s'agit de faire disparaître.

§ III.

De la manière d'établir les vues légales.

Il est bien démontré dans le paragraphe précédent, qu'en vertu de l'*art.* 676 du Code Napoléon, tout propriétaire d'un mur non mitoyen, ou de l'exhaussement d'un mur qui n'est mitoyen que jusqu'à une certaine hauteur, peut percer des vues légales dans la portion qui lui appartient. On a prouvé pareillement que ces vues légales ne sont que précaires; c'est-à-dire, qu'elles ne subsistent que jusqu'à ce qu'il plaise au voisin d'acquérir la mitoyenneté du mur, ou de la portion de mur dans lesquelles ces vues se trouvent établies. Enfin, on a fait voir que l'acquisition de cette mitoyenneté était un titre suffisant pour faire boucher les vues légales du voisin, sans que, pour user de ce droit, on fût tenu de faire une construction aussi élevée que ces mêmes vues. On en a conclu que le voisin ne pouvait pas refuser de recevoir le prix de la moitié du mur, en prétextant que l'acquéreur n'a pas intention de bâtir.

Ce qui nous reste à dire maintenant sur les vues légales, concerne la manière dont ces sortes d'ouvertures doivent être fermées, et la hauteur à laquelle elles doivent être placées. Le même *art.* 676 s'explique à cet égard avec beaucoup de précision.

D'abord les fenêtres, formant vues légales, doivent être garnies d'un treillis de fer, dont les mailles aient au plus un décimètre d'ouverture, c'est-à-dire environ trois pouces huit lignes.

En second lieu, il faut en outre que chaque fenêtre soit fermée d'un chassis à verre dormant; ce qui veut dire que le chassis qui soutient le verre, n'est point destiné à s'ouvrir ni à se fermer. A cet effet, le chassis est scellé avec du plâtre ou mortier, ou bien retenu avec des pattes de fer, qui elles-mêmes sont scellées dans le mur.

Troisièmement, si la chambre que l'on veut éclairer est au rez-de-chaussée, le propriétaire du mur ne peut le percer pour obtenir du jour, qu'à la hauteur au moins de vingt-six décimètres, qui valent huit pieds, à partir du sol ou plancher sur lequel on marche. Quand la chambre qu'il s'agit d'éclairer, est à un des étages supérieurs au rez-de-chaussée, la hauteur qu'on doit observer est de dix-neuf décimètres, équivalant à six pieds; cette hauteur se mesure en partant du plancher sur lequel on marche dans chaque étage.

Ces dispositions sont conformes à celles de la coutume de Paris, et de beaucoup d'autres. Le Code en a fait des lois générales qu'il faut exécuter dans toute la France, sans avoir égard aux différentes législations locales qui existaient sur ce point. En conséquence, les explications que donnent sur la manière de construire les vues légales dans la coutume de Paris, les architectes qui ont parlé sur cette matière, peuvent être utiles aujourd'hui pour toute la France.

Ils disent d'abord que par fer maillé, il faut entendre une grille en fer carillon de six lignes d'épaisseur. Cette grille, composée de montans et de traverses, forme des vides carrés qu'on nomme *mailles;* or, ce sont ces mailles dont chacune doit offrir une ouverture d'un décimètre au plus en hauteur, sur une pareille largeur. Un treillis de fil de fer n'est pas regardé comme suffisant, parce qu'il faut que le voisin, sur qui on a la vue, soit suffisamment assuré qu'on ne forcera pas la fermeture grillée.

Les grilles de fer maillé doivent être scellées dans l'épaisseur du mur, de manière qu'elles ne fassent pas saillie au-delà de son parement du côté du voisin. Il faut qu'il y ait un scellement aux deux extrémités de chaque montant et de chaque traverse, dont la grille est composée, afin qu'elle tienne solidement et qu'on ne puisse pas l'ouvrir.

Les feuillures propres à recevoir le chassis qui porte le verre, sont faites aussi près qu'on veut de la grille, mais du côté de celui à qui le mur appartient; et le chassis placé dans ces feuillures, doit y être scellé, ou attaché avec des pattes qui sont scellées dans le mur.

Les verres que porte ce chassis, y sont fixés à demeure, sans qu'on puisse se permettre d'en ajuster un seul qui puisse s'ouvrir ou se fermer à volonté. Dès que les mailles de la grille n'ont que l'ouverture prescrite, les verres attachés au chassis peuvent avoir les dimensions qu'on veut leur donner; on exige seulement qu'ils ne puissent pas s'ouvrir. La raison en est que la grille peut bien assurer qu'on ne passera pas par la fenêtre, et que ceux qui sont dans la chambre, ne pourront avancer ni la tête ni le bras du côté du voisin; mais il est encore nécessaire, qu'on ne puisse rien jeter sur l'héritage de ce dernier.

Dans la fixation de la distance en hauteur, qu'il faut laisser depuis le sol de chaque étage, jusqu'à l'ouverture d'une vue légale, le Code est moins rigoureux que n'était la coutume de Paris: elle exigeait neuf pieds pour les chambres du rez-de-chaussée, et sept pieds pour celles des étages supérieurs. Suivant le Code, les vues peuvent être établies au rez-de-chaussée, à une hauteur de vingt-six décimètres, formant huit pieds; dans les autres étages il n'est besoin que d'une hauteur de dix-neuf décimètres, ou six pieds. Comme la loi ne détermine que l'espace en hauteur, qui doit exister depuis le plancher sur lequel on marche, jusqu'à l'endroit où l'ouverture peut commencer, il s'en suit que l'appui de la fenêtre qu'on ouvre, pour se procurer une vue légale, doit être placé à la distance prescrite, à partir du carreau ou parquet de la chambre qu'on veut éclairer; à l'égard des dimensions qu'il faut donner à la baie de cette fenêtre, elles sont laissées à la volonté de celui qui la construit. En conséquence, entre l'appui de la fenêtre et son linteau, comme entre ses deux pieds droits, on peut laisser tel vide que l'on veut; sa hauteur et sa largeur ne sont fixées par aucune loi. Il suffit donc que l'ouverture d'une vue légale commence à la distance prescrite, à partir du carreau ou parquet de la chambre éclairée, et qu'elle soit fermée tant par un chassis à verre dormant, que par une grille de fer;

on est maître de faire ce chassis et cette grille aussi élevés et aussi larges qu'on en a besoin.

Il est facile de reconnaître la hauteur à laquelle il faut placer l'appui d'une croisée d'où on veut tirer une vue légale, quand le sol de l'un des héritages a le même niveau que le sol de l'héritage contigu. Il y a plus de difficulté, lorsque le sol de la maison qui a besoin de jour, est plus élévé ou plus bas que le sol de l'autre héritage. En effet, si le sol du rez-de-chaussée qu'on veut éclairer est plus élevé, par exemple de quatre pieds, que celui de l'héritage contigu, et qu'on mesure les huit pieds de distance prescrite, à partir du carreau ou parquet de ce rez-de-chaussée, l'appui de la croisée se trouvera, du côté du voisin, à une hauteur de douze pieds; ce qui est plus que ne veut la loi. Si au contraire les huit pieds exigés sont mesurés à partir du sol voisin, l'appui de la fenêtre ne sera qu'à la hauteur de quatre pieds, dans la chambre éclairée; ce qui est une distance moindre qu'il n'est ordonné.

Suppose-t-on que c'est le sol de la maison où se fait l'ouverture, qui se trouve plus bas de quatre pieds que celui du voisin? En mesurant les huit pieds nécessaires, à partir du carreau ou parquet du rez-de-chaussée qu'il faut éclairer, on ne trouve l'appui de la croisée, du côté du voisin, qu'à hauteur de quatre pieds; ce qui est moins qu'il n'est prescrit. Si au contraire on prenait les huit pieds à partir du sol extérieur, l'appui de la croisée se trouverait à douze pieds du carreau ou parquet de la chambre éclairée; ce qui excéderait la distance exigée. Comme il arrive rarement que cette hauteur existe, même dans les rez-de-chaussées des maisons, l'ouverture d'une vue légale serait le plus souvent impraticable dans ce dernier cas.

En un mot, ce qu'on vient de dire se réduit à la question de savoir, de quel côté il faut mesurer la hauteur à laquelle doit être placé l'appui d'une croisée légale lorsque les sols des deux héritages contigus n'ont pas le même niveau.

Desgodets pensait qu'on satisfaisait à la loi, en laissant du côté du voisin sur lequel on tirait le jour, une hauteur égale à celle prescrite pour le rez-de-chaussée, et en observant dans l'intérieur éclairé, au moins la distance prescrite pour les étages supérieurs. Cet arrangement proposé comme une règle générale, au lieu de remédier aux inconvéniens prévus, augmentait la difficulté, et rendait plus fréquente l'impossibilité d'ouvrir des vues légales.

Au surplus, cette difficulté pouvait occuper les commentateurs de la coutume de Paris, qui ne s'était pas expliqué assez clairement; mais aujourd'hui, l'*art.* 677 du Code Napoléon s'exprime d'un manière si précise, qu'il ne donne lieu à aucune interprétation. Celui qui ouvre une vue légale ne considère que le sol du rez-de-chaussée ou de l'étage qu'il veut éclairer; c'est à partir du plancher sur lequel il marche, que doit être mesurée la distance à laisser depuis ce plancher jusqu'à l'appui de la fenêtre; on n'examine pas à qu'elle élévation sur le sol voisin se trouve l'ouverture. Il semble en effet qu'en observant littéralement ce que prescrit la loi, on obtient le résultat qu'elle desire, puisqu'alors une personne qui marche dans la chambre où se trouve la fenêtre, ne peut pas voir chez le voisin. Cette vérité est évidente, dans tous les cas où le sol de l'héritage contigu est plus bas que celui de la chambre qu'on éclaire; car, en laissant dans cette chambre la hauteur exigée, cette hauteur sera plus grande du côté du voisin, qui n'en sera que plus rassuré contre l'incommodité de la vue légale ouverte sur lui.

Dans le cas, au contraire, où c'est le sol voisin qui est le plus élevé, qu'arriverait-il si la différence était fort considérable, par exemple, si elle se portait à six pieds? Le jour ouvert à huit pieds de haut dans l'intérieur de la chambre, ne se trouverait élevé que de deux pieds au-dessus du sol contigu; alors, il suffirait aux habitans de la chambre d'élever les yeux pour voir chez le voisin. Cet inconvénient est réel; mais, d'une part, il n'est pas grave, si on considère que dans le cas dont il s'agit, les habitans de la chambre voient sur l'héritage voisin seulement ce qui est à la proximité de la fenêtre, et que pour cela même ils sont obligés de lever les yeux à la hauteur de huit pieds. D'ailleurs, l'inconvénient qu'on redoute en cette occasion, et qui déjà est fort peu considérable d'après cette première réflexion, n'existe que dans les cas fort rares, où le sol de l'héritage contigu se trouve beaucoup plus élevé que celui qu'on veut éclairer; car, lorsque la différence de niveau n'est pas excessive, lorsqu'elle n'est, par exemple, que de deux ou trois pieds, on ne peut rien voir chez le voisin, par la fenêtre tenue à la hauteur légale dans l'intérieur.

On dira, peut-être, que dans le cas prévu, le voisin verra facilement dans la chambre; mais, c'est à celui qui veut ouvrir un jour dans son mur, à combiner s'il n'aime pas mieux risquer d'être vu, que de rester sans fenêtre du côté du voisin. Ce qui est certain, c'est que ce voisin ne peut être tenu à rien, concernant un fait qui lui est étranger; il a au contraire le droit d'empêcher que ce fait ne l'incommode. Quant à l'importunité que peut en recevoir celui à qui le jour est utile, celui-ci est maître, entre deux inconvéniens, de choisir le moindre.

De cette discussion on conclut, qu'il n'est pas étonnant que les législateurs, pour résoudre toutes les difficultés résultant de l'inégalité des niveaux, ayent exigé que la hauteur à observer pour percer des vues légales, soit mesurée à partir du carreau ou parquet sur lequel on marche dans la chambre qu'on veut éclairer. Cette règle est si positive, qu'on ne peut pas se permettre de l'interpréter. De plus, les cas où elle cause des incommodités au voisin sont si rares, et ces incommodités sont si peu considérables, qu'il vaut mieux les supporter, que de s'écarter de la règle prescrite; les interprétations que chacun voudrait adopter, donneraient lieu à des contestations plus fâcheuses que l'inconvénient qu'on chercherait à éviter.

Un mur de séparation a été rendu mitoyen jusqu'à une certaine hauteur, par exemple, jusqu'à quinze pieds; le surplus est un exhaussement appartenant exclusivement à celui dont les bâtimens s'élèvent le plus. Ce dernier veut ouvrir une vue légale dans cet exhaussement qui est sa propriété. Il est embarrassé de savoir où il placera l'appui de la croisée, parce que la mitoyenneté ne se termine qu'entre les deux planchers de la chambre qu'il veut éclairer. Comme il lui est défendu de pratiquer aucune ouverture dans la partie mitoyenne du mur, il sait que la vue légale ne pourra être prise qu'à travers l'exhaussement qui n'appartient qu'à lui, et qu'il faudra la placer à la hauteur prescrite.

Dans une pareille circonstance, on demande si la hauteur pour placer l'appui de la croisée doit être mesurée, à partir seulement de la ligne où finit la mitoyenneté; ou bien, s'il suffit qu'entre le carreau ou parquet de la chambre éclairée, et l'appui de la croisée, il y ait là distance ordonnée. Dans le premier cas, l'ouverture ne serait presque jamais praticable, parce que l'espace qu'il y a ordinairement entre les deux planchers d'un étage, n'est pas assez grand pour qu'on puisse observer ce qui serait alors exigé. Au second cas, il arriverait que la vue pourrait être prise immédiatement au-dessus de la ligne qui termine la mitoyenneté, sans laisser la hauteur requise, entre cette ligne et l'appui de la fenêtre.

Les commentateurs qui, comme l'annotateur de Desgodets, se sont déclarés ennemis des vues légales, ont adopté toutes les opinions qui multiplient les cas où ces sortes de vues sont impraticables; en sorte qu'il leur paraîtrait, que la fenêtre ne devrait être ouverte qu'à la hauteur prescrite, à partir de la ligne où se termine la portion mitoyenne du mur.

Ce n'est point ainsi qu'il faut interpréter le Code Napoléon : bien loin de restreindre la faculté d'ouvrir des jours dans un mur, ou dans une portion de mur dont on est le seul maître, il a reconnu expressément et d'une manière générale ce droit, qui est une conséquence naturelle de la propriété; cette loi a voulu seulement en régler l'exercice, afin qu'il ne fût pas incommode aux voisins. Il faut donc décider, dans l'espèce proposée, que celui qui veut ouvrir une vue légale, n'a autre chose à faire que de suivre littéralement ce que dit le Code; c'est-à-dire, qu'il doit mesurer la hauteur prescrite, à partir du plancher inférieur de l'étage qu'il veut éclairer; il suffit qu'à cette hauteur ce propriétaire rencontre l'exhaussement qui n'appartient qu'à lui; alors, rien ne peut l'empêcher d'y établir une fenêtre fermée avec fer maillé et verre dormant. Les personnes qui marcheront dans cet étage, ne verront rien chez le voisin; ce qui remplit l'intention que la loi s'est proposée.

Souvent on a besoin de vues légales pour éclairer une escalier; si les fenêtres se placent sur le palier de chaque étage, on sent bien que pour chacune des fenêtres, la hauteur se prend à partir du sol de l'étage qu'elle éclaire. Mais, il arrive quelquefois que le mur ne peut être percé que dans les intervalles d'un palier à l'autre; c'est-à-dire, dans ses portions qui correspondent aux parties rampantes de l'escalier. Les uns veulent dans ce cas, comme dans tout autre, que l'on ne s'écarte pas du texte du Code, et que la hauteur soit mesurée, à partir du plancher bas de l'étage où on se trouve. L'endroit où on perce le mur, même dans la partie rampante d'un escalier, est nécessairement placé entre un plancher haut et un plancher bas, et dépend ainsi d'un étage; c'est donc, suivant cette opinion, à partir du plancher inférieur de cet étage, que la hauteur doit être mesurée.

D'autres disent que, par suite de cette décision, il pourrait arriver que, placé sur une des marches de l'escalier, on vît chez le voisin; ce qui manquerait le but de la loi. Suivant eux, le jour sera établi régulièrement, si, à partir de l'appui de la fenêtre jusqu'à la marche qu'elle approche de plus près, il se trouve la hauteur légale. Cette opinion paraît préférable; car, c'est alors seulement qu'il y aura certitude, qu'en montant ou en descendant par l'escalier, on ne rencontrera pas la fenêtre à une hauteur moindre que celle fixée par le Code.

Si, au mur qui me sépare de vous sans moyen, j'ai appliqué une galerie, ou une terrasse, ou un balcon, à une hauteur assez élevée pour qu'en m'y promenant je voie chez vous, ai-je le droit de conserver cette vue? ne faut-il pas distinguer si le mur est mitoyen, ou s'il m'appartient exclusivement?

Qu'il y ait ou non mitoyenneté, cette vue ne peut subsister, à moins qu'elle ne soit établie par titre. La défense d'avoir certaines vues à travers un mur de séparation s'étend évidemment au cas où ces vues seraient prises par dessus le mur. Ainsi, dans l'espèce proposée, vous pouvez me forcer ou à détruire ma galerie, ma terrasse, mon balcon, ou bien à élever le mur jusqu'à hauteur de clôture, à partir du plancher sur lequel on marche, dans ma gallerie, sur ma terrasse ou mon balcon. Alors je pourrai ouvrir dans cet exhaussement, tant qu'il sera à moi seul, une vue légale qui sera fermée avec fer maillé et verre dormant; et comme on peut considérer ma construction comme un étage supérieur au rez-de-chaussée, l'appui de l'ouverture légale devra être au moins à la hauteur de six pieds, à partir du plancher sur lequel je me promene dans ma galerie, ou sur ma terrasse, ou sur mon balcon.

Par cette explication, on voit qu'il importe peu que le mur, par dessus lequel j'ai la vue, soit mitoyen, ou n'appartienne qu'à moi. On voit également que s'il vous convient d'acquérir la mitoyenneté, soit du mur et de son exhaussement, soit de son exhaussement seul, si déjà le mur était mitoyen, vous pourrez faire boucher les vues légales que j'aurai ouvertes pour l'agrément de ma construction élevée.

La manière d'établir les vues légales variait selon les coutumes, les réglemens particuliers, et les usages locaux; mais, le Code Napoléon ayant prononcé sur ce point pour la France entière, toutes ces différences doivent disparaître. Ainsi, toutes les vues qui ont été établies depuis la publication du titre où le Code traite des servitudes, et celles qui le seront à l'avenir dans tout l'Empire, doivent être construites conformément à ce qu'il prescrit. Comme il n'a pas d'effet rétroactif, on doit laisser subsister en l'état où elles sont, les vues légales dont l'établissement est antérieur à l'époque où cette loi a été promulguée. De là naît la question de savoir si, en réparant les anciennes vues, il faut les arranger conformément aux dispositions du Code: pour rendre la question plus claire, donnons un exemple.

Une vue légale a été établie avant le Code, dans une coutume qui n'exigeait pour fermeture, que verre dormant sans fer maillé; elle fixait la hauteur de l'ouverture à neuf pieds au rez-de-chaussée, et à sept pieds pour les autres étages. Aujourd'hui, on fait des réparations au mur dans lequel cette vue est percée. Le propriétaire de cette vue prétend la baisser d'un pied, puisque le Code ne prescrit que huit pieds au rez-de-chaussée, et six dans les autres étages. Le même propriétaire offre aussi de fermer l'ouverture de sa fenêtre, non seulement avec verre dormant, mais encore avec fer maillé, puisque c'est une disposition de la loi nouvelle à laquelle il entend se soumettre.

Le voisin s'oppose à ce qu'aucun changement soit opéré dans l'établissement de cette vue; il soutient qu'ayant été construite sous l'empire de la coutume, elle doit rester soumise à cette loi particulière, attendu que le Code n'a pas d'effet rétroactif. En conséquence, ce voisin n'exige pas qu'outre le verre dormant, qui seul ferme l'ouverture, il soit mis une grille; mais aussi il ne consent pas à ce que l'appui de la fenêtre soit baissé.

Avant de prononcer sur une contestation semblable, il faut savoir si la réparation exige la reconstruction du mur, dans la partie où la vue se trouve percée; ou bien s'il s'agit seulement de quelqu'ouvrage d'entretien, pour lequel on ne dérange rien à l'état où se trouve la vue légale. Dans ce dernier cas, il ne serait pas raisonnable d'exiger une démolition et une reconstruction qui n'est pas nécessaire, et qu'on ne peut pas demander en vertu d'une loi qui n'a pas d'effet rétroactif. La question n'offre donc de difficulté, que quand par cas fortuit, ou par vétusté, on se trouve forcé de reconstruire en entier, soit le mur, soit la portion de mur où est placée la vue légale.

Plusieurs jurisconsultes pensent que cette vue doit être rétablie comme elle était antérieurement, parce que c'est la même servitude qui, ayant pris naissance sous l'ancienne loi, doit continuer à exister sous la forme ancienne; autrement, ce serait donner un effet rétroactif à la loi nouvelle. Ils citent d'ailleurs l'*art.* 704 du Code, par lequel il est dit que les servitudes anciennes revivent, quand ce qui en est l'objet est rétabli.

D'autres, avec plus de raison, conviennent qu'une servitude qui a cessé d'exister, par la destruction des choses qui en étaient l'objet, reprend de nouveau l'existence, comme le dit l'*art.* 704; mais, c'est pour qu'il en soit usé dans la forme prescrite par la loi nouvelle. En effet, s'il s'agissait d'une servitude volontaire, le rétablissement des choses qui en sont l'objet la ferait revivre, conformément aux titres qui auraient encore leur force, et non pas suivant des titres qui auraient été ou modifiés ou annullés. Par la même raison, toute servitude qui ne tient son existence que de la loi, reprend son activité dès que ce qui la constitue est rétabli;

elle est alors exercée, non pas suivant une loi abrogée, mais dans la seule forme autorisée par la loi nouvelle.

Cette vérité est mieux sentie encore, quand on considère que les servitudes légales sont établies par l'autorité, pour le maintient de la tranquillité, de la sûreté, de la salubrité, et de la prospérité de tous les citoyens. C'est par des lois de police générale, qu'elles sont obligatoires; il serait donc contraire à l'ordre public de rétablir suivant des formes proscrites, les servitudes qui ont cessé d'exister. La seule chose raisonnable est de respecter l'effet des anciennes, tant que les servitudes restent en activité; mais, dès qu'on se trouve dans la nécessité de reconstruire ce qui en fait l'objet, il est indispensable de se soumettre à la loi nouvelle.

§ IV.

Des vues droites.

Personne n'ayant le droit de percer le mur mitoyen, le voisin, qui ne s'est pas opposé à l'ouverture des vues prises dans un pareil mur, est fondé à les faire boucher quand il veut; c'est ce qui les fait nommer jours de souffrance: on en a parlé dans le premier paragraphe. Dans les deux paragraphes suivans on a expliqué quand et comment on peut ouvrir une vue, au travers d'un mur qui sépare sans moyens deux héritages, et qui n'appartient qu'à l'un des propriétaires. Le droit de faire de sa chose ce qu'on veut est reconnu par la loi, et n'en reçoit de limitation, que pour la manière de construire les fenêtres dans un mur de cette nature, afin que le voisin n'en soit pas trop incommodé. Celui-ci est donc tenu de souffrir ces sortes de vues, quand elles sont faites conformément à ce qui est prescrit, à moins qu'il ne veuille rendre le mur mitoyen, en remboursant la valeur de la moitié de ce mur. Alors ces vues deviennent des jours de souffrance, qu'il a droit de faire boucher quand il veut.

Le paragraphe qui nous occupe maintenant, est consacré aux vues droites. On appelle ainsi les ouvertures faites dans un mur placé en face de l'héritage voisin, et à une certaine distance. En perçant une fenêtre, le propriétaire de ce mur voit directement chez le voisin, sans avoir besoin de tourner les yeux d'un côté ou de l'autre; voilà pourquoi une ouverture de cette espèce est appelée *vue droite, ou d'aspect.* Si cette vue s'étend fort au loin, les architectes la nomment *vue de prospect.* La vue d'aspect ou de prospect est nécessairement une vue droite. Cette dénomination est en opposition avec celle de *vue de côté,* dont il sera parlé au paragraphe suivant, et qui consiste en une fenêtre d'où on ne peut voir chez le voisin, qu'en tournant la tête d'un côté ou de l'autre.

Pour qu'il y ait vue droite, il faut que le mur où elle se trouve ne soit pas mitoyen, ni dans le cas de le devenir à la seule volonté du voisin; c'est-à-dire que ce mur, non-seulement doit appartenir exclusivement au propriétaire de l'héritage sur lequel il est assis, mais encore il ne doit pas joindre immédiatement l'héritage voisin. Tantôt c'est une rue, ou un chemin, ou une place publique qui l'en sépare; d'autres fois c'est un terrain appartenant au maître du mur.

On conçoit que le droit de propriété, qui permet de percer un pareil mur, ne peut plus être limité comme dans le cas où le mur joint sans moyen l'héritage voisin. Cependant, toujours attentive à ce que le voisinage ne soit pas trop incommodé, la loi veut que le mur soit placé à une certaine distance du fonds voisin, pour qu'on puisse établir dans ce mur des fenêtres qui s'ouvrent à volonté, et qui soient à telle hauteur qu'il convient au propriétaire de les construire.

Les coutumes et les réglemens locaux avaient diversement réglé cette distance; mais les dispositions du Code Napoléon sur cette matière, sont les seules qu'il faille suivre aujourd'hui dans toute la France. Il est dit, *art.* 678, qu'on ne peut avoir des vues droites ou fenêtres d'aspect, ni des balcons ou autres semblables saillies en face de l'héritage clos ou non clos du voisin, si le mur où sont pratiquées ces constructions, n'est éloigné de cet héritage au moins de dix-neuf décimètres, qui valent six pieds.

Cette distance qui doit être laissée entre le fond voisin et le mur où on ouvre des fenêtres d'aspect, se compte depuis le parement extérieur du mur; en sorte que si les vitres sont placées dans l'épaisseur du mur, il ne faudra pas mesurer depuis le chassis qui les contient, mais toujours à partir de la face extérieure du mur, sans que rien de son épaisseur puisse être compris dans la distance prescrite : *ibid. art.* 680.

Lorsque la vue droite consiste en un balcon, en une galerie, ou en toute autre saillie, la distance à observer ne se mesure plus à partir du parement du mur, mais depuis la ligne extérieure qui termine la construction saillante; si, par exemple, il s'agit d'un balcon, on mesure à partir du dehors de l'appui qui est fait, soit en fer, soit en balustres de pierre ou de bois.

Cette distance légale de six pieds doit être comprise entre la ligne extérieure du mur, ou de la saillie, et la ligne de séparation des deux propriétés : *ibid.* En ce point, le Code a consacré en loi générale, ce qui était réglé par la coutume de Paris; en sorte que l'on peut s'aider dans toute la France, des avis donnés sur cette matière, par les commentateurs de cette coutume.

Quand l'espace laissé au-delà du mur où est la fenêtre d'aspect, appartient au maître de ce mur, il peut arriver que la ligne qui sépare son fonds de celui du voisin, soit marquée par un autre mur; alors la distance prescrite doit se trouver entre le mur où est la fenêtre, et celui qui clos l'héritage. Observez que si cette clôture appartient entièrement au propriétaire de la fenêtre, l'épaisseur de ce mur de séparation pourra être comprise dans la distance. Mais, si la clôture est mitoyenne, il ne sera permis de compter dans les six pieds, que la moitié de l'épaisseur du mur de séparation. Pareillement, si ce mur était plus épais que ne doit être une clôture, et que l'excédant d'épaisseur appartînt au voisin, on ne ferait entrer dans la distance, que la moitié de l'épaisseur de la portion mitoyenne.

Desgodets cite plusieurs jugemens, qui ont décidé conformément à cette opinion. Il indique entre autres, une sentence des requêtes du Palais, à Paris, confirmée par arrêt rendu le 27 août 1661, entre la veuve Duval et Jacques Lebreton. Celui-ci avait fait construire un escalier, dont le mur n'était pas tout-à-fait à six pieds de distance, à partir du parement extérieur de ce mur, jusqu'à la moitié de l'épaisseur de la séparation mitoyenne. Il fut condamné à fermer les vues droites qu'il avait ouvertes pour éclairer l'escalier, ou à les garnir de fer maillé avec verre dormant.

L'alternative laissée par cet arrêt à la partie condamnée, fait sentir que quand on est obligé de tirer du jour au travers d'un mur dont on est le seul maître, et qui est en face d'un héritage voisin, on doit examiner si ce mur en est éloigné de six pieds au moins; c'est seulement quand il existe cette distance prescrite, qu'on peut construire à volonté des fenêtres d'aspect. Lorsque la distance, calculée comme on vient de l'expliquer, n'est pas de six pieds au moins, on ne peut se permettre que des vues légales, c'est-à-dire des ouvertures placées à la hauteur fixée par la loi, et fermées d'un treillis de fer, ainsi que d'un verre dormant. On se trouve alors comme dans le cas où le mur, quoique non mitoyen, joint sans moyen l'héritage voisin. La seule différence est que jamais le voisin ne peut faire boucher ces vues légales en acquérant la mitoyenneté, parce que la distance quelconque qui se trouve au-delà du mur, où sont percées les vues, suffit pour que le propriétaire ne soit forcé à vendre aucun droit à la communauté de son mur.

Un propriétaire a établi des vues droites dans un mur qui ne se trouve à la distance prescrite, qu'en y comprenant toute l'épaisseur d'une clôture dont il est le maître exclusivement. Par la suite, le voisin acquiert la mitoyenneté de cette séparation; alors les fenêtres d'aspect ne sont plus à six pieds de l'héritage voisin, qui se termine actuellement au milieu de l'épaisseur du mur devenu mitoyen. On demande si l'acquéreur de la mitoyenneté peut faire réduire les vues droites, à l'état de vues légales.

Ceux qui s'en tiennent à la rigueur des principes, disent que l'acquisition de la mitoyenneté doit opérer tout l'effet dont elle est susceptible. Dans l'espèce proposée, on a dû prévoir que le voisin avait la faculté de rendre la séparation mitoyenne; on a dû savoir qu'un jour les vues droites seraient réductibles à des vues légales.

D'autres qui se laissent toucher par de simples considérations, pensent que celui qui a construit des fenêtres d'aspect, en observant rigoureusement la distance prescrite, ne doit pas souffrir de la résolution postérieure, que prend le voisin, d'acquérir la communauté au mur de clôture. Suivant cette opinion, les choses doivent rester dans l'état où elles sont; mais, quand arrivera la reconstruction du bâtiment où se trouvent les fenêtres d'aspect, il sera nécessaire d'observer la distance exigée par la loi.

Les partisans de cette même opinion ajoutent, néanmoins, que celui qui vend la mitoyenneté du mur de séparation, ne doit pas négliger de faire constater que les vues droites existaient à la distance prescrite, avant que le voisin eût aucun droit à la communauté du mur. Sans cette précaution, le voisin pourrait soutenir par la suite, que les vues ont été construites postérieurement à l'acquisition de la mitoyenneté. Or, faute de prouver le contraire, il est certain qu'on serait forcé de réduire les fenêtres d'aspect à l'état de vues légales, c'est-à-dire de les fermer avec grille et verre dormant, et de les tenir à la hauteur prescrite.

Le rez-de-chaussée d'un bâtiment est situé en face d'un mur servant de séparation à deux héritages; mais la distance entre l'un et l'autre n'est pas de six pieds. Peut-on ouvrir des vues droites vis-à-vis de cette clôture, qui est telle, par la supposition, que les yeux ne peuvent apercevoir autre chose que ce mur, et rien par dessus?

Oui, parce que la loi qui fixe la distance des vues d'aspect, se restreint aux seuls cas où est nécessaire cette limitation du droit de propriété; elle est fondée sur l'incommodité que de pareilles fenêtres occasionneraient au voisin, si elles étaient trop près de lui. Or, dans l'espèce proposée, la vue droite bornée par le mur de clôture, ne se porte pas chez le voisin, qui, par conséquent, ne pourrait se plaindre que par mauvaise humeur, et sans motif raisonnable : *Malitiis non est indulgendum.*

Cette décision nous paraît juste, soit que le mur de clôture appartienne exclusivement à l'un ou à l'autre propriétaire, soit qu'il se trouve possédé en commun. Il est pourtant à remarquer que si la clôture dépendait du seul voisin, et qu'il la fit abattre, les fenêtres d'aspect de l'héritage qui est en face deviendraient importunes, et ne pourraient plus subsister; le voisin aurait droit d'exiger qu'elles fussent fermées avec grille et verre dormant. Si, au lieu d'abattre sa clôture, le voisin y pratiquait des ouvertures, elles gêneraient les habitans du rez-de-chaussée en face; en conséquence, il serait tenu de fermer ses jours, comme des vues légales. Observez aussi qu'après les ouvertures faites dans le mur de clôture, les habitans du rez-de-chaussée qui est en face, ne peuvent pas non plus conserver leur vue droite, ils doivent également les fermer avec grilles et verres dormans.

Au reste, ce qu'on vient de dire d'un rez-de-chaussée, est applicable aux étages supérieurs, dont les fenêtres se trouvent en face d'un mur élevé à leur hauteur : rien n'empêche de tirer des vues droites par ces ouvertures, quoiqu'elles ne soient pas à la distance prescrite du mur voisin. Mais, si le mur venait à être détruit ou baissé plus bas que les fenêtres, il faudrait que celles-ci fussent fermées comme des vues légales.

Puisqu'un propriétaire, selon notre principe, n'est fondé à réclamer contre des vues droites que quand il en est incommodé, on peut donc avoir des fenêtres d'aspect sur un champ appartenant à autrui, quoiqu'elles n'en soient pas éloignées de six pieds. En effet, un champ est ouvert à tous les passans, à tous les regards; et certainement la vue droite qu'on en tire pour l'utilité d'un bâtiment voisin, ne peut pas occasionner la moindre gêne au propriétaire de champ. Desgodets, qui admet cette opinion, cite à l'appui un arrêt du 24 mars 1668, confirmé par un autre arrêt du 20 août suivant, l'un et l'autre rendus au Parlement de Paris.

Il est bon de savoir que la coutume de Paris, dans son *art.* 202, défendait de construire des vues droites, si ce n'est seulement à la distance de six pieds de l'héritage voisin; elle ne distinguait pas le cas où cet héritage était clos, et celui où il ne l'était pas. Ce silence avait donné lieu à l'interprétation qu'attestent les arrêts cités, et qui jugent qu'on ne doit apporter de limitation à l'exercice du droit de propriété, que quand il incommode les voisins. Mais, disent ceux qui sont d'un avis contraire, le Code n'a pas laissé la question indécise; il a prononcé que la distance de six pieds doit être observée, tant lorsque l'héritage voisin est clos, que quand il ne l'est pas. Dès que la loi s'explique aussi clairement, il n'est pas possible d'admettre aucune interprétation. En conséquence, le propriétaire d'un champ ouvert de toute part, peut exiger que les vues droites d'un bâtiment soient à la distance de six pieds de son héritage; sinon il les fera réduire à l'état de vues légales.

Il est impossible d'un côté, de ne pas reconnaître la disposition précise du Code, qui entend garantir de toutes vues droites les héritages voisins clos ou non clos; d'un autre côté, la raison ne permet pas de gêner son voisin dans sa jouissance, pour le seul plaisir de lui nuire. Dans cette alternative, nous pensons que les circonstances doivent servir à déterminer ce qui convient, pour chaque espèce où la question se présente; on doit concilier le respect dû à la propriété, avec l'obligation de ne pas incommoder ses voisins.

On ne peut pas avoir une terrasse, un balcon, une galerie, d'où on puisse voir par-dessus le mur de séparation, s'ils n'en sont à distance légale; autrement, on suivrait ce qui a été dit à ce sujet dans le paragraphe précédent. Il en est de même de toute autre construction, tel qu'un belvédère, un pavillon, un kiosque, d'où la vue s'étend sur l'héritage voisin : si ces objets n'en sont pas éloignés au moins de six pieds, ils ne peuvent comporter des fenêtres d'aspect; celles qu'on y fait doivent être garnies de fer maillé, avec chassis de verre fixé à demeure.

Dans tout ce qu'on a dit jusqu'ici, on a supposé des héritages contigus; mais, qu'arriverait-il si deux propriétés étaient séparées par un chemin, ou un ruisseau, ou une rue, dont la largeur n'aurait pas six pieds ?

Les uns disent que la loi ayant exigé une certaine distance entre deux héritages, sans en excepter le cas où ils sont séparés par la voie publique, on ne peut pas se permettre de distinction. Ils s'appuient sur ce que des vues droites qui sont à une trop grande proximité du voisin, lui sont aussi incommodes dans un cas que dans l'autre.

Desgodets pense avec raison, que la loi ne prescrit la distance de six pieds, que quand les deux héritages se touchent immédiatement. La manière dont est rédigé l'*art.* 680 du Code Napoléon, confirme cette opinion : il dit que la distance fixée se compte, depuis le parement extérieur du mur où sont pratiqués les jours, ou depuis la ligne extérieure la plus saillante des balcons, *jusqu'à la ligne de séparation des deux propriétés.* Ces dernières expressions ne conviennent évidemment, qu'au seul cas où les deux propriétés sont contiguës; car, s'il s'agissait du cas où elles sont séparées par une rue ou un chemin, il n'y aurait entre elles, plus qu'une simple ligne de séparation; il faudrait alors mesurer jusqu'à l'endroit où commence l'héritage voisin; et, le Code ne l'a pas dit.

Au surplus, cette décision est fondée sur ce qu'il est permis à tout propriétaire, d'ouvrir des vues droites sur la voie publique, sans examiner si elle a plus ou moins de six pieds de large. Pourquoi en effet empêcher quelqu'un d'établir une vue libre, même quand elle s'étendrait chez le voisin, puisque tous ceux qui passent dans le chemin servant de séparation entre les deux héritages, jouissent de cette même vue? Cette situation d'un fonds placé sur le bord de la voie publique avertit assez des inconvéniens qui en résultent; on peut les prévoir. D'ailleurs, on a la faculté d'ouvrir des jours semblables, sans craindre aucun empêchement de la part du voisin placé de l'autre côté du chemin.

Peut-on ouvrir des vues droites dans un mur qui touche immédiatement un cimetière?

Desgodets cite deux arrêts : l'un du 30 juin 1622, a été rendu à l'occasion du cimetière de Saint Eustache, à Paris, conformément aux conclusions de M. l'avocat-général Talon. Ce magistrat disait que les vues dont il s'agissait, n'étaient pas susceptibles d'être réduites à la hauteur fixée par la coutume, les trépassés n'ayant pas les mêmes passions et affections que les vivans, qui n'aiment pas que leurs occupations ordinaires soient connues. Il voulait cependant que ces sortes de vues fussent grillés et fermés par verres dormans, afin qu'on ne pût ni jetter des immondices dans le cimetière, ni interrompre les prières qui s'y font. L'autre arrêt, cité par le même auteur, est du 17 janvier 1709; et prononcé de même sur une contestation concernant des fenêtres qui ouvraient sur le cimetière des Saints Innocens, à Paris.

Ces décisions nous confirment dans l'opinion que les circonstances, en cette matière, doivent entrer en considération, afin de ne limiter l'exercice de la propriété, que quand l'exigent impérieusement les égards dûs au voisinage.

§ V.

Des vues de côté ou obliques.

Quand on est à une fenêtre, et que, pour regarder sur l'héritage d'un voisin, il faut tourner la tête à droite ou à gauche, cette fenêtre est appelée *vue de côté, ou oblique*, par rapport à cet héritage. Le cas où il y a lieu à cette sorte de vue arrive, lorsque deux propriétés sont situées de manière que la ligne qui termine l'une, fait un angle avec celle qui termine l'autre. Ainsi, de la même croisée on peut avoir une vue droite sur l'héritage qui est en face, et des vues obliques sur les héritages qui sont à droite et à gauche.

Suivant l'*art.* 679 du Code Napoléon, on ne peut pas jouir d'une vue oblique sur un héritage voisin, clos ou non clos, si depuis la croisée d'où on tire cette vue, jusqu'à cet héritage, il n'y a une distance au moins de six décimètres, ou deux pieds. Une vue de côté plus rapprochée, importunerait trop le propriétaire sur le fonds duquel elle s'étendrait; le propriétaire de ce fonds pourrait donc la faire fermer comme une simple vue légale, à moins qu'elle ne fût l'objet d'une servitude consentie volontairement.

Remarquez que quand les deux lignes qui limitent deux héritages voisins, forment un angle très-aigu, on n'a pas besoin de tourner les yeux de côté pour voir de l'un sur l'autre. Ce n'est plus alors une vue oblique, mais une vue droite, puisqu'on est dans le même cas que si les deux héritages étaient enface l'un de l'autre. En conséquence, il faut se régler comme on l'a dit au paragraphe précédent; on ne jouira donc de cette vue librement, que quand on sera éloigné de l'héritage voisin, au moins de six pieds. La distance se mesure en suivant une ligne qui forme équerre ou angle droit, avec le mur dans lequel on veut ouvrir la fenêtre. Dans les parties de ce mur où la distance, mesurée de cette manière, n'est pas de six pieds au moins, il n'est pas possible d'avoir d'autres vues, que celles qui sont fermées avec grilles et verres dormans.

Nous ne parlerons donc ici, que des vues véritablement obliques; c'est-à-dire, de celles que procure une fenêtre, par laquelle on ne peut voir sur l'héritage qui est à côté, qu'en tournant la tête à droite ou à gauche. Si la distance de deux pieds au moins, n'existe pas entre une pareille croisée, et l'héritage qu'on voit obliquement, le propriétaire de cet héritage a droit d'exiger que l'ouverture soit fermée comme celles des vues légales, avec grilles et chassis à demeure; mais s'il y a la distance prescrite, il ne peut pas empêcher qu'on use librement de la fenêtre, et qu'on la tienne ouverte ou fermée à volonté.

Cette distance de deux pieds, fixée par la loi, se mesure en suivant l'alignement du mur où est la fenêtre, et à partir depuis l'arrête extérieure du pied droit, formant le tableau de cette fenêtre, jusqu'à la séparation des deux héritages. Quand la vue oblique est prise d'un balcon, ou de toute autre saillie, elle se mesure depuis la ligne extérieure la plus saillante de cette construction.

Si la séparation des deux héritages est un mur mitoyen, les deux pieds peuvent comprendre la moitié de l'épaisseur du mur. Quand cette épaisseur est plus forte qu'il n'est d'usage pour les clôtures, et que l'excédant appartient au voisin, on ne peut pas compter dans la distance nécessaire, plus que la moitié de l'épaisseur ordinaire d'un mur de clôture.

Suppose-t-on que le maître des vues obliques, soit aussi le seul maître du mur de séparation? Les deux pieds de distance peuvent comprendre l'épaisseur entière de ce mur. Ces décisions sont les mêmes que pour les vues droites; elles sont expliquées dans le paragraphe précédent, en parlant du cas où un mur sépare deux héritages qui sont en face l'un de l'autre; nous n'en répéterons pas ici les motifs.

Dans le cas où le mur qui n'était pas mitoyen, lors de la construction des vues obliques, le devient par le remboursement des charges de la part du voisin, la distance ne se trouve plus de deux pieds; car, la limite de l'héritage voisin est rapprochée de la moitié de l'épaisseur du mur. Est-on forcé alors d'éloigner les fenêtres à la distance prescrite? Cette même question a été traitée dans le paragraphe précédent, en parlant d'un cas semblable pour les vues droites; on y voit que les opinions sont partagées. Les uns décident pour l'affirmative, et d'autres veulent que l'acquisition de la mitoyenneté ne change rien à l'état des choses, tant qu'elles subsistent; mais, que s'il y a lieu à la reconstruction du mur dans lequel sont percées les vues, on doit compléter la distance exigée par la loi.

La question de savoir si on est tenu d'observer la distance prescrite, quand la vue oblique est bornée par un mur de clôture, a été pareillement examinée à l'occasion des fenêtres d'aspect; nous y renvoyons, parce que les mêmes motifs doivent déterminer dans l'un et l'autre cas. L'impossibilité de voir chez le voisin, quand la vue droite ou oblique est masquée par un mur, où il ne se trouve aucune ouverture, ne permettrait pas d'écouter ce voisin, s'il se plaignait de la proximité des fenêtres, il serait sans intérêt quant à présent.

Une troisième question concerne les vues, qui s'étendent sur des champs ouverts de toutes parts; ce qu'on en a dit en parlant des vues droites, convient aux vues obliques. D'un côté, la loi veut pour les unes comme pour les autres, que la distance prescrite soit observée, même quand l'héritage voisin n'est pas clos; d'un autre côté, il n'y aurait que de la méchanceté, sans aucun intérêt, à se plaindre de l'importunité d'une vue qui ne porterait que sur un champ ouvert de tous les côtés. On a conclu de là, que les circonstances devaient seules déterminer, et qu'il fallait chercher à concilier le respect dû à la propriété, avec les égards que nécessitent le voisinage.

Quand le propriétaire d'un bâtiment a besoin d'ouvrir des vues de côté, plus près de l'héritage voisin que les deux pieds prescrits, il peut suivre le conseil que donne Desgodets. Il fait un mur en aile, de deux pieds de saillie, formant angle droit avec la face du mur où il s'agit de percer les fenêtres. Ce mur en aile s'élève jusqu'aux étages dans lesquels les vues obliques sont nécessaires. Si le mur de séparation formant angle droit, ne monte qu'à hauteur de clôture, et qu'il soit mitoyen, ou appartienne à celui qui construit, on exhausse ce mur dans une longueur de deux pieds, jusqu'aux étages supérieurs où on a besoin de vues obliques très-rapprochées, les fenêtres alors, quoique touchant presque ce mur en aile, ne peuvent pas nuire au voisin, sur l'héritage duquel il est impossible alors de voir obliquement, si ce n'est au-delà de ce même mur en aile qui s'étend à deux pieds.

Il est bon d'observer ici qu'une construction saillante, telle qu'une terrasse, un grand balcon, un perron, procure une vue droite non-seulement sur l'héritage qui est en face, mais encore sur les héritages qui sont à droite et à gauche. En effet, on sort du bâtiment pour se promener sur la saillie; on s'y tourne dans tous les sens, et par conséquent on a pour aspect direct, tant les héritages qui sont vis-à-vis, que ceux qui sont à droite et à gauche, selon le côté où on se porte pour regarder. De là il suit, qu'une construction saillante de la nature de celle dont il s'agit, doit être éloignée de tous les héritages voisins, comme la loi le prescrit pour les vues droites, c'est-à-dire, de six pieds. Alors, la distance se mesure par rapport à chacun des fonds voisins, depuis la ligne la plus extérieure de la saillie, en la considérant par la face qu'elle lui présente.

Supposons, par exemple, qu'il s'agisse d'un de ces grands balcons, sur lesquels on peut se promener. La saillie qu'il fait au-delà du mur auquel il est attaché, ne doit pas s'approcher plus près que six pieds, de l'héritage qui est en face. Pareillement, la longueur du balcon ne peut en aucune manière être prolongée, que jusqu'aux endroits où, à droite et à gauche, il se trouve à six pieds des héritages qui sont de chaque côté. Par ce moyen, la personne qui, en se promenant sur le balcon, s'avance vers l'une des extrémités, ne peut pas approcher plus près que six pieds, de l'héritage voisin qu'elle voit alors en face comme un objet de vue droite.

Quelque près que l'on soit de l'héritage voisin, si on en est séparé par une ruelle, on n'est pas tenu d'observer la distance de deux pieds pour des vues obliques, parce que chacun est libre d'ouvrir comme il lui plaît sur la voie publique. Cette remarque, plus convenable pour les vues droites, n'est rappelée ici que dans l'intérêt des principes; car il n'arrive guères qu'un terrain public, qui sépare deux propriétés particulières, n'ait pas au moins deux pieds de largeur.

Ce qu'on a dit des vues droites qu'on peut ouvrir sur un cimetière, sans observer la distance prescrite, parce que c'est un lieu public, doit s'appliquer aux vues obliques. Mais, pour empêcher de jetter des immondices dans ce lieu consacré, et afin que rien ne puisse interrompre les cérémonies qui y sont pratiquées, les vues obliques non suffisamment éloignées, doivent être grillées et fermées de verres dormans, comme les vues légales.

ARTICLE IV.

De l'égoût des toits.

La pluie que reçoivent les toits, tombe autour des bâtimens, quand elle n'est pas recueillie par des goutières. Lors même qu'elle n'est pas ainsi abandonnée, cette eau est dirigée, soit par des godets, d'où elle se précipite par terre, soit par des tuyaux qui la conduise jusqu'en bas.

De quelque manière que les eaux d'un toit se répandent, il est de principe général qu'elles ne doivent jamais tomber sur les héritages voisins, à moins que, par titre consenti volontairement, on n'ait la faculté de leur donner une pareille direction. Cette règle ne présente aucune difficulté à observer, lorsqu'un bâtiment isolé de toutes parts, est à une certaine distance des héritages environnans. Mais, dans les villes, et dans tous les lieux où plusieurs maisons tiennent les unes aux autres, il serait impossible que les eaux des toits, abandonnées à elles-mêmes, ne suivissent pas la pente des constructions diverses, et que des toits les plus hauts, elles ne se portassent pas sur les autres, pour ensuite se rendre à terre par les égoûts des maisons les moins élevées. Il est donc indispensable que chaque propriétaire s'arrange, de manière que les eaux de ses toits ne passent pas sur ceux des maisons voisines. Pareillement, lorsqu'un bâtiment est appuyé sur un mur mitoyen, ou sur un mur non commun, mais qui touche l'héritage voisin immédiatement, le propriétaire de ce bâtiment doit empêcher que les eaux du toit ne s'égouttent sur le terrain limitrophe.

On ne peut pas ici faire l'application de l'*art.* 640 du Code Napoléon, qui assujétit les fonds inférieurs à recevoir les eaux des fonds plus élevés. Une semblable disposition est établie seulement pour les cas où la supériorité d'un héritage sur l'autre, vient de la situation naturelle des lieux. Le même article dit précisément qu'il ne s'étend pas aux objets qui, par la main de l'homme, ont été mis dans la dépendance les uns des autres. Or, les bâtimens ne sont rien moins que l'effet de la nature, puisqu'ils sont l'ouvrage de l'art. Ainsi, quoique par les divers arrangemens des constructions, les eaux de la pluie, en suivant la pente qu'elles trouvent, dussent tomber sur les toits ou sur les terrains voisins, il n'est pas permis de leur laisser cette liberté. Chacun a pu faire usage de son droit de propriété, en construisant de la manière qui lui a convenu; mais c'était avec la restriction, qu'il ne causerait aucune incommodité à ses voisins.

Chaque propriétaire doit donc faire en sorte que les eaux pluviales qui arrosent ses toits, ne retombent ni sur ceux de son voisin, ni sur aucune portion de l'héritage de ce dernier; c'est le précepte que consacre l'*art.* 681 du Code Napoléon. Il ordonne à tout propriétaire d'établir des toits, de manière que les eaux pluviales s'écoulent sur son propre terrain, ou sur la voie publique; le même texte défend expressément de les diriger sur les fonds voisins.

On peut exiger du maître d'un bâtiment, qu'il s'arrange pour retenir chez lui les eaux pluviales de ses toits. Nous n'entreprendrons pas de décrire les différentes manières de construire des toits propres à produire l'effet ordonné par le Code. Il nous suffit de dire que la méthode la plus ordinaire, est de border les toits avec des gouttières qui, par la pente qu'on leur donne, portent les eaux qu'elles reçoivent, vers l'endroit où elles peuvent s'échapper. Par cette précaution, on est assuré que les eaux des toits ne tomberont qu'à la place qui leur aura été destinée, soit sur le terrain du propriétaire du bâtiment, soit sur la voie publique.

Dans les villes, où les réglemens de police défendent de verser les eaux de pluie par des godets sur le pavé des rues, on est tenu, quand on construit une maison, ou quand on rétablit à neuf une couverture, de conduire les eaux par un tuyau, qui les amène depuis les gouttières jusque sur le sol. Il serait bien à desirer que des mesures plus promptes fussent prises, pour faire disparaître ces godets d'ancienne construction, qui s'allongent de trois ou quatre pieds en avant des toits, et jettent sur les passans des torrens d'eau, long-tems même après que la pluie a cessé.

Il est à remarquer que l'article cité ne désigne que l'égoût des toits, parce que les eaux qui coulent sur la surface de la terre, sont comprises parmi celles dont on s'est occupé en la section première de ce chapitre: il y a été parlé dans un premier article, de l'écoulement des eaux; dans un second, des sources d'eau; et dans un troisième, des eaux courantes. On y a vu que ces différentes eaux, lorsqu'elles passent d'un héritage à l'autre, par l'effet de la situation naturelle des lieux, sont des servitudes nécessaires, qui existent en vertu des lois du voisinage, sans qu'il soit besoin de titre.

Il n'en est pas de même de l'eau de pluie que reçoivent les toits: chaque propriétaire doit les faire tomber sur son terrain, même dans le cas où ses bâtimens sont plus élevés que ceux qui l'entourent; à moins qu'il n'ait acquis le droit d'égoût sur l'héritage voisin. Cependant, dès que les eaux de pluie sont arrivées par terre, elles peuvent suivre la pente indiquée par les niveaux naturels des terrains. Aussi doit-on remarquer que le Code, dans l'*art.* 681 qui nous occupe en ce moment, n'étend sa disposition que sur la manière dont les eaux pluviales sont conduites depuis les toits jusqu'en bas; il défend de les faire tomber chez le voisin, si on n'en a pas le droit par une servitude légitimement établie. Mais, dès que les eaux des toits sont descendues sur le sol, on suit les règles qui concernent l'écoulement des eaux, et qui sont expliquées dans l'article premier de la section première.

Supposons qu'un bâtiment soit éloigné de quelques pieds, de l'héritage voisin, et que les toits ne soient pas garnis de gouttières; l'eau de la pluie dégouttera de toutes les parties du toit sur le terrain qui dépend du bâtiment; elle pourra delà s'écouler chez le voisin, sans qu'il puisse s'en plaindre, si la pente naturelle du sol est dirigée de son côté.

Mais, si le toit du même bâtiment est entouré de gouttières, qui ne laissent échapper les eaux que par un godet ou un tuyau; le voisin est-il tenu de les recevoir ainsi réunies en ruisseau, sous prétexte que la pente naturelle du sol les dirige de son côté?

Les principes que nous avons développés au commencement de la première section, en parlant de l'écoulement des eaux d'un héritage sur l'autre, servent à décider cette question. Le propriétaire d'un fonds inférieur est assujéti à recevoir les eaux d'un fonds plus élevé, lorsqu'elles en découlent naturellement, sans que la main de l'homme y ait contribué. Le Code Napoléon, dans son *art.* 640, ajoute à cette disposition, que le propriétaire du sol supérieur ne peut, par aucun ouvrage, aggraver la servitude naturelle imposée au sol inférieur. Or, dans l'espece proposée, la réunion des eaux du toit en un ruisseau, est opérée par la main des hommes, et rend la servitude plus onéreuse; le voisin peut donc s'opposer à ce que le propriétaire du bâtiment lui envoye ainsi des eaux réunies dans des gouttières.

Un bâtiment est appuyé sur un mur qui touche immédiatement l'héritage contigu, sans qu'il y ait mitoyenneté; si les eaux des toits étaient abandonnées à elles-mêmes, il en dégoutterait une partie sur le terrain voisin. Il est donc évident en pareil cas que, soit par des gouttières, soit par d'autres moyens, les eaux du toit qui incline du côté du voisin, doivent être dirigées sur la propriété de celui à qui appartient l'édifice.

Si le mur de séparation était mitoyen, en serait-il de même? il n'y a pas de doute; chacun des deux propriétaires du mur en doit jouir de manière à ne pas gêner l'autre. D'ailleurs, les eaux qui viennent d'un toit que supporte un mur mitoyen, ne sont pas recueillies par ce mur, et, par conséquent, ne sont pas une charge commune; elles doivent donc être retenues chez celui à qui le toit appartient.

A l'égard des eaux de pluie, que reçoit sur son épaisseur un mur de séparation, qui n'est couvert par aucune construction, tel par exemple, qu'un simple mur de clôture; elles doivent être dirigées selon que ce mur est mitoyen, ou qu'il appartient exclusivement à l'un des deux propriétaires. Dans ce dernier cas, le chaperon du mur forme un seul égoût tourné du côté du fonds, sur lequel il est assis. Quand le mur est mitoyen, le chaperon forme deux égoûts qui se joignent par le haut, en s'élevant comme une crête sur le milieu de l'épaisseur du mur. De cette manière, la pluie est dirigée par les deux pentes égales, autant sur un héritage que sur l'autre.

ARTICLE V.

Des fossés mitoyens.

Toute espèce de fossé qui sépare deux propriétés, est réputé mitoyen, s'il n'y a titre ou marque du contraire. Cette disposition de l'*art.* 666 du Code Napoléon, est conforme à celle de l'*art.* 653, concernant les murs de séparations : ils sont présumés appartenir également aux deux voisins, si le contraire n'est pas prouvé.

Peu importe que les fossés contiennent de l'eau courante ou stagnante, ou même qu'ils soient perpétuellement à sec; la loi parle indistinctement des fossés qui touchent sans moyens deux héritages, et qui leur servent de séparation. Si donc au-delà d'un fossé, il avait été laissé une portion quelconque de terrain, appartenant au même propriétaire, le principe dont il s'agit ne pourrait pas s'appliquer. Un pareil fossé ne touchant pas immédiatement l'héritage voisin, n'est pas une séparation des deux propriétés; par conséquent la présomption de mitoyenneté ne peut pas subsister.

Il en est de même si le fossé se trouve border un chemin public : on sent bien alors que ce fossé fait nécessairement partie de la propriété à laquelle il sert de clôture; car il ne touche pas sans moyen, l'héritage situé de l'autre côté du chemin.

De quelque manière que soit fait un fossé qui touche deux propriétés contiguës, sans autres objets intermédiaires, il appartient toujours au maître indiqué par les titres. Mais, à défaut de titres, le Code Napoléon, *art.* 667 *et* 668, décide que le fossé est censé appartenir exclusivement au propriétaire, sur le fonds duquel se trouve tout le rejet des terres.

Pour entendre cette disposition, il faut se rappeler que quand des ouvriers creusent un fossé, ils jettent sur les bords la terre qu'ils en retirent. Or, si cette terre est totalement sur un des bords du fossé, on en conclut qu'il a été tracé entièrement sur l'héritage où les terres ont été jetées; par conséquent, on regarde le fossé comme appartenant uniquement au maître de cet héritage. Cette présomption est une preuve suffisante, à moins que le contraire ne soit démontré par écrit. En effet, si un titre attestait que le fossé est une dépendance de l'autre héritage, la présomption résultant du rejet des terres s'évanouirait devant la preuve écrite.

Si en creusant le fossé, les terres ont été jetées en partie sur un bord, et en partie sur l'autre, c'est une présomption que ce fossé est mitoyen; car alors, le rejet des terres n'est pas d'un côté seulement, et cette présomption de droit est une preuve, tant qu'elle n'est pas démentie par des titres. Lorsqu'on ne trouve aucune trace du rejet des terres, on doit décider pareillement que le fossé est mitoyen. La mitoyenneté est en effet l'état présumé, tant que le contraire n'est pas prouvé; or, à défaut de titre, la seule marque légale de la propriété exclusive d'un fossé, est le rejet des terres d'un seul côté : donc, si le rejet a été fait des deux côtés, ou s'il ne paraît aucune trace de rejet ni d'un côté ni de l'autre, on doit prononcer que le fossé appartient en commun.

Pour la bonne construction d'un fossé, il faut que son talus soit proportionné à la profondeur et à la nature du terrain. Il faut aussi que le propriétaire du fossé laisse un pied de large de son propre terrain du côté du voisin, pour la conservation de la ligne de séparation.

Ainsi, lorsqu'un fossé n'est pas mitoyen, non-seulement toute sa largeur mesurée par le haut d'un bord à l'autre, appartient au propriétaire du côté duquel les terres ont été jetées, mais encore il peut réclamer un pied au-delà du côté du voisin. A l'égard du fossé mitoyen, chaque propriétaire est censé avoir fourni le terrain nécessaire pour la moitié de la largeur, en la mesurant d'un bord à l'autre par le haut. Il n'y a rien de réglé pour la profondeur de cette clôture, parce que la mitoyenneté d'un fossé ne peut jamais avoir lieu, sans un accord entre les deux propriétaires. En ce point, la législation pour les fossés de de séparation, diffère de celle des murs placés entre deux héritages : on peut toujours être forcé de céder le droit de communauté à un mur qu'on a élevé, et qui touche sans moyen l'héritage voisin ; et même, dans les villes et faubourgs, on est tenu de contribuer au mur de séparation quand le voisin l'exige. Il n'en est pas ainsi des fossés : le propriétaire qui veut avoir une pareille clôture, ne peut pas obliger son voisin à y contribuer ; et quand il l'a faite à ses frais, il n'est pas forcé d'en céder la mitoyenneté, quoiqu'elle touche immédiatement l'héritage contigu. Il n'y a donc pas de fossés possédés en commun, sans qu'il y ait eu accord entre les deux voisins.

Ainsi, lorsqu'à défaut de titres ou de marques, un fossé est considéré comme mitoyen, on présume que les parties l'ont fait creuser à frais commun, ou que, par une convention quelconque, elles en ont établi la mitoyenneté.

Le propriétaire à qui appartient exclusivement un fossé, quoique joignant sans moyen l'héritage voisin, est libre de le combler ; pareillement il est seul tenu de l'entretenir. Quand il le fait curer, les immondices doivent être jetées de son côté. Il ne peut rien planter sur le pied de bord qui lui appartient du côté opposé, parce qu'il n'est pas permis de faire des plantations, à si peu de distance d'un autre héritage, comme on le verra par la suite. Le voisin n'en doit pas moins respecter ce pied de bord, puisque c'est un terrain qui ne fait pas portion de sa propriété. Celui à qui appartient le fossé, doit avoir grand soin de prévenir les éboulis du côté du voisin, afin que le terrain de celui-ci n'éprouve aucune détérioration.

La mitoyenneté d'un fossé étant l'objet d'une véritable société, les deux propriétaires doivent en jouir en commun, et veiller à ce qu'il ne soit pas endommagé. Si ce fossé produit quelques fruits, par exemple, s'il y a du poisson, chacun a droit d'en avoir sa part. Alors, la manière dont chacun peut y pêcher, est réglée par le titre, ou par l'usage des lieux; et il n'est pas permis à l'un, sans le consentement de l'autre, d'employer pour la pêche, des moyens capables de détruire le poisson.

De quelque nature que soit un fossé mitoyen, les réparations doivent en être faites en commun; si l'un des voisins s'y refuse, il peut y être forcé par l'autre. Quand la réparation a été occasionnée par le fait d'un des deux voisins, il est seul obligé d'en supporter les dépenses. En cas de contestation, des experts sont nommés, ou à l'amiable, ou par la justice. Lors du curage d'un pareil fossé, les immondices qui en sortent sont jetées moitié sur une berge et moitié sur l'autre.

On demande si, pour s'affranchir de l'obligation de réparer un fossé commun, le propriétaire peut abandonner à l'autre sa mitoyenneté, comme quand il s'agit d'un mur de séparation.

Les uns disent que le Code Napoléon n'ayant permis l'abandon de la mitoyenneté, qu'à l'égard des murs de séparation, on ne peut pas étendre sa disposition aux fossés qui séparent deux propriétés.

D'autres soutiennent que quand l'objet de la communauté n'est pas une obligation personnelle, et qu'il s'agit de la possession d'une chose, il est libre à l'un des copropriétaires de renoncer à cette société, en abandonnant la portion qu'il a dans cette chose. Ainsi, on n'est pas toujours le maître d'abandonner une association établie pour faire quelqu'opération en commun; autrement, dès qu'on verrait qu'il y a de la perte, on en serait quitte pour abandonner son droit dans la société; mais dans le cas d'une association qui résulte d'une propriété indivise, on peut cesser à volonté d'avoir intérêt dans la société, en abandonnant la chose qui en fait l'objet. En appliquant ce principe à la mitoyenneté d'un fossé, on voit que l'un des voisins peut y renoncer, en délaissant, tant son droit de jouir de cette sorte de clôture, que le terrain qu'il a fourni pour l'établir.

Nous adoptons cette opinion de Desgodets, ainsi que la restriction qu'il propose. Suivant lui, si le fossé mitoyen servait à recevoir un ruisseau, ou à écouler les eaux pluviales d'une commune, ou à en dessécher les terres, il ne serait pas permis aux deux propriétaires de le supprimer; car il serait à leur égard une des servitudes naturelles, dont il est parlé dans l'*art.* 640 du Code Napoléon. De là il résulte, qu'il n'y a plus possibilité d'éviter les frais d'entretien et de réparation d'un pareil fossé, en offrant d'abandonner la mitoyenneté. Celui à qui est fait l'abandon d'un mur de séparation, reste le maître ou de le garder ou de l'abattre. On peut en dire autant d'un simple fossé, qui n'intéresse d'autres propriétaires que les deux voisins; celui qui en reste seul maître par l'effet de l'abandon, peut le combler s'il veut. Mais quand le fossé est de telle nature, qu'on n'a pas la faculté de le détruire, l'un des propriétaires ne peut pas forcer l'autre à s'en charger seul, même en lui abandonnant la mitoyenneté.

L'annotateur de Desgodets pense que, même dans le cas où le fossé contient de l'eau dormante, l'un des propriétaires ne peut pas forcer l'autre à accepter l'abandon, lorsqu'il est impossible de le supprimer, sans faire un tort notable aux terres adjacentes; car, celui à qui l'abandon serait fait, ne serait pas libre de combler ce fossé.

Au lieu d'abandonner la mitoyenneté d'un fossé, pour éviter de contribuer aux réparations qu'il exige, l'un des propriétaires pourrait-il faire combler la moitié de la largeur de son côté? Desgodets ne doute pas que la communauté d'un fossé, qui n'est pas nécessaire à des tiers, ne puisse cesser de cette manière. En reprenant la portion de terrain que l'on a fournie, et qui ne peut jamais être confondue avec d'autres, on ne fait pas un véritable tort au voisin, qui, s'il veut être clos par un fossé, peut l'ouvrir tout entier sur son propre héritage. La justice de cette décision est sentie plus particulièrement encore, quand la portion de terrain, consacrée à la moitié du fossé, n'est reprise par le propriétaire, que dans l'intention d'y placer un mur. En effet, étant libre de placer sa maçonnerie sur la dernière ligne de son héritage, il ne pourrait pas user de cette faculté, s'il n'avait pas aussi celle de reprendre sa moitié du terrain sur lequel est ouvert le fossé. De cet exemple, il ne faut pas conclure que le copropriétaire d'un fossé n'en peut reprendre sa moitié, que pour y construire un mur; il est libre de faire de cette moitié ce qui lui convient, et même de la laisser sans clôture.

On voit, par ce qui vient d'être dit, qu'il est presque sans intérêt d'agiter la question de savoir, si on est reçu à faire l'abandon de la mitoyenneté d'un fossé, pour éviter de contribuer aux réparations; car, si le fossé est utile à des tiers, il ne peut pas être supprimé, et par conséquent, l'abandon n'est pas proposable. Le fossé est-il entièrement à la disposition des deux voisins? Celui qui ne veut plus de communauté, reprend sa portion de terrain, plutôt que de l'abandonner. Cependant, il peut arriver des circonstances, dans lesquelles l'abandon de la mitoyenneté du fossé serait préférable; c'en est assez pour qu'on ait dû traiter cette matière.

En conséquence, il n'est pas inutile de demander si, après avoir abandonné la mitoyenneté d'un fossé de séparation, on peut rentrer dans le droit de communauté à ce même fossé, en remboursant la moitié de sa valeur.

Pour la négative, on dit que par suite de l'abandon, l'objet qui était possédé en commun appartient en totalité et irrévocablement au propriétaire par qui l'abandon a été accepté. Celui-ci est absolument dans le même cas, que si le fossé avait originairement été fait sur son propre fonds. Or, comme nous l'avons observé plus haut, le propriétaire exclusif d'un fossé n'est point tenu d'en céder la mitoyenneté, quoique ce fossé touche sans moyen l'héritage voisin. L'obligation de céder la moitié d'une clôture, n'est imposée que quand la séparation est un mur; un pareil droit, qui gêne l'exercice de la propriété, doit être restreint aux seuls cas prévus, et ne peut pas s'étendre, par conséquent, aux fossés de séparation.

D'ailleurs, il n'y a pas le même intérêt; on a souvent un besoin urgent d'acquérir la mitoyenneté d'un mur, afin d'y appuyer, soit des espaliers, soit des constructions; tandis qu'on ne voit pas les motifs d'une utilité assez importante, pour forcer un propriétaire à céder la moitié d'un fossé qui lui appartient. Si donc on ne peut pas exiger la mitoyenneté d'un fossé, il faut décider que quand elle a été conv nue, et qu'ensuite elle a cessé par l'abandon, on n'a pas le droit de rentrer dans la communauté du fossé, si le voisin qui en re[illegible] le seul propriétaire ne veut pas y consentir.

L'opinion contraire est embrassée par Desgodets. Il ne prétend pas qu'un fossé de séparation, appartenant à un seul propriétaire, puisse devenir mitoyen, si ce dernier s'y refuse. Mais, si ce fossé, d'abord mitoyen, avait cessé de l'être par abandon, il croit que celui qui avait renoncé à la mitoyenneté pourrait y rentrer, en remboursant la moitié de la valeur du fossé. Cet architecte pense que le fossé mitoyen, qui, par l'abandon a été traité entre les parties comme un mur, doit continuer après l'abandon, d'être soumis aux principes concernant les murs dont la mitoyenneté a été abandonnée. Il conclut de là, que le propriétaire qui avait fait l'abandon de sa part dans un fossé de séparation, peut par la suite la réclamer en payant la moitié de la valeur actuelle du fossé.

L'erreur d'une pareille opinion paraît évidente : en effet, pour que la mitoyenneté d'un fossé pût être réclamée après avoir été abandonnée, il faudrait qu'on eût aussi la faculté de l'acquérir, quand elle n'a pas encore existé. Or, on a vu plus haut, que nul propriétaire n'est forcé à céder le droit de jouir en commun du fossé qui lui sert de clôture. Donc, il ne peut pas être tenu de rendre la mitoyenneté, quand elle a cessé par suite d'un abandon qu'il a accepté; c'est un objet qu'il a acquis irrévocablement, et qu'aucune loi ne l'oblige à revendre, pas même au voisin.

Il est certain que les principes consacrés spécialement aux murs mitoyens, ne peuvent s'appliquer aux clôtures d'une autre genre, tels que les fossés ; il faut donc pour ces derniers objets, suivre les principes généraux. Ils permettent, ainsi que nous l'avons déjà observé, de renoncer à une association, en abandonnant le droit qu'on a dans la chose possédée en commun ; et quand l'abandon est opéré, les mêmes principes refusent à celui qui s'est retiré, la faculté de rentrer dans la société, même en remboursant la valeur de la portion qu'il a délaissée.

Ce qu'ajoute Desgodets, paraîtrait plus raisonnable. Il suppose qu'un fossé dont la mitoyenneté a été abandonnée, se trouve comblé, ou qu'on l'a tellement négligé qu'il cesse de servir comme fossé. Il pense que, dans ce cas, le propriétaire qui a fait l'abandon, pourrait reprendre la moitié du terrain qu'il avait fourni pour ce même fossé. La raison plausible qu'on en donne, est que l'abandon de la mitoyenneté n'a eu lieu, que pour s'exempter des frais d'entretien et de réparations ; si ces travaux ne sont pas faits, ou s'il n'existe plus de fossé, le terrain qui n'avait été cédé qu'en considération de cette clôture, ne peut plus être retenu par celui des propriétaires, qui n'exécute pas les conditions de l'abandon.

ARTICLE VI.

Des haies mitoyennes.

On est assez souvent dans l'usage d'enclorre des biens ruraux, par des haies, soit vives, soit sèches. Les haies vives sont formées par des plantations d'arbustes qui ont pris racine, et qui ont besoin d'être cultivés et taillés. Une haie sèche est faite avec des bois coupés, comme sont des échalats, des branches d'arbres, des planches.

Quand une haie vive ou sèche n'est pas placée sur la ligne de séparation de deux héritages, elle appartient exclusivement au propriétaire du fonds sur lequel elle se trouve. Mais une haie qui touche sans moyen l'héritage voisin, est réputée mitoyenne, à moins que le contraire ne soit prouvé par titre, ou par la nature des deux héritages. En établissant ce principe, le Code Napoléon, *art.* 670, dit que si l'un des deux fonds est seul en état de clôture, la haie est présumée appartenir uniquement au propriétaire de ce fonds. Ainsi, on suppose qu'une vigne est enclose au levant, au couchant et au midi, d'une manière quelconque ; du côté du nord, est une haie qui la sépare d'un champ labouré. S'il s'élève une contestation pour savoir à qui appartient la haie, on se décidera, faute de titres, par l'état de clôture où se trouve la vigne. La présomption de droit est que la haie a été plantée pour enclorre la vigne, et non pas pour commencer la clôture d'une terre labourable. Suivant les circonstances, l'état de clôture pourrait être présumé en faveur de la vigne, même quand elle ne serait pas enfermée précisément de tous côtés.

Une haie plantée sur le bord d'un fossé, est présumée appartenir au maître de l'héritage que cette haie sépare du fossé. Cette décision est évidente, si le rejet des terres se trouve entièrement du côté de la haie; car alors, on voit que la même personne a formé sur son propre terrain, la double séparation d'une haie défendue par un fossé. Il en est de même lorsque le fossé est mitoyen; il est évident en pareil cas, que l'un des propriétaires a voulu séparer son héritage, non-seulement par le fossé commun, mais encore par une haie plantée de son côté sur le bord de ce fossé. Enfin, dans le cas où le fossé dépend en totalité de l'héritage auquel il touche sans moyen, la haie placée en dehors, est censée faire partie de l'autre héritage; on présume que le voisin a voulu aussi de son côté une clôture. On ne peut pas supposer que le propriétaire du fossé ait planté la haie; car, lorsqu'on forme une séparation avec un fossé et une haie, celle-ci est placée en-deçà du fossé, et jamais au delà; en sorte que la haie forme la clôture intérieure, et le fossé, la clôture extérieure. Il est donc certain qu'une haie placée sur le bord d'un fossé, est toujours censé faire partie de l'héritage qu'elle sépare du fossé.

L'entretien et les réparations d'une haie sèche ou vive, sont à la charge de celui à qui elle appartient. Il la soigne comme il veut; il dispose arbitrairement du bois qu'il en retire, soit quand il en fait la tonte, soit quand il l'arrache. On n'a pas plus le droit d'exiger qu'il replante une haie à la place de celle qu'il lui a plu d'enlever, que de le forcer à former une haie dans une place où il n'y en a jamais eu.

Si la haie se trouve mitoyenne, l'entretien et les réparations se font à frais communs; et si l'un des propriétaires s'y refusait, l'autre aurait une action pour le forcer à contribuer aux dépenses nécessaires. Leur contestation à ce sujet, serait réglée sur rapport d'experts nommés à l'amiable ou par la justice.

On parlera dans l'article suivant, des arbres qui se trouvent dans une haie mitoyenne; on verra qu'ils sont mitoyens, et que chacun des propriétaires jouit en commun, des fruits et du bois que ces arbres produisent. On verra en même-tems, qu'une haie ne doit être formée que d'arbustes; et qu'il ne doit y être placé des arbres, que quand les deux voisins y consentent. Par conséquent, si l'un d'eux ne veut plus souffrir d'arbres dans la haie, il peut exiger qu'on les abatte. Le Code, dans son *art.* 673, le décide ainsi, parce qu'un arbre, dans une haie mitoyenne étend ses racines et ses branches trop avant sur les héritages contigus.

Un des voisins, pour éviter de contribuer aux réparations et à l'entretien d'une haie, peut-il en abandonner la mitoyenneté?

Il est de principe que quand on est obligé, seulement à cause d'une chose qu'on possède, on peut se décharger de l'obligation en abandonnant cette chose. Ce principe consacré spécialement pour les murs mitoyens, reçoit son application aux haies possédées en commun.

Celui qui renonce à la mitoyenneté d'une haie, abandonne nécessairement la part du terrain sur lequel cette haie se trouve plantée; de là, naît une question assez importante. Pour la comprendre, il faut savoir que toute haie vive doit être plantée à une certaine distance du terrain voisin, comme on le verra dans la suite. Or, si en renonçant à la mitoyenneté d'une pareille haie, on abandonne nécessairement le terrain qu'elle occupe, faut-il abandonner de plus, l'espace qu'il est ordonné de laisser entre une haie vive non mitoyenne, et l'héritage voisin?

Pour la négative, on dit que la distance légale est prescrite, dans le cas seulement où un propriétaire entreprend de faire une haie de séparation; les racines et les branches de cette haie devant prendre de l'accroissement, il ne serait pas juste qu'elles s'étendissent sur le terrain de celui qui n'a aucun droit à cette haie. Mais, lorsqu'un des copropriétaires renonce à la mitoyenneté, il sait bien que les racines et les branches excèdent la ligne sur laquelle est faite la plantation; sa renonciation est donc un titre par lequel il se soumet à laisser venir les branches et les racines sur son terrain, jusqu'à la distance légale. En conséquence, il n'est point nécessaire que la renonciation à la mitoyenneté, comprenne aucune portion de terrain au-delà de celui sur lequel est plantée la haie.

L'affirmative s'appuie précisément sur la nécessité qu'il y a de laisser aux racines et aux branches, la liberté de s'étendre convenablement. S'il est avoué qu'en renonçant à la mitoyenneté de la haie, il faut se soumettre à lui voir occuper, par ses branches et ses racines, un terrain suffisant, c'est convenir implicitement qu'on doit abandonner ce même terrain avec la mitoyenneté. En effet, tant qu'il y aura une haie dans la même place, le terrain nécessaire à son accroissement au-delà de la ligne de plantation, demeurera libre, et ne pourra être obstrué par le propriétaire qui en a fait l'abandon. Le droit sur cette portion de terrain utile à la nourriture de la haie, sera nommé comme on voudra, il n'en est pas moins une conséquence de la propriété de cette haie.

Il est vrai qu'on ne peut donner à ce terrain une autre destination, que celle de recevoir les racines et les branches de la haie, et que l'abandon n'en a été fait que sous la seule condition d'entretenir cette clôture. Si donc celui qui en est devenu seul propriétaire l'arrachait, sans la remplacer, on ne doute pas que le voisin ne fût autorisé à reprendre sa portion de terrain; il ne l'avait abandonnée que pour assurer le maintien de cette séparation.

En parlant de la mitoyenneté d'un fossé, dans le paragraphe précédent, nous avons remarqué qu'on pouvait la faire cesser, sans qu'il fût nécessaire de rien abandonner. Celui qui ne veut plus du fossé possédé en commun, peut reprendre la portion de terrain qu'il a fournie pour cette clôture, et en disposer comme il lui convient. Cette manière de sortir de l'indivision n'est point praticable, quand l'objet en communauté est une haie. En effet, en comblant la moitié du fossé mitoyen, on reprend identiquement la même portion d'héritage qu'on avait mise en communauté, et qui n'a jamais été confondue avec d'autres terrains. De plus, on ne cause aucun préjudice notable au voisin, qui peut facilément dès le lendemain, se faire un fossé semblable, et entièrement placé sur son fonds.

Il n'en est pas ainsi d'une haie, parce que cette plantation ne peut pas se diviser dans le sens de sa largeur. D'un autre côté, on ne pourrait pas en détruire une partie, sans priver le voisin d'une clôture, qui ne prend son accroissement et une force suffisante, qu'avec beaucoup de tems et des soins continuels. Ainsi, quand on veut faire cesser la mitoyenneté d'une haie vive, le seul moyen est d'en offrir l'abandon. Cependant, si l'un des propriétaires de la haie voulait faire un mur de clôture sur la dernière extrémité de souterrain, il faudrait bien que la haie mitoyenne fût détruite; car, la loi autorise ce genre de séparation qui d'ailleurs ne nuit pas au voisin, et vaut mieux pour lui qu'une haie.

Le propriétaire qui veut planter une haie de séparation, ne peut pas exiger que son voisin y contribue. On a établi dans les villes seulement et dans leurs faubourgs, la faculté de forcer un voisin à construire un mur de clôture à frais communs; mais les considérations qui ont porté à faire cette exception à la liberté qu'on a de jouir de sa propriété, ne se rencontrent pas quand il s'agit, soit d'une haie, soit d'un fossé de séparation, soit de toute autre clôture qui n'est pas un mur. Ainsi, quoique des terrains en culture, tels que des jardins, des marais, se trouvent situés dans une ville ou dans un de ses faubourgs, leur séparation, soit par haie vive ou sèche, soit par fossé, ne se fait à frais communs, que quand les deux voisins en conviennent de gré à gré. Ceci est fondé sur ce que la modification apportée à l'exercice de la propriété, quand il s'agit d'un mur de séparation, ne s'étend pas au cas où les héritages sont limités par des haies ou des fossés. De là il résulte, que celui à qui une haie appartient exclusivement, n'est pas tenu d'en céder la mitoyenneté; car la loi qui a autorisé cette cession forcée à l'égard des murs de séparation, ne doit pas s'appliquer aux autres espèces de clôture.

On décidera d'après ces principes, la question de savoir si le propriétaire qui a renoncé à la mitoyenneté d'une haie, peut y rentrer en remboursant la moitié de ce qu'elle vaut. Celui à qui l'abandon a été consenti, est seul maître de la haie, comme s'il l'avait fait planter sur son propre fond. Or, dans ce cas, il ne serait pas obligé d'en céder la mitoyenneté; par conséquent, il en est de même quand la haie lui appartient exclusivement par l'effet de l'abandon. On peut voir sur cette question ce que nous avons dit dans l'article précédent, en parlant des fossés qui ont cessé d'être mitoyen, par la renonciation d'un des propriétaires.

ARTICLE VII.

Des plantations près d'un héritage voisin.

Chacun est libre de cultiver sa terre comme il lui plaît; mais l'équité ne permet pas qu'en usant de son droit, on nuise à autrui. De ce principe, qui fait la base des lois du voisinage, il est résulté des règles qui prescrivent les distances qu'on doit mettre entre les plantations qu'on veut faire, et les héritages voisins. Ceux qui ne voyent rien de mieux, que l'uniformité des lois dans tous les pays qui composent la France, auraient voulu que le Code Napoléon eût fixé les distances, de manière à faire disparaître la diversité des coutumes, des réglemens particuliers et des usages locaux. Mais nos législateurs ont pensé qu'en ce point, l'uniformité s'éloignerait trop de la justice, qui est le but principal des lois. En effet, si la différence des climats doit influer sur des règles à établir, c'est évidemment quand il s'agit de culture; ce qui conviendrait aux pays méridionaux, ne peut pas être adopté dans les départemens du nord. Le Code, dans son *art.* 671, a donc sagement fait, en laissant subsister sur cette matière les dispositions des coutumes, les réglemens et les usages. Mais, pour les lieux où il n'est rien réglé à ce sujet, pas même par un usage constant, l'article cité décide que les arbres à hautes tiges, ne peuvent être plantés qu'à la distance de deux mètres, ou environ six pieds, de la ligne qui sépare les deux héritages. A l'égard de tous autres arbres et des haies vives, la distance doit être d'un demi-mètre, qui vaut à peu près dix-huit pouces. On ne parle ici que de haies vives;

car il est évident qu'une haie sèche, n'ayant ni branches ni racines, ne peut pas s'étendre, et qu'ainsi on la place sans inconvénient sur la ligne de séparation des deux héritages. Elle est entièrement sur le fonds du propriétaire qui la construite, si elle n'appartient qu'à lui; elle est placée moitié sur un fonds, et moitié sur le fonds voisin, quand elle est mitoyenne.

Ce qui est établi par le Code, pour la distance des plantations, n'est applicable, comme on vient de le dire, qu'à défaut de réglemens et d'usages locaux qu'il est indispensable de suivre par préférence. Mais il y a des coutumes qui fixent une distance pour les plantations en général, sans distinguer les arbres à haute tige, ni les plants de petite espèce, tels que ceux qu'on emploie pour les haies vives. D'autres coutumes ne parlent que de haies vives et de quelques grands arbres, comme si dans le pays on ne connaissait d'autres arbres à haute tige, que ceux désignés. On demande si le silence de ces coutumes doit être suppléé, par la disposition du Code.

Dans les coutumes qui fixent une distance pour les plantations en général, il semble que l'on ne considère que les plantations de grands arbres, parce qu'on ne s'y sert presque pas de haies pour clôture. De là il suit que, si un propriétaire voulait innover, et y essayer la plantation d'une haie vive pour enclorre son héritage, il serait vrai de dire qu'il n'y a sur cet objet ni réglement ni usage. En conséquence, il faudrait suivre le Code, et tenir la haie à dix-huit pouces de la ligne qui commence l'héritage voisin. On peut citer pour exemple l'ancien statut qui, dans le ressort du Parlement d'Aix, fixe la distance des plantations à cinq pieds et demi. On voit clairement qu'il ne s'agit ici que des arbres à haute tige, et qu'on n'a point songé alors à des arbustes, parce qu'en Provence on ne connaissait pas la méthode de s'enclorre avec des haies vives. Celui qui voudrait y essayer cette clôture, serait donc tenu de se conformer à ce qui est prescrit par le Code.

A l'égard des coutumes qui se contentent de spécifier une distance, pour certaines espèces de grands arbres, on peut citer pour exemple celle d'Orléans, *art.* 259. Elle ne permet pas d'approcher plus près que quatre toises, de l'héritage voisin, la plantation des chênes, des noyers et des ormes; faut-il en conclure que les autres grands arbres se plantent aussi près que l'on veut du fond voisin? Les commentateurs, l'usage et la jurisprudence, font connaître que pour les autres grands arbres non désignés dans ces coutumes, le droit commun est suivi. Les dispositions qui concernent quelques espèces d'arbres, ont uniquement pour but d'établir une exception à leur égard; les rédacteurs de ces lois locales ont pensé que ces sortes d'arbres seraient trop près, s'ils étaient à la simple distance exigée par le droit commun.

Qu'entendait-on par le droit commun dans ces coutumes, et dans les pays où il n'existe à cet égard aucun réglement? On suivait le droit romain; la loi *ult. ff. finium regundorum*, fixe pour les oliviers et les figuiers, une distance de neuf pieds, et pour toutes les autres espèces d'arbres une distance de cinq pieds. Nous pensons que le Code Napoléon doit faire aujourd'hui, sur cette matière, le droit commun de toute la France; c'est l'intention de cette loi même, puisqu'elle dit, *art.* 671, qu'à défaut de réglemens et usages locaux, on observera pour les plantations, les distances qu'elle détermine; c'est-à-dire, qu'on s'éloignera de l'héritage voisin, de deux mètres, ou six pieds environ, pour planter des arbres à haute tige, et d'un demi-mètre, ou environ dix-huit pouces, s'il ne s'agit que d'arbustes propres à former un haie vive.

Faut-il conclure de là, que dans les pays qui étaient régis par le droit écrit, il faille abandonner ce qui y est prescrit concernant les distances à observerver dans les plantations? Nous croyons qu'en cette occasion la loi romaine est précisément pour ces pays, le statut local auquel, suivant le Code Napoléon, il faut se conformer sur cette matière.

Cette décision ne doit cependant avoir lieu, que pour les pays où, en suivant le droit écrit, on était dans l'usage constant de ne s'en pas écarter; pour ce qui concerne les plantations. Si donc, on suppose un pays qui, quoique régi par le droit écrit, n'admettait pas invariablement ce que la loi romaine ordonne pour les plantations, il faudra s'y conformer aux réglemens particuliers, ou aux usages bien reconnus qui règlent cette matière, s'il n'existe ni réglement, ni usage constant, les dispositions du Code Napoléon seront les seules qui devront y être adoptées. On peut citer, pour exemple, le ressort du Parlement de Paris, dans lequel il y avait des coutumes qui s'expliquaient sur les distances à observer dans les plantations, des coutumes qui n'en parlaient point, et des pays de droit écrit. On sait que ce Parlement n'avait pas de jurisprudence constante, soit pour les coutumes qui ne règlent pas d'une manière précise les distances des plantations, soit pour les pays de droit écrit; il n'appliquait la loi *ult. ff. finium regundorum*, que quand les circonstances semblaient le permettre. La règle invariable de cette Cour souveraine était, qu'une plantation ne doit pas nuire au voisin. En conséquence, elle se décidait dans la fixation des distances, en matière de plantation, selon que les arbres lui paraissaient plus ou moins susceptibles de causer du tort aux héritages limitrophes.

Dans ces mêmes pays, où, par l'hypothèse, la loi romaine concernant les plantations n'était pas pratiquée constamment, on doit donc suivre sur cette objet, le nouveau droit commun, c'est-à-dire, les dispositions du Code Napoléon.

Au reste, malgré la distance légale, à laquelle un propriétaire tient ses plantations, il arrive assez souvent que les racines et les branches des arbres ou arbustes, s'étendent sur le terrain voisin. Alors, en vertu du principe qui ne permet pas de nuire à autrui, celui qui souffre de cet accroissement peut y porter remède. Dans le droit romain, on ne pouvait qu'exercer une action pour forcer le propriétaire des arbres ou de la haie vive, à couper les branches et les racines trop longues. On suivait cette forme à cause du principe d'ordre social, qui défend à chacun de se faire justice à soi-même : *Nemo sibi jus potest dicere, ne occasio sit tumultus.* L. 176, ff. *de re judicatâ.*

Cette défense est nécessairement adoptée en France, ainsi que dans tous les pays civilisés; cependant, par une exception textuellement exprimée, l'*art.* 672, § 3, du Code Napoléon, autorise celui qui trouve dans son héritage, les racines d'une plantation faite par le voisin, à les couper lui-même. En faveur de cette faculté, on invoque d'abord la liberté qu'on a de faire sur son terrain ce qu'on veut; or, tout propriétaire peut ouvrir sur son fonds, une tranchée aussi profonde que bon lui semble, et aussi près qu'il veut de la ligne qui le sépare d'un autre fonds. Si cette opération tranche les trop longues racines des plantations du voisin, celui-ci ne peut pas s'en plaindre, parce que sa culture ne doit pas anticiper sur les terres contiguës. En second lieu, il est évident que cette manière de supprimer les racines nuisibles, ne peut pas troubler l'ordre qui doit régner entre des propriétaires; la jouissance de celui à qui les plantations appartiennent, n'en est altérée en aucune manière. Cette acte de justice se passe chez celui à qui il est nécessaire, et ne cause aucune privation sensible au maître des plantations.

Il n'en est pas de même des branches, soit d'un arbre, soit d'une haie, qui s'étendent sur la propriété du voisin : celui-ci n'a pas le droit de couper ce qui le gêne; il ne le pourrait pas, sans troubler la jouissance du propriétaire des plantations. En effet, ce dernier met un prix réel à l'agrément produit par les branches, à la méthode qu'il emploie pour les tailler, et à la forme qu'il donne à ses arbres ou à sa haie. Celui sur l'héritage duquel les branches s'avancent, n'a donc qu'une action pour demander qu'elles soient coupées; alors, le voisin à qui elles appartiennent fait exécuter l'opération, de la manière qui lui paraît la plus convenable au but qu'il s'est proposé dans sa plantation. *Ibid.* § 2.

Il est vrai que si, dans le délai qui lui est prescrit par le jugement, le propriétaire des arbres ou de la haie ne fait pas disparaître les branches qui nuisent au demandeur, le même jugement autorise celui-ci à les faire couper aux frais du défendeur. Observez que le bois qui provient de ce travail appartient au propriétaire de la plantation, même lorsque, sur son refus, l'opération a été faite par son voisin. Plusieurs auteurs disent qu'en pareil cas, le bois des branches reste à la disposition de celui qui a été autorisé à les couper. Ils se fondent sur la loi 7, ff. *arbor. furtim cæs.*, et ils citent un ancien arrêt du 3 mai 1578. Sans discuter ici ni le texte romain, ni les circonstances dans lesquelles a été rendu cet ancien arrêt, nous ne pensons pas que l'on ait droit de s'approprier les branches d'un arbre qui appartient à autrui, quoiqu'on ait été autorisé à les couper. Il est de principe que la suppression des branches nuisibles, doit se faire par le propriétaire de l'arbre ; et à son refus, l'opération est faite malgré lui à ses frais. En conséquence, il n'est tenu qu'à payer les ouvriers ; le Code ne le condamne pas à perdre les branches qu'ils ont coupées, et qui lui appartiennent. Le jugement peut, à la vérité, autoriser à faire vendre ces mêmes branches, et à prendre, par privilège, sur le prix de la vente, ce qui est nécessaire pour payer les ouvriers, d'après leurs quittances. Mais il faut, pour en agir ainsi, que les juges l'aient formellement ordonné ; autrement, celui qui a fait couper les branches nuisibles, n'aurait que les voies ordinaires, pour se faire payer du prix de l'ouvrage, sans pouvoir disposer du bois abattu. S'il était obligé de prendre ce bois en paiement, il éprouverait une injustice, lorsque les frais de l'opération se trouveraient excéder la valeur des branches coupées ; l'injustice se ferait sentir au préjudice du propriétaire des plantations, si le bois provenant de l'ébranchement était d'une valeur plus considérable que le salaire des ouvriers.

Ce qu'on dit dans cet article, des distances auxquelles il faut tenir les plantations qu'on fait près de l'héritage d'autrui, ne reçoit aucune application, lorsqu'il y a servitude légitimement acquise, et qui permet de ne pas observer les distances légales ; elles n'ont été déterminées, que pour les cas où il n'y a aucune convention entre deux propriétaires voisins.

En conséquence, si j'ai un titre qui m'autorise à planter des arbres, ou une haie vive, plus près de votre héritage que ne le prescrit, soit la coutume ou l'usage du pays, soit le Code Napoléon à défaut de réglemens locaux, vous ne pourrez pas m'empêcher d'user de mon droit. Pareillement, si le titre qui fait notre règle, ne me permet de planter arbres ou haies vives, qu'à une distance plus grande que celle fixée par les lois, je ne pourrai pas rapprocher mes plantations à la distance légale, au mépris du titre qui constate la servitude à laquelle mon héritage est soumis, pour l'utilité du vôtre.

Les haies vives peuvent se faire avec toutes sortes d'arbustes ; voilà le droit commun, puisque le Code n'exclut aucune espèce de plan, de cette sorte de clôture. Mais, comme cette loi a confirmé les réglemens et usages locaux concernant cette matière, il en résulte qu'il faut se conformer aux coutumes, qui ont à ce sujet des disposition particulières. Dans le nombre, on peut citer la Coutume d'Orléans, l'*art.* 259 défend de faire des haies vives avec de l'épine noire, qui étend ses racines beaucoup plus que l'épine blanche. Il ne serait donc pas permis aujourd'hui, dans le ressort de cette coutume, de planter une haie en épine noire.

Il paraît, d'après Desgodets et son annotateur, que pour planter les arbres fruitiers le long des espaliers, on n'observe dans la Coutume de Paris, que la distance prescrite pour les haies; on ne classe pas ces arbres parmi ceux qui sont en plein vent. On en peut dire autant des palissades, quoique formées d'arbres qui peuvent être employées à haute tige, tels que le charme, l'érable, l'if. Mais si ces arbres étaient plantés isolément, il faudrait les tenir à la distance prescrite pour les hautes tiges.

Puisqu'il n'est pas permis de faire des plantations près de l'héritage d'autrui, si ce n'est en observant les distances légales, il s'en suit que tout propriétaire a le droit d'exiger qu'on arrache tous les arbres, toutes les haies qui se trouvent moins éloignés de son terrain, qu'il n'est prescrit par les lois. Le Code, *art.* 672, § 1, le décide formellement. On aurait la même faculté de faire arracher une plantation, si elle était plus rapprochée que ne le permettent les titres des deux héritages contigus.

Il arrive quelquefois qu'on plante des arbres à haute tige dans une haie; il est évident qu'ils n'y peuvent pas rester, à moins que la haie ne soit à la distance fixée pour les grands arbres. Si donc cette haie n'est éloignée de l'héritage du voisin, que de l'espace convenable aux arbustes, le propriétaire de la haie peut être forcé d'en faire disparaître les arbres à hautes tiges.

Que doit-on décider, si la haie se trouve mitoyenne? On ne doute pas que les grand arbres qui en font partie, ne soient également mitoyens. En conséquence, les deux propriétaires doivent en jouir en commun; ils supportent chacun leur part des frais de culture, d'ébranchement et de récolte, et ils partagent le bois et les fruits qui en proviennent. Mais, si les grands arbres de la haie déplaisaient à l'un des propriétaires, pourrait-il les faire abattre, sans le consentement de son voisin?

Cette question pourrait être controversée, si le Code ne l'avait pas décidée dans son *art.* 673; on y lit que les arbres qui se trouvent dans une haie mitoyenne, appartiennent indivisément aux deux voisins, et que, néanmoins, l'un peut requérir que ces arbres qui le gênent soient abattus. Alors, l'opération se fait à frais communs, et le bois que produisent les arbres, est partagé entre les deux propriétaires. Cette décision est fondée sur ce que la jouissance d'une haie mitoyenne, bien loin de procurer de l'avantage, finirait par être nuisible à l'un ou à l'autre propriétaire, si chacun était obligé de souffrir des arbres à haute tige, trop près de la partie la plus utile de son terrain.

Quelquefois des arbres sont plantés le long de la ligne qui sépare deux héritages, pour leur servir de bornes; alors, cette plantation est constatée par un procès verbal de bornage, et les arbres sont mitoyens. On demande si l'un des voisins peut, en vertu de l'*art.* 673 du Code Napoléon, exiger que ces arbres, dont la jouissance lui est commune, soient arrachés.

La raison de douter est, qu'ils indiquent les limites des deux héritages, et qu'on n'a pas le droit de faire disparaître les objets qui servent de bornes. Au contraire, quand la séparation n'est pas reconnaissable, ou que les marques n'en sont pas assez durables, l'un des propriétaires est fondé à faire procéder au bornage. On ajoute que le procès verbal qui établit les arbres comme limites, est le titre d'une sorte de servitude, qui oblige chaque propriétaire à maintenir les signes convenus pour indiquer la séparation de leurs héritages.

Néanmoins, nous pensons qu'un propriétaire n'est pas plus forcé à souffrir du voisinage des grand arbres, quand ils servent de bornes, que quand ils se trouvent dans une haie mitoyenne. Dès que le Code a permis de faire abattre tout arbre, qui nuit par sa trop grande proximité, il ne faut pas restreindre cette décision rendue en faveur de la culture des terres. A l'égard de l'objection tirée de ce qu'on n'a pas le droit de détruire des bornes; on y répond en disant que le propriétaire réclamant la suppression des arbres, doit demander en même tems qu'ils soient remplacés par des bornes de pierre. Sans doute qu'on s'est obligé, par l'acte de bornage, à reconnaître les limites qui y sont désignées; mais on ne contrevient pas à cette obligation, en requérant que des bornes nuisibles soient remplacées, par des bornes qui ne sont pas malfaisantes. Dans ce cas, le placement des nouvelles bornes ne doit-il pas se faire aux frais du demandeur? Non: cette nouvelle opération est pour l'avantage des deux voisins; un seul réclame en ce moment, et peut-être que plus tard, l'autre aurait senti le besoin de supprimer les bornes faites avec des arbres. D'ailleurs, des arbres nécessitent des frais de culture et d'entretien; ils sont sujets à périr. On évite ces inconvéniens en y substituant des pierres. Enfin, le bois qui provient des arbres abattus profite aux deux voisins; il est juste que la dépense des bornes qui remplacent les arbres, soit supportée en commun.

Lorsqu'un propriétaire laisse les branches et les racines des arbres du voisinage, s'étendre sur son terrain, Desgodets décide qu'il peut prendre les fruits venus sur ces branches. L'annotateur Goupy relève avec raison cette erreur; la complaisance qu'on a de souffrir les branches et les racines d'un arbre planté sur le fonds d'autrui, ne donne aucun droit de propriété sur cet arbre, ni sur ses fruits. La loi autorise celui que les branches ou les racines gênent, à exiger qu'elles soient coupées. S'il n'use pas de cette action, il ne peut s'en prendre qu'à lui-même; elle n'est pas remplacée par une autre.

On demande si, au moins, les fruits tombés des branches qui se prolongent sur l'héritage du voisin, appartiennent à ce dernier. Les auteurs sont partagés sur cette question; les uns accordent au propriétaire du fonds, sur lequel tombent les fruits d'un arbre dépendant de l'héritage voisin, la moitié de ces mêmes fruits. On ne voit pas sur quoi une pareille opinion est établie; si la chute du fruit en attribuait la propriété, ce droit s'étendrait à la totalité, et ne se bornerait pas à la moitié; si, par sa chute, le fruit n'appartient pas au maître de l'héritage sur lequel il tombe, le total, et non pas seulement la moitié, doit être rendu au vrai propriétaire. Il y a pourtant des coutumes qui adoptent cette règle; de ce nombre est la coutume de Bergh-Saint-Vinox, et celle de Bassigny. Le Code ne s'étant pas expliqué à ce sujet, il faut suivre dans ces coutumes ce que la loi locale prescrit. Il est d'autant plus convenable, dans le cas dont nous parlons, de se régler par le statut local, que, sur cette matière, nos législateurs ont eu l'intention de conserver les dispositions coutumières.

Dans d'autres pays, les réglemens locaux attribuent au voisin, sur le fonds duquel tombent les fruits, la totalité de ce qu'il trouve chez lui. Cette disposition est également à suivre, dans les lieux où les réglemens particuliers ont force de loi.

Mais, lorsqu'il n'y a ni réglemens ni usages locaux, que doit-on décider? Dans le silence du Code Napoléon, nous croyons que la loi romaine est plus conforme aux égards que se doivent de bons voisins. Elle permet de s'approprier les fruits tombés chez soi, si celui à qui ils appartiennent ne vient pas les enlever pendant les trois jours qui suivent leur chute. L. 9. ff. 1. *ad exhibendum.*

En conséquence, pour se conformer à l'esprit d'équité qui a dicté ce texte, la faculté de venir enlever le fruit tombé chez le voisin, ne doit pas être refusée au propriétaire de l'arbre, lorsqu'il se présente peu de jours après la chute des fruits. Mais, s'il laisse écouler plus de trois jours, le voisin, sans être obligé de le prévenir, est autorisé à faire enlever le fruit tombé, non pas comme une chose qui lui appartient, mais parce que le fruit, qui se serait gâté par un plus long séjour à terre, est censé abandonné; d'ailleurs ces fruits salissent la place où ils sont épars, et nuisent à celui qui jouit du terrain sur lequel ils se trouvent délaissés.

Quand il s'agit de planter un arbre à distance légale, la mesure se prend par une ligne droite, qui part du centre de la tige de l'arbre, et va joindre, par le chemin le plus court, la ligne qui sépare les deux héritages. Si donc il s'agissait de vérifier si un arbre devenu fort est à une distance convenable, il serait juste de comprendre dans cette distance, la moitié de la grosseur de l'arbre; car la loi a ordonné d'observer cette distance, seulement lors de la plantation. Par conséquent, il peut librement prendre de la grosseur, sans qu'elle puisse le constituer en contravention.

Lorsqu'un mur sert de séparation à deux héritages, et qu'il appartient à un des propriétaires exclusivement, son voisin, non-seulement ne peut pas s'en servir pour y appuyer des espaliers, mais encore il doit tenir ses plantations à la distance légale; car les racines des arbres ou arbustes qui seraient trop près, pourraient endommager le mur. La plantation du voisin ayant été placée à la distance prescrite, le propriétaire du mur ne peut pas sans doute réclamer contre les arbres ou la haie; cependant, si par la suite les racines prennent un tel accroissement qu'elles portent atteinte à la fondation, le propriétaire du mur est en droit d'exiger la réparation du dommage, et la destruction des racines qui en sont la cause. Pareillement, si ce sont les branches qui s'approchent trop près du mur du voisin, celui-ci a le droit de demander la suppression des branches qui le gênent. L'obligation de ne planter qu'à la distance prescrite, entraîne celle d'empêcher les racines et les branches, de s'étendre au-delà de la ligne de séparation.

On demande à quelle hauteur doivent être élaguées les branches nuisibles, ou qui s'avancent sur l'héritage d'autrui. Ce qui donne lieu à cette question, c'est que le droit romain fixe cette hauteur à quinze pieds. Mais nous ne pouvons pas adopter cette disposition dans notre droit, sur-tout depuis que le Code Napoléon a décidé pour toute la France, *art.* 552, que la propriété du sol donne la propriété du dessus et du dessous, à moins qu'il n'y ait titre contraire. Ainsi, toute la place qui s'élève dans l'air perpendiculairement au-dessus d'un terrain ou d'un bâtiment, appartient au propriétaire de ce terrain ou de ce bâtiment. Donc, il a droit de faire couper les branches qui viennent de chez le voisin sur son héritage, à quelque hauteur qu'elles s'y portent.

Celui à qui appartient le mur peut-il planter des arbres de son côté, sans observer les distances? Les uns disent que le danger de voir périr le mur par l'effort des racines n'est que pour ce propriétaire, qui est libre d'exposer son mur à une durée moins longue.

D'autres soutiennent que le mur n'est pas un obstacle suffisant, pour empêcher les racines d'un arbre de pénétrer chez le voisin; si elles ne parviennent pas à traverser la maçonnerie, du moins passent-elles par dessous. De là ils concluent, que la distance légale peut être exigée. Supposons donc qu'un parc soit entouré de murs non mitoyens, le propriétaire des terres voisines de cette clôture est autorisé à demander que les plantations de ce parc soient éloignés de manière que, depuis son terrain jusques aux plantations, il y ait la distance prescrite par la loi; dans cette distance l'épaisseur du mur est comprise.

Dans le cas où le mur est mitoyen, on doit également observer les distances; mais elles se mesurent à partir du centre de l'arbre ou de l'arbuste planté, et se terminent à la moitié de l'épaisseur du mur; car, encore bien que le mur soit possédé indivisément, le terrain sur lequel il est assis appartient pour moitié de son épaisseur à l'un, et pour moitié à l'autre. Ainsi, chacun de son côté peut placer des espaliers contre le mur mitoyen; alors les arbres fruitiers qu'on y veut employer se placent à la distance convenable, à partir du milieu du mur. Par exemple, à Paris, cette distance est de dix-huit pouces, parce qu'on y traite les arbres en espaliers comme les haies vives.

Il peut arriver que le mur mitoyen soit d'une épaisseur si considérable, que la moitié de son épaisseur prenne les dix-huit pouces et même plus; dans ce cas, la règle est de planter la tige de l'arbre à la distance de six pouces, à partir du parement du mur. Ce conseil est donné par les architectes pour la conservation du mur, et par les cultivateurs pour la conservation des arbres.

ARTICLE VIII.

Du droit de passage légal.

Cet article est divisé en trois paragraphes qui expliqueront, 1°. en quoi consiste le droit de passage légal; 2°. à quelle indemnité il donne lieu; 3°. par qui il est dû.

§ Ier.

En quoi consiste le droit de passage légal.

Il n'est pas question ici d'un droit qu'on a en vertu d'un titre; car alors, c'est une servitude volontaire dont on jouit conformément au titre qui l'a établie, ainsi qu'on le verra dans le chapitre suivant. On ne s'occupe maintenant que des servitudes nécessaires: les unes qui ont pour cause la situation naturelle des lieux, ont fait la matière de la première section du présent chapitre; les autres, prescrites par la loi, sont traitées dans la seconde section, et le droit de passage en est un des articles. Il s'agit donc ici du passage qu'on peut exiger pour aller à un héritage et en revenir, quand on n'a pas d'autres titres que la nécessité. Comme en pareil cas, c'est de la loi qu'on tient la faculté de passer, nous l'appelons droit de passage légal ou nécessaire, pour le distinguer du droit de passage fondé sur un titre consenti volontairement.

Le Code Napoléon, *art.* 682, s'exprime à ce sujet très-clairement: il dit que le propriétaire dont les fonds sont enclavés, et par conséquent n'ont sur la voie publique aucune issue, peut réclamer un passage sur l'un des fonds voisins, afin de rendre possible l'exploitation de son héritage.

Pour avoir un droit de passage légal sur les terres de ses voisins, il faut qu'on n'ait aucun moyen pour communiquer de la voie publique à l'héritage qu'on possède. La loi n'accorde ici qu'un secours pour le cas de nécessité; elle ne veut pas qu'une pièce de terre soit inutile à son propriétaire, comme cela arriverait s'il ne pouvait pas y aborder.

Le but est de pourvoir à l'exploitation de l'héritage enclavé. En conséquence, s'il s'agit d'un terrain en culture, il faut que le passage soit suffisant pour y conduire les hommes et les animaux avec les instrumens aratoires, selon l'usage du pays. Si l'immeuble est un bâtiment, le passage doit être proportionné à l'usage auquel sert ce bâtiment. Cependant, s'il est environné de tous côtés par des constructions, le passage sera tel que la localité le permettra. Par la même raison que cette sorte de passage nécessaire n'est autorisée que pour l'exploitation de l'héritage enclavé, celui qui la réclame ne peut pas exiger qu'on lui en donne un, d'une largeur plus grande qu'il n'est besoin strictement; ainsi, il n'a pas le droit de demander un chemin de charrette, quand celui d'une bête de somme est suffisant.

Comment peut-il arriver qu'un héritage soit enclavé, de manière à n'aboutir à aucun chemin? Toutes les terres se trouvent tellement divisées, du moins dans un pays depuis long-tems civilisé, qu'il paraît impossible de rencontrer un portion de terre quelconque, qui n'ait pas son issue.

Premier exemple. Le propriétaire d'un fonds lègue la portion de terre qui, à l'époque de son décès, se trouvera semée en luzerne. L'évènement veut que la pièce de terre qui est en luzerne, lors de la mort du testateur, soit précisément placée au milieu de toutes celles qui lui appartenaient. Le légataire ne pourra pas aller à la portion d'héritage qui lui est donnée par le testateur, s'il n'est livré passage sur les autres terres de la succession, qui se trouvent assujéties à cette servitude légale.

Second exemple. Le légataire à qui, comme dans l'exemple précédent, est échu un terrain enclavé, a acquis une pièce de terre contiguë, qui aboutit à un chemin; en sorte qu'il n'a plus besoin d'un passage légal sur les fonds voisins. Il a payé son acquisition avec des deniers appartenant à son épouse, et dont il était tenu de faire l'emploi. Cette femme étant morte sans laisser d'enfans, ses héritiers ont pris possession de l'objet acquis avec ses deniers, et il reste au mari une pièce de terre enclavée, pour l'exploitation de laquelle il lui est dû le passage nécessaire.

Troisième exemple. J'avais une pièce de terre que bordait un chemin; l'autorité publique, pour donner à ce chemin une direction plus droite, en a supprimé précisément la portion qui touchait mon héritage, et a donné cette portion, en forme d'indemnité, à un particulier à qui le nouveau chemin prend du terrain. Cet évènement enclave ma propriété, et me donne droit à réclamer un passage légal sur les terres voisines.

On peut citer encore le cas où un chemin se trouve rompu, soit par inondation, soit par tout autre évènement qui le rend absolument impraticable; il faut bien que l'on puisse arriver aux héritages qui avaient ce chemin pour issue. Il est vrai qu'en pareille circonstance, le passage n'est livré que pour un tems, et seulement jusqu'à ce que le chemin ordinaire soit rétabli; mais ce n'est pas moins d'après les mêmes règles qu'il faut agir: d'un côté le passage nécessaire est exigible, et de l'autre l'indemnité est due.

D'après ces exemples, qu'il serait facile de multiplier, on voit qu'ici le Code a prévu un sujet assez fréquent de contestation, pour lesquelles il était d'autant plus utile de poser des principes, que dans aucune loi précédente on ne les trouve aussi bien appropriés aux différentes circonstances, dans lesquelles le passage est dû comme servitude nécessaire.

§ II.

De l'indemnité due pour le passage légal.

Forcé, par l'intérêt de la société, d'accorder un passage pour l'exploitation d'un héritage enclavé, le Code Napoléon n'oblige à cette servitude, qu'avec les restrictions qui en rendent le service moins pénible. Il dit positivement, *art.* 682, que le propriétaire à qui le passage est accordé, doit payer le dommage qui en résulte. Le propriétaire du fonds servant n'est pas tenu de lui vendre le terrain, sur lequel est établi le passage; car la servitude n'attribue pas la propriété de l'objet qui y est consacré; elle donne seulement la faculté de s'en servir: *Loci corpus non est dominii ipsius cui servitus debetur, sed jus eundi habet.* L. 4, ff, *si serv. prœd. rust.*

Le dommage consiste donc, dans l'impossibilité de tirer un produit du terrain destiné au passage; par conséquent, c'est ce produit perdu qu'il faut évaluer et faire payer par le propriétaire du fonds enclavé.

On avait douté si l'action en indemnité pouvait se prescrire, tant que le passage était en activité. Il répugnait à quelques jurisconsultes, que le propriétaire qui jouit pour son héritage enclavé, d'une faculté fondée uniquement sur le voisinage, pût se dispenser d'en acquitter l'indemnité, en invoquant la prescription. Mais la difficulté a été levée par le Code, qui, *art.* 685, dit positivement que l'action en indemnité, dont il s'agit ici, est prescriptible. Il ajoute qu'encore bien que la demande en paiement du dommage ne soit plus recevable, le passage n'en doit pas moins être continué; il pourait donc être exigé, par celui même qui refuserait d'acquitter l'indemnité en opposant la prescription. Cette décision est motivée sur ce que la prescription est une présomption de paiement; celui qui use de ce moyen soutient qu'il a payé, et qu'il est dispensé d'en rapporter la preuve, à cause du laps de tems.

L'indemnité doit-elle être nécessairement une somme une fois payée; est-on fondé à n'offrir qu'une prestation annuelle? Il nous semble qu'on peut comparer l'indemnité dont il s'agit, à un loyer qu'on ne doit, qu'en raison du tems pendant lequelle on jouit de ce qui en fait l'objet. On ne pourrait donc pas forcer le propriétaire de l'héritage enclavé à payer un capital, pour acquérir le droit de passage à perpétuité. S'il en était autrement, il pourrait arriver que le propriétaire d'un terrain ou d'un bâtiment enclavé, fût dans l'impossibilité de jouir de sa propriété, faute de moyens pour acquitter le prix de l'indemnité.

D'ailleurs, pour qu'on pût exiger le capital, il faudrait que celui à qui l'on ne peut pas refuser le passage nécessaire, pût réciproquement forcer son voisin de le lui vendre à perpétuité; or, cette faculté serait contraire à la nature des servitudes prédiales.

En effet, comme on l'a prouvé plus haut, par un texte de loi romaine, la servitude n'attribue pas droit de propriété sur le terrain qui y est assujéti. L'obligation de fournir un passage légal, n'est fondée que sur l'impossibilité d'aller sans ce secours à l'héritage enclavé; or, celui qui est tenu de cette servitude nécessaire, peut espérer que l'impossibilité cessera un jour, soit parce qu'un chemin se formera le long de l'héritage enclavé, soit parce que cette héritage sera réuni à un de ceux qu'il touche, et qui aboutissent à un chemin. Alors, la servitude légale n'existera plus, et le fonds sur lequel est pris le passage deviendra libre.

Pareillement, celui qui est obligé de payer une indemnité pour avoir un passage, peut espérer, par les mêmes motifs, qu'il sera un jour soulagé de cette charge. On ne peut donc pas plus forcer l'un à vendre le terrain propre au passage, que l'autre à l'acquérir. Ainsi, l'indemnité n'est exigible qu'en redevance annuelle, qui cesse d'être due quand on n'a plus besoin du passage; et réciproquement le passage peut être refusé, dès qu'il n'est plus d'une nécessité indispensable.

De là il résulte, que le prix de l'indemnité annuelle peut varier, selon l'augmentation du prix des productions. En conséquence, si celui qui livre le passage trouve que l'évaluation de l'indemnité est trop ancienne, pour être actuellement en proportion avec le produit qu'il tirerait de son terrain, il peut demander une augmentation. De même, si celui à qui le passage est accordé, croit que ce qu'il paie pour chaque année, est devenu trop considérable, eu égard à la diminution du produit de l'héritage sur lequel est établi le passage, il peut réclamer une diminution : la demande de l'un ou de l'autre sera réglée à dire d'experts.

§ III.

Par qui est dû le passage légal.

On a vu dans quel cas un passage légal est accordé, en quoi il consiste, et à quelle condition on l'obtient; il reste à savoir contre qui la demande en doit être dirigée. Entouré de tous les côtés par des terrains appartenant à autant de propriétaires différens, auquel faut-il s'adresser de préférence, pour obtenir l'issue nécessaire à l'héritage enclavé? Ou bien, si c'est la même propriété qui enclave, dequel côté pourra-t-on réclamer le passage nécessaire? La raison dit assez que le chemin sera livré, du côté où le trajet est le plus court pour arriver à la voie publique; voilà aussi ce que décide le Code Napoléon, *art.* 683.

En déterminant en général, le côté où sera le passage, la loi veut pourtant que cette règle cède à l'intérêt du propriétaire, par qui le passage est dû ; et que la servitude soit exercée dans l'endroit qui lui cause le moins de dommage : *art.* 684.

Supposons qu'autour de mon héritage enclavé soient six propriétés différentes. On détermine d'abord laquelle de ces pièces de terres il faut traverser, pour aller plus directement au chemin le plus voisin. Ensuite on prend la portion de cette pièce, qu'il est moins fâcheux de sacrifier pour le passage. Les deux parties y trouvent leur compte ; le propriétaire du terrain assujéti y perd moins, et celui à qui le passage est livré paie une indemnité moins forte.

De ce même texte il résulte que, si par la suite, le propriétaire du fonds assujéti au passage trouvait cette servitude trop gênante, dans l'endroit où d'abord elle avait été fixée, il pourrait proposer de l'établir sur un autre partie de sa pièce de terre, pourvu que le passage conduisît à la même voie publique.

Si le chemin où aboutit le passage venait à être supprimé, le fonds assujéti recouvrerait sa liberté ; et le maître du terrain enclavé obtiendrait un passage, du côté où il pourrait le plus promptement atteindre à un autre chemin public.

Contre qui le propriétaire de l'héritage enclavé peut-il diriger sa demande ? Il n'y a pas de difficulté lorsque les terres ou les bâtimens qui entourent sa propriété, appartiennent à la même personne ; car alors, il est évident qu'il n'a pas à choisir. Mais, quand un héritage est enclavé par plusieurs propriétés différentes, comment celui qui a besoin d'un passage doit-il s'y prendre pour l'obtenir ? Il pourrait former sa demande contre tous, à l'effet de faire régler avec eux par experts, le côté et le terrain où il prendra son issue. Cependant, en considérant que la loi indique le passage, du côté qui conduit par le trajet le plus court à la voie publique la plus voisine, le réclamant agit plus simplement en s'adressant au maître du terrain placé de manière à remplir cette condition. Sur cette demande, si le défendeur reconnaît qu'effectivement il doit le passage, il indiquera l'endroit qu'il consent de sacrifier à cet usage. S'il pense au contraire qu'une autre propriété est située plus près du chemin public, il pourra mettre en cause le maître de ce terrain. Par ce moyen, on complique moins la contestation.

Au reste, il est assez rare qu'il s'élève des difficultés, sur la question de savoir de quel côté sera ouvert le passage légal; le plus souvent quand on conteste c'est sur la nature de ce passage, sur sa longueur, sur la manière d'en jouir sans causer trop d'importunité. Ces discussions arrivent surtout, quand il s'agit d'un bâtiment enclavé parmi d'autres bâtimens. Par exemple, on ne peut pas exiger que celui qui est tenu de livrer passage par sa maison, la laisse ouverte jour et nuit. Desgodets cite un arrêt rendu à l'audience de la grand'chambre du parlement, le 19 février 1618, et par lequel les heures d'ouvrir et de fermer un passage par une maison sise à Paris, furent réglées : de Pâques à la Saint Remi, c'est-à-dire en été, le passage devait être libre depuis quatre heures du matin jusqu'à dix heures du soir ; et depuis la Saint Remi jusqu'à Pâques, c'est-à-dire en hiver, le passage ne pouvait être exigé que depuis six heures du matin jusqu'à neuf heures du soir.

Il s'agissait à la vérité d'un passage établi par titre ; mais le tems de l'ouvrir et de le fermer n'avait pas été spécifié ; ainsi c'était le même cas que s'il eût été question d'un passage dû en vertu de la loi, et pour lequel il aurait fallu déterminer les heures auxquelles il devait être ouvert et fermé.

Quelquefois, pour procurer une issue à l'héritage enclavé, il faut traverser plus d'une propriété. Alors tous ceux qui ont du terrain, dans la direction conduisant par le trajet le plus court à la voie publique la plus voisine, sont assignés à la fois par le réclamant, afin de faire régler en leur présence et par le même jugement, tout ce qui concerne le passage dont il a besoin. On nomme ordinairement des experts qui dressent le plan du terrain assujéti au passage, et le joignent à leur rapport.

L'opération se fait aussi à l'amiable, quand les parties y consentent ; elle est alors constatée par un acte.

Le possesseur de la terre enclavée peut aussi s'adresser à celui de qui il la tient, pour se faire livrer un passage. Si donc un objet enclavé me vient d'un partage, dans lequel il n'a rien été prévu pour procurer une issue nécessaire, je peux réclamer contre mes copartageans, afin qu'ils me mettent dans la possibilité de prendre possession de mon lot. Si c'est par testament que l'objet enclavé m'a été légué, l'héritier est tenu de me procurer le passage, en le demandant lui-même à celui dont le fonds doit cette servitude légale. Pareillement si j'ai acheté l'objet enclavé, et que dans le contrat d'acquisition je ne sois pas chargé formellement de réclamer un passage, mon vendeur est forcé à faire les diligences nécessaires pour me l'obtenir; car il est obligé de me mettre en possession de ce qu'il me vend.

Chez les Romains, qui tenaient jusqu'au scrupule à la forme donnée à chaque action, le possesseur d'un héritage enclavé n'eût pu se pourvoir que contre celui de qui il l'avait reçu. Dans notre droit, au contraire, on adopte tout ce qui tend à éviter un circuit d'actions. Si le demandeur est fondé à réclamer, et si le défendeur est le vrai débiteur, c'en est assez pour légitimer une poursuite; l'équité naturelle l'emporte toujours sur les subtilités. En conséquence, dans les cas dont on vient de parler, le copartageant, le légataire, l'acquéreur peuvent réclamer un passage en s'adressant soit à celui de qui ils tiennent l'objet enclavé, soit au propriétaire du fonds sur lequel doit être établie la servitude.

ARTICLE IX.

Du Tour d'échelle.

Nous avons parlé en plusieurs endroits du tour d'échelle, d'une manière suffisante pour faire comprendre ce que c'est; néanmoins, comme il est diversement considéré suivant certaines circonstances, il devient nécessaire d'en faire la matière d'un article particulier. Nous le plaçons parmi ceux qui traitent des servitudes légales, parce que, dans plusieurs coutumes, le tour d'échelle tenait à cette sorte d'assujétissement, et qu'il est convenable, avant d'aller plus loin, de connaître les changemens que le Code Napoléon peut avoir apportés à ces anciennes dispositions coutumières.

Après avoir, dans un premier paragraphe, traité du tour d'échelle considéré comme servitude, il sera utile d'en consacrer un second à expliquer ce que c'est que le tour d'échelle considéré comme propriété, et qui, pour le distinguer, est appelé *échellage.* Dans certaines circonstances il prend le nom de *ceinture;* nous en parlerons dans un troisième paragraphe.

§ Ier.

Du Tour d'échelle considéré comme servitude.

La servitude du tour d'échelle est le droit de placer des échelles sur l'héritage voisin, afin de faciliter les réparations à faire au mur de séparation, ou aux bâtimens que porte ce mur.

D'après cette définition, on demande s'il y a une différence entre le cas où le mur qui sépare deux héritages appartient à un seul propriétaire, et le cas où il est mitoyen. Comme il est très-important de ne pas confondre ces deux circonstances, nous allons en parler successivement.

PREMIER CAS. Lorsque deux héritages sont séparés par un mur placé à l'extrémité du terrain d'une de ces propriétés, le voisin n'y a aucun droit. Il lui est permis d'en acquérir la mitoyenneté; mais jusqu'à ce qu'il ait usé de cette faculté, il ne peut en aucune manière se servir du mur de séparation, pas même pour appuyer des choses légères et mobiles, sur la face que ce mur lui présente. De ces principes qui ont été expliqués dans l'article premier, il suit que, de son côté, le propriétaire exclusif du mur de séparation n'a pas le droit d'importuner, ni de gêner en quoi que ce soit son voisin, pour raison d'une construction à laquelle ce dernier est entièrement étranger. Par conséquent, s'il y a besoin de réparations au mur de séparation ou au bâtiment qu'il supporte, le service des ouvrages doit être fait du côté de la personne qui en est seule propriétaire, à moins qu'elle n'ait un titre portant autorisation de placer ses ouvriers sur l'héritage voisin. Alors il y aurait une servitude consentie volontairement, et qu'il faudrait soumettre aux principes qui seront établis dans le chapitre suivant. Ainsi, quand la séparation n'est pas mitoyenne, il n'y a point de tour d'échelle sans titre.

En effet, la règle générale est qu'une servitude qui n'est pas à la fois continue et apparente, ne peut s'établir sans titre, même quand elle serait fondée sur une possession immémoriale : *Cod. Napol. art.* 691. Or, le droit de jouir d'un tour d'échelle sur l'héritage de mon voisin, quand j'ai besoin de réparer mon mur ou les toits de mon bâtiment, est évidemment une servitude discontinue; ce qui est assez pour qu'on ne puisse l'établir sans titre. De plus, le tour d'échelle tel qu'on vient de le considérer est un droit qui ne laisse aucune trace apparente, et dont l'existence ne peut être constatée que par des actes; seconde raison pour qu'il ne soit pas permis de le réclamer, si on n'est pas fondé en titre.

On voit dans plusieurs coutumes, comme celles du Dunois, de Melun, d'Orléans, d'Etampes, que tout propriétaire a le droit de poser des échelles sur l'héritage voisin, pour les travaux nécessaires aux siens; c'est une servitude légale qu'elles établissent, et qui par conséquent n'exige pas de titre. On demande si ces dispositions doivent être suivies aujourd'hui.

La raison de douter est que le Code Napoléon, n'ayant point parlé du tour d'échelle, semble avoir laissé subsister toutes les lois qui l'établissent, et n'avoir pas voulu abolir ce que les coutumes ont réglé sur cette matière.

Ce qui doit déterminer, est l'*art.* 691 de ce Code, qui défend d'une manière générale, et sans aucune exception, d'établir sans titre une servitude qui n'est pas à la fois continue et apparente, fût-elle appuyée d'une possession immémoriale. Devant une disposition aussi précise, toutes celles des coutumes disparaissent; on ne doit plus dans aucune partie de l'Empire français, reconnaître de servitude légale concernant le tour d'échelle.

Quand il est bien constaté par des titres, qu'un héritage est assujéti au tour d'échelle pour l'utilité de l'héritage voisin, ce n'est plus alors une servitude légale; elle doit donc être exercée conformément à la convention et aux règles qu'on expliquera au chapitre suivant, consacré aux servitudes volontaires. Dans l'acte qui établit par consentement mutuel des parties le droit de tour d'échelle, il arrive quelquefois qu'elles n'ont pas fixé la quantité de terrain, qui sera fourni pour l'exercice de cette servitude. On demande comment suppléer à ce silence du titre, et si, faute d'explication suffisante, il restera sans force.

Un titre dont le témoignage n'est pas contesté, est toujours susceptible d'exécution. Souvent, pour y parvenir, il est besoin de l'interpréter; alors il faut suivre des principes que la science du droit enseigne, et qui varient selon les circonstances. On pense donc que dans le cas proposé, on doit admettre l'existence de la servitude attestée par les titres.

Mais, dira-t-on, quel moyen prendre pour prononcer dans la contestation qui s'élève entre les deux voisins, relativement au terrain qui doit être consacré à l'exercice du tour d'échelle, puisque le Code ne s'explique pas sur cette matière?

Il résulte du silence du nouveau Code, qu'il laisse subsister l'ancienne jurisprudence; or, lorsqu'il s'élevait des discussions sur l'étendue qu'il fallait donner au tour d'échelle, considéré comme servitude, on la fixait comme l'indiquaient les coutumes, ou des réglemens particuliers, ou l'usage des lieux.

D'abord, quand le titre ne s'explique pas sur la longueur du terrain assujéti au tour d'échelle, il ne peut pas y avoir de difficulté; car ce droit, ayant pour objet de faciliter les réparations du mur de séparation, il est évident que les ouvriers doivent pouvoir circuler sur le terrain qui borde le mur dans toute sa longueur, à moins que le titre ne contienne une restriction.

C'est donc pour fixer la largeur seulement du tour d'échelle, qu'il peut s'élever des discussions entre le propriétaire de l'héritage dominant, et le maître de l'héritage servant; ils sont jugés conformément aux dispositions de la coutume, ou aux réglemens particuliers, ou à l'usage du pays.

Quand on manque de l'un de ces secours, nous pensons que l'on peut prendre pour droit commun l'usage de Paris, comme étant fort raisonnable. La coutume de Paris n'ayant point prescrit les dimensions du tour d'échelle, il a fallu s'assurer de l'usage en cette matière. Pour y parvenir, deux particuliers s'adressèrent au lieutenant civil du Châtelet, qui fit constater, par acte de notoriété du 23 août 1701, que l'usage, dans le ressort de la coutume de Paris, était de donner au tour d'échelle une largeur de trois pieds, à partir du parement extérieur du mur au rez-de-chaussée. Cette largeur de trois pieds équivaut à peu près à un mètre de nos nouvelles mesures; elle doit être prise par une ligne appuyée dans toute sa longueur sur la surface du sol, et qui fasse angle droit avec le mur d'où elle part.

Il est dit dans quelques auteurs, que s'il s'agit de la clôture d'un grand enclos, tel qu'un parc, le tour d'échelle se nomme *ceinture*, et que l'usage est de lui donner une largeur de six pieds, équivalant à deux mètres environ de nos nouvelles mesures. Ce qui concerne la ceinture d'un grand enclos, ne peut être qu'une propriété; nous n'en parlerons que dans le paragraphe suivant, où nous expliquerons ce qu'est le tour d'échelle, considéré comme propriété corporelle. Nous ne pensons pas, en effet, que l'usage de donner une largeur de six pieds à la ceinture d'un enclos, puisse convenir au cas où elle serait l'objet d'une servitude; car alors, elle consisterait dans la faculté de laisser circuler les ouvriers, pour les réparations ou la reconstruction de la clôture. Or, si le titre de cet assujétissement ne s'expliquoit pas sur la dimension dont il s'agit, on ne voit pas pourquoi elle serait plus considérable que celle d'un simple tour d'échelle, puisqu'il n'est besoin que de faciliter les réparations ou la reconstruction d'un mur ordinaire; pour travailler au mur d'un parc, il ne faut pas plus de place en largeur, que pour réparer la clôture d'un petit terrain.

Disons donc que, sans distinguer si le mur de séparation sert à fermer un grand ou un petit enclos, le droit qu'on a, pour le réparer, de faire circuler des ouvriers en dehors sur l'héritage voisin, ne peut être qu'un simple tour d'échelle, dont la largeur, quand le titre n'en parle pas, est fixée par la coutume, ou les réglemens particuliers, ou l'usage du pays. Ajoutons que, dans le droit commun, on peut prendre l'usage de Paris, qui accorde trois pieds pour la largeur du terrain consacré à cette espèce de servitude. En conséquence, la dénomination de *ceinture* ne convient pas à l'objet d'un pareil droit; il faut la réserver pour exprimer le terrain qu'on possède en pleine propriété, au-delà des murs d'un grand enclos, et dont on parlera dans le paragraphe suivant.

SECOND CAS. Si c'est un mur mitoyen qui sépare deux héritages, faut-il un titre à l'un des propriétaires, pour obtenir la faculté de faire circuler sur l'héritage voisin, les ouvriers chargés de travailler à ce mur?

Pour l'affirmative, on dit que la mitoyenneté du mur n'empêche pas la faculté dont il s'agit, d'être un service foncier, pour lequel il faut suivre les règles ordinaires; et comme cette servitude est nécessairement discontinue et non apparente, elle ne peut avoir lieu sans titre, d'après l'*art.* 691 du Code Napoléon.

La négative est soutenue avec plus de fondement. Du droit de propriété d'un mur appartenant par indivis à chacun des voisins, résulte essentiellement la faculté de veiller à sa conservation. En conséquence, l'un des propriétaires, toutes les fois qu'il est autorisé à faire travailler au mur mitoyen, peut placer ses ouvriers sur l'héritage voisin, sans qu'il y ait besoin d'un titre particulier pour user de cette faculté. Elle n'est pas, en effet, une servitude, puisqu'elle n'est pas, à proprement parler, un assujétissement d'un héritage pour l'utilité de l'autre; chacun des héritages est également assujéti à la conservation du mur commun. La faculté dont il s'agit n'est donc qu'une conséquence de la mitoyenneté; et si on s'obstinait à la regarder comme un service foncier, ce serait alors une servitude légale, établie comme suite nécessaire du droit de mitoyenneté, qui lui-même est établi par le Code. Ainsi, soit comme servitude légale, soit comme une émanation du droit de communauté au mur mitoyen, la faculté réciproque de circuler autour, pour le réparer, peut être exercée sans autre titre particulier.

Cette décision conforme aux principes, se trouve consignée dans l'acte de notoriété du 23 août 1701, dont on a parlé plus haut. Il y est dit que s'il convient de faire quelques rétablissemens à un mur non mitoyen, celui à qui il appartient doit faire le service et les ouvrages de son côté; tandis que si le mur est mitoyen, le service et les ouvrages se font des deux côtés.

Quelle largeur de son terrain est-on obligé de mettre à la disposition des ouvriers, lorsqu'ils travaillent au mur mitoyen de la part du voisin? Comme il ne s'agit pas d'une servitude proprement dite, mais de l'exercice du droit de propriété sur une chose indivise, on ne peut pas appliquer ici ce qu'on a dit plus haut, en parlant du cas où le tour d'échelle est dû, pour faciliter les réparations d'un mur qui n'est pas en communauté; d'autres considérations doivent donc servir à décider la question proposée.

Le Code, par son *art.* 662, a indiqué un moyen fort sage de résoudre toutes les difficultés, qui peuvent naître entre les copropriétaires d'un mur mitoyen. Il défend à chacun de toucher au mur sans le consentement des intéressés, ou, à leur refus, sans autorisation de la justice; c'est ce qui a été expliqué dans l'article premier de cette section. Par l'effet de cette précaution, soit que les parties s'arrangent à l'amiable, soit qu'elles aient besoin de l'autorité judiciaire, l'ouvrage projeté est connu de chacune d'elles, toutes les circonstances en ont été prévues; en conséquence, le mode de travailler est autorisé, sous la condition qu'il ne sera causé au voisin que l'embarras indispensable. Comme, d'un côté, la nature des réparations peut exiger plus ou moins de terrain pour la circulation des ouvriers, et que, de l'autre, la localité peut bien ne pas permettre une aussi grande facilité qu'il serait à désirer; les détails qui intéressent à cet égard les deux voisins, sont réglés par l'acte ou par le jugement qui, sur un rapports d'experts, permet le travail projeté.

Ce qu'on vient de dire concernant la faculté de placer des ouvriers sur les deux héritages limitrophes, quand il s'agit de réparer ou de reconstruire un mur mitoyen, s'entend fort bien pour le cas où le travail se fait à frais communs; mais que déciderait-on, si le mur mitoyen étant en bon état, l'un des voisins voulait le reconstruire à ses depens sur des dimensions plus fortes? Il n'agit plus alors pour l'intérêt de la communauté; n'est-il donc pas considéré comme celui qui répare un mur non mitoyen, et aux ouvriers duquel le voisin n'est pas tenu de livrer passage?

La loi autorise l'un des copropriétaires du mur mitoyen, à le reconstruire à ses dépens, s'il ne le trouve pas capable de supporter l'édifice projeté; cette faculté respective peut être exercée l'année prochaine, par celui qui est obligé de la souffrir aujourd'hui. De là, il résulte que celui qui reconstruit le mur à ses dépens, use de son droit de copropriétaire, absolument comme quand il s'agit de réparer le même mur à frais communs. On ne peut donc pas lui refuser la faculté de faire circuler ses ouvriers sur le terrain voisin, sauf aux parties à convenir entre elles préalablement du mode à suivre pour conduire le travail, ou à le faire régler par jugement. Remarquez que celui qui reconstruit le mur, doit payer au voisin l'indemnité dans les cas où elle est due, ainsi qu'on l'a expliqué dans l'article premier, en parlant de la reconstruction du mur mitoyen, faite aux frais d'un seul propriétaire.

Si l'un des voisins voulait faire réparer ses bâtimens supportés par le mur mitoyen, pourrait-il placer les échelles de ses ouvriers sur l'héritage voisin?

Nous opinons pour la négative, d'abord parce qu'il est possible de faire le service et les ouvrages du côté de la personne à qui les bâtimens appartiennent; en second lieu, parce qu'il ne s'agit pas alors d'une propriété commune aux deux voisins. Si on est fondé à veiller à la conservation du mur mitoyen dont on est propriétaire par indivis, et d'y faire travailler d'un côté et de l'autre; c'est qu'on s'occupe alors d'un objet appartenant également à celui dont on exige le passage pour les ouvriers. Mais, si les réparations ne regardent que le bâtiment porté par le mur mitoyen, il ne paraît pas juste de forcer le voisin à laisser circuler les ouvriers sur son héritage, pour des travaux qui ne l'intéressent point.

Un mur de séparation n'est mitoyen que jusqu'à une certaine hauteur; il s'agit de réparer l'exhaussement appartenant exclusivement à un seul des voisins. On demande si celui-ci pourra placer des échelles sur l'héritage contigu, pour la facilité des réparations.

Pour réparer la portion mitoyenne du mur, on peut placer les ouvriers d'un côté et de l'autre; or, dit-on, il serait difficile de penser que l'on ne fût pas autorisé à agir de même, pour travailler à la partie supérieure du même mur. Il semble qu'en autorisant un des propriétaires à exhausser le mur mitoyen à ses dépens, la loi a reconnu suffisamment l'obligation où est l'autre voisin de souffrir cet excédant de construction, et par conséquent de faciliter les réparations qui y sont nécessaires.

Le propriétaire de l'exhaussement d'un mur mitoyen se trouve dans la même position, que si le mur de séparation était à lui seul, et touchait sans moyen l'héritage contigu. Dans l'un et l'autre cas il est tenu de céder la mitoyenneté de la séparation qui lui appartient, si le voisin la demande; mais il ne peut forcer celui-ci à en faire l'acquisition. Il y a donc similitude entre un mur non mitoyen placé à l'extrémité de l'héritage dont il dépend, et l'exhaussement fait par un seul voisin sur un mur mitoyen. Or on a vu que le propriétaire du mur non mitoyen, doit faire de son côté les ouvrages de réparations, ainsi que l'atteste l'acte de notoriété du 23 août 1701 ; il doit en être de même de l'élévation donnée au mur mitoyen : le service et les ouvrages de réparations doivent s'effectuer du côté de celui à qui cet exhaussement appartient. On ne voit pas pourquoi le voisin, qui n'est pas obligé à fournir le passage pour réparer la clôture non mitoyenne, serait forcé à souffrir les ouvriers sur son terrain, lorsqu'il s'agit de réparer un exhaussement sur lequel il n'a aucun droit, et dont il ne profite pas.

§ II.

De l'échellage.

On appelle communément tour d'échelle non seulement un service foncier sur l'héritage voisin, ainsi qu'on l'a vu dans le paragraphe précédent, mais encore l'espace qu'un propriétaire laisse hors du mur dont est clos son héritage, afin de circuler autour de ce mur sans entrer sur le terrain voisin. Dans ce sens le tour d'échelle n'est pas un droit, mais une véritable propriété corporelle, appartenant au maître du mur de séparation.

On sent l'inconvénient de confondre par la même dénomination, deux choses aussi différentes; c'est pourquoi dans certains pays, pour ne pas se tromper, on ne donne le nom de tour d'échelle, qu'au droit de servitude dont on a parlé au paragraphe précédent, et on appelle *échellage*, quelquefois *évertizon*, la portion de propriété qu'on a laissée hors du mur de séparation, pour avoir la faculté d'aller et de venir le long de ce mur, sans marcher sur l'héritage voisin. Nous adoptons la dénomination d'échellage, pour éviter toute confusion entre deux choses tout-à-fait différentes.

L'espace de terrain laissé en dehors d'un mur de séparation étant un véritable immeuble, on ne peut en établir la propriété que par titre ou par prescription; ainsi, quand on réclame sans l'un ou l'autre secours une pareille portion de terrain, on ne peut pas espérer de réussir, même dans les pays où le tour d'échelle était présumé exister de plein droit. La raison en est que la présomption s'y appliquait seulement au tour d'échelle, considéré comme servitude; à l'égard de celui que nous nommons *échellage*, c'est une propriété immobilière, qui de tout tems n'a pu être acquise que par titre ou par prescription. D'ailleurs, cette présomption relative à la servitude du tour d'échelle ne subsiste plus, même dans les coutumes qui l'avaient admise; car on a vu dans le paragraphe précédent, que cette servitude étant discontinue et non apparente, elle est du nombre de celles qui, suivant le Code, ne peuvent s'établir que par titre.

Nous avons dit que l'échallage est susceptible de s'acquérir par la prescription, comme tout autre objet immobilier corporel; ainsi, pour l'obtenir, un simple titre de possession suffit. S'agit-il d'abord du possessoire? on y réussira, si on jouit depuis au moins un an; sur le pétitoire on sera maintenu également, si la possession invoquée se trouve avoir le tems et les qualités nécessaires pour prescrire les immeubles.

Il est possible de trouver dans des titres les preuves de la propriété de l'échellage, sans y voir la désignation de la largeur du terrain qu'on réclame ; on demande comment cette largeur sera déterminée. Il est des cas où le bornage des propriétés limitrophes, pourrait donner les éclaircissemens que l'on cherche ; mais il est beaucoup de circonstances où ce moyen de découvrir la vérité, serait ou impraticable ou insuffisant.

Le Code n'ayant rien statué sur ce point, il laisse en vigueur les dispositions des coutumes et des réglemens locaux ; à défaut de ces lois particulières, on suit l'usage du pays où la contestation s'élève.

Dans le paragraphe précédent on a vu que, dans le ressort de la coutume de Paris, le tour d'échelle considéré comme servitude est de trois pieds, équivalens à un mètre de la nouvelle mesure. Par un traité entre la dame Desfontaine et Nicolas Denau, il avait été convenu que celui-ci ferait, à ses dépens, le mur de séparation de leurs héritages contigus; la dame Desfontaine s'était réservé le droit de jouir du tour d'échelle, si elle venait à bâtir sur le mur de séparation. Le cas prévu n'arrivant pas, cette dame n'avait rien à prétendre sur le terrain qui était au-delà de la clôture, du côté de son voisin Denau. Mais, par la suite, la dame Desfontaine a voulu appuyer des bâtimens sur le mur, et profiter du tour d'échelle qui lui était réservé. Il fallait connaître de quelle largeur de terrain elle avait la jouissance, sur l'héritage contigu. Pour cela on eut recours à un acte de notoriété, qui fut donné par M. le lieutenant civil du Châtelet, le 23 août 1701. Il ne se borne pas à décider que, dans le ressort de la coutume de Paris, le tour d'échelle est de trois pieds : cet acte explique la doctrine reçue au Châtelet concernant cette matière. Quoiqu'il ait été provoqué à l'occasion d'une contestation où il s'agissait du tour d'échelle considéré comme servitude, néanmoins, cet acte parle également du tour d'échelle, considéré comme propriété, et que nous nommons échellage; en conséquence, il doit servir de règle pour fixer ce qu'on doit entendre par le tour d'échelle, dans la Coutume de Paris, soit qu'il désigne une servitude, soit qu'il indique une propriété corporelle.

D'abord, on y voit que le tour d'échelle, considéré comme servitude, n'était point admis sans titre ; ce qui est conforme aux principes du nouveau Code. Le motif que donne l'acte de notoriété, pour décider que le tour d'échelle ne peut s'obtenir par la simple possession, est que chacun peut, ou bâtir jusqu'à l'extrémité de son héritage, ou faire un mur mitoyen ; dans l'un et l'autre cas, il ne peut pas y avoir au-delà de la séparation, un terrain destiné au tour d'échelle. Alors, est-il ajouté, s'il convient de faire quelques rétablissemens au mur non mitoyen, placé sur la ligne qui sépare les deux héritages, celui à qui il appartient doit faire le service et les ouvrages de son côté. Le mur est-il mitoyen ? Le service et les ouvrages se font des deux côtés ; c'est ce que nous avons remarqué dans le paragraphe précédent.

Le même acte de notoriété dit encore que si une personne, en bâtissant un mur, l'a retiré de trois pieds sur son propre terrain, l'espace du tour d'échelle lui appartient ; ce n'est pas une servitude, mais une propriété de terrain laissé au-delà de sa clôture.

La distinction entre le tour d'échelle qui est servitude, et celui qui est propriété corporelle, ou l'échellage, se trouve comme on voit très-bien marquée dans l'acte de notoriété du Châtelet ; or, pour l'un et l'autre cas, il atteste que l'usage est de donner trois pieds de largeur à un tour d'échelle, dont la dimension n'est pas spécifiée dans le titre.

Puisqu'on ne peut pas réclamer la propriété de l'échellage sans un titre, il est donc bien important, pour celui qui en bâtissant laisse un espace au-delà de son mur, d'appeler son voisin, et de prendre l'alignement contradictoirement avec lui. Il ne doit pas manquer de faire constater, dans le procès verbal qui en est dressé, soit à l'amiable, soit par experts nommés en justice, qu'un échellage dépend de l'héritage sur lequel est placé le mur ; en même-tems il a soin d'en faire mentionner la largeur.

Quand un propriétaire s'est enclos, en laissant derrière ses murs un espace qui lui appartient, comment doit faire le voisin qui se veut enclorre également ? Il arrive, ou qu'il se retire aussi sur son propre terrain, ou qu'il place sa clôture sur l'extrémité de son héritage, de manière qu'elle touche sans moyen l'autre propriété. Dans le premier cas, il y aura entre les deux murs une ruelle, dont la largeur sera formée par les deux espaces laissés de part et d'autre. Alors cette ruelle appartiendra pour une portion de sa largeur, à celui qui s'est enclos le premier, et pour l'autre portion, à celui qui a bâti plus tard.

Si ce dernier a construit son mur sur l'extrémité de son héritage, la ruelle placée entre les deux clôtures, est formée par le seul espace qu'a laissé le propriétaire qui s'est enclos le premier : cet échellage appartient à lui seul ; le voisin n'y a aucun droit, et n'en peut pas faire usage.

En conséquence, celui-ci ne peut pas chaperonner son mur à double pente, parce qu'il ne lui est pas permis de jetter dans la ruelle, qui ne lui appartient pas, une portion des eaux qui tombent sur son mur ; il faut donc que ce mur soit terminé par une seule pente, dirigée vers l'héritage sur lequel il est fondé. A plus forte raison, si ce voisin élevait un bâtiment sur ce même mur, ne lui serait-il pas loisible de faire égoûter les eaux du toit dans la ruelle ; ce droit appartient au seul propriétaire de cet espace.

Remarquez aussi que le propriétaire de l'échellage est tenu de le paver, et de lui donner une pente suffisante pour écouler les eaux qui tombent de son toit ; car, autrement, la construction que le voisin a eu le droit d'approcher jusqu'à la dernière extrémité de son terrain, pourrait être attaquée dans ses fondemens, par le séjour des eaux de l'héritage contigu. Cette opinion, que Desgodets adopte sans la motiver, est fondée sur un principe d'équité, qui fait une des bases des lois du voisinage, et qui ne permet à personne, sous prétexte de jouir de sa propriété, de nuire à autrui quand il est possible de l'éviter. Il est d'autant plus raisonnable d'appliquer ce principe à l'espèce proposée, qu'en donnant de l'écoulement aux eaux de la ruelle, celui qui en est le propriétaire conserve ses constructions, aussi bien que celles de son voisin.

Il n'est pas permis, disons-nous, de faire tomber l'égoût de ses toits sur l'héritage limitrophe ; il résulte delà, que celui qui fait un édifice dont le toit présente sa pente du côté du voisin, ne peut pas se dispenser de placer son mur de séparation de manière qu'il y ait en dehors un espace qui recevra ses eaux. Cette perte de terrain devient inutile, lorsque le toit est d'une telle forme que les eaux de pluie sont contenues entre le mur et la couverture, et sont conduites par des chesneaux, dans une goutière dirigée sur le terrain de celui à qui appartient le bâtiment.

Au surplus, lorsque celui qui construit se croit forcé de retirer son mur de séparation sur sa propriété, est-il tenu de laisser en dehors un espace déterminé, tel que trois pieds, par exemple, dans les pays où il est d'usage de donner une pareille largeur à l'échellage?

Les uns disent que la fixation de la largeur de trois pieds n'est utile, que dans les cas où il y a lieu d'interprêter des titres, qui annoncent seulement l'existence d'une échellage, sans en fixer la dimension; il faut alors une règle, et on s'en rapporte, ou aux dispositions coutumières, ou à l'usage. Mais, quand il s'agit de bâtir, et de constater ce qui est laissé de terrain au-delà du mur de séparation, rien n'oblige celui qui construit à donner à son échellage telle étendue plutôt que telle autre. C'est sa propriété : il est libre d'en disposer à sa volonté, de la comprendre dans sa clôture, ou de la laisser en dehors; et dans ce dernier cas il donne à ce terrain telle largeur qui lui plaît.

D'autres conviennent qu'en effet, celui qui bâtit est maître, ou de porter son mur sur l'extrémité de son terrain, ou de retirer ce mur, en laissant un espace au-delà. Mais, selon qu'il prend ou l'un ou l'autre parti, ses obligations sont différentes. Place-t-il le mur de son édifice sur l'extrémité de son terrain? Dès-lors il s'engage à ne pas tourner la pente de son toit, du côté du voisin. Préfère-t-il se retirer sur sa propriété pour n'être pas gêné, relativement à la pente du toit? Il est tenu, dans ce cas, de laisser au-delà de son mur un espace convenable, pour que la chûte des eaux ne nuise pas au voisin. On ne peut pas le laisser maître de fixer la largeur de cet échellage; autrement, il serait dans le cas de le rendre si étroit, que cet espace ne produirait pas l'effet qu'on en attend. N'est-il pas plus raisonnable de décider, que si les deux voisins ne conviennent pas par écrit de la largeur de l'échellage, elle sera déterminée par la loi locale, ou par l'usage du pays? A Paris, on regarde qu'il faut au moins trois pieds, pour tirer d'un pareil espace l'avantage qui en doit résulter en faveur des deux voisins. C'est donc à cette mesure qu'on est tenu de se conformer, dans le ressort de la Coutume de Paris. On peut même regarder cette règle comme formant sur ce point le droit commun, et comme pouvant être suivie partout où, soit la coutume, soit des règlemens particuliers, soit l'usage n'y sont pas contraires.

Nous avons dit plus haut, qu'il est de l'intérêt de celui qui laisse un espace au-delà de sa clôture, de le faire constater avec son voisin; ce qu'on vient d'expliquer, prouve qu'il n'est pas moins important pour ce voisin, d'exiger que l'autre ne fasse pas une clôture, ou une reconstruction de clôture, sans en avoir pris avec lui l'alignement: peu importe que la clôture se place sur l'extrémité de l'héritage dont elle dépend, ou qu'elle soit retirée en dedans de cet héritage.

Une personne s'est enclos, en laissant un échellage au-delà de son mur; le voisin qui a construit le second, a porté sa clôture sur l'extrémité de son terrain: en sorte que la ruelle appartient au premier qui s'est enclos. Celui-ci par la suite fait abattre son mur, et trouve pour séparation le mur du voisin: à fin d'avoir droit d'en faire usage, il offre d'en acquérir la mitoyenneté. On demande si le propriétaire de ce mur, formant seule clôture, peut s'y refuser? Non, parce que le propriétaire qui le premier s'est enclos, et qui par la suite a fait abattre son mur, a usé d'un droit légitime. Or, dans l'état où il se trouve après la destruction de sa clôture, il voit un mur qui joint sans moyen son héritage: il a donc la faculté d'en acquérir la mitoyenneté.

Mais, dans le cas proposé, ne doit-on pas refuser cette faculté à ce propriétaire, puisque la réciprocité ne peut pas avoir lieu en faveur de l'autre? En effet, celui qui construit la seconde clôture n'a pas le droit, avant de l'établir, ni après l'avoir détruite, de forcer son voisin à lui céder la communauté au mur au delà duquel est un échallage.

Ce défaut de réciprocité n'est d'aucune considération; car la position de celui qui a un échellage, n'est pas la même que celle du propriétaire qui place son mur sur la dernière extrémité de son héritage. Il n'est donc pas bien étonnant que les droits de l'un, ne soient pas les mêmes que ceux de l'autre. On a vu plus haut quels sont les motifs pour lesquels il a été permis à un propriétaire, d'acquérir la mitoyenneté d'un mur qui touche immédiatement son héritage; il est évident que les mêmes raisons ne militent pas, pour forcer celui dont le mur est retiré sur sa propriété au moins de trois pieds, à céder un droit de communauté à ce même mur.

Le propriétaire qui veut s'enclorre le dernier, et qui trouve entre son terrain et le mur du voisin un espace appartenant à celui-ci, fera bien, sans doute, d'offrir de payer d'abord la totalité de cet espace, et ensuite la moitié de la valeur du mur; mais, si sa proposition n'est pas acceptée, il n'y a aucun moyen de forcer la volonté de celui qui, en se retirant sur son propre domaine, n'a voulu avoir rien de commun avec le voisin. En un mot, la loi n'oblige pas de céder la mitoyenneté d'un mur, lorsqu'il ne touche pas immédiatement l'héritage contigu.

Que faut-il décider si le cas proposé arrive, entre les propriétaires de deux maisons faisant partie d'une ville ou d'un faubourg? Le voisin de celui qui s'est enclos le premier, venant ensuite à bâtir, peut placer l'épaisseur de son mur, moitié sur son terrain, moitié sur l'échellage, et forcer le propriétaire de cet espace à contribuer pour sa part à la séparation, jusqu'à la hauteur de clôture. C'est une conséquence de l'*art.* 663 du Code, qui dit expressément que chacun a le droit, dans les villes et les faubourgs, de contraindre son voisin à séparer, à frais communs, leurs héritages contigus.

Ainsi, il faut bien observer que si quelqu'un veut, dans une ville ou dans un faubourg, séparer sa maison de celle du voisin par un échellage; il n'est pas pour cela dispensé de contribuer à la clôture que ce voisin voudra établir, sur la ligne qui sépare les propriétés limitrophes. On doit aussi considérer que, si on n'a pas des raisons particulières pour laisser un espace au-delà de son mur, il est plus simple, plus commode, plus économique, plus sain, plus propre, et d'une sûreté plus grande, de l'établir sur la ligne de séparation des héritages. Voilà pourquoi on peut forcer le voisin à y contribuer pour moitié: cette faculté, qui n'a lieu que dans les villes et faubourgs, a été expliquée dans le § XI.

§ III.

De la Ceinture.

Quand on laisse un espace au-delà du mur de clôture d'un parc, ou de tout autre grand enclos, on ne nomme plus échellage ce terrain du dehors; on l'appelle *ceinture*, parce que, le plus ordinairement, le terrain dont elle est composée fait le tour de la propriété : d'ailleurs, il arrive souvent que la ceinture est plus large que l'échellage, et il est bon alors qu'on puisse les distinguer par des noms différens.

Au reste, la ceinture est de même nature que l'échellage ; elle est également une propriété immobilière : on ne doit donc pas envisager la ceinture comme le tour d'échelle, qui n'est qu'une servitude.

Ainsi, s'agit-il du droit de passer chez le voisin, pour les réparations des murs d'un parc? ce n'est pas le nom de ceinture qu'il convient d'employer, puisqu'alors existe simplement la servitude du tour d'échelle : on y appliquera donc tout ce que nous avons dit au paragraphe précédent sur cette matière.

Veut-on désigner la portion de terrain qu'un propriétaire a laissée en dehors de son parc? on la nomme ceinture. Ce n'est pas alors un droit de servitude, mais une véritable propriété corporelle. Il en est de la ceinture comme de l'échellage; il faut des titres pour la réclamer et la posséder, ainsi que tout autre objet immobilier : la prescription propre aux fonds de terres peut aussi faire perdre et acquérir, soit la totalité, soit partie de ce terrain. Nous ne répéterons pas ici ce que nous venons de dire à l'égard de l'échellage, l'application doit s'en faire à ce qu'on appelle ceinture. S'il y a de la différence entre deux choses aussi semblables d'ailleurs, c'est dans la largeur : elle est à Paris de trois pieds, ou un mètre environ, pour l'échellage, comme l'atteste l'acte de notoriété du 23 août 1701 ; tandis que, suivant divers auteurs, la ceinture a une largeur de six pieds, ou deux mètres environ de la nouvelle mesure.

Quand les titres s'expliquent sur la quantité de terrain laissé en dehors d'un parc, il ne peut y avoir de difficulté; mais, lorsque les titres annoncent seulement que le propriétaire du parc possède une ceinture en dehors, sans en fixer la largeur, la coutume ou les réglemens particuliers suppléent à ce silence. Si les statuts locaux sont muets sur ce point, on suit l'usage commun qui, d'après ce que disent les auteurs, paraît être de donner à la ceinture six pieds de largeur.

Il est vrai que les auteurs qui parlent du terrain laissé au-delà des murs d'un grand enclos, ne s'appuient d'aucune autorité pour attester l'usage qu'ils invoquent; c'est pourquoi on leur objecte que rien d'authentique ne faisant une différence entre la ceinture d'un parc et l'échellage d'une autre clôture, il n'y a pas de raison pour donner à l'une une largeur de six pieds, quand il est constant que l'autre n'est que de trois pieds.

La réponse est tirée de la nature même d'un parc ou autre grand enclos, destiné à de fortes plantations. De tout tems, par le droit commun il a été défendu de planter des arbres à haute tige, plus près que six pieds du terrain voisin : le propriétaire d'un parc, lorsqu'il veut s'enclore de manière à n'avoir aucune contestation avec ses voisins, ne peut donc pas raisonnablement laisser en dehors un espace moindre que six pieds, afin d'être libre de planter chez lui les plus grands arbres, et de les placer si près de son mur qu'il lui plaît.

Un autre sujet de querelle, à l'occasion des terres qui bordent un parc, arrive lorsque le voisin laboure trop près du mur : celui qui entoure son parc d'une ceinture, pour se mettre à l'abri de ce genre de discussion, doit donc prudemment laisser un espace de six pieds au moins, afin que le voisin puisse conduire sa charrue à l'extrémité de son champ, et y trouver encore un espace suffisant pour tourner.

Ces deux circonstances font une présomption, qui a dû déterminer l'usage de fixer six pieds pour la largeur de ceinture, quand les lois locales ne s'expliquent pas sur cette dimension. On le répète, cet usage fondé sur une juste présomption, ne doit être consulté, à défaut des coutumes, que lorsque les titres établissent formellement la propriété de la ceinture, et ne sont muets que sur sa largeur.

Le Code n'a rien changé au droit ancien concernant les distances des plantations : il ordonne par son *art.* 671, que l'on suive dans chaque pays, les réglemens particuliers et les usages constans qui y existent. A défaut de réglemens et d'usage, il fixe à deux mètres, ou six pieds environ, la distance à laquelle il faut éloigner les arbres à haute tige, des héritages voisins. Ainsi, dans les cas où on sera embarrassé pour déterminer la largeur d'une ceinture de parc, dont l'existence se trouvera attestée par titres, on se décidera comme avant cette loi, d'après les coutumes du pays, sinon d'après le droit commun, qui donne six pieds, ou deux mètres de largeur à la ceinture, parce que c'est la distance prescrite pour faire les grandes plantations.

ARTICLE X.

Du droit de fouiller des mines.

Cet article est divisé en trois paragraphes qui parleront successivement ; 1°. des mines en général ; 2°. des mines dont le gouvernement a la disposition ; 3°. des mines de fer en particulier.

§ Ier.

Des mines en général.

En parlant du cas où les divers étages d'une maison appartiennent à différentes personnes, nous avons remarqué que celui qui est propriétaire du sol d'un héritage, est réputé maître du dessus, et par conséquent des constructions et des plantations qui s'y trouvent. Pareillement il est censé le maître du dessous, et par conséquent de tout ce qui s'y trouve, comme les caves, les puits, les égoûts, les carrières, les sources d'eau, les sablonières, les mines et autres objets souterrains. On observera cependant, que cette décision du Code Napoléon, *art.* 552, reçoit exception pour les cas où des servitudes naturelles, légales ou volontaires, établissent un droit contraire ; c'est ce que dit le même texte qui, à l'égard des mines, ajoute qu'il faut suivre les réglemens qui y sont relatifs. En effet, des lois dictées par l'intérêt public, donnent au Gouvernement la faculté de permettre, et même de diriger l'exploitation, selon la nature des substances renfermées dans le sein de la terre. Le propriétaire d'une mine, comprise parmi celles qui ne peuvent s'ouvrir sans le concours de l'autorité souveraine, est donc assujéti à une sorte de servitude légale : voilà pourquoi nous croyons utile de placer ici quelques notions générales, sur ce qui concerne les mines.

La dernière loi rendue sur cette matière a été décrétée par l'assemblée nationale, les 27 mars, 15 juin et 12 juillet 1791 : on la trouve dans les recueils à la date de sa sanction, qui est du 28 juillet de la même année.

Au premier titre de cette loi, il est parlé des mines en général. Il y est dit que toutes les mines et minières, tant métalliques que non métalliques, et même celles de bitumes, celles de charbon de terre ou de pierres, celles de pyrites, sont mises à la disposition du Gouvernement. Ainsi, aucune des substances qu'on vient d'indiquer ne peuvent être exploitées, qu'avec la permission de l'autorité publique, et sous sa surveillance. Cependant, comme il n'existe aucun danger à exploiter une mine avec tranchée ouverte, ou avec fosse et lumière, jusqu'à cent pieds de profondeur, tout propriétaire a le droit de profiter des mines qu'il trouvent dans son fonds, lorsqu'elles sont susceptibles de ce genre d'exploitation, pour lequel il n'a pas besoin d'obtenir de concession du Gouvernement : il n'est tenu alors qu'à se conformer aux réglemens de police. *Ibid.*

Suivant le second article, au nombre des mines dont on ne peut disposer sans l'autorisation du Gouvernement, ne sont pas comprises celles de sables, de craies, d'argiles, de pierres à bâtir, de marbres, d'ardoises, de pierres à chaux ou à plâtre, de tourbes, de terres vitrioliques, de cendres ; en un mot, toutes celles qui ne sont pas désignées dans le premier article, restent libres.

En conséquence, celui qui a dans son fonds une de ces mines, pour lesquelles il n'est rien innové, peut en faire ce que bon lui semble, sans permission : il lui suffit de se conformer aux réglemens de police. Par exemple, si une carrière ne peut être ouverte qu'à une certaine distance d'une grande route, s'il faut laisser des murs et des piliers pour soutenir les voûtes des carrières de pierres ; si les carrières de plâtres ne doivent être exploitées qu'à tranchées ouvertes ; si, en général, avant de mettre les ouvriers à une carrière quelconque, il faut en prévenir le magistrat chargé de veiller à la sûreté publique, c'est par suite des réglemens de police : ils ne portent aucune atteinte au droit du propriétaire, qui n'en reste pas moins libre, ou d'exploiter les substances dont il s'agit, ou de n'en faire aucun usage. Néanmoins, lorsque les substances, dont le Gouvernement n'a pas le droit de disposer, ne sont pas exploitées par le propriétaire, et qu'il y a nécessité de les faire servir à des travaux publics ou d'une utilité générale ; les entrepreneurs de ces travaux peuvent obtenir de l'autorité administrative, la faculté d'exploiter les objets dont il s'agit. Dans ce cas, il faut indemniser le propriétaire, non-seulement de la superficie du terrain ; mais encore de la valeur des matières extraites de son fonds. Cette indemnité est fixée de gré à gré, ou à dire d'experts. *Ibid.*

§ II.

Des mines dont la disposition est réservée au Gouvernement.

Aucune des mines qui, suivant l'*art.* 1 de la loi du 28 juillet 1791, sont mises à la disposition du Gouvernement, ne peut être exploitée, même par le propriétaire du fonds où elle se trouve, sans la permission de l'autorité souveraine. Il est vrai que le propriétaire du terrain obtient cette permission préférablement à tout autre, quand il la demande : s'il ne la demande pas, non-seulement il lui est défendu d'ouvrir la mine ; mais la concession en peut être accordée à d'autres personnes. *Ibid. art.* 3.

Pour qu'une concession ne soit pas surprise à l'insu du propriétaire, l'*art.* 10 veut qu'il n'en soit accordé aucune, à moins que ce propriétaire n'ait été préalablement requis de déclarer, dans le délai de six mois, s'il entend ou non faire l'exploitation, aux mêmes clauses et conditions que celles imposées à ceux qui veulent devenir concessionnaires. Cette réquisition se fait à la diligence du préfet du département où se trouve la mine à exploiter : il ne serait pas assez certain que cette réquisition fût signifiée fidèlement, si elle était confiée aux personnes qui demandent la concession.

En cas d'acceptation de la part du propriétaire, la concession lui est accordée préférablement; pourvu que sa propriété, ou seule ou réunie à celles de ses associés, soit d'une étendue propre à former une exploitation. *Ibid.*

L'étendue de chaque concession est réglée par l'autorité administrative du lieu, selon la nature des mines : mais, jamais cette étendue ne peut excéder six lieues quarrées, en prenant pour mesure la lieue de deux mille deux cent quatre-vingt-deux toises : *art.* 5. Suivant les nouvelles mesures, la longueur d'une lieue est de quatre mille quatre cent quarante-quatre mètres, quatre cent cinquante-cinq millimètres.

Puisque le propriétaire obtient la préférence, non-seulement quand son terrain seul suffit à une exploitation, mais encore quand il parvient à former une étendue assez grande, en réunissant au siens les terrains de ses voisins; il s'en suit que la demande présentée pour avoir l'exploitation, doit être notifiée à tous ceux dont les propriétés sont comprises dans la concession projettée. Par ce moyen, pendant le délai de six mois, ils ont le tems de s'associer, comme la loi le leur permet, afin, par leur réunion, d'obtenir la préférence. Il n'est pas nécessaire que la totalité des propriétaires consentent à faire l'entreprise; il suffit que ceux qui se réunissent, possèdent une étendue de terrain capable de former une exploitation.

Faute par les propriétaires d'accepter la concession, elle est accordée aux personnes qui l'ont demandée, à la charge de payer les indemnités dues pour les terrains qui doivent servir aux travaux. Ces indemnités s'étendent, non pas à la valeur des substances contenues dans les mines, mais seulement à la non jouissance du terrain, et aux dégâts occasionnés dans les propriétés par les fouilles, les chemins, les lavoirs, la fuite des eaux, et tout autre établissement dépendant de l'exploitation, de quelque nature qu'il soit. *Ibid.*, *art.* 21.

En parlant du cas, où, pour des travaux publics, l'administration autorise l'entrepreneur à prendre, dans un terrain voisin, des matières dont le Gouvernement n'a pas la disposition, nous avons dit que l'indemnité due au propriétaire était proportionnée, tant au dommage fait à la surface, qu'à la valeur des substances extraites. Il n'en est pas de même, comme on voit, quand il s'agit des mines dont le Gouvernement a le droit de disposer. Si le propriétaire d'une mine de cette espèce ne s'en rend pas le concessionnaire, ceux à qui l'exploitation est accordée ne doivent l'indemniser que pour la jouissance de la superficie du terrain, et pour les dommages qu'éprouvent cette superficie par les travaux; car les matières extraites ne lui appartiennent pas. Voilà pourquoi l'*art.* 22 fixe l'indemnité, au double de la valeur de la surface du sol : on en fait l'estimation de gré à gré, ou à dire d'experts.

Quand le terrain d'un particulier n'excède pas dix arpens, c'est-à-dire, en mesures nouvelles, à peu près cinq hectares, et que la concession de la mine ne s'étend que sur une portion de ce terrain, celui à qui il appartient peut exiger que le concessionnaire lui achete la totalité, sur estimation faite à l'amiable, ou par experts.

Il est à observer que personne n'est tenu, dans aucun cas, de donner son terrain pour ouvrir les fouilles de quelqu'espèce de mine que ce puisse être, quand ce terrain est enclos de murs : il en est de même s'il consiste soit en cour, soit en jardin, soit en pré, soit en vergers, soit en vignes, lorsque ces objets dépendent d'une habitation située dans la distance de deux cents toises, c'est-à-dire, de quatre cents mètres environ. *Ibid*, *art.* 23.

Le surplus du premier titre de la loi relative aux mines contient des dispositions réglémentaires, qui ne concernent plus les droits du propriétaire : ils sont suffisamment déterminés par les articles qu'on vient d'expliquer.

§ III.

Des Mines de fer.

Le second et dernier titre de la loi, du 28 juillet 1791, s'occupe particulièrement des mines de fer : elles sont du nombre de celles dont la disposition est réservée au Gouvernement, comme le dit textuellement l'*art.* 1 de cette loi.

On a vu que le propriétaire, qui possède une de ces sortes de mines réservée au Gouvernement, peut l'exploiter jusqu'à cent pieds de profondeur, sans avoir besoin d'en demander la concession, pourvu qu'il fasse le travail à tranchée ouverte, ou avec fosse et lumière. Comme l'exercice de ce droit du propriétaire doit être subordonné à l'utilité générale, il est soumis, pour les mines de fer particulièrement, à certaines modification. *Ibid. art.* 1.

Ainsi, pour ouvrir une mine de fer, même à tranchée ouverte, ou avec fosse et lumière, jusqu'à la profondeur de cent pieds, le propriétaire, dans l'héritage duquel elle se trouve, doit y être autorisé par l'autorité souveraine. *Ibid. art.* 2.

Toute personne peut demander à établir des fourneaux ou usines, pour l'exploitation des mines de fer ; mais la préférence est due aux propriétaires ayant dans leurs héritages des minerais et des combustibles propres à la fabrication du fer. *Ibid. art.* 5.

La permission d'établir une usine pour la fonte du minerai, emporte avec elle le droit d'en faire la recherche, soit avec des sondes, soit par tout autre moyen praticable, dans les lieux compris en la concession. Néanmoins, les recherches ne peuvent pas se faire sans le consentement des propriétaires, dans les champs et héritages ensemencés, ou couverts de fruits. Il est donc permis aux concessionnaires de faire la recherche du minerai, en toute saison, dans les terres incultes ou en jachères ; mais dans les terres cultivées, ils ne peuvent sonder qu'avant ou après la récolte. Ils doivent aussi respecter, en tout tems, les terrains clos de murs, ainsi que les cours, les jardins, les prés, les vergers et les vignes, quand ces sortes de propriétés tiennent à des habitations situées dans la distance de deux cents toises, c'est-à-dire, de quatre cents mètres environ.

Les maîtres de forges, avant de sonder aucun des terrains où il leur est permis de fouiller, sont tenus d'en avertir un mois d'avance les propriétaires, et de leur payer de gré à gré, ou à dire d'experts, l'indemnité due pour le dommage que pourra occasionner l'opération. *Ibid. art.* 7.

Quand il est reconnu que le terrain sondé contient du minérai, le maître d'usine en doit donner avis légalement au propriétaire. *Ibid. art.* 8.

Outre ce premier avertissement, qui a pour objet de faire connaître au propriétaire l'existence du minerai dans son fonds, et par conséquent de le prévenir qu'un jour on sera dans le cas d'en faire l'extraction; le maître de forge, quand il croit nécessaire de se procurer ce minerai, doit l'annoncer au propriétaire par une seconde signification. Celui-ci, dans le délai d'un mois, est tenu de commencer lui-même l'extraction du minerai, si cette opération lui convient. Ce délai court du jour de la notification, pour les terres incultes ou en jachères, et du jour où la récolte est achevée, s'il s'agit de terres ensemencées, ou disposées à l'être dans l'année. *Ibid.*, *art.* 9.

Si, après l'expiration du délai d'un mois, ce propriétaire ne s'occupe pas de l'extraction du minerai; ou bien, si, après avoir été commencé, le travail est interrompu, ou n'est pas suivi avec l'activité nécessaire, le maître de forges peut obtenir l'autorisation de faire l'extraction : à cet effet, il s'adresse aux juges des lieux où est situé le terrain à exploiter. *Ibid.*, *art.* 10.

Lorsque le propriétaire se détermine à tirer lui-même le minerai, il est tenu de le vendre au maître de forge, qui en a fait la découverte : le prix en est réglé de gré à gré, ou par des experts nommés, soit par les parties, soit par la justice. Dans l'évaluation du minerai, on doit avoir égard aux localités, aux frais d'extraction, ainsi qu'aux dégâts que les travaux ont occasionnés. *Ibid.*, *art.* 11.

Si c'est le maître de forge qui fait l'exploitation, après le refus du propriétaire, celui-ci doit être payé de la valeur du minerai : le prix est réglé comme on vient de le dire, de gré à gré ou par des experts qui considèrent les localités, et les dégâts que cause l'extraction ; ils ont égard en même-tems aux dépenses auxquelles le maître de forge est obligé, le propriétaire n'ayant pas voulu se charger des frais d'extraction. *Ibid*, *art.* 12.

De là il suit que, dans tous les cas, le propriétaire vend son minerai au maître de forge : ce qu'il y a seulement à observer, c'est que le prix, lors que le propriétaire fait lui-même l'extraction, est plus considérable que quand il laisse faire le travail par le maître de forge.

Le prix du minerai payé par le concessionnaire, soit qu'il l'ait extrait lui-même, soit que l'opération ait été faite par le propriétaire, n'exclut pas l'indemnité qui est due à ce dernier, pour la superficie de son terrain, soit à raison de la non jouissance, soit pour les dégâts qui s'y trouvent faits par les fouilles et autres travaux. Cette indemnité est fixée de gré à gré, ou par experts. *Ibid.*, *art.* 13.

Dans la fixation de cette indemnité, il faut obserververver que le maître de forge est tenu, à la fin de sa concession, de remettre les terres en état d'être labourées avec la charrue. Si l'extraction s'est faite dans des vignes ou des prés, il doit rendre le terrain en état de produire du vin ou du fourrage de même espèce. *Ibid*, *art.* 14.

On doit agir de même à l'égard des bois et forêts, où le maître de forge fait des exploitations de minerais : l'indemnité en est fixée, non-seulement en considérant la valeur superficielle, qui est plus ou moins précieuse, en raison de la qualité et de la quantité des bois qu'il faut abattre ; mais encore eu égard au retard que les fouilles occasionnent dans la reproduction des bois. *Ibid.*, *art.* 15.

De plus, les maîtres de forges sont tenus de laisser, par chaque arpent, au moins vingt arbres de la meilleure venue, et de ne causer aucun dommage, ni aucune dégradation à ces baliveaux, sous les peines portées par les lois relatives aux forêts. *Ibid.*

Au surplus, chaque concessionnaire ne peut pas étendre ses fouilles dans les bois ou forêts, au-delà d'un arpent pour chaque année. L'exploitation étant achevée, le terrain doit être nivellé autant qu'il est possible; et dans les places endommagées par l'extraction de la mine, il faut y repiquer ou y semer du gland. *Ibid.*

Il peut arriver que les fouilles aient été faites de manière que, dans certaines places, il soit impossible de rétablir la culture; lorsque cette impossibilité est reconnue par les experts, il est évident que le concessionnaire doit dédommager le propriétaire, à proportion de ce que le terrain a perdu de sa valeur. *Ibid*, *art.* 16.

Les autres dispositions du second titre de la loi sur les mines, contiennent quelques détails qui sortent de notre sujet: on y voit, par exemple, que les maîtres de forges doivent indemniser tous ceux à qui leurs établissemens causent du dégât. Une loi du 9 septembre 1807, sur le desséchement des marais, modifie aussi l'exercice du droit de propriété, pour l'utilité publique; mais il suffit de l'indiquer ici, parce qu'elle s'éloigne trop de notre plan.

ARTICLE XI.

Du trésor.

Un premier paragraphe dira ce qu'on appelle trésor, et à qui il doit appartenir; dans un second paragraphe, on fera l'application des principes expliqués dans le précédent.

§ Ier.

Ce qu'on entend par un trésor, et à qui il appartient.

Celui qui a le sol étant censé le maître du dessus et du dessous, à moins que des lois ou des conventions particulières n'établisent le contraire, on demande à qui appartient ce qui a été caché dans la terre, ou dans un mur, ou dans toute autre partie d'un héritage. Cette question tient à la matière qui nous occupe, non pas précisément comme objet de servitude, mais parce qu'il est utile, dans les lois des bâtimens, d'expliquer à qui doit appartenir ce qui est trouvé dans un héritage, soit par celui qui en est le propriétaire, soit par un locataire, un fermier, un séquestre, ou autre possesseur à titre précaire, soit par des ouvriers qu'on y fait travailler, soit par tout autre étranger à l'immeuble.

Il faut d'abord dire ce qu'on entend par trésor : le Code Napoléon, *art.* 716, donne cette dénomination à toute chose cachée ou enfouie, sur laquelle personne ne peut justifier sa propriété, et qui est découverte par le pur effet du hasard. Cette définition est semblable à celle du droit romain qui porte : *Thesaurus est vetus quædam depositio pecuniæ, cujus non extat memoria, ut jàm dominum nòn habeat.* L. 3, § 1, ff. *de acquir. rer. domin.* Il y a pourtant une différence : la loi romaine semble ne regarder comme trésor, que des sommes d'or ou d'argent, *pecuniæ;* tandis que le Code Napoléon comprend sous la dénomination de trésor, toute chose qui se trouve dans le cas prévu. Ainsi, les principes que nous allons expliquer, s'adaptent à tous les objets quelconques, qui sont trouvés dans un héritage où ils ont été, soit cachés, soit enfouis, sans qu'on puisse reconnaître à qui en appartient la propriété.

Le même article de notre Code, attribue la pleine possession d'un trésor à celui qui le trouve dans son propre fonds : mais, si le trésor est trouvé par une autre personne, il appartient pour moitié à celui qui l'a découvert, et pour l'autre moitié au propriétaire du fonds dans lequel était caché l'objet. Cette décision est entièrement conforme au droit romain, § 39. *Inst. de rer. divis.* D'après cette règle, quand un trésor était trouvé dans un fonds appartenant au fic, ou consacré au public, soit pour un usage civil, soit pour des cérémonies religieuses, il était partagé entre le fisc et la personne qui en avait fait la découverte. Il faut décider de même dans notre droit; car la loi n'attribue la propriété entière d'un trésor à la personne qui le trouve, que quand elle est propriétaire du fonds où il était caché. Or, un trésor trouvé, soit dans un héritage dépendant du domaine national, soit dans un monument ou dans un lieu public, offre nécessairement le cas d'un trésor trouvé par un particulier dans l'héritage d'autrui. Par conséquent, il faut le partager entre le propriétaire, c'est-à-dire, entre le fisc, et la personne qui a fait la découverte.

Quand le trésor est trouvé dans un bien dépendant du domaine particulier de l'Empereur, ou d'une commune, ou d'un hospice, ou de tout autre établissement, la moitié du produit en doit être versée suivant la même règle, non pas au fisc, mais entre les mains de l'intendant général de la liste civile, ou à la caisse soit de la commune, soit de l'hospice, soit de l'établissement, selon le lieu où la découverte a été faite.

Comme les droits féodaux sont abolis par nos constitutions, il ne faut plus considérer le droit coutumier, en ce qu'il attribuait au seigneur haut justicier une portion du trésor trouvé. Quand la découverte était faite par le propriétaire du fonds, il partageait par moitié avec son seigneur. Le partage se faisait par tiers, lorsque le trésor était trouvé dans le fonds d'autrui : une portion était due au seigneur haut justicier, une autre portion au propriétaire du fonds, et le dernier tiers à la personne qui avait fait la découverte. Le droit de justice n'est plus une propriété depuis l'abolition de la féodalité ; le monarque est le seul en France au nom duquel la justice est administrée : ce qui a lieu à cause de la souveraineté des pouvoirs dont il est investi, et non pas pour raison d'aucun droit de propriété sur les biens des particuliers. Voilà pourquoi nulle portion des trésors trouvés dans les patrimoines des citoyens, ne lui est due : la loi veut que la chose trouvée soit partagée également entre celui qui est le maître du fonds, et celui qui a fait la découverte.

Quelques anciens auteurs, tels que Loisel et Chopin, disent que les officiers du domaine public réclamaient, au nom du roi, les trésors qui consistaient en or. Mais, aujourd'hui, une pareille prétention serait mal fondée ; la disposition du Code est générale pour toutes les espèces de trésors, quel qu'en soit l'objet. C'est seulement sur les métaux, considérés comme productions de la terre, que le gouvernement a des droits, ainsi que nous l'avons dit dans l'article précédent : les substances extraites par le travail des mines, ne sont pas ce qu'on entend par trésor. L'objet auquel on peut donner cette dénomination, doit avoir été caché ou enfoui à dessein de le conserver : cette circonstance n'est pas applicable à la découverte d'une mine, puisqu'elle n'a encore appartenu à personne.

§ II.

Application des principes concernant le trésor.

De la définition du trésor, et de la disposition légale qui en attribue la propriété, nous avons établi, dans le paragraphe précédent, des principes dont il est utile de montrer l'application par divers exemples.

Quelqu'un achète une maison, et reste un an sans ouvrir une des armoires qui y sont placées : lorsqu'enfin il veut s'en servir, il y trouve un vase très-précieux. Ce n'est pas là un trésor, un ancien dépôt, *vetus depositio;* ce n'est pas une chose cachée ou enfouie, découverte par hasard, et dont on ne peut pas connaître le propriétaire. Il est évident que ce vase n'est qu'un objet oublié : on est donc tenu de le rendre à celui qui occupait la maison lorsqu'elle a été vendue; et celui-ci serait en droit de réclamer ce même vase.

Si l'armoire est pratiquée dans le mur, et recouverte d'un enduit de maçonnerie, le vase trouvé, même dès le lendemain de la livraison de la maison, peut être considéré comme un trésor; c'est une chose cachée, et découverte par hasard. Comme on suppose ici une incertitude sur l'époque où ce vase a été mis dans l'armoire, on n'est pas tenu de le rendre à la personne qui a demeuré la dernière dans la maison. Cette personne ne serait pas fondée à réclamer le vase, si ce n'est pourtant en justifiant que l'armoire a été construite dans le mur par ses ordres, ou par les soins de quelqu'un, dont elle est héritière : il serait prouvé alors qu'il ne s'agit pas d'un dépôt ancien, dont on n'a aucun moyen de connaître le propriétaire. Quand même l'armoire serait d'une construction immémoriale, le réclamant obtiendrait encore la restitution du vase, en prouvant qu'il lui appartient, et que lui, ou son auteur, a caché cet objet.

Supposons que plusieurs années après la vente de la maison, celui qui l'a occupée le dernier revendique le vase précieux, en indiquant la place où il l'a déposé, et en le désignant de manière à ne laisser aucun doute qu'il le connaît : si cette réclamation fait trouver le vase, elle sera écoutée, parce qu'il ne s'agit plus d'une chose découverte par l'effet du hasard.

Je sais que mon aïeul était possesseur d'une montre très-curieuse, dont j'ai entre les mains la description; je sais également qu'il avait eu des raisons pour soustraire cet objet à certaines perquisitions vexatoires; mais je ne connais pas le lieu où il l'a déposé. Long-tems après, j'entends dire que, par hasard, il a été trouvé une montre en démolissant un mur, dans une maison que ce même aïeul a occupée : je revendique cette montre, en donnant les indices qui la font reconnaître pour être celle que mon aïeul a possédée ; elle doit m'être rendue, si je suis l'héritier de la personne à qui elle a appartenu. Ce n'est plus ici une chose dont personne ne peut justifier la propriété.

De tout ce qu'on vient de dire, il résulte qu'on ne doit considérer comme trésor, que les objets dont on ne peut pas connaître le propriétaire : c'est la condition essentielle sous laquelle la chose trouvée est attribuée, pour moitié au maître du fonds où elle était cachée, et pour moitié à celui qui en a fait la découverte. Puisque le maître du sol est également propriétaire du dessus et du dessous, il est naturel de lui laisser la jouissance du trésor qui s'est trouvé dans son fonds, lorsqu'il y a impossibilité de connaître à qui ce même objet appartient : on en laisse néanmoins la moitié à la personne qui en a fait la découverte; parce qu'il semble que la Providence ait voulu lui donner droit à une chose, qu'elle met pour ainsi dire dans ses mains. Voilà pourquoi la loi romaine appelle un pareil évènement, *Dei beneficium*, un bienfait de Dieu. L. unic. *Cod. de thesauris.*

Il suit de là que, si le propriétaire du fonds fait lui-même la découverte du trésor, il a droit à la totalité, puisqu'il est à la fois la personne chez qui était caché l'objet, et celle qui l'a trouvé. Ce sont là les principes sur lesquels est fondée la décision du Code Napoléon, *art.* 716.

Un entrepreneur de maçonnerie, pour faire creuser les fondations d'un mur qu'il s'est obligé de construire, a mis à l'ouvrage trois journaliers qui travaillent sous ses ordres : l'un d'eux, en fouillant la terre, y fait la découverte d'une boîte renfermant des médailles d'or, ou autres choses précieuses dont on ne peut pas reconnaître le propriétaire. On demande si la moitié du trésor appartiendra au journalier, ou à l'entrepreneur pour le compte duquel il travaille.

La raison qui milite en faveur de l'entrepreneur, se tire de ce qu'il est tenu des faits de ses ouvriers; il est même responsable civilement des délits qu'ils commettent, en exécutant les ouvrages qu'il leur commande : il paraît donc naturel que tous les profits qui résultent du travail des ouvriers, et par conséquent le droit à la moitié d'un trésor trouvé par eux, appartiennent à l'entrepreneur à qui ils ont loué leurs bras.

Pour les ouvriers, on dit que la découverte d'un trésor n'a pas été prévue, lorsqu'ils ont été placés pour travailler à la journée. Il est bien certain que le profit qui résulte directement de l'emploi de ces journaliers, est pour le maître qui les a loués, et non pas pour ces derniers. C'est pour cette raison, par exemple, que les rognures de bois, et les copeaux faits par les compagnons menuisiers ou charpentiers, sont la propriété du maître qui les a mis à l'ouvrage. A l'égard des profits indirects, qui ne sont pas une suite nécessaire du travail, et qui sont l'effet du hasard, comme lorsqu'il s'agit d'un trésor trouvé, le maître des journaliers n'a pas pu y compter : il faut donc les attribuer à ceux-ci, comme étant les véritables auteurs de la découverte. En conséquence, la moitié du trésor par eux trouvé leur appartient, et celui à qui ils ont loué leur tems n'y a aucun droit.

Si plusieurs ouvriers étaient occupés à la démolition d'une armoire secrète, le trésor serait considéré comme trouvé par eux ensemble : ainsi la moitié que la loi attribue à l'auteur de la découverte, serait partagée, par portions égales, entre tous ceux qui ont coopéré à trouver l'objet précieux.

D'après cette décision, conforme à la loi, qu'arriverait-il dans le cas suivant? Vingt ouvriers sont employés à démolir un mur, et sont placés à quatre mètres de distance les uns des autres : le trésor se trouve dans la partie qu'un seul d'entr'eux démolit; et cependant tous les autres prétendent avoir part à la découverte, soutenant qu'ils travaillaient également à abattre le mur où le trésor était renfermé.

Il est évident, en cette occasion, que le hasard n'a mis le trésor que sous la main d'un seul; il peut seul invoquer le droit que lui donne la Providence, *Dei beneficium* : il doit donc avoir seul la moitié de l'objet par lui trouvé. On déciderait autrement, si plusieurs ouvriers étaient occupés à la même portion de mur. Par exemple, deux ouvriers sont placés en face l'un de l'autre, de manière que l'un démolit la partie extérieure du mur, tandis que l'autre en démolit au même endroit la partie intérieure : si le trésor se trouve précisément dans l'épaisseur du mur, entre les deux journaliers placés en face l'un de l'autre, tous deux partageront par égales portions la moitié de l'objet trouvé, comme en ayant fait tous deux la découverte.

On ne peut pas être embarrassé, lorsqu'un trésor est découvert en labourant un champ avec la charrue. Si celui qui mène les chevaux est le propriétaire du champ, l'objet trouvé lui appartient tout entier : si c'est un garçon de charrue qui fait le labour au moment de la découverte, celui-ci partage par moitié avec le propriétaire du champ.

Un trésor est-il trouvé dans un terrain où travaillent plusieurs terrassiers? La moitié attribuée pour la découverte, appartient à celui sous la main duquel l'objet s'est rencontré; et s'ils étaient plusieurs à fouiller le même endroit, comme serait le trou destiné à planter un arbre, la moitié due pour la découverte est partagée, par égales portions, entre tous ceux qui fouillaient ce même trou le jour où le trésor s'est montré.

Ces exemples suffisent, pour diriger dans la décision des différentes questions qui peuvent s'élever, concernant le partage d'un trésor que le hasard fait découvrir.

CHAPITRE IV.

DES SERVITUDES VOLONTAIRES.

NOUS avons avertis dans le premier chapitre, que par servitudes simplement dit, on entend seulement les servitudes réelles ou prédiales; c'est-à-dire, celles qui sont imposées sur un héritage, pour l'utilité d'un autre héritage. Le chapitre second a été consacré à faire connaître la nature de ces servitudes, qui sont urbaines ou rurales, continues ou discontinues, apparentes ou non apparentes. On y a vu que, de quelque espèce qu'elles soient, elles se trouvent établies ou par la nécessité, ou par le consentement des parties. Dans le troisième chapitre ont été traitées les servitudes nécessaires: celles qui naissent de la situation naturelle des lieux, ont fait l'objet d'une première section; et celles exigées par la loi, ont été expliquées dans une seconde section. Il reste à parler des servitudes volontaires, c'est-à-dire, de celles qui sont établies par le consentement, tant de celui à qui appartient l'héritage dominant, que de celui qui est maître de l'héritage servant.

Ce chapitre sera divisé en cinq articles, qui diront, 1°. quelles servitudes peuvent être établies volontairement; 2°. à qui appartient le droit d'établir des servitudes volontaires; 3°. comment elles s'établissent; 4°. quels sont les droits et les obligations qui en résultent; 5°. comment ces sortes de servitudes s'éteignent.

ARTICLE PREMIER.

Quelles Servitudes peuvent être établies volontairement.

Une servitude quelconque, c'est-à-dire, urbaine ou rurale, continue ou discontinue, apparente ou non apparente, et pour tel objet que ce soit, peut être établie par le consentement des propriétaires de l'héritage dominant et de l'héritage servant : c'est la disposition du Code Napoléon, *art.* 686. Il exige pour condition, que les services convenus ne soient pas imposés à une personne, ni en faveur d'une personne : il faut que l'héritage seul soit assujéti à un autre héritage. Ici le Code ne fait autre chose que rappeler ce qui constitue essentiellement une servitude réelle, d'après la définition qu'il en donne dans son *art.* 637.

En effet, quoique le propriétaire de l'héritage dominant jouisse nécessairement de la servitude, et que le propriétaire de l'héritage servant soit tenu de la souffrir, elle n'est pas cependant une obligation personnelle : son essence est d'être purement réelle. C'est uniquement le fonds imposé qui la doit pour l'utilité d'un autre fonds, abstraction faite des personnes à qui ces héritages appartiennent : *Ideo autem hæ servitutes prædiorum appellantur, quoniam fine prædiis constitui non possunt.* L. 1, § 1, ff. *comm. præd.* En conséquence, quelque changement qui arrive du côté des personnes, la servitude n'en éprouve aucun; et réciproquement, comme on le verra par la suite, certains évènemens auxquels sont sujets les héritages, tels que l'incendie, l'inondation, peuvent éteindre la servitude, quoique les propriétaires qui l'ont établie soient restés les mêmes.

Nous ne conclurons pas de là, avec un auteur moderne, que si un service était imposé à une personne seulement, ou en faveur d'une personne, la convention serait nulle. Il n'est pas douteux qu'alors, l'obligation étant personnelle ne participerait en rien de la nature des servitudes; mais il n'en résulterait pas de nullité. Cette convention aurait son nom parmi les autres contrats : par exemple, ce pourrait être un louage, si une personne s'était obligée à fournir de l'eau de son puits, ou à y laisser puiser pour l'usage d'une autre personne désignée, moyennant un prix quelconque. Une pareille stipulation n'aurait rien de blâmable, et engagerait réciproquement les deux contractans, quoiqu'il n'en résultât point une servitude.

Au reste ces principes ont été suffisamment développés dans le chapitre second, où on parle des caractères des servitudes réelles.

Une seconde condition imposée par le même *art.* 686 du Code, à l'établissement des servitudes volontaires, est qu'elles n'aient pour objet rien de contraire à l'ordre public. Cette disposition eût été suffisamment suppléée, quand même elle n'aurait pas été exprimée; parce qu'il est toujours entendu que, quand les lois accordent certaines facultés, c'est pour en user de manière à ne blesser ni l'ordre public, ni les bonnes mœurs : *Pacta quæ contra leges, constitutionesque, vel contra bonos mores fiunt, nullam vim habere indubitati juris est.* L. 6, C. *de Pact.*

Il paraît que nos législateurs ont voulu rappeler ici ce principe incontestable, pour faire sentir plus particulièrement qu'aucun droit féodal ne pourrait être créé sous prétexte de servitude : c'est ce qu'ils ont formellement dit dans l'*art.* 638, qui déclare que la servitude n'établit aucune prééminence d'un héritage sur l'autre.

Faut-il, pour l'établissement d'une servitude, que les deux héritages soient nécessairement contigus?

Non; car une servitude peut être due à un héritage, pour un autre fonds qui ne le touche pas immédiatement : *Interpositis quoque alienis ædibus imponi potest, veluti ut altiùs tollere, vel non tollere, liceat. Vel etiamsi iter debeatur, ut ità convalescat si mediis ædibus servitus posteà imposita fuerit.* L. 7, § 1, ff. *communia prædiorum.* Cette loi cite pour exemple la défense d'élever un bâtiment : en effet, tant que sur les divers héritages qui séparent le dominant et le servant, il ne se trouve rien qui obstacle la vue, l'obligation de ne point élever les bâtimens du fonds servant doit être remplie. S'il arrive un tems où les propriétés intermédiaires rendent la servitude inutile, par des constructions ou des plantations, l'héritage servant usera de sa liberté; car il est de principe qu'on ne peut pas exiger un service foncier qui, comme dans le cas proposé, serait sans utilité. Mais, si les obstacles intermédiaires venaient un jour à disparaître, la servitude reprendrait son activité, puisqu'alors elle deviendrait utile à l'héritage dominant. Pour second exemple, la loi romaine propose le cas où un droit de passage est acquis au profit d'un fonds qui n'est pas contigu; en sorte qu'on ne peut user de ce droit, qu'après avoir acquis également la possibilité de passer sur les héritages intermédiaires. Tant que n'est pas arrivé le moment d'utiliser le passage, l'exercice de la servitude ne peut pas avoir lieu: mais aussi, dès qu'on aura la faculté de passer sur le terrain qui tient le milieu, l'héritage servant ne pourra plus être fermé. Ces explications sont écrites dans différens textes romains : L. 4, § 8, L. 5 et 6, ff. *si servitus vendicetur.*

A ces exemples, ajoutons le cas où j'ai le droit, soit de puiser à la fontaine d'un héritage éloigné du mien, soit d'y abreuver mes bestiaux : peu importe, pour l'exercice de pareilles servitudes, qu'il se trouve des propriétés intermédiaires entre l'héritage dominant et l'héritage servant.

Par ce qu'on vient de dire, on voit d'abord qu'il peut exister une servitude, entre deux héritages qui ne sont pas contigus; on voit en outre, que l'objet de la servitude peut être futur : ainsi, je puis assujétir votre héritage, non contigu au mien, à un droit de vue, pour l'utilité d'un bâtiment qui n'est pas encore commencé. Pareillement, il est permis de convenir que je pourrai faire passer les eaux de mon toit, par dessus le toit d'une maison qu'il vous plairait, par la suite, de construire près de la mienne. Ces sortes de conventions n'ont rien d'illicite : ce sont de véritables servitudes, parce qu'elles consistent en un service exigé d'un fonds, pour l'utilité d'un autre fonds.

Dans tous les cas où se trouvent établis des droits de servitudes, que les circonstances empêchent d'exercer présentement, il est bon de ne pas laisser écouler trente ans, sans faire un acte capable d'empêcher l'effet de la prescription; autrement, on risquerait de perdre son droit, puisque, comme on le verra par la suite, les servitudes s'eteignent par le non usage pendant trente années consécutives.

Peut-on établir une servitude volontaire, qui soit contraire à ce qui est prescrit pour les servitudes nécessaires, soit naturelles, soit légales?

La raison de douter est qu'on n'a pas la faculté de déroger, par des conventions particulières, à ce qui est ordonné pour l'intérêt public : *privatorum pactis juri publico derogari non potest.* Or, toute servitude naturelle, par exemple l'obligation où est un héritage inférieur de recevoir les eaux de l'héritage supérieur, est imposée pour maintenir l'ordre entre les propriétés. C'est un motif semblable qui a fait établir les servitudes légales : on conçoit en effet que ce qui concerne les murs mitoyens, les contre-murs, les égouts, le droit de passage pour un fonds enclavé, tient à l'ordre public.

Il faut distinguer dans les servitudes nécessaires le point qui importe à l'ordre public, et ce qui ne peut le troubler. Sans doute que les effets qu'une servitude nécessaire doit produire, au-delà de ce qui intéresse les deux voisins, ne peuvent être détruits par aucune convention entre eux ; mais les effets qui ne doivent influer que sur les contractans, sont entièrement à leur disposition, et peuvent servir d'objets à des servitudes volontaires : donnons quelques exemples.

Les eaux qui tombent naturellement du sol supérieur, doivent être reçues par le sol inférieur, sans qu'il soit besoin de convention entre les deux propriétaires, parce que c'est là une servitude nécessaire. S'il s'agit d'une eau utile aux autres propriétés inférieures, il est évident qu'aucun de ceux sur les fonds de qui passe cette même eau, ne peut, par des conventions particulières, empêcher l'effet de cette servitude naturelle.

Mais deux voisins peuvent s'engager, de manière que l'héritage supérieur ait la charge de l'écoulement des eaux ; car cette circonstance n'intéresse qu'eux deux. Il suffit à l'ordre public, qu'ils n'apportent aucun obstacle au cours de l'eau, dont tous les propriétaires inférieurs pourraient avoir besoin.

Ce qui règle la mitoyenneté d'un mur, ou les vues qu'on peut y percer, ne concerne évidemment que les deux voisins dont les propriétés sont séparées par ce mur : les servitudes légales établies sur cette matière, seraient donc modifiées par des servitudes volontaires, sans inconvéniens pour l'ordre public. Ainsi, quoiqu'il soit défendu de percer aucune vue dans un mur mitoyen, on peut, par le titre d'une servitude volontaire, acquérir le droit d'y avoir une fenêtre ; car, ce que la loi prescrit à cet égard, est pour le seul cas où les deux voisins n'ont fait entre eux aucune convention particulière.

A l'égard des contre-murs nécessaires aux cheminées, aux fours, aux forges, ils sont exigés comme précautions contre l'incendie; en conséquence, l'ordre public y est essentiellement intéressé. Cependant, toutes les circonstances qui n'auraient pas pour objet d'empêcher la construction des contre-murs ordonnés, pourraient être modifiées par le titre d'une servitude volontaire. C'est ainsi, par exemple, que deux voisins peuvent convenir qu'il ne pourra être adossé par l'un d'eux aucune cheminée au mur mitoyen, qu'en faisant un contre-mur plus épais que la loi ne le prescrit. On peut même, par une convention particulière, assujétir un héritage à n'avoir jamais de cheminée appuyée contre le mur mitoyen.

Ces exemples suffisent pour faire sentir, en quoi les servitudes volontaires peuvent modifier et changer l'état des servitudes nécessaires, soit naturelles, soit légales.

ARTICLE II.

Par qui les Servitudes volontaires sont établies.

Deux paragraphes divisent cet article : on verra dans le premier par qui un héritage peut être grévé de servitudes; et dans le second, par qui un héritage peut être avantagé d'une servitude.

§ Ier.

Par qui un héritage peut être grévé de Servitudes.

Toute personne capable de disposer de ses droits peut établir, au désavantage de l'immeuble qui lui appartient, telle servitude que bon lui semble. De là il suit qu'un mineur, même émancipé, ne peut pas assujétir son fonds à un autre fonds; car une servitude est un droit réel, faisant partie de l'immeuble dont ce mineur ne peut pas disposer. Pour parvenir à établir une servitude sur les biens d'un mineur, il faut donc qu'elle ait été autorisée par avis de parens, dûment homologué. Cette décision convient également aux interdits, puisque par nos lois ils sont assimilés aux mineurs.

Pareillement, les biens des communes, des administrations, des corporations, ne peuvent être grévés de servitude, qu'en vertu des autorisations nécessaires pour la vente de ces mêmes biens; parce que l'établissement d'une servitude passive est une véritable aliénation.

De là, il résulte que le vrai propriétaire d'un immeuble, est le seul qui ait droit de lui imposer une servitude. Le mari ne peut donc pas grever de cette manière les fonds de sa femme, si elle n'y consent pas; car il ne peut pas les vendre, sans la participation de celle qui en est propriétaire.

Lorsqu'un héritage appartient indivisément à plusieurs personnes, il ne peut être assujéti à aucune servitude, sans le concours de la volonté de tous les propriétaires. *Unus ex dominiis communium ædium servitutem imponere non potest.* L. 2, ff. *de serv.*

Le consentement de ceux des copropriétaires qui n'étaient pas présens à l'acte par lequel la servitude a été convenue, peut intervenir postérieurement par forme de ratification : mais, tant que tous n'ont pas adhéré, l'exercice de la servitude n'est pas exigible; car un pareil droit est indivisible, et ne peut pas être dû pour partie. Il répugne, par exemple, de dire que de deux propriétaires d'un héritage, l'un m'ayant vendu le droit de passage sans le consentement de l'autre, je pourrai exercer ce passage pour moitié. Néanmoins, celui avec qui j'ai traité ne serait pas recevable à me refuser la jouissance du passage; sa réclamation serait un acte de mauvaise foi, eu égard à la concession qu'il m'a consentie : l'opposition que je peux craindre, ne peut donc venir que du propriétaire qui n'a pas encore donné son adhésion.

Si celui qui seul m'a cédé le droit de passage, aliénait ensuite sa portion indivise de l'immeuble, serait-il comme son vendeur, non recevable à me refuser l'exercice de la servitude?

L'affirmative n'est pas douteuse, si l'acte de vente charge l'acquéreur de l'exécution du traité qui concerne le droit de passage : si non, cet acquéreur ne peut pas être accusé de mauvaise foi, puisqu'il n'est point engagé envers moi. En conséquence, il pourra soutenir avec fondement que la servitude n'existe pas, puisqu'elle n'a pas été consentie par les deux propriétaires de l'immeuble que je prétends asservir. Bien plus, si postérieurement à la vente de la moitié indivise de cet immeuble, le propriétaire de l'autre moitié voulait adhérer à la concession de la servitude, il ne le pourrait plus sans le consentement de son nouvel associé.

Une servitude a été imposée sur un héritage, par un possesseur qui a été évincé : rentré dans son bien, le véritable propriétaire sera-t-il tenu de souffrir le service foncier? Non, parce que celui qui a consenti à l'assujétissement, n'a pas pu disposer d'un héritage qui ne lui appartenait pas. La servitude a pu être exigée de lui, tant qu'il est resté en possession de l'objet asservi; mais son titre venant à se résoudre, tout ce qui en est la suite est également nul. C'est le cas de la maxime : *Soluto jure dantis, solvitur jus accipientis.*

Celui qui n'a que la nue propriété d'un immeuble, ne peut pas l'assujétir à une servitude, au détriment de la jouissance de l'usufruitier : la convention ne peut être faite que pour avoir son exécution, lorsque l'usufruit sera réuni à la nue propriété. Semblablement, on ne peut jamais imposer une servitude à l'héritage dont on jouit à titre d'usufruitier : l'accord qu'on ferait avec le voisin pour une vue, un passage ou autre objet, ne serait pas une servitude; mais ce serait une obligation purement personnelle qui ne durerait que pendant le tems de l'usufruit.

Ce qu'on vient de dire de l'usufruitier s'applique aux fermiers, aux locataires, aux séquestres, et généralement à tous ceux qui possèdent à titre précaire; car il faut avoir la propriété pleine et entière d'un héritage, pour pouvoir le soumettre à un service foncier.

Le maître d'une propriété hypothéquée peut-il l'assujétir à une servitude, sans le consentement des créanciers inscrits?

En considérant l'établissement d'une servitude sur un fonds, comme une sorte d'aliénation, la question se réduit à savoir si le propriétaire d'un immeuble peut en vendre une portion, sans le consentement de ses créanciers hypothécaires? Certainement une vente pareille est valable; mais le prix doit en être distribué aux créanciers qui ont le droit de surenchérir, s'ils croient la vente faite à un prix trop modique. Or, cette faculté de surenchérir, qui fait la sûreté des créanciers, ne peut pas s'exercer à l'égard d'une servitude, puisqu'elle n'est pas un objet qu'on puisse acheter séparément. Les créanciers n'auraient donc aucun moyen d'empêcher que leur gage fût grévé de servitude à leur détriment, si la faculté d'en établir était laissée au débiteur. On conclut delà, qu'un immeuble hypothéqué ne peut pas être assujéti à un fonds, au détriment des créanciers inscrits; car cet objet hypothéqué est leur gage, qu'on ne peut pas diminuer sans leur faire tort. Mais, s'il était prouvé qu'une servitude passive ne cause aucune diminution dans la valeur de l'immeuble, les créanciers ne pourraient pas attaquer la servitude comme établie à leur détriment. Le cas peut arriver, par exemple, lorsque l'assujétissement de l'immeuble a été consenti, pour lui procurer un avantage qu'il n'avait pas.

§ II.

Par qui un héritage peut être avantagé d'une Servitude.

Il n'est pas douteux que le droit d'acquérir une servitude, pour l'utilité d'un héritage, n'appartient qu'au seul propriétaire de cet immeuble. En effet, si l'établissement d'une servitude est en quelque sorte l'aliénation d'une partie de l'héritage servant, elle est par conséquent une sorte d'acquisition qui augmente l'héritage dominant : or, le seul propriétaire d'un immeuble peut en opérer l'accroissement. Ainsi, toute personne capable d'acquérir peut imposer une servitude sur d'autres fonds, pour l'utilité de ceux qui lui appartiennent.

Un mineur non émancipé ne pouvant faire aucun acte valable sans son tuteur, c'est à celui-ci qu'il appartient d'acquérir les servitudes, en faveur des immeubles dont il est administrateur.

On demande si, afin d'acquérir une servitude pour son mineur, le tuteur a besoin de l'autorisation du conseil de famille. Cela dépend de ce qu'il cède pour l'établissement de la servitude : si elle est consentie par transaction, il lui faut une autorisation dans la forme prescrite par l'*art.* 467 du Code Napoléon : si elle est acquise moyennant une portion de l'héritage qu'il abandonne, il est nécessaire d'avoir une autorisation, parce qu'un pareil arrangement contient une aliénation immobilière : enfin, si la servitude est payée en argent, le tuteur n'a pas besoin d'autorisation, parce que l'emploi des deniers du mineur est un acte de simple administration.

On voit par là qu'un mineur émancipé, ayant l'administration de ses revenus, peut, sans autorisation, les employer à acquérir une servitude : mais, s'il fallait la payer par l'abandon d'une portion quelconque de l'immeuble, il aurait besoin d'y être autorisé par avis de parens, duement homologué.

A l'égard des communes, des administrations, des corporations, elles ne peuvent imposer de servitudes au profit de leurs immeubles, qu'en prenant les autorisations dont elles ont besoin pour acquérir des droits réels.

Un des copropriétaires d'un immeuble peut-il seul acquérir une servitude, pour l'utilité du fonds commun? Non : la servitude n'est pas due, si tous les propriétaires de l'héritage dominant n'ont pas donné leur consentement. L. 11. ff *de servit.* Pour sentir le motif de cette décision, il faut se rappeler qu'une servitude est indivisible : on ne peut pas la devoir pour moitié, pour un tiers, pour un quart. Cependant, celui qui n'est propriétaire que d'une partie de l'héritage, ne peut pas stipuler pour les autres portions ; car en acceptant une servitude active, on s'oblige, au moins, à ne pas l'aggraver ; ce qui ne peut être promis que par les propriétaires eux-mêmes. De plus, la servitude est pour l'utilité de l'immeuble dominant : on ne peut donc pas convenir que l'un des propriétaires jouira seul du droit foncier. Ainsi, il est démontré qu'une servitude ne peut être établie au profit d'un immeuble, sans le consentement de tous ceux à qui il appartient.

Le possesseur d'un héritage en a été évincé, après avoir acquis pour cet immeuble une servitude, par exemple, un droit de vue d'aspect : ne semble-t-il pas que le maître de l'héritage servant n'est pas engagé, puisqu'il a traité avec une personne qui n'avait aucun droit dans l'héritage dominant?

Pour décider, on considère que celui qui a possédé à titre de propriétaire, quoiqu'évincé ensuite, avait la faculté de rendre meilleur le sort de l'immeuble dont il a joui; tandis, au contraire, qu'il n'avait pas le droit de le détériorer. En conséquence, la servitude par lui acquise pour l'avantage du fonds qu'il a administré, comme s'en prétendant propriétaire, se trouve valablement établie : c'est ce qu'on lit dans la L. 11. ff. *quemadmod. servit. amit.*

Cette décision, comme on le sent bien, ne peut avoir lieu, que quand la servitude n'a pas coûté un prix trop onéreux à l'héritage dominant; car alors, il n'est plus vrai que le sort de cet immeuble soit amélioré. En rentrant dans son bien, le véritable propriétaire serait donc fondé à demander la nullité d'une servitude, qui, à son gré, lui serait plus à charge qu'avantageuse. Au reste, dans aucun cas, le maître de l'héritage servant ne pourrait se refuser à l'exercice de la servitude; parce que le propriétaire, rentré dans son patrimoine, est le seul qui ait droit de se plaindre, s'il trouve que cette servitude lui est nuisible.

ARTICLE III.

Comment s'établissent les Servitudes volontaires.

On a vu dans le chapitre troisième, que les servitudes nécessaires tirent leur existence, soit de la situation des lieux, ce qui les fait appeler servitudes naturelles; soit de l'autorité de la loi, d'où leur vient la dénomination de servitudes légales. Ces deux espèces de servitudes nécessaires existent donc, indépendemment de la volonté du propriétaire du fonds servant.

Ici, nous nous occupons des servitudes volontaires, c'est-à-dire, qui ne subsistent, que quand le maître de l'héritage assujéti y a consenti. Or, il y a trois manières de prouver le consentement du propriétaire:

nous en parlerons dans les trois paragraphes suivans. Le premier expliquera comment les servitudes s'établissent par titres; le second, quelles servitudes peuvent s'acquérir par prescription; et le troisième, quelles servitudes peuvent être imposées par destination du père de famille.

§ Ier.

Comment les Servitudes s'établissent par titres.

Toute espèce de servitude continue ou discontinue, apparente ou non apparente, peut s'établir par titre; c'est-à-dire, par une convention écrite entre le propriétaire du fonds servant, et le maître du fonds dominant.

Quelle que soit la convention écrite, fût-elle pour modifier une servitude naturelle ou légale, c'est le titre seul qu'il faut suivre. En vain opposerait-on que l'usage, ou la loi a réglé cette sorte de servitude d'une manière différente : la réponse serait que la loi ou l'usage commande, seulement pour les cas où il n'y a pas de convention. Ainsi, quoique je puisse ouvrir une vue droite sur votre héritage, à la distance de six pieds; néanmoins, je peux avoir un titre qui me donne le droit d'établir une fenêtre ouvrant et fermant, à une distance moins grande. Les parties ne pourraient pas, cependant, modifier une servitude naturelle ou légale qui préjudicierait à des tiers, ou qui toucherait à l'intérêt public. Ce point de droit a été expliqué plus haut, article Ier.

La convention qui constitue la servitude, ne peut être suppléée que par un titre recognitif, émané du propriétaire du fonds asservi : c'est la décision du Code Napoléon, *art.* 695. Par conséquent, on ne pourrait pas tirer argument d'une déclaration faite dans un inventaire, dans un bail, dans une quittance, où le propriétaire de l'héritage dominant, ainsi que le propriétaire de l'héritage servant, ne seraient pas également parties. En un mot, il faut un acte consenti au profit du propriétaire de l'héritage dominant, et par lequel le propriétaire de l'héritage servant reconnaît que la servitude est due. Ce principe s'applique, toutes les fois que l'on veut prouver l'existence d'une servitude par titre : mais, comme il y en a qui s'acquièrent par prescription, ainsi qu'on le verra dans le paragraphe suivant, la possession qu'on invoque alors, s'établit par toutes les preuves que la loi permet.

Dans quelle espèce d'acte faut-il consigner le titre constitutif d'une servitude ? Puisque l'établissement d'une pareille charge sur un immeuble est une sorte d'aliénation, tous les actes par lesquels on peut aliéner son héritage, sont susceptibles de contenir la constitution d'une servitude. Ainsi, le titre qui en démontre l'existence peut être une vente, un échange, un partage, et généralement toute transmission de propriété à titre onéreux. Il en est de même d'une donation entre-vifs, d'un testament, et de toute disposition à titre gratuit : *Duorum prædiorum dominus si alterum eâ lege tibi dederit ut id prædium quod datur, serviat ei quod ipse retinet, vel contrà, jure imposita servitus intelligitur.* L. 3, ff. *communia prædiorum.*

Qu'arriverait-il, si le propriétaire de l'héritage dominant ne rapportait qu'un jugement de condamnation contre l'héritage asservi, n'ayant ni le titre primordial, ni une reconnaissance capable d'en tenir lieu ? Le jugement serait exécuté, parce qu'il est un véritable titre recognitif : il n'est pas, à la vérité, émané volontairement du propriétaire du fonds servant ; mais la reconnaissance, quoique prononcée par la justice contre le gré du propriétaire condamné, n'en a pas moins la même force que si elle était volontaire.

Lors de la vente d'un immeuble, la servitude qui lui est due n'ayant pas été déclarée, l'acquéreur peut-il exiger ce service foncier ? Les uns disent que l'acquéreur n'est devenu propriétaire que des objets énoncés dans son contrat ; que si la servitude imposée sur le fonds voisin n'y est pas indiquée, il en résulte qu'elle n'a pas été comprise dans la vente. Il est vrai que le vendeur ne peut pas s'être réservé la faculté de jouir de la servitude, parce qu'elle est un droit réel qui ne subsiste pas séparé de l'immeuble ; mais on pense dans cette opinion, que le vendeur a été libre d'éteindre la servitude, en ne la comprenant pas dans l'aliénation.

On répond avec avantage, qu'un droit de servitude active est un accessoire de l'immeuble dominant, et que celui qui vend le principal vend nécessairement l'accessoire, à moins qu'il n'en ait fait une réserve expresse. S'il ne s'explique pas, il est réputé avoir compris dans la vente, tout ce qui constitue l'immeuble, tant les parties corporelles que celles qui sont incorporelles. Ainsi, dans l'espèce proposée, l'acquéreur peut exiger les services fonciers, quoiqu'ils n'aient pas été déclarés dans l'acte de vente : il lui suffit de prouver qu'ils sont dûs à l'immeuble qu'il a acquis avec toutes ses dépendances.

Si c'est l'héritage assujéti qui est vendu, sans que les servitudes qu'il doit aient été déclarées, elles n'en sont pas moins exigibles; car il ne dépend pas du vendeur de libérer son immeuble : à la vue des preuves de l'existence d'une servitude, l'acquéreur ne peut donc pas se dispenser de laisser faire le service foncier; sauf son recours contre son vendeur, soit en dédommagement, soit même en nullité de la vente, lorsque la servitude est de telle nature que l'acquéreur n'aurait pas contracté, si elle lui eût été connue.

On prétend, dans la première opinion, qu'il faut au moins distinguer les servitudes apparentes, de celles qui ne sont pas apparentes. On convient que si un héritage dominant est aliéné, le nouveau propriétaire peut exercer le service foncier quoique son titre n'en fasse pas mention : par exemple, si une vue droite est ouverte dans un mur mitoyen, on accorde que le droit de vue, quoique non exprimé dans l'acte de vente, ne cesse pas pour cela d'être exigible. Il en serait de même, dit-on, si le changement s'opérait du côté de l'héritage servant : le nouveau propriétaire ne pourrait pas soutenir que l'on a omis de désigner la servitude; car l'existence de la fenêtre, ou de tel autre marque apparente, atteste l'état actuel de la servitude aussi expressément que si elle était mentionnée dans l'acte. Mais, ajoute-t-on, le cas où la servitude n'est pas apparente, ne doit pas se décider de même : par exemple, si elle consistait dans la prohibition d'élever les bâtimens d'une maison, à une hauteur plus grande que celle déterminée; il est clair que n'étant pas exprimée dans l'acte de transmission de propriété de l'immeuble dominant, la servitude peut être ignorée par celui qui entre en possession de cet immeuble.

Cette objection ne doit pas arrêter, parce que, comme on l'a observé plus haut, dès que le nouveau propriétaire connaît la servitude active par les titres, il peut la faire valoir. Ce service foncier est un accessoire du fonds qui lui appartient, et cet accessoire a nécessairement été compris dans l'acte d'aliénation, par la seule raison qu'il n'en a pas été excepté.

Supposons maintenant que c'est le fonds servant qui ait changé de propriétaire, et que l'acte de transmission n'ait pas parlé de la servitude. Il est bien vrai que le nouveau propriétaire ne peut pas la connaître; mais, il ne faut pas en conclure qu'il puisse la refuser, parce qu'il ne dépend pas, ainsi qu'on l'a dit plus haut, d'un propriétaire qui aliénne son immeuble d'en éteindre les servitudes passives, en ne les exprimant pas dans l'acte d'aliénation. Quand même il aurait déclaré que l'immeuble n'est asservi à aucune servitude, ou que telle servitude en particulier n'est pas due, cet immeuble ne s'en trouverait pas pour cela déchargé; le nouveau propriétaire n'en serait pas moins forcé à laisser la servitude en activité. Il pourrait seulement, s'il avoit acquis l'héritage à titre onéreux, avoir son recours contre son prédécesseur.

C'est pour décider si le recours est permis dans le cas dont on vient de parler, qu'il est besoin de distinguer si la servitude est ou non apparente. Quand elle est apparente, l'acquéreur ne peut pas se plaindre de ce qu'elle ne lui a pas été déclarée, puisqu'il a pu la voir. Si elle n'est pas apparente, l'acquéreur à qui elle n'a pas été annoncée, a été induit en erreur sur l'objet du contrat de vente : il peut donc en demander la nullité, si toute fois il est vraisemblable qu'il n'aurait pas fait l'acquisition, dans le cas où il aurait connu cette charge de l'immeuble. Quand la vente n'est pas déclarée nulle, le vendeur est tenu d'indemniser l'acquéreur de ce que l'immeuble se trouve diminué de valeur, par l'existence de la servitude non déclarée : cette évaluation se fait par experts, si les parties ne sont pas d'accord.

On demande si une servitude peut être établie par une adjudication faite en justice, dans une procédure d'expropriation forcée. Par exemple, dans le cahier des charges, il est déclaré qu'un immeuble voisin doit un droit de passage, dont les circonstances sont détaillées : les publications, les annonces, les placards, les adjudications préparatoires et définitives s'effectuent, sans qu'il y ait eu de réclamation de la part du propriétaire de l'héritage désigné comme assujéti ; l'adjudicataire est-il fondé à jouir de la servitude ?

Suivant Desgodets, si l'adjudication était signifiée au voisin, et qu'il restât un an sans protestations, la servitude se trouverait bien établie. Nous ne devons pas admettre cette opinion : on ne connaît de titre propres à établir une servitude, que celui auquel le propriétaire de l'héritage servant, et le maître de l'héritage dominant, ont été parties. Toute déclaration insérée dans le cahier des charges de la vente judiciaire, ne peut donc pas acquérir une servitude pour l'utilité de l'immeuble adjugé : il faut le consentement du propriétaire de l'immeuble asservi, à moins que la servitude déclarée au cahier des charges ne soit continue et apparente, et ne se trouve déjà acquise par la prescription.

Au reste, quelqu'apparence de solidité que pût avoir l'opinion de Desgodets, lorsqu'il écrivait, il n'est plus possible de la présenter, même comme un point susceptible de discussion, depuis la décision portée dans l'*art.* 731 du Code de procédure civile : il y est dit que l'adjudication définitive ne transmet à l'adjudicataire d'autres droits à la propriété de l'immeuble, que ceux qu'avait le saisi. Par conséquent, aucuns des actes de procédure, propres à arriver à une adjudication judiciaire, le cahier des charges, par exemple, ne peut pas devenir un titre capable de modifier la propriété de l'immeuble vendu en justice. Il passe essentiellement à l'adjudicataire, avec les mêmes droits qui existaient pendant la possession du précédent propriétaire. Il ne peut donc pas être établi de servitudes, ni actives, ni passives, par l'adjudication faite en justice.

C'est ici le cas d'avertir ceux qui achètent des immeubles à l'audience des criées, qu'ils n'ont plus la même sécurité qu'avant le Code de procédure civile. L'adjudication judiciaire assurait à l'adjudicataire la propriété de l'immeuble, telle qu'elle se trouvait énoncée dans le cahier des charges : aujourd'hui, l'adjudication définitive ne garantit autre chose, que la régularité de la procédure tenue pour y parvenir, à l'égard de la propriété, elle n'est pas plus assurée dans la main de l'adjudicataire, qu'elle ne l'était dans celle du précédent propriétaire, dont il est successeur. De là il suit, qu'avant de mettre une enchère sur un bien vendu en justice, il faut examiner les titres de propriété, avec le même soin que s'il s'agissait d'une acquisition faite par un contrat volontaire, passé devant notaire.

En prouvant que, par une déclaration faite au cahier des charges, une servitude ne peut pas être acquise au profit de l'immeuble vendu judiciairement, on démontre également que, par la même voie, aucun service foncier ne peut être imposé à cet immeuble; car le principe est que l'objet adjugé ne passe au nouveau propriétaire, qu'avec les seuls droits actifs et passifs qu'avait le précédent possesseur.

§ III.

Des Servitudes qui s'établissent par prescription.

Il n'est personne qui ne sache que dans beaucoup de coutumes, du nombre desquelles est celle de Paris, aucune servitude n'était admise sans titre, quelque longue que fût la possession; celle de cent ans, et même l'immémoriale, étaient de nulle considération. Néanmoins, la liberté de l'héritage servant pouvait s'acquérir par trente ans.

D'autres coutumes, comme celles de Nivernois, de Berri, de Bourbonnais, autorisaient les servitudes acquises par trente ans de jouissance, lorsqu'elles avaient éprouvé de la contradiction.

On trouve d'autres coutumes, telles que celles de Châlons, d'Auvergne, de la Marche, qui permettaient d'établir les servitudes par le laps de trente ans, même sans qu'il y eût eu contradiction.

On en voit qui n'autorisaient la prescription afin d'acquérir les servitudes, que dans la campagne, et point dans les villes: de ce nombre sont les coutumes de Mantes et d'Anjou.

Enfin, dans la Lorraine, les servitudes apparentes pouvaient s'établir par trente ans de jouissance; à l'égard des servitudes non apparentes, il fallait absolument un titre.

Cette diversité des coutumes disparaît devant les dispositions du

Code Napoléon, qui étend son empire sur tous les pays de la France: il décide, *art.* 690, que les servitudes apparentes, lorsqu'en même tems elles sont continues, peuvent s'établir par la prescription de trente ans, sans exiger qu'il y ait eu contradiction. En conséquence, quelqu'apparente que soit une servitude, si elle n'est pas continue, il faut nécessairement un titre pour l'exercer, même quand on alléguerait une jouissance immémoriale : réciproquement, quoiqu'une servitude soit continue, si elle n'est pas apparente, elle ne peut pas être établie par la prescription, même la plus longue.

Une fenêtre est ouverte dans un mur mitoyen, ou bien vous avez une vue droite, dans un mur qui vous appartient exclusivement, mais qui n'est pas à six pieds de distance de mon héritage placé en face; cette servitude est évidemment apparente et continue. Si donc cette fenêtre existe depuis trente ans, vous n'avez pas besoin d'autre titre : la prescription le suppose; et je suis considéré comme ayant volontairement consenti à cette servitude.

Vous prétendez avoir le droit de puiser de l'eau dans une fontaine qui est sur mon héritage; voilà une servitude bien apparente : l'action que vous faites, en vous présentant à la fontaine, est très-visible à tous ceux qui en sont témoins journellement. Cependant, cette action donne lieu à des intervalles; et il n'en reste aucun signe qui puisse la faire connaître, pendant le tems que vous n'employez pas à puiser de l'eau : la servitude, quoiqu'apparente, n'est donc pas continue. Ainsi, elle vous sera interdite, si vous n'avez pas un titre, quelqu'ancienne que soit votre possession : c'est ce que décide formellement le Code, par son *art.* 691, qui déclare que les servitudes discontinues, apparentes ou non apparentes, ne peuvent jamais s'établir par prescription.

Les eaux dont vous jouissez vous viennent d'une source, par des conduits qui traversent plusieurs héritages, au nombre desquels se trouve le mien. Cette servitude qui consiste à recevoir les conduits de vos eaux, est bien certainement continue : à chaque instant et sans intervalle, ces conduits existent dans mon héritage. Mais ils sont enfoncés dans la terre, de manière qu'on ne les voit pas; on ne soupçonne même pas l'endroit où ils entrent sur mon terrain, ni le point où ils en sortent : la servitude, quoique continue, n'est donc pas apparente. C'en est assez pour que vous n'ayez pas droit de la conserver, si vous n'avez pour titre qu'une longue jouissance; parce que la prescription ne sert, que quand les servitudes sont en même-tems continues et apparentes.

Ainsi, les servitudes continues, mais non apparentes, comme toutes les servitudes discontinues, soit apparentes, soit non apparentes, ne peuvent être établies que sur un titre : la possession même immémoriale ne suffit pas pour les laisser subsister. *Ibid.*

Néanmoins, le Code ne devant pas avoir d'effet rétroactif, cette disposition ne s'étend pas aux servitudes qui, à l'époque de sa promulgation, se trouvaient acquises par prescription, en vertu des lois locales, *ibid.* Par exemple, votre héritage et le mien sont situés dans la coutume d'Auvergne, où toutes les servitudes s'acquéraient par trente ans de jouissance : vous prétendez avoir le droit de faire pâturer vos bestiaux dans mes prés; et vous ne rapportez aucun titre, mais seulement la preuve d'une longue possession. Si elle remonte à une époque assez ancienne pour qu'elle ait duré au moins trente ans, avant l'époque où a été promulgué le Code, vous serez maintenu dans l'exercice de votre droit de pacage, parce qu'il vous était acquis avant cette nouvelle loi. Il n'en serait pas de même, si les trente ans n'étoient pas encore accomplis lors de la promulgation du Code; ayant défendu d'établir à l'avenir ce genre de servitude par prescription, il vous a empêché de completter utilement votre jouissance. Cette conséquence qui résulte de *l'art.* 690, prouve qu'on ne doit pas appliquer à l'établissement des services fonciers, la disposition de *l'art.* 2281 qui veut que les prescriptions commencées avant le code, soient réglées suivant les lois antérieures.

Votre voisin qui prétend avoir droit de passage sur votre héritage, y fait un chemin qu'il entretient continuellement par des ouvrages très-apparens : on demande si ce droit de passage n'est pas une servitude continue et apparente, susceptible, par conséquent, d'être acquise par une jouissance de trente ans. On fait la même question à l'égard du droit de puiser de l'eau à votre fontaine, quand il ne peut pas s'exercer sans la jouissance d'un sentier qu'on a soin d'entrenir, par des travaux qui laissent des marques très-apparentes.

Un commentateur du Code soutient que, dans les cas proposés, la servitude doit être regardée comme continue et apparente, parce que les ouvrages faits au chemin attestent à chaque instant l'existence du service foncier. Il distingue le droit de passage qui s'exerce de manière à ne laisser aucune trace après lui, et celui qui est marqué par des signes apparens. Par exemple, le droit de passage dans une cour, ou à travers un jardin, n'est attesté par aucune circonstance qui puisse le faire soupçonner, hors des momens où il est exercé; en conséquence, la servitude n'est ni continue, ni apparente. Mais, ajoute cet auteur, le droit que j'ai de passer sur votre pré ou votre champ, ne peut pas être douteux, lorsque j'ai fait paver ou sabler le chemin qui m'est destiné: il y a preuve continuelle et très-apparente de la servitude. C'est le même cas que celui d'une porte qui existe dans le mur mitoyen, et dont la fermeture est de mon côté : je passe rarement par cette porte, et pourtant elle atteste sans discontinuité le droit que j'ai de m'en servir. Pareillement, dit-il, quoique je ne sois pas continuellement sur le chemin qui traverse votre fonds, ce chemin sablé atteste à chaque instant le droit que j'ai d'en faire usage.

Nous ne pouvons pas adopter cette opinion : quelque visible que soit le chemin qui traverse votre héritage, quelques durables que soient les ouvrages qui y ont été faits, il n'en résulte pas nécessairement qu'il existe pour un service foncier. Il est impossible, au contraire, qu'une porte soit pratiquée dans un mur mitoyen, si la faculté d'y passer n'en a pas été accordée au voisin, du côté duquel se trouve la fermeture. Le chemin atteste donc seulement sa propre existence, sans faire connoître ce qui en est la cause, ni pour l'utilité de qui il a été formé; tandis qu'une porte ou une fenêtre dans un mur mitoyen, présente nécessairement l'idée d'une servitude qui en est inséparable.

Ainsi, un droit de passage constitue essentiellement une servitude non apparente; c'est-à-dire, une servitude qui a besoin d'être indiquée pour qu'on la connaisse : encore bien qu'un chemin pavé soit visible, il n'est pas le signe nécessaire d'une servitude; le propriétaire de l'héritage sur lequel il se trouve, l'a peut-être fait pour son plaisir, ou par caprice, ou par tout autre motif qui est étranger à un service foncier. Delà il nous paroît évident qu'un droit de passage ne peut jamais être acquis par prescription, quelqu'apparens que soient les faits qui constatent la jouissance de celui qui use de ce passage.

Le mur de clôture d'un jardin a été construit sur le bord d'une rue; il est resté pendant plus de trente ans à une hauteur assez petite, pour ne pas gêner la vue dont jouissait, sur ce jardin, le propriétaire de la maison située de l'autre côté de la rue. Il a plu, par la suite, au maître du jardin d'élever sa clôture, au point d'empêcher le voisin demeurant en face, de voir par dessus ce mur. On demande si ce voisin, privé par cette nouvelle œuvre d'une vue qui lui était précieuse, a le droit de faire réduire la clôture du jardin, à la hauteur qu'elle avait depuis longues années.

Pour l'affirmative, on dit que le droit de vue sur l'héritage d'un voisin, est une servitude continue et apparente; puisque rien n'est plus visible qu'un mur, et que le fait de son existence n'est jamais interrompu, tant qu'il n'est pas détruit. Or, comme il est de principe qu'une servitude de cette nature s'acquiert par prescription, il en résulte que la clôture du jardin dont il s'agit, ne peut pas être élevée au-delà de la hauteur qu'elle a conservée depuis plus de trente ans; car la vue qu'elle procure au voisin, lui est acquise par une légitime prescription.

La négative est soutenue avec plus de raison, parce que la servitude, dans le cas proposé, est continue, mais n'est pas apparente : or, sans cette seconde qualité, une servitude continue ne peut être acquise sans titre.

Rien n'est plus apparent, dira-t-on, que la hauteur d'un mur de clôture : la servitude, dans ce cas, est véritablement annoncée par un ouvrage extérieur et visible, ainsi que le prescrit le Code Napoléon, *art.* 689. Si donc la hauteur de la clôture reste la même pendant trente ans, sans que le propriétaire ait interrompu la prescription, il perd nécessairement la faculté de donner à son mur un exhaussement capable de gêner la vue, dont le voisin a eu le tems de prescrire la jouissance.

La réponse est que le mur atteste seulement le droit de propriété, qui consiste à maintenir la clôture, ou à la détruire, ou à l'exhausser, selon qu'il plaît à celui à qui elle appartient. Le Code, *art.* 552, le décide ainsi, en déclarant que le propriétaire du sol est maître de faire dessus, telle plantation ou construction qu'il juge à propos. Pour que ce droit fût restreint par une servitude, il faudrait qu'un signe extérieur, tout particulier, annonçât l'existance de l'asservissement; après trente ans, ce signe vaudrait un titre. Donc, tant qu'une servitude capable de limiter l'exercice de la propriété et d'empêcher l'exhaussement d'un mur, n'est annoncée par aucune marque visible qui lui soit propre, elle ne peut être acquise que par un acte en bonne forme, et jamais par prescription.

Ainsi, de ce qu'un mur est resté à la même hauteur pendant plus de trente ans, il n'en faut pas conclure qu'il ne peut être exhaussé; car il s'agit alors d'une servitude non apparente, puisqu'il n'existe aucun signe extérieur, qui caractérise particulièrement la défense d'élever ce mur. Or, toute servitude qui n'est pas à la fois continue et apparente, n'est point susceptible d'être acquise par le laps de tems.

Il en est autrement lorsque dans un mur mitoyen il y une fenêtre, qui depuis trente ans sert à la jouissance du voisin: on en peut conclure qu'il y a servitude, quoique le titre ne soit pas représenté, car, alors le service foncier est continu et apparent. En effet, puisqu'il n'est jamais permis d'ouvrir un jour à travers un mur mitoyen, la fenêtre que l'un des voisins y a pratiquée est nécessairement un signe visible, qui a la propriété d'annoncer spécialement une dérogation au droit ordinaire. La servitude qui en résulte est évidemment continue; de plus, elle est apparente, puisqu'une pareille fenêtre ne peut attester autre chose, que l'asservissement du mur mitoyen au droit de vue en faveur du voisin: si donc cette marque évidente d'un service foncier subsiste pendant trente ans, sans réclamation, elle suffit pour maintenir la servitude, sans qu'il soit besoin de représenter aucun titre.

Ces divers exemples nous ont parus nécessaires, pour apprendre à bien distinguer ce qui caractérise une servitude apparente : il ne suffit pas que l'objet auquel est imposé la servitude soit visible ; il est encore nécessaire que l'asservissement de ce même objet soit annoncé par une marque visible, qui lui soit propre, et qui ne puisse exister qu'à cause du service foncier qu'elle désigne.

Nous ne parlons pas ici des principes relatifs à la prescription de trente ans : ceux que le Code a établis pour cette manière d'acquérir, sont applicables aux servitudes, comme à tous les autres cas pour lesquels il est permis de prescrire par ce même laps de tems. Ainsi, par exemple, la jouissance qu'on a eue par ses locataires, est comptée comme celle qu'on aurait eue par soi-même : car les locataires de l'héritage dominant font usage de la servitude, au nom du propriétaire ; et les locataires de l'héritage servant sont tenus de la souffrir, au nom de celui dont ils tiennent leur bail.

§ III.

Des servitudes établies par destination du père de famille.

Pour qu'il y ait servitude, il est essentiel que l'héritage dominant et l'héritage servant n'appartiennent pas au même maître ; c'est ce que nous avons observé au chapitre II, en parlant de la nature des servitudes, d'après ce que dit expressément le Code Napoléon, *art.* 637. Cependant, celui qui possède deux héritages peut s'en servir, de manière que l'un soit assujéti à l'autre : bien plus, un pareil arrangement peut être établi entre deux portions du même héritage, puisque chacun est maître de disposer de sa propriété comme il lui plaît. Mais le service que le maître tire ainsi d'un côté, pour jouir de l'autre, n'est pas une servitude ; c'est ce que la loi entend par *destination du père de famille.*

Cette disposition que fait un propriétaire peut devenir servitude, lorsque les deux héritages, ou les deux portions du même héritage, cessent d'appartenir à la même personne. Le cas arrive d'abord, quand le propriétaire aliène l'un des deux héritages, ou l'une des deux portions du même héritage, et que l'autre reste en sa possession; en second lieu, il se peut que le propriétaire aliène les deux objets à deux personnes différentes; enfin, par l'évènement du partage de la succession de ce propriétaire, il peut se faire que ces deux objets fassent parties de deux lots différens.

Les dispositions que le propriétaire a faites pour assujétir une partie de son fonds à l'autre, constituent, il est vrai, une servitude, aussitôt que l'objet dominant cesse d'appartenir au même maître que l'objet servant; mais c'est seulement lorsque la servitude qui en résulte est continue et apparente. Par cette décision, portée en son *art.* 692, le Code rend uniformes dans toute la France, les effets de la destination du père de famille, et met fin à toutes les difficultés qui naissaient des différentes dispositions coutumières: les unes, pour maintenir la destination du père de famille, voulaient une indication précise et par écrit de l'espèce de servitude; tandis que les autres n'exigeaient pas de preuve écrite, pour attester l'intention du propriétaire.

Depuis le Code, aucune contestation n'a lieu de s'élever, sur l'espèce de droit foncier qu'on établi par destination du père de famille; il doit être apparent et continu, deux circonstances qui le caractérisent de manière à ne jamais causer la moindre méprise. La seule chose qu'il s'agisse d'examiner consiste à savoir, si les deux fonds actuellement divisés ont appartenus au même propriétaire, et si c'est par lui que les objets ont été mis dans l'état d'où résulte la servitude. Le Code, *art.* 693, décide que la destination du père de famille n'est reconnue, que quand ce point de fait est prouvé: il n'ajoute pas de quelle nature doit être cette preuve, si on la peut faire par témoins, ou si elle a lieu nécessairement par écrit. Le silence de la loi indique assez que la preuve, dont on parle ici, est soumise aux principes généraux: ils ne permettent pas la preuve testimoniale, pour une valeur qui excède cent cinquante francs, ni contre le contenu aux actes. Or, des droits de servitude étant d'une valeur indéterminée, sont nécessairement classés parmi les objets excédant cent cinquante francs ; d'où il suit que la preuve écrite est la seule qui convienne dans le cas proposé. Par suite des mêmes principes, s'il y avait commencement de preuve par écrit, elle pourrait être achevée par la voie de l'enquête.

Puisque le Code ne reconnaît la destination du père de famille, que pour les servitudes continues et apparentes, telle qu'une vue dans un mur mitoyen, ou une conduite d'eau par un aqueduc ; il s'en suit que tout service foncier qui ne réunit pas ces deux qualités, et qui est, soit continu et non apparent, soit discontinu avec ou sans apparence, a besoin d'être justifié par titre.

Ainsi, par un acte d'aliénation quelconque, deux portions d'un fonds cessent d'appartenir à la même personne, qui avait percé une vue droite dans un mur placé sur la ligne de séparation des deux portions divisées ; le seul état de choses établit cette servitude, parce qu'elle est continue et apparente. Pour résister à la demande que voudrait former le voisin, afin de faire boucher cette vue, comme n'étant pas à la distance légale, il suffirait de prouver que la fenêtre existait à l'époque où les deux héritages ont cessé d'appartenir au même propriétaire, et que, par conséquent, la servitude est établie par destination du père de famille.

Mais, s'il s'agissait d'un droit de passage ou de puiser de l'eau, ou de tout autre qui n'est pas continu ; ou bien si c'était la prohibition, soit de planter des arbres dans une certaine place, soit d'y élever des bâtimens, soit, en un mot, de faire quelque chose ; comme ce seroit une servitude non apparente, en vain argumenterait-on de l'état des lieux, en vain on prouverait qu'il était le même à l'époque où les deux fonds ont cessé d'appartenir au même maître ; la servitude ne serait pas maintenue, si elle n'était pas fondée sur un titre.

De ces principes il résulte que, quand un propriétaire asservit une portion de son héritage à une autre portion, et qu'il aliène l'une des deux, il n'a pas besoin de s'expliquer sur la servitude, lorsqu'elle est à la fois continue et apparente : le seul état dans lequel les deux objets se trouvent au moment de leur division, suffit pour que l'acquéreur puisse exercer le service foncier, comme en usait le vendeur dans le tems où l'objet dominant et l'objet servant lui appartenaient. Cette décision est écrite au Code, *art.* 694.

Une seconde conséquence des mêmes principes est que le propriétaire qui veut, en divisant ses deux fonds, ne pas laisser subsister la servitude continue et apparente qu'il a établie, doit l'exprimer dans l'acte d'aliénation; autrement elle conserve son existence, par la force que la loi donne à la destination du père de famille. Si donc ce sont des héritiers qui se divisent la succession, il faut, pour que cette servitude continue et apparente cesse de subsister, que son extinction soit exprimée par l'acte de partage; sinon la destination du père de famille aura son effet.

On doit également conclure de la disposition du Code que, si un propriétaire a établi entre ses deux fonds une servitude discontinue, ou continue non apparente, il suffit, pour la faire cesser, de ne pas parler d'elle, en vendant l'un des deux fonds. Si ce sont des héritiers qui desirent l'éteindre, ils ne feront aucune mention de cette servitude dans leur acte de partage, et elle n'existera plus. Mais, si l'intention était que le service foncier fût continué après la division des deux objets, il serait indispensable qu'il y en eût une condition expresse dans l'acte d'aliénation ou de partage; parce que ces sortes de servitudes ne peuvent s'établir que par titre, et jamais par prescription, ni par la simple destination du père de famille.

Un propriétaire fait juger que le voisin n'a pas droit de percer une vue dans le mur mitoyen; quelque tems après, ce propriétaire acquiert l'héritage au profit duquel on avait injustement prétendu le droit de vue; et il laisse subsister dans l'état où elle était, lors du procès, la fenêtre qui en avait été l'objet. A sa mort on voit qu'il a légué le fonds sur lequel ouvre cette fenêtre : mais il ne dit point dans son testament si elle restera ou si elle sera bouchée. On demande si le légataire peut contester la servitude.

La raison de douter est que ce n'est pas le testateur qui a fait ouvrir la fenêtre : bien plus, il a si peu voulu qu'elle fût l'objet d'une servitude, qu'il a fait juger qu'elle serait bouchée. Loin donc de dire qu'il y a destination du père de famille, l'intention contraire s'est manifestée authentiquement.

Ce qui décide, c'est que le testateur a contesté la servitude dans un tems où il n'était le maître que de l'héritage servant : aussitôt qu'il a eu réuni dans sa main le fonds servant et le fonds dominant, la servitude a cessé d'exister; c'est ce qu'on verra par la suite, et ce que décide le Code, *art.* 705. Depuis ce tems cette vue n'a donc subsisté que par l'effet de la volonté de ce propriétaire : ainsi lorsque celui-ci aliéne l'un ou l'autre fonds, sans expliquer si la fenêtre restera ou non dans l'état où elle est au moment de la division, il y a destination du père de famille; ce qui sert de titre valable pour l'établissement de la servitude, puisqu'elle est continue et apparente.

CHAPITRE V.

DES DROITS RÉSULTANS DES SERVITUDES.

LES principes que nous allons expliquer dans ce chapitre s'étendent à toutes les sortes de servitudes, tant les nécessaires que les volontaires; tant les continues et les discontinues, que les apparentes et les non-apparentes. Dans cinq articles on verra, 1° comment se règle l'usage des servitudes; 2° quels sont les droits du propriétaire de l'héritage dominant; 3° quelles sont ses obligations; 4° quels sont les droits du propriétaire de l'héritage servant; 5° quelles sont ses obligations.

ARTICLE PREMIER.

Comment se règle l'usage des Servitudes.

On a vu comment les servitudes sont établies ou par la nature des lieux, ou par la loi, ou par la volonté des parties : mais, quand l'existence d'un service foncier est reconnue, il peut arriver des discussions sur la manière d'en faire usage. Cet article est destiné à expliquer les règles à suivre pour résoudre les difficultés de ce genre, ce qui fera la matière de quatre paragraphes. Dans le premier, seront indiqués les moyens généraux pour éviter les contestations relatives à la manière d'user des servitudes; le second dira quels principes il faut suivre pour régler l'usage des servitudes; on verra, dans le troisième, le cas où les héritages qui sont l'objet de la servitude viennent à être divisés; enfin, le quatrième parlera des servitudes réciproques.

§ Ier.

Moyens généraux d'éviter les contestations relatives à l'usage des Servitudes.

Les servitudes nécessaires sont des limitations à la propriété : elles sont établies pour maintenir la tranquillité entre les voisins. Il faut donc respecter d'une part le droit qu'on a de jouir de son bien, et de l'autre ne pas oublier les égards dûs au voisinage. Dans cette alternative difficile, il n'y a rien de mieux à faire que d'observer strictement ce qui est prescrit par la loi, pour ces sortes de services fonciers.

A l'égard de ceux qui prennent naissance par la volonté des parties, c'est au titre qu'il faut s'en rapporter, pour déterminer de quelle manière il faut user du droit qui y est mentionné. Il s'agit alors d'un véritable contrat synallagmatique, dont le lien est tel que les parties ont eu intention de le former : cette intention marquée dans le titre est la seule règle qu'on doit consulter.

Pour éviter toutes contestations dans une matière qui n'en est que trop susceptible, on voit qu'il est nécessaire de s'exprimer clairement et avec les plus grands détails, sur la manière d'user des servitudes que l'on établit volontairement, ou dont on passe titre recognitif. Pareillement, les jugemens qui maintiennent des servitudes contestées, ou qui en règlent l'usage entre des parties qui ne sont pas d'accord sur la manière de les exercer, doivent être tellement clairs et précis dans leurs décisions, qu'il ne reste plus d'occasion de procès sur les mêmes objets. On sent combien il est utile de circonstancier les titres et jugemens qui concernent les servitudes, afin que, d'un côté, l'héritage dominant puisse jouir de tout le service qui lui est dû, et que, de l'autre, l'héritage servant ne soit pas chargé au-delà de ce qu'il doit.

Le conseil que nous nous permettons de donner ici, ne peut pas toujours servir pour les servitudes qui s'acquièrent par la prescription. Cependant, lorsqu'enfin la possession trentenaire a établi une servitude, ou bien c'est un jugement qui intervient, et alors il en exprime tous les détails; ou bien c'est par un acte volontaire que l'existence de la servitude est fixée, et dans ce cas on doit s'appliquer à en décrire toutes les circonstances.

Quand on est forcé de faire des changemens à l'un des héritages, soit pour des réparations, soit pour des augmentations de bâtimens, soit pour tout autre motif, il est une précaution propre à éviter les contestations; elle consiste à constater préalablement, et en présence des parties intéressées, l'état dans lequel se trouvent les objets qui sont affectés activement et passivement à la servitude. Par ce moyen, quand les ouvrages sont faits, on peut reconnaître si le service foncier s'effectue comme avant les changemens, et s'il n'a été porté atteinte ni aux droits de l'héritage dominant, ni à ceux de l'héritage servant. Si le propriétaire de l'un des héritages se refusait à cette opération, l'autre propriétaire pourrait être autorisé en justice à y faire procéder.

Nous n'avons pas besoin d'avertir que les fermiers et les locataires des fonds dominans, et ceux des fonds servans représentent les propriétaires: ainsi, les uns ont droit de faire usage des servitudes établies pour l'utilité des héritages qu'ils possèdent, à moins que, par leurs baux, elles n'aient été formellement exceptées de leur jouissance; et les autres, par conséquent, sont tenus de souffrir l'exercice des mêmes services fonciers. Le locataire ou fermier d'un héritage servant ne peut pas s'opposer à l'exercice de la servitude, sous prétexte qu'il n'en est pas fait mention dans son bail; car cet acte est étranger au propriétaire de l'héritage dominant, et il n'est pas permis au maître du fonds servant de s'affranchir de la servitude, en omettant de la mentionner dans le bail qu'il souscrit au profit d'un tiers. Lors donc qu'une omission de cette nature a fait naître une contestation, le propriétaire de l'héritage servant est mis en cause, et il est condamné à indemniser le locataire ou fermier; celui-ci peut même demander la résiliation du bail, avec dommages-intérêts, s'il prouve qu'il n'aurait pas loué ou affermé dans le cas où il aurait connu la servitude. On ne parle pas ici des servitudes continues et apparentes; les locataires et fermiers ne peuvent pas les ignorer: il faut donc qu'ils les laissent exercer, sans aucun recours contre celui dont ils tiennent leur jouissance, quoiqu'elles n'aient pas été mentionnées dans les baux.

§ II.

Principes à suivre pour régler l'usage des Servitudes.

Quoique la loi se soit expliqué sur la manière d'user des servitudes nécessaires, et quelque soin que l'on prenne pour spécifier les servitudes volontaires dans les titres, tous les cas ne sont pas possibles à prévoir: il échappe à la rédaction la mieux réfléchie, des détails qui donnent lieu à des contestations. Il est donc des principes, en cette matière, auxquels il faut s'attacher, pour prononcer sur les prétentions respectives.

On distingue si l'objet en litige est un point de fait, ou s'il consiste en une question de droit: dans le cas où le propriétaire de l'héritage dominant est en discussion avec le maître de l'héritage servant, sur un point de fait, on le soumet à l'examen d'experts. Par exemple, il est dit dans un titre qu'un passage sera établi sur mon fonds, et aura une largeur convenable pour l'utilité du vôtre; vous prétendez faire passer des voitures, et je crois n'être tenu qu'à laisser un passage de bêtes de somme: il faut examiner ce qui est utile à l'exploitation de votre héritage; c'est un point qui sera facilement déterminé par des experts nommés à l'amiable, ou dans les formes judiciaires. *Latitudo actûs itineris que ea est quæ demonstrata est. Quod si nihil dictum est hoc ab arbitro statuendum est.* L. 13, § 2, ff. *de servit. præd. rustic.*

Un autre cas où on doit recourir à des experts, est celui d'une servitude consentie par le titre d'aliénation, sans qu'il y soit parlé des accessoires, dont la privation rendrait impossible l'exercice du droit concédé. S'agit-il, par exemple, de la faculté de puiser de l'eau à une fontaine, à un puits, à une citerne? Elle comprend également le droit de passer pour aller jusqu'à l'endroit où est l'eau, puisque sans cela l'exercice en serait impossible : *Qui habet haustum, iter quoque habere videtur ad hauriendum.* L. 3, ff. § 3, *de servit. præd. rust.* Cette vérité que la raison seule indique, a été également consignée dans le Code Napoléon, *art.* 696 : il dit expressément que quand on établit une servitude, on est censé accorder tout ce qui est nécessaire pour en user, et il cite le même exemple que la loi romaine. Si donc il y avait contestation, pour savoir si certains accessoires sont d'une nécessité indispensable à l'usage d'une servitude; ce serait un point de fait qu'il faudrait soumettre à des experts.

Quand une servitude continue et apparente est acquise par prescription, la manière d'en faire usage n'a pas été consignée par écrit. Il n'est pas rare, alors, que des difficultés s'élèvent sur le mode d'exercer le service foncier; il ne s'agit, en pareilles circonstances, que de régler des détails qui se décident par la connaissance des lieux : on ne peut donc pas se dispenser de choisir des experts; et lorsque l'un des voisins s'y refuse, l'autre les fait nommer par un jugement.

Il arrive souvent que les titres d'établissement, ou de simple possession, donnent lieu à des incertitudes qu'il ne suffirait pas de soumettre à un examen d'experts. Par exemple, s'il est stipulé qu'on a sur un héritage un droit de passage propre à des gens de pied, sans désigner la place où la servitude sera exercée; la contestation ne porte plus uniquement, comme dans l'exemple précédent, sur la vérification d'un point de fait : il s'agit de savoir par quelle règle on fixera le lieu où le passage sera ouvert. Les servitudes gênent la liberté naturelle qu'on a de disposer de sa propriété : on doit donc user à leur égard d'interprétation restrictive et favorable au fonds assujéti. Ainsi, dans le cas proposé, le passage sera indiqué par l'endroit que le propriétaire du fonds servant déclarera lui être le moins incommode : *Si via, iter, actus, aquæ ductus legetur simpliciter per fundum, facultas hæredi per quam partem fundi velit constituere servitutem.* L. 26, ff. *de serv. præd. rust.*

Néanmoins, la restriction qu'on emploie dans l'interprétation des titres qui offrent des circonstances douteuses, ne doit pas aller jusqu'à diminuer le droit clairement concédé. Ainsi, sous prétexte que le passage légué simplement sans autre détermination, doit être réglé à l'avantage du fonds servant, on ne pourrait pas restreindre l'exercice de la servitude à certains tems de l'année, ni à certaines heures du jour. Le droit de passage étant positivement spécifié, il n'y a pas de doute qu'il ne soit dû dans tous les tems et à toutes les heures : aucune restriction de ce genre ne peut y être apportée, si elle n'est exprimée dans les titres. On n'opposera pas sans doute à cette décision l'arrêt rendu à l'audience de la grand'chambre du parlement, le 19 février 1618, et que nous avons eu occasion de citer précédemment. Il juge que le passage dû par une maison dans Paris, quoique convenu par les titres en termes généraux, est exigible, pendant les six mois de grands jours, depuis seulement quatre heures du matin jusqu'à dix heures du soir ; et pendant les six mois de jours courts, depuis seulement six heures du matin jusqu'à neuf heures du soir. Ce réglement n'est motivé que sur des mesures de sûreté, qu'exige la police à l'égard des habitations ; car, s'il s'agissait d'un passage dans les champs, il n'y aurait aucune restriction pour les heures de la nuit.

Si, par exemple, il est dit indéfiniment par les titres que les eaux d'une maison s'écouleront par l'héritage voisin, on ne peut pas obliger le propriétaire du fonds dominant à ne laisser couler que les eaux de ses toits : le service foncier est clairement exprimé pour toutes les eaux sans restrictions ; tant celles des toits, que celles qui viennent sur la superficie du terrain, soit naturellement, soit par suite d'un établissement qu'y a fait le propriétaire.

De même, si la faculté d'écouler les eaux était limitée aux eaux des toits, il faudrait comprendre celles de tous les toits du bâtiment, et non pas se borner à celles d'un seul corps de logis. Mais, s'il n'était pas indiqué par quel endroit les eaux s'écouleront, le choix en serait laissé au propriétaire de l'héritage servant. Pareillement, les moyens d'écoulement n'étant pas déterminés, il pourrait exiger que les eaux descendissent par un tuyau jusqu'à terre, plutôt que de tomber du haut du toit par un godet en saillie : cette dernière manière de verser les eaux étant bien incommode, on ne la doit pratiquer que quand les titres autorisent nommément ce moyen de verser les eaux.

Semblable raisonnement se fera à l'égard du droit de vue : ce qui ne laissera matière à aucun doute sur son établissement, devra recevoir une exécution étendue ; tandis que ce qui n'aura pas été expliqué, sera interprété d'une manière très-restreinte. Si donc le droit de percer des jours dans un mur mitoyen est désigné en termes généraux, le propriétaire pourra prendre dans le mur autant de vues qu'il voudra : mais, comme il s'agit d'une servitude légale, les ouvertures seront pratiquées à la hauteur prescrite, et fermées avec fer maillé et verre dormant. En construisant des fenêtres ouvrant et fermant à hauteur d'appui, on contreviendrait à la loi, qui ne permet les vues droites que quand on est à une distance de six pieds, de l'héritage voisin. Ainsi, la faculté d'ouvrir des vues à travers un mur mitoyen, quand elle est exprimée en termes généraux, devant s'interpréter à l'avantage de l'héritage servant, ces vues ne peuvent être que légales, et non pas droites : pour exercer d'une manière plus ample le droit de vue dont on parle, il faudrait y être autorisé par une clause formelle, écrite dans les titres de la servitude.

Ces exemples suffisent pour faire sentir comment l'usage des servitudes doit être dirigé par les lois et réglemens, quand les servitudes sont nécessaires, ou bien par les titres, quand elles sont volontaires. En même-tems on y voit comment, dans le silence des lois et des réglemens, on s'adresse à des experts, s'il s'agit de vérifier des points de fait ; et comment on se décide par la faveur due à la liberté du fonds servant, lorsque l'objet contesté présente une question de droit.

§ III.

Du cas où l'un des héritages est divisé.

Deux héritages, objets d'un service foncier quelconque, étaient chacun possédés par une seule personne; par la suite, l'héritage dominant, ou l'héritage servant, s'est trouvé divisé entre plusieurs particuliers: tantôt c'est le propriétaire qui a vendu, ou donné, ou légué, soit une, soit plusieurs portions de son immeuble; d'autres fois, ce sont des héritiers qui, après le décès de leur auteur, ont partagé entre eux le fonds qu'ils ont trouvé dans sa succession. Examinons d'abord ce qui arrive, quand l'héritage dominant est divisé; nous parlerons ensuite du cas où la division de l'héritage servant est opérée.

Une circonstance fort importante pour l'usage des servitudes, est celle où l'héritage dominant vient à être divisé: le service foncier qui n'était dû qu'à un seul propriétaire, sera-t-il exercé par chacun de ceux qui ont une portion de l'héritage? Si, d'une part, on remonte au principe qui veut que dans l'établissement d'une servitude, on ne considère que l'héritage auquel elle est utile, et non pas la personne à qui cet héritage appartient, il est clair que la servitude, qui est de sa nature indivisible, comme on l'a dit au chapitre second, a été créée pour l'héritage entier; elle est due, par conséquent, à chacune de ses portions. D'un autre côté, l'usage de la servitude par les différens propriétaires des portions divisées, peut devenir plus à charge au fonds servant, ce qui n'est pas juste. Pour accorder les principes avec l'équité, le Code Napoléon, *art.* 700, décide qu'après la division de l'héritage dominant, la servitude reste due à chaque portion, sans néanmoins que la condition du fonds assujéti en puisse être aggravée: par exemple, ajoute le même article, s'il s'agit d'un droit de passage, tous les copropriétaires seront obligés de l'exercer par le même endroit.

Un autre exemple peut se recontrer, dans le droit de passage accordé aux animaux servant à la culture de l'héritage dominant. Si cet héritage est divisé entre trois héritiers, chacun pourra faire paître les animaux servant à la culture de la portion qui lui est échue : mais aucun ne pourra faire usage de cette faculté, pour les animaux servant à la culture d'un autre terrain ; quand même il l'aurait réuni avec la portion du premier héritage, pour n'en faire qu'une seule exploitation. Ce dernier cas donnerait lieu à fixer le nombre des animaux que ce propriétaire pourrait envoyer paître sur l'héritage servant ; ce qui serait réglé selon que sa portion de l'héritage divisé se trouverait plus ou moins considérable.

Peu importe, au surplus, par quel moyen l'héritage dominant se trouve divisé ; soit que le propriétaire en ait vendu ou donné successivement des portions ; soit qu'il les ait léguées par testament ; soit que l'héritage, s'étant trouvé dans sa succession, ait été partagé entre les héritiers ; soit enfin que cet héritage, ayant été acquis en commun par plusieurs personnes, ait fini, dans la suite, par être divisé entre elles : dans tous ces cas, les portions séparées ont droit chacune à la servitude, pourvu que son exercice par plusieurs personnes n'aggrave pas la condition de l'héritage servant. S'il arrivait une circonstance où il fût trop difficile aux différens propriétaires des diverses portions, d'user de la servitude autant l'un que l'autre, sans craindre qu'elle ne fût trop onéreuse, ils feraient un accord entr'eux et le propriétaire du fonds servant, pour régler convenablement l'usage du service foncier : faute de s'entendre, on s'adresserait à la justice, qui prononcerait après avoir été éclairée par un rapport d'experts.

Par exemple, Paul a le droit de tirer de l'eau dans mon puits, pour l'usage habituel de sa maison ; à son décès, ses quatre enfans, qui ont chacun leur ménage, se partagent la maison, et chacun vient habiter la portion qui lui est échue. Mon puits suffisait à mes besoins et à ceux de Paul ; mais il ne contient pas assez d'eau pour les quatre ménages des héritiers de Paul, et pour le mien : il faut donc faire régler à l'amiable, ou en justice, la quantité d'eau que chacun des héritiers pourra prendre à mon puits. Il pourrait intervenir un arrangement, par l'effet duquel un seul des héritiers exercerait le droit de puiser de l'eau ; et récompenserait les autres, en raison de l'avantage dont ils se trouveraient privés. De cette manière, l'héritage servant ne serait pas plus grévé qu'il ne l'était avant la division du fonds dominant.

Il n'y aurait pas plus de difficulté, si c'était l'héritage servant qui fût divisé; chacun des différens propriétaires serait tenu de souffrir l'exercice de la servitude entière. C'est ce qui résulte nécessairement de l'indivisibilité, qui est un des caractères essentiels des services fonciers : il n'y a pas plus de possibilité d'y satisfaire par portions, que d'en faire usage par portions.

Observez pourtant que, par cette obligation solidaire des propriétaires de l'héritage divisé, chacun n'est tenu du service foncier que comme d'un droit réel, c'est-à-dire, jusqu'à concurrence seulement de sa portion dans l'objet asservi; car chacun est libre d'abandonner cette portion pour se libérer. *Cod. Napol. art.* 699.

Au surplus, chaque portion reste asservie, de la même manière qu'elle l'était auparavant le partage; en sorte qu'elles continuent toutes d'être diversement affectées, selon la nature de la servitude qui peut frapper sur quelques-unes également, sur d'autres plus grièvement, et sur d'autres beaucoup moins. Ainsi, s'agit-il, par exemple, d'un droit de passage? En continuant d'être exercé, comme avant la division de l'héritage servant, ses différentes portions souffriront la servitude, les unes sur d'égales quantités de terrain, d'autres sur des quantés plus considérables, et d'autres sur des quantités moins grandes, selon le résultat du partage.

Quand la servitude est de nature à n'affecter qu'une certaine portion de l'héritage, comme, par exemple, le droit de prendre de l'eau dans une fontaine, il est évident que le seul endroit où est située la fontaine se trouve assujéti : on demande si les autres portions ne sont pas affectées au moins hypothécairement au service foncier.

Suivant les uns, l'affirmative n'est pas douteuse s'il a été pris inscription sur l'immeuble avant qu'il ait été divisé. Le partage n'empêche pas que chaque copartageant ne soit tenu, jusqu'à concurrence de sa part, au service foncier que son auteur a consenti, et pour sûreté duquel une inscription hypothécaire a été valablement prise.

Cette opinion est une erreur : l'obligation de celui qui soumet son héritage à une servitude n'étant pas personnelle, elle ne passe pas à tous ses successeurs solidairement. Une servitude n'est affectée qu'au sol, et même uniquement à la partie du sol qui suffit au service foncier : ainsi cette seule portion de l'héritage est assujétie ; et lorsque le partage a lieu, le seul propriétaire de la portion, sur laquelle s'exerce la servitude, en est débiteur. Tous les copartageans sont tenus de la servitude, lorsqu'elle consiste en un droit qui affecte toutes les portions ; et si elle ne s'exerce que sur quelques-unes, les seuls propriétaires de ces portions asserviès doivent le service foncier. C'est ce qui peut arriver quand il s'agit d'un droit de vue, d'aspect, sur une grande étendue de terrain ; s'il est par la suite divisé, chacun de ceux à qui il échoit une portion de ce terrain, doit souffrir la vue d'aspect toute entière.

Ce qui achève de démontrer que la seule portion sur laquelle s'exerce la servitude en est le gage, c'est qu'en abandonnant cette portion au maître du fonds dominant, il n'a plus rien à réclamer ; en sorte qu'après l'abandon effectué, la servitude est éteinte. Cette décision, conforme à tous les principes, est écrite dans l'*art.* 699 du Code : il en résulte évidemment que le propriétaire de la portion sur laquelle s'exerce la servitude, est le seul qui soit hypothécairement obligé de la souffrir ; et que les autres portions n'y sont aucunement affectées.

§ IV.

Des cas où la servitude est réciproque.

Jusqu'ici nous avons considéré la servitude comme simple ; c'est-à-dire, que l'héritage dominant, dans toutes nos hypothèses, ne devait rien à l'héritage servant. Mais il peut arriver que quand on établit une servitude sur un héritage, elle ait pour condition une autre servitude, due à ce même héritage ; alors la servitude est appelée *double* ou *réciproque*, comme on l'a observé dans le chapitre II. Vous avez la faculté de puiser de l'eau dans mon puits, à condition que vous n'éleverez, pas votre bâtiment plus haut qu'il n'est maintenant : voilà une servitude réciproque, dont l'une est la condition de l'autre. On demande s'il vous est permis de renoncer à prendre de l'eau à mon puits, afin de recouvrer la liberté d'élever votre bâtiment aussi haut qu'il vous plaira.

La réponse dépend de l'intention qu'ont eue les parties, en établissant la servitude; or, cette intention se trouve dans les titres. S'il y est dit que vous aurez la faculté d'élever votre construction en abandonnant le droit de puiser, cette clause devra s'exécuter ; mais si le titre ne vous laisse pas positivement le maître de renoncer d'un côté, pour vous libérer de l'autre, vous ne pourrez pas le faire sans mon consentement. Alors les deux servitudes seront regardées comme établies pour l'utilité réciproque des deux héritages : le vôtre sera donc asservi irrévocablement au mien, comme le mien le sera irrévocablement au vôtre ; et l'un de nous, sans le consentement de l'autre, ne pourra pas abandonner le droit qui lui est dû, pour se rédimer de la servitude qu'il doit.

En conséquence, si vous élevez votre mur au-delà de la hauteur prescrite par le titre, je suis autorisé ou à vous refuser l'eau de mon puits, ou à vous forcer à baisser votre construction, en vous déclarant que je n'entends pas que nous soyons respectivement libérés : en pareil cas, j'ai le choix de conclure contre vous, de l'une ou de l'autre manière. Pendant le procès, je peux m'opposer à ce que vous exerciez le droit de puiser ; car nos servitudes étant conditions l'une de l'autre, il est juste que je vous refuse un droit, qui est le prix de la jouissance dont vous me privez. Au reste, l'obstacle de ma part cessera, lorsque votre mur aura été baissé. Je peux aussi, pendant la contestation, vous laisser jouir de la faculté de prendre de l'eau à mon puits ; sauf à réclamer contre vous des dommages-intérêts, pour le tort que j'aurai éprouvé tant qu'aura duré l'exhaussement de votre mur.

Au surplus, l'usage d'une servitude réciproque se règle comme si les deux services fonciers, au lieu d'être établis par un même titre entre les mêmes héritages, faisaient chacun l'objet de deux titres concernant des héritages différens. En effet une servitude réciproque est essentiellement formée par deux servitudes ; pour chacune d'elles il y a l'héritage dominant et l'héritage servant. Peu importe que le fonds à qui est due l'une des servitudes, soit assujéti à l'autre fonds pour ce qui concerne la seconde servitude : l'un considéré comme dominant, doit avoir tous ses droits sur l'autre considéré comme servant, et réciproquement ; en sorte que, si on envisage chacune de ces deux servitudes séparément, leur usage se trouvera soumis aux mêmes principes qui leur seraient applicables, si elles n'étaient pas constituées dans le même titre.

ARTICLE II.

Droits du propriétaire de l'héritage dominant.

Dans un premier paragraphe, nous parlerons des ouvrages nécessaires à la servitude, et que le propriétaire de l'héritage dominant a droit de faire sur l'héritage servant. Un second paragraphe expliquera en quoi consiste l'action qu'on a pour exercer une servitude.

§ Ier.

Des ouvrages nécessaires pour user d'une servitude.

Quand la servitude est reconnue, quand les circonstances qui la constituent, et les accessoires qui en sont une suite nécessaire se trouvent réglés, il faut que le propriétaire de l'héritage dominant exerce son droit convenablement.

On tient pour principe qu'il a la faculté de faire, d'abord, tous les ouvrages sans lesquels on ne pourrait pas user de la servitude, et, ensuite, ceux qui sont propres à la conserver. Le Code Napoléon en a une disposition formelle dans son *art.* 697.

Quelques personnes doutaient si ces ouvrages devaient être faits aux dépens du maître de l'héritage dominant, attendu que de pareils travaux ne paraissent permis, qu'à celui qui peut disposer du terrain où ils sont exécutés : or, comme on l'a dit plus haut, le sol sur lequel s'exerce la servitude ne cesse pas d'appartenir au propriétaire du fonds servant : *Loci corpus non est dominii ipsius cùi servitus debetur, sed jus eundi habet.* L. 4, ff. *si servit vend.*

La raison de décider est que les ouvrages dont il s'agit n'ont rapport qu'à un droit foncier, et nullement au fonds sur lequel il s'exerce. Celui à qui la servitude est utile doit donc seul supporter les dépenses qu'elle occasionne; car les charges sont pour le compte de la personne qui a les profits. Il faut en excepter le cas où les titres exigent expressément que le propriétaire du fonds servant, fasse les travaux nécessaires à l'usage de la servitude : *Cod. Nap.*, *art.* 698.

Ainsi, nous convenons que j'aurai droit de passage par votre parc, sur un emplacement désigné, et actuellement rempli de ronces, d'épines et de pierres : j'aurai donc le droit de faire approprier le terrain dans les dimensions indiquées; mais la dépense sera supportée par moi seul, puisqu'elle n'est utile qu'à mon héritage. Pareillement, si j'ai le droit de puiser dans votre fontaine, j'ai celui d'en faire réparer les bords, sans lesquels l'eau ne resterait pas dans le réservoir où elle arrive.

On demande si le maître de l'héritage servant, n'est pas obligé de maintenir son puits ou sa fontaine, en bon état.

Pour l'affirmative, on dit que ce puits et cette fontaine servent également au propriétaire du fonds asservi. Si ce propriétaire n'était pas tenu de l'entretien de ces objets qui lui appartiennent, ce serait véritablement le propriétaire de l'héritage dominant qui procurerait de l'eau à l'héritage servant; tandis que, suivant l'établissement de la servitude, il faut, au contraire, que ce soit l'héritage servant qui fournisse l'eau.

Les *art.* 697 et 698 du Code, il est vrai, déclarent à la charge du propriétaire de l'héritage dominant, les ouvrages nécessaires, soit pour user d'une servitude, soit pour la conserver; mais, dit-on, cette disposition s'applique seulement au cas, où l'objet de la servitude ne sert qu'à celui à l'héritage duquel elle est due. On donne pour exemple, le droit de passer à l'extrémité d'un parc, précisément dans un endroit où il est évident qu'un passage est inutile au propriétaire du terrain sur lequel s'exerce ce service foncier.

D'autres soutiennent avec raison que, dans tous les cas, les réparations de l'objet asservi ne peuvent pas être exigées du propriétaire de l'héritage servant. En effet, quoiqu'il s'agisse d'un objet qui sert également aux deux voisins, tel qu'un puits, une fontaine, il n'en est pas moins vrai qu'ils en usent à des titres différens; l'un c'est en qualité de propriétaire, et l'autre, ce n'est qu'à titre de servitude. Cette différence est essentielle à remarquer: s'ils étaient tous deux propriétaires du puits, chacun en particulier aurait le droit de forcer l'autre à faire les réparations en commun, comme on l'a vu à l'égard d'un mur mitoyen. Cette règle, qui convient aux associations, ne s'applique nullement aux servitudes: un de leurs caractères essentiels, que nous avons signalé dans le chapitre II, est qu'elles n'obligent pas le propriétaire de l'héritage servant à faire quelque chose; mais seulement à souffrir qu'il soit fait quelque chose sur son terrain, ou à s'abstenir d'y faire quelque chose: *Servitutum non ea natura est, ut aliquid faciat quis; sed ut aliquid patiatur, aut non faciat.* L. 15, § 1, ff. *de servit.*

Ainsi, le propriétaire de la chose asservie trouve-t-il qu'il ne peut en user, si elle n'est réparée? Elle lui appartient, et par conséquent il a droit de la faire mettre en état si bon lui semble: mais, s'il juge à propos de n'y pas faire de réparations, et même de renoncer à s'en servir, personne ne peut le forcer à rétablir l'objet de la servitude, fût-il détérioré au point qu'il y aurait impossibilité d'en faire usage. Le propriétaire de l'héritage dominant n'a droit de réclamer que la faculté d'exercer le service foncier; c'est la seule chose qui lui soit due: il faut donc qu'il fasse à ses dépens ce qui est nécessaire pour l'utiliser. Voilà pourquoi le Code a décidé sans restriction, que tous les ouvrages à faire pour user d'une servitude, ou pour la conserver, étaient à la charge de celui à qui elle est utile.

Bouvot, au mot *servitude*, question 3, cite un arrêt du Parlement de Dijon, rendu au mois de juin 1567; il y est jugé qu'un propriétaire ne pouvait pas être contraint à faire réparer la mardelle de son puits, sous prétexte que le voisin avait le droit d'y venir prendre de l'eau. Cet arrêt, ainsi que la disposition du Code, sont conformes au droit

Romain : *In omnibus servitutibus, refectio ad eum pertinet qui sibi servitutem asserit, non ad eum cujus res servit.* L. 6, § 2, ff. *si servit. vendic.*

Observez pourtant que, si le propriétaire de l'héritage dominant ne peut pas exiger, que les réparations de l'objet de la servitude soient faites par son voisin, celui-ci ne serait pas mieux fondé à forcer le premier à tenir les lieux en bon état : le droit foncier est la propriété du maître de l'héritage dominant, qui en fait tel usage qui lui convient. Si donc la négligence où il laisse les objets de la servitude déplaît au voisin, celui-ci, en qualité de propriétaire de ces objets, est libre de les faire réparer s'il en a la volonté.

Au reste, ces principes n'ont leur application que quand les titres de la servitude n'y sont pas contraires, et n'obligent pas le propriétaire de l'héritage servant, à tenir l'objet du service foncier en bon état. La convention faite entre les parties, doit toujours être exécutée ponctuellement : c'est à défaut d'explication sur le point difficultueux, qu'on suit ce que prescrit le droit.

Pareillement, des règles générales qu'on vient d'expliquer, on doit excepter le cas où, par le fait de l'un des deux voisins, soit à dessein de nuire, soit involontairement, il aurait été causé quelque dommage à l'objet de la servitude. Par exemple, si le propriétaire de la fontaine avait volontairement, ou par accident, détaché des pierres du bassin, de manière qu'on ne puisse plus prendre de l'eau ; il serait valablement actionné, non pas comme obligé à tenir la fontaine en bon état à cause de sa qualité de propriétaire du fonds servant, mais comme tenu de réparer le tort qu'il a causé à son voisin, en l'empêchant d'exercer son droit. On verra en effet, dans le paragraphe suivant, qu'il est défendu au débiteur de la servitude, de rien faire qui puisse en empêcher la jouissance, ou la rendre plus incommode.

Si c'était celui auquel est due la servitude, qui par son fait volontaire ou involontaire eût occasionné le dommage, il ne serait pas libre de dire qu'il trouve la servitude suffisamment commode dans l'état où sont les choses : il serait forcé de rétablir ce qu'il aurait détruit, non pas en qualité de propriétaire de l'héritage auquel est dû la servitude; mais comme auteur d'un dommage qu'il n'avait pas le droit de causer à son voisin, propriétaire de la chose détériorée.

Quand c'est à la vétusté, ou à une force majeure, qu'est attribuée la détérioration de l'objet de la servitude, celui à qui il appartient ne peut rien réclamer contre son voisin à qui est dû le service foncier: alors chacun a la faculté de faire réparer le dommage, si bon lui semble; l'un parce que la chose détériorée lui appartient, l'autre parce que le bon état de cette chose est nécessaire à l'exercice de son droit.

§ II.

De l'action du propriétaire dominant contre le propriétaire servant.

L'action que le propriétaire de l'héritage dominant dirige, pour faire déclarer que l'autre héritage lui est assujéti, se nommait, chez les Romains, *actio confessoria*; parce qu'elle tend à faire avouer par l'adversaire, que son héritage doit la servitude: s'il s'y refuse, le jugement qui intervient tient le droit pour reconnu, et condamne la partie qui succombe à souffrir le service foncier.

Par opposition à l'action confessoire, on appelait *actio negatoria*, la demande formée par celui qui prétend que son héritage n'est pas asservi au droit réclamé; car, alors il dénie que le service foncier soit dû à celui qui veut l'exercer.

Dans notre droit, nous ne donnons pas de dénominations aux différentes actions, parce que nous n'admettons d'autres règles, pour invoquer l'autorité judiciaire, que l'intérêt de chaque réclamant: c'est ce qui fait dire que l'intérêt est la mesure des actions. Néanmoins les jurisconsultes se servent avantageusement, aujourd'hui, des noms que les Romains donnaient aux différentes actions: ce n'est pas qu'il y ait nécessité de les qualifier, pour qu'elles soient valables; mais leurs noms indiquent facilement ce qui en est l'objet. Ainsi, quand on dit que l'action confessoire appartient au maître de l'héritage dominant, tandis que l'action négatoire est employée par le propriétaire de l'héritage servant; on fait entendre d'un seul mot que le premier, par sa demande, conclut à ce que le droit foncier qui lui est dû soit reconnu, et que le second dénie l'existence de la servitude. On conçoit bien que ce dernier n'a point de preuve à fournir : sa dénégation est sa seule défense, soit qu'il ait commencé l'attaque, soit qu'il n'ait paru en justice que comme défendeur. Au contraire, celui qui prétend que la servitude est due, doit le prouver, suivant l'axiôme : *Onus probandi incumbit ei qui dicit.*

Quand le propriétaire de l'héritage servant fait un ouvrage, pour nuire à l'exercice du droit foncier, ou, quand le maître du fonds dominant cherche à rendre la charge plus onéreuse, il n'est plus question de savoir si la servitude existe ou non, puisque, dans l'hypothèse, elle n'est pas niée. Dans ce cas, chez les Romains, on ne pouvait pas recourir à l'action confessoire : il fallait se servir d'une autre action qui était nommée *Nunciatio novi operis*, parce qu'elle consistait à dénoncer au voisin, une opposition à son nouvel œuvre. Il est inutile de faire connaître ici les différentes circonstances qui devaient se rencontrer, chez les Romains, pour que l'on pût faire usage de la dénonciation de nouvel œuvre : il suffit de dire que nous employons cette dénomination, non pas parce que l'action qu'elle désigne se trouve soumise à des formes particulières; mais seulement, pour indiquer le genre de conclusions que doit prendre le propriétaire qui veut efficacement s'opposer à des travaux entrepris sur l'héritage voisin, et qui lui paroissent des atteintes portées à ses droits. Par l'action confessoire, on demande que la servitude soit reconnue, et déclarée due par l'héritage servant; l'action négatoire tend à faire décider que le service foncier n'existe pas; et au moyen de la dénonciation de nouvel œuvre, on demande la destruction d'ouvrages qui nuisent au droit de l'un ou de l'autre propriétaire.

Les Romains disaient que, si l'ouvrage préjudiciable à l'exercice de la servitude était achevé, ce n'était plus la dénonciation de nouvel œuvre qu'il fallait employer; ils admettaient alors une autre action. Nous ne connaissons pas ces distinctions subtiles : dès qu'un propriétaire intéressé à un service foncier s'aperçoit de travaux entrepris contre son droit, il forme sa demande, sans distinguer si l'ouvrage n'est encore que commencé, ou s'il est achevé. Dans le premier cas, il conclut à ce que le travail dénoncé ne soit pas continué, et même à ce que la portion qui est déjà faite soit détruite, si elle nuit à la jouissance légitime; au second cas, les conclusions du demandeur tendent à ce que les choses soient remises, dans l'état où elles étaient avant le nouvel œuvre. Nous ne pouvons pas apercevoir, entre ces deux manières de se pourvoir, la différence que des auteurs modernes ont voulu établir : ils décident que la dénonciation de nouvel œuvre n'a pas lieu, lorsque le travail est terminé, et qu'alors naît une autre action; ce n'est là qu'une subtilité.

Ils disent encore qu'il n'y a pas lieu à la dénonciation du nouvel œuvre, lorsqu'il consiste en un travail qui intéresse la salubrité publique, ou la police, tel que serait le curage d'un cloaque. Il est certain que, malgré la demande formée par celui qui se plaint d'un pareil travail, les juges pourront bien en ordonner provisoirement la continuation, s'il y a urgence : mais il ne faut pas croire que la dénonciation de l'ouvrage ne puisse pas se faire; car nous pouvons toujours nous adresser à l'autorité judiciaire, toutes les fois que des travaux sont entrepris contre notre droit; sauf au défendeur à obtenir la permission de les continuer provisoirement, s'il y a nécessité de ne pas les suspendre.

Nous ne conduirons pas plus loin l'examen de la dénonciation de nouvel œuvre : c'était, dans le droit Romain, une action particulière, ayant des règles et des conséquences qui ne convenait pas à toute autre. Comme nous n'avons admis pour principe général des actions, que l'intérêt qu'on a de les intenter, ces différens caractères donnés par le droit Romain, à l'action qui naît d'un ouvrage nuisible aux droits relatifs à une servitude, ne sont d'aucune considération en France : la doctrine peut s'en aider, comme nous l'avons observé plus haut; mais la pratique n'en fait aucun usage. Il suffit que l'ouvrage dénoncé soit contraire à l'intérêt qu'on a dans la servitude, pour qu'on ait le droit de former une demande, dont l'objet est de faire cesser tout ce qui peut nuire à l'exercice de la servitude.

ARTICLE III.

Obligations du propriétaire de l'héritage dominant.

Nous venons de voir en quoi consistent les droits du propriétaire de l'héritage dominant : il s'agit maintenant de ses obligations.

Le propriétaire de l'héritage dominant ne peut rien faire qui aggrave l'exercice de la servitude : c'est ce que nous verrons dans un premier paragraphe. Dans le second, on examinera si ce même propriétaire peut faire, chez le voisin, des travaux qui diminuent la servitude. Le troisième dira si des ouvrages peuvent être faits sur l'héritage dominant, lorsqu'ils ne changent pas l'état de la servitude. Enfin, un quatrième parlera du cas où ces mêmes ouvrages allégent la servitude.

§ Ier.

Aucun ouvrage, capable d'aggraver la servitude, ne peut être fait par le maître de l'héritage dominant.

Les obligations du maître de l'héritage dominant sont écrites dans le Code Napoléon, *art.* 702 : il ne permet d'user de la servitude que conformément au titre si elle est volontaire, ou selon que le prescrit si elle est nécessaire. Dans aucun cas, on n'est autorisé à aggraver, d'une manière quelconque, la condition de l'héritage servant.

Ainsi, quoique celui à qui est dû le service foncier ait la faculté, comme on l'a dit dans l'article précédent, de faire chez le voisin les réparations et autres ouvrages nécessaires à l'exercice de la servitude, il ne peut pas, sous ce prétexte, opérer le moindre changement dans l'état actuel des lieux, à moins que l'innovation ne fût d'une nécessité indispensable pour l'usage du droit établi. *Ibid.*

Quelque soit le travail à faire sur le terrain de l'héritage servant, et quoique l'ouvrage se fasse aux dépens du maître de l'héritage dominant, celui-ci est tenu de prendre le consentement du voisin chez lequel il faut introduire des ouvriers. Si ce dernier ne veut pas permettre le travail, quel parti faut-il prendre? Il est indiqué par l'*art.* 662 du Code : on y voit que pour toucher au mur mitoyen, l'un des deux voisins doit obtenir le consentement de l'autre; parce qu'étant tous deux copropriétaires de ce mur, il n'y a qu'avec le concours des parties intéressées, qu'on puisse travailler à la chose qui leur est commune. Le cas où l'un des deux voisins refuserait de consentir est prévu par le même article : il veut qu'alors les ouvrages projétés soient réglés par des experts.

Ce qui est ordonné pour préparer des travaux à faire à un mur mitoyen, est à plus forte raison applicable aux ouvrages nécessaires pour l'exercice d'une servitude. En effet, le fonds asservi n'est pas une propriété commune : il appartient entièrement au maître de cet héritage, avec charge d'un service foncier pour l'utilité d'un autre héritage. Celui à qui est dû la servitude, loin d'avoir sur l'objet asservi un droit plus fort, n'en a pas même un qui soit égal au droit d'un des voisins sur le mur mitoyen. Or, puisque pour travailler à un pareil mur, il faut nécessairement avoir l'aveu des deux propriétaires, on peut dire, à bien plus forte raison, que celui à qui est dû la servitude, ne peut exécuter sur l'héritage servant aucun ouvrage, quoique nécessaire à l'exercice de son droit, sans en avoir obtenu le consentement formel de son voisin : *Ubi eadem ratio decidendi, jus idem dicendum est.*

Par une suite de ce raisonnement, si le maître de l'héritage servant se refuse aux travaux proposés, on a recours à des experts. Ils examinent, d'abord, si les ouvrages dont il s'agit sont nécessaires à l'usage du service foncier; en second lieu, dans le cas où la nécessité est reconnue, ils règlent la manière de faire le travail, sans nuire aux droits du sol asservi.

Cette règle générale, d'après laquelle il n'est jamais permis au propriétaire du fonds dominant, de rien faire qui aggrave la charge que son voisin est tenu de supporter, s'applique à toutes les espèces de servitudes, soit naturelles, soit légales, soit volontaires. Voilà pourquoi, en parlant de la nécessité où est l'héritage inférieur de recevoir les eaux naturelles du supérieur, nous avons dit que le propriétaire de ce dernier héritage ne peut rien entreprendre, pour augmenter la masse d'eau qui est renvoyée chez son voisin, ni même pour changer, soit la manière dont elle s'échappe, soit l'endroit par où elle coule. Ailleurs on a aussi démontré, par suite du même principe, que celui qui a une vue légale sur l'héritage contigu, ne peut pas la placer plus bas qu'il n'est prescrit par les réglemens locaux, et à leur défaut par le Code. Pareillement, celui qui, pour l'exploitation de son héritage enclavé, obtient un droit de passage en vertu de la loi, ne peut pas en changer la direction, ni le rendre plus large, ni planter des haies ou des arbres le long de ce chemin, dont le sol ne lui appartient pas, et dont il ne peut faire usage que pour passer.

§ II.

Si le propriétaire du fonds dominant peut faire, sur le fonds servant, des travaux qui rendent la servitude plus agréable, ou moins onéreuse.

Le propriétaire du fonds dominant est autorisé à faire, sur le terrain asservi, les ouvrages nécessaires à l'usage et à la conservation de la servitude, ainsi qu'on l'a vu dans le paragraphe précédent. Si donc il voulait y faire des travaux qui n'auraient d'autre but que de lui rendre l'exercice de la servitude plus agréable, sans qu'elle devînt plus incommode à celui qui la doit, pourrait-il en être empêché?

Les uns disent que l'opposition qu'il éprouverait ne serait inspirée que par l'envie de nuire, et non par l'intérêt; qu'ainsi le propriétaire du fonds servant ne serait pas écouté dans sa réclamation.

D'autres, plus attachés aux principes, soutiennent que des travaux tels que ceux dont il s'agit, n'étant pas d'une nécessité indispensable, ne sont autorisés qu'avec le consentement du propriétaire de l'héritage servant. Par exemple, celui-ci est tenu de donner par son jardin un passage qui, dans les tems de pluie, est fort boueux; pour se le rendre plus commode, le propriétaire à qui le passage est dû voudrait le paver. Cet ouvrage n'aggraveroit pas la servitude; cependant le propriétaire du jardin peut s'y opposer, parce que l'objet du service foncier n'ayant pas été désigné comme un chemin pavé, mais comme un passage au travers d'un jardin, l'opération du pavage n'est pas indispensable pour exercer le droit consenti.

Il serait difficile, néanmoins, de refuser au propriétaire de l'héritage dominant, la faculté de faire sabler le terrain destiné à son passage; car, si le sable n'est pas indispensable pour user du service foncier, il est au moins fort utile: d'un autre côté on ne voit pas quels motifs allèguerait le propriétaire du jardin, pour qu'on ne regardât pas sa résistance comme l'effet de la mauvaise humeur. On sent qu'un chemin pavé dépare un jardin; mais on sait qu'une allée sablée en est l'ornement.

Il faudrait raisonner de même, dans le cas où le maître de l'héritage dominant voudrait faire sur le terrain qui lui est assujéti, des travaux qui tendraient à diminuer la charge de la servitude. Ce terrain asservi n'appartient pas au propriétaire de l'héritage dominant; il n'a que la faculté d'y exercer son droit. Or tous les travaux qui changeraient l'état des lieux, pour le seul agrément de celui qui fait usage de la servitude, ne peuvent être autorisés, même quand il serait prouvé que, loin de nuire à l'héritage servant, ils allégeraient la charge qui lui est imposée. Citons pour exemple, le cas où j'ai le droit de passer avec une voiture par votre parc; n'ayant pas de voiture, je préfère me restreindre à un passage suffisant pour des gens de pied, pourvu qu'il soit pavé. Quoique cet arrangement rendit la servitude moins onéreuse, je ne serai pas en droit de faire paver, sans votre consentement, le passage plus étroit dont je veux bien me contenter: vous pouvez avoir de bonnes raisons pour ne pas vouloir que, dans votre parc, il y ait un chemin pavé.

§ III.

Quels changemens peuvent être faits sur l'héritage dominant.

Puisque le propriétaire de l'héritage dominant est autorisé à faire, sur l'héritage servant, les ouvrages nécessaires à l'exercice de la servitude; à plus forte raison lui est-il permis d'exécuter, chez lui, des travaux qui concernent le même service foncier. Néanmoins, nonobstant la liberté qu'on a de disposer à sa volonté de sa propre chose, il est défendu au propriétaire de l'héritage dominant de faire, même chez lui, aucun ouvrage qui puisse rendre la condition du voisin plus onéreuse que ne le prescrit la loi, s'il s'agit d'une servitude nécessaire, ni plus onéreuse qu'il n'est stipulé pas le titre si la servitude est volontaire. *Cod. Nap.*, *art.* 702.

Celui qui a la faculté de faire passer toutes les eaux de son héritage sur le fonds voisin, ne peut donc pas changer l'endroit par où elles y arrivent; par exemple des eaux de pluie tombent par un godet on ne peut ni l'allonger, ni le placer dans une autre partie du toit, sans le consentement du propriétaire de l'héritage servant; et lorsque ce dernier s'y refuse, il n'est pas de moyens d'opérer le moindre changement capable d'aggraver l'exercice de la servitude.

Il est convenu que les eaux de ma maison, composée d'un seul corps de logis, auront leur écoulement sur votre héritage; si je juge convenable de changer la disposition de ma maison et de l'aggrandir, il ne m'est pas permis de faire passer sur votre propriété une plus grande quantité d'eau que celle, pour laquelle vous avez consenti la servitude: il faudra donc que, pour le surplus des eaux, je trouve une autre issue.

La faculté de faire passer les eaux pluviales, ne s'étend point à des eaux d'une autre espèce. De même, si le droit est établi pour faire écouler les eaux d'une maison, tant qu'elles n'excéderont pas celles qui s'emploient pour l'usage habituel, on peut refuser le service foncier, pour les eaux qui surpassent la quantité convenue, telles que sont les eaux qu'exigent le métier de teinturier ou de brasseur.

Par le titre d'une servitude, un droit de passage est accordé pour l'utilité d'une maison; le propriétaire de cette maison la dispose de manière à la louer à plusieurs locataires : ceux-ci auront-ils tous le droit d'user du passage? L'affirmative n'est pas douteuse, si rien, dans le titre, ne fait connaître que l'intention a été de restreindre la servitude, au seul cas où la maison ne serait habitée que par une seule famille.

Mais, si le propriétaire de la maison à qui le passage est dû, la réunissait à une autre maison qu'il aurait acquise postérieurement, les locataires de cette nouvelle maison auraient-ils la faculté de se servir du passage? Desgodets assure que non, dans tous les cas : à l'égard de Goupy son annotateur, il fait une distinction. Si le passage est commun et à l'héritage dominant et à l'héritage servant, le propriétaire de celui-ci pourrait être incommodé de la multitude des personnes étrangères qui passeraient sans cesse; ce qui aggraverait la servitude : par conséquent, les habitans de la nouvelle maison ne doivent pas se servir du passage. Il pense autrement, si ce passage est consacré uniquemment au service de l'héritage dominant; alors, il n'y a plus d'importunité à craindre pour le maître de l'héritage asservi. D'un autre côté, il ne peut pas se plaindre que les réparations deviendront plus fréquentes; car il n'est pas tenu de les faire : c'est le propriétaire de l'héritage dominant qui en supportera la dépense, s'il veut jouir du passage. La question, ajoute Goupy, souffrirait encore moins de difficulté, si le passage était uniquement pour des gens de pied.

Nous avons de la peine à croire que cette dernière opinion fût adoptée; car il est certain que plus un passage est fréquenté, plus il devient incommode, même quand il ne servirait pas au propriétaire qui le doit. D'ailleurs, il est incontestable que celui qui jouit d'une servitude, ne peut pas l'étendre à d'autres fonds que celui pour lequel elle a été établie. En posant ce principe, fondé sur la loi Romaine et adopté par notre Code, Domat cite l'exemple suivant, qui a de l'analogie avec celui que discute l'annotateur Goupy. Le propriétaire qui a une prise d'eau pour un héritage, ne peut en user pour ses autres héritages; et si la prise d'eau n'est que pour une partie d'un fonds, il ne peut s'en servir que pour celle-là : *Ex meo aquæductu, Labeo scribit, cuilibet posse me vicino commodare : Proculus, contrà, ut ne in meam partem fundi aliam, quàm ad quam servitus acquisita sit, uti ea possit. Proculi sententia verior est.* L. 24, ff. *de servit. præd. rust.*

§ IV.

Des changemens faits sur l'héritage dominant, quand ils diminuent la servitude.

Si les changemens qu'on veut faire à l'héritage dominant n'aggravent pas la servitude, celui par qui elle est due ne peut pas les empêcher : c'est ce qu'on a vu plus haut. Si donc il s'agit de faire un toit en mansarde, au lieu du toit simple qui existait, il est évident que la masse des eaux pluviales n'en peut pas être augmentée ; et si, en outre, l'endroit par où elles s'écoulent ne se trouve pas changé, le voisin qui est tenu de recevoir les eaux, ne peut pas s'opposer à la nouvelle forme du toit.

A plus forte raison serait-il mal fondé à se plaindre, si les changemens opérés sur l'héritage dominant tendaient à lui rendre la servitude moins à charge. En effet, il agirait alors contre ses propres intérêts ; ce qui supposerait une envie de nuire sans utilité pour lui-même, et ce qui le rendrait non recevable. Ainsi, le propriétaire de l'héritage dominant fait détruire la moitié de ses bâtimens, dont les toits versent leurs eaux chez le voisin en vertu d'un titre ; ce voisin ne peut pas s'opposer à un pareil changement, puisque le poids de la servitude s'en trouve diminué. En général, il est toujours permis d'alléger une servitude : *Læniùs facere poterimus, acriùs non.* L. 20, § 5, ff. *de serv. præd. urban.*

On objecte à cette décision, que celui qui est tenu de recevoir les eaux des toits voisins, peut les avoir mises à profit, soit pour la culture, soit pour d'autres travaux : or, la diminution des bâtimens, en le privant de la moitié des eaux sur lesquelles il avait compté, lui cause une véritable perte. Dans ce cas, en s'opposant à la démolition des constructions, il n'est pas animé par l'envie de nuire, mais bien évidemment par ses propres intérêts : il peut donc demander que les toits de l'héritage servant ne soient pas diminués, afin qu'il puisse continuer à jouir de la même quantité d'eau, pour laquelle, peut-être, l'assujétissement a été consenti.

Pour décider dans cette circonstance, il faut examiner si la servitude a été établie pour l'utilité de celui chez qui les eaux tombent, ou pour l'utilité de l'héritage d'où viennent les eaux. Dans le premier cas, il n'est pas douteux que c'est à l'héritage qui reçoit les eaux qu'est due la servitude, il est le fonds dominant : le propriétaire a donc le droit, comme on l'a dit au paragraphe précédent, d'empêcher que sur l'héritage servant il soit fait, quelque chose qui diminue l'avantage produit par le service foncier. Au second cas, l'héritage dominant est celui d'où les eaux pluviales tombent chez le voisin. Or, le maître du fonds dominant étant libre de faire usage ou non de son droit, ne peut pas y être forcé par le débiteur de la servitude : c'est celui-ci qui a soumis son héritage, et aucune faculté ne lui a été accordée sur le fonds dominant. Il doit donc souffrir la charge qu'il s'est imposée, s'il convient à son voisin de la lui faire supporter : il serait contraire à la nature même des servitudes, que le maître du fonds servant pût exiger qu'on fit usage du droit auquel il est assujéti. Ainsi, il ne lui est pas permis, dans l'espèce proposée, d'empêcher la réduction des toits de l'héritage dominant.

Le seul point difficile, dans une pareille position, pourrait être de reconnaître au profit duquel des deux fonds la servitude a été établie : si les titres ne s'expliquaient pas assez, il faudrait, comme dans la plupart des contestions concernant les servitudes, considérer les circonstances, la nature des lieux, la qualité du terrain et des héritages. Si, par exemple, il paraissait que le propriétaire des bâtimens d'où viennent les eaux, n'avait pas un véritable intérêt à leur donner une issue chez le voisin, pouvant, sans aucune gêne, les faire écouler sur son propre terrain; si en outre le pays était naturellement aride, en sorte qu'il fût très-avantageux au voisin de recevoir des eaux étrangères, la vraisemblance, suppléant au silence des titres, déposerait en faveur de celui sur le terrain duquel les eaux s'écoulent; et la servitude pourrait être regardée comme établie pour l'utilité de son héritage.

Remarquez, à l'égard des changemens à faire sur l'héritage dominant, et qui peuvent occasionner quelques modifications dans l'exercice de la servitude, qu'ils ne doivent pas être commencés sans le consentement du voisin; autrement, celui-ci pourrait avoir recours à la dénonciation du nouvel œuvre. De cette action, il résulterait une visite des lieux par experts, afin de constater si les ouvrages dénoncés intéressent la servitude, et afin de régler comment ils doivent être faits pour ne pas la rendre plus onéreuse. Cette dénonciation a toujours, pour effet, de suspendre les travaux commencés; et quand il y a des raisons suffisantes, pour ne pas les interrompre, c'est aux juges à en ordonner provisoirement la continuation, s'il y a lieu. Par exemple, ayant le droit d'ouvrir dans un mur mitoyen une seule fenêtre d'aspect, vous en construisez deux; si je dénonce le nouvel œuvre aussitôt que l'échafaudage est placé, ou que quelques pierres du mur sont détachées, la suspension provisoire de vos travaux est une suite nécessaire de ma dénonciation. Mais, si je ne formais ma demande que quand la baie de la fenêtre est achevée, et qu'il ne s'agit plus que de poser les croisées, le provisoire serait sans objet: l'état des choses ne peut pas empirer pour moi, puisque l'ouverture est terminée, et qu'il m'importe peu qu'elle soit fermée ou non par des vitres.

Outre des motifs tirés des circonstances particulières, il y en a qui sont fondés sur la sûreté ou la salubrité publique, et qui suffisent pour autoriser provisoirement la continuation des travaux. Dans l'article précédent, § II, en parlant de la dénonciation de nouvel œuvre, nous avons cité le curage d'un cloaque, d'une fosse d'aisance, comme un cas où on pourrait obtenir l'autorisation de continuer provisoirement les travaux: ils sont d'une telle nature, que leur interruption pourrait être fort dangereuse pour la santé des citoyens.

ARTICLE IV.

Droits du propriétaire de l'héritage servant.

En général, les droits du propriétaire de l'héritage servant consistent à exiger, que le propriétaire de l'héritage dominant remplisse ses obligations; c'est-à-dire, qu'il se renferme dans l'usage convenable de la servitude, et qu'il ne fasse aucune entreprise pour l'étendre, ni pour en rendre l'exercice plus onéreux.

Ainsi, celui dont on veut assujétir l'héritage, sans y être fondé, ou dont on exige un service plus considérable que ne le comportent les titres, peut intenter l'action négatoire : elle consiste à nier simplement que la servitude existe, ou à nier qu'elle n'a pas l'étendue que veut lui donner le demandeur. C'est au propriétaire de l'héritage dominant à prouver que le droit qu'il exige lui est dû; car celui qui élève une prétention doit la justifier : *Onus probandi incumbit ei qui dicit.*

Quand le propriétaire de l'héritage dominant fait des travaux, qui tendent à assujétir injustement un immeuble, ou qui peuvent rendre plus onéreux un service foncier dû légitimement, le voisin se pourvoit par dénonciation de nouvel œuvre. Cette action, que les Romains appelaient *nunciatio novi operis*, a pour but d'empêcher que les travaux entrepris, ne soient faits de manière à nuire aux droits du réclamant; et, par conséquent, à contraindre l'auteur de ces travaux à en détruire la portion déjà exécutée, si elle porte préjudice au voisin.

Dans le § II de l'article Ier., en parlant des droits du propriétaire de l'héritage dominant, on a expliqué ce que c'est que l'action négatoire, dont fait usage le propriétaire du fonds servant; et on a fait sentir comment elle est opposée à l'action confessoire, qui convient au propriétaire de l'héritage dominant. On a vu aussi en quoi consiste la dénonciation de nouvel œuvre, action que les propriétaires de deux héritages voisins peuvent intenter réciproquement l'un contre l'autre. Pour éviter ici des répétitions, nous renvoyons à ce qui a été dit à ce sujet.

On ne croit pas devoir s'étendre davantage pour indiquer les droits du propriétaire de l'héritage servant: ils sont suffisamment connus, par les détails donnés en l'article précédent, sur les obligations du propriétaire de l'héritage dominant; car il est évident que les obligations d'une partie, sont la mesure la plus certaine des droits qui peuvent être exercés contre elle, par l'autre partie.

Ce qu'il convient de traiter ici, est la question de savoir si le propriétaire du fonds asservi peut l'abandonner, pour s'exempter du service foncier. Quand on se rappelle que l'*art.* 656 du Code Napoléon, permet à tout propriétaire d'un mur mitoyen d'en faire l'abandon, pour se dispenser de contribuer aux réparations, on ne doute pas que la même faculté ne soit accordée pour toutes les servitudes. En effet, l'*art.* 699 dit positivement qu'on peut toujours s'affranchir de la charge, en abandonnant au propriétaire de l'héritage dominant, le fonds assujéti. Cette faculté de se libérer par l'abandon est si étendue, que, suivant le même article, elle a lieu même lorsque le maître du fonds assujéti est chargé, par les titres, de faire à ses frais les ouvrages nécessaires, soit pour l'usage, soit pour la conservation de la servitude.

Cette décision est une conséquence de ce que la servitude ne peut pas être une obligation personnelle : l'assujétissement qui en résulte étant essentiellement réel, celui à qui appartient le fonds servant n'est tenu à rien de sa personne. La charge qu'il doit souffrir n'est imposée qu'à sa propriété : or, dès qu'il l'abandonne, on ne peut avoir aucun recours personnel contre lui. D'ailleurs, de quoi peut se plaindre le propriétaire de l'héritage dominant, puisqu'au lieu d'un simple droit dans l'objet asservi, on lui en abandonne l'entière propriété?

Ainsi, quelqu'un doit un passage pavé et bien entretenu sur son héritage; depuis long-tems la servitude n'a pas été mise en activité; en sorte que le terrain sur lequel doit s'exercer le passage est dans un état si défectueux, que la dépense nécessaire pour rétablir le chemin excéderait la valeur du sol. Il peut arriver alors, que le propriétaire du fonds servant trouve plus profitable d'abandonner le terrain assujéti, que de faire les ouvrages qu'exigent l'usage de la servitude : il a le choix, et s'il fait l'abandon, celui qui a le droit de passage ne peut pas exiger autre chose.

Pareillement, un propriétaire est assigné pour voir déclarer son héritage assujéti à un droit d'égoût; après de long débats, le demandeur parvient à faire prononcer que les eaux de ses toits seront reçues sur une partie désignée de l'héritage du défendeur: celui-ci, pour se libérer de la servitude, peut abandonner la portion de terrain assujétie. Observez que dans cette espèce, l'abandon que ferait la partie condamnée ne la dispenserait pas de payer les dépens prononcés contre elle; car c'est personnellement qu'elle les doit, et pour avoir soutenu mal à propos la contestation.

Il y a souvent des cas où, quelque peu important que soit l'objet de la servitude, en comparaison des frais à faire pour la mettre en usage ou pour la conserver, celui qui la doit aime beaucoup mieux supporter la charge, que de faire l'abandon. Par exemple, vous avez le droit de venir chercher de l'eau à une fontaine placée dans le milieu de mon parc : obligé de tenir cette fontaine et le chemin qui y conduit en bon état, elle me coûte annuellement plus cher d'entretien, que le sol assujéti ne vaut en lui-même. Cependant cette dépense annuelle, fût-elle bien plus considérable, ne peut pas se comparer au désavantage que j'éprouverais, si, pour me libérer, je vous abandonnais la fontaine et le chemin qui y conduit; car, par un pareil abandon, mon parc perdrait beaucoup de son agrément et de sa valeur.

Dans d'autres circonstances l'objet de la servitude est de tel nature, qu'on n'a pas le moindre intérêt à l'abandonner. Je suppose qu'un propriétaire se soit obligé à ne pas élever de constructions, et à ne pas planter de grands arbres, dans toute l'étendue de terrain qui fait face à ma maison, afin de me laisser jouir de toute la vue que m'offre cet espace : il est évident que le maître de l'héritage asservi ne pourrait se libérer de la servitude, qu'en abandonnant tout le terrain sur lequel se promène la vue droite. Or, quel avantage trouverait-il dans l'abandon d'un objet aussi considérable? Il se priverait sans rien gagner; car il vaut mieux posséder un terrain assujéti à la vue du voisin, que d'être privé de la propriété de ce terrain.

Ces différens exemples, en montrant combien varient les motifs qui portent un propriétaire à faire l'abandon de l'objet asservi, ou à supporter la servitude, expliquent en même tems ce que la loi entend, quand elle dit que l'on peut abandonner le fonds servant pour s'affranchir de la charge : on voit clairement que l'abandon ne comprend pas le domaine entier de celui qui doit le service foncier; il s'étend uniquement à la portion de ce domaine sur laquelle s'exerce la servitude.

Vous avez le droit d'ouvrir une fenêtre dans le mur mitoyen qui sépare nos deux héritages; pour me dispenser de contribuer aux réparations du mur, j'en abandonne la mitoyenneté : on demande si la servitude sera conservée.

La raison de douter est que le mur peut être considéré comme le seul objet de la servitude : or, dès que j'en fais l'abandon, je dois être affranchi de la charge. Ce qui décide, c'est que le principal objet de la servitude dont il s'agit, est le jour que vous obtenez de la fenêtre : je ne pourrais donc être affranchi qu'en vous abandonnant, sur mon héritage, de quoi satisfaire à votre vue, ou de quoi vous procurer un jour convenable, selon le titre de la servitude. Par conséquent l'abandon que j'ai fait de la mitoyenneté, me décharge seulement de la portion pour laquelle je devais contribuer à l'entretien du mur; mais il n'éteint pas le droit foncier.

ARTICLE V.

Obligations du propriétaire de l'héritage servant.

Un premier paragraphe dira ce que le propriétaire de l'héritage servant est tenu de souffrir; un second fera voir de quels changemens cet héritage est susceptible.

§ Ier.

Ce que doit souffrir le propriétaire de l'héritage servant.

Dans l'article II, on a vu en quoi consistent les droits du propriétaire à qui la servitude est due ; il est facile d'en conclure quels sont les devoirs de celui à qui appartient l'héritage asservi.

D'abord il est tenu de souffrir l'usage de la servitude, et il ne peut rien faire qui tende à la diminuer, ou à la rendre plus incommode. *Cod. Napol.*, *art.* 701, § 1.

Ainsi, quelque soit le droit de tirer du jour d'un mur mitoyen, le voisin n'est pas fondé à bâtir contre l'ouverture par où vient le jour; il ferait une chose qui empêcherait l'usage de la servitude : il ne pourrait pas non plus élever une construction trop près de cette ouverture, sans faire une chose qui tendrait à diminuer l'effet de la servitude. Si les titres ne déterminaient pas combien d'espace le voisin est tenu de laisser entre l'ouverture faite dans le mur, et toute autre construction qui lui conviendrait, des experts seraient chargés de régler ce point, d'après les circonstances, suivant la nature du jour accordé, et selon la situation respective des objets actifs et passifs de la servitude.

En second lieu, le propriétaire de l'héritage servant doit souffrir les ouvrages nécessaires pour l'usage et la conservation de la servitude; car, dès que l'*art.* 697 du Code autorise celui à qui le service foncier est dû, à faire les ouvrages dont il s'agit, il en résulte que le possesseur de l'héritage servant doit en supporter l'incommodité. Par conséquent il ne peut pas exiger des indemnités, pour l'importunité que peut lui causer les travaux : il peut seulement demander un délai, pendant lequel on sera tenu de les achever; et quand le tems fixé sera écoulé, des indemnités lui seront dues pour le retard qu'on aura apporté dans la confection des ouvrages. Remarquez qu'en forçant le propriétaire de l'héritage servant à souffrir les travaux dont il s'agit, la loi ne permet pas qu'à leur occasion, il soit causé le moindre dommage sur cet héritage : si quelques détériorations y sont faites, par suite des travaux du voisin, l'indemnité en est due par ce dernier.

Souvent, lors de pareils travaux, le terrain assujéti n'est pas assez étendu pour contenir les matériaux qu'il faut approcher et préparer, près du lieu où ils doivent être employés; il est certain, dans ce cas, que le propriétaire de l'héritage servant doit permettre de déposer ces mêmes matériaux, s'il est nécessaire, sur des terrains non assujétis à la servitude. Voilà en quoi consiste une des manières de souffrir les travaux nécessaires au service foncier : *Refectionis gratiâ, accedendi ad ea loca quæ non serviant, facultas tributa est quibus servitus debetur.* L. 11, ff. *comm. prædior.*

Lorsque le propriétaire de l'héritage servant est tenu, par le titre, de faire à ses frais les ouvrages nécessaires à l'exercice ou à la conservation du droit foncier, son devoir est de maintenir les lieux dans le même état, sans pouvoir, sous prétexte de réparations, opérer des changemens qui nuiraient à l'usage de la servitude. Il ne lui est dû aucune indemnité, pour les détériorations que les travaux peuvent occasionner aux portions de l'héritage qui ne sont pas assujéties; car, alors ces détériorations viennent de son propre fait, et sont une suite de l'obligation où il est de faire les ouvrages nécessaires à la servitude : bien plus, il doit exécuter ces ouvrages dans un tems qui ne soit pas trop prolongé; le voisin peut même faire fixer un délai, et réclamer des dommages-intérêts pour le retard qu'il éprouverait dans le service foncier, depuis l'expiration du tems accordé pour les travaux.

Remarquez que le propriétaire de l'héritage servant, quoique chargé de maintenir en bon état l'objet de la servitude, ne doit supporter que la dépense absolument nécessaire à l'exercice du droit. Par exemple, vous avez la faculté d'appuyer sur mon mur une construction; et je suis forcé par vous de reconstruire ce mur qui menace ruine. Je supporterai sans doute tous les frais de reconstruction; mais la démolition des objets que vous avez appuyés sur ce mur, et leur rétablissement lorsque les réparations seront achevées, doivent être payés par vous : je ne suis obligé qu'à tenir mon mur en état de supporter votre construction,

En effet, vous devez user de la servitude à vos dépens; par conséquent, lorsque pour réparer le mur il faut retirer les objets que vous y avez appuyés, vous seul devez supporter ce qu'il en coûte, d'abord pour leur déplacement, et ensuite pour leur replacement, si vous jugez à propos de rétablir la même construction.

Une observation qui convient ici est que, pour agir prudemment, il faut prendre le consentement du maître de l'héritage dominant, avant de commencer sur l'héritage servant des travaux relatifs à la servitude. On s'expose, sans cette précaution, à la dénonciation de nouvel œuvre, et par conséquent à la nécessité de suspendre provisoirement les ouvrages, jusqu'à la décision définitive de la contestation.

Il est bon d'appliquer ici ce que dit l'*art.* 662 du Code, à l'occasion des ouvrages à faire aux murs mitoyens. On demande au voisin son consentement; s'il le refuse, on fait régler par des experts comment les ouvrages projetés doivent être exécutés, pour ne pas nuire à l'exercice de la servitude. Par ce moyen, les travaux autorisés sont faits avec sécurité, et sans craindre aucune interruption.

En parlant des devoirs du propriétaire de l'héritage dominant, nous avons eu occasion d'appliquer la disposition légale dont il s'agit, aux ouvrages concernant l'objet d'une servitude. La différence est qu'alors nous parlions des travaux à faire par le maître de l'héritage dominant; tandis que nous nous occupons ici des travaux projetés sur l'héritage servant : mais les mêmes motifs militent, dans l'un et l'autre cas, pour forcer à prendre la précaution d'une autorisation judiciaire, lorsque le voisin refuse son consentement. Nous renvoyons donc à ce qui a été dit sur ce point, dans l'article III de ce chapitre.

§ II.

Quels changemens peuvent être faits à l'héritage servant.

Il est évident que le propriétaire de l'héritage servant n'a pas la faculté de faire, à l'objet de la servitude, des travaux qui pourraient diminuer l'avantage que retire l'héritage dominant. Le Code Napoléon, *art.* 701, défend expressément d'entreprendre sur le fonds servant, rien qui tende à diminuer l'usage du service foncier, ou qui le rende plus incommode.

Mais celui dont l'héritage est asservi peut-il faire des changemens à l'état des lieux, pourvu que la servitude puisse être pleinement exercée? La raison de douter est tirée du même article du Code; on y voit qu'il ne peut être rien changé à l'état des lieux. Ce qui décide, c'est que la loi n'entend parler que des changemens qui dérangent l'usage du service foncier. On peut donc opérer, sur l'héritage servant, les dispositions qui conviennent au propriétaire, lorsqu'elles ne préjudicient pas au droit foncier.

Au reste il faut bien considérer la nature de chaque servitude, pour distinguer les changemens qui peuvent être effectués sans nuire à son usage. Par exemple, si j'ai un droit de vue, il est évident que la construction que vous placeriez devant ma fenêtre, serait un changement préjudiciable à ma jouissance: au contraire, si j'ai le passage dans votre cour qui n'est pas pavée, et qu'il vous convienne de la rendre plus propre en la faisant paver, ce changement ne porte aucune atteinte à mon droit. Mais ce passage conduisait à la rue par le devant de la maison, et il vous plaît de lui donner une issue par le côté, de manière qu'il aboutit à une autre rue; je pourrai réclamer d'après le même texte du Code: il dit que l'on ne peut pas transporter l'exercice de la servitude dans un autre endroit que celui où elle a été primitivement assignée. Pareillement, les eaux d'une maison s'écoulent par droit de servitude sur un autre fonds, au travers d'un mur de séparation; le propriétaire de ce fonds, quoique maître également du mur, ne pourrait pas à son gré fermer l'ouverture faite pour recevoir les eaux, ni leur ouvrir une issue dans une autre place.

Néanmoins, suivant le Code, *art.* 701, § 3, si l'assignation primitive de la place où s'exerce la servitude, était devenue plus onéreuse au propriétaire du fonds asservi, ou si elle l'empêchait de faire des réparations avantageuses, il pourrait offrir au propriétaire de l'héritage dominant, un autre endroit aussi commode pour l'exercice de la charge foncière, et celui-ci ne pourrait pas le refuser.

Pour que le changement dont il s'agit ici puisse être effectué, il faut, d'abord, que la servitude soit devenue plus onéreuse. Par conséquent, le caprice du propriétaire de l'héritage servant ne serait pas un motif valable, pour l'autoriser à offrir de changer la place où s'exerce la servitude; il doit prouver que la charge foncière est augmentée : le cas arrive, par exemple, lorsqu'elle empêche de faire des améliorations sur l'héritage servant.

En second lieu, il ne suffit pas que la servitude soit devenue plus onéreuse à celui qui la doit, il ne lui sera pas permis de changer de place si l'endroit où il propose d'en transporter l'usage, n'est pas aussi commode pour le propriétaire de l'héritage dominant. On ne force celui-ci à consentir au changement, que quand sa jouissance n'en est point altérée; autrement, quelqu'onéreuse que soit devenue la servitude, l'endroit où elle est exercée ne doit pas varier.

Pour l'utilité d'une maison qui vous appartient, vous avez acquis le droit de traverser mon bâtiment, afin de parvenir plus commodément à la rue sur laquelle il est construit. Le passage avoit d'abord son issue sous une porte cochère; mais, pour opérer des améliorations qui me promettent des avantages, ce dessous de porte est destiné à former un magasin : en conséquence, je propose de porter sur la gauche, le passage qui était sur la droite. Un pareil changement sera autorisé, parce que le passage ne sera pas moins commode dans le nouvel emplacement, que dans l'ancien. Mais, si le passage était originairement couvert, et que j'en offrisse un autre sans couverture, le maître de l'héritage dominant ne serait pas tenu de consentir au changement, parce que la servitude lui deviendrait évidemment moins utile.

Il est bon de rappeller ici que quand on parle de l'héritage servant, on entend seulement la portion du sol sur laquelle s'exerce la servitude, et non pas la totalité du domaine dont cette portion du sol est une dépendance. Delà il suit que, le propriétaire de l'héritage servant peut faire chez lui, sans le consentement de son voisin, toutes sortes de travaux concernant les parties de son domaine, qui ne sont pas assujéties à la servitude; il est libre de séparer ces mêmes parties qui ne servent pas à l'exercice du droit foncier, il peut même détruire les constructions qui s'y trouvent; en un mot, il est le maître d'en disposer comme il lui plait, sans que le voisin puisse s'en plaindre.

CHAPITRE VI.

COMMENT S'ÉTEIGNENT LES SERVITUDES.

POUR l'établissement des servitudes, il faut considérer celles qui naissent de l'état naturel des lieux, ou de la nécessité du voisinage; elles ne tiennent leur existence que de la loi. A l'égard des servitudes volontaires, elles s'établissent toutes par des titres, émanés des parties intéressées, ou de leurs auteurs. Pour savoir si la possession de trente ans peut acquérir le droit d'exercer une servitude, on a distingué celles qui sont tout à la fois continues et apparentes, et celles qui ne réunissent pas ces deux qualités. Les services fonciers de la première espèce sont les seuls qui puissent s'obtenir par prescription; quant aux autres, sans aucune exception, on ne les établit jamais sans titre, eût-on une possession immémoriale. Tels sont les principes qui ont été expliqués au chapitre quatre de cette première partie.

Il n'est besoin au contraire d'aucune distinction, pour connaître la manière dont s'éteignent les servitudes. De quelqu'espèce qu'elles soient, nécessaires ou volontaires, continues ou discontinues, apparentes ou non apparentes, toutes généralement cessent d'exister de quatre manières : 1°. par titres; 2°. par destruction; 3°. par confusion; 4°. par prescription. Nous traiterons ces divers modes d'extinction des servitudes dans les quatres articles suivans.

ARTICLE PREMIER.

Comment les servitudes s'éteignent par titre.

Dans un premier paragraphe, on verra quelles sont les servitudes qui peuvent s'éteindre par titre ; et dans un second, par qui l'extinction par titre doit être consentie.

§ Ier.

Quelles servitudes s'éteignent par titre.

On sent bien que si deux propriétaires ont pu convenir d'une servitude sur un fonds, pour l'utilité d'un autre fonds, ils ont également le droit de consentir l'extinction du droit qu'ils ont créé : la servitude volontaire est un véritable contrat, qui peut être dissous par ceux qui l'ont formé.

Il en est de même de l'extinction des servitudes nécessaires, soit naturelles, soit légales ; ceux à qui elles sont dues peuvent en faire la remise par titre. On parle ici seulement des servitudes nécessaires qui n'intéressent que les particuliers ; car aucune convention faite entre deux voisins, ne peut éteindre les servitudes qui sont établies pour l'ordre et la sûreté publique.

On trouve l'exemple d'une servitude naturelle, éteinte par la volonté de ceux qu'elle intéresse, lorsque le sol de votre héritage est naturellement plus élevé que le mien : les eaux qui vous viennent, ou de la pluie, ou d'une source, passent nécessairement sur mon fonds ; et je suis forcé de les recevoir, par le seul effet de la situation des lieux. Mais nous pouvons convenir qu'il me sera libre d'employer tous mes moyens, pour empêcher les mêmes eaux de pénétrer sur ma propriété ; sauf à prendre par vous les précautions nécessaires pour les perdre, soit dans des puisards, soit autrement. Vous pourriez aussi vous obliger à me préserver du passage des eaux : dans l'un et l'autre cas, ce serait une vraie servitude volontaire, qui serait imposée sur votre héritage pour l'utilité du mien.

Ces conventions n'ont rien de contraire au droit : il est permis à chacun de renoncer aux avantages que son fonds a reçu de la nature. Quel qu'il soit, l'arrangement fait entre les deux propriétaires éteindra la servitude naturelle, qui fera place à une servitude volontaire : en sorte que ce qui concerne les eaux des deux fonds, ne sera plus réglé selon les principes qui conviennent aux services fonciers établis par la nature; on se conformera à l'arrangement conclu entre les deux propriétaires.

Dans cet exemple, on suppose que les eaux qu'il s'agit d'empêcher de suivre leur pente naturelle, ne sont pas utiles à d'autres propriétés situées à la suite de la mienne; car, si je n'étais pas le seul à qui les eaux supérieures fussent destinées, je ne pourrais pas faire avec vous une convention, dont l'effet serait de retenir les eaux sur votre terrain, sans le consentement de tous les intéressés. En effet, la situation naturelle des lieux n'établirait pas une servitude uniquement entre vous et moi, elle serait commune à tous les propriétaires inférieurs : il faudrait donc leur concours pour l'éteindre ou la modifier.

On fera les mêmes raisonnemens à l'égard des servitudes légales : elles sont établies par la nécessité d'accorder deux voisins, dans certaines circonstances où ils se trouvent respectivement, sans avoir fait de convention. Si, ensuite, ils règlent leurs intérêts, autrement que la loi ne l'a fait, leur traité sera valable.

Par exemple, on sait que la loi ne permet pas d'ouvrir une vue d'aspect dans un mur, s'il n'est pas au moins à six pieds de distance de l'héritage voisin : cette servitude légale peut être éteinte, si les deux propriétaires conviennent que cette sorte de vue existera, quoiqu'il n'y ait que trois pieds depuis le mur jusqu'à la ligne de séparation du fonds contigu. Pareillement, une vue droite placée à la distance convenable peut être condamnée, si les deux propriétaires intéressés en conviennent. Dans ces deux cas, le droit de vue sera réglé par le titre de la servitude volontaire, qui aura pris la place de la servitude légale.

Ces deux exemples suffisent pour faire voir comment les servitudes nécessaires, soit naturelles, soit légales, peuvent s'éteindre par titre, aussi bien que les servitudes volontaires.

§ II.

Par qui l'extinction par titre doit être consentie?

L'extinction d'une servitude doit être consentie, par le maître de l'héritage auquel est utile le service foncier; lui seul peut disposer d'un pareil droit qui fait partie de sa propriété. On peut voir sur cet objet, ce qui a été dit dans l'article II du chapitre IV: on y explique par qui les servitudes volontaires peuvent être établies; c'est avec les mêmes principes qu'on détermine par le consentement de qui elles peuvent s'éteindre volontairement.

De ces principes, que nous ne répéterons pas ici, il résulte que si l'héritage dominant appartient à plusieurs personnes, celles qui n'ont pas adhéré à la libération conservent la faculté de faire usage du droit entier; car il ne cesse pas d'exister, tant que la totalité des propriétaires de ce droit n'ont pas consenti à son extinction. Il est, en effet, de la nature des servitudes d'être indivisibles; elles ne peuvent donc pas perdre leur existence pour une partie seulement: *Nec acquiri libertas, nec remitti servitus per partem potest.* L. 34, ff. *de serv. præd. rust.*

Néanmoins celui des propriétaires de l'héritage dominant, qui aurait consenti à l'extinction de la servitude, serait non recevable à réclamer le service foncier, tant que les autres ne demanderaient pas à en faire usage. Mais un seul de ceux qui n'ont pas adhéré à l'extinction vient-il à réclamer? Tous les propriétaires, même celui qui avait fait la convention, rentrent dans l'exercice de la servitude, puisqu'elle subsiste dans son intégrité.

On demande si, en pareil cas, le débiteur de la servitude a un recours contre celui qui avait stipulé l'extinction. La réponse est négative, à moins que ce dernier ne se soit obligé à fournir l'adhésion de ses co-propriétaires : mais, s'il a donné son consentement sans promettre celui des autres intéressés, c'est au débiteur à se le procurer. La personne avec qui il a traité, est censée n'avoir accordé la remise de la servitude, que sous cette condition tacite ; si elle n'est pas remplie, l'engagement est sans effet.

Lorsque l'héritage assujéti appartient à plusieurs propriétaires, l'extinction volontaire du service foncier est-elle effectuée, quoique tous n'aient pas concouru à la libération ? Cette question se décide différemment, selon la nature de l'acte qui contient la remise de la servitude.

Si la convention intervenue à ce sujet, impose aux propriétaires de l'héritage servant, une obligation qui ne peut être remplie que par le consentement de tous, il n'est pas douteux que le propriétaire de l'héritage dominant pourra continuer d'exercer son droit, tant que tous ceux qui le doivent n'auront pas adhéré à l'extinction. Par exemple, si, pour prix de la remise de la servitude, il a été demandé la cession d'une pièce de terre faisant partie de l'héritage servant ; cette cession ne pouvant avoir lieu, sans le consentement de tous ceux à qui la pièce de terre appartient, il est évident que la servitude ne sera pas éteinte, tant que tous les propriétaires de l'héritage servant n'y auront pas consenti.

Mais, il en est autrement, si le prix de la libération est une chose qu'un seul peut donner. Par exemple, si, par le titre qui établit la servitude, il a été convenu qu'elle pourrait être rachetée moyennant telle somme, la charge foncière sera éteinte aussitôt que l'argent aura été payé, même par un seul des propriétaires : celui-ci aura en suite son recours contre les autres intéressés, pour se faire rembourser de leurs parts dans le prix de l'affranchissement.

Que déciderait-on si le titre constitutif du service foncier, ne prévoyant pas l'extinction, un des propriétaires de l'héritage servant avait stipulé la libération, et en avait payé un prix consenti par lui seul ?

Il est évident que celui à qui la servitude était due ne peut plus y prétendre, puisqu'il a reçu le prix dont il est convenu pour la remise du droit. A l'égard de ceux d'entre les débiteurs de la servitude qui n'ont pas adhéré, ils peuvent sans doute soutenir que le prix donné est trop considérable; mais ils ne sont pas fondés à dire qu'il leur convient mieux de souffrir la servitude, parce que tous copropriétaire a le droit d'opérer l'affranchissement de l'objet indivis. Il ne reste donc à régler entre eux, que la manière dont chacun tiendra compte de sa part dans le prix de la libération, à celui qui en a fait l'avance : une pareille contestation se décide d'après les circonstances, et selon les règles de l'équité. Observez que le maître du fonds dominant, est étranger à cette discussion.

Au reste, dans les cas où le concours de tous les propriétaires de l'héritage servant est essentiel à l'extinction du service foncier, il n'est pas nécessaire que leur consentement intervienne dans le même acte ; la libération stipulée par un seul d'entre eux sera valable dès que les autres l'auront ratifiée, ce qu'ils peuvent faire successivement. On peut dire la même chose concernant le consentement des propriétaires de l'héritage dominant, chacun peut adhérer à l'extinction de la servitude par un acte séparé; mais ce sera seulement à compter du jour où toutes les adhésions se trouveront fournies, que la servitude sera éteinte.

On demande ce qui arriverait dans le cas où le cahier des charges, pour la vente d'un immeuble en justice, ometterait d'énoncer une servitude dont il se trouve grevé. L'adjudication définitive serait-elle un titre suffisant pour éteindre le droit foncier?

On convient que si la servitude est continue et apparente, elle ne cesse pas de subsister, parce qu'étant un accessoire que l'adjudicataire n'a pas dû ignorer, il était inutile d'en faire mention dans le cahier des charges. Mais, si la servitude est discontinue, soit apparente, soit non apparente, ne peut-on pas dire que l'adjudicataire n'en ayant pas eu connaissance, il n'est pas tenu du service foncier?

Autrefois les servitudes volontaires qui n'étaient pas apparentes, étaient purgées par le *décret :* on appelait ainsi la procédure concernant la vente judiciaire des immeubles. Pour que le droit foncier ne fût pas éteint, il fallait l'énoncer dans le cahier des charges : celui à qui la servitude était due avait soin d'exiger cette énonciation; et si elle était omise, il avait la faculté, pour la réclamer, de former une opposition à fin de charge; en négligeant de se pourvoir, il perdait son droit.

Aujourd'hui ni l'expropriation forcée, ni toute autre manière de vendre les immeubles judiciairement, ne purge les charges réelles. Cette vérité a été établie en principe, dans l'*art.* 731 du Code de procédure civile : on y voit textuellement que l'adjudication faite d'un immeuble, par suite d'une expropriation forcée, ne transmet à l'adjudicataire d'autres droits de propriété, que ceux qu'avait la partie saisie. Si donc l'objet adjugé est grevé d'une servitude, l'adjudicataire est tenu de la souffrir, comme la souffrait la personne à qui l'immeuble appartenait. Il est vrai que l'adjudicataire, en demontrant qu'il n'aurait pas acquis s'il avait connu la servitude, pourrait demander la nullité de son adjudication. S'il voulait pourtant la conserver, il aurait son recours contre le précédent propriétaire; c'est-à-dire, en cas d'expropriation forcée, contre la partie saisie : il en exigerait l'indemnité résultant de ce que l'immeuble vaut moins, que s'il n'était pas assujéti à la servitude.

ARTICLE II.

Comment les Servitudes s'éteignent par destruction.

Cet article se divise en trois paragraphes, où on verra, 1°. quelle espèce de destruction éteint les servitudes; 2°. si une servitude éteinte par destruction peut être rétablie; 3°. si le rétablissement d'une servitude est possible, lorsque la destruction qui l'a éteinte a duré plus de trente ans.

§ Ier.

Quelle espèce de destruction éteint les Servitudes.

Il est de l'essence d'une servitude, qu'il y ait un fonds asservi à un autre fonds : si donc l'un des deux vient à être détruit, le service foncier cesse d'être exigible, parce qu'il ne peut pas y avoir d'héritage débiteur, si l'héritage créancier est détruit; et respectivement il n'est plus rien dû à un héritage, lorsque le fonds débiteur n'existe plus.

Peu importe que la servitude soit nécessaire, c'est-à-dire, naturelle ou légale, ou bien qu'elle soit volontaire; car de quelque espèce qu'on la suppose, il y a essentiellement un héritage dominant et un héritage servant: par conséquent lorsque l'un ou l'autre est détruit, le service foncier ne peut plus subsister.

Cette destruction qui fait cesser la servitude, s'entend non seulement d'un anéantissement total, tel que celui qui résulte d'un tremblement de terre, d'une inondation, d'un incendie; mais encore de tout changement survenu, soit au fonds dominant, soit au fonds servant, et qui ne permet plus l'usage de la servitude. *Cod. Napol., art.* 703.

Ainsi, à la suite de mon jardin j'ai un pré bordé par une rivière, qui en emporte une portion chaque année; en vertu d'un titre valable, la faculté de passer dans ce même pré vous est due, pour l'utilité de vos vignes situées sur le coteau voisin. Lorsque les eaux auront totalement pris la place de mon pré, votre droit de passage sera éteint par destruction, puisque l'objet assujéti à la servitude aura cessé d'exister: par conséquent, je ne serai pas tenu de vous accorder le passage dans un autre endroit de mon héritage, à moins que le titre ne m'y oblige expressément.

Si c'est moi qui ai le droit de passage sur votre fonds, pour faciliter le transport du foin recueilli dans mon pré, la servitude sera également éteinte par l'anéantissement de ce pré, lorsqu'il sera occupé entièremen tpar le lit de la rivière.

Dans ces deux cas, la destruction est entière: dans le premier, c'est l'héritage servant qui périt; dans le second, c'est l'héritage dominant qui cesse d'exister; et dans l'un comme dans l'autre la servitude est éteinte.

Un fonds est assujéti à ne recevoir aucune construction, capable d'obstacler la vue de prospect du voisin; la partie de ce fonds la plus rapprochée des fenêtres de ce voisin, est acquise par l'autorité pour un établissement public qui intercepte la vue. La servitude alors se trouve éteinte par destruction, quoique le fonds qui y était assujéti ne soit pas anéanti : il suffit que le changement survenu ait rendu impossible l'exercice du droit foncier.

Dans cet exemple, c'est sur le fonds servant que se fait le changement ; s'il était arrivé du côté de l'héritage dominant, l'effet serait le même. L'établissement public étant placé sur une portion du fonds dominant, de manière à priver de la vue les autres portions, le fonds servant devient libre : on pourra donc élever des constructions sur les terrains qui se trouvaient soumis à la servitude avant l'évènement qui en opère l'extinction.

Mon pressoir est assujéti à recevoir la récolte de vos vignes, pour les façons de votre vin ; vous plantez un bois à la place de vos vignes : il est évident que le droit de pressurage est éteint par la destruction des vignes. Ce n'était pas à la totalité de votre domaine qu'était dû le service foncier, mais seulement aux vignes que vous y possédiez.

Si ce changement était arrivé à mon pressoir ; par exemple, si le feu du ciel l'avait incendié, la servitude se trouverait éteinte également par destruction.

Remarquez que le changement qui arrive du côté de l'héritage dominant, peut être l'effet de la volonté du propriétaire ; comme dans l'espèce précédente, lorsqu'il arrache sa vigne pour la remplacer par un bois. Il n'en est pas de même à l'égard du propriétaire de l'héritage servant ; il n'a pas le droit d'opérer volontairement un changement qui empêche l'usage de la servitude : il ne la voit donc pas s'éteindre par destruction arrivée de son côté, si ce n'est quand l'évènement ne peut pas lui être attribué. Si donc mon pressoir, sur lequel est due une servitude à votre vigne, avait été détruit par ma faute, je serais personnellement responsable de vos dommages-intérêts, et vous auriez droit de me forcer à le rétablir. La raison de cette différence est que celui à qui un service foncier est dû, peut en faire usage, ou y renoncer, quand il lui plaît ; c'est une propriété dont il dispose arbitrairement : au contraire, la servitude n'appartient pas au propriétaire de l'héritage asservi ; il ne doit donc rien faire qui puisse en altérer l'exercice.

De même que le droit à une servitude s'étend aux accessoires, sans lesquels il ne serait pas possible d'en faire usage ; de même, lorsque l'objet principal du service foncier est détruit, ce qui n'en était que l'accessoire devient libre, quoique n'ayant reçu aucune atteinte. Par exemple, la faculté de prendre de l'eau dans un puits, suppose essentiellement le droit de passer pour arriver à ce puits : or, si, par l'effet d'une force majeure, il s'opère un tel changement que le puits n'existe plus, certainement le droit de passage sera éteint avec la servitude dont il n'était que l'accessoire. En supposant que le puits ait été détruit par le fait du propriétaire de l'héritage dominant, la servitude n'en est pas moins éteinte : par conséquent le droit de passage pour arriver à ce puits, n'étant qu'accessoire du service foncier, est également supprimé.

§ II.

Si une Servitude éteinte par destruction peut être rétablie.

Quand la destruction du fonds dominant, ou du fonds servant, est la suite d'un accord entre les parties, c'est le cas de l'extinction par consentement mutuel. On suit alors ce qui est réglé dans la convention ; en sorte que le service foncier pourrait n'être éteint que pour un tems limité, ou sous une condition quelconque : mais, si la destruction était convenue simplement et sans réserve, la servitude serait éteinte définitivement et pour toujours.

Il n'en est pas de même lorsque la destruction ou le changement, soit de l'héritage dominant, soit de l'héritage servant, arrive sans convention entre les deux voisins : la servitude n'est éteinte que pour le tems que dure l'état de destruction ; et elle reprend toute sa force, lorsque les choses sont rétablies de manière que l'exercice du droit puisse avoir lieu. *Cod. Nap., art.* 704.

Appliquons cette disposition, aux différentes espèces proposées dans le paragraphe précédent. La première suppose qu'un pré a été couvert par la rivière ; si les eaux se retirent, le droit de passage reprendra son activité, soit que le terrain qui avait été submergé forme l'héritage dominant, soit qu'il constitue l'héritage servant.

Dans le second exemple, si l'édifice public qui intercepte la vue de prospect venait à être détruit, l'héritage asservi originairement à cette vue retomberait dans le même assujétissement. On suppose pourtant que la destruction de l'édifice intermédiaire n'est pas accidentelle; car, s'il devait être rétabli des constructions sur le même emplacement, la vue ne se trouverait libre que momentanément : le maître du fonds dominant ne pourrait donc pas exiger, pour si peu de tems, la destruction des objets élevés sur le fonds servant.

Le même principe s'applique facilement au cas où vos vignes ont droit de pressurage; si vous les arrachées pour les mettre, ou en terre labourable, ou en pré, ou en bois, et que par la suite il vous convienne de replanter le même terrain en vignes, mon pressoir reprendra la charge dont il avait été libéré, tant que le fonds dominant n'a pas eu de vignes. Pareillement, si c'est mon pressoir qui a été détruit par vétusté, ou par tout autre accident, il deviendra sujet à la servitude aussitôt qu'il sera rétabli. On demande si je puis être forcé à le reconstruire? On distingue si le titre me charge de tenir un pressoir en état de vous servir; avec une pareille stipulation, il n'est pas douteux que je suis tenu de rétablir mon pressoir, quand il a été détruit. S'il est dit simplement que vous aurez la faculté de vous servir de mon pressoir, assurément je ne pourrai rien faire qui en accélère le dépérissement; mais aussi je ne serai pas obligé de l'entretenir, ni de le rétablir en cas de destruction. Alors vous êtes autorisé à faire, malgré moi, les dépenses de réparations et de reconstruction, si vous voulez tenir les choses dans l'état convenable à la servitude. *Cod. Nap., art.* 698.

§ III.

Si la Servitude peut être rétablie quand la destruction a duré plus de trente ans.

Dans tous les tems une servitude s'est éteinte, quand celui à qui elle est due a cessé d'en faire usage, pendant le nombre d'années nécessaire à la prescription : ce mode d'extinction sera traité dans un des articles suivans. Ce qu'il convient de rappeller ici, est une question long-tems agitée : elle se présentait, lorsque le non-usage de la servitude résultait d'une destruction, qui n'était pas le fait du propriétaire de l'héritage dominant : on demandait si le tems de la prescription pouvait lui être opposé. Pour la négative on s'appuiait sur la maxime *contra non valentem, non currit præscriptio*, et plus particulièrement sur un texte romain. L. 34 et 35, ff. *de servit. præd. rust.* Ceux qui voulaient, au contraire, que la prescription eût lieu dans l'espèce proposée, invoquaient la faveur due à la liberté, et se fondaient sur un autre texte romain. L. 6, ff. *si servit. vendic.*

Le Code Napoléon a tranché la difficulté, en décidant conformément à cette dernière opinion. Il dit en effet dans son *art.* 704, que les servitudes revivent après la destruction, si les choses sont rétablies de manière qu'on puisse en user, à moins qu'il ne se soit écoulé assez de tems pour opérer la prescription de la manière que l'ordonne l'*art.* 707 : c'est-à-dire, que s'il s'agit d'une servitude discontinue, la cessation du service pendant trente ans, depuis la destruction, opère la liberté du fonds asservi ; tandis que, si la servitude est continue, le tems de la prescription ne court, que du jour où le maître de l'héritage servant a fait un acte contraire au droit de son voisin.

De là il suit que celui qui, même par un évènement dont il n'est pas l'auteur, perd l'usage de la servitude, ne peut pas se dire hors d'état d'agir ; il n'est pas de ceux que la loi appelle *non valentes*. Il est bien vrai qu'il n'a pas la faculté de faire usage de la charge foncière, lorsqu'elle est impossible à exercer ; mais il lui reste le moyen de faire des actes conservatoires, capables d'arrêter le cours de la prescription. Or, quand il néglige pendant trente ans de rappeler qu'il lui est dû un droit foncier, dont il entend se servir dès qu'il en aura la possibilité, on présume qu'il en a consenti l'abandon.

Un commentateur du Code Napoléon ne veut pas qu'on puisse acquérir la liberté de l'héritage servant par la prescription, tant que le maître de l'héritage dominant est réduit à l'impossibilité de faire usage de la servitude : il prétend qu'il ne faut pas s'arrêter au sens que présente d'abord la disposition de la loi. Suivant lui, la cause qui a suspendu l'exercice du droit foncier ayant cessé, ce droit reprend son activité, à moins que déjà la prescription ne fût accomplie à l'époque où le changement des lieux est survenu.

Cette opinion nous paraît erronnée ; elle suppose que la loi dit une chose inutile. Etait-il besoin en effet de décider, qu'une servitude déjà prescrite lorsqu'arrive la destruction, ne peut plus revivre, même quand l'état des choses est ensuite rétabli ? Il suffisait d'avoir posé en principe dans l'*art.* 706, que les servitudes s'éteignent par le non usage pendant trente ans, et d'avoir expliqué dans l'*art.* 707, de quel jour doit courir cette prescription. Il paraît donc au contraire très-évident, que l'*art.* 704 parle précisément du cas où, depuis la destruction, l'usage de la servitude est resté impossible pendant le tems nécessaire à la prescription : la loi veut alors que le service foncier soit éteint. A la vérité le maître du fonds dominant cesse de jouir, par un évènement dont il n'est pas cause ; mais il peut faire des actes conservatoires pour interrompre la prescription. S'il garde le silence pendant trente ans, à compter du jour de la cessation du service lorsqu'il s'agit d'une servitude discontinue, et à compter du jour où le voisin a fait un acte contraire à la servitude si elle est continue, le propriétaire de l'héritage dominant est présumé avoir consenti l'extinction de son droit : il ne peut donc plus l'exercer, quoique l'ancien état des lieux soit établi.

ARTICLE III.

Comment les servitudes s'éteignent par confusion.

Trois paragraphes divisent cet article ; on verra dans le premier, quand il y a lieu à la confusion ; on examinera dans le second, quelles portions des deux héritages doivent être réunies, pour opérer la confusion ; le troisième parlera du cas où le maître de l'un des deux fonds, succède au propriétaire de l'autre fonds.

§ Ier.

Quand a lieu la confusion.

Ce n'est pas assez qu'il y ait un héritage asservi à un autre héritage; il n'y a point de servitude, si les deux fonds n'appartiennent pas à deux maîtres différens. On a parlé au chapitre II, de cette condition, comme formant un des caractères essentiels de toute servitude prédiale; car il répugne qu'on puisse se devoir un droit à soi-même: *Nemo ipse sibi servitutem debet.* L. 10, ff. *comm. præd.* Sans doute que tout propriétaire peut imposer une charge à un de ses héritages, pour l'utilité d'un autre héritage qui lui appartient; mais cet état de deux fonds ne constitue pas une servitude: c'est simplement destination de père de famille. Il en peut résulter par la suite le titre d'une servitude; pour cela, il faut que les deux fonds cessent d'appartenir au même propriétaire. Cette matière a été suffisamment expliquée au chapitre IV, article III, § III.

Puisqu'il n'y a pas servitude entre deux fonds, lorsqu'ils appartiennent au même maître, il résulte nécessairement que toute servitude est éteinte, quand les deux héritages, entre lesquels elle était établie, passent dans la propriété de la même personne. *Cod. Napol.*, *art.* 705. Cette décision s'applique aux servitudes nécessaires, aussi bien qu'à celles établies volontairement, parce qu'elle est fondée sur l'essence même de toute servitude réelle.

Cette réunion des deux héritages dans le domaine du même propriétaire, éteint le service foncier, sans distinguer si elle arrive à titre onéreux, ou à titre gratuit; ni si c'est le propriétaire de l'héritage dominant qui acquiert l'héritage servant, ou si c'est le propriétaire de l'héritage servant qui devient maître de l'héritage dominant: dans les deux cas, la confusion est opérée.

Pour qu'il y ait confusion, il faut qu'elle se fasse à titre de propriété; car, si le propriétaire de l'un des héritages devenait possesseur de l'autre en qualité de fermier, par exemple, ou d'usufruitier, la servitude ne cesserait pas d'exister. En effet, la possession que l'on obtient à titre précaire, est exercée au nom du véritable propriétaire : par conséquent, les deux fonds, quoique possédés pour un tems par la même personne, n'en appartiennent pas moins à deux maîtres différens.

Ainsi, la servitude établie sur l'héritage d'une personne qui épouse le propriétaire de l'héritage dominant, n'est point éteinte; parce que le mariage n'opère aucune confusion de propriété. L'exercice de la servitude est suspendu, il est vrai, pendant le mariage; c'est-à-dire, qu'il ne pourrait pas y avoir d'action formée en justice entre les deux époux, pour raison de cette servitude : mais après le mariage, elle reprend toute son activité. L. 7, ff. *de fundo dotali.*

Si le propriétaire de l'un des héritages n'acquérait qu'une portion de l'autre, la servitude serait-elle éteinte? Non, parce que la confusion ne serait pas entière, et que la portion non acquise continuerait d'être l'objet du service foncier. En effet, il est de principe qu'une servitude est indivisible, et qu'elle ne peut être, ni exigée, ni soufferte pour partie : par conséquent, quelque petite que soit la portion non comprise dans l'acquisition, la servitude ne cesse pas de subsister entière à l'égard de ce qui n'a pas été réuni. L. 30, § 1, ff. *de servit. urb. præd.*

Par exemple, le propriétaire d'un fonds assujéti à un droit de passage, achète la moitié du fonds pour lequel ce service foncier a été établi; il doit en souffrir l'exercice, pour l'utilité de l'autre moitié qu'il n'a pas acquise. Pareillement, si c'était le propriétaire du fonds dominant qui eût acheté la moitié de l'héritage servant, il conserverait son droit entier sur la portion de terrain qui y est affectée, et dont il n'a pas fait l'acquisition; car le propriétaire débiteur n'a pas pu être libéré pour portion, d'un droit indivisible.

Observez que la confusion opérée en vertu d'un titre qui, par la suite, est annullé, n'a pas éteint la servitude; car ce qui est nul, ne produit aucun effet. Ainsi, le propriétaire de l'héritage servant achète l'héritage dominant; et postérieurement il est évincé de son acquisition, parce qu'il la tient de quelqu'un qui n'avait aucun droit à cet immeuble. Le véritable propriétaire, en rentrant dans son bien, par l'effet de l'éviction, pourra exercer la servitude; car la confusion n'était qu'une conséquence de l'acquisition : or, celle-ci étant considérée comme n'ayant jamais existé, il en est de même de ses effets; par conséquent la confusion n'a pas eu lieu, et la servitude n'est pas éteinte.

Pareillement, si le propriétaire de l'héritage dominant avait acquis l'héritage servant, et qu'ensuite il en eût été évincé, la nullité de l'acquisition entraînerait la nullité de la confusion : en conséquence, ce propriétaire pourrait réclamer son droit de servitude, le fonds dont il n'a plus la possession n'ayant pas été libéré.

Ce que nous disons de l'éviction, s'applique à tous les cas où le titre, en vertu duquel un des deux héritages a été acquis, vient à se résoudre. A l'exemple qu'on a donné, on peut ajouter celui d'une surenchère qu'éprouve l'acquéreur, de la part d'un créancier inscrit hypothécairement. Si, par l'adjudication qui suit la surenchère, l'immeuble ne lui reste pas, la confusion n'a pas été opérée; il est considéré comme n'ayant jamais eu de droit sur l'objet adjugé.

L'effet de la confusion étant d'éteindre la servitude, le propriétaire qui réunit les deux héritages peut changer l'état des lieux, ou le laisser subsister, selon sa volonté. Dans le cas où, sans opérer aucun changement, il continue de tirer avantage d'un de ses fonds pour l'utilité de l'autre, ce qui était servitude n'est plus que destination du père de famille. Pour qu'il en résultât un droit foncier, il faudrait que les circonstances expliquées au chapitre IV, art. III, § III, se présentassent : c'est-à-dire, que cette destination du père de famille serait un titre de servitude, si les deux héritages réunis cessaient d'appartenir au même propriétaire; et si le service tiré de l'un, pour l'utilité de l'autre, était apparent et continu.

Ainsi, un droit de passage est dû sur un fonds qu'achète le propriétaire de l'héritage dominant; il ne change rien à l'état des lieux, et peu de tems après il revend l'héritage asservi, sans parler de la servitude : il ne pourra pas exiger que l'usage lui en soit conservé. En effet, la confusion avait éteint la servitude; et, comme elle n'est pas à la fois continue et apparente, la simple destination du père de famille n'a pas suffi pour l'établir; il aurait fallu qu'elle eût été indiquée par une clause formelle, dans l'acte de vente.

On déciderait de même si le propriétaire, au lieu de revendre sa nouvelle acquisition, aliénait l'héritage auquel était dû le service foncier : faute d'une convention expresse dans le contrat, ce droit ne pourrait pas être exigé par l'acquéreur; parce que la destination du père de famille n'est pas un titre suffisant, pour créer une servitude qui est discontinue, ou non apparente.

§ II.

Quelles portions des deux héritages doivent être réunies, pour opérer la confusion.

Quand on dit que toutes les parties de l'héritage assujéti, doivent la servitude entière, on suppose que tout le domaine est indéfiniment soumis au droit foncier : mais, si une seule portion du domaine était affectée à la servitude, il faudrait considérer cette portion unique, comme formant toute seule l'héritage servant. Par conséquent, la réunion de cette seule portion au fonds dominant, opérerait la confusion, et éteindrait la servitude.

Supposons donc que vous ayez droit de passer, non pas sur la totalité de mon domaine, mais seulement par le verger qui termine mon jardin; par la suite je vous vends ce même verger, et je reste en possession du reste de mon jardin. Certainement la confusion est entière; car la totalité de l'objet assujéti au service foncier, est devenue votre propriété. Avant votre acquisition, vous n'aviez pas de droit sur le reste de mon domaine; après vous avoir vendu le seul objet asservi, ma propriété n'est plus redevable envers la vôtre, et la servitude s'est éteinte par la confusion.

On raisonnerait de même dans le sens inverse; c'est-à-dire, si la seule portion de domaine, à laquelle est due la servitude, était acquise par le propriétaire du fonds servant.

Par exemple, je ne dois le passage par mon verger, que pour faciliter l'exploitation de votre vigne; par la suite, je fais l'acquisition de cette même vigne: le seul objet sur lequel a été établie la servitude, se trouvant, par ce moyen, réuni avec le fonds qui la devait, la confusion est complète. Vous ne pourriez plus réclamer l'exercice du droit foncier, pour la portion qui vous reste de votre domaine; parce que l'héritage dominant, dans cette espèce, était uniquement la vigne que vous m'avez vendue, et non pas la totalité de votre domaine. La confusion s'est donc entièrement opérée par mon acquisition; ce qui a éteint de plein droit la servitude.

Si un tiers acquérait de vous la vigne à laquelle est dû le passage, et que je vendisse à la même personne mon verger, qui est l'objet assujéti à ce droit foncier; l'héritage dominant et l'héritage servant se trouveraient réunis, sous la main d'un seul propriétaire. Delà, il suit que la servitude serait éteinte; l'acquéreur ferait des deux objets ce qui lui serait convenable; et ce qui m'est resté de mon domaine, ne devrait plus le droit foncier à la portion de domaine que vous auriez conservée.

§ III.

Du cas où le propriétaire de l'un des deux fonds succède au maître de l'autre fonds.

Un propriétaire jouit d'une servitude établie sur une maison appartenant à une personne qui décède, et dont il est héritier pour partie; la servitude n'est pas éteinte, attendu que, n'étant pas seul héritier, la confusion n'est pas complète: en conséquence, le service foncier lui est dû tout entier, puisqu'un pareil droit n'est pas divisible. La même décision aurait lieu, si le défunt avait laissé dans sa succession l'héritage dominant, et si, parmi ses héritiers, se trouvait le propriétaire du fonds assujéti: la confusion ne pouvant pas s'opérer pour partie, la servitude entière n'en serait pas moins exigible. Si l'héritage de la succession venait à écheoir en partage, au propriétaire de l'objet asservi, c'est alors seulement que la confusion produirait son effet.

Lorsque le propriétaire de l'héritage, soit dominant, soit servant est le seul héritier du maître de l'autre héritage, la confusion étant entière, l'extinction de la servitude s'effectue de plein droit. Observez néanmoins que la confusion n'est opérée, que quand le propriétaire à qui la succession est déférée se porte héritier; car, lorsqu'il renonce, les choses restent, à l'égard de la servitude, comme elles étaient avant le décès. Par conséquent, pendant que délibère l'appelé à succéder, et tant qu'il n'a pas pris qualité, il n'y a pas de confusion.

On doit dire la même chose, dans le cas où l'héritier n'accepte la succession que sous bénéfice d'inventaire: les deux héritages restent dans le même rapport, eu égard à la servitude; attendu qu'un des effets du bénéfice d'inventaire est d'empêcher qu'il se fasse aucune confusion, entre les droits de la succession et ceux de l'héritier bénéficiaire. Après la liquidation et le paiement des dettes de la succession, si l'héritage qui est l'objet de la servitude n'avait pas été vendu, et qu'ainsi il entrât dans la propriété de l'héritier bénéficiaire, c'est alors seulement que s'opérerait la confusion.

Si cet héritier vendait tous ses droits dans la succession dont il s'agit, la servitude serait-elle éteinte par la confusion?

La raison de douter est que celui qui vend ses droits successifs, accepte nécessairement l'hérédité; par conséquent, la confusion semble opérée, et la servitude éteinte.

On décide néanmoins, que la servitude doit revivre après la vente des droits successifs, comme s'il n'y avait pas eu de confusion. En effet, est-ce à l'héritage de la succession que la servitude est due? Il est évident que la cession de tout ce qui appartient à cette succession, comprend le droit de servitude qui en dépend. Si l'héritier profitait de la confusion, il retiendrait une portion des droits successifs qu'il a vendus, ce qu'il ne peut pas faire sans blesser la convention qu'il a faite: il est donc tenu de laisser subsister la servitude, dont il ne lui est pas permis de priver celui à qui il l'a vendue, comme étant une partie des biens de la succession.

Suppose-t-on que l'héritage du défunt était asservi à l'héritage de celui qui vend les droits successifs ? La servitude est alors une charge de la succession : or, comme l'hérédité n'appartient à celui qui l'a acquise, que déduction des charges qu'il est obligé d'acquitter, il est tenu nécessairement de tenir compte de la servitude; ce qu'il ne peut faire qu'en la laissant subsister, et en n'invoquant pas l'effet de la confusion.

Cette opinion, adoptée par Domat et par Pothier, est fondée sur les lois romaines : elles ont prononcé textuellement que, quand le propriétaire de l'héritage dominant devient héritier de celui à qui appartenait l'héritage servant, ou réciproquement, la vente des droits successifs n'éteint pas les servitudes que devait l'héritier, ou à qui elles étaient dues, avant l'addition d'hérédité. L. 9, ff. *comm. præd.* L. 2, § 19, ff. *de hæred. vel act. vend.*

ARTICLE IV.

Comment les Servitudes s'éteignent par prescription.

Cet article est divisé en huit paragraphes : on y verra successivement, 1°. comment s'opère l'affranchissement des servitudes par prescription; 2°. si les servitudes nécessaires sont sujettes à cette prescription; 3°. comment peut être interrompue cette prescription; 4°. quels changemens dans le mode des servitudes peuvent s'opérer par la prescription; 5°. de quel jour commence à courir la prescription, pour opérer des changemens dans le mode des servitudes; 6°. en quoi le mode des servitudes est différent de ce qui en constitue l'objet; 7°. ce qui concerne le cas où l'héritage dominant appartient à plusieurs personnes; 8°. ce qui concerne le cas où c'est l'héritage servant qui appartient à plusieurs personnes.

§ Ier.

Comment l'extinction d'une Servitude s'opère par la prescription.

Comme les servitudes sont contraires à la liberté avec laquelle chacun doit disposer de sa propriété, on a de tout tems interprété en faveur de l'affranchissement des fonds, le non usage des droits fonciers : on présume que celui qui est resté long-tems sans user d'une servitude, en a consenti l'extinction. Le tems nécessaire pour opérer cette sorte de prescription, était fixé par le droit romain à dix ans entre présens, et à vingt ans entre absens : mais la plupart des coutumes appliquèrent à l'extinction des servitudes, la prescription de trente ans. C'est cette disposition du droit commun de la France, que le Code Napoléon a consacré par son *art.* 706 : il y est dit que la servitude est éteinte, par le non usage pendant trente ans.

Pour bien comprendre comment s'opère l'affranchissement d'un fonds, par le non usage de la servitude, il faut distinguer si elle est continue ou discontinue. Il suffit d'avoir été trente ans sans exercer un droit foncier discontinu, soit apparent, soit non apparent, pour le perdre par l'effet de la prescription. Ainsi la faculté de passer chez le voisin, ou de puiser de l'eau à sa fontaine, ou de faire paître des bestiaux sur son terrain, ne peut plus être exercée, lorsqu'on a laissé écouler trente ans sans en faire usage.

A l'égard des servitudes continues, tant les apparentes que les non apparentes, le tems du non usage ne commence que du jour où il a été fait quelque chose qui leur est contraire : si l'on est trente ans sans réclamer contre ce qui tend à détruire une servitude de cette espèce, c'est alors seulement que l'extinction en est opérée, par le laps du tems que la loi a déterminé. En effet tant qu'une fenêtre existe dans un mur mitoyen, tant que les eaux d'un héritage coulent sur l'héritage voisin, tant qu'il n'est rien construit ou rien planté sur un terrain assujéti au droit de vue, on ne peut pas présumer que le maître de l'héritage dominant ait jamais consenti à l'extinction de pareilles servitudes; on voit au contraire un exercice non interrompu de son droit foncier, et par conséquent une volonté continuelle d'en maintenir l'existence. Mais, si le propriétaire de la fenêtre la fait boucher en maçonnerie, ou si le voisin adosse une construction contre le mur mitoyen, à l'endroit de la fenêtre, si le cours des eaux est obstaclé, s'il est élevé une construction sur le terrain en simple culture, voilà des faits contraires à la servitude; c'est depuis leur époque seulement que le propriétaire de l'héritage dominant commence le non usage de son droit : si donc il reste trente ans dans cet état, il est présumé avoir consenti à l'extinction de la servitude. Ces décisions sont écrites dans l'*art.* 707 du Code, qui fait courir la prescription, à compter du jour où on a cessé de jouir lorsqu'il s'agit de servitudes discontinues, et à compter du jour où il a été fait un acte contraire à la servitude lorsqu'elle est discontinue.

J'achette un héritage qui avait sur le terrain voisin un droit de passage, dont on n'avait pas joui depuis vingt-huit ans; je rétablis le passage, dont je me sers pendant trois ans : à cette époque je suis évincé, parce que l'héritage m'avait été vendu par quelqu'un à qui il n'appartenait pas. Le véritable propriétaire veut conserver le passage; mais on s'y oppose, sous prétexte que ce propriétaire a été plus de trente ans sans en faire usage. Il répond que ce droit a été remis en activité, lorsque le non usage n'avait encore duré que vingt-huit ans, et qu'ainsi le tems nécessaire pour prescrire n'était pas encore écoulé. On lui objecte que l'interruption de la prescription n'est pas son fait; mais celui d'un possesseur qui n'était pas propriétaire, et qu'il a lui-même évincé.

Le véritable propriétaire triompherait dans une pareille discussion; car il est de principe que la prescription peut être acquise, et par conséquent peut être interrompue, par tout possesseur qui jouit d'un héritage à titre de propriété. On n'examine pas s'il est ou non de bonne foi; il suffit qu'il ne possède pas à titre précaire, comme serait un bail, un usufruit, un séquestre. L. 12, ff. *Quemadmodùm servit. acuit.*

§ II.

Si les Servitudes nécessaires s'éteignent par la prescription.

Les servitudes nécessaires, soit naturelles, soit légales, peuvent-elles, comme les servitudes volontaires, s'éteindre par le non usage pendant trente ans?

La raison de douter vient de ce que la loi déclare le non usage pendant trente ans, comme un moyen d'éteindre les servitudes sans aucune exception.

Pour décider, on doit distinguer les servitudes qui sont établies pour l'ordre et la sûreté publique: jamais on ne peut être affranchi de ces sortes de charges par le non usage, quelque prolongé qu'il soit. Ainsi, sous prétexte que le voisin n'a point réclamé depuis trente ans, on se refuserait en vain à construire le contre-mur prescrit par la loi pour appuyer une cheminée, un four, une forge à un mur mitoyen; la sûreté publique réclame sans cesse la précaution ordonnée : il n'est donc pas possible, pour se dispenser de construire le contre-mur, d'opposer la prescription. Pareillement, la culture d'un terrain enclavé ayant été négligée pendant trente ans, le propriétaire veut enfin le mettre en valeur : on ne peut pas argumenter d'un non usage aussi long, pour lui refuser le passage nécessaire; parce que l'utilité publique exige que la culture des terres ne reçoive aucun obstacle, et ne permet pas qu'une propriété soit réduite à l'impossibilité d'être utile d'une manière quelconque. Remarquez, dans l'exemple dont il s'agit, que la prescription pourrait être opposée, pour prouver que le terrain enclavé n'appartient plus à celui qui prétend le cultiver : mais nous supposons ici que la propriété ne lui est pas contestée; et nous disons qu'alors le passage nécessaire lui est dû, nonobstant le long espace de tems qu'il est resté sans en faire usage.

A l'égard des servitudes, soit naturelles, soit légales, qui ne concernent que l'intérêt des particuliers, elles s'éteignent toutes par le non usage, quand il est accompagné des circonstances prescrites par les *art.* 706 et 707 du Code. Par exemple, votre fonds étant plus élevé que le mien, il étoit donc, d'après la loi assujéti à recevoir les eaux venant naturellement de chez vous. Cependant, je suis en possession depuis trente ans, d'opposer à ces eaux un obstacle qui les force à se perdre dans votre terrain; ou bien c'est vous même qui, pour vôtre propre besoin, et pendant le même espace de tems, avez empêché les eaux de suivre leur cours naturel : vous ne pouvez plus me forcer à souffrir la servitude qu'avait établi naturellement la situation des lieux. Une pareille charge ne touchant qu'à nos intérêts particuliers, il m'a été permis d'en prescrire l'affranchissement : or, comme cette servitude était continue, le tems de la prescription a couru du jour où, pour la première fois, a été construit, par vous ou par moi, la digue qui a repoussé les eaux de votre côté.

On voit, dans cet exemple, que la prescription n'opère pas seulement l'affranchissement de mon héritage, elle m'acquiert, de plus, un droit de servitude contre le vôtre; c'est-à-dire, le droit de vous renvoyer des eaux qui naturellement venaient sur ma propriété. Cet effet du laps de tems est autorisé, puisque les servitudes continues s'établissent par la même prescription de trente ans. Delà il résulte que, si après m'être acquis le droit d'empêcher les eaux de s'écouler sur mon terrain, vous aviez fait rompre la digue, et que je n'eusse pas réclamé pendant trente ans, votre fonds serait affranchi, par l'effet du non usage de ma part : alors, la servitude résultant de la situation naturelle des lieux, reprendrait son activité contre mon héritage.

Prenons parmi les servitudes légales, un autre exemple n'offrant que des intérêts particuliers. Il est défendu à tout propriétaire de laisser tomber les eaux de ses toits sur le fonds voisin : la servitude imposée par la loi consiste donc à établir la couverture des bâtimens, de manière que les eaux pluviales s'écoulent sur le terrain de la personne à qui appartient la construction. Pour qu'on puisse commmencer une possession, capable un jour de faire cesser l'obligation imposée par la loi à l'héritage servant, de garder les eaux de ses toits, il est nécessaire qu'il ait été fait quelque chose de contraire à cette servitude, parce qu'elle est continue. Si donc, par exemple, il a été établi des goutières qui jettent l'eau de pluie sur l'héritage du voisin, et si celui-ci reste trente ans sans réclamer, la servitude légale sera éteinte; on ne pourra plus forcer le propriétaire du bâtiment à retirer ses goutières.

On voit dans cet exemple, comme dans le précédent, que l'héritage qui était assujéti à la servitude nécessaire, n'en est affranchi que par l'acquisition qu'il fait d'une servitude volontaire sur l'héritage voisin : cette acquisition est l'effet de la prescription. Par conséquent, si par la suite les goutières sont supprimées, et que les choses restent en cet état pendant trente ans, la charge qui avait été établie en faveur de l'héritage sur lequel sont les bâtimens, se trouve éteinte : alors, la servitude légale reprend toute sa force contre ce même héritage ; de manière que le propriétaire ne pourrait plus rétablir de goutières saillantes sur le terrain voisin.

Par ces différens exemples, on voit qu'il importe peu de qui viennent les faits qui fixent l'époque où commence le non usage des servitudes continues : tantôt c'est le propriétaire de l'héritage servant, qui entreprend quelque chose d'opposé au droit de servitude, comme lorsqu'il élève un bâtiment plus haut qu'il n'est prescrit par le titre ; d'autrefois le propriétaire de l'héritage dominant agit contre son propre droit, comme lorsqu'il bouche lui-même, par de la maçonnerie, une fenêtre qu'il avait eu la faculté d'ouvrir dans un mur mitoyen. Cette réflexion répond à la question de savoir si l'entreprise contraire à la servitude continue, peut commencer le non usage propre à la prescription, lorsque cette entreprise n'est pas faite sur l'héritage servant. La loi exige seulement un acte contraire à la servitude continue, pour fixer l'époque où commence à courir le tems du non usage : elle ne dit point que cet acte émanera plutôt du propriétaire de l'héritage servant, que du maître du fonds dominant ou de tout autre. Concluons donc que, tout acte fait, n'importe sur qu'elle propriété, s'il est contraire au droit foncier, fixe l'époque où commence à courir la prescription à fin de libérer. En effet, le point essentiel est de constater le non usage : il est donc également favorable à l'extinction de la servitude, lorsqu'il tire son origine d'un fait attribué au propriétaire, soit du fonds dominant, soit du fonds servant, soit d'un fond intermédiaire.

§ III.

Comment interrompre cette prescription.

Pour empêcher qu'une servitude continue s'éteigne par la prescription, il suffit de laisser les lieux dans l'état où ils ont été mis : on n'est tenu à aucun acte, ou plutôt l'existence de l'objet de la servitude atteste que le droit foncier est continuellement exercé. Il n'en est pas de même d'une servitude discontinue, l'usage n'en est constaté que par des faits de la part du propriétaire de l'héritage dominant. Le moindre tems qu'il reste sans exercer son droit, commence une prescription, qui s'interrompt, il est vrai, chaque fois qu'il use de la servitude : il lui importe donc de ne pas rester trente ans sans la mettre en activité. Par exemple, s'il s'agit du droit de passage, et que trente ans s'écoulent sans que le maître de l'héritage dominant, ou quelqu'un pour lui, ait passé sur l'héritage servant, le droit foncier est éteint par prescription.

Il est quelquefois des circonstances où, pendant fort long-tems, on est dans l'impossibilité de faire usage d'une servitude : on interrompt alors la prescription, en obtenant du maître de l'héritage servant, un acte portant que le droit foncier est dû. Vous avez, par exemple, le droit d'envoyer paître votre troupeau dans mes prés, pendant une certaine saison de l'année : depuis long-tems, il ne vous convient plus d'avoir de troupeau, et vous ne voulez pas néanmoins perdre votre droit. Le moyen d'y parvenir est d'exiger de moi, avant l'expiration des trente ans de non usage, un titre récognitif du droit foncier; si je le refusais, vous obtiendriez un jugement qui vous servirait de reconnaissance. Remarquez qu'il ne suffirait pas de former une demande, il faudrait qu'elle fût suivie d'un jugement qui me condamnerait à vous consentir un titre récognitif. Si on se bornait à la demande, sans la faire juger, l'instance se trouverait périmée après un délai de trois ans; alors, la demande serait censée n'avoir jamais été formée, et la prescription n'aurait pas été interrompue : il faut donc suivre toute demande de ce genre, jusqu'à jugement définitif. *Cod. Nap., art.* 2247.

Au reste, pour le non usage qui éteint les servitudes, il faut suivre les règles établies par le Code, relativement à toutes les prescriptions en général, et particulièrement à celle qui s'accomplit par l'espace de trente ans. Il serait hors de notre plan de traiter ici les principes de la prescription ; ils exigent un traité particulier.

§ IV.

Des changemens opérés par la prescription dans le mode des servitudes.

Puisque les servitudes s'éteignent par la prescription, à plus forte raison le mode d'une servitude peut-il être prescrit; car, si le non usage pendant trente ans suffit pour anéantir un droit foncier, il est tout naturel que la manière dont on a usé de ce droit pendant aussi long-tems, devienne la seule qu'il soit permis d'employer à l'avenir. Peu importe que ce nouveau mode soit favorable ou préjudiciable à l'héritage dominant ou à l'héritage servant : s'il en résulte une diminution de la servitude, la prescription libère en partie l'héritage assujéti; tandis que si, par le nouveau mode, le service foncier est aggravé, la prescription procure une augmentation de droit à l'héritage dominant. Cette sorte de prescription fait présumer que les parties sont convenues de ne point user de la servitude comme elle a été établie, mais de suivre le mode pratiqué depuis trente ans. Telle est la décision de l'*art.* 708 du Code Napoléon : il ajoute que la prescription n'opère sur le mode, que comme s'il s'agissait de la servitude elle-même, et de la même manière.

Pour appliquer cette dernière disposition, il faut donc distinguer si la nouvelle manière d'user de la servitude en occasionne ou l'augmentation ou la diminution. Dans le premier cas, la prescription qui établit le nouveau mode est invoquée par le maître de l'héritage dominant, comme lui ayant acquis un droit plus considérable : on doit donc se régler alors suivant ce qui est ordonné, pour l'établissement des services fonciers par le laps de tems. En conséquence, conformément à l'*art.* 690, il n'y a que les servitudes qui sont à la fois continues et apparentes, dont le mode puisse changer par la possession de trente ans, lorsque ce mode nouveau tend à acquérir une augmentation de charge.

Ainsi, une conduite d'eau est destinée à écouler les eaux du terrain voisin par ma basse-cour ; pendant trente ans on fait passer ces mêmes eaux non seulement par ma basse-cour, mais encore par mon jardin. Le mode de la servitude est changé au préjudice de l'héritage servant, par l'effet d'une longue possession, parce que toute servitude continue et apparente, pouvant s'acquérir par prescription, la manière d'en user en augmentant la charge peut se prescrire de même.

Il n'en serait pas ainsi, s'il s'agissait, par exemple, de la défense d'élever une maison au delà du second étage : si cette construction n'avait qu'un rez-de-chaussée, et qu'elle fût restée en cet état pendant trente ans ; on ne pourrait pas empêcher par la suite l'élévation du même bâtiment, jusqu'à la hauteur marquée par le titre. En effet, la longue possession en faveur du fonds dominant, n'est ici d'aucune considération, parce qu'il s'agit d'une servitude continue non apparente, qui ne s'acquiert pas sans titre, suivant l'*art.* 691. Par conséquent, tout mode qui tend à augmenter la charge, comme dans le cas proposé, ne peut pas éprouver de changement par prescription ; il faut un titre, comme pour établir la servitude elle-même.

Les servitudes discontinues ne sont pas davantage susceptibles de s'établir par la longue possession, d'après le même article. Un droit de passage, par exemple, dont on ferait usage matin et soir, quoiqu'il ne fût établi que pour le matin, ne se trouverait pas modifié par le laps de tems : celui par qui le droit foncier est dû serait toujours dans le cas de n'en souffrir l'exercice que le matin, parce qu'un droit de passage étant une servitude discontinue, ne peut s'établir sans titre. En conséquence, le mode qui tend à l'aggraver ne peut pas être prescrit : tout changement dans l'usage qu'on en fait, doit donc être fondé sur un titre, sans que la possession puisse être invoquée.

Dans la manière d'user d'une servitude, s'agit-il d'un changement qui diminue la charge ? La prescription est proposée par le maître de l'héritage servant, comme un moyen d'affranchissement : on se conforme alors aux règles relatives à l'extinction des servitudes par prescription. Il n'en est pas une, suivant l'*art.* 706, de quelque nature qu'elle soit, qui ne s'anéantisse par le non usage pendant trente ans.

Par conséquent, la manière d'user de toutes les espèces de services fonciers, peut également changer en faveur de l'héritage servant, par la possession; soit que, pendant trente ans, on n'ait point fait usage d'une portion de la servitude; soit que pendant le même tems, l'ancien mode de l'exercer ait été remplacé par un autre moins onéreux. Ainsi, j'avais la faculté de faire passer mes troupeaux matin et soir, sur deux de vos champs séparés l'un de l'autre; pendant trente ans, je n'ai usé de ce passage que le matin, et seulement sur l'un des deux champs. Le non usage a opéré l'affranchissement de la servitude que devoit le champ sur lequel mes bestiaux ne passaient plus; à l'égard du droit de passage sur l'autre champ, il est réduit à la faculté d'en user le matin seulement. Comme le changement dans la manière d'exercer ce dernier droit tend à diminuer la charge, il est également l'effet du non usage par lequel s'acquiert tout affranchissement, soit des servitudes, soit de leur mode.

§ V.

De quel jour commence la prescription propre à opérer des changemens dans le mode d'une servitude.

D'après l'*art.* 708 du Code Napoléon, le mode d'une servitude se prescrit de la même manière que la servitude elle-même : il faut donc, pour opérer l'extinction d'une partie de la charge foncière, calculer le tems du non usage, conformément à ce que prescrit l'*art.* 707 pour l'extinction de la servitude entière.

En conséquence, s'il s'agit de prescrire le mode d'une servitude discontinue, soit apparente, soit non apparente, les trente ans commencent à courir du jour où le nouveau mode, qui tend à alléger la charge foncière, a été pratiqué la première fois: c'est en effet de ce jour-là que l'on a cessé de jouir comme on en avait le droit.

Ainsi un passage était dû matin et soir, et cependant depuis trente ans on ne s'en est servi que le matin : le mode de la servitude se trouve prescrit en faveur de l'héritage servant. La faculté de passer autrement que le matin, est éteinte par le non usage qui a commencé du jour où, pour la première fois, on a cessé d'exercer le droit foncier pendant les heures du soir.

Pareillement, vous pouviez aller puiser de l'eau à ma fontaine en passant par mon jardin; vous avez pris l'habitude, depuis trente ans, d'arriver à cette fontaine par la rue, ce qui m'est beaucoup moins à charge: le mode de la servitude est donc prescrit; vous n'avez plus le droit d'exiger que je vous ouvre mon jardin. Le non usage qui a duré le tems nécessaire à la prescription, a commencé du jour où vous avez cessé de venir à la fontaine, par le chemin que j'étais tenu de vous livrer à travers mon héritage.

Quand la servitude est continue, qu'elle soit apparente ou non apparente, le tems du non usage propre à l'éteindre, ne court, suivant l'*art.* 707 du Code, qu'à compter du jour où il a été fait un acte contraire au droit foncier: par conséquent, le mode des servitudes ne pouvant se prescrire, d'après l'*art.* 708, que comme le droit foncier lui-même, et de la même manière, le non usage capable de changer la forme de la servitude continue, ne date que du jour où il a été fait un acte contraire au mode établi originairement.

Si donc on a une vue d'aspect, et que depuis trente ans on ait tenu la fenêtre fermée avec grille de fer, ou avec verre dormant, le mode de la servitude est prescrit; la fenêtre ne peut plus être dégarnie des objets qui, pendant si long-tems, ont obstaclé la vue.

Le fait qui, dans cet exemple, se trouve contraire à la manière dont on pouvait originairement exercer le droit foncier, et duquel date le tems utile à la prescription, émane du propriétaire de l'héritage dominant. Il en serait de même s'il s'agissait d'un acte attribué au propriétaire de l'héritage servant; cet acte fixerait également l'époque où commencerait à courir le tems nécessaire à la prescription du mode de la servitude. Ainsi les eaux de votre héritage doivent s'écouler en totalité sur le mien, par deux endroits différens; depuis trente ans j'ai fait une construction, qui obstacle une des issues établies pour les eaux de votre héritage : par cet acte contraire au droit originaire, le mode en est prescrit, et les trente ans, après lesquels je me trouve ainsi libéré d'une portion de la charge foncière, ont commencé à courir du jour où j'ai fait faire les travaux qui ont détourné la moitié des eaux que j'étais tenu de recevoir; c'était à vous, avant l'accomplissement de la prescription, de me forcer à ouvrir la seconde issue que j'avais fermée.

Ces deux derniers exemples offrent des servitudes continues et apparentes; on ne déciderait pas autrement à l'égard d'une servitude continue non apparente, telle qu'est la prohibition de planter des arbres sur un terrain, afin de ne pas obstacler la vue du voisin. Si, depuis trente ans, des arbres se trouvaient avoir pris racine dans une partie de ce terrain, le mode de la servitude serait prescrit; en sorte que l'on ne serait plus fondé à faire abattre les arbres qui existent en contravention au titre de la servitude : par conséquent, on n'aurait pas davantage le droit d'empêcher que d'autres arbres ne fussent placés sur la même partie de l'héritage assujéti. La servitude ne pourrait donc plus s'exercer que par rapport à la portion d'héritage, dont la prescription n'aurait pas opéré l'affranchissement.

On voit, par tout ce qu'on vient de dire, que la prescription concernant uniquement le mode des servitudes continues, commence à courir comme la prescription qui les éteint entièrement; c'est-à-dire, à compter du jour où il a été fait un acte contraire à l'état originaire des lieux qui font l'objet du service foncier.

§ VI.

Il ne faut pas confondre le mode avec l'objet de la servitude.

Pour qu'il soit opéré un simple changement dans le mode d'une servitude, par la prescription, il faut que l'objet du service foncier soit resté le même. En effet, si au lieu de faire la chose permise on use d'un autre droit, c'est une nouvelle servitude que l'on s'attribue, et qui ne peut devenir légitime par le laps de tems, à moins qu'elle ne soit continue et apparente : toute autre servitude, de quelque espèce qu'elle soit, ne pouvant s'établir que par titre, la longue possession où on serait d'en user en remplacement du droit véritablement dû, ne pourrait pas suppléer au défaut de titre. Alors la véritable servitude, n'ayant pas été mise en usage tant qu'on en a pratiqué une autre à sa place, se trouverait entièrement éteinte, si le tems de la prescription afin de libérer était écoulé. Quelques exemples vont éclaircir notre observation.

Pendant trente ans, vous n'avez fait aucun usage du droit de puiser de l'eau à la fontaine de mon parc ; mais vous avez pris l'eau dont vous aviez besoin, à une autre fontaine qui est dans ma basse-cour. Ce n'est point là une simple modification de la servitude ; l'objet en a été changé. En conséquence vous avez exercé un droit qui ne vous était pas dû, et vous avez abandonné celui qui vous appartenait ; et comme ce dernier constituait une servitude discontinue, le non usage pendant trente ans a suffi pour l'éteindre. L. 18, ff. *Quemadmod. servitut. amitt.*

A l'égard de l'habitude où vous êtes depuis le même nombre d'années, de prendre de l'eau à la fontaine de ma basse-cour, elle ne se convertit pas en un droit ; car ce serait une servitude discontinue qui ne peut s'établir que par titre, et jamais par la possession.

Si la servitude consistait à puiser de l'eau à la fontaine de mon parc seulement avant midi, et que vous eussiez pris l'habitude de n'y venir que le soir, le service foncier serait-il éteint ? Pour décider cette question, il faut examiner si l'heure à laquelle on doit faire usage du droit, est comprise dans l'objet du service foncier, ou si elle n'en est que le mode. L'objet d'une servitude ne consiste pas uniquement dans le corps des héritages dominant et servant ; il est formé, en outre, d'un droit qui ne cesse pas d'être incorporel, quoiqu'il s'applique essentiellement à des immeubles qui sont corporels. Ainsi l'objet d'une servitude doit comprendre, non-seulement les deux héritages dominant et servant, mais encore les circonstances qui caractérisent spécialement le service exigible. Dans cet exemple il ne suffit donc pas, pour désigner la servitude, de dire que la portion de mon parc où il y a une fontaine est assujétie à votre héritage : il est nécessaire d'expliquer en quoi consiste l'assujétissement ;

et c'est cette indication spéciale, qui constitue votre droit foncier, et qui par conséquent en fait le principal objet. Or, si le titre de la servitude porte que votre fontaine est assujétie à me fournir de l'eau avant midi, vous ne pouvez pas y venir le soir sans changer la nature de la convention; car, dans l'établissement des services fonciers on considère surtout comme objet essentiel, les circonstances qui les rendent plus ou moins à charge au propriétaire de l'héritage servant. Lors donc qu'il a consenti de s'assujétir jusqu'à midi, exiger de lui le même service dans la soirée, c'est évidemment changer l'objet du droit stipulé. Cette décision est celle des jurisconsultes romains. L. 10, § 1, ff. *Quemad. servit. amitt.*

On ne peut pas se le dissimuler, plusieurs auteurs modernes croient que l'heure fixée pour l'exercice d'une servitude n'en constitue pas l'objet, mais qu'elle en caractérise seulement le mode. Si la faveur de l'affranchissement ne commandait pas une interprétation très-restrictive, en matière de servitude, cette opinion pourrait être adoptée plus généralement. Au surplus, on doit à cet égard consulter principalement l'intention qu'on a eu en établissant la servitude : en général on ne doit considérer comme le mode, que les circonstances tellement essentielles à l'exercice du droit, qu'elles seraient nécessairement supposées, si elles ne se trouvaient pas exprimées. Par conséquent, si au lieu d'une de ces circonstances désignées dans le titre, on en substitue une autre par l'usage, il n'en résulte qu'un changement dans le mode, et non pas dans l'objet de la servitude.

Ainsi, vous avez le droit de mener vos bestiaux s'abreuver le matin, à ma fontaine : cela suppose nécessairement que vous pourrez les faire passer sur mon héritage, pour arriver à cette fontaine; en sorte que si, par le titre, l'emplacement du passage n'était pas désigné, il faudrait le fixer. Le passage, en cette occasion, ne fait pas l'objet du droit convenu : il n'est qu'un moyen nécessaire de l'exercer. Si donc, après que le lieu du passage a été déterminé, soit par le titre, soit postérieurement, vous prenez l'habitude de conduire vos bestiaux à ma fontaine par un autre chemin, vous ne changez que le mode de la servitude, dont l'objet est d'abreuver vos bestiaux tous les matins à ma fontaine. Il en serait de même si, par le titre, il avait été dit que vous puiseriez de l'eau avec un scéau, pour faire boire vos bestiaux, et que vous ayez été dans un long usage de les laisser boire dans l'un des réservoirs de la fontaine: le mode seul serait changé; car le droit d'abreuver des bestiaux à une fontaine, entraîne nécessairement la faculté de leur procurer l'eau qui en vient.

On ne peut pas dire la même chose de l'heure fixée pour l'exercice du droit foncier: consentir à ce que l'on puise de l'eau dans ma fontaine, c'est nécessairement accorder le droit de passer pour y arriver; tandis que permettre l'usage de cette fontaine jusqu'à midi, ne suppose pas la faculté de s'en servir pendant les heures du soir. Rigoureusement, celui qui, pendant trente ans, n'aurait point fait usage de la fontaine avant midi, aurait perdu son droit, par prescription: et s'il avait été dans l'habitude, pendant le même espace de tems, de puiser de l'eau à cette fontaine dans l'après-midi, il aurait pratiqué une servitude différente, qui ne lui serait acquise que dans le cas où il aurait un titre; parce que les servitudes discontinues se perdent par le non usage, mais ne s'acquièrent pas par prescription. Au reste, on le répète, les circonstances peuvent servir à décider si l'heure fixée pour l'exercice d'une servitude, en est l'objet, ou seulement le mode. Ce que nous avons voulu faire sentir ici, c'est qu'il est fort important de ne pas confondre ces deux points, puisque, comme on l'a vu, les effets de la prescription sont quelquefois différens, selon qu'elle concerne le mode ou l'objet du service foncier.

La nécessité de ne pas confondre le mode avec l'objet d'une servitude, peut aussi se faire sentir, quand elle est continue. Prenons pour exemple, un héritage sur lequel on s'est obligé à ne pas élever de constructions plus haut que le premier étage de la maison voisine: si des bâtimens y ont été portés pendant trente ans, à la hauteur seulement de quelques pieds au-dessus du terme fixé, le droit foncier est éteint; en sorte que le propriétaire de l'héritage affranchi peut élever ses constructions, par la suite, à telle hauteur qu'il lui plaira. En vain voudrait-on le contraindre à ne pas excéder la hauteur à laquelle il s'est mis dans l'usage de les tenir, et prétendre qu'il n'a prescrit que le mode de la servitude : la prohibition d'élever un bâtiment au-dessus du terme fixé, est l'objet même du service foncier; pour peu que l'on excède cette hauteur déterminée, c'est un acte contraire, non pas simplement au mode, mais à l'existence même de la servitude. En conséquence, si les choses restent dans le même état pendant trente ans, l'affranchissement de la servitude est opéré.

§ VIII.

Du cas où l'héritage dominant appartient à plusieurs personnes.

Nous avons déjà eu occasion d'avertir que les principes établis par le Code Napoléon, pour les prescriptions en général, et particulièrement pour celle de trente ans, s'appliquent aux servitudes dans les différens cas où il est permis de les prescrire, soit activement, soit passivement. Il nous a donc suffi de parler des conditions exigées par la loi pour acquérir une servitude, ou pour s'en affranchir par le laps de tems : à l'égard, soit des qualités que doit avoir la possession, soit des causes qui empêchent, ou interrompent, ou suspendent la prescription, on doit suivre ce qui est réglé par le Code d'une manière générale pour la prescription trenténaire; nous ne devons pas nous en occuper, dans un travail consacré seulement aux services fonciers.

Néanmoins, il est bon de faire connaître ce que la prescription, afin d'opérer l'affranchissement, a de particulier, quand l'héritage dominant appartient à plusieurs propriétaires indivisément. Il est inutile de rappeler ici que, par l'expression d'héritage dominant, on n'entend pas essentiellement la totalité d'un domaine, mais seulement la portion de l'immeuble, pour l'utilité de laquelle est due la servitude. Cependant, souvent il arrive que le droit foncier est utile au domaine entier, alors tout l'immeuble est l'héritage dominant.

Si l'héritage en faveur duquel la servitude est établie, appartient par indivis à plusieurs propriétaires, la jouissance de l'un empêche la prescription à l'égard de tous les autres. Cette disposition de l'*art.* 709 du Code Napoléon, est une conséquence nécessaire de l'indivision de l'héritage dominant. En effet, dès que l'un de ceux qui le possèdent par indivis, fait usage de la servitude de manière à interrompre la prescription, la charge foncière est conservée pour l'utilité de tout ce qui lui appartient dans cet héritage dominant : or, par l'effet de l'indivision, il n'est pas une seule partie de l'objet indivis, quelque petite qu'on puisse l'imaginer, sur laquelle ne s'étende la part de propriété de celui qui a exercé la servitude; donc il a conservé ce droit, pour la totalité de l'héritage dominant.

On ne déciderait pas de même, si les différens propriétaires de l'héritage dominant étaient sortis de l'indivision par un partage, et que chacun possédât seul une portion de l'immeuble. Il est bien vrai que le service foncier, étant de sa nature indivisible, n'en serait pas moins dû en entier au propriétaire de chaque portion; mais, comme ces propriétaires ne possèderaient plus par indivis, l'héritage dominant se trouverait partagé en parties indépendantes les unes des autres, qui formeraient autant d'héritages séparés, à chacun desquels serait due la même servitude. Ainsi chaque propriétaire pourrait perdre pour sa part l'exercice de la servitude, sans que les propriétaires des autres portions dussent en souffrir : donnons des exemples.

Un héritage est assujéti à recevoir les eaux d'une maison appartenant indivisément à plusieurs héritiers, qui habitent chacun un corps de logis. Quand même l'un d'eux serait le seul qui, pendant plus de trente ans, eût usé de ce droit, les autres héritiers seraient fondés à reprendre l'exercice de la même servitude, sans qu'on pût leur opposer la prescription; attendu que la maison étant possédée par indivis, celui qui a usé de la servitude l'a conservée entière pour tous ses cohéritiers. Dans la suite la maison est partagée, et chaque corps de logis devient un objet séparé : le propriétaire de chaque corps de logis a sans doute la faculté d'exiger que ses eaux s'écoulent par l'héritage voisin; mais, si l'un de ceux qui se sont partagé la maison néglige pendant trente ans d'user de ce droit, il le perd pour le corps de logis qui lui appartient. Il ne peut pas argumenter de ce que la servitude a été exercée pour les autres corps de logis, parce qu'il n'y a plus d'indivisibilité : en conséquence l'héritage servant ne sera tenu de recevoir à l'avenir, que les eaux des corps de logis contre qui la prescription à fin de libérer n'a pas courue.

Pareillement, si la servitude avait pour objet un droit de passage dû à la maison possédée par indivis, il suffirait que l'un des propriétaires s'en servît, pour empêcher que les autres n'en fussent privés par le non usage. Après que la maison aura été partagée, le propriétaire de chaque corps de logis continuera d'avoir le droit de passage ; mais il ne l'exercera plus pour la totalité de la maison, ce sera uniquement pour la portion qui lui est échue : par conséquent, s'il cesse de faire usage de cette servitude pendant trente ans, il perd le droit qui était dû à son corps de logis, quoique l'affranchissement ne soit pas opéré à l'égard des autres portions du bâtiment divisé.

Prenons pour troisième exemple, un mur de clôture donnant sur un chemin public, et assujéti à n'être pas élevé audelà d'une hauteur fixée ; on a voulu laisser la jouissance de la vue à l'héritage qui est de l'autre côté du chemin, et qui appartient indivisément à plusieurs personnes. Si le propriétaire du mur l'élevait plus haut qu'il n'est convenu, un seul des propriétaires de l'héritage dominant pourrait faire baisser ce mur; et son action, en interrompant la prescription, serait utile à tous ses copropriétaires. Mais, si l'héritage dominant avait été partagé, le propriétaire d'une des portions n'aurait le droit de faire baisser le mur, que dans la partie qui gênerait sa vue : par conséquent, si le mur restait trop élevé vis-à-vis des autres portions de l'héritage dominant, la servitude à leur égard se trouverait éteinte après trente ans.

Dans tout ce qu'on vient de dire, on suppose que la partie du domaine à laquelle est due la servitude, est divisée entre plusieurs personnes; ce qui arrive, par exemple, lorsqu'un droit de vue est dû à la totalité d'une maison, qui ensuite est partagée de manière, que le corps du logis de droite appartient à une personne, et que le corps de logis situé à gauche devient la propriété d'une autre personne. Il est certain, alors, que l'un et l'autre propriétaire auront également le droit de vue, parce qu'un service foncier est indivisible, et qu'il répugne à la raison, que chacun des copartageans puisse user d'un pareil droit proportionnellement à la valeur de son corps de logis.

Qu'arriverait-il si le domaine était divisé de manière, que la partie à laquelle est due la servitude appartînt à un seul propriétaire? Ce cas aurait lieu dans l'espèce, si le droit de vue n'était établi que pour l'utilité d'un seul des deux corps de logis. On sent bien que la servitude ne pourrait être exigée, que par la personne à laquelle serait tombé en partage, ce qui forme le fonds dominant. Sans doute qu'on aura eu égard à cet avantage, dans l'acte de partage; ce qui ne regarde point le propriétaire de l'héritage servant. Il sait ne devoir laisser la vue libre, que pour l'utilité de tel corps de logis: ainsi tout ce qu'il doit considérer, et ce qui peut seul l'intéresser, est de connaître la personne à qui est tombé en partage ce même corps de logis.

Ces divers exemples font assez voir comment la disposition de l'*art.* 709 du Code, s'applique seulement au cas où l'héritage dominant est possédé par indivis; ils montrent comment, après le partage de ce même héritage, la servitude peut s'éteindre à l'égard de chacune de ses portions séparément, sans nuire au droit des autres portions.

D'après ces principes, on décidera la question suivante. Un héritage est possédé pendant quinze ans par indivis, et aucun des propriétaires n'a fait usage d'un droit de pacage, par exemple, dû à l'immeuble commun. Cet héritage étant ensuite partagé entre les copropriétaires, l'un d'eux commence à exercer le service foncier; par conséquent il interrompt la prescription à son égard. Les propriétaires des autres portions de l'héritage divisé continuent, pendant encore quinze ans, à ne pas faire usage de la servitude: on demande si elle se trouve alors prescrite contre ces derniers?

La raison de douter est que leur possession a été indivise pendant les quinze premières années, et divisée pendant les quinze dernières. Cette différence, dans la qualité des deux possessions, semblerait ne pas permettre qu'on puisse les joindre ensemble, pour compléter le tems de la prescription.

Ce qui décide, c'est que pendant les quinze premières années, tous les propriétaires ont possédé la totalité de l'héritage dominant : par l'effet du partage chacun d'eux, il est vrai, ne se trouve plus avoir qu'une portion de l'immeuble; mais chacun n'en continue pas moins, pour sa portion, la possession commencée pour la totalité indivisément. De là il suit, que ces deux sortes de possessions s'unissent naturellement l'une à l'autre, pour n'en plus former qu'une seule qui s'applique à chaque portion séparée. Par conséquent, la prescription est acquise contre ceux des propriétaires qui, après le partage, ont continué à ne pas jouir de la servitude : en effet, les quinze années de non usage pendant l'indivision se joignent aux quinze autres années qui ont suivi le partage, et par ce moyen s'accomplit le tems nécessaire pour opérer la prescription.

Supposons maintenant que, pendant les quinze années de possession indivise, un seul des propriétaires de l'héritage dominant ait envoyé ses bestiaux paître dans le champ du voisin. Si, après le partage, les autres propriétaires continuent à ne pas exercer le droit foncier pendant encore quinze ans, l'auront-ils perdu par la prescription?

Dès que le droit foncier a été exercé par un seul des possesseurs indivis avant le partage, la prescription a été interrompue pour tous également tant qu'a duré l'indivision. Le non usage de plusieurs des copropriétaires ne peut donc pas leur être opposé : la prescription à leur égard ne doit commencer à courir que depuis le partage; parce que c'est la seule époque où, cessant d'être indivis, ils n'agissent plus utilement l'un pour l'autre.

Quand l'héritage dominant appartient par indivis à plusieurs personnes, parmi lesquelles est un mineur, ou tout autre contre qui la prescription ne court pas, le Code, *art.* 710, décide qu'elle ne court pas davantage contre les autres copropriétaires. C'est un des effets de l'indivision, en vertu de laquelle la part de propriété du mineur, comme celle de chacun de ses copropriétaires, frappe sur toutes les parties de l'héritage, quelque petites qu'elles soient. Le mineur, par le privilége de son âge, empêche donc la prescription de courir au profit de toutes les portions de l'immeuble dominant; dès-lors, le droit foncier étant conservé pour le tout, les propriétaires majeurs participent nécessairement à cet avantage.

Il faut bien remarquer que l'indivision est la seule cause de cette décision ; en sorte que si l'héritage était partagé entre tous ceux à qui il appartient, la part de chacun serait un héritage particulier à qui le même droit foncier serait dû séparément. Par conséquent la prescription, quoique suspendue à l'égard de la portion échue au mineur, pourrait courir contre les portions des majeurs.

Que doit-on décider dans l'espèce suivante? Une maison ayant une vue d'aspect sur l'héritage voisin, est divisée entre deux héritiers dont l'un est majeur, et dont l'autre n'est âgé que de dix ans ; le rez-de-chaussée de la maison tombe en partage à celui-ci, et l'étage supérieur devient séparément la propriété du majeur. Le voisin construit dans la suite un mur assez élevé pour nuire à la vue de l'étage supérieur, et à plus forte raison pour obstacler celle du rez-de-chaussée dépendant de la maison qui a le droit de vue.

Après un laps de trente ans sans réclamation, la prescription est acquise contre la portion de l'héritier majeur, laquelle consiste dans l'étage supérieur. Quant au mineur à qui appartient le rez-de-chaussée, la prescription n'a pu courir contre lui qu'à compter de sa majorité; or il ne s'est écoulé que dix-neuf ans depuis cette époque, ce qui est insuffisant pour prescrire : il est donc fondé à demander que le mur soit abattu. Le succès de sa réclamation profite nécessairement au propriétaire de l'étage supérieur, quoique la maison ne soit pas possédée indivisément; car il n'y a pas de moyen de rendre le droit de vue au rez-de-chaussée, sans que le premier étage ne jouisse également du même aspect.

Quoi qu'il en soit, ce n'est pas ici une exception au principe que nous avons posé : on ne peut pas dire dans ce cas que le majeur soit relevé de la prescription par le mineur. En effet, si le majeur profite de la vue que se procure le propriétaire du rez-de-chaussée, c'est une suite de l'impossibilité qu'il y a de détruire ce qui gêne celui-ci, sans que le propriétaire de l'étage supérieur n'en soit avantagé : c'est pour quoi si, par la suite, le maître du rez-de-chaussée faisait remise de la servitude, le mur pourrait être rétabli aussi haut qu'il conviendrait au propriétaire de l'héritage servant, sans que la personne, qui demeure à l'étage supérieur de l'héritage dominant, pût s'en plaindre, son droit de vue ayant été éteint par la prescription.

§ VIII.

Du cas où l'héritage servant appartient à plusieurs personnes.

On vient de voir dans le paragraphe précédent, comment les règles de la prescription à l'effet d'éteindre une servitude, s'appliquent au cas où l'héritage dominant appartient à plusieurs personnes. Il est nécessaire d'examiner maintenant ce qui a lieu à l'égard de la même prescription, quand c'est l'héritage servant qui a plusieurs propriétaires.

Ici, comme dans tout ce qui concerne les servitudes, on entend par héritage servant, non pas nécessairement tout le domaine de la personne par qui le service est dû; mais seulement la portion de ce domaine, qui est assujétie à la servitude.

Quand l'héritage servant appartient à plusieurs personnes indivisément, le droit foncier est dû également par tous les propriétaires; en sorte que ce qui est fait contre l'un pour interrompre la prescription, est censé fait aussi contre les autres. Pareillement si l'un d'eux fait un acte contraire à une servitude continue, à fin de commencer à prescrire contre cette charge, le tems de la prescription courra utilement pour tous les copropriétaires de l'héritage assujéti. Mais, si cet héritage était divisé, ses portions seraient considérées comme autant d'héritages séparés qui devraient la même servitude : par conséquent ce que l'un des propriétaires ferait pour se libérer, ne profiterait pas aux autres.

Prenons pour exemple la vue de prospect due par un héritage à la maison voisine : tant que l'héritage servant reste indivis, la construction qui est élevée au delà de la hauteur fixée, sur telle portion que ce soit, suffit pour commencer une prescription favorable à la totalité de l'immeuble asservi. Il résulte delà, que le jugement qui serait pris contre l'un des copropriétaires, pour le forcer à baisser la construction, interromprait la prescription, non-seulement à son égard; mais encore à l'égard de tous les autres propriétaires de l'héritage servant.

Supposons que ce même héritage cesse d'être possédé par indivis, et que ses diverses portions soient placées d'une telle manière, que le propriétaire de l'héritage dominant puisse cesser d'avoir la vue sur l'une, par suite d'un fait qui ne le priverait pas de la vue sur les autres. Supposons ensuite qu'après le partage, le propriétaire de l'une des portions séparées élève des constructions qui nuisent au droit de vue: par ce fait, il commence une prescription qui n'est utile qu'à lui seul; et s'il parvient à s'affranchir par une assez longue possession, les autres portions n'en resteront pas moins sujettes au même service foncier. En effet, par suite du partage, les diverses portions sont devenues autant d'héritages séparés, qui doivent à la vérité la même servitude; mais qui peuvent séparément s'en affranchir. Le propriétaire d'une des portions ayant élevé la construction plus haut que ne le permet le titre de la servitude, la vue du voisin n'a éprouvé d'obstacle que sur la portion dont il s'agit; et ce voisin a continué de jouir de son droit sur les autres portions. Par conséquent, toutes les portions étant par l'effet du partage autant d'héritages séparés, l'avantage qui arrive à l'une, ne peut pas profiter aux autres.

Admettons que les portions de l'héritage servant soient placées de manière, que l'on ne puisse pas voir sur la plus éloignée, si l'on n'a pas la vue sur la plus rapprochée: supposons ensuite que celui à qui cette dernière portion est échue en partage, élève un mur assez haut, pour que la vue ne puisse plus s'étendre sur toutes les autres portions. L'affranchissement, dans ce cas, sera opéré après trente ans, pour la portion où se trouve la construction contraire à la servitude: en même-tems, les propriétaires des portions placées par derrière sont libres de construire. Ce n'est pas que la prescription acquise pour l'une des portions, doivent profiter aux autres; mais, il est clair qu'on exercerait inutilement le droit de vue sur celles-ci. On a demontré, en effet, que quand le droit de servitude devient inutile à l'héritage dominant, il est suspendu, à compter du jour où a commencé l'obstacle qui en empêche l'usage: on a ajouté que, si cet état durait tout le tems de la prescription, le droit foncier finirait par s'éteindre irrévocablement.

Il n'en serait pas de même, si c'était le propriétaire de la portion la plus éloignée, qui eût élevé un mur au delà de la mesure fixée. Par un acte aussi contraire à la servitude, il commence sans doute la prescription; mais elle n'est utile qu'à lui seul, parce que l'affranchissement de sa portion ne fait aucun obstacle à l'exercice du droit de vue sur les autres portions.

On raisonne d'une manière analogue, quand s'agit d'un droit de passage qui traverse un héritage. Si par la suite cet immeuble est divisé entre plusieurs propriétaires, il n'est pas douteux que les diverses portions sont considérées comme autant d'héritages qui doivent le même droit. Cependant, à cause de la position de ces mêmes portions, si le propriétaire de l'une acquiert l'affranchissement, les autres portions deviennent libres nécessairement. En effet, on ne peut pas traverser un héritage, quand le terrain destiné au passage n'est pas ouvert d'un bout à l'autre: si donc celui à qui le service foncier est dû, avait pendant trente ans essayé de faire seulement une partie du chemin, et que, trouvant sans cesse des obstacles, il n'ait jamais achevé, ni jamais réclamé, la servitude serait éteinte pour toutes les portions de l'héritage servant, quoique chacune fût possédée séparément. Le propriétaire du droit de passage n'a pas même conservé la faculté d'aller et de venir jusqu'à l'endroit où était l'obstacle: ce droit d'aller et de venir sur le terrain voisin, est une servitude qui n'a pas le même objet que le droit de traverser pour se faire un chemin. Ainsi, en se contentant d'aller et de venir sur une partie du passage, le propriétaire de l'héritage dominant n'a pas usé du droit qui lui appartenait; il a fait autre chose: or, cette chose constituerait une servitude discontinue, qui ne peut pas lui être acquise par la simple possession; il faut nécessairement un titre.

Dans l'espèce proposée, l'affranchissement est donc opéré par le fait d'un seul au profit de tous, sans que celui à qui le passage était dû en ait rien conservé, et quoique l'héritage servant fut divisé en portions indépendantes les unes des autres. La raison en est facile à sentir; la servitude dont il s'agit n'est pas de nature à être exercée séparément sur chaque portion de l'héritage servant : elle serait donc inutilement exigée sur les portions de ceux qui n'ont pas prescrit. De là il suit, qu'à l'égard de ces mêmes portions, le droit de l'héritage dominant est suspendu, jusqu'à ce que l'obstacle soit vaincu, ou jusqu'à ce que l'état d'affranchissement soit devenu définitif, par un laps de tems suffisant pour opérer la prescription.

Au lieu d'un passage propre à conduire au travers de l'héritage servant, supposons que la servitude ait pour objet la faculté de se promener dans un parc, et que l'héritage servant ait été par la suite divisé entre plusieurs héritiers. On doit alors considérer les diverses portions comme autant d'héritages différens, qui sont assujétis au même droit de promenade. Celui à qui le service foncier est dû reste-t-il trente ans, sans se promener sur l'une des portions divisées? Elle acquiert son affranchissement par le non usage, sans pour cela que la prescription profite aux autres portions. On en donne pour raison, qu'il s'agit ici d'un droit qui peut s'exercer séparément, sur chacune des portions de l'héritage divisé.

SECONDE PARTIE.

DES RÉPARATIONS.

APRÈS avoir traité ce qui concerne les services fonciers, et les obligations auxquelles sont réciproquement assujétis les biens fonds voisins les uns des autres, il convient d'expliquer à la charge de qui ils doivent être réparés, dans les différentes circonstances où ils en ont besoin.

La nécessité de réparer les immeubles est occasionnée, 1°. par des vices de construction; 2°. par des accidens; 3°. par la vétusté. Dans trois chapitres on s'occupera de ces différentes causes de réparations.

CHAPITRE PREMIER.

DES VICES DE CONSTRUCTION.

CE chapitre est consacré à faire connaître par qui sont supportés les réparations d'immeubles, lorsqu'elles sont occasionnées par de certains vices de construction. Ces vices sont de deux espèces : ceux de la première, consistent dans une telle violation des règles de l'art de construire, que l'édifice est privé de la solidité qui lui convient; les vices de la seconde espèce ont lieu, quand les précautions prescrites par les lois du voisinage et de police n'ont pas été observées.

Il n'est pas douteux que celui qui se charge de diriger ou exécuter une construction, s'oblige à la faire suffisamment solide, et à se conformer à ce qui est exigé pour l'intérêt des voisins, et la sureté publique. Pour traiter avec méthode les obligations de l'architecte, ou de l'entrepreneur, ou des ouvriers, par rapport aux vices de construction, ce chapitre sera divisé en quatre articles : on expliquera dans le premier, la garantie pour la solidité des ouvrages : dans le second, on parlera de la garantie pour l'exécution des lois du voisinage et de police : dans le troisième, on examinera contre qui s'exercent ces deux sortes de garanties; c'est-à-dire, dans quelles circonstances les architectes, les entrepreneurs et les ouvriers sont garans de leurs ouvrages : enfin, dans le quatrième, on exposera les principes relatifs aux devis et marchés.

ARTICLE PREMIER.

De la garantie pour la solidité des ouvrages.

Six paragraphes formeront cet article : on y verra successivement : 1°. en quoi consiste la garantie pour la solidité des ouvrages; 2°. si cette garantie est applicable aux vices de construction, occasionnés par la fraude; 3°. si la réception des ouvrages, par experts, décharge de cette garantie; 4°. de quel jour commence à courir le tems que dure cette garantie; 5°. si ce tems court contre les mineurs; 6°. enfin, quand et comment s'exerce cette garantie.

§ Ier.

En quoi consiste la garantie pour la solidité des ouvrages.

L'intérêt du propriétaire qui confie la construction de son bâtiment à un architecte, ou à un entrepreneur, exige qu'ils donnent une solidité suffisante au travaux qu'ils seront chargés de diriger ou d'exécuter. De plus, la sureté publique veut que la vie des citoyens ne soit exposée à aucuns dangers, par des constructions dont la chûte serait à craindre. Toute personne qui se charge de construire, s'engage donc à suivre les règles qu'enseigne l'art dont elle fait profession, et qu'elle doit connaître. Ainsi, par exemple, il faut qu'elle donne aux fondations, une profondeur proportionnée à la nature du sol, et à l'espèce de construction qu'elle entreprend : pareillement, elle doit n'employer que des matériaux d'une qualité suffisamment bonne. Si elle se trompe sur les règles qui sont prescrites, à fin d'obtenir la solidité convenable, elle est responsable des accidens qui en peuvent résulter.

Un édifice pouvant être plus ou moins solide, ceux qui construisent ne doivent qu'une solidité ordinaire; et pour éviter toute difficulté sur la manière de la constater, on décide qu'un édifice a été fait avec une solidité suffisante lorsqu'il a duré pendant dix ans. Si donc, avant l'expiration des dix premières années, le bâtiment périt en tout ou en partie par vice de construction, ou même par vice du sol, les architectes et entrepreneurs en sont responsables. *Cod. Nap.*, *art.* 1792.

Cette utile garantie, dont le Code avec raison impose l'obligation, est fondée sur ce que celui qui se charge d'un ouvrage doit le savoir exécuter : il est donc juste qu'il soit responsable des fautes qu'il commet dans son travail par négligence, et même par ignorance ; *Imperitia culpæ adnumeratur.* L. 132, ff. *de regul. jur.*

Celui qui bâtit, ne pourrait pas même s'excuser sur la mauvaise qualité du sol; il doit savoir la reconnaître, et user de tous les moyens que son art indique pour y remédier : c'est la disposition précise de l'*art.* 1792 qu'on vient de citer. Si donc le vice du sol était de telle nature que la construction fût impossible à consolider, à moins de faire des dépenses extraordinaires, celui qui bâtit devrait en avertir le propriétaire. Voilà pourquoi la loi accorde à ce dernier une garantie, même dans le cas où l'édifice périt par le vice du sol.

Pareillement, pour se défendre de la garantie, un entrepreneur ne pourrait pas alléguer que les ouvriers qui ont travaillé sous ses ordres n'ont pas exécuté les ouvrages comme ils le devaient ; on lui répondrait par l'*art.* 1797 du même Code, qui rend tout entrepreneur responsable des personnes qu'il emploie ; il est donc tenu des fautes qu'elles font ou par négligence, ou par ignorance, ou même par fraude, sauf son recours contre elles.

Puisqu'un propriétaire peut exiger que son bâtiment ait une certaine solidité, il peut, avant de recevoir les travaux de celui qui les avait entrepris, les faire visiter, afin de vérifier si les règles de l'art ont été suivies. Cette visite s'opère aux frais du propriétaire, et par experts nommés à l'amiable ou judiciairement. S'il est reconnu quelque vice de construction, l'entrepreneur peut être forcé à y remédier à ses dépens, et en outre à payer les dommages-intérêts du propriétaire, lorsque ce retard lui a porté préjudice. Quand les experts ont trouvé les travaux recevables, le propriétaire ne peut plus différer de payer l'entrepreneur aux époques convenues.

Souvent le propriétaire reçoit les ouvrages sans les faire examiner préalablement ; alors il n'a pas le droit d'en retenir le paiement, sous prétexte qu'ils n'ont pas été vérifiés : la réception qu'il en a faite lui-même est une reconnaissance de leur régularité.

Dès que les ouvrages ont été reçus, par suite d'un rapport d'experts, le propriétaire ne peut pas requérir qu'ils soient visités de nouveau : il ne serait pas écouté davantage à demander une visite, après avoir volontairement reçu les travaux sans vérification préalable. Il en serait autrement si, postérieurement à leur réception faite d'une manière ou de l'autre, il s'y était manifesté quelque défectuosité. Sur une demande qui aurait pour motifs que la construction menace ruine en totalité, ou dans une de ses parties, des experts seraient nommés pour vérifier si réellement il est arrivé quelque mouvement inquiétant dans l'édifice. S'ils trouvaient inexactitude dans l'exposé, ils ne se permettraient pas de pousser plus loin leur opération, pas même pour s'assurer si les règles de l'art ont été observées ; car cet examen, suivant l'hypothèse, ayant déjà été fait, soit par des gens connaisseurs, soit par le propriétaire seul, les nouveaux experts n'y seraient pas autorisés ; ils se borneraient donc à l'examen des accidens arrivés postérieurement. Cette contestation, alors, se terminerait par un jugement qui condamnerait le propriétaire aux dépens.

Les nouveaux experts trouvent-ils, dans un cas semblable, que quelque mouvement s'est fait sentir dans la construction ? Ils examinent quelle en est la cause, et indiquent les moyens d'y remédier : ce qu'ils prescrivent alors, s'exécute aux dépens de l'entrepreneur, lorsque cette cause doit lui être imputée.

Ce qu'on vient de dire des visites par experts, pour constater si les règles prescrites pour la solidité des constructions ont été observées, ne peut avoir lieu que pendant les dix premières années, parce qu'un bâtiment qui a déjà duré dix ans, n'est plus sujet à la garantie de celui qui l'a construit. C'est ce qui résulte de l'*art.* 1792 du Code, et ce qui est textuellement exprimé par l'*art.* 2270 de la même loi : on y voit qu'après dix ans, l'architecte et les entrepreneurs sont déchargés de la garantie des gros ouvrages qu'ils ont faits ou dirigés. Le droit romain ne parle de la garantie des constructions que pour les ouvrages publics : ceux à qui ils avaient été confiés en étaient responsables pendant quinze ans. L. 8. *Cod, de operib. public.*

§ II.

Si la garantie de dix ans est applicable aux vices de construction occasionnés par la fraude de l'entrepreneur.

Par le terme de dix ans, la loi n'a entendu dégager les entrepreneurs de leur responsabilité, que dans le seul cas où ils ont exécuté leurs travaux avec la bonne foi qui doit régner dans tous les marchés. Ainsi, par le laps de dix ans, ils ne sont déchargés de garantir la solidité de leurs constructions, que quand ils n'ont point usé de fraude ; autrement, encore bien que la durée des ouvrages ait excédé les dix premières années, ils ne seraient pas moins responsables des suites de leur mauvaise foi. La raison de cette décision est que jamais les lois ne pardonnent le dol : *malitiis non est indulgendum.* Il est donc certain que le Code n'a pas prononcé une décharge de garantie concernant la solidité des bâtimens, pour favoriser les méthodes frauduleuses des entrepreneurs; il a voulu seulement venir au secours de ceux qui, ayant exécuté leurs travaux avec probité, leur ont donné une solidité capable de durer au moins dix ans. En effet, quand une construction faite sans fraude a duré dix ans, elle est présumée avoir reçu une solidité suffisante; et si elle venait à périr avant le tems de la vétusté, il faudrait en accuser une cause étrangère au travail de l'entrepreneur, qui n'est responsable que de ses faits, ou de ceux des personnes qu'il a employées.

Ainsi un entrepreneur croit que des bois d'une certaine grosseur, peuvent servir à soutenir les planchers d'un magasin qu'il s'est chargé de construire : si avant l'expiration des dix premières années les planchers viennent à manquer, il sera tenu des dommages résultant de cet accident. Au contraire, si la chûte des planchers n'a lieu qu'après le terme de dix ans, l'entrepreneur n'est plus responsable. On présume que des bois qui ont duré le laps de dix ans, étaient d'une qualité suffisante pour subsister bien plus long-tems, si une cause étrangère au travail de l'entrepreneur n'avait pas occasionné l'accident.

Supposons maintenant qu'un entrepreneur se soit obligé à bâtir un mur en pierres de taille; pour tromper la vue, il forme en effet les paremens en pierres de taille très-minces qu'il pose de champ, et il remplit le milieu avec des plâtras ou autres mauvais matériaux. Il est possible qu'il se passe plus de dix ans, sans que cette supercherie de l'entrepreneur soit découverte; mais ce laps de tems ne le décharge pas de la peine que mérite sa mauvaise foi : par conséquent aussitôt qu'elle aura été reconnue, dans quelque tems que ce soit, il pourra être poursuivi. Il n'est pas nécessaire que le mur construit frauduleusement ait menacé ruine; car, dès que le dol est prouvé, l'action à laquelle il donne lieu est recevable, quoiqu'il n'ait pas encore produit des effets funestes.

Le droit qu'on a de réclamer ainsi contre l'entrepreneur qui a trompé, résulte de l'équité naturelle, dont le principe est consacré par l'*art.* 1,382 du Code : il rend responsable quiconque a causé du tort à autrui par un délit, ou un quasi-délit. Cet action ne doit pas se confondre avec celle en garantie, relative seulement à la solidité : elle dure comme toutes les actions en général, pour lesquelles il n'y a point de prescription particulière, et qui ne cessent d'être recevables qu'après le laps de trente ans, conformément à l'*art.* 2262 du Code. Bien entendu que le tems de cette prescription trentenaire ne court que du jour où le propriétaire a pu connaître le dol de l'entrepreneur; car on ne doit pas compter pour la prescription, le tems pendant lequel celui à qui on l'oppose était dans l'impossibilité d'exercer son droit: *Contrà non valentem, non currit præscriptio.* Or, il n'y a pas de plus grande impuissance d'agir contre le dol, que celle où se trouve celui qui n'est pas encore instruit de la fraude dont on a usé en vers lui.

Concluons donc que la décharge de garantie prononcée par la loi, en faveur des entrepreneurs dont les ouvrages ont duré au moins dix ans, ne s'applique nullement au cas où un entrepreneur aurait employé des méthodes frauduleuses, ni en général pour tous les cas où il aurait trompé le propriétaire dont il avait la confiance. Cette décharge, acquise par le laps de dix ans, est une exception d'une nature particulière, qui ne peut pas s'étendre indéfiniment: elle doit se restreindre aux seuls entrepreneurs qui ont exécutés leurs travaux avec bonne foi, et conformément aux conventions qu'ils ont faites.

§ III.

Si la réception des ouvrages, par experts, décharge de cette garantie.

Lorque les ouvrages ont été reçus, par jugement rendu sur rapports d'experts, en résulte-t-il une décharge capable de mettre l'entrepreneur à l'abri d'une demande en garantie, fondée sur des défauts de solidité dans la construction?

La réception des travaux fait présumer seulement qu'ils sont conformes aux règles de l'art, et au marché; ensorte que le propriétaire ne peut plus refuser de payer l'entrepreneur, conformément aux conventions faites avec ce dernier. Envain même prétendrait-on, par la suite, que les règles de l'art n'ont pas été suivies; le procès verbal de visite repousserait toute plainte à cet égard, tant que des signes certains d'un manque de solidité ne se manifesteraient pas. Il faut convenir cependant que le rapport des experts est établi seulement sur les apparences, et d'après les vérifications qu'il a été possible alors de faire : c'est pourquoi, si, pendant les dix premières années qui suivent la réception, il se montre des vices de construction, le propriétaire qui jusqu'à ce moment était non recevable à se plaindre, peut être écouté, et obtenir une nouvelle visite d'experts. S'ils constatent que les mouvemens opérés dans l'édifice proviennent de fautes contre les règles de l'art, l'entrepreneur est condamné comme garant : inutilement argumenterait-il du procès verbal de réception; car il ne résultait de cet acte qu'une simple présomption, qui doit faire place à la vérité démontrée par l'évènement.

Ainsi, la réception des travaux par jugement rendu sur rapport d'experts, ne décharge point l'entrepreneur, dont la construction doit durer au moins dix ans: ce laps de tems est la seule épreuve qui puisse le mettre à l'abri de toute garantie relative à la solidité de ses ouvrages. Il est vrai que ce délai une fois expiré, sans que le moindre signe de mauvaise construction se soit manifesté, l'entrepreneur n'a plus à concevoir d'inquiétude sur sa responsabilité, quant à l'observation des règles de l'art. Ce principe est tellement certain, que si le premier jour de la onzième année l'édifice venait à s'écrouler, l'entrepreneur ne pourrait pas être attaqué en dommages-intérêts : on présumerait qu'une cause qui lui est étrangère, quoiqu'inconnue, a occasionné l'accident; et il soutiendrait avec raison, que sa construction ayant subsisté pendant dix ans sans faire le moindre mouvement, il en résulte une preuve légale de la solidité suffisante qu'il lui avait donnée. En attribuant au propriétaire une action en garantie, il était juste d'en fixer la duré; il faut que l'entrepreneur voie un terme après lequel toute sécurité lui est assurée.

§ IV.

De quel jour commencent à courir les dix ans de garantie.

Les dix années pendant lesquelles la garantie peut être exercée contre ceux qui bâtissent, commencent à courir du jour où les ouvrages ont été reçus, soit sans visite préalable soit après un rapport d'experts. La réception sans visite préalable, est censée faite le jour où le propriétaire prend possession des ouvrages par lui-même, ou par quelqu'un envoyé de sa part. La prise de possession résulte de la remise des clefs par l'entrepreneur, ou de l'usage que le propriétaire fait de l'objet construit, ou de toute autre circonstance d'où on peut présumer que cet objet a été livré.

La réception des ouvrages peut aussi être constatée par écrit; ce qui est une précaution fort utile, pour éviter toute discussion sur la question de savoir, de quel jour doivent commencer les dix années de garantie. On sent combien un entrepreneur est intéressé à ne laisser aucun doute sur l'époque dont il s'agit, puisque plutôt elle commence, plutôt arrive le moment où il cesse d'être responsable de la solidité de ses travaux.

Si donc il arrive que le propriétaire refuse de donner par écrit une reconnaissance de réception, ou qu'il néglige de la constater par un fait notoire de sa part; intéressé à faire fixer l'époque de la livraison de sa construction, l'entrepreneur peut demander en justice, que des experts soient nommés pour examiner les ouvrages : selon le rapport, le jugement prononce ou que les ouvrages sont en état d'être reçus, ou qu'il y a quelques chose à y faire, soit pour les achever, soit pour en corriger les vices de construction. Nous avons remarqué plus haut, que le propriétaire était en droit lui-même de former la demande, afin de faire vérifier les travaux; d'où il suit que cette précaution peut être prise par l'une ou l'autre partie.

Un entrepreneur, au lieu de former une demande à fin de faire recevoir ses ouvrages par experts, peut-il se contenter de signifier au propriétaire que sa construction est achevée. Un pareil acte extrajudiciaire sert, il est vrai, à fixer le jour d'où commencent à courir les dix ans de garantie, parce qu'il met le propriétaire en demeure de recevoir les ouvrages; mais ce même acte est insuffisant pour procurer à l'entrepreneur son paiement. En effet, le propriétaire pourra le lui refuser, sous prétexte que les ouvrages ne sont pas recevables: il faudra donc toujours en venir à faire nommer des experts. Voilà pourquoi nous conseillons à l'entrepreneur de commencer par une demande judiciaire, pour obtenir la réception de ses ouvrages: il y conclura en même tems à la vérification des mémoires, s'il y a lieu, et au paiement de ce que le propriétaire lui doit. Par cette marche, il arrivera plus simplement à son but, et plus promptement.

Il est certain, dira-t-on, que l'entrepreneur se trouvant muni d'un titre exécutoire, a droit de signifier au propriétaire, que les ouvrages sont achevés, et par le même exploit de lui faire commandement de les payer. Mais, comme on vient de le remarquer, le propriétaire peut répondre qu'il demande la vérification des ouvrages: c'est même un préalable auquel il ne manque pas, toute les fois qu'il refuse de payer On retombe alors dans la nécessité de procéder judiciairement: en sorte que, même dans le cas où le marché a été passé devant notaire, il est souvent plus expéditif pour l'entrepreneur, de commencer par une demande régulière.

§ V.

Si les dix ans de cette garantie courent contre les mineurs.

Quand la construction que livre un entrepreneur appartient à un mineur, les dix années de garantie relative à la solidité, courent-elles contre lui?

La raison de douter est que, suivant *l'art.* 2252 du Code, la prescription en général, est suspendue pendant la minorité de celui à qui on veut l'opposer.

Ce qui décide, c'est qu'on ne doit pas regarder les dix ans de garantie, pour la solidité des constructions, comme le tems d'une prescription proprement dite, et qui est une sorte de peine prononcée contre ceux qui négligent leurs droits : ils la méritent pour être restés trop long-tems, ou sans demander le paiement d'une créance, ou sans répéter les objets dont la possession leur a été enlevée. La faveur accordée aux mineurs ne permet pas de les rendre victimes de la négligence de leurs tuteurs ; et voilà pourquoi, tout le tems de leur minorité ne peut pas être compris dans le calcul de la prescription ordinaire.

Ces considérations ne s'appliquent pas à la garantie des constructions. La loi suppose qu'elles ont été faites conformément aux règles de l'art, dès qu'elles ont duré dix ans. Cette épreuve à laquelle sont soumis les travaux des entrepreneurs, ne dépend point du propriétaire : ainsi, qu'il soit majeur ou mineur, qu'il soit actif ou négligent à exercer ses droits, peu importe à la question de savoir si l'entrepreneur a rempli son obligation de construire solidement. C'est un point de fait qui s'éclaircit par le laps de dix ans, sans la participation d'aucune des parties. Ce genre de preuve est établi par la loi en faveur de l'entrepreneur, il s'en sert comme tout défendeur use d'un titre qui repousse la demande dirigée contre lui. Or, si, au nom d'un mineur, une demande à fin de paiement était formée ; le débiteur en produisant la quittance qui atteste sa libération, obtiendrait un jugement de condamnation contre son adversaire, sans que la minorité de ce dernier pût entrer en considération. Il en serait de même si, lorsqu'il s'est écoulé plus de dix ans après la réception d'une construction appartenant à un mineur, il survenait quelqu'accident dont on voulût rendre responsable l'entrepreneur. La demande consisterait à soutenir que celui-ci n'a pas satisfait à son obligation de construire solidement : il répondrait que la solidité qu'il était tenu de donner à ses travaux, est suffisamment attestée par leur durée pendant plus de dix ans. Ce laps de tems n'est pas ici une fin de non recevoir opposée pour écarter la demande ; il est une preuve directe que cette demande est mal fondée ; c'est un titre formel que fournit la loi, et qui touche le fond de la contestation ; il atteste que l'obligation de construire solidement a été suffisamment remplie : le demandeur doit donc être repoussé, sans que sa minorité puisse faire le moindre obstacle.

Pour mieux sentir la justesse de cette décision ; citons un exemple où se trouvent appliqués les principes qui concernent la garantie de dix ans, et ceux de la prescription ordinaire. Supposons qu'un bâtiment appartenant à un mineur, après avoir été achevé, soit tombé pendant le cours des dix premières années. L'action en garantie est ouverte contre l'entrepreneur, à compter du jour où l'événement a fait connaître le vice de construction. Cette action, comme toutes celles qui résultent des contrats ou quasi-contrats, des délits ou quasi-délits, est prescrite par trente années de silence : mais, dans le tems nécessaire à cette prescription, on ne comprendra pas celui qui s'est écoulé depuis l'accident, jusqu'au jour où le propriétaire est parvenu à sa majorité : car, à cause de son âge, il n'a pas pu profiter de son action. Le principe qui ne permet pas de faire courir la perscription contre les mineurs, ne reçoit donc d'application, que quand l'action en garantie est ouverte ; il sert seulement à calculer le tems utile à la prescription.

Ainsi, pour qu'on puisse invoquer ce principe, il faut que l'accident ait lieu dans les dix premiers ans : en effet, qu'arrive-t-il dans le cas où, l'édifice étant tombé après l'expiration des dix premières années, le mineur forme sa demande contre l'entrepreneur? Il ne s'agit pas alors d'examiner à qu'elle époque la garantie sera prescrite ; l'unique objet de la contestation est de savoir si l'action a pu prendre naissance. L'entrepreneur soutient avec raison la négative : il démontre que sa construction a été faite d'une manière suffisamment solide, puisqu'elle a duré pendant dix ans. Ce seul fait est une preuve que la loi consacre en sa faveur contre qui que ce soit : elle opère son effet aussi bien contre les mineurs que contre les majeurs ; elle atteste que l'entrepreneur a rempli son obligation, comme ferait une quittance, s'il s'agissait de prouver un paiement.

§ VI.

Quand et comment le propriétaire doit exercer sa garantie contre l'entrepreneur.

S'il se manifeste, à un bâtiment, des vices de construction pendant les dix premières années, il en résulte une action en garantie contre l'entrepreneur, à compter du jour de l'accident. Quoique cette action ne puisse jamais s'ouvrir que pendant dix ans; cependant, lorsqu'une fois elle a pris naissance, elle dure autant que toutes les actions en général; c'est-à-dire trente ans, comme le dit l'*art.* 2262 du code Napoléon. Ainsi, la manifestation d'un vice de construction pendant les dix premières années, peut seule donner ouverture à l'action en garantie; mais, dès qu'un évènement capable d'autoriser cette action est arrivé dans le délai utile, l'exercice de la garantie devient, pour le propriétaire de la construction menacée, un droit dont il peut user quand cela lui convient. Ce droit ne s'éteint que comme toutes les autres actions en général, par le laps de trente ans, à compter du jour de l'accident qui a fait naître l'action en garantie; et si le propriétaire de l'édifice mal construit est mineur, les trente ans dont il s'agit ne commencent à courir que du jour de sa majorité: en un mot, on applique ici tous les principes établis par le Code, sur la prescription trentenaire.

Néanmoins, on perd la faculté d'exercer une action, quand on y a renoncé; le propriétaire de l'édifice menacé doit donc bien prendre garde, depuis l'accident qui donne ouverture à la demande en garantie, à ne rien faire qui puisse indiquer la volonté de ne pas recourir contre l'entrepreneur. Par exemple, après le fâcheux évènement, le propriétaire qui en avait connaissance a-t-il payé, soit une partie, soit le tout, de ce qu'il devait à l'entrepreneur, pour les ouvrages qui sont l'objet de la garantie? Il pourrait en résulter une fin de non-recevoir contre le propriétaire, s'il venait ensuite à former sa demande en dommages-intérêts. L'entrepreneur, pourrait soutenir que le propriétaire a renoncé à cette action : la preuve qu'il en alléguerait serait le paiement fait volontairement par ce dernier, et sans aucune réserve de ses droits ; en sorte que, selon les circonstance, les juges pourraient accueillir ce moyen de défense.

Ce qui marquerait le plus évidemment l'abandon de l'action en garantie, serait le changement que le propriétaire ferait opérer dans les objets contentieux. Ainsi, il faut bien se garder de faire réparer ce qui a été endommagé, par l'accident qui donne lieu au recours contre l'entrepreneur, avant d'avoir pris à cet égard les précautions convenables.

On voit par ces différentes observations qu'il est utile de donner ici des conseils au propriétaire, pour le cas où son bâtiment reçoit un échec dont il croit que l'entrepreneur est responsable. La première chose à observer, est de ne point payer cet adversaire, et de ne rien convenir avec lui, à moins que par la quittance, ou par l'acte contenant la convention nouvelle, il ne soit dit expressément que le propriétaire, pour raison de l'évènement arrivé à la construction, se reserve tout recours en garantie contre l'entrepreneur.

Aussitôt que l'accident est arrivé à l'édifice, le propriétaire doit s'empresser, avant tout, de faire nommer des experts, pour connaître la véritable cause de cet évènement, constater l'état de la construction, indiquer les moyens de la réparer, et évaluer les travaux devenus nécessaires.

Quelquefois l'entrepreneur, convaincu que le bâtiment n'a éprouvé des dommages, que par une cause étrangère à son travail, est lui-même intéressé à faire visiter sans délai l'objet contentieux. Si donc le propriétaire ne demandait pas des experts assez-tôt, l'entrepreneur aurait le droit de requérir qu'il en fût nommé ; ensorte qu'on peut dire en général, que la partie la plus diligente est autorisée à provoquer la visite des lieux par des gens de l'art.

S'il est urgent de déblayer la place, ou de faire d'autres travaux préalables, soit pour prévenir de plus grands accidens, soit pour procurer au propriétaire ou aux voisins des jouissances utiles, il en est fait mention dans le rapport des experts; et un jugement provisoire autorise le propriétaire à effectuer les ouvrages d'urgence, exigés par les circonstances.

Il est essentiel, en pareil cas, de se borner aux travaux spécifiés par le jugement provisoire, jusqu'à ce que le fond de la contestation ait été définitivement décidé avec l'entrepreneur.

Pour faire les travaux autorisés par le jugement provisoire, et ceux désignés par le jugement définitif, le propriétaire peut-il se servir d'un autre entrepreneur que celui contre lequel il a exercé sa garantie?

En faveur de l'entrepreneur, on dit qu'il lui est moins onéreux de refaire les travaux ordonnés, que d'en payer le prix; et il importe peu au propriétaire d'être dédommagé d'une manière ou de l'autre.

Cette considération tirée de l'avantage de l'entrepreneur, ne peut pas résister à la force des principes. L'action en garantie ne se résout qu'en dommages-intérêts; et le jugement qui condamne l'entrepreneur ne lui laisse pas l'alternative de faire les réparations, ou d'en payer la valeur. S'il y avait le choix, le maître ne pourrait empêcher le rétablissement de son édifice, même contre son goût, lorsqu'il plairait à l'entrepreneur de faire les travaux indiqués, plutôt que de payer le montant de la condamnation; une pareille conséquence serait évidemment une atteinte portée à la liberté qu'on a de disposer de sa propriété: l'entrepreneur doit donc nécessairement payer les dommages-intérêts. De même que le propriétaire ne peut pas le forcer à faire les travaux indiqués par les experts; pareillement, cet entrepreneur ne peut pas exiger qu'on lui laisse exécuter ces mêmes travaux. Son obligation est de payer la somme à laquelle il a été comdamné: le propriétaire employera cette somme comme il voudra, même à tout autre chose qu'aux travaux dont elle est le prix; et s'il se détermine à les faire, il les confiera à tel entrepreneur qu'il voudra.

ARTICLE II.

De la garantie relative à l'exécution des lois.

Cinq paragraphes divisent cet article : l'un expliquera la garantie pour l'exécution des lois du voisinage; le second la garantie pour l'exécution des réglemens de police; le troisième dira si la garantie de l'observation des lois est prescrite par dix ans.; le quatrième fera connaître de quel jour commence à courir le tems utile pour exercer cette garantie; enfin, le cinquième indiquera combien elle dure.

§ Ier.

De la garantie relative à l'exécution des lois du voisinage.

Celui qui se charge d'une construction non seulement doit lui donner une solidité suffisante; mais encore il doit se conformer à ce que prescrivent les différentes lois du voisinage. Il ne lui est pas permis d'ignorer, par exemple, les circonstances où il est besoin de contre-murs, soit lorsqu'il creuse un puits ou une fosse d'aisance, soit lorsqu'il construit une forge, soit pour soutenir des terres qui, sans cette précaution, pousseraient trop fortement le mur mitoyen. Il est de son devoir de connaître la manière d'ouvrir une vue légale, dans un mur de séparation qui appartient au propriétaire pour lequel il travaille, et de placer une pareille vue à la hauteur prescrite par la loi. S'il s'agit de construire une galerie ou un balcon qui procure une vue droite ou oblique, il doit observer les distances sans lesquelles ces sortes de vues ne sont pas permises.

Lorsque l'on confie les travaux d'un bâtiment quelconque à un entrepreneur, on entend que la construction sera faite de manière à ne laisser aux voisins aucun sujet de plainte. Si donc, par exemple, il avait ouvert une vue oblique trop près de l'héritage voisin, il serait tenu des suites de sa faute; c'est-à-dire, de refaire la fenêtre à la distance légale, et d'indemniser le propriétaire en raison du tort que pourrait lui causer ce changement.

C'est également en vertu des lois du voisinage, qu'un entrepreneur ne doit tracer les fondations d'un mur de séparation, que quand l'alignement en a été fixé entre les deux voisins. En conséquence, lorsque ce mur appartient au seul propriétaire qui le fait construire, et que celui-ci s'en est rapporté à l'entrepreneur pour placer cette séparation convenablement, l'entrepreneur serait responsable si le mur se trouvait anticiper sur le terrain voisin.

Suppose-t-on que le mur est mitoyen? L'obligation de l'entrepreneur est de n'y pas toucher, sans le consentement de tous ceux à qui ce mur appartient; l'autorisation de l'un des copropriétaires ne lui suffit pas. Voilà pourquoi l'*art.* 203 de la coutume de Paris avait imposé aux maçons, chargés de travailler à des murs mitoyens, la nécessité d'en avertir les voisins par une seule signification, à peine de tous dépens, dommages-intérêts, et de rétablir les murs qu'ils auraient dérangés avant d'avoir fait cet avertissement. Si donc je commandais à un entrepreneur de percer un mur qui m'est commun avec plusieurs autres personnes, il refuserait avec raison de m'obéir avant que de s'être assuré du consentement de tous les propriétaires : autrement, ceux-ci auraient une action en dommages-intérêts contre l'entrepreneur, pour raison du trouble qu'il leur causerait; sauf le recours de ce dernier contre moi, s'il y avait lieu.

Cet exemple ressemble parfaitement au cas où il s'agit de démolir, percer, ou réédifier un mur mitoyen; l'entrepreneur que je charge de l'opération ne peut la commencer sans avoir la certitude, ou que le voisin à qui le mur appartient pour sa part a donné son consentement, ou qu'à son refus il a été obtenu une autorisation du tribunal. Si l'entrepreneur ne prend pas à cet égard ses sûretés, il peut être attaqué par le voisin qu'il vient troubler dans sa jouissance; il n'a de recours contre moi que quand je m'y suis engagé; et ce recours ne l'empêche pas d'être directement responsable de son imprudence.

L'obligation où est l'entrepreneur de ne jamais percer un mur mitoyen sans en avoir le consentement des deux voisins, ne va pas jusqu'à le forcer à le requérir lui-même : il lui suffit de se refuser à faire travailler des ouvriers au mur commun, tant qu'il ne voit pas une autorisation conforme à la loi.

Telle est la manière dont il faut expliquer l'*art.* 662 du Code, et comment doivent l'exécuter les entrepreneurs : la loi ne s'est pas contenté d'exiger qu'un avertissement soit donné au voisin, elle veut de plus que celui-ci ait accordé son consentement, ou qu'à son refus un jugement ait autorisé l'ouvrage projeté. L'entrepreneur n'est plus tenu, il est vrai, de faire faire de signification ; mais, ce qui est plus efficace, il lui est défendu de porter la main à la propriété commune, sans autorisation de tous les intéressés, ou de la justice.

§ II.

De la garantie pour l'exécution des réglemens de police.

Les lois du voisinage ne sont pas les seules auxquelles les entrepreneurs doivent se conformer dans leurs travaux ; ils sont obligés pareillement d'obéir aux réglemens de police concernant les constructions. Quand un propriétaire commande des ouvrages à quelqu'un, il suppose toujours qu'ils seront exécutés suivant les règles de l'art et les ordonnances de police ; car les unes et les autres doivent être également familières aux entrepreneurs. Ceux-ci, en se chargeant d'une construction, s'engagent nécessairement à observer les lois des bâtimens : ils sont donc responsables des suites de leur négligence ou de leur ignorance, quand ils manquent à cette obligation.

S'il s'agissait, par exemple, de construire ou de rétablir un mur qui borde la voie publique, l'entrepreneur commettrait une faute grave, s'il plaçait ce mur au-delà de l'alignement donné par les officiers de la voirie : il serait tenu de payer d'abord la dépense nécessaire pour remettre le mur dans le véritable alignement, et en outre de payer des indemnités au propriétaire, pour le tort que cette reconstruction pourrait lui occasionner. Par cette raison, un entrepreneur ne doit jamais se permettre de reconstruire le tout ou partie d'un mur placé sur le bord de la voie publique, sans qu'on lui ait justifié que l'alignement en a été vérifié par l'autorité.

Des réglemens de police défendent de placer les âtres de cheminées sur des pièces de bois, quelle que soit l'épaisseur de maçonnerie dont on les recouvre; ils ne permettent pas d'appuyer des cheminées contre des pans de bois; ils ne veulent pas que l'on fasse passer des pièces de bois au travers d'un tuyau de cheminée; ils prescrivent une certaine distance à laquelle on est obligé de se tenir quand on ouvre des carrières; ils indiquent des précautions à prendre pour construire sur des terrains dont le dessous a été fouillé, par des extractions de pierres ou de toute autre substance. Les entrepreneurs sont dans la nécessité d'observer ces diverses dispositions réglementaires; ils en contractent tacitement l'obligation, en se chargeant d'exécuter les constructions qu'on leur confie : lors donc que les lois de police ont été négligées, les suites en retombent nécessairement sur eux.

Ainsi, le feu prend à une maison, parce qu'un âtre de cheminée a été établi sur une portion de plancher, dans laquelle se trouvait une solive; c'est celui qui a fait cette construction vicieuse, en contravention aux règlemens de police, qui est responsable de toutes les pertes que l'accident a occasionnées. Pareillement, un édifice a été placé sur une carrière, sans que les précautions prescrites aient été prises; si l'édifice vient à tomber, l'entrepreneur est coupable, et est contraint de réparer tous les torts qu'il a causés. Il en est de même dans tous les cas où les entrepreneurs ont commis des infractions aux réglemens de police, s'il en résulte des accidens : les voisins qui en reçoivent quelque préjudice, s'adressent pour leurs indemnités au propriétaire de l'édifice; mais celui-ci exerce son recours contre la personne à qui il avait confié sa construction.

§ III.

La garantie de l'observation des lois du voisinage et de police ne se prescrit point par dix ans.

L'architecte Goupy, annotateur de Desgodets, dans ses notes sur l'*art.* 189 de la coutume de Paris, distingue avec raison les vices de construction qui proviennent de l'inobservation de quelques régles de l'art; et il ne les confond pas avec les vices de construction qui consistent dans la contravention aux lois du voisinage et de police. Les premiers portent atteinte à la solidité de l'édifice; tels seraient la trop faible fondation d'un mur, son trop peu d'épaisseur, l'emploi de mauvais matériaux. C'est seulement pour prévenir les vices de construction, rangés dans cette première classe, que la loi a établi une garantie de dix ans: elle a décidé que quand un édifice a duré un pareil laps de tems, il en résulte la preuve qu'il a été construit avec une solidité suffisante: en sorte que s'il venait à périr après avoir subsisté dix ans, on présumeroit qu'une cause particulière a produit l'accident; et le défaut de solidité ne pourrait pas être opposé à l'entrepreneur. En conséquence, le propriétaire dont l'édifice aurait éprouvé un échec après avoir duré dix ans, ne serait pas recevable à demander une visite pour vérifier si les régles de l'art n'ont pas été violées.

On ne peut pas raisonner de même à l'égard des vices de construction, qui consiste dans l'inobservation des lois relatives, soit au droit ou à la sécurité des voisins, soit à la salubrité ou à la sûreté publique. L'entrepreneur qui se rend coupable de contravention à ces sortes de lois, commet un quasi-délit qui ne peut pas être couvert par le laps de dix ans.

Par exemple, le feu d'une cheminée se communique à un pan de bois auquel elle est appuyée; l'entrepreneur qui a commis cette contravention aux réglemens de police, est responsable des suites de l'accident: il doit donc être condamné, d'abord aux peines prononcées par ces réglemens, et en outre aux dommages-intérêts dus à tous ceux qui ont souffert de l'incendie.

Envain dirait-il que sa construction date de vingt-ans, et que sa garantie ne peut pas durer plus de dix ans, selon que le décide l'*art.* 2270 du Code Napoléon. On lui répondrait que cet article n'a voulu parler que de la garantie relative à la solidité des édifices : à l'égard des contraventions aux lois du voisinage et de police, ce sont des fautes qu'il n'a point comprises dans sa disposition, et qui restent soumises aux principes généraux, comme toutes celles pour lesquelles il n'a point été établi de règles particulières.

On citera peut-être en faveur de l'entrepreneur, l'*art.* 1386 du Code : on y voit qu'un propriétaire est responsable du dommage causé par la ruine de son bâtiment, lorsqu'elle est arrivée par une suite du défaut d'entretien, ou par le vice de la construction. Si l'accident, dira-t-on, arrive pendant le cours des dix premières années, l'entrepreneur est seul responsable conformément à l'*art.* 1792 ; mais ce laps de tems une fois écoulé, l'entrepreneur est déchargé de la garantie, comme le veut l'*art.* 2270 : par concéquent, si après cette décharge opérée, l'édifice vient à périr, c'est alors qu'il faut appliquer l'*art.* 1386, et décider que le propriétaire est seul tenu des dommages occasionnés par la chûte de son bâtiment.

Cette interprétation est une erreur : le Code par son *art.* 1386 a établi en principe général que, pour la réparation du dommage causé par la ruine d'un édifice, on a droit de s'adresser à la personne qui en est propriétaire, à moins que l'accident ne soit arrivé par force majeure. Il est évident qu'ici le Code a voulu faire connaître dans quels cas ceux qui souffrent de la chûte d'un bâtiment, peuvent réclamer des indemnités contre celui à qui il appartient; mais il ne dit pas que le propriétaire attaqué soit privé de son recours dans les mêmes cas, s'il y a lieu, contre l'entrepreneur auquel il avait confié ses travaux.

En conséquence, si la chûte vient de ce que les règles de l'art n'ont pas été observées, et que les dix premières années ne soient pas encore écoulées, celui qui a bâti sera garant envers le propriétaire, et devra lui tenir compte de tout ce que celui-ci aura été contraint de payer pour indemnités. Si l'accident arrive après le laps de dix ans, le propriétaire n'aura aucun recours contre son entrepreneur : alors la loi présume que les règles de l'art ont été suffisamment observées, puisque le bâtiment est resté solide pendant dix ans. L'accident vient donc ou du défaut d'entretien, ou d'une cause également étrangère à l'entrepreneur.

Quand le vice de construction qui a occasionné la ruine d'un édifice, consiste dans l'inobservation des lois du voisinage ou de police, le propriétaire est également responsable, en vertu de l'*art.* 1386, envers ceux qui ont souffert de l'évènement; mais il a son recours contre la personne qui s'était chargé de diriger ou de conduire les ouvrages. Ce recours n'est plus borné à dix ans, parce qu'il ne s'agit plus d'un simple défaut de solidité; c'est ici un quasi-délit. L'action du propriétaire contre celui qui bâtit, n'est pas alors fondée sur la garantie établie par l'*art.* 1792, pour les seuls cas où les règles de l'art ont été violées; elle a sa source dans la responsabilité dont l'*art.* 1383 concernant les quasi-délits, charge quiconque occasionne du dommage, non seulement par son fait, mais encore par sa négligence, ou par son imprudence.

§ IV.

De quel jour commence à courir le tems que dure la garantie de l'observation des lois.

Après avoir dit comment tous les entrepreneurs sont tenus d'observer les lois du voisinage et de police, dans les travaux dont ils se chargent, nous avons démontré que le recours qu'on a contre eux en cas de contravention de leur part à ces mêmes lois, ne doit pas se confondre avec la garantie dont ils sont tenus relativement à la solidité de leurs constructions. Le tems qui prescrit celle-ci commence à courir de plein droit du jour où les ouvrages ont été reçus ; il n'en est pas de même de la garantie qui concerne l'observation des lois du voisinage et de police. La différence entre ces deux sortes de garantie est d'autant plus importante à remarquer, qu'elle sert à faire reconnaître leurs caractères particuliers. L'une est une épreuve qui dure pendant dix ans, à compter du jour où les ouvrages sont achevés et livrés ; l'autre est une action dont le tems pour l'exercer ne commence à courir, que du jour où le propriétaire a pu avoir connaissance du vice qui y donne lieu. Il serait impossible d'appliquer à cette dernière espèce de garantie, ce que prescrit le Code concernant la solidité de la construction pendant dix ans. En effet, si les dispositions de cette dernière garantie s'étendaient à la contravention aux lois du voisinage et de police, un entrepreneur les enfreindrait impunément, dès qu'il aurait l'espoir que les vices de son ouvrage ne se manifesteraient pas avant dix ans.

Par exemple, une fosse d'aisance a été construite près d'un mur appartenant au voisin, sans qu'on ait garanti ce mur par une maçonnerie telle que l'exigent les lois du voisinage : cependant le mur du voisin reste plus de dix ans sans paraître souffrir de cette contravention ; mais tout à coup pendant la douzième année ce mur s'écroule, et entraîne avec lui le bâtiment qu'il soutenait. Serait-il juste de refuser au propriétaire de la fosse d'aisance, un recours contre le coupable entrepreneur qui par ignorance, ou peut-être pour gagner davantage sur son marché, a négligé de faire un contre-mur? Non certainement : à compter du jour de l'évènement malheureux une action est ouverte contre l'entrepreneur, pour le contraindre à tenir compte au propriétaire dont il a trompé la confiance, de toutes les indemnités que celui-ci se trouve forcé de payer au voisin.

Il en serait autrement si le contre-mur avait été construit convenablement, et que le mur du voisin, nonobstant cette précaution, se trouvât endommagé par les matières de la fosse. L'accident étant arrivé pendant les dix premières années, l'entrepreneur serait responsable comme n'ayant pas donné à son travail une solidité suffisante ; et si le contre-mur avait résisté pendant dix ans, le mal que le mur voisin recevrait ensuite de la fosse, ne serait considéré que comme le résultat naturel du tems. L'entrepreneur ne serait donc pas garant de l'accident, puisqu'il aurait rempli son double engagement ; l'un de faire un contre-mur; l'autre de le construire capable de durer au moins pendant les dix premières années.

Ces deux exemples font assez voir en quoi diffèrent les deux espèces de garantie, et combien peu les textes qui établissent la garantie relative à la solidité, s'appliquent à la garantie concernant l'observation des lois du voisinage et de police.

§ V.

Combien de tems dure la garantie relative à l'observation des lois du voisinage et de police.

Il a été démontré que la garantie relative à l'observation des lois du voisinage et de police, n'était point comprise dans les dispositions particulières à la garantie de solidité : ce qui concerne l'observation des lois du voisinage et de police est donc resté soumis aux principes généraux propres à la matière.

D'un autre côté on a prouvé que celui qui se charge d'une construction, s'engage non seulement à la faire solide; mais aussi à l'établir conforme aux loix du voisinage et de police, qui le plus souvent sont inconnues du propriétaire. Celui à qui il donne sa confiance pour conduire ou exécuter des travaux, est tenu de le prévenir, soit des formalités qu'il faut remplir, soit de la nature des ouvrages qui sont à faire pour ne blesser les droits d'aucun voisin, ou pour obéir aux réglemens de sûreté publique. Si le propriétaire résiste aux avis de l'entrepreneur, celui-ci doit refuser de s'occuper de travaux qui seraient en contravention aux lois. Il est bien plus coupable lorsque, sans avoir averti le propriétaire de ce qui est exigé par les lois des bâtimens, il omet de s'y conformer, soit par négligence, soit par ignorance, soit pour se procurer un gain plus considérable. Sous prétexte d'exécuter le marché, on ne peut pas exiger qu'un entrepreneur travaille sans observer ce que prescrit ou le voisinage ou la police; car tout traité pour une construction, suppose la condition que les lois qui y ont rapport seront exécutées. Quand cette condition n'est pas exprimée, elle est suppléée de plein droit; c'est un des cas où il n'est pas permis aux particuliers de déroger par leurs conventions à ce qui touche l'ordre public : *Privatorum conventio juri publico non derogat.* L. 45, § 1, ff. *de reg. jur.*

L'infraction à ces lois, de la part de l'entrepreneur, est un quasi-délit, puisque le tort qui en résulte est évidemment causé par son propre fait; il doit donc répondre des suites de sa négligence ou de son imprudence. Cette décision est déduite de l'*art.* 1383 du Code Napoléon, concernant tous ceux qui commettent des délits ou des quasi-délits. Il n'y est pas parlé du tems nécessaire pour les mettre à l'abri des demandes auxquels ils donnent lieu : c'est une preuve que l'action qu'on a contre eux est soumise à la prescription ordinaire de trente ans, qui convient, suivant l'*art.* 2262, à toutes les actions, tant réelles que personnelles.

L'entrepreneur qui commet un délit ou un quasi-délit dans l'exécution des ses travaux, n'est donc déchargé de la garantie que par le laps de trente années, à compter du jour où le propriétaire a eu connaissance du vice de construction par lequel il a été trompé.

Dans sa note sur l'*art.* 189 de la coutume de Paris, l'annotateur de Desgodets dit que l'entrepreneur est garant des infractions aux lois du voisinage et de police, même quant les ouvrages auraient été faits depuis plus de trente ans. Pour entendre cette décision, il faut se rappeler qu'une action ne peut se prescrire qu'à compter du jour où elle a pu être exercée; en effet, il est de principe que la prescription ne court pas contre celui qui est dans l'impossibilité d'agir: *Contrà non valentem non currit præscriptio;* et certainement celui qui ignore que le quasi-délit a été commis est dans l'impossibilité d'en demander la réparation. Il ne peut donc faire usage de son droit qu'à compter du jour où il a connaissance du fait dont il est fondé à se plaindre. Voilà le sens dans lequel Goupy dit que le tems ne décharge pas de la garantie dont il s'agit : il n'en est pas moins certain que l'action qui en résulte se prescrit par trente ans, à compter du jour où elle a pu être exercée.

Supposons, par exemple, un incendie occasionné par un âtre établi sur une pièce de bois depuis quarante ans; la contravention de l'entrepreneur n'étant connue que du jour de l'accident, c'est seulement ce jour là qu'est née l'action en garantie contre lui : il ne pourrait pas exciper de l'ancienneté de l'ouvrage, parce que le tems n'efface point une pareille faute. A l'égard de l'indemnité à laquelle elle donne lieu, on peut la réclamer pendant trente ans, à compter du jour où le propriétaire a eu connaissance de son droit contre l'auteur de l'incendie. En un mot le laps de tems quelque long qu'il soit, ne peut empêcher de naître l'action en garantie dont il s'agit; mais, depuis le premier jour où cette action a été à la disposition du propriétaire, elle n'a que trente ans d'existence. Celui qui a négligé de la faire valoir pendant un si long espace de tems, est présumé l'avoir abandonnée, et ne mérite plus que la loi vienne à son secours. Cette prescription est si péremptoire, qu'on ne pourrait pas en arrêter l'effet, en prouvant que le quasi-délit a été commis même avec dessein de tromper. Telle est la décision de l'*art.* 2262 du Code : il déclare que toute action est éteinte par trente ans, sans que celui qui invoque cette prescription, puisse craindre qu'on lui oppose l'exception déduite de sa mauvaise foi.

Cependant cette prescription est suspendue pendant la minorité ou l'interdiction de celui à qui appartient l'action : on n'a pas voulu qu'un mineur, ou un interdit, fût victime de la négligence de son tuteur. *Cod. Napol.*, *art.* 2252. Ainsi, dans l'espèce proposée, l'action contre l'entrepreneur est née le jour où l'incendie a décelé le vice de construction, quoique l'édifice eût une date fort ancienne : cette action durera trente ans; et si le propriétaire, à l'époque de l'incendie, était un mineur, l'action en garantie contre l'auteur du quasi-délit ne serait éteinte que trente ans après la majorité de ce propriétaire, à qui la négligence de de son tuteur ne peut jamais nuire.

ARTICLE III.

Contre qui s'exerce la garantie des constructions.

Trois sortes de personnes s'occupent de bâtimens; les architectes, les entrepreneurs et les ouvriers. Quelquefois un édifice est dirigé par un architecte, et construit par un entrepreneur qui fait travailler des ouvriers; souvent une construction est faite par un entrepreneur et ses ouvriers, sans qu'aucun architecte en ait la surveillance; il arrive aussi que des ouvriers sont employés directement sous les ordres d'un architecte, sans dépendre d'un entrepreneur; enfin on voit des cas où on fait construire par des ouvriers, sans le secours ni d'un architecte, ni d'un entrepreneur. La garantie pour les vices de construction pèse donc sur les personnes employées par le propriétaire, selon les différentes circonstances : nous allons en parler dans plusieurs paragraphes, où nous considérerons successivement; 1°. les architectes qui donnent seulement leurs plans et devis; 2°. les architectes qui dirigent des travaux; 3°. les architectes qui vérifient et règlent des mémoires; 4°. les entrepreneurs qui sont employés sous les ordres des architectes; 5°. les entrepreneurs qui ne sont point dirigés par des architectes; 6°. les entrepreneurs considérés par rapport aux matériaux; 7°. les ouvriers qui travaillent pour le compte d'un entrepreneur; 8°. enfin les ouvriers qui travaillent pour leur propre compte.

Dans tout ce qui va suivre, nous ne reviendrons plus sur la nature et les effets des deux sortes de garanties, expliquées dans les articles précédens: nous nous bornerons à indiquer les cas où les personnes employées dans les bâtimens sont soumises à ces deux garanties, chacune en ce qui la concerne.

§ Ier.

Des architectes qui donnent leurs plans et devis.

Un architecte est celui qui fait les plans et devis d'une construction, et qui en dirige les travaux dont l'exécution est confiée, soit à un entrepreneur, soit à des ouvriers.

Sous la dénomination de plans, on entend tous les desseins figurés de l'objet qu'il s'agit de construire, et considéré, soit horisontalement, soit selon sa coupe, soit par rapport à son élévation.

Le devis est l'état détaillé de toutes les sortes d'ouvrages dont la construction doit être composée, tels que ceux de maçonnerie, de charpenterie, de serrurerie, de menuiserie et autres. Il est des devis qui, outre les mesures, les quantités, la nature des matériaux, la manière de les employer, indiquent encore les prix, soit de la fourniture, soit de la façon de chaque article; ces sortes d'états sont appellés devis estimatifs. On s'adresse aussi aux architectes pour régler les mémoires des entrepreneurs et des ouvriers, et pour vérifier si les travaux ont été exécutés conformément aux règles de l'art, aux plans et devis, et aux conventions faites avec le propriétaire. Ici nous considèrerons l'architecte seulement lorsqu'il donne ses plans et devis; dans les deux paragraphes suivans, on parlera de ses obligations quand il est chargé de diriger des constructions, et quand il règle des mémoires.

L'homme qui exerce la profession d'architecte doit être à la fois un savant et un artiste. En effet, sans le secours de plusieurs sciences telles que la physique, la mécanique, la géométrie, la perspective, et quelques autres, il s'expose à faire des ouvrages défectueux, et qui ne sont point appropriés aux usages auxquels ils sont destinés. D'un autre côté, avec les connaissances les plus profondes dans les sciences, l'architecte ne fait éprouver aucun plaisir par ses constructions, lorsque le goût le plus épuré ne s'y fait pas remarquer, par un sage emploi des ornemens convenables à chaque objet. Il est rare de rencontrer dans la même personne, cette réunion de la science et de l'art; voilà pourquoi les architectes dignes de célébrité sont en si petit nombre. Mais il ne s'agit pas ici de faire connaître les qualités nécessaires à celui qui veut exercer le bel art de l'architecture : nous examinons dans quelles circonstances il est responsable, et qu'elle est la nature de la garantie qu'on peut diriger contre lui.

Souvent on s'adresse à un architecte, pour avoir les plans et devis d'un édifice dont il n'est pas chargé de diriger les travaux. Alors il n'est pas garant des défauts de solidité qui résulteraient de la mauvaise exécution : il n'est reponsable que des vices qui sont la conséquence nécessaire des plans qu'il a figurés, et des indications qu'il a données par ses devis.

Ainsi, soit à l'entreprise, soit par énonomie avec le secours d'ouvriers que je surveille moi-même, je fais exécuter les plans et devis qu'un architecte a composés; après avoir observé tous les détails qu'il a indiqués concernant les dimensions des murs, la qualité des matériaux, la longueur et l'épaisseur des bois, mon bâtiment, dans le cours des dix premières années, menace ruine, soit pour la totalité, soit pour une partie: j'ai certainement recours contre cet architecte. Sur ma demande, deux experts sont nommés; ils examinent si les vices de construction prennent réellement leur source dans les plans et devis que j'ai eu la confiance de faire exécuter avec exactitude. Le cas arriverait, par exemple, si quelques parties essentielles du bâtiment portaient à faux, ou si les murs et les bois avaient été indiqués avec des dimensions beaucoup trop faibles.

Pour réussir dans une pareille contestation, il faut d'abord prouver que les plans et devis qui ont été suivis, sont l'ouvrage de l'architecte que l'on attaque; ce qui est facile, lorsqu'il sont signés de lui. Alors, dans l'exploit qui lui est signifié, on demande avant tout qu'il reconnaisse sa signature, ou que s'il s'y refuse, la signature soit tenue pour reconnue : ensuite on conclut au principal, à ce qu'il soit condamné à réparer le tort qu'il a occasionné par son ignorance ou son imprudence. En second lieu, il est nécessaire de démontrer que les plans et devis signés par l'architecte, ont été suivis avec la plus grande exactitude, et qu'on ne s'en est écarté en aucun point : autrement, les vices de construction pourraient être imputés aux changemens que l'on se serait permis; c'est un fait sur lequel s'expliqueraient les experts.

On ne dissimule pas que plusieurs architectes ne croyent pas être garans des plans et devis qu'ils donnent. Leur opinion est une erreur; elle est fondée, moins sur le droit, que sur une prévention résultant de ce qu'il y a peu d'exemples de contestations élevées contre des architectes, pour raison de la garantie de leurs plans et devis.

Nous convenons qu'il doit être extrêmement rare qu'un architecte fasse dans des plans et devis, des fautes assez graves pour que la solidité de l'édifice soit compromise à un tel point, que les ouvrages ne puissent pas subsister au moins pendant les dix premières années : mais il suffit que le cas soit possible, pour qu'on doive en parler. Ne peut-il pas arriver, par exemple, qu'un architecte, prévenu en faveur d'une manière nouvelle de construire certains ouvrages, ait l'imprudence de la mettre en pratique, avant que le succès en ait été complettement assuré ? Posons donc en principe que quand un propriétaire, après avoir mis sa confiance dans les lumières d'un architecte, se trouve lézé par les fautes que celui-ci a commises en indiquant un mode de construction essentiellement vicieux, il y a lieu à l'action en garantie contre ce dernier. En effet, par la convention faite avec le propriétaire, l'architecte lui loue son talent pour faire un ouvrage déterminé; car, suivant l'*art.* 1710 du code, le louage d'ouvrage est un contrat par lequel l'une des parties s'engage à faire quelque chose pour l'autre, moyennant un prix.

Le travail de l'architecte est nécessairement compris dans cette disposition générale; et s'il fallait le prouver d'une manière particulière, on citerait l'*art.* 1795 qui dit que le contrat de louage d'ouvrage est dissous par la mort de l'ouvrier, de l'*architecte* ou entrepreneur : ce que fait l'architecte pour un propriétaire, est donc considéré par la loi comme un louage d'ouvrage. Ajoutons à ces autorités, celle de l'*art.* 1792 qui veut que, pendant dix ans, l'*architecte* et l'entrepreneur soient responsables de l'édifice élevé par leurs soins, lorqu'il périt en tout ou en partie par le vice de la construction, et même par le vice du sol. Que faut-il de plus pour démontrer que le travail d'un architecte, et par conséquent les plans et devis qu'il donne, sont l'objet d'un contrat de louage? Celui qui les a signés est donc responsable des vices de construction, qui seraient la suite nécessaire de l'exécution fidèle de ce qu'il a prescrit.

Dans tout ce qu'on a dit jusqu'ici, l'architecte est supposé n'avoir été chargé que de composer les plans et devis, et non pas d'en surveiller l'exécution; d'où il suit qu'en pareil cas, il n'est jamais responsable du vice du sol. En indiquant les dimensions des fondemens de l'édifice, il suppose au terrain une certaine qualité: celui qui exécute est donc nécessairement chargé de reconnaître l'état du sol; et il doit, sous sa seule responsabilité, établir les fondations suivant les circonstances, et conformément aux règles de l'art.

L'architecte qui se contente de donner ses plans et devis, n'est pas non plus responsable de l'inobservation des lois du voisinage et de police. La personne chargée de l'exécution des travaux, est seule tenue de se conformer aux lois des bâtimens: l'architecte, en composant les plans et devis, lui a laissé cette obligation, au moins tacitement; tout ce qu'il indique est toujours sous la condition qu'on satisfera aux lois relatives aux ouvrages dont il s'agit. Enfin, quand il aurait prescrit quelque chose que les lois ne permettent pas; par exemple, s'il avait figuré et décrit une épaisseur trop faible, pour la maçonnerie qui doit exister entre une fosse d'aisance et le puits d'un voisin, il ne faudrait pas lui imputer la faute commise dans l'exécution sur son indication. D'abord il serait censé n'avoir pas connu parfaitement l'état de la propriété voisine; en second lieu celui qui exécute les ouvrages, ne devant pas ignorer les lois des bâtimens, a dû nécessairement signaler cette faute. Si elle a pu échapper dans un travail de cabinet, il n'est pas permis à celui qui est sur les lieux, de la laisser commettre dans l'exécution dont il s'est chargé: son premier devoir est de se conformer à la loi qui commande impérieusement; et ce n'est que dans les objets sur lesquels elle ne prononce pas, qu'il doit suivre exactement les devis de l'architecte : par conséquent celui-ci n'est garant que de la solidité des objets qui dépendent uniquement de sa composition.

§ II.

Des Architectes qui dirigent des constructions.

Dans le paragraphe précédent nous avons démontré qu'un architecte qui compose des plans et devis pour un propriétaire, est tenu des défauts de solidité résultant de leur fidelle exécution : étant payé pour un travail qu'on lui confie, et pour lequel on lui croit des talens suffisans, il doit le faire suivant les règles de l'art; sinon il est obligé à réparer le tort que son ignorance, ou sa négligence, ou son imprudence pourraient occasionner. On conçoit que l'architecte qui se charge de diriger des travaux se soumet à une autre responsabilité, celle de leur bonne exécution; car c'est lui qui donne aux entrepreneurs ou aux ouvriers les ordres nécessaires pour effectuer les ouvrages; c'est de lui que l'on tient les mesures, l'indication des matériaux et la manière de les employer; c'est lui qui veille à ce qu'il n'en soit choisi que de bonne qualité, et à ce qu'ils soient bien préparés. Si l'entrepreneur ou les ouvriers le trompent, on distingue s'il a pu s'apercevoir du vice dont ils sont cause; dans ce cas l'architecte est évidemment responsable, sauf son recours contre ceux qu'il n'a pas assez surveillés. Mais, si l'entrepreneur ou les ouvriers ont agi de manière à mettre en défaut la vigilance qu'il est d'usage d'attendre d'un architecte, aucun reproche ne peut lui être fait; ceux qui ont commis les fautes sont les seuls responsables.

Par exemple, l'édifice vient-il à périr par le vice du sol? c'est l'architecte qui en répond, parce qu'il doit lui-même reconnaître la qualité du terrain sur lequel il ordonne d'asseoir les fondations. Mais lorsqu'un entrepreneur ou des ouvriers, profitant des momens où l'architecte n'est pas présent, se servent de mauvais matériaux, ou font un mauvais emploi de matériaux assez bons, il est possible que ces défauts ne soient pas aperçus, quoique la surveillance soit éxercée par l'architecte d'une manière satisfaisante, et telle qu'il est d'usage : alors les auteurs des vices de construction en sont seuls responsables. En cas de contestation sur la question de savoir si l'architecte est en défaut, on nomme des experts qui se décident d'après les circonstances.

Puisque rien d'essentiel n'est fait dans une construction dirigée par un architecte, sans qu'il ne l'ait ordonné, il est nécessairement responsable, non seulement des vices qui portent atteinte à la solidité, mais encore de ceux qui naissent de l'infraction aux lois du voisinage et aux réglemens de police. Il ne doit donc jamais permettre, par exemple, qu'un mur mitoyen soit percé, pour quelque cause que ce soit, sans le consentement du voisin ou l'autorisation de la justice ; pareillement il ne doit pas souffrir que l'âtre d'une cheminée soit établi sur des pièces de bois; il ne doit pas faire creuser un puits près d'un mur voisin sans l'en séparer par un contre-mur. Si ce qu'ordonne sur cette matière les lois des bâtimens n'avait pas été observé, l'architecte en serait responsable envers le propriétaire dont il aurait négligé si essentiellement les intérêts.

En vain dirait-il que l'entrepreneur ou les ouvriers ont agi contre ses ordres; ceux-ci sans doute seraient ses garans, et il pourrait les faire condamner, si réellement ils avaient trompé sa surveillance; mais il n'en serait pas moins tenu des dommages-intérêts auxquels se trouverait condamné le propriétaire de qui il avait toute la confiance. En effet il est possible que des entrepreneurs ou des ouvriers, soit imprudemment, soit par ignorance, commencent des ouvrages que l'architecte n'a pas prescrits, ou qu'il a indiqués pour être exécutés d'une autre manière; mais bientôt ces premières tentatives erronées doivent être aperçues par un architecte qui n'est pas négligent ; et il doit empêcher qu'elles n'aient des suites fâcheuses. Alors les entrepreneurs ou les ouvriers supportent les dépenses inutiles, qui peuvent avoir été occasionnées par leur témérité à travailler sans ordre, ou à ne pas se conformer à ceux qui leur ont été donnés. Les dépenses inutiles en pareil cas ne sont pas ordinairement d'une grande importance; quand la surveillance de l'architecte est exercée avec l'activité convenable.

On voit par cette explication que, si l'édifice s'achève avec des vices essentiels de construction, il est juste d'abord que le propriétaire soit responsable du dommage qui peut en arriver au voisin; c'est ce que décide l'*art.* 1386. En même-tems il est juste que l'architecte en qui le propriétaire avait placé sa confiance, devienne son garant et supporte, non seulement les condamnations qui seraient prononcées au profit du voisin contre le propriétaire; mais encore tous les dommages-intérêts résultant du préjudice que ce dernier éprouve, par suite des vices de la construction. Cette garantie de l'architecte est une conséquence de la convention qui intervient entre lui et le propriétaire: nous avons démontré dans le paragraphe précédent, que ce lien de droit est un louage d'ouvrage, et que de ce contrat naît la garantie de l'architecte, dans les cas seulement qui viennent d'être expliqués, sauf son recours contre l'entrepreneur.

Nous dirons ici, comme dans le paragraphe précédent, que quelques architectes prétendent n'être sujets à aucune garantie. Cette opinion n'est fondée que sur une fausse manière d'envisager les fonctions d'un architecte. Il est certain qu'elles ont pour objet, l'emploi d'un genre de talens, qui tient un rang distingué dans les sciences et dans les arts, autant par son utilité, ses effets brillans et durables, que par l'instruction qu'il suppose dans ceux qui l'exercent avec honneur; mais serait-ce de l'excellence même de leur profession, que les architectes voudraient argumenter pour se soustraire à la garantie? Plus ils ont de talens, plus il leur est accordé de confiance. Un propriétaire n'est-il pas, quant à ses intérêts, dans une sécurité d'autant plus grande, que l'architecte auquel il s'adresse jouit d'une réputation plus solidement établie? Serait-il juste que sa confiance pût être impunément trompée, précisément à cause du motif qui l'a déterminé dans son choix? Enfin, et voilà ce qui achève de décider, est-il un seul architecte qui, après avoir fait des plans et devis, ne s'empresse d'assurer qu'il en résultera une construction solide, si on les exécute fidèlement? Est-il un seul architecte qui, en acceptant la direction de travaux à faire d'après des plans et devis qu'on lui confie, ou qu'il a dressés lui-même, ne promette de les faire exécuter avec la plus scrupuleuse exactitude, dès qu'on lui donnera autorité suffisante sur les entrepreneurs et les ouvriers? Or la garantie dont plusieurs architectes semblent s'effrayer, ne consiste pas à autre chose : elle est la conséquence raisonnable des assurances et des promesses qu'ils donnent, quand ils se chargent de faire des plans et devis, et de diriger des travaux. Il n'est donc pas étonnant que le code dans les diverses dispositions où il parle de la garantie des constructions, indique les architectes et les entrepreneurs comme ceux sur qui elle pèse, chacun en ce qui les concerne : les premiers répondent des plans et devis qu'ils font; les autres sont tenus de les exécuter conformément aux règles de l'art : l'architecte qui dirige les ouvrages est responsable des ordres qu'il donne; l'entrepreneur est tenu de les exécuter avec exactitude; l'étendue de la responsabilité de ce droit sera expliquée au paragraphe IV.

Dira-t-on que le Code n'a entendu désigner les architectes, que pour les cas où ils entreprennent des constructions, et non pas lorsqu'ils n'ont que la direction des ouvrages? La réponse est que l'architecte, dans le cas dont il s'agit, abandonne les fonctions qui caractérisent sa noble profession, pour se livrer à une spéculation; il se trouve compris alors dans la classe des entrepreneurs; et s'il n'était responsable qu'en cette qualité, il était inutile de le désigner séparément comme architecte. Il est donc évident que la volonté des législateurs est de faire peser la garantie, non seulement sur l'entrepreneur qui exécute des ouvrages; mais encore sur l'architecte qui les dirige, soit en donnant seulement les plans et devis, soit en surveillant leur exécution.

Tel est le vrai sens dans lequel il faut entendre l'*art.* 1792 du Code, où il est dit que si l'édifice construit à prix fait, périt en tout ou en partie par le vice de la construction, et même par le vice du sol, les architectes et entrepreneurs en sont responsables pendant dix ans.

Ce texte ne parle pas de la construction faite par économie, ou autrement dit, par des ouvriers que commande lui-même le propriétaire : il ne s'étend qu'au cas où l'objet est construit à prix fait ; c'est-à-dire, quand il est confié par une convention quelconque, à un architecte ou à un entrepreneur : chacun d'eux en ce qui le concerne, doit répondre de la solidité de l'édifice pendant dix ans. L'architecte n'a-t-il donné que les plans et devis? Il n'est responsable que dans le cas où le vice de construction vient des mauvaises indications qu'il a figurées ou décrites, si pourtant il est prouvé que ses plans et devis ont été exécutés fidèlement, sans aucun changement. La direction des ouvrages lui est-elle confiée ? Il est responsable des vices de construction qui viennent de la mauvaise exécution, lorsqu'il lui aura été facile de prévenir les défauts reprochés : dans ce cas, il a son recours contre l'entrepreneur ou les ouvriers qui n'ont pas suivi ses ordres. Quand les travaux sont abandonnés à un entrepreneur qui n'est sous la surveillance d'aucun architecte, toute la responsabilité relative à l'exécution pèse sur lui.

Cette interprétation du sens naturel de l'*art.* 1792 est confirmée par l'*art.* 2270 : il déclare qu'après dix ans, l'architecte et les entrepreneurs sont déchargés de la garantie des gros ouvrages *qu'ils ont faits ou dirigés*; c'est-à-dire, des gros ouvrages que les entrepreneurs ont faits, ou que les architectes ont dirigés. Ainsi, en désignant précisément les architectes comme garans, la loi n'entend pas parler seulement de ceux qui entreprennent des constructions; elle dit formellement qu'il s'agit des architectes chargés de diriger des ouvrages. Après des dispositions légales aussi claires, il est impossible que les architectes qui ne font pas l'entreprise, se prétendent exempts de toute responsabilité, relativement aux constructions qu'ils dirigent.

§ III.

Des architectes qui vérifient et règlent des mémoires.

Quand un architecte a dirigé des ouvrages, c'est lui qui règle les mémoires de fournitures et de façons, présentés par les entrepreneurs ou les ouvriers qui ont travaillés sous ses ordres. Le propriétaire agirait inconsidérément, s'il payait le montant de ces divers mémoires, avant que l'architecte, à qui il a confié la surveillance de la construction, lui eût attesté que les objets dont le paiement est réclamé, ont été réellement fournis et employés convenablement. Puisque nous avons établi en principe, dans le paragraphe précédent, que l'architecte est responsable, à certains égards, de l'exécution des ouvrages qu'il a dirigés, sauf son recours contre l'entrepreneur ou les ouvriers qui n'ont pas suivi ses ordres, il a droit d'exiger que le propriétaire ne paye rien sans son approbation préalable. En effet, payer des ouvrages sans que l'architecte qui les a dirigés y ait consenti, c'est priver ce dernier des moyens d'exercer utilement son recours, s'il en était besoin. Par conséquent, dans le cas où des vices de construction se manifesteraient et proviendraient de ce que l'entrepreneur a trompé la trop grande confiance qu'avait en lui l'architecte, celui-ci ne pourrait plus être assigné en garantie : il opposerait pour exception, que le propriétaire l'a privé de tous moyens d'utiliser son recours, en payant l'entrepreneur, qui dès-lors est resté le seul responsable des vices de construction.

Lorsque des travaux ont été confiés directement à un entrepreneur, ou commandés à des ouvriers par le propriétaire lui-même, il s'adresse assez souvent à un architecte pour vérifier et régler leurs mémoires de fournitures et de façons. L'obligation de ce dernier se borne alors à reconnaître autant qu'il est possible, si les objets fournis ont été employés dans les quantités qui sont désignées, s'ils ont les qualités convenables, et si les façons qui leur ont été données sont conformes aux règles de l'art; enfin il doit fixer pour chaque article le prix qu'il est raisonnable d'accorder, suivant les localités et les circonstances.

Dans les grandes villes, il y a des personnes dont l'unique occupation est de vérifier et toiser les ouvrages énoncés dans les mémoires de fournitures et de façons. C'est seulement après l'opération du vérificateur, qu'on s'adresse à l'architecte : alors il n'est chargé que de régler les prix de chacun des articles compris dans les mémoires. Néanmoins, il ne peut pas se dispenser, quand il y est invité, de visiter les constructions avant de régler les mémoires, à fin de s'assurer s'il n'y a pas des vices apparens pour des yeux exercés : c'est une partie de la vérification pour laquelle il ne peut pas être suppléée par un simple toiseur.

L'architecte dont les lumières ne sont requises que pour vérifier et régler des mémoires, ne peut être responsable ni de la solidité de la construction, ni de l'observation des lois des bâtimens : il n'est tenu qu'à opérer avec bonne foi, et, par conséquent, à ne point conniver avec les entrepreneurs pour tromper le propriétaire, soit sur la qualité des matériaux, soit sur l'emploi qui en a été fait, soit sur les quantités, soit sur le prix. L'architecte qui serait assez peu honnête, pour abuser de la confiance qui lui est accordée à l'occasion d'un pareil travail, s'exposerait à être considéré comme complice des vices de construction qu'il n'aurait pas dénoncés au propriétaire, et qui étaient de nature à être reconnus lors de la vérification. Pareillement, s'il était prouvé que l'architecte s'est entendu avec l'entrepreneur, pour lui faire obtenir un prix exorbitant, le propriétaire serait fondé à diriger l'action de dol contre cet architecte, et à le faire condamner en des dommages-intérêts proportionnés aux sommes qui auraient été payés au-delà du juste prix, sauf le recours contre l'entrepreneur s'il y a lieu.

Quelque fois on soumet à un architecte des mémoires de fournitures et de façons, non pas pour vérifier les ouvrages et en fixer les prix ; mais, tantôt pour faire une simple vérification, les prix ayant été arrêtés d'avance, et tantôt pour régler seulement la valeur des objets, le propriétaire les ayant suffisamment vérifiés. Dans ces deux cas, l'architecte se borne à la seule opération qui lui est confiée, et n'est tenu qu'à la faire avec probité. Observez que dans l'obligation d'opérer avec bonne foi, est comprise celle d'employer une certaine portion d'intelligence qu'on est essentiellement tenu d'avoir, lorsqu'on se charge de faire un travail. N'est-ce pas en effet tromper celui qui accorde sa confiance, que de lui laisser croire, contre toute vérité, qu'on a les connaissances suffisantes pour faire ce qu'il demande? C'est par cette raison que la faute grossière est considérée comme dol, par les jurisconsultes : *magna negligentia culpa est, magna culpa dolus est.* L. 226 ff. *de verb. signif.* Ainsi quoiqu'il ne soit point prouvé de connivence, si l'architecte en vérifiant un ouvrage, ne dénonce pas un vice de construction que toute personne se mêlant de bâtiment peut reconnaître, il est coupable de dol, puisque son ignorance est alors une faute grossière ; c'est-à-dire une faute qui consiste à ignorer ce que toutes les personnes du même état doivent savoir : *culpa lata est non intelligere quod omnes intelligunt* L. 213. § 2 ff. *de verb. signif.*

Remarquez encore que la vérification et le règlement faits par l'architecte du propriétaire, n'oblige pas l'entrepreneur qui peut refuser de s'y soumettre : alors, si les parties ne s'accordent pas, il est nommé des gens de l'art, soit à l'amiable, soit en justice ; et l'architecte dont l'opération est contestée, ne peut pas être du nombre des experts.

§ IV.

De l'entrepreneur qui exécute sous les ordres d'un architecte.

On entend par entrepreneur celui qui se charge d'exécuter un ouvrage, ou par lui-même ou par ses ouvriers, soit qu'il fournisse les matériaux, soit qu'il n'en fournisse qu'une partie, soit qu'il ne fournisse que son industrie. L'architecte, comme on l'a vu dans le paragraphe Ier, a le talent de composer des plans et devis selon les projets qui lui sont proposés; et il se borne à diriger les ouvrages, sans s'occuper des moyens d'exécution : à l'égard de l'entrepreneur, il se livre plutôt aux moyens d'exécuter les plans et devis qui lui sont confiés; ce qui comprend la main-d'œuvre, et souvent la fourniture des matériaux. L'un est uniquement occupé d'arts et de sciences; l'autre fait une sorte de commerce : le mérite du premier consiste dans ses talens et son instruction, il court à la gloire; le second s'applique plutôt à faire d'heureuses spéculations, et cherche à s'enrichir.

Il n'est pas rare de voir des achitectes faire l'entreprise : ils renoncent alors à ce dégré de considération qu'ils auraient mérité, en exerçant leur noble profession avec plus de désintéressement. Il y a aussi des entrepreneurs capables d'être architectes, et qui en remplissent les fonctions quand les propriétaires les y engagent : c'est rarement pour des édifices d'une grande importance; la composition des plans exige, pour le travail du cabinet, plus de temps que ne peuvent ordinairement y consacrer ceux qui ont de nombreux ouvriers à surveiller. Quoiqu'il en soit, lorsqu'un entrepreneur est employé comme architecte, ses obligations sont celles qui ont été expliquées dans les trois paragraphes précédens, où il n'a été parlé que de la responsabilité de l'architecte. Si c'est au contraire un architecte qui s'occupe d'entreprise, il faut lui appliquer ce que nous allons dire en parlant des engagemens de l'entrepreneur.

Quoique la direction des ouvrages soit confiée à un architecte, l'entrepreneur qu'il a sous ses ordres n'en est pas moins lié avec le propriétaire, par un contrat de louage d'ouvrage, qui, suivant l'*art.* 1710 du Code, est l'engagement de faire pour quelqu'un un travail moyennant un prix. On peut convenir que l'entrepreneur ne donnera que son industrie; il peut aussi s'engager à fournir les matériaux. *Ibid art.* 1787. Dans ce paragraphe nous ne considérons l'entrepreneur que comme louant son travail et son industrie ; le paragraphe suivant le considérera comme fournisseur.

Lorsqu'un architecte est chargé de diriger les travaux confiés à un entrepreneur, le contrat de louage consenti par celui-ci porte pour condition, au moins tacite, qu'il suivra les ordres de l'architecte, afin que la construction soit exécutée fidellement, comme elle a été projettée. La première attention de l'entrepreneur est donc de se conformer en tous points, aux plans et devis que lui donne l'architecte. S'il est quelqu'objet qui ne soit pas suffisamment figuré sur les plans, ni décrit assez clairement dans les devis, l'entrepreneur doit avoir la précaution de se faire donner par écrit, les détails qui lui manquent, et auxquels l'architecte est tenu de supléer. Pareillement, si quelques changemens sont arrêtés entre le propriétaire et l'architecte, pendant la construction, la sûreté de l'entrepreneur exige qu'il ne s'occupe pas de ces changemens, tant qu'il n'en a pas reçu l'ordre par écrit ; c'est le plus sûr moyen d'éviter toute responsabilité pour raison des changemens.

Souvent il n'a pas été fait de plans pour les ouvrages qu'on veut construire, et plus souvent encore, lorsqu'il y a des plans, il n'existe pas de devis ; l'architecte se contente d'indiquer verbalement la nature des travaux : alors l'obligation de l'entrepreneur est de les exécuter suivant les règles ordinaires de l'art ; parce que l'architecte est toujours censé donner ses ordres, sous la condition tacite qu'ils seront mis à exécution, d'après le mode connu pour obtenir une solidité suffisante. Il suit de là, que dans le cas où il n'existe ni plans, ni devis, l'entrepreneur est seul responsable de la durée de l'édifice pendant les dix premières années : rien n'a pu l'empêcher de faire tout ce qu'on attendait de lui, c'est-à-dire, d'employer tous les moyens nécessaires pour bâtir solidement.

Quelquefois l'architecte, pendant le cours des travaux, indique des procédés qui sont nouveaux pour l'entrepreneur ; si ce dernier ne veut pas répondre de leur succès, il est utile qu'il obtienne de l'architecte, l'ordre par écrit de les employer : c'est le seul moyen de se mettre à l'abri de tout reproche, en cas d'évènement.

Il faut dire la même chose, lorsque les plans et devis ne sont pas assez explicatifs : l'entrepreneur est obligé de suivre les règles de l'art, pour les détails qui ne lui sont pas indiqués ; parce que les plans et devis lui sont remis sous la condition tacite qu'il fera ce qui est d'usage, pour l'exécution des travaux, à moins qu'un autre mode n'y ait été clairement décrit. En conséquence, si l'architecte veut qu'on s'écarte de la manière ordinaire, pour quelques objets de construction dont le détail n'est pas dans le devis, l'entrepreneur, pour sa sûreté, doit obtenir par écrit l'ordre d'employer le nouveau procédé que l'architecte lui commande.

Toutes les fois que l'entrepreneur s'éloigne de la route qu'on vient de lui tracer, il est seul responsable des dommages-intérêts résultant de ce qu'il a exécuté, soit contre les règles de l'art, soit contre les indications des plans et devis, soit contre les ordres donnés et signés par l'architecte. Au contraire, en se conformant avec exactitude à ce qui lui est prescrit de l'une de ces trois manières, l'entrepreneur remplit complètement son obligation de concourir à la bonne exécution des ouvrages, pour ce qui concerne la main-d'œuvre ; et lorsqu'il ne s'est pas engagé à autre chose, il est à l'abri de toute responsabilité relative à la solidité.

A l'égard de l'observation des lois du voisinage et de police, l'entrepreneur n'en n'est déchargé, ni par l'exacte conformité de ses ouvrages avec les plans et devis, ni par la surveillance d'un architecte. Si les choses prescrites par les lois des bâtimens sont omises dans la figure et la description des travaux à faire, il n'en résulte pas, pour l'entrepreneur, une autorisation de construire en contravention à ces mêmes lois, qui commandent impérieusement à tous ceux qui s'occupent de construction. D'abord ces mêmes lois s'adressent au propriétaire, qui est responsable directement envers ceux qui auraient souffert de la faute, ou envers la police qui voudrait en prévenir les effets. Le propriétaire aurait ensuite pour son garant l'entrepreneur, qui ne doit pas plus ignorer les lois relatives aux constructions, que les règles de son art. En chargeant un entrepreneur de construire un édifice, il se trouve obligé à opérer suivant les méthodes connues pour obtenir une solidité convenable; et quoique cette clause n'ait pas été exprimée, elle est sous-entendue, comme partie essentielle de la convention. Il en est de même de la nécessité d'observer les lois des bâtimens : quoiqu'on ait omis d'en faire mention dans les plans et devis, ou dans le marché, l'entrepreneur n'en est pas moins obligé de s'y soumettre; sinon il devient responsable des suites qui résulteraient de travaux faits en contravention aux lois.

Il faut raisonner de même pour le cas où un architecte dirige des travaux; ses ordres sont toujours donnés sous la condition tacite, que l'entrepreneur en les exécutant se conformera aux lois des bâtimens.

Que doit faire l'entrepreneur, si l'architecte lui commande quelque chose qui soit évidemment contraire à ce que prescrivent les lois du voisinage?

Si l'objet n'est pas d'une grande importance, et puisse facilement se réparer, il lui suffit d'avoir par écrit l'ordre de l'architecte; à fin de faire tomber sur ce dernier, la garantie que le propriétaire pourrait exercer pour raison de cette contravention à la loi. Par exemple, les eaux de ma maison s'élèvent par droit de servitude sur l'héritage voisin, et traverse le mur mitoyen dans en un droit désigné. Mon architecte ordonne d'ouvrir, pour les eaux, un passage dans une autre place du même mur. Comme il est défendu par l'*art.* 662 du Code, de faire aucun percement dans un mur mitoyen, sans le consentement du voisin, ou, à son refus, sans un jugement; l'entrepreneur serait responsable, s'il faisait mettre le marteau dans le mur dont il s'agit, avant qu'on lui eut justifié d'une autorisation suffisante. Néanmoins, dans l'espèce proposée, si l'ouverture pour les eaux est un objet peu coûteux, s'il n'en peut résulter aucune suite fâcheuse qui ne soit facilement réparée en cas de besoin, l'entrepreneur pourra se contenter d'avoir l'architecte pour garant : en conséquence, sur l'ordre qu'il en obtiendra par écrit, il pourra faire travailler au mur mitoyen. Observez que l'obéissance de l'entrepreneur, en pareil cas, n'est qu'une différence pour le caractère de l'architecte qui est présumé n'avoir signé un ordre par écrit, qu'après s'être pourvu de l'autorisation qu'exige la loi.

Mais, s'il était question d'un fait plus sérieux, dont la responsabilité serait d'un poids fort considérable, la garantie de l'architecte pourrait bien ne pas suffire; et l'entrepreneur agirait prudemment, en refusant de déférer à ce qui lui serait commandé en contravention aux lois du voisinage: pour plus de sûreté, il exigerait une autorisation signée du propriétaire lui-même. Par ce moyen, celui-ci n'aurait plus de recours contre l'entrepreneur, qui par là se trouverait déchargé de toute responsabilité, pour raison des réclamations que pourrait faire le voisin.

Ce qu'on vient de dire des précautions de l'entrepreneur, contre l'architecte, ou contre le propriétaire, pour se mettre à l'abri de tout reproche relatif à l'inobservation des lois du voisinage, ne reçoit pas d'application lorsqu'il s'agit des réglemens de police: il n'est jamais permis à un entrepreneur d'y contrevenir, même avec l'ordre signé de l'architecte et du propriétaire. Il n'est plus question d'intérêts privés dont ceux-ci peuvent se rendre garans, comme dans les cas où le voisin seul a droit de réclamer: les réglemens de police sont faits pour l'intérêt public, contre lequel il est défendu à tous les citoyens sans exception, de faire des conventions: *Privatorum pactis juri publico derogari non potest.* Il serait donc du devoir de l'entrepreneur de n'écouter ni l'architecte, ni le propriétaire, s'ils s'avisaient d'exiger de lui une construction prohibée par la police, quelque garantie qui lui fût donnée, et quelque prix considérable qu'on lui promît.

Supposons qu'un propriétaire veuille appuyer contre un pan de bois une cheminée, sous prétexte qu'on n'y fera du feu que très-rarement. Par la distribution de la maison, l'entrepreneur voit en effet que la chambre où sera cette cheminée ne servira qu'en été; en sorte qu'il se laisse persuader qu'il n'y a aucun danger à faire ce qu'on lui demande. Il construit donc la cheminée après s'être muni d'un ordre signé par le propriétaire, et contenant décharge de toute garantie. Par la suite, le feu prend à la cheminée dont il s'agit, et l'incendie se communique à la maison voisine par le pan de bois. Inutilement l'entrepreneur montrera-t-il l'écrit qui l'autorise à faire la construction défectueuse, il n'en sera pas moins condamné personellement à l'amende, pour avoir manqué aux devoirs de son état, en contrevenant aux réglemens de police. Il peut être en outre condamné solidairement avec le propriétaire, comme étant l'un et l'autre complices du délit, à payer au voisin des dommages-intérêts.

Il n'est pas besoin d'avertir ici que l'entrepreneur, pour éviter de supporter la garantie, dans les cas qu'on vient d'indiquer, ne peut pas s'excuser sur ses ouvriers. Il est de principe reconnu généralement, qu'il est responsable de ce qu'ils font pour son compte : c'est à lui à se faire obéir, et à les surveiller ; en sorte que les fautes qu'ils commettent en travaillant pour lui, sont à sa charge, sauf son recours contre eux. Ce principe fondé sur la saine raison, est converti en loi positive, par l'*art.* 1797 du Code : il y est dit que l'entrepreneur répond du fait des personnes qu'il emploie.

§ IV.

De l'entrepreneur qui exécute sans le secours d'un architecte.

On a vu dans le paragraphe précédent que l'entrepreneur peut rarement rejetter sur l'architecte qui le dirige, la responsabilité concernant l'observation des lois des bâtimens. D'abord, avons-nous dit, l'architecte est toujours censé demander que la construction soit faite conformément aux devoirs du voisinage, et aux réglemens de police. En second lieu, quoique l'entrepreneur, lorsqu'il s'agit de porter atteinte aux intérêts d'un voisin, puisse se contenter de la garantie de l'architecte, il a droit pourtant de ne pas lui obéir : à l'égard des réglemens de police, il est du devoir de l'entrepreneur de se refuser à faire des constructions qui y seraient contraires, quelques soient les ordres de l'architecte, et même du propriétaire.

Delà il suit, qu'en ce qui conserne l'observation des lois des bâtitimens, il n'est pas nécessaire de distinguer si l'entrepreneur est commandé par un architecte, ou s'il est sous la seule surveillance du propriétaire : dans tous les cas, il est responsable des évèmens qui résulteraient des constructions qu'il aurait faites en contravention aux lois, sauf son recours contre l'architecte, s'il y a lieu. On peut voir, à ce sujet, ce qui a été dit au paragraphe précédent; en ce moment, on ne s'occupe que de la garantie de solidité qui pèse sur l'entrepreneur, quand il n'est pas commandé par un architecte.

Si l'entrepreneur a fait les plans et devis qu'il exécute, il est tenu de tous les vices de construction, qui ferait périr le tout ou partie de l'édifice avant l'expiration des dix premières années; soit que l'accident arrivât par la mauvaise composition des plans et devis, soit que le vice du sol en fût la seule cause, soit que la faute vînt de la violation des règles de l'art dans l'exécution des ouvrages.

Il en est de même lorsqu'il n'a été fait ni plans ni devis, et que l'entrepreneur travaille sur les indications verbales qui lui sont données. Son obligation est de s'arranger pour que l'édifice ait une solidité suffisante; c'est-à-dire, qui puisse résister à une épreuve de dix ans : autrement, il est responsable des accidens qui pourraient arriver pendant ce délai, par le vice de construction, ou par le vice du sol.

Quelquefois des plans et devis sont remis à un entrepreneur, pour les exécuter sous la surveillance directe du propriétaire, qui ne juge pas à propos de faire diriger ses travaux par un architecte : l'obligation de l'entrepreneur est alors de se conformer en tout aux plans et devis; et s'il y voit des articles qui ne soient pas assez expliqués, il doit les traiter suivant l'usage ordinaire et les règles de l'art. Trouve-t-il dans ces plans et devis des indications inusitées, et dont il ne veut pas répondre? Il en prévient le propriétaire : si ce dernier insiste pour que le procédé nouveau soit suivi, l'entrepreneur peut se faire donner par écrit une autorisation spéciale. Nous avons dit, dans le paragraphe Ier, que le dommage résultant des plans et devis, est à la charge de l'architecte qui les a composés, lorsqu'il ont été exécutés avec exactitude; il faut donc décider que, dans les cas où des procédés nouveaux sont indiqués par les plans et devis, l'entrepreneur peut les employer, sans en être responsable : aussi est-ce par forme de conseil, que nous engageons l'entrepreneur à prévenir le propriétaire de ce qui lui paraît extraordinaire. Par cette attention due à la confiance qu'on lui accorde, l'entrepreneur s'assure que celui qui le met en ouvrage n'est pas trompé, et qu'il approuve la méthode prescrite par l'architecte. A l'égard de l'autorisation spéciale qu'on l'engage à se faire donner, c'est une précaution dont il usera si bon lui semble, selon que l'objet sera plus ou moins important, et selon que la manière dont il se sera obligé à suivre les plans et devis se trouvera lui suffire, ou non, pour travailler en sécurité, d'après une méthode dont il ne veut pas garantir le succès.

Pendant la construction, il peut arriver que le propriétaire veuille faire des changemens aux plans et devis, soit pour les dispositions des bâtimens, soit dans la manière de les exécuter avec plus ou moins d'économie : l'entrepreneur, pour éviter le reproche qu'on serait tenté de lui faire par la suite, s'il s'écartait des plans et devis, doit faire constater par écrit, et les changemens desirés, et l'ordre donné par le propriétaire pour les exécuter.

Par l'autorisation que donne un propriétaire, soit pour faire un édifice dont il n'y a ni plans ni devis, soit pour opérer des changemens à des plans et devis déjà arrêtés, l'entrepreneur n'est pas déchargé de la garantie de solidité ; parce que l'obligation tacite que contracte un entrepreneur, est que sa construction durera au moins dix ans. Quand des travaux lui sont proposés verbalement, ou quand des changemens à des plans et devis lui sont demandés, il ne doit donc s'en charger que sous la condition, toujours sous-entendue, qu'il donnera à sa construction la solidité convenable. Il ne faut pas même que les changemens qu'il est autorisé à faire, portent la moindre atteinte à la solidité des objets déjà construits ; car l'entrepreneur est garant des accidens qui arrivent par sa faute, non-seulement aux ouvrages nouveaux ; mais encore à ceux exécutés antérieurement.

Ici convient encore l'observation déjà faite à la fin du paragraphe précédent, pour avertir que l'entrepreneur ne doit jamais s'excuser des vices de construction, sur la maladresse ou la mauvaise volonté de ses ouvriers. Suivant l'*art.* 1797 du Code, il en est responsable, sauf son recours contre eux: c'est donc à lui à n'employer que des hommes qui sachent leur métier, et dont il puisse se faire obéir.

§ VI.

De l'entrepreneur considéré par rapport aux matériaux.

Jusqu'ici nous n'avons considéré l'entrepreneur que comme chargé de fournir son industrie, pour la main d'œuvre nécessaire à l'exécution des bâtimens; maintenant il faut examiner ses devoirs concernant les fournitures et l'emploi des matériaux.

Par ce qui a été dit dans les paragraphes précédens, il est facile de voir qu'en ne le considérant d'abord que par rapport à la main d'œuvre, l'entrepreneur est celui sur qui pèse le plus la garantie des constructions. Il est responsable de l'exécution des réglemens de police; il est tenu aussi de l'observation des lois du voisinage, sauf son recours, s'il y a lieu. A l'égard de la solidité, il en répond quand il n'y a pas eu des plans et devis, auxquels il ait été forcé de se conformer, ou bien lorsque c'est lui-même qui a fait les plans et devis : s'il n'en répond pas lorsqu'il se charge d'exécuter les plans et devis d'un architecte, c'est seulement dans le cas où il peut prouver qu'il ne s'en est écarté en rien. Il est encore responsable de la solidité, lorsqu'étant dirigé par un architecte il n'a pas exécuté les travaux suivant les règles de l'art, ou quand il a cru devoir s'en écarter, et qu'il n'en a pas pris l'autorisation par écrit ou de l'architecte ou du propriétaire.

Quoique nous ayons dit au paragraphe II, que l'architecte pouvait être appelé en garantie, pour les fautes qu'il laissait commettre dans la construction par l'entrepreneur, nous avons ajouté que l'architecte avait son recours contre celui qui n'avait pas répondu à sa confiance; en sorte que le poids de la responsabilité retombe sur l'entrepreneur. Nous avons même distingué les vices de construction, qu'il est toujours facile à un architecte de prévoir par une surveillance ordinaire; il n'est garant directement envers le propriétaire que de ces sortes de vices: il ne serait pas juste, avons-nous dit, que l'architecte fût responsable des fautes que les entrepreneurs commettent avec assez d'adresse pour surprendre sa surveillance. C'est donc sur l'entrepreneur que porte entièrement la garantie dans de pareilles circonstances : elles se présentent sur tout dans la fourniture et l'emploi des matériaux; c'est alors particulièrement que s'exerce avec le plus de succès, l'industrie des entrepreneurs qui cherchent à tromper. Aussi ne balançons-nous pas à décider, que les vices de construction qui proviennent de l'emploi de mauvais materiaux, sont à la charge du seul entrepreneur.

Il est bien du devoir de l'architecte d'examiner si les matériaux préparés sont de bonnes qualités; mais le tems considérable qui serait nécessaire pour passer en revue toutes les espèces de matériaux; les expériences multipliées qu'il faudrait faire pour éprouver les pierres, les bois, les fers, les mortiers, exigeraient un dégré de surveillance qu'un architecte ne peut pas donner, et que les propriétaires n'ont pas droit d'exiger. Dans les travaux publics, à peine peut-on s'occuper de tous les procédés nécessaires pour s'assurer qu'aucun mauvais matériaux n'est employé; et si on y parvient, c'est avec le secours de plusieurs architectes ou ingénieurs, entre lesquels sont partagés tous les genres de surveillance, à titre de directeurs, ou d'inspecteurs, ou de contrôleurs. Ces précautions, qui ne sont prises ordinairement que dans les travaux faits pour le compte du gouvernement, rendent sans doute bien difficile l'emploi de matériaux défectueux; néanmoins, si un entrepreneur parvenait à tromper la surveillance des architectes ou des ingénieurs qui lui commandent, il serait responsable des dommages que sa mauvaise fourniture aurait occasionnés.

En bâtissant pour les particuliers, l'entrepreneur est donc nécessairement le garant direct des vices de construction, qui ont pour cause l'emploi de mauvais matériaux; ce qui a lieu, même quand il exécute sous les ordres d'un architecte, parce qu'il est impossible à ce dernier d'exercer sa surveillance pour le choix de tous les matériaux,

Ce n'est pas que le propriétaire ne pût aussi recourir contre l'architecte, s'il était prouvé que celui-ci a été de connivence avec l'entrepreneur, ou que, par une négligence coupable, il l'a laissé constamment se servir de matériaux évidemment détériorés. Ici s'applique la distinction faite au paragraphe II, entre les vices d'exécution dont l'architecte a dû s'apercevoir en exerçant la surveillance la plus ordinaire, et ceux qu'il a été facile de lui cacher : ainsi, envers le propriétaire, il répond des mauvaises fournitures qui n'ont pas pu échapper à son examen. Le cas arriverait, par exemple, si au lieu de bois neuf, l'entrepreneur n'employait que des bois de démolition ; ou bien si, au lieu de moëlons de pierre, il ne construisait ses murs qu'avec des plâtras : assurément il serait impossible que l'architecte ne s'en aperçut pas ; s'il laissait opérer l'entrepreneur, il en serait le complice, et, comme lui, responsable envers le propriétaire, qui pourrait attaquer l'un et l'autre à son choix, et même les deux à la fois.

Excepté dans les circonstances semblables à celles dont on vient de parler, l'architecte n'est pas tenu des suites que pourrait avoir l'emploi de mauvais matériaux. La responsabilité relative à leur bonne qualité pèse uniquement sur l'entrepreneur qui les fournit : il est à leur égard un vendeur qui, suivant l'*art.* 1641 du Code, est tenu de la garantie, à raison des défauts cachés de la chose vendue, lorsque ces mêmes défauts la rendent impropre à l'usage auquel on la destine.

Il ne faut pas conclure de cette disposition que, si les matériaux ont des vices apparens, l'entrepreneur n'en soit pas responsable ; la distinction entre les vices apparens et les vices cachés n'a lieu que dans les ventes qui ne sont pas mêlées de louage d'ouvrage. En effet, l'objet qui occupe principalement l'acheteur, dans une vente simple, est le choix de la marchandise ; on est obligé de lui livrer idantiquemment celle qu'il désigne, sans qu'il soit permis d'en substituer une autre, même d'une qualité supérieure. Il est juste, en pareil cas, que le vendeur ne soit pas responsable des défauts de la chose vendue, quand ils sont apparens ; il est fondé à croire que l'acheteur les a vus, et qu'il en est content.

Au contraire la convention faite avec un entrepreneur, a pour objet essentiel le louage d'ouvrage; c'est-à-dire la promesse de donner ses soins pour exécuter la construction : comme condition sécondaire il s'engage à fournir des matériaux; mais il les vend tout façonnés et mis en place. Le propriétaire n'a pas marqué les matériaux qui doivent être employés, il les a laissés au choix de l'entrepreneur qui, par conséquent, les livre dans l'ouvrage : il doit donc les y employer d'une telle qualité, qu'ils procurent à ce même ouvrage toute la solidité qui lui est nécessaire.

Au reste l'obligation d'employer de bons matériaux, n'est pas imposée à l'entrepreneur seulement lorsqu'il les fournit; nous pensons que, même quand il en trouve chez le propriétaire, ou quand celui-ci en achette ailleurs, il n'est permis à l'entrepreneur de faire entrer dans la construction, que ceux qui sont de nature à produire un ouvrage solide. Lorsqu'après avoir choisi des matériaux qu'il croit convenables, il s'aperçoit en les travaillant, qu'il leur manque les qualités qu'il leur avait supposées, il est de son devoir de les rebuter. Il manquerait à la confiance du propriétaire, s'il ne l'avertissait pas du danger qu'il y aurait à employer de pareilles matières. Nous disons plus, l'entrepreneur qui userait de négligence ou d'une complaisance coupable, dans une circonstance aussi essentielle, serait responsable des vices de solidité qui pourraient en résulter.

En effet, lorsqu'on désigne à un entrepreneur certains matériaux, c'est toujours sous la condition tacite qu'il les trouvera propres à l'objet qu'il faut construire. Si donc ils sont défectueux, il ne doit pas en faire usage; sinon il serait garant des vices de construction, que cet emploi de mauvaise matière aurait occasionnés. L'industrie que loue l'entrepreneur, et sur laquelle a droit de compter le propriétaire, consiste non-seulement dans la manière de construire suivant les méthodes approuvées par les règles de l'art; mais encore dans le choix des matières qu'il met en œuvre, soit qu'il les fournisse lui-même, soit qu'on les lui procure.

Certains entrepreneurs, il est vrai, rebutent de bons matériaux, à fin d'en fournir d'autres; c'est alors què les conseils d'un architecte sont utiles. Quelquefois aussi des propriétaires, poussés par un esprit d'économie mal entendue, ne voulant pas appeller un architecte, s'obstinent à faire employer des matériaux défectueux. En pareil cas l'entrepreneur qui desire écarter la responsabilité à laquelle il s'exposerait, en cédant aux volontés du propriétaire, prend la précaution de se faire donner par écrit, l'ordre d'employer tels matériaux, nonobstant sa résistance fondée sur leur mauvaise qualité.

Remarquez que si l'objet était important, s'il s'agissait d'une construction dont les vices pussent donner lieu à des inconvéniens graves, l'entrepreneur manquerait à son devoir, en faisant usage de matériaux qui porteraient atteinte à la solidité de l'ouvrage : sur ce point l'ordre du propriétaire ne doit pas être écouté; un entrepreneur honnête préférerait abandonner les travaux. D'ailleurs, outre qu'il ne lui convient pas, s'il est jaloux de sa réputation, de seconder des projets absurdes; c'est qu'il lui est expressément défendu par les lois de police, de faire aucune construction qui pourrait compromettre la sûreté publique, par une solidité insuffisante.

§ VII.

Des ouvriers qui travaillent pour le compte de l'entrepreneur.

Pour l'exécution des ouvrages qui lui ont été confiés, l'entrepreneur prend les ouvriers qui lui conviennent; c'est à lui qu'ils louent leur tems et leur industrie. Le propriétaire ne peut donc pas les commander, ni par conséquent les détourner de leur travail, même sous prétexte de les occuper à un autre objet qui dépend également de l'entreprise. Cette liberté entière qui doit être laissée à l'entrepreneur pour disposer de ses ouvriers, en ce qui concerne l'ouvrage qu'il leur donne à faire, est fondée sur ce qu'il répond entièrement d'eux et de tout ce qu'ils font en travaillant pour lui. *Cod. Nap., art.* 1797.

Une conséquence de cette disposition est que toute la responsabilité porte sur l'entrepreneur; le propriétaire n'a pas même le droit de diriger sa garantie contre les ouvriers, pour quelque cause que ce puisse être : ils ne doivent compte de la manière dont ils ont travaillé qu'à celui qui les a employés.

Lorsqu'un entrepreneur exécute une construction sous la direction d'un architecte, celui-ci n'a pas plus que le propriétaire droit de disposer des ouvriers pour quelque motif que ce soit : ses ordres doivent s'adresser directement à l'entrepreneur, à qui seul appartient la faculté de diriger ses ouvriers, comme il convient pour l'exécution des travaux dont il s'est chargé.

Si l'entrepreneur est seul responsable envers le propriétaire, il a du moins son recours contre ses ouvriers. La convention qu'il fait avec eux est un contrat de louage, dont l'objet est leur tems et leur main d'œuvre : ainsi ils s'obligent d'une part à employer, pour le compte de l'entrepreneur, tout le tems qu'il est d'usage de consacrer à l'ouvrage; de plus ils s'engagent à exercer leur métier pendant ce même tems, avec toute l'application dont ils sont susceptibles.

Lors donc qu'un ouvrier perd du tems dans sa journée, soit en prolongeant ou en multipliant les heures de repos, soit en s'occupant d'un autre ouvrage, il contrevient à son obligation : l'entrepreneur a donc droit, non seulement de ne lui pas payer le tems perdu, mais encore de rendre ce même ouvrier responsable du tort qui pourrait résulter de la négligence dont il est coupable.

On voit rarement des contestations ayant pour objet ce genre de garantie, parce que la surveillance des entrepreneurs sur leurs ouvriers est ordinairement si active, que le préjudice qu'ils reçoivent de la perte de tems, ne vaut jamais la peine de former une demande contre chacun en particulier; il est plus expéditif de renvoyer celui qui n'emploie pas sa journée convenablement. D'ailleurs la perte de tems d'un ouvrier, quoique trop certaine pour l'entrepreneur, est ordinairement impossible, ou du moins d'une trop grande difficulté à prouver. Enfin la plupart des ouvriers sont des mercenaires qui ne possèdent que leurs bras et leur industrie : il serait donc aussi dur qu'inutile de les poursuivre en garantie pour une perte de tems. Voilà pourquoi une surveillance très-active, et le renvoi de ceux qui se détournent du travail, sont les seuls moyens dont les entrepreneurs font usage, pour tirer tout le parti qu'ils peuvent des bras qu'ils emploient.

La seconde obligation des ouvriers est d'exécuter, conformément aux règles de l'art, les ouvrages qui leur sont confiés. Ceux qui exercent un métier doivent le savoir; par conséquent ils sont tenus des fautes qu'ils commettent par négligence ou par ignorance. L'ouvrier qui fait un travail vicieux est donc responsable envers l'entrepreneur, comme celui-ci en répond vis-à-vis du propriétaire.

Il est également assez rare de voir des entrepreneurs élever des contestations relativement à ce genre de garantie, d'abord à cause de leur active surveillance; car à peine un mauvais ouvrage est-il commencé qu'aussitôt ils y portent remède, soit en indiquant une bonne méthode, soit en confiant l'ouvrage à un ouvrier plus habile. D'un autre côté la plupart des ouvriers possèdent si peu de chose, que toute demande qui aurait quelque importance serait inutile; en sorte qu'il vaut beaucoup mieux pour l'entrepreneur, de veiller à ce que ses ouvriers ne fassent aucun mauvais ouvrage.

Néanmoins il arrive quelquefois qu'un entrepreneur, forcé de s'absenter pendant quelques jours, trouve à son retour un mauvais ouvrage. Il peut exiger que ceux qui l'ont fait le recommencent à leurs frais. Ordinairement ces sortes de contestations ne font pas la matière d'un procès, et l'ouvrier est seulement obligé de renoncer à son salaire pour le tems qu'il a passé à faire et à défaire le mauvais ouvrage; et même, si l'ouvrier ne gagne que ce qui est absolument nécessaire pour sa subsistance, l'entrepreneur, par humanité seulement, doit se relâcher de ses droits.

L'ouvrier contracte encore une autre obligation : elle n'est pas plus particulière au contrat de louage qu'à toute autre convention; c'est de ne commettre aucune fraude en exécutant son ouvrage. L'entrepreneur aurait donc une action contre l'ouvrier coupable de dol; et s'il ne pouvait pas en obtenir la réparation pécuniaire, faute de facultés, il ne manquerait pas, si le cas était grave, de le faire punir suivant le vœu de la loi.

On ne fait pas ici de distinction entre les ouvriers qui travaillent à la tâche, et ceux qui se louent à la journée, parce que leurs obligations sont les mêmes. La seule différence consiste dans la mesure prise pour fixer le paiement de leur salaire : pour les ouvriers à la journée le salaire se règle par le tems qu'ils ont employé; tandis que pour ceux qui sont à la tâche, le salaire est déterminé par la quantité de leur travail. Dans les deux cas, l'objet du louage est seulement la main d'œuvre, employée suivant la direction donnée de moment en moment par l'entrepreneur. L'ouvrier, quoiqu'à la tâche, est obligé d'employer tout son tems pour l'entrepreneur à qui il s'est loué; et l'ouvrier, quoiqu'à la journée, n'en est pas moins obligé de mettre toute son application à faire de bon ouvrage : enfin l'un et l'autre sont responsables du travail dans lequel ils usent de mauvaise foi, au préjudice de l'entrepreneur, ou du propriétaire, ou de qui que ce soit.

De la nature des obligations des ouvriers qui se louent à un entrepreneur, soit à la journée, soit à la tâche, il résulte qu'il n'a contre eux aucun recours, pour raison d'un évènement qui occasionnerait la ruine de tout ou de partie de l'édifice pendant les dix premières années; à moins que ce malheur ne fût arrivé, par suite d'une fraude qu'ils auraient eu l'adresse de commettre et de cacher à leur maître. Ce cas est d'autant plus rare, qu'on ne doit jamais laisser travailler les ouvriers à la journée ou à la tâche, sans une surveillance continuelle; au moyen de quoi il est impossible qu'ils fassent de mauvais ouvrage, qui ne soit promptement aperçu par leur maître, et facilement réparé d'après ses ordres. Aussi l'ouvrage achevé a-t-il du mérite? L'entrepreneur ne manque pas de s'attribuer la gloire de l'exécution : il est donc juste qu'il soit le seul responsable des fautes qu'il laisse commettre par ses ouvriers; sauf son recours contre eux, dans les cas fort rares où ils ont pu tromper sa surveillance. On peut ici appliquer la loi romaine, qui rend un ouvrier responsable des défauts de son ouvrage, à moins que le maître ne l'ait lui-même conduit et réglé : *Nisi si ideò in operas singulas merces constituta erit, ut in arbitrio domini opus efficeretur.* L. 51, *infine*, ff. *locati.*

Si les ouvriers qui travaillent pour le compte d'un entrepreneur, ne sont pas garans envers lui de la solidité de la construction, à plus forte raison n'a-t-il point de recours à exercer contre eux, pour raison de l'inobservation des lois, soit du voisinage, soit de police. Il est assez évident qu'ils ne travaillent que dans les tems, dans les places et de la manière que leur maître le leur ordonne; ils ne sont donc chargés en aucune manière de se conformer aux lois des bâtimens, qu'ils ne sont pas même obligés de connaître. Leurs bras qu'ils louent n'agissent pas d'après leur volonté; mais suivant la seule direction que leur donne l'entrepreneur: c'est donc ce dernier seul qui est tenu de respecter, dans les ordres qui émanent de lui, tant les égards prescrits pour le voisinage, que les réglemens faits pour la sûreté ou la salubrité publique.

Puisque l'entrepreneur est seul garant envers le propriétaire, qui par conséquent ne peut pas disposer des ouvriers, il en résulte que ceux-ci n'ont de paiement à réclamer que de celui à qui ils ont loué leur travail. En vain demanderaient-ils leur salaire au propriétaire: il n'est obligé qu'à remplir les conditions arrêtées avec l'entrepreneur; et il ne lui est pas permis de s'immiscer dans les arrangemens qu'il a plu à ce dernier de faire avec les ouvriers qu'il a employés. D'après les mêmes motifs, le propriétaire ne serait pas fondé à refuser de payer l'entrepreneur, sous prétexte que celui-ci n'a pas encore soldé les ouvriers qui ont fait l'ouvrage.

Cependant les ouvriers, pour sûreté de ce qui leur est dû, ont droit de faire une saisie-arrêt entre les mains du propriétaire, afin de l'empêcher de payer ce qu'il reste devoir à l'entrepreneur, et afin que ce qui revient à celui-ci serve à leur salaire: en cas d'insuffisance, cet argent leur est distribué par contribution. De là il suit, que les ouvriers ne peuvent pas réclamer du propriétaire, une somme plus forte que celle qu'il reste devoir à l'entrepreneur au moment où leur action est intentée: c'est la décision précise de l'*art.* 1798 du Code Napoléon.

§ VIII.

Des ouvriers qui travaillent pour leur compte.

On entend par ouvriers qui travaillent pour leur compte, ceux qui sont chargés directement d'un ouvrage par le propriétaire, sans la médiation d'un entrepreneur : le cas arrive toutes les fois que le propriétaire fait travailler par lui-même, ou autrement dit par économie. Il y a des ouvriers que le maître du bâtiment emploie à la journée; avec d'autres il fait des marchés à la tâche; enfin il en est à qui il donne certaines portions de son ouvrage à l'entreprise.

Les obligations des ouvriers employés à la journée ou à la tâche par le propriétaire, sont les mêmes que celles qu'ils contractent avec un entrepreneur; c'est le même contrat de louage qu'ils font, et qui a pour objet leur tems et leur main d'œuvre. Ils sont donc tenus d'employer au profit du maître du bâtiment, tout le tems qu'ils lui ont promis; ils doivent aussi exécuter leur travail comme il a droit de l'attendre d'eux; c'est-à-dire, comme le doivent faire des hommes qui savent le métier qu'ils exercent. Tout ce qu'on a dit du droit de recours que peut avoir l'entrepreneur, contre des ouvriers qui perdent du tems, ou qui font de mauvais ouvrage, s'applique au propriétaire à qui des ouvriers se sont loués directement.

De son côté le propriétaire est obligé de payer à ses ouvriers le salaire qu'il leur a promis, soit à raison du tems qu'ils ont employé, soit à raison de la quantité d'ouvrage convenable qu'ils ont fait, selon qu'ils ont travaillé à la journée ou à la tâche.

A l'égard des ouvriers à qui le propriétaire donne à faire des portions de sa construction à l'entreprise, ce sont de véritables entrepreneurs qui louent leur travail et leur industrie ; et si en outre chacun fournit les matériaux nécessaires à la portion de l'édifice qui lui est confiée, il est, sous ce dernier rapport, un véritable fournisseur. En conséquence tout ce qui a été dit, dans le paragraphe IV sur la garantie de la solidité des ouvrages des entrepreneurs, dans le paragraphe V sur la garantie à laquelle ils sont sujets pour l'observation des lois des bâtimens, et dans le paragraphe VI sur la garantie des matériaux qu'ils fournissent et qu'ils emploient, est applicable à chacun des ouvriers, tels que le maçon, le charpentier, le serrurier, et autres qui entreprennent ce qui, dans un édifice, concerne seulement leur état. Cette décision est écrite dans l'*art.* 1799 du Code, où on lit que les ouvriers qui font directement des marchés à prix fait, sont de véritables entrepreneurs dans la partie qu'ils traitent. La loi ne parle pas généralement de tous les ouvriers avec qui on fait des marchés, ce qui s'étendrait même à ceux qui travaillent à la journée ou à la tâche : elle ne met dans la classe des entrepreneurs, que ceux qui ont des marchés à prix fait; c'est-à-dire, des marchés dont l'objet est la façon d'un ouvrage pour un prix convenu expressément ou tacitement, soit qu'on fournisse la matière, soit qu'on ne la fournisse pas. Celui qui se loue à la journée ou à la tâche, met ses bras à la disposition d'un maître qui les dirige à sa volonté, et qui paie à raison de la quantité de tems ou de travail. L'ouvrier qui s'occupe à l'entreprise, ou autrement dit à prix fait, loue son industrie, et ne soumet pas ses bras indéfiniment à un maître : il promet de faire le travail comme il en est convenu; et le prix ne lui en est dû que quand l'ouvrage est livré, ou jugé recevable.

Ayant diverses réparations de peu d'importance à faire à votre maison, vous prenez un maçon à la journée. Après lui avoir fait boucher quelques trous dans un mur, vous lui ordonnez de raccommoder l'enduit d'une cloison; il vous demande ensuite vos ordres, et vous lui indiquez le chaperon d'une clôture qui a besoin d'être rétabli. Voilà comment il vous loue ses bras pour en faire ce qui vous est utile, dans les choses de son métier; son salaire est proportionné au tems qu'il a employé. Voulez-vous démolir un vieux mur et ranger les matériaux qui en sortiront? Mettez votre ouvrier à la tâche; en sorte qu'au lieu de le payer à raison des journées qu'il aura passées à faire l'ouvrage, son salaire sera proportionné à la quantité de toises de pierres qu'il aura rangées.

S'il s'agit de construire, par exemple, un pavillon dans votre parc, vous chargez un ouvrier de toute la partie de la maçonnerie; un autre promet de faire la charpente; un serrurier, un menuisier, un couvreur s'obligent à confectionner, chacun ce qui concerne son état. Ces divers ouvriers sont de véritables entrepreneurs : ils ne vous louent pas leur tems pour que vous les occupiez à ce que vous leur ordonnerez; mais chacun est tenu de vous faire un ouvrage déterminé, auquel il emploiera son industrie comme il l'entendra; et vous n'en paierez le prix que quand la construction sera achevée, à moins que vous ne soyez convenu de donner des sommes à compte, pendant le cours de la construction.

Ces divers ouvriers faisant votre ouvrage à l'entreprise, sont garans et de sa solidité et de l'observation des lois des bâtimens, chacun en ce qui le concerne. Observez pourtant que cette garantie n'est pas solidaire entre eux : en sorte que si, par exemple, un vice de construction avait été reconnu par experts, comme venant de la mauvaise qualité des murs, et qu'il en fût résulté la chûte des planchers; le maçon seul serait responsable de la totalité de la perte, sans qu'on pût faire aucune poursuite contre le charpentier. Pareillement, si les planchers ou les combles avaient péri par le vice des bois, le charpentier seul en serait responsable, sans que ni le maçon, ni le couvreur, ni tout autre ouvrier pût être recherché pour raison de cet accident.

Lorsqu'un ouvrier à l'entreprise fait de mauvais ouvrages ou de mauvaises fournitures, qui occasionnent quelque destruction, il est seul responsable, non-seulement de la perte faite dans sa partie; mais encore des évènemens arrivés dans les parties des autres ouvriers. C'est ainsi que le maçon qui a mal établi les fondations d'un mur, est tenu des dommages que ce mur a éprouvés, et de la perte qui en est résultée dans la charpente, ou la menuiserie, ou la serrurerie. Réciproquement, si les vices dans les bois ou dans les fers causent, pendant les dix premières années, le dépérissement de la couverture ou d'une partie de la maçonnerie, celui par qui l'ouvrage défectueux a été fait à l'entreprise, répond d'abord de la perte des bois ou des fers, et ensuite de celle de la couverture et de la maçonnerie.

La réparation des objets qui ont souffert d'un vice de construction, n'est pas la seule chose que doive l'ouvrier qui, en travaillant à l'entreprise, n'a pas suivi les règles de l'art, ou n'a pas fourni de bons matériaux. Si l'accident a porté le moindre préjudice, soit au voisin, soit à quelqu'autres personnes, le propriétaire sera directement tenu des dommages-intérêts dont les tiers obtiendront la condamnation; mais il aura son recours pour ces mêmes dommages-intérêts, contre l'auteur du mauvais ouvrage.

Les ouvriers qui travaillent à l'entreprise étant considérés comme de véritables entrepreneurs pour les parties qu'ils traitent, il en résulte, ainsi qu'on l'a déjà dit, qu'ils sont responsables, pour ces mêmes parties séparément, comme le sont les entrepreneurs pour la totalité de la construction. Pendant dix ans la solidité de la maçonnerie, de la charpenterie, de la serrurerie est donc garantie par le maçon, le charpentier, le serrurier; c'est ce qu'on vient de voir : il faut donc aussi que l'observation des lois du voisinage et de police soit garantie par ces mêmes ouvriers, chacun dans sa partie. Ainsi le maçon ne peut pas faire des enfoncemens dans un mur mitoyen, sans qu'on lui justifie, soit du consentement du voisin, soit d'un jugement; le charpentier ne peut pas faire passer une pièce de bois dans le tuyau d'une cheminée. Celui de ces ouvriers qui, en faisant la partie de construction dont il s'est chargé, manque à une des lois concernant les bâtimens, en est responsable envers le propriétaire; et même il peut être poursuivi, à la diligence des magistrats qui veillent à l'exécution des réglemens de police. La raison en a été donnée, en parlant de cette portion de la responsabilité des entrepreneurs; ils doivent savoir les lois des bâtimens : s'ils trompent sur ce point le propriétaire, dont la confiance en eux est établie en pareille circonstance sur une présomption de droit, il est juste qu'il ait son recours contre eux. Ce qui est ainsi décidé à l'égard des entrepreneurs, s'applique nécessairement aux ouvriers qui, dans une construction, entreprennent seulement la partie qui tient à leur métier. En se chargeant à titre d'entreprise d'un certain ouvrage, l'ouvrier s'oblige donc, non-seulement à le faire suivant les règles de l'art; mais encore à y observer les lois des bâtimens relatives, ou à l'intérêt des voisins, ou à l'intérêt public.

Un architecte dirige quelquefois des travaux dont l'exécution n'est pas confiée à un seul entrepreneur; chaque nature d'ouvrage est entreprise séparément par un ouvrier. Alors les obligations de chacun de ces entrepreneurs particuliers sont, pour la partie qu'il traite, les mêmes que celles de celui qui se chargerait seul d'exécuter la totalité : il doit en tout se conformer aux plans et devis que lui donne l'architecte, et suivre ses ordres pour les différens détails non expliqués suffisamment dans ce qui est figuré ou décrit. Au reste nous renvoyons sur cet objet à ce qui a été dit dans les paragraphes précédens, en parlant des architectes qui dirigent des travaux, et en parlant de la responsabilité des entrepreneurs en général.

ARTICLE IV.

Des Devis et des Marchés.

En traitant dans les trois articles précédens de la garantie de solidité pour les constructions, de la garantie relative à l'observation des lois, et des personnes contre qui s'exercent ces deux sortes de garanties, nous avons eu occasion de citer quelques dispositions du Code Napoléon sur les devis et les marchés. Cependant nous ne les avons envisagées que sous le rapport de la garantie : il convient donc de réunir sous un seul point de vue, et de traiter d'une manière plus générale les principes concernant les devis et les marchés.

Cet article sera divisé en neuf paragraphes : dans le premier, on verra la nature de ce contrat; dans le second, les obligations de l'entrepreneur; dans le troisième, celles du propriétaire; dans le quatrième, au risque de qui est l'ouvrage pendant le tems de la construction; dans le cinquième, quand et comment se fait la résiliation d'un marché; dans le sixième, on parlera du privilége qui s'établit sur les constructions; dans le septième, des contestations relatives à l'établissement de ce privilège; dans le huitième, de son étendue; dans le neuvième, de ceux qui prêtent leurs deniers pour payer les ouvrages.

§ Ier.

De la nature du Contrat qui intervient dans les Devis et les Marchés.

La convention par laquelle on confie la construction d'un bâtiment à quelqu'un, est un contrat de louage d'ouvrage. C'est ce qu'on voit dans le Code: il dit, *art.* 1708, qu'il y a deux sortes de contrat de louage, celui des choses et celui d'ouvrage. Dans l'*art.* 1710 il est dit que le louage d'ouvrage est un contrat, par lequel l'une des parties s'engage à faire quelque chose pour l'autre, moyennant un prix convenu.

Trois sortes de contrats de louage d'ouvrage sont distingués par la loi, *art.* 1779: le louage des gens de travail qui s'engagent au service de quelqu'un, comme font les domestiques et les ouvriers occupés pour le compte d'un maître; le louage des voituriers tant par terre que par eau, lesquels se chargent du transport des personnes et des marchandises; enfin le louage des entrepreneurs d'ouvrages, par suite de devis ou marché.

Quand on charge une personne de faire un ouvrage, on peut convenir qu'elle fournira seulement son travail ou son industrie, ou bien qu'elle fournira aussi la matière. Dans le premier cas la convention est simplement un louage d'ouvrage, et dans le second il y a de plus un contrat de vente, relativement aux matériaux que l'entrepreneur s'engage à fournir. Le Code fait lui-même cette distinction, *art.* 1711, sur la fin: il dit expressément que les *devis*, *marché* ou *prix fait* pour l'entreprise d'un ouvrage moyennant un prix déterminé, sont aussi un louage, lorsque la matière est fournie par celui pour qui s'exécute l'ouvrage. De là il suit que quand l'entrepreneur, outre son industrie, fournit des matériaux; il y a louage et vente. Ces deux espèces de contrats ne sont pas incompatibles : ils peuvent former l'objet de la même convention, ainsi que la loi le déclare *art.* 1787.

On ne doit pas objecter ce que dit Justinien dans ses Institutes, au titre *de locat. et condict.* § 3 et 4 : lorsque c'est l'ouvrier qui fournit la matière, il veut que le contrat soit une simple vente ; tandis que c'est simplement un louage, quand la matière est donnée par celui qui commande l'ouvrage. Cette décision a lieu sans doute dans les cas où l'ouvrier fournit, outre son industrie, la totalité de la matière, comme dans l'exemple qu'il cite. Il s'agit d'un orfèvre à qui on a demandé un vase d'or ou d'argent : il vend sa marchandise, si toute la matière lui appartient ; et il ne fournit que son travail, quand il fait le meuble avec la matière qui lui a été confiée. Mais il y a des circonstances où la nature du louage ne disparaît pas, quoiqu'il y ait vente ; c'est quand l'ouvrier ne fournit pas la totalité de la matière. Le cas arrive particulièrement quand il s'agit d'un édifice ; car, même en supposant que l'entrepreneur soit chargé de fournir tous les matériaux, le sol appartenant à celui qui commande l'édifice, on ne peut pas dire que la totalité de l'objet construit lui ait été vendu. Ainsi, le Code a sagement décidé que le louage et la vente peuvent exister dans la même convention.

On remarquera qu'en caractérisant le louage d'ouvrage sur la fin de l'*art.* 1711, le Code le nomme *devis*, *marché* ou *prix fait* ; de là il faut conclure que ces trois expressions indiquent la même espèce de contrat ; c'est-à-dire, la convention par laquelle quelqu'un est chargé de faire un ouvrage moyennant un prix. Quelquefois cette convention n'a pour signe que le devis de l'ouvrage ; et l'entrepreneur l'ayant exécuté, on en conclut que les parties sont tacitement convenues du prix qu'il est d'usage de donner pour pareils objets. D'autres fois c'est un marché qui s'écrit pour constater les conditions arrêtées entre les parties ; et si quelques circonstances n'ont pas été prévues, on suit à leur égard l'usage qui s'observe dans ces sortes d'entreprises. Enfin il est des cas où il n'intervient aucun écrit, soit comme devis, soit comme marché, entre le propriétaire et l'entrepreneur ; alors, dès que celui-ci se met à l'ouvrage, et que le maître de la construction le laisse faire, le contrat est suffisamment formé ; il en résulte que l'édifice a été établi moyennant un prix fait tacitement, et qui doit être réglé suivant l'usage. C'est pour comprendre dans sa disposition ces différentes manières dont le louage d'ouvrage peut être contracté, que le Code le nomme ou devis, ou marché, ou prix fait.

Au surplus l'engagement formé entre un entrepreneur et un propriétaire sous l'une de ces trois dénominations, ressemble beaucoup à celui de la vente : il est de même un contrat du droit des gens qui, par conséquent, n'est assujéti à aucune forme par le droit civil pour être valable : il se régit donc par les règles de l'équité naturelle dans tous les points qui n'ont pas été prévus dans le marché ou par les lois.

Par le consentement que donnent les parties pour former le contrat de louage dont on parle, elles s'engagent réciproquement l'une envers l'autre; d'où il suit qu'il est, comme la vente, un contrat synallagmatique. Il est également commutatif; c'est-à-dire, qu'à l'exemple du vendeur et de l'acheteur, chacune des parties dans le contrat de louage d'ouvrage entend recevoir la valeur de ce qu'elle donne : si, d'une part, l'entrepreneur veut recevoir tout ce que vaut l'ouvrage qu'il a fait ; de son côté, le propriétaire est bien décidé à ne pas payer plus que le juste prix.

De ces explications propres à fixer la nature de la convention qui se fait entre un propriétaire et un entrepreneur de bâtimens, il résulte qu'elle n'est un louage, que quand elle a pour objet un ouvrage à faire moyennant un prix, et qu'en même tems le consentement des parties est intervenu.

Puisqu'il s'agit d'un contrat de louage d'ouvrage, il est clair qu'un pareil engagement ne peut exister s'il n'y a pas un ouvrage à exécuter ; mais il faut que l'ouvrage soit possible, parce que toute convention qui aurait pour objet une chose impossible à faire serait nulle, comme étant un acte de folie condamné par la raison : *Impossibilium nulla obligatio est.* L. 185, [illegible] *jur.* On parle ici d'une impossibilité absolue, et non pas de celle qui ne serait que relative à l'entrepreneur : c'est sa faute d'avoir promis ce qui était au-dessus de ses moyens ou de son savoir; et le propriétaire n'était pas obligé de connaître jusqu'à quel degré s'étendait la possibilité de cet entrepreneur.

L'ouvrage ne doit être contraire ni aux lois ni aux bonnes mœurs; autrement le contrat serait nul : et même celui qui l'exécuterait, serait punissable, comme ayant fait une chose défendue. *Pacta quæ contra leges constitutionesque, vel contra bonos mores fiunt, nullam vim habere, indubitati juris est.* L. 6, C. *de pactis.*

Non-seulement l'espèce de contrat dont il s'agit, doit avoir pour objet un ouvrage à faire; mais encore il faut que ce soit moyennant un prix fait : car, si le propriétaire ne promettait rien à l'entrepreneur, ce ne serait plus un louage; ce serait un mandat, qui est un contrat d'une autre nature. Quand on dit un prix fait, on entend une somme d'argent; parce qu'un ouvrage qui serait entrepris à la charge que le propriétaire donnerait quelqu'autre chose que de l'argent, serait l'objet d'un échange, ou d'un autre contrat, et ne formerait pas un louage.

Remarquez que le louage étant un contrat commutatif, chaque partie veut recevoir la valeur de ce qu'il donne. Le prix fait doit donc être sérieux, et tel qu'il paraisse évidemment dans l'intention des parties, de le regarder comme la valeur de l'ouvrage convenu : autrement il n'y aurait pas de louage; ce serait un contrat de bienfaisance, soit que le prix fût fort au-dessus, soit qu'il fût fort au-dessous de la valeur de l'ouvrage. On ne parle pas ici précisément du juste prix; il suffit qu'il soit d'une importance assez grande, pour être considéré comme la valeur à laquelle les parties ont porté sérieusement l'ouvrage. A l'égard du point où elles se fixent au-dessus ou au-dessous du juste prix, il importe peu; pourvu que la différence ne soit pas excessive, et ne fasse pas présumer que l'on ait voulu déguiser une autre sorte de contrat, sous la forme du louage d'ouvrage.

Enfin il n'y a de contrat de louage d'ouvrage, que quand le consentement des parties est intervenu sur l'objet et sur le prix convenu. En conséquence nulle obligation ne peut résulter de la convention dont on parle, si l'une des parties n'est pas capable de donner son consentement, comme serait un mineur, un interdit, une femme sous puissance de mari

Rien ne peut suppléer la désignation de l'ouvrage à faire; il est absolument nécessaire que les parties s'entendent sur ce point essentiel. Cependant il n'est pas besoin que les détails sur la manière de l'exécuter soient exprimés; le silence à cet égard est, de la part de l'entrepreneur, un engagement de faire la construction comme il est d'usage, et suivant les règles de l'art.

Pareillement il y a prix fait, quoiqu'il n'en soit pas parlé, lorsqu'il est évident que les parties ont intention que l'ouvrage soit payé: alors la convention est tacite, et le prix est censé fait pour la somme à laquelle il est d'usage d'évaluer chaque espèce d'ouvrage dont la construction sera composée. En adoptant ce principe dans son traité du contrat de louage, Pothier ajoute que si l'ouvrage n'a pas une valeur connue, la convention tacite est que l'ouvrage sera payé sur le prix de l'estimation. Par exemple, si j'ai chargé un entrepreneur de me bâtir une maison suivant un certain devis, nous sommes censés être tacitement convenus que l'ouvrage sera estimé quand il sera achevé. C'est pourquoi, suivant le même auteur, il n'est pas nécessaire que la somme qui constitue le prix du louage d'ouvrage, soit déterminée dès le tems du contrat; il suffit que les contractans aient voulu qu'elle le devînt par une estimation. Pour l'effectuer il est assez d'usage que l'entrepreneur présente son mémoire: le propriétaire le fait vérifier et régler par un architecte; et ordinairement l'entrepreneur s'en tient à ce qui a été ainsi fixé. Néanmoins, si l'entrepreneur, ou le propriétaire, a un juste sujet de se plaindre du réglement de l'architecte, il a droit de ne pas en adopter l'avis; alors il faut s'en rapporter à des experts nommés à l'amiable, ou en justice.

A l'égard de la manière dont le consentement doit intervenir, il n'y a aucune forme particulièrement exigée. Le contrat peut être fait ou par écrit ou verbalement: ces sortes de conventions étant du droit des gens, et réglées d'après l'équité naturelle, les actes qu'on en dresse n'en font pas la substance: ils servent seulement à attester l'existence du contrat qui, sans cette précaution, pourrait manquer de preuve; ils servent aussi à procurer des hypothèques, et à faire usage des voies d'exécution contre celle des parties qui manquerait à son engagement.

Ainsi vous avez chargé verbalement un entrepreneur de reconstruire votre maison que la vétusté force à démolir ; et vous convenez seulement qu'elle sera rétablie sur les anciens plans. Il ne serait pas possible de prétendre qu'il n'a point existé entre vous et lui un contrat de louage d'ouvrage à prix fait : l'objet à construire est la maison que vous avez souffert qu'il fît élever sous vos yeux ; le prix fait est celui qu'indiquera l'estimation de chaque nature d'ouvrage qu'il a fallu exécuter ; enfin le consentement des parties résulte, et du fait de l'entrepreneur, et de votre silence qui suppose une adhésion très-formelle, quoique tacite. Si l'entrepreneur a fourni des matériaux, il y a vente pour ces objets dont vous devez le prix suivant qu'ils seront évalués : dans ce cas l'estimation sera faite pour la façon de chaque espèce d'ouvrage, et en outre pour le prix des matériaux fournis.

§ II.

Obligations contractées par l'Entrepreneur.

Dans le contrat de louage d'ouvrage, celui qui promet son travail s'engage à le commencer et à le finir dans le tems convenu. S'il n'est fixé aucun délai expressément, ni tacitement par la nature même de l'ouvrage, le propriétaire est fondé à former une demande contre l'entrepreneur, pour le faire condamner à commencer ou à finir la construction, dans un délai que le jugement désignera.

Que le tems de commencer ou de terminer un édifice ait été expressément convenu, ou bien qu'il se trouve déterminé par la nature même de l'objet, ou enfin qu'il ait été fixé par la justice, peu importe ; dans tous les cas, l'entrepreneur doit observer le tems prescrit, soit pour commencer, soit pour achever. S'il y manque, le propriétaire sera autorisé à confier les travaux à une autre personne ; et par le même jugement l'entrepreneur négligent sera condamné aux dommages-intérêts résultant du retard qu'il a fait éprouver au propriétaire. Par exemple, un entrepreneur s'est engagé formellement à me livrer, au premier juillet prochain, la maison qu'il me construit ; me fiant sur l'exécution du marché, j'ai loué cette maison à commencer du même terme de juillet prochain. L'entrepreneur n'ayant pas tenu la clause de son obligation, il est juste qu'il m'indemnise des loyers dont il me cause la perte, et des condamnations qui seront prononcées contre moi, faute d'exécuter à l'époque fixée le bail que j'ai souscrit.

Ce n'est pas assez que l'entrepreneur fasse la construction dans le tems prescrit, il est encore nécessaire qu'il l'établisse conformément aux règles de l'art et aux lois du voisinage. Cette obligation n'a pas besoin d'être exprimée ; elle est de l'essence même de la convention qui intervient entre le propriétaire, et la personne à qui il confie ses travaux, soit pour les diriger, soit pour les exécuter : il lui suppose nécessairement les connaissances ordinaires à tous ceux qui se mêlent de bâtimens. Les vices de construction qui font craindre que l'édifice n'ait pas une solidité suffisante, ou qui résultent de l'inexécution des lois du voisinage et de police, donnent lieu à deux espèces de garanties amplement traitées dans les trois articles précédens : on y a vu en quoi consiste la garantie de solidité des ouvrages, ce que c'est que la garantie de l'exécution des lois des bâtimens, contre qui s'exercent ces deux garanties, et comment les architectes, les entrepreneurs et les ouvriers sont garans, chacun en ce qui le concerne.

Bien souvent l'entrepreneur est chargé d'employer des matériaux qui lui sont confiés, sauf à fournir le surplus des matériaux qui seront nécessaires : le cas arrive principalement lorsqu'on détruit des bâtimens pour en faire d'autres. Il est de l'intérêt du propriétaire que les matériaux qui en sortent soient utilisés autant qu'il est possible ; par conséquent, il est du devoir de l'entrepreneur de tirer parti des démolitions avec probité. Au reste, sans examiner d'où viennent les matériaux que le propriétaire fournit à l'entrepreneur, il est certain que celui-ci est tenu de les employer convenablement : en sorte que, s'il les avait mis hors d'état de servir à l'édifice dont il s'occupe, ou si cet accident était arrivé par la mal-adresse de ses ouvriers, il en serait responsable, et devrait en fournir d'autres de même qualité.

De cette décision il résulte que, pour éviter toute contestation sur ce point, il est bien nécessaire de constater les matériaux qui sont mis par le propriétaire à la disposition de l'entrepreneur. Par ce moyen, on ne peut pas exiger de celui-ci qu'il représente des matériaux meilleurs que ceux qu'il a reçus; et de son côté, il est tenu d'en rendre compte d'après l'état qui en a été dressé.

On observe que si, en travaillant les matériaux, on les trouve défectueux, leur perte doit être supportée par le propriétaire, qui ne peut l'imputer à l'entrepreneur ni à ses ouvriers. Par exemple, une pièce de bois paraissant fort saine à l'extérieur, on reconnaît, après l'avoir coupée selon les mesures convenables, qu'elle est pourrie dans l'intérieur; elle n'est point à la charge de celui qui devait l'employer. Mais, si cette pièce de bois, n'ayant aucun défaut, avait été préparée dans des dimensions trop faibles pour servir, l'entrepreneur serait responsable de cette erreur commise, ou par sa négligence, ou par la mal-adresse de ses ouvriers.

Une autre obligation de l'entrepreneur consiste à n'user d'aucune fraude dans l'exécution de ses travaux, pour parvenir à les faire paraître plus considérables qu'ils ne sont, ou d'une autre nature que celle qu'ils ont en réalité. La bonne foi doit régner dans toutes les sortes de contrats: elle n'est pas exigée plus particulièrement dans le louage d'ouvrage que dans les autres; aussi, le dol que l'une des parties y commet, est puni de la même manière. Nous avons dit dans l'art. II, § II, que les vices de construction qui proviennent de la fraude de l'entrepreneur, donnent lieu contre lui à une action qu'il ne faut pas confondre avec la simple garantie de solidité, qui ne dure que dix ans: on y voit de quel jour est ouverte cette action de dol, et pendant combien de tems on peut l'intenter, à compter du moment où elle est à la disposition du propriétaire.

Enfin, l'entrepreneur doit satisfaire aux différentes conditions accessoires qui lui ont été imposées; et s'il y manque, il est tenu des dommages-intérêts résultant de l'inexécution de son obligation. Par exemple, s'il s'est engagé à ne pas obstacler par des matériaux le devant de la maison, s'il s'est soumis à faire enlever les décombres, les terres, les plâtras, les débris de pierres, à mesure qu'il s'en forme, afin de ne pas gêner les voisins, ou de ne pas gâter le jardin, il ne peut pas se dispenser de remplir sa promesse; si non, il doit être garant des dédommagemens que les voisins exigeraient du propriétaire, et l'indemniser des dégâts causés à son jardin.

§ III.

Des obligations du propriétaire.

L'obligation principale du propriétaire qui fait construire, est de payer les ouvrages comme il en est convenu; c'est-à-dire, suivant le prix fixé, quand il en a été exprimé un, ou suivant l'estimation, lorsque le prix a été stipulé tacitement. L'entrepreneur ne peut former sa demande afin de paiement, s'il n'a pas achevé l'ouvrage, et s'il ne l'a pas fait recevoir, ou s'il n'a pas mis le propriétaire en demeure de le recevoir; mais il arrive quelquefois que l'on convient de payer une partie du prix pendant la construction : il faut s'en tenir alors à ce qui est particulièrement stipulé.

Non-seulement le propriétaire doit le prix des ouvrages convenus par le marché; mais encore le prix des augmentations qui ont été faites de son aveu, soit par nécessité, soit pour satisfaire son goût. Lorsque c'est la nécessité qui force à faire plus d'ouvrage qu'on ne s'y attendait, l'entrepreneur doit en prévenir le propriétaire, afin que celui-ci se détermine, ou à consentir l'augmentation, ou à renoncer à la construction, si la dépense nouvelle était trop considérable. Présumer en pareille circonstance de l'intention du propriétaire, quelqu'évidente que soit la nécessité de l'augmentation du travail convenu, ce serait, de la part de l'entrepreneur, s'exposer à un refus de paiement, dont il n'aurait pas droit de se plaindre. Par exemple, on croyait très-solide le terrain sur lequel ont été ouverts les fondations d'un édifice ; dans une des places préparées à cet effet, on découvre une excavation qui ne permet pas de continuer, à moins de faire une augmentation de dépense, que les parties n'avaient pas prévue. Quelqu'essentielle que soit la construction, l'entrepreneur agira imprudemment, s'il fait les ouvrages sans prendre le consentement du propriétaire, et sans que la nature du travail excédant ait été constatée.

Il n'y a aucune difficulté à décider que les augmentations qui ont été requises par le propriétaire, doivent être payées au delà du prix convenu. Mais, s'il y a un devis auquel l'entrepreneur s'est engagé de se conformer, il ne doit pas manquer de prendre par écrit les ordres qui lui sont donnés de s'en écarter : c'est le seul moyen de n'éprouver aucun refus légitime pour le paiement des augmentations.

Le Code Napoléon, *art.* 1793, porte cette décision formellement, pour le cas où l'entrepreneur s'est chargé à forfait d'un bâtiment, d'après un plan arrêté et convenu : il ne peut demander aucune augmentation de prix, ni sous le prétexte que la main d'œuvre et les matériaux sont devenus plus chers depuis le marché, ni sous prétexte qu'il a été fait des changemens ou augmentations sur le plan; à moins que ces modifications n'aient été autorisés par écrit, et que le prix n'en ait été convenu avec le propriétaire. Pour éviter les débats qu'entraîne souvent le réglement des mémoires de l'entrepreneur, et les incertitudes sur la question de savoir si les augmentations et changemens faits aux plans et devis ont été ordonnés ; un propriétaire prend le parti quelquefois de fixer irrévocablement par le marché, le prix qu'il consent de donner. Malgré les stipulations les plus précises sur ce point, il était fort ordinaire de voir des contestations s'élever sur la fixation du prix. L'entrepreneur prétendait tantôt que les matériaux ou la main d'œuvre étaient renchéris depuis la conclusion du marché ; tantôt il soutenait que pour répondre aux desirs du propriétaire, il avait été fait différens changemens au plan arrêté, et que, par égard pour celui dont il avait la confiance, il n'avait pas voulu exiger que les changemens demandés fussent constatés par écrit. Le poids de diverses considérations que l'on ne manquait pas d'accumuler en faveur de l'entrepreneur, ne décidaient que trop ordinairement les juges à lui accorder l'objet de sa demande. Pour mettre fin à cette source d'abus très-fréquens, le Code a rappelé la rigueur des principes: il ne permet plus d'écouter les réclamations de l'entrepreneur, dont le marché fixe un prix pour le total de l'ouvrage; à moins que les changemens et augmentations n'aient été consentis par écrit, et que le prix n'en ait été arrêté avec le propriétaire.

Comme le Code ne parle, à ce sujet, que du cas où le marché est un forfait; on demande s'il faut en conclure que l'entrepreneur peut reclamer des augmentations de prix sous divers prétextes, quand le prix, au lieu d'avoir été arrêté à une somme fixe pour la totalité de l'ouvrage, n'est payable qu'à raison de la valeur qui lui aura été reconnue, lors de sa réception.

La réponse est négative, parce que le Code, dans son *art.* 1793, n'établit pas un droit nouveau: il y rappelle les principes pour un cas qui lui a paru mériter une mention particulière; ce qui n'empêche pas de les étendre à tous les autres cas où ils peuvent recevoir application. Ainsi, il faut décider en général que quand il n'y a pas de plan arrêté, l'entrepreneur peut soutenir n'avoir rien fait qui ne lui ait été commandé: faute de moyen pour prouver le contraire, le propriétaire est tenu de payer la totalité des ouvrages exécutés. Par cette réflexion, tout propriétaire est assez averti qu'il doit prendre ses précautions, pour ne pas laisser à l'entrepreneur plus de liberté qu'il ne convient, dans l'exécution des travaux qui lui sont confiés.

S'il y a un plan arrêté par la signature des parties, rien ne pourra y être changé; à moins qu'il ne soit prouvé que le propriétaire a autorisé les différentes modifications qu'il desire: autrement, l'entrepreneur ne pourra pas prétendre qu'on lui paie les augmentations qu'il lui aura convenu de faire sans ordre exprès. Bien plus, si les changemens non autorisés étaient préjudiciables, le propriétaire aurait droit, non-seulement d'en refuser le paiement; mais encore d'exiger que les choses fussent rétablies aux frais de l'entrepreneur, conformément aux plans arrêtés. Cette décision a lieu, soit que le prix ait été fixé à forfait, soit qu'il ne doive être connu que par le réglement des mémoires ; car, dans ce dernier cas, il n'en est pas moins vrai que l'entrepreneur a dû se conformer aux plans et devis convenus, et que son paiement dépend de la manière dont il les a exécutés.

Outre que le propriétaire est tenu de payer le prix des ouvrages qu'il a commandés, il doit aussi faire tout ce qui dépend de lui, pour faciliter à l'entrepreneur leur exécution. Par exemple, j'ai fait un marché pour que dans un délai fixé le mur de ma maison soit relevé ; comme on ne peut y travailler tant que les officiers de la voierie n'auront pas donné l'alignement, je suis obligé de faire les démarches propres à me le procurer : autrement, l'entrepreneur ne sera pas responsable, si la condition relative au délai n'est pas exécutée. Pareillement, le propriétaire doit procurer un passage suffisant à l'entrepreneur et à ses ouvriers, pour aller et venir sur le lieu de la construction, et pour y conduire tous les matériaux, tant ceux que ce dernier fournit, que ceux qui sont mis à sa disposition : faute par le propriétaire de procurer ce qui dépend de lui, et devient nécessaire aux travaux, l'entrepreneur n'est pas responsable de leur retard ; il est même dans le cas de réclamer des dommages-intérêts, s'il a souffert de la négligence dont il se plaint ; enfin, il peut demander la résolution du marché, si dans un tems limité par le juge, le propriétaire ne lui donne pas satisfaction.

§ IV.

Aux risques de qui sont les ouvrages pendant la construction.

Quand il s'agit d'un ouvrage pour lequel la matière est fournie par celui qui s'est chargé du travail, il n'y a pas de louage : c'est la vente d'une chose qui n'est pas encore livrée. Par conséquent, tous les accidens qui arrivent à l'objet commencé avant qu'il soit achevé, ne peuvent pas être aux risques de la personne qui se propose d'acheter, puisqu'elle n'a encore aucun droit sur ce même objet. Voilà pourquoi le Code, *art.* 1788, dit que si la chose vient à périr, de quelque manière que ce soit, avant d'être livrée, la perte en est pour l'ouvrier, si c'est lui qui fournit la matière; à moins que celui qui a commandé la chose ne soit en demeure de la recevoir.

L'application de cette décision se fait au cas où vous chargez un orfèvre de vous faire une paire de flambeaux en or, dont il fournira la matière. Il en est de même si je conviens avec un entrepreneur, qu'il me construira une maison sur un sol qui lui appartient, et qu'il en fournira tous le matériaux. Ce n'est là qu'une vente projettée, qui ne s'effectuera que par la tradition de la maison, après qu'elle aura été achevée: d'où il suit que jusqu'à ce moment, tous les évènemens qui arriveront aux ouvrages pendant la construction, ne peuvent concerner que l'entrepreneur; il est seul propriétaire de l'édifice, qui ne cessera de lui appartenir que quand il l'aura livré.

Si la chose vient à périr avant d'avoir été livrée, dans le cas où l'ouvrier ne fournit que son travail ou son industrie, le Code, *art.* 1789, ne rend celui-ci responsable que de sa faute: en sorte que le maître supporte seul toute la perte, si elle a été occasionnée par une force majeure. Ainsi, nul difficulté ne se présente, lorsqu'avant d'avoir été achevée, la construction que j'ai confiée à un entrepreneur, et pour laquelle il n'emploi que des matériaux mis à sa disposition, se trouve détruite par le feu du ciel, ou par une inondation: je dois seul supporter la perte des objets gatés suivant la maxime, *res perit domino.*

On demande si, dans ce cas, l'entrepreneur peut exiger le prix de son travail: la raison de douter est que la perte devant retomber sur le propriétaire, d'après la décision de la loi, on ne doit pas en rejetter une partie sur l'entrepreneur, en lui refusant le prix de son travail.

Pour décider, il faut considérer que l'entrepreneur est le propriétaire de son travail et de son industrie, comme le maître de la construction est propriétaire du sol et des matériaux. Or, si l'effet du cas fortuit doit être supporté par celui à qui appartient la chose qui a péri, suivant la règle, *res perit domino.*; il en résulte que le maître de la construction souffrira par le dommage arrivé à ce qui lui appartient, tandis que l'entrepreneur souffrira par l'inutilité de son travail; l'accident ne pouvant être attribué à personne, ses suites sont un malheur commun au maître et à l'entrepreneur; il est donc juste que chacun le supporte en ce qui le concerne. Ce n'est pas l'avis de Pothier, qui voudrait que l'entrepreneur fût payé de la portion de travail par lui exécutée : en sorte que le propriétaire serait le seul à qui le cas fortuit ferait tort. Nos législateurs nous paraissent avoir adopté une opinion plus raisonnable, qui, au surplus, ne permet plus de discuter sur ce point, puisqu'elle est devenue loi dans le Code, *art.* 1790 : on y lit que l'ouvrier n'a point de salaire à réclamer, lorsque la chose périt par cas fortuit avant d'avoir été livrée.

En raisonnant toujours dans l'hypothèse où des ouvriers ne fournissent que leur travail, supposons que des accidens arrivent à la construction par la faute du propriétaire, ou par le vice des matériaux qu'il a fait employer : par exemple, des bois qui paraissent bons à l'extérieur, ont fléchi sous le poids dont on les a chargés, parce qu'ils étaient gâtés intérieurement; les ouvriers auront droit de réclamer leur salaire, parce que l'évènement n'est plus un cas fortuit, c'est le résultat de la volonté du propriétaire qui doit seul en supporter les suites. A son égard, il a été trompé par les apparences; mais cette erreur frappe sur des matériaux qui lui appartiennent, et dont par conséquent la mauvaise qualité ne peut préjudicier qu'à lui seul, comme leur bonne qualité n'aurait profité qu'à lui. Le même *art.* 1790 dit expressément que l'ouvrier doit être payé de son travail, quand la chose a péri par le vice de la matière : bien entendu qu'on ne paie alors la main d'œuvre, qu'en raison de la portion des ouvrages qui étaient faits quand l'accident est arrivé; en sorte qu'il n'est rien dû pour le travail qui n'avait pas encore été exécuté.

Nous venons d'expliquer aux risques de qui sont les accidens de force majeure qui arrivent pendant la construction, lorsque l'entrepreneur, outre son travail, fournit encore le sol et les matériaux; ou bien lorsqu'il ne fournit que son travail : que faut-il décider, lorsque le sol appartient à celui qui fait bâtir, et que les matériaux ainsi que le travail sont fournis par l'entrepreneur. On ne peut pas dire alors que toute la matière appartient à ce dernier : ainsi, ce n'est pas simplement une vente qui intervient, en pareil cas; il y a tout à la fois louage d'ouvrage, et vente de matériaux.

Pothier pensait que l'entrepreneur devait être payé de son travail et de ses fournitures, lorsque l'accident arrivait avant la réception des ouvrages : la raison qu'il en donnait est que tout ce qui résulte du travail de l'ouvrier, et même les matériaux qu'il fournit, sont accessoires de la chose principale qui est ici le sol, suivant la règle *ædificium solo cedit.* De là il concluait que des matériaux devenus inhérens au sol par le travail de l'entrepreneur, sont acquis au propriétaire du terrain, *jure accessionis;* et qu'ainsi leur perte occasionnée par force majeure, est à la charge seulement de la personne à qui appartient le terrain.

Notre Code ayant décidé que les effets d'un cas fortuit, quand il arrive pendant la construction, sont supportés, pour la matière par celui qui l'a fournie, et pour le travail par celui qui l'a fait, le principe de l'accession ne peut plus être considéré. Il est applicable dans d'autres circonstances, telle que celle où il s'agit de la revendication de mon terrain, sur lequel une construction a été faite sans mon consentement : en rentrant en vertu de mon droit dans la possession du sol, je deviens maître également de tous les matériaux qui ont été employés sur ma propriété pendant mon absence. A l'égard du cas où le bâtiment a été fait par mes ordres, les ouvrages faits par l'entrepreneur ne deviennent à ma charge, que quand il me les a livrés; c'est-à-dire, quand ces ouvrages ont été reçus. Voilà l'intention du Code : en conséquence, jusqu'à la réception le travail de l'entrepreneur n'est pas encore ma propriété ; en sorte que si un accident imprévu arrive, je perds les objets gâtés qui m'appartiennent, comme l'entrepreneur perd son travail qu'il ne m'a pas encore livré.

De cette décision il résulte que si le terrain seul m'appartient, et que l'entrepreneur ait fourni la totalité des matériaux, les effets de l'accident arrivé avant la réception des ouvrages, seront supportés par moi en ce qui concerne le sol, et par lui en ce qui concerne soit les matériaux, soit la main d'œuvre. Par la même raison si, outre le sol, une partie des matériaux m'appartient, le surplus ayant été fourni par l'entrepreneur; le dommage occasionné par la force majeure sera à ma charge en ce qui touche le sol et mes matériaux; tandis que l'entrepreneur souffrira sa part de l'évènement pour son travail, et pour les matériaux qu'il aura fournis. Cette opinion est une conséquence de celle expliquée plus haut conformément au Code, et par laquelle on voit que si tous les matériaux et le sol m'appartiennent, je supporterai le mal qu'aura causé l'accident à ces deux objets; tandis que l'entrepreneur perdra son travail. En effet, les ouvrages (ce qui comprend les matériaux et la main d'œuvre) ne peuvent être payés que quand il a été possible au propriétaire de les constater: on ne doit pas le prix d'une chose qu'on a commandée, lorsqu'elle a péri avant qu'on ait pu en vérifier l'existence, et reconnaître qu'elle a été faite suivant le marché.

Ici vient une distinction entre l'ouvrage entrepris pour la totalité, sous la condition de ne livrer qu'après l'avoir achevé, et l'ouvrage à plusieurs pièces ou à la mesure, dont chaque partie peut être livrée séparément. Lorsque le marché est fait en bloc, c'est-à-dire pour la construction totale, ou, comme disaient les Romains, *aversione*, l'entrepreneur ne peut faire recevoir son travail que quand l'édifice est achevé: il est donc tenu de courir les risques des cas fortuits, jusqu'à ce qu'il puisse livrer la totalité de l'objet entrepris. Au contraire, lorsque le marché est fait à la pièce ou à la mesure, tel qu'à la toise ou au mètre, l'entrepreneur n'est pas obligé d'attendre que l'ouvrage soit terminé; il peut faire recevoir chaque pièce ou chaque toise aussitôt qu'elle est finie: telle est la décision de l'*art.* 1791 du Code.

Dès que chaque portion est vérifiée séparément, elle est livrée, et cesse par conséquent d'être aux risques de l'entrepreneur: ainsi tout accident qui la ferait périr serait à la charge du propriétaire, et le prix du travail serait dû à l'entrepreneur, aussi bien que le prix des matériaux qu'il aurait fournis pour cette portion.

Lorsque le propriétaire retarde ou refuse de recevoir les ouvrages, tant ceux qui ne se livrent qu'après avoir été achevés, que ceux qui se livrent à la pièce ou à la mesure, l'entrepreneur fait nommer en justice des experts pour les examiner; et s'ils sont trouvés faits convenablement, ils sont déclarés reçus, à compter du jour où le propriétaire a été mis en demeure de les vérifier, et d'en prendre possession. De là il suit que, si pendant la contestation il arrivait un accident par force majeure, les pertes seraient supportées par le propriétaire qui aurait retardé la réception; à moins qu'il ne justifiât que son refus était fondé, et que les ouvrages n'étaient pas recevables.

Tout ce qu'on a dit jusqu'à présent, pour déterminer sur qui retombe la perte de l'ouvrage qui périt avant d'avoir été livré, suppose que l'accident est arrivé par force majeure ou cas fortuit : à l'égard du dommage dont l'une des parties est la cause, il ne peut pas y avoir de difficulté; c'est elle qui seule en est responsable. Ainsi, avant la réception d'un édifice, le propriétaire a fait faire des travaux de terrasse, qui ont affaibli les fondations, et ont occasionné la chûte d'une portion de cet édifice; l'entrepreneur ne peut pas souffrir de cet accident : il ne lui en est pas moins dû le prix de la main d'œuvre pour la portion détruite, et le prix des matériaux qu'il a fournis pour cette même portion.

Pareillement, si c'est l'entrepreneur qui est la cause de l'accident arrivé à l'édifice, non-seulement le prix de la main d'œuvre et des matériaux par lui fournis pour la portion détruite ne lui est pas dû; mais encore il est tenu d'indemniser le propriétaire, à cause de la perte des matériaux qui appartenaient à ce dernier, et des autres dommages que peut lui avoir causés l'accident. Cette obligation de l'entrepreneur est la même, soit que la chûte du bâtiment arrive par sa faute avant la réception des ouvrages, soit qu'elle arrive après dans le cours des dix premières années : *Cod. Nap.*, *art.* 1792. On a vu le développement et l'application de cette décision dans les articles précédens, où on a traité avec détail ce qui concerne la garantie des architectes, des entrepreneurs et des ouvriers.

Si pendant la construction il arrive un accident dont on ne connaît pas la cause, on présume que l'ouvrage n'a péri que par la faute de l'entrepreneur. En effet, son obligation est de faire un édifice solide :

il ne peut donc être excusé, en pareil cas, que quand il prouve que l'accident vient d'une force majeure, ou du fait du propriétaire.

§ V.

De la résiliation des Marchés.

Le marché étant un contrat synallagmatique, il peut être résilié par le consentement mutuel des parties ; cette vérité est évidente. L'objet difficultueux est donc de savoir si la volonté de l'une des parties peut opérer la résolution du marché. On ne doute aucunement que l'entrepreneur n'a pas le droit de renoncer à l'exécution de la construction qu'il s'est engagé à faire : s'il ne la commence pas, ou si l'ayant commencée il ne l'achève pas dans le tems convenu, le propriétaire se fait autoriser à confier l'ouvrage à un autre, aux risques et aux dépens de l'entrepreneur négligent. Alors celui-ci est tenu de payer tout ce qu'il en coûtera au delà du prix arrêté par son marché ; et en outre il est condamné aux dommages-intérêts résultant du préjudice que son refus, ou son retard, a occasionné au propriétaire.

On parle ici seulement d'un marché qui contient des conditions que le propriétaire n'est pas assuré d'obtenir d'un autre entrepreneur ; car c'est dans ce cas uniquement, que le refus ou le retard qu'il éprouve lui est préjudiciable. Ainsi je charge un entrepreneur de construire ma maison suivant les plans et devis que je lui remets ; et rien de plus n'est convenu entre nous : il en résulte qu'il s'oblige à bâtir solidement, et conformément aux lois. De mon côté je m'engage à lui payer, d'après l'estimation, tout ce qu'il aura fait et fourni : s'il ne commence pas aussitôt que je le voudrais, ou si ayant commencé il ne finit pas aussi promptement qu'il m'aurait été agréable ; il s'expose seulement à perdre ma confiance, et à voir un autre entrepreneur faire ou achever la construction.

Il peut même me déclarer qu'il n'entend pas continuer ; car il ne s'est pas engagé à faire la totalité de l'ouvrage, ni même à le commencer ou à le finir dans un délai fixé. En pareil cas je serai tenu de payer ce qu'il aura fait et fourni après que la vérification en aura été effectuée et il ne pourra exiger aucun dédommagement, pas même pour les matériaux qu'il aurait approchés ou préparés, et qui lui resteront.

Au contraire supposons que je sois convenu de quelque chose de déterminé, soit sur le tems auquel il faut commencer ou achever l'ouvrage, soit sur le prix des matériaux à fournir, ou sur le prix des façons, soit enfin sur toute autre circonstance qui me porterait préjudice, si l'exécution de la clause n'avait pas lieu; il est évident que l'entrepreneur ne pourrait pas renoncer au marché, sans me mettre en droit de le poursuivre en dommages-intérêts: j'ai dû compter sur les conditions que nous avons arrêtées ensemble; les unes, telles que celles qui concernent le tems, peuvent me causer, par leur inexécution, un tort irréparable; d'autres, telles que celles des prix, sont quelquefois impossibles à obtenir d'un nouvel entrepreneur, comme j'aurais pu le faire dans le tems où nous avons traité.

A l'égard du propriétaire, sa volonté peut toujours mettre fin au marché; mais avec des effets différens selon les circonstances. On doutait si le propriétaire pouvait résilier le marché conclu à forfait; on disait que l'entrepreneur ayant compté sur cet ouvrage, avait pris ses arrangemens en conséquence, soit pour s'assurer des ouvriers, soit pour se procurer des matériaux, soit en refusant d'autres travaux. En consacrant l'opinion la plus généralement reçue, le Code Napoléon, dans son *art.* 1794, décide que, même lorsque le marché est à forfait, il est résolu dès que le propriétaire fait connaître qu'il n'est pas dans l'intention de l'exécuter. Peu importe que l'ouvrage soit ou non commencé, l'entrepreneur à qui la volonté du propriétaire est notifiée n'a plus la faculté de travailler: par conséquent ce dernier peut lui refuser le passage, et les autres facilités qu'il était tenu de donner aux personnes employées à sa construction.

On a considéré que l'entrepreneur, dont la profession est de bâtir pour ceux qui en ont besoin, donne essentiellement lieu de compter sur l'engagement qu'il prend; car, s'il lui survient quelque surcroît de travaux, ou quelque empêchement, il lui est facile de faire exécuter son marché. Il n'en est pas de même du propriétaire, qui souvent ne compte que sur des ressources très-peu multipliées; quelquefois même il ne s'est résolu à construire, malgré la gêne où il se trouve, que par l'impossibilité de différer l'ouvrage sans s'exposer à une trop grande perte. Dans une pareille position, s'il lui survient quelque contre-tems, ou de bonnes raisons pour ne pas bâtir, raisons dont il ne doit compte à personne, il ne lui reste pas la liberté de choisir; il est forcé de rompre le marché, n'ayant aucun moyen de satisfaire aux engagemens qui résulteraient, s'il était tenu de laisser faire la construction. On voit pourquoi l'entrepreneur ne peut jamais renoncer à un marché fait avec des conditions, sur lesquelles le propriétaire a pu se reposer; tandis que celui-ci est toujours autorisé à résilier le marché, même quand cette convention est un forfait.

Au reste, quelque raisonnable que soit la loi, en mettant une différence très-marquée entre l'intérêt du propriétaire et celui de l'entrepreneur concernant la résiliation d'un marché, elle n'entend pas que le propriétaire puisse user de son droit au détriment de l'entrepreneur: en conséquence, le même article du Code veut que celui-ci, lorsque la résiliation du marché lui est signifiée, soit dédommagé, non-seulement de ses dépenses et travaux; mais encore de tout ce qu'il aurait pu gagner si l'entreprise eût été achevée. Ainsi un propriétaire ne se déterminera plus que par de fortes raisons, à rompre un marché conclu; et, ce qui est surtout fort équitable, cette rupture ne se fera jamais dans le dessein de nuire à l'entrepreneur, et de le priver d'un gain légitime, sur lequel il lui a été permis de compter. En effet, quelque soit le motif qui porte un propriétaire à renoncer au marché, il n'en doit pas moins payer à l'entrepreneur tous les travaux déjà exécutés, toutes les fournitures déjà faites, toutes les autres dépenses que lui a occasionnées le marché, et qu'il n'aurait pas faites s'il n'avait pas compté l'exécuter; enfin, l'intention de la loi est que l'indemnité soit tellement complète, que l'entrepreneur y trouve même le gain qu'il aurait pu faire légitimement, si le marché eût reçu son entière exécution.

Quand un marché à forfait a été résilié par la volonté du propriétaire, et que peu après il veut continuer sa construction, peut-il s'adresser à un autre entrepreneur? Celui-ci ayant reçu, non-seulement le remboursement de ses travaux, de ses fournitures, de ses autres dépenses; mais encore le gain qu'il aurait fait sur la construction, il est complettement désintéressé : le marché, à son égard, a été entièrement exécuté. Ainsi, ce serait sans aucun fondement qu'il se plaindrait de ce que le propriétaire aurait choisi un autre entrepreneur.

Le Code n'a parlé de la résiliation, par la volonté du propriétaire, que quand le marché est à forfait; de là, naît la question de savoir si, dans tous les autres cas, le marché peut être résilié de la même manière.

La raison de douter est que la faculté de résilier étant donnée pour une sorte de marché, il semble en résulter qu'elle est refusée pour les autres espèces, suivant l'axiome, *inclusio unius est exclusio alterius.*

Ce qui décide, c'est que le marché à forfait est celui qui contient le lien le plus fort; tous ceux qui n'ont pas ce caractère, ont quelque chose de moins rigoureux, et par conséquent offrent moins d'inconvéniens à résilier: or, la volonté du propriétaire étant capable de résoudre un marché à forfait, à plus forte raison peut-elle opérer la résolution de toute autre espèce de marché. En s'occupant particulièrement du contrat le plus rigoureux, parmi ceux qui ont pour objet le louage d'ouvrage, la loi a laissé voir suffisamment son intention à l'égard des autres sortes de marchés, suivant la règle, *ubi eadem est ratio decidendi, idem jus dicendum est.* D'ailleurs, il paraît que nos législateurs ont voulu surtout décider une question fort débattue, celle de savoir si l'entrepreneur de qui le marché est résilié, peut exiger qu'on lui paie le gain qu'il aurait fait, s'il eût achevé son travail. La loi prononce affirmativement pour le cas où le marché est à forfait; en sorte que les autres cas restent soumis aux principes de la matière : ainsi la volonté du propriétaire opère la résiliation, quelque soit la nature du marché, même quand il est à forfait. A l'égard de l'indemnité, elle doit être complète, quand le marché est à forfait, et comprendre même le gain qu'avait droit d'espérer l'entrepreneur. S'agit-il d'un marché d'une nature moins rigoureuse? Les juges doivent suivre ce que l'équité leur indique, et étendre l'indemnité d'autant plus, que le marché se rapproche plus du forfait : la règle générale est d'indemniser l'entrepreneur, en raison de ce qu'il souffre réellement à cause de l'inexécution des conventions.

Qu'arriverait-il, si l'entrepreneur avait reçu le tout ou partie du prix de son ouvrage, lorsque la volonté du propriétaire a rompu le marché? L'entrepreneur imputerait ce qui lui a été payé, sur le montant du dédommagement qui lui revient : en conséquence, si ce dédommagement excède tout ce qui a été avancé, le propriétaire devra le surplus; tandis que si les sommes payées à l'entrepreneur sont plus considérables que ce qui lui est dû, y compris son dédommagement, il rendra ce qu'il se trouvera avoir reçu de trop. Observez que, pour cette restitution, il faudra lui accorder un délai, s'il le demande; de manière qu'il ne soit pas incommodé par l'obligation de payer une somme dont il a eu droit de disposer, ne pouvant pas prévoir qu'il serait dans le cas de la restituer.

La mort de l'une des parties opère-t-elle la résiliation du marché?

On distingue le décès du propriétaire, et celui de l'entrepreneur; comme on a distingué la volonté de l'un, et celle de l'autre. On a vu que le propriétaire rompt le marché quand il lui plaît, sauf à indemniser; tandis que l'entrepreneur n'a pas la même faculté. Le contraire a lieu quand il s'agit du décès : celui du propriétaire ne dissout pas le contrat, qui pourtant se trouve résilié par la mort de l'entrepreneur. Cette différente manière de décider, prouve que dans les marchés, on envisage ce qui est le plus conforme à l'équité. Nulle bonne raison ne pourrait autoriser un entrepreneur à renoncer volontairement à un marché; tandis qu'il peut arriver qu'un propriétaire soit dans la nécessité d'en arrêter l'exécution : voilà pour quoi on a accordé à la volonté de l'un, plus d'effet qu'à celle de l'autre. En cas de décès, on trouve aussi que les parties ne sont pas dans la même position : quand le propriétaire vient à mourir, rien n'empêche l'entrepreneur de continuer ses travaux; peu lui importe que le prix lui en soit payé par la personne même avec qui il a traité, ou par la succession. Il n'en est pas de même quand c'est l'entrepreneur qui décède; ses héritiers n'exercent pas sa profession, et ne seraient pas en état de faire les travaux convenus : en conséquence, il est juste qu'ils ne soient pas forcés à exécuter le marché. Bien plus, quand même le fils du défunt aurait le même état que son père, il pourrait n'avoir pas succédé à la confiance que ce dernier savait inspirer : le propriétaire ne doit donc pas être forcé, même en pareil cas, à laisser continuer le marché par l'héritier de l'entrepreneur.

Avant le Code, les jurisconsultes, tel que Pothier, distinguaient le cas où l'ouvrage peut être fait par un autre, aussi bien que par le défunt : alors il était décidé que les héritiers de l'entrepreneur devaient faire exécuter le marché. Quand l'ouvrage était de nature à dépendre surtout du talent personnel de celui à qui on l'avait confié, on ne balançait pas à regarder le marché comme résilié par le décès de l'entrepreneur. Il n'est plus possible d'admettre cette distinction, depuis que le Code, *art.* 1795, a établi en principe général, que le contrat de louage d'ouvrage, est dissous par la mort de l'ouvrier, de l'architecte, ou de l'entrepreneur : *Ubi lex non distinguit, nec nos distinguere debemus.* Ce n'est pas sans de bonnes raisons que la loi n'a plus voulu qu'il fût fait de différence entre les sortes d'ouvrages : il était très-difficile de connaître les travaux que les héritiers pouvaient aisément faire continuer. Ils soutenaient presque toujours, et avec quelque fondement, qu'il leur était impossible de trouver les ressources que savait se procurer le défunt. En conséquence, suivant le Code, il serait trop dur d'exiger, que des héritiers fussent forcés d'exécuter un marché auquel ils ne connaissent rien.

Quand une construction est dirigée par un architecte, et exécutée par un entrepreneur, le décès de l'architecte rompt-il le marché fait avec l'entrepreneur ; et réciproquement, le décès de l'entrepreneur opère-t-il la résiliation du marché fait avec l'architecte ?

En considérant le contrat de louage d'ouvrage fait avec l'architecte, comme un acte séparé du louage d'ouvrage contracté avec l'entrepreneur ; il est facile de sentir que le décès de l'un des deux ne dissout que le marché fait avec le défunt : ainsi, quoique l'architecte soit mort, le propriétaire qui peut le faire remplacer par tel autre qu'il choisira, ne peut pas argumenter de ce décès, pour arrêter l'entrepreneur dans ses travaux. Il peut bien user du droit de rompre le marché par sa volonté; mais, alors il faut qu'il indemnise l'entrepreneur, comme on l'a expliqué plus haut. Pareillement, le décès de l'architecte ne peut pas être un motif pour autoriser l'entrepreneur à renoncer au marché.

On raisonnera de même si c'est l'entrepreneur qui est décédé : les conventions faites avec l'architecte n'en doivent pas moins s'exécuter. Celui-ci n'a pas le droit de motiver son refus, sur un évènement qui lui est étranger; et le propriétaire de son côté ne peut pas s'autoriser du décès de l'entrepreneur, pour rompre la convention faite avec l'architecte. Il a bien le droit de notifier à ce dernier sa volonté de rompre tout engagement; mais c'est en vertu d'un autre principe développé plus haut : le propriétaire alors est obligé à tous les dédommagemens dont il a été parlé.

On suppose ici qu'il y a eu avec l'architecte, un marché contenant des conditions sur lesquelles celui-ci a dû compter, et dont l'inexécution peut lui causer du dommage. Ce cas arrive rarement : l'architecte qui exerce sa profession avec noblesse, ne veut être engagé que par la confiance qu'il inspire au propriétaire. S'aperçoit-il qu'il ne reçoit plus les mêmes témoignages de satisfaction? Il se retire; et le propriétaire, avec qui il n'existe aucun marché, ne peut pas s'en plaindre, puisque lui-même, il aurait pû remercier l'architecte. Dans ce cas, de quelque côté que vienne la résolution de quitter, le propriétaire doit le prix des travaux faits par l'architecte, et du tems que celui-ci a passé pour diriger les ouvrages.

La résiliation du marché, lorsqu'elle résulte du décès de l'entrepreneur, donne à sa succession le droit de réclamer le prix des ouvrages déjà exécutés : c'est ce que décide le Code, *art.* 1796. Il ajoute que les matériaux préparés doivent être payés également par le propriétaire; mais seulement lorsqu'ils peuvent lui être utiles. Le prix des ouvrages et des matériaux dus à la succession de l'entrepreneur, se fixe en proportion du prix établi par le marché; et s'il avait été convenu que les ouvrages et fournitures seraient payés sur estimation, il faudrait faire procéder par experts, à l'évaluation des ouvrages exécutés, et des matériaux préparés.

La loi n'ayant prononcé la résiliation du marché pour cause de mort, que quand elle arrive du côté de l'ouvrier, de l'architecte, ou de l'entrepreneur; il en résulte que le décès du propriétaire ne dissout pas le contrat de louage d'ouvrage : comme il n'y a point de parité entre les deux cas, la même disposition ne leur convenait pas. L'héritier du propriétaire a bien le droit de rompre le marché, en signifiant que telle est sa volonté, et en payant une indemnité complète, comme on l'a dit plus haut; mais alors, la mort de celui à qui il succède, n'est pas la cause de la résiliation : en conséquence, tant que l'héritier ne s'explique pas en qualité de propriétaire, le marché subsiste, et l'entrepreneur ne peut pas se dispenser de continuer son travail.

Lorsqu'un propriétaire laisse plusieurs héritiers qui ne s'accordent pas, sur la question de savoir si on laissera continuer le marché, ou si on signifiera la volonté de le dissoudre, l'entrepreneur ne doit pas cesser de travailler; car le contrat de louage d'ouvrage n'est point rompu par le décès du propriétaire. Ce qui devient embarrassant, c'est lorsqu'une partie des héritiers notifie sa volonté de résoudre ce marché, tandis que les autres gardent le silence. L'entrepreneur alors assignera ceux de qui il a reçu une signification, et conclura à ce que, dans le délai que le tribunal fixera, ils aient à se régler avec leurs cohéritiers; sinon, à ce qu'il soit autorisé, après l'expiration du délai, à suivre l'exécution des travaux. L'entrepreneur se réservera la faculté de demander une indemnité, pour les dommages qu'il aura soufferts, à cause du retard qu'aura occasionné la dénonciation faite par une partie des héritiers.

Si sur cette demande les héritiers s'accordent, le marché est continué, ou dissous, selon leur intention notifiée à l'entrepreneur : si au contraire ils sont d'avis différens, le tribunal décide lui-même s'il est plus utile aux intérêts communs de continuer ou de résilier le marché. Pour s'éclairer sur cette question, il nomme des experts afin d'examiner le marché, les travaux s'il y en a de commencés, les ressources de la succession, et pour faire un rapport sur ce qui paraît le plus convenable.

Le contrat de louage d'ouvrage se dissout encore par la force majeure. Ce principe n'est pas écrit particulièrement dans le Code; mais il se trouve énoncé d'une manière générale dans l'*art.* 1302, où il est dit que l'obligation est éteinte si la chose a péri, ou a été perdue, sans la faute du débiteur. D'ailleurs, il est dans l'équité naturelle que l'on ne soit pas tenu des évènemens qui n'ont pas été prévus, lorsqu'on a contracté : *Rapinæ, tumultus, incindia, aquarum magnitudines, impetus prædonum, à nullo præstantur.* L. 23, *infin.*, ff. *de régul. jur.* Ainsi, j'ai fait marché avec un entrepreneur pour qu'il me construisît une maison, sur un terrain que je lui ai désigné; avant l'époque fixée pour la commencer, ou même pendant qu'il travaillait, un tremblement de terre a ouvert mon terrain, qui s'est changé en un gouffre où il n'est plus possible d'établir une construction. Il est évident que le marché est résilié par une force majeure, qui ne peut être imputée à aucune des parties contractantes : en conséquence, chacune supportera la perte qui le concerne particulièrement. Je serai donc obligé de payer à l'entrepreneur les travaux par lui faits, et qui pourront être constatés : à l'égard de ce qu'il sera impossible de vérifier, il le perdra comme une suite de l'évènement. Par la même raison, pour l'inexécution du marché, il n'est pas plus fondé à me demander des indemnités, que je ne peux en réclamer contre lui; puisque la cause qui a dissous le contrat, n'est imputable ni à lui, ni à moi.

§ VI.

Comment les architectes, entrepreneurs et ouvriers obtiennent privilége sur leurs constructions.

Puisque celui qui vend un immeuble, a un privilége pour se faire payer le prix convenu; il est juste que ceux qui contribuent à la conservation ou à l'augmentation de l'héritage, aient aussi un privilége pour se faire payer de leurs travaux et de leurs fournitures.

Ce privilége n'a pas lieu de plein droit; il faut qu'il ait été établi avec les formalités que prescrit le Code Napoléon, *art.* 2103, § 4. Quand il s'agit d'édifier, reconstruire ou réparer des bâtimens, canaux ou autres ouvrages quelconques, le propriétaire qui veut procurer à ceux qu'il emploiera ou comme architectes, ou comme entrepreneurs et fournisseurs, ou comme ouvriers, un privilége pour le prix de leurs travaux, doit présenter requête au tribunal de première instance dans l'arrondissement duquel se trouve située la construction projetée. Sur cette demande un expert est nommé d'office; c'est-à-dire qu'il est choisi par le tribunal. Le jugement de nomination rendu au bas de la requête, commet un membre du tribunal pour recevoir le serment de l'expert, et ordonne que ce dernier dressera procès verbal de l'état dans lequel se trouvent les lieux, et des ouvrages que le propriétaire se propose d'y faire. A la diligence du propriétaire, et en vertu de l'ordonnance qu'il a obtenue du juge-commissaire, l'expert est assigné à venir prêter serment; sur le procès verbal qui est dressé de cette formalité, l'expert indique le jour et l'heure où il fera son opération en présence du propriétaire, ou de son fondé de pouvoirs.

Après avoir constaté l'état des lieux, l'expert énonce sur son procès verbal les ouvrages que le propriétaire déclare avoir dessein de faire exécuter. Le propriétaire signe chaque vacation; et s'il ne peut pas écrire, mention en est faite par l'expert, qui dépose ensuite la minute de son travail au greffe du tribunal où il a reçu sa mission.

On voit que le propriétaire a seul le droit de requérir cette première opération, et qu'il n'est nullement nécessaire de désigner quelles personnes seront employées à l'exécution des ouvrages projetés. Pour tirer tout l'avantage qu'il desire trouver dans cette formalité, le propriétaire prend au greffe une expédition du procès verbal déposée par l'expert, et le fait inscrire au bureau des hypothèques de l'arrondissement dans lequel est située la construction. Muni de cette première inscription, il est facile au propriétaire de trouver, soit architecte, soit entrepreneurs, soit ouvriers, pour exécuter les ouvrages projetés; car chacun de ceux à qui il s'adressera aura la certitude d'avoir un privilége pour le paiement des travaux qu'il fera. Ce n'est pas que la première formalité dont on vient de parler, soit suffisante pour opérer le privilége de ceux qui auront été employés par le propriétaire : elle est sans doute absolument nécessaire ; mais elle doit être suivie d'une seconde opération que prescrit le même article du Code.

Dans les six mois au plus tard, à compter du jour où les ouvrages sont parvenus à leur perfection, il est nécessaire qu'ils soient reçus juridiquement. Sans cette seconde formalité le privilége n'aurait pas d'existence ; mais aussi, dès qu'elle a eu lieu, et que le procès verbal de réception a été inscrit au bureau des hypothèques, le privilége obtient toute sa force, et date du jour où l'inscription du premier procès verbal a été prise : voilà pourquoi on a conseillé de ne point retarder cette première inscription. On voit que si le propriétaire a seul le droit de requérir la première visite des lieux, il n'en est pas de même de la seconde ; les personnes qui ont travaillé dans l'espoir que le privilége préparé serait effectué, ont évidemment intérêt à ce que le délai de six mois ne se passe pas, sans que la réception des ouvrages n'ait été faite judiciairement.

A cet effet, soit par le propriétaire, soit par la réunion de toutes les personnes ayant droit au privilége, soit par l'une d'elles séparément, une requête est présentée au tribunal de la situation des lieux. Par le jugement qui intervient un expert est nommé d'office, et un juge est commis pour recevoir son serment. A la diligence du requérant l'expert est assigné pour prêter serment ; en même tems sommation est faite aux autres parties intéressées d'être présentes, si bon leur semble, à la prestation de serment : il faut en effet qu'elles puissent fournir, avant cette formalité, leurs moyens de reproche si elles en ont. Lorsque c'est le propriétaire qui poursuit la réception des ouvrages, il appelle à la prestation de serment tous ceux qui ont droit au privilége : remarquez qu'ils pourraient y intervenir, s'ils n'avaient point reçu de sommation. Quand c'est par la masse des personnes ayant droit au privilége, que la réception des ouvrages est demandée, la sommation d'assister au serment de l'expert est signifiée au propriétaire. Si la réception des ouvrages est requise séparément par un ou plusieurs de ceux qui y ont travaillé, les autres ayant droit au privilége et le propriétaire sont sommés de se trouver au serment de l'expert.

L'une des parties intéressées n'a-t-elle pas été appelée ? Elle peut intervenir, former opposition à l'ordonnance qui reçoit le serment de l'expert, et fournir ses moyens de reproche. A l'égard de ceux qui ont été duement appelés, ils ne sont plus recevables à reprocher l'expert après la prestation de serment; à moins que la cause de reproche ne soit survenue postérieurement. Au reste ceux qui n'ont pas été appelés au serment, et qui n'ont point de reproches à proposer contre l'expert, n'ont rien de mieux à faire que de se présenter à lui, et de requérir que la réception des ouvrages se fasse avec eux.

Pour la prestation de serment du second expert, on suit la même procédure tenue pour le serment du premier expert. Le poursuivant obtient du juge-commissaire une ordonnance qui indique le jour, où le serment sera prêté. En vertu de cette ordonnance, qui est signifiée à l'expert et aux parties intéressées, avec assignation, la formalité prescrite est remplie; et, par le procès verbal qui en est dressé, mention est faite du jour que fixe l'expert, pour procéder à la réception des ouvrages.

A la diligence du poursuivant, les parties intéressées qui n'ont pas comparu à la prestation de serment où elles ont été appelées, sont sommées de se trouver au jour et à l'heure indiqués par l'expert. Souvent, la réception des ouvrages se faisant sans contestation, les parties se trouvent, soit à la prestation de serment, soit à l'opération, sans avertissemens signifiés, et leur présence, constatée sur le procès verbal, rend valable, vis-à-vis d'elles, toute la procédure. Il est donc bon de remarquer en général, que si une personne ayant droit au privilége, n'avait pas été appelée au procès verbal de réception des ouvrages, elle serait fondée à s'y présenter; et l'expert constaterait la déclaration qu'elle lui ferait, ainsi que les réponses, soit du propriétaire, soit des autres parties intéressées.

L'opération de l'expert consiste à énoncer sommairement les différentes sortes d'ouvrages, qui ont été faits depuis la première visite des lieux, à déclarer s'ils ont été exécutés suivant les règles de l'art, et conformément aux conventions arrêtées entre les parties; et à en faire l'estimation, soit d'après les prix convenus par le marché, soit d'après le réglement des mémoires, si le prix n'a pas été fixé avec le propriétaire. En conséquence, tous ceux qui prétendent droit au privilége, remettent leurs mémoires à l'expert qui vérifie et arrête le montant de chacun en particulier : le tout est constaté au procès verbal. Chaque vacation est signée par l'expert et les parties présentes : mention est faite des parties qui ne savent pas écrire, ou qui, soit en personne, soit par un fondé de pouvoirs, n'ont pas comparu. Dès que le procès verbal de réception est terminé, l'expert le dépose au greffe : la partie la plus diligente s'en procure une expédition; et, si toutes les parties sont d'accord, il ne s'agit plus que de le faire inscrire au bureau des hypothèques. Par cette dernière formalité, le privilége est assuré au profit de ceux dont le travail a été constaté : ce privilége date de l'époque où le procès verbal de la première visite a été inscrit au même bureau, ainsi qu'on l'a dit plus haut.

Le tribunal peut-il nommer, pour recevoir les ouvrages, le même expert qui a fait la première visite des lieux? Le Code ne s'expliquant pas sur ce point, il en résulte qu'il est laissé à la prudence des juges, de confier la seconde opération à l'expert qui a fait la première : non seulement, il n'y a aucun inconvénient, lorsque rien ne s'y oppose; mais encore on peut assurer que l'expert qui a dressé l'état des lieux, et désigné les ouvrages qu'on se proposait d'y faire, est plus qu'un autre en état de reconnaître la nature des travaux effectués, et de donner son avis sur les difficultés qui peuvent s'élever entre les parties. Le réglement qui dans cette matière, servait de guide, autorisait expressément les juges, suivant qu'ils le croyaient utile, à nommer, pour recevoir les ouvrages, le même expert qui a fait la première visite : le Code n'ayant rien de contraire à cette disposition, on ne doute pas qu'elle ne soit adoptée. On sait que, pour obvier à divers abus qui s'étaient introduits dans l'établissement des priviléges sur les ouvrages, le Parlement de Paris rendit l'arrêt de réglement dont nous parlons, le 18 août 1766 :

les précautions exigées par cet arrêt, sont celles que notre nouvelle loi a consacrée, et que nous venons d'expliquer.

§ VII.

Des contestations relatives à l'établissement du privilége sur les constructions.

Lors du procès verbal d'état des lieux, s'il n'y a aucun contradicteur, c'est le propriétaire qui, pour procurer un privilége aux personnes qu'il pourra employer à sa construction, obtient du juge la nomination d'un expert; à fin de constater l'état dans lequel sont les choses, et énoncer les ouvrages qu'on projette d'y faire. Nulle difficulté ne peut donc s'élever lors de cette première opération : il suffit de la faire avec le propriétaire seul. Cependant, si déjà il a un marché avec un entrepreneur, rien n'empêche que celui-ci ne soit présent à la visite des lieux : bien plus, si par le marché le propriétaire a promis d'établir un privilége, l'entrepreneur, avant de commencer les travaux, peut demander lui-même que l'état des lieux soit dressé, et que les ouvrages qui sont l'objet de son marché, soient énoncés au procès verbal.

Dans ces différens cas, il n'y a pas lieu ordinairement à contestation, puisqu'il ne s'agit que de vérifier des faits qui n'ont pas de contradicteur, ou bien sur lesquels on est nécessairement d'accord. Cependant, si par extraordinaire il s'élevait quelque difficulté entre le propriétaire et l'entrepreneur, dès cette première visite; on aurait recours au tribunal, dans la forme qu'on va expliquer, pour le cas où il y a contestation lors de la réception des ouvrages.

Cette seconde opération, qui se fait toujours entre le propriétaire et ceux qui ont travaillé à sa construction, a pour objet de fixer ce qui est dû à ces derniers. Par conséquent, il n'est pas étonnant qu'il survienne à cette occasion quelque discussion : tantôt, c'est le propriétaire qui conteste à l'un de ceux qui se présente, le droit au privilége; tantôt, ceux qui ont travaillé à la construction, se disputent entre eux sur la question de savoir par qui a été fait telle espèce de fourniture; d'autrefois, l'opération même de l'expert est attaquée comme irrégulière ou erronnée.

Quand les difficultés ne frappent point sur la validité de l'opération, l'expert se contente de recevoir les dires de chaque partie; et, comme il n'a pas d'autorité pour décider, il renvoie à se pourvoir. Si la difficulté n'est pas de nature à empêcher la suite de l'opération, il la termine. Au contraire, s'il est essentiel que le point contentieux soit réglé avant de pousser plus loin son travail, l'expert déclare qu'il n'achèvera que quand les parties se seront fait juger: alors, la plus diligente assigne les autres pour faire prononcer, soit en référé, soit par le tribunal, selon l'objet de la contestation. En vertu du jugement, l'expert à qui il est remis reprend le cours de son opération.

Dans le cas où les difficultés n'ont pas empêché l'expert de terminer le procès verbal de réception des ouvrages, les parties qui ont intérêt à faire prononcer se pourvoient; afin que le privilége, quoique bien établi, puisse être exercé par ceux à qui il appartient, en proportion des droits de chacun. A cet effet, soit que le procès verbal de réception ait déjà été inscrit au bureau des hypothèques, soit que l'inscription n'ait pas encore été prise, celui qui veut faire prononcer sur les difficultés doit faire assigner le propriétaire, et toutes les parties qui ont intérêt à l'objet de la contestation. Le jugement qui intervient sur le vû du procès verbal de réception, et d'après l'instruction que reçoit l'instance, fixe la part de chacun dans le privilége établi sur les ouvrages. Alors, si le procès verbal de réception n'a pas encore été inscrit, il est porté au bureau des hypothèques, avec le jugement; et la date du privilége remonte à celle de l'inscription du procès verbal de la première visite. Quand une des parties, n'ayant pas d'intérêt aux contestations, a fait inscrire le procès verbal de réception avant qu'elles aient été décidées, on fait modifier l'inscription, conformément au prononcé du tribunal, après que sa décision a obtenu force de chose jugée.

Dans tout ce qu'on vient de dire, on suppose que les difficultés qui s'élèvent entre les parties présentes à la réception des ouvrages, ne concernent point l'opération en elle-même; mais, si l'une des parties prétendait, par exemple, que l'expert a été reproché en tems utile, ou qu'il a excédé ses pouvoirs, ou qu'il a commis, soit des erreurs, soit des nullités, le procès verbal ne pourrait pas être porté au bureau des hypothèques, sans avoir été préalablement homologué par le tribunal. En effet; le titre qu'il s'agit d'inscrire peut bien contenir des clauses qui demandent des explications postérieures: cette circonstance n'empêchant pas le titre d'être reconnu valable par les parties, il n'y a aucun inconvénient à l'inscrire. Il n'en est pas ainsi, lorsque la validité du titre est contestée, et surtout lorsqu'il porte avec lui la preuve que des reproches lui sont opposés; ainsi qu'il arrive dans les rapports d'experts, où sont consignés les protestations qui sont faites contre l'opération elle-même: en pareil cas, il n'est pas convenable de porter l'acte au bureau des hypothèques, à moins qu'un jugement n'en ait prononcé la validité. En conséquence, s'il est survenu des oppositions à la réception des ouvrages, ou si le procès verbal, après que l'expédition en a été levée, est trouvé nul ou erronné, par l'une des parties, la première chose à faire est de se pourvoir devant le tribunal. Si la partie qui ne conteste pas l'opération est la plus diligente, elle assigne toutes les autres sans exception, pour voir prononcer l'homologation du procès verbal de réception des ouvrages. La partie qui réclame contre le rapport de l'expert, est-elle la plus diligente? Elle assigne toutes les autres parties pour voir adjuger les conclusions qu'elle se croit fondée à prendre dans la circonstance. Si le jugement ordonne l'homologation, le rapport est porté au bureau des hypothèques, et le privilége date du jour où le procès verbal de la première visite a été inscrit. Quand le rapport n'est pas homologué, l'opération est recommencée, ou rectifiée, selon que le tribunal a prononcé; et c'est lorsque les ouvrages sont reçus convenablement, que la seconde inscription est prise.

Ce qu'il faut observer d'essentiel dans cette procédure, c'est que les ouvrages doivent avoir été reçus dans les six mois au plus tard, à compter du jour où ils ont été terminés. Quelque longues que soient ensuite les discussions qui s'élèvent sur le procès verbal de réception des ouvrages, il peut être inscrit utilement après qu'elles ont été terminées; et le privilége n'en est pas moins assuré à la date de l'inscription du premier rapport. On voit combien il est important de ne pas retarder la présentation de ce premier procès verbal au bureau des hypothèques.

§ VIII.

Sur quels objets s'etend le privilége de ceux qui ont travaillé à une construction.

Deux conditions sont imposées à l'exercice du privilége accordé, par l'*art.* 2103, § 4 du Code Napoléon, à ceux qui ont été employés aux travaux d'une construction. La première est que ce privilége ne puisse pas excéder les valeurs des travaux constatés par le procès verbal de leur réception. Ainsi, celui qui a droit au privilége pour une somme, par exemple, de 10,000 francs à laquelle ses travaux ou fournitures ont été évalués, par l'expert chargé de la séconde visite, ne pourrait pas faire participer au même privilége le paiement d'une somme plus considérable. En vain il prouverait que ce qu'il demande au delà des 10,000 francs, lui est dû légitimement pour objets faits et fournis dans la construction sur laquelle est son privilége; il a eu tort de ne pas faire comprendre ces objets dans le procès verbal de réception; rien ne peut plus suppléer à cette formalité: il pourra bien exercer son action contre le propriétaire, et même prendre sur l'immeuble une inscription s'il a titre convenable; mais il ne réussira jamais à étendre au delà des 10,000 francs, le privilége qui lui est assuré par le procès verbal de réception des ouvrages.

La seconde condition sous laquelle est accordé le privilége dont il s'agit, est qu'il soit réduit à l'augmentation de valeur que les travaux ont procuré à l'immeuble, à l'époque où il est aliéné. On sent que cette disposition de la loi citée, est fondée sur ce que ceux par qui a été exécutée une construction, ne peuvent pas être préférées aux autres créanciers, pour la valeur qu'aurait conservée l'immeuble si les ouvrages n'yeussent pas été faits. Il est donc juste de n'accorder de privilége pour les constructions, qu'en raison de l'augmentation de valeur qu'elles procurent à l'héritage.

De là il résulte que si les travaux faits, donnent à l'objet une valeur qui surpasse à la fois le prix qu'il valait avant, et le prix de ces mêmes travaux, les personnes qui les ont exécutés ne tirent aucune utilité de cet excès de valeur; car elles ne peuvent exercer leur privilége, que pour le montant des ouvrages: il leur suffit donc que l'immeuble, après les travaux, se trouve augmenté de tout ce qui est nécessaire pour les payer. Le surplus de l'augmentation profite, ou au propriétaire, ou à ses autres créanciers.

Par suite du même principe, supposons qu'après les constructions faites ou réparées, l'immeuble ne se trouve augmenté au delà de ce qu'il valait auparavant, que de moitié seulement de ce qui est nécessaire pour acquitter les travaux; l'entrepreneur ne pourra exercer son privilége, que pour la moitié du prix de ses ouvrages constatés par le procès verbal de leur réception. Ainsi une maison n'ayant que deux étages, on lui a fait deux autres étages qui ont coûté 10,000 francs, et pour lesquels il a été établi un privilége au profit de l'entrepreneur. Lorsqu'il s'agit de vendre cette maison, il se trouve que si elle n'avait pas été élevée de deux étages, elle vaudrait 20,000 francs; en sorte que si elle avait reçu une augmentation de prix proportionnée aux nouveaux travaux, elle vaudrait au total 30,000 francs. Cependant, lors de l'aliénation qui en a été faite quelque tems après, soit volontairement, soit par voie judiciaire, le prix ne s'est élevé qu'à la somme de 25,000 francs; les travaux n'ont donc augmenté la valeur de la maison que de 5,000 francs; ainsi le privilége de l'entrepreneur se trouve réduit à cette dernière somme, quoique le procès verbal de réception de ses ouvrages les ait évalués à 10,000 francs.

Ce n'est pas que l'entrepreneur ne soit légitime créancier du prix total de ses travaux; mais il n'en pourra exiger que la moitié à titre de privilége. Pour le surplus il n'aura qu'une simple hypothèque, qui datera de l'inscription du premier procès verbal. Il sera donc payé par privilége d'une somme de 5000 francs, à quoi se monte la plus value que ses travaux ont procurée à l'immeuble ; et il sera colloqué à son rang d'hypothèque pour les autres 5000 francs, dont il restera créancier.

Dans l'espèce proposée on a dit que la maison vendue 25,000 francs aurait valu 20,000 francs sans les travaux qui y ont été faits : on demande comment on peut reconnaître, à l'époque où l'immeuble est aliéné, combien il vaudrait si on n'y avait pas fait les ouvrages nouveaux; et par conséquent à quoi se monte l'augmentation de valeur, que lui procurent ces mêmes ouvrages.

Les uns pensent que lors de la première visite, qui se fait pour constater l'état des lieux avant de commencer les travaux, l'expert doit estimer ce que vaut l'immeuble. Après cette précaution on voit facilement, lorsqu'il est aliéné, de combien le prix auquel il est porté surpasse le prix de l'estimation énoncée dans le premier procès verbal.

On répond avec raison que ce moyen ne satisferait pas à la loi; elle considère la valeur de l'immeuble seulement à l'époque où il est aliéné, sans égard à ce qu'il a pu valoir avant que les nouveaux ouvrages y aient été faits. Quand un propriétaire provoque la première visite, pour préparer un privilége au profit des personnes qu'il emploiera à de nouveaux ouvrages, souvent il n'a pas de contradicteur : il pourrait donc aisément déterminer l'expert à donner à l'immeuble une valeur trop considérable ; ce qui serait au préjudice du privilége, et tromperait les personnes qui exécuteraient les travaux projetés. D'ailleurs le privilége ne s'exerce que sur le prix de l'immeuble ; par conséquent il faut qu'il ait été aliéné. C'est alors seulement qu'on doit l'apprécier, et distinguer ce qu'il vaudrait sans les travaux pour lesquels on a obtenu privilége, et de combien ces mêmes travaux ont augmenté sa valeur. Pour arriver à ce résultat il n'est qu'un seul moyen, c'est de faire une ventilation. Cette opération consiste à examiner, dans quelle proportion les ouvrages privilégiés ont augmenté la valeur de l'immeuble, à l'époque de l'aliénation.

Quand l'immeuble est aliéné pour un prix capable de satisfaire à toutes les dettes hypothéquées, on conçoit que la ventilation devient inutile : cette opération ne se fait, que quand le prix de l'aliénation n'est pas assez élevé pour payer tous les créanciers inscrits ; car ceux qui craignent de n'être pas colloqués utilement ont intérêt à provoquer la réduction des créances qui les priment. En pareil cas la ventilation est confiée à des experts choisis à l'amiable ; et si les parties ne s'accordent pas, la nomination est faite judiciairement.

La forme qu'il faut suivre pour procéder en justice à la ventilation dont il s'agit, est facile à reconnaître, si on considère que quand les parties ne s'accordent pas sur la distribution du prix d'un immeuble, on n'a pas d'autre moyen à employer que d'ouvrir un ordre, comme le prescrit le Code de procédure civile. Celui qui a droit au privilége produit ses titres, avec une requête ; il y conclut à être payé par privilége, de ce qui lui est dû pour les ouvrages dont il a augmenté l'immeuble. Pendant le délai accordé pour contredire, aucun créancier ne s'oppose-t-il à cette demande ? Le privilégié est colloqué comme il est requis. Si la demande du privilégié est contestée, si un autre créancier soutient sur le procès verbal du juge-commissaire, que l'immeuble n'a pas reçu, par les nouveaux ouvrages, une augmentation de valeur égale à leur prix, la contestation est renvoyée à l'audience ; ce qui n'empêche pas le juge-commissaire d'arrêter l'ordre, pour les créances antérieures à celle qui fait l'objet de la discussion.

Dans la huitaine qui suit le mois consacré à contredire sur le procès verbal d'ordre, tous les créanciers postérieurs en hypothèques à celui que l'on conteste, sont tenus de choisir un avoué pour les représenter dans la contestation renvoyée à l'audience ; ce choix n'ayant pas été fait dans le délai de huitaine, l'avoué du créancier dont l'inscription est la moins ancienne, se trouve de plein droit le représentant commun.

Au moyen de cet arrangement prescrit par l'*art.* 760 du Code de procédure civile, les parties de la cause renvoyée à l'audience sont, 1°. celui qui a vendu l'immeuble, ou sur qui on l'a saisi ; 2°. le créancier dont le privilége est contesté ; 3°. tous les créanciers qui lui sont postérieurs, et qui sont nécessairement représentés par un seul avoué. L'audience est poursuivie dans cet état, par la partie la plus diligente sur un simple acte d'avoué à avoué, sans autre procédure. *Ibid*, *art.* 761.

Après les plaidoiries, le juge-commissaire fait son rapport, et le ministère public est entendu. *Ibid*, *art.* 762. Dans l'espèce, le point de la contestation étant de savoir combien les ouvrages, pour lesquels un privilége est réclamé, ont augmenté la valeur de l'immeuble, un jugement interlocutoire nomme des experts : ce sont ceux dont les parties conviennent volontairement entre elles; sinon ce sont ceux que le tribunal choisit d'office.

En vertu de ce jugement les experts visitent l'immeuble, et opèrent la ventilation. Si leur rapport est approuvé par le tribunal, un jugement définitif règle la somme pour laquelle, celui à qui les ouvrages sont dus, sera colloqué par privilége.

Les experts chargés à l'amiable ou par justice de faire la ventilation dans le cas dont il s'agit, doivent bien savoir qu'ils n'ont pas à examiner si l'immeuble a été aliéné pour une somme moindre ou plus forte qu'il ne vaut : leurs fonctions se bornent à déterminer, dans quelle proportion les ouvrages privilégiés ont augmenté la valeur de cet immeuble; par exemple, s'il se trouve valoir la moitié, ou le tiers, ou le quart de plus que si les ouvrages n'existaient pas : de là il résultera que le privilége affectera la moitié, le tiers ou le quart du prix de l'aliénation. Cette observation est d'une grande importance; et si on n'y faisait pas attention, les conséquences en seraient très-contraires à la loi.

Prenons pour exemple une maison valant réellement 50,000 francs, et qui par expropriation forcée a été adjugée seulement pour 30,000 francs. Un entrepreneur a fait établir sur cette maison à son profit un privilége, pour des travaux réglés à 20,000 francs : comme il n'y a pas de quoi payer tous les créanciers hypothécaires, il s'agit de savoir à quoi se réduira le privilége de l'entrepreneur. Si les experts disaient qu'à l'époque de l'adjudication la maison valaient réellement 50,000 francs; que sans les travaux privilégiés elle aurait valu réellement 30,000 francs; qu'ainsi l'augmentation de valeur opérée par les ouvrages nouveaux est de 20,000 francs ; le résultat serait d'accorder privilége à l'entrepreneur pour la totalité de ce qui lui est dû. Cette manière d'opérer ne laisserait aux créanciers hypothécaires que 10,000 francs à partager, puisque l'adjudication n'est que de 30,000 francs.

Au contraire, si le rapport déclare que les travaux faits par l'entrepreneur sont cause que la maison, à l'époque où elle a été adjugée, valait deux cinquièmes de plus que s'ils n'eussent pas été exécutés ; il en résultera que le privilége de l'entrepreneur n'absorbera que deux cinquièmes du prix de l'adjudication. En conséquence il ne lui sera payé par privilége que 12,000 francs ; et il restera 18,000 francs à partager entre les créanciers hypothécaires, parmi lesquels, comme on l'a dit plus haut, le même entrepreneur figurera pour ce qui ne lui aura pas été payé en vertu de son privilége. On sent combien diffèrent ces deux manières d'opérer : il est évident que la seconde est la seule qui soit juste, puisque le prix de l'aliénation est définitivement fixé, et que les créanciers qui se le partagent, ne peuvent l'augmenter.

Observez que le privilége peut être établi au profit de plusieurs ouvriers, comme cela arrive quand le propriétaire, au lieu de s'adresser à un seul entrepreneur, a confié la maçonnerie à l'un, la charpenterie à l'autre, la serrurerie à un troisième, et ainsi des autres parties de la construction. Chacun de ces ouvriers a droit au privilége en proportion des ouvrages qu'il a faits, et qui se trouvent constatés et appréciés par le procès verbal de leur réception. Quand, par la ventilation, on a déterminé dans quelle proportion les ouvrages, considérés dans leur ensemble, ont augmenté la valeur de l'immeuble à l'époque de son aliénation ; il faut de plus que les experts déterminent, dans quelle proportion chaque espèce d'ouvrage doit subir une réduction. Supposons, par exemple, que dans l'espèce proposée les 20,000 francs d'ouvrages soient dus ; savoir, au maçon 10,000 francs, au charpentier 5000 francs, au couvreur 3000 francs, et au menuisier 2000 francs. Après avoir été déclaré par les experts, que la totalité des travaux a causé à la maison une augmentation de deux cinquièmes ; il en résulte, ainsi qu'on l'a expliqué plus haut, que le privilége, au lieu d'être exercé pour le prix total des travaux, qui est de 20,000 francs, ne peut excéder les deux cinquièmes du prix de l'adjudication montant à 30,000 francs : en conséquence la somme à payer par privilége pour tous les ouvrages n'est que de 12,000 francs. Par-là on voit que le privilége total est réduit aux trois cinquièmes de ce qu'il aurait été, s'il eut pu s'exercer pour les 20,000 fr. qu'ont coûté les travaux : il faut donc que chacun de ceux qui ont droit à ce privilége, se réduisent aux trois cinquièmes du prix qui leur est dû. Ainsi, le maçon, au lieu de 10,000 fr., ne réclamera par privilége que 6000 fr.; le charpentier, au lieu de 5000 fr., ne répétera par privilége que 3000 fr.; le couvreur, au lieu de 3000 fr., n'aura privilége que pour 1800 fr.; enfin, le privilége du menuisier, au lieu de valoir 2000 fr. ne sera que de 1200 fr.

§ IX.

Du privilége de ceux qui ont prêté leurs deniers pour payer les ouvrages.

Le premier privilége autorisé sur les immeubles, est celui du vendeur, pour le prix de son aliénation : *Cod. Nap.*, *art.* 2103, § 1. Le même privilége est transmis à ceux qui ont fourni l'argent nécessaire pour payer le vendeur : ils sont subrogés à ses droits, pourvu que par un acte authentique l'emprunt soit constaté, avec déclaration de l'emploi auquel il est destiné. Il faut aussi que cet emploi annoncé, ait été effectué : la quittance du vendeur à qui est payé le prix de l'immeuble, doit porter expressément que les deniers qu'il a reçus, sont les mêmes que ceux qui ont été empruntés. *Ibid*, § 2.

Le privilége établi en troisième rang sur les immeubles, celui des ouvrages qui en augmentent la valeur, est traité de même. D'abord il est accordé à toutes les personnes employées aux travaux faits sur l'immeuble, tels sont les architectes, les entrepreneurs, les fournisseurs, et toutes les sortes d'ouvriers, *ibid*, § 4 : c'est ce qui a été expliqué dans le paragraphe précédent. En second lieu, ce privilége passe à ceux qui ont payé le prix des ouvrages aux personnes qui y ont été employées, *ibid*, § 5 : c'est ce qui nous reste à dire dans le présent paragraphe.

Pour être subrogé aux droits de celui qui a un privilége d'ouvrages, il faut le concours de trois circonstances : la première est que le privilége ait été établi au profit de celui qui a travaillé, et qu'on veut payer en l'acquit du propriétaire. En effet, on ne pourrait pas être subrogé à un droit qui n'existerait pas; et il ne serait plus tems de se procurer un privilége pour raison d'ouvrages qui se trouvent exécutés, si avant les travaux l'état des lieux n'avait pas été juridiquement constaté. Ainsi, lorsqu'en l'acquit d'un propriétaire, on paie l'entrepreneur ou les ouvriers, on ne peut espérer de jouir d'un privilége, que quand déjà il a été établi dans la forme prescrite au paragraphe précédent, au profit de ceux que l'on consent à désintéresser.

Une seconde condition est exigée, pour que celui qui prête ses deniers soit subrogé au privilége des personnes qu'il paie ; il faut que l'emprunt soit constaté, comme on le fait lorsqu'il s'agit de subroger aux droits du vendeur, la personne qui prête son argent pour payer le prix de l'immeuble : c'est la décision du même texte, *ibid*, § 5. En conséquence, un acte passé en forme authentique doit énoncer que l'emprunt fait par le propriétaire, est destiné à payer les ouvrages privilégiés.

Enfin, quoique ces deux premières conditions aient été remplies, la subrogation n'est opérée, que quand celui à qui les ouvrages sont dus en a donné une quittance : il est essentiel de déclarer dans cet acte, que les deniers dont il est l'objet, proviennent de l'emprunt lors duquel a été fait l'énonciation de cet emploi.

Avec ces précautions, si on prête au propriétaire les sommes qui lui sont nécessaires, pour payer les personnes qu'il a employées à ses travaux; on est assuré d'être subrogé aux droits de ces derniers, et de jouir du privilége qui a été établi à leur profit.

Quand les ouvrages ont été faits par un seul entrepreneur, c'est pour lui seul qu'est établi le privilége; mais, quelquefois le propriétaire s'adresse à un maçon, à un charpentier, à un serrurier, à un couvreur, à un menuisier, et ainsi aux divers ouvriers dont le travail est nécessaire pour sa construction. Alors, chacun est entrepreneur pour la partie qui le concerne; et le privilége est établi pour tous ceux dont les ouvrages ont été constatés par le procès verbal de réception, qui en même-tems en a fixé les prix. Chacun de ces ouvriers a donc droit au privilége, pour la somme qui lui est due particuliérement dans la valeur totale des ouvrages; par conséquent, on peut prêter des deniers pour payer seulement un ou quelques uns des ouvriers : alors, on n'est subrogé au privilége, que pour la portion des ouvrages faits par ceux que l'on désintéresse, après avoir observé les formalités prescrites. Si donc le privilége, ou la portion de privilége que l'on a droit d'exercer en vertu de subrogation, a subi une réduction, par suite de la ventilation dont on a parlé dans le paragraphe précédent, on ne peut pas exiger par privilége une plus grande somme que celle réduite : pour le surplus, on est au nombre des créanciers hypothécaires, comme l'entrepreneur, ou l'ouvrier aux droits duquel on est subrogé. En effet, comme nous l'avons déjà observé dans le paragraphe précédent, les formalités propres à obtenir le privilége, servent aussi à donner hypothèque, à la date de l'inscription du premier procès verbal; en sorte que si le privilège n'a pas lieu pour la totalité du prix fixé par le second procès verbal, l'ouvrier peut au moins réclamer le surplus, comme créancier hypothécaire.

Ceux qui ont prêté leurs deniers pour payer les ouvrages, font remonter la date de leur privilége, à l'époque où le premier procès verbal a été inscrit, comme en auraient eu le droit les personnes auxquelles sont subrogés les prêteurs. Par conséquent, si le privilége se trouve réduit, et qu'une portion du prix des ouvrages ne puisse être réclamé, que comme objet d'une simple hypothèque; la collocation hypothécaire s'en fera à la date de l'inscription du premier procès verbal. Nous avons énoncé ces principes dans le paragraphe VI, en parlant de l'établissement du privilége de ceux qui travaillent à une construction. Les personnes de qui ils ont reçu leur paiement sont subrogées en tous leurs endroits; elles ont la faculté de les faire valoir, tels qu'ils sont : elles se trouvent donc, ou privilégiées, ou hypothécaires, à la date attribuée à ces mêmes droits par l'*art.* 2110 du Code. Il dit expressément, que, non-seulement les architectes, les entrepreneurs, et les ouvriers conservent leur privilége, à la date de l'inscription du premier procès verbal; mais encore que le même droit passe à ceux qui les ont remboursés avec des deniers, dont l'emploi a été convenablement constaté.

CHAPITRE II.

DES RÉPARATIONS OCCASIONNÉES PAR ACCIDENS.

L'OBJET de ce chapitre est d'examiner, par qui doivent être supportées les réparations occasionnées aux immeubles par des accidens. Cette matière sera traitée dans trois articles : on verra dans le premier les principes sur les accidens qui arrivent par force majeure ou cas fortuit; dans le second, on parlera des accidens occasionnés par le fait du voisin; et dans le troisième, on dira ce qui concerne les accidens que causent particulièrement les incendies.

ARTICLE PREMIER.

Des accidens par cas fortuits.

Cet article est divisé en deux paragraphes : dans le premier, on dira ce qu'on entend par cas fortuit, et sur qui tombe la perte qui en résulte, le second, expliquera quels engagemens peuvent naître entre deux propriétaires, par suite d'un cas fortuit.

§ Ier.

Ce que c'est qu'un cas fortuit, et sur qui tombe la perte qui en résulte.

On appelle *cas fortuit*, tout évènement qu'aucune des parties n'a occasionné, et n'a pu empêcher. Il faut donc, d'après cette définition, comprendre dans les cas fortuits, ceux qui arrivent par force majeure; c'est-à-dire, les évènemens qui ont pour cause une force quelconque, à laquelle on ne peut pas résister, et qu'on n'a pas été maître d'éviter. L'autorité qui ordonne ou défend, est une force majeure; une attaque de valeur, est une force majeure : tandis que la découverte d'un trésor, le débordement d'une rivière sont des cas fortuits.

Nous avons à examiner ici, par qui doivent être supportées les dépenses de réparations, occasionnées à un immeuble par cas fortuit, ou force majeure : ces deux dernières expressions indiquant des accidens qui s'imputent suivant les mêmes principes, nous nous servirons indifféremment de l'une ou de l'autre; pour signifier à la fois les deux sortes d'évènemens que nous venons de définir. Nous devons avertir aussi qu'un accident est heureux, ou malheureux : mais, il indique ici un évènement fâcheux, parce que ce mot est toujours pris en mauvaise part, à moins qu'il ne soit accompagné d'une épithète qui en détermine le sens d'une autre manière.

De l'idée qu'on doit avoir du cas fortuit, il résulte que personne n'est responsable du préjudice qu'il cause; en conséquence, ses effets funeste sont supportés par le maître de la chose endommagée, sans qu'il puisse recourir pour des indemnités, contre qui ce soit : *Rapinæ, tumultus, incindia, aquarum magnitudines, impetus prædorum, à nullo præstantur.* L. 23, ff. *de regul. jur.*

D'après le même principe, le Code Napoléon, *art.* 1148, a décidé qu'il n'y a lieu à aucun dommages-intérêts, lorsque par suite d'une force majeure, ou d'un cas fortuit, on a été empêché de remplir un engagement.

Si donc un tremblement de terre occasionne la chûte de votre maison, vous seul devez supporter cette perte. Si par une convention particulière, je suis obligé à toutes les réparations du mur mitoyen qui sépare nos deux propriétés, vous ne pouvez pas exiger que je fasse reconstruire le mur tombé par cas fortuit : vous serez tenu d'y contribuer pour votre part. J'ai un forfait avec un couvreur, pour qu'il entretienne en bon état les toits de ma maison ; de manière qu'il ne peut pas exiger, pour une année, un prix plus considérable que celui convenu, quoiqu'il y ait eu plus d'ouvrages que l'année précédente : on demande s'il faut comprendre dans son marché les réparations extrordinaires, causées par la foudre, ou tel autre cas fortuit. Non, parce que ces sortes de réparations n'ont pas fait l'objet de la convention : il faudra donc que le propriétaire paie, non pas le prix de l'abonnement, mais celui des travaux que l'accident imprévu a occasionnés.

Néanmoins, si par le marché il a été convenu que le couvreur se charge des cas fortuits ; il ne pourra pas exiger un prix plus considérable que celui fixé pour chaque année, non obstant les dégâts que la foudre aura pu faire : car une pareille condition doit être exécutée. C'est ce que décide la loi romaine : elle parle d'un bail à ferme ; mais, l'application doit s'en faire au louage d'ouvrage : *Si quis fundum locaverit, ut etiam si quid vi majore accidisset, hoc ei præstaretur, pacto standum esse.* L. 9, § 2, ff. *locat. et cond.*

Suivant le Code, *art.* 1773, la convention par laquelle on se charge des cas fortuits, ne comprend que ceux qui arrivent par l'injure du tems, tels qu'un orage, une gelée, un débordement, et autres semblables. A l'égard des accidens qui sont causés pas la main de l'homme, comme une violence, une guerre, un incendie, ils ne sont pas naturels, et ne peuvent pas entrer dans les calcul de l'avenir : on ne doit donc pas supposer qu'aucun de ces accidens, ait fait l'objet de la convention : *Id de quo cogitatum, non docetur.* L. 9, *in fin.*, ff. *de transact.*

Il faut dire, en général, que ce qui acompagne un accident arrivé par cas fortuit, doit être bien examiné, ainsi que les clauses de l'obligation contractée entre les parties ; car il peut se faire que les suites d'un évènement de cette nature tombent sur le propriétaire de l'objet endommagé, ou que celui-ci ait un recours contre quelqu'un, selon les circonstances. Par exemple, Titius faisant les affaires de Paul, a reçu pour ce dernier, une somme d'argent, qu'il tient en réserve ; quelque tems après, cette somme est enlevée par des voleurs, ou bien elle est perdue dans un incendie : Titius sera, ou non, responsable de la perte de l'argent, selon qu'il avait de fortes raisons de le garder, ou qu'il était en retard d'en faire emploi. On ne douterait pas qu'il ne supportât la perte, s'il avait négligé de payer des dettes qu'il connaissait, et pour lesquelles Paul a été poursuivi : au contraire, si la somme n'était restée dans les mains de Titius, qu'à dessein de la remettre à Paul peu de jours après, et quand celui-ci serait de retour, la perte ne serait pas imputée à celui chez qui l'argent a été volé, ou a péri. Cette doctrine est établie par le droit romain : L. 13, ff. *de negot. gest.*

Ainsi, pour qu'un propriétaire, qui éprouve du préjudice dans son héritage par un cas fortuit ou une force majeure, n'ait aucun droit de recours, il ne suffit pas que l'évènement soit indépendant de la volonté de qui que ce soit ; il faut encore que par aucune circonstance, ou par aucune clause particulière, les suites de l'accident ne puissent être imputées à personne.

Par le titre d'une servitude à laquelle votre héritage est assujéti au mien, vous êtes tenu de tenir en bon état une digue qui me garantit des grandes eaux de la rivière. Vous négligez tellement les réparations de cette digue, qu'elle se trouve rompue en quelques endroits ; en sorte qu'à l'époque où arrivent les crues, les eaux s'étendent sur mon terrain, et y causent du ravage. Il est bien certain que je puis vous demander des dommages-intérêts, quoique vous ne soyez pas l'auteur de l'augmentation des eaux de la rivière.

Lorsqu'il s'échappe une pierre, ou une tuile, ou une pièce de bois d'un édifice dont on fait la construction, et qu'elle blesse quelqu'un, ou qu'elle brise quelque chose chez le voisin, est-ce un cas fortuit ? Non ; l'évènement arrive par la faute d'une personne qui pouvait le prévenir :

celui qui commande aux ouvriers est responsable du dommage, sauf son recours contre ces derniers, s'il y a lieu.

A cette occasion il faut dire que les maçons, couvreurs, charpentiers, plombiers, et tous ceux dont les travaux menacent, ou les passans, ou les voisins, sont tenus par les lois de police, de prendre des précautions pour prévenir tout accident. Ils sont obligés en outre d'avertir, soit les passans, soit les voisins, et généralement toutes les personnes à qui leurs ouvrages pourraient nuire. Les ouvriers de bâtimens pour avertir les passans, sont dans l'usage de suspendre des lattes posées en croix ou en triangle, aux endroits où ils travaillent. Dans les rues et les places où il y a une grande population, cet avertissement muet n'est pas suffisant; il faut que quelqu'un soit chargé de prévenir à chaque instant les personnes qui, occupées ou de leurs affaires ou de leur chemin, n'aperçoivent pas le signe suspendu.

§ II.

Quels engagemens peut faire naître un cas fortuit entre deux propriétaires.

Quoique les effets d'un cas fortuit, considéré dans sa cause, ou dans ses suites, ne soit imputable à personne, néanmoins il peut en résulter des engagemens involontaires; c'est ainsi que celui qui trouve un trésor dans le terrain d'autrui est obligé de partager l'objet découvert avec le propriétaire du terrain : *Cod. Napol.*, *art.* 716. Voilà un exemple d'un cas fortuit qui donne du profit. Lorsque pour sauver un vaisseau du naufrage, il faut jeter divers objets à la mer, la perte doit être supportée en commun; il se forme entre les propriétaires, soit du vaisseau, soit des effets qui y étaient chargés, un engagement de contribuer proportionnellement à dédommager ceux qui ont perdu par l'évènement: *Lege Rhodiâ cavetur ut si levandæ navis gratiâ jactus mercium factus est, omnium contributione sarciatur, quod pro omnibus datum est.* L. 1, ff. *de lege Rhod.* Cet exemple montre un cas fortuit d'où il résulte du préjudice.

On voit qu'il peut se former toutes sortes d'engagemens involontaires, par des accidens dont la cause ne peut être imputée à personne, selon la nature des évènemens, et les circonstances qui les accompagnent. Ici nous nous bornerons à examiner quelques obligations, qui naissent entre deux propriétaires relativement à leurs héritages, quand il y arrive quelque cas fortuit.

Supposons que plusieurs héritages soient traversés par des eaux coulantes, et qu'un ouragan ait amoncelé des ordures en assez grande quantité, pour faire refluer les eaux sur les héritages supérieurs; les propriétaires à qui cet accident porte préjudice, ont droit de rétablir le libre cours de l'eau; et les propriétaires des héritages inférieurs sont tenus de souffrir que les choses soient remises au premier état, ou de les y remettre eux-mêmes, s'ils ne veulent pas donner accès chez eux aux ouvriers de leurs voisins. *Apud Namusam relatum est, si aqua fluens iter suum stercore obstruxerit, et ex restagnatione superiori agro noceat, posse cum inferiori agi, ut sinat purgari.* L. 2, § 6, ff. *de aquâ et aqu. pluv. arc.*

Lorsque le changement opéré par le cas fortuit est irréparable, ou s'il ne peut être réparé qu'en détériorant l'héritage voisin, il faut que la perte reste à celui que l'évènement a frappé, sans qu'il puisse forcer son voisin à souffrir que les lieux soient remis dans leur ancien état. Par exemple, un débordement ayant détaché des rochers, les a transportés sur un autre héritage, qui se trouve détérioré par ce cas fortuit; le propriétaire à qui ce malheur arrive n'est pas fondé à reporter les rochers dans leur ancienne place; ce qui le plus souvent serait au-dessus des forces ordinaires des hommes; il n'a pas non plus le droit de réclamer des dédommagemens contre son voisin, dont l'héritage s'est trouvé amélioré. C'est ici un de ces accidens qu'on ne peut pas réparer, et qui ne sont imputables à personne; il faut en supporter les effets avec résignation. *Cùm per se natura agri fuerit mutata, æquo animo unumquemque ferre debere, sivè melior, sivè deterior ejus conditio facta sit. D. L. id. §.*

Le débordement a emporté de mon héritage, pour le déposer sur le vôtre, des matériaux ou d'autres objets que je suis intéressé à recouvrer; vous êtes obligé de souffrir que je fasse enlever de chez vous ce qui s'y trouve m'appartenir. *Si ratis delata sit vi fluminis in agrum alterius, posse eum conveniri ad exhibendum Neratius scribit.* L. 5, § 4, ff. *ad exhib.*

Dans le cas dont il s'agit, celui qui veut retirer de l'héritage voisin les objets que l'évènement y a transportés, est obligé de dédommager le propriétaire sur le terrain duquel il demande accès. Le dédommagement doit comprendre, d'abord le préjudice que causera le travail propre à retirer les objets réclamés; de plus le dédommagement s'étendra aux pertes que ces mêmes objets ont causées par leur arrivée inattendue : *Si ex fundo tuo crusta lapsa sit in meum fundum, eamque petas, dandum inte judicium de damno jàm facto.* L. 9, § 2, ff. *de damno infec.*

Objectera-t-on contre cette décision, que l'accident est arrivé par cas fortuit, sans qu'aucune circonstance rende personne responsable des suites? Il est bien vrai que celui chez qui les matériaux du bâtiment voisin ont été jettés par les eaux, n'a pas le droit d'exiger la réparation du tort que leur présence lui a causé : aussi, est-ce seulement quand le maître des matériaux déplacés vent les réclamer, qu'il est tenu de payer les indemnités dont il s'agit. Lorsqu'on laisse les choses dans l'état où elles se trouvent, chacun reste avec le préjudice, ou le bénéfice que lui occasionne le cas fortuit. L'un des propriétaires veut-il recouvrer les objets qui ont été emportés hors de chez lui? Il ne s'en tient plus alors aux résultats de la force majeure : dès qu'il cherche à réparer ses pertes, et qu'à cet effet il s'adresse au voisin, celui-ci, par une juste réciprocité a droit de lui faire une semblable demande. Si donc l'un peut reprendre ses matériaux où il les trouve, l'autre aussi peut exiger qu'on ne les enlève pas, sans l'indemniser du préjudice qu'ils lui ont causé.

De là, il suit que le propriétaire dont les matériaux ont été emportés, n'est tenu à l'indemnité, que quand il requiert l'autorisation de reprendre ce qui lui appartient chez le voisin. On demande d'après cela, si celui-ci n'a pas également la faculté d'exiger qu'on le débarasse des objets étrangers qui ont été apportés violemment sur son héritage. La réponse est négative : d'un côté, on ne peut pas empêcher un propriétaire d'enlever les choses qui lui appartiennent, s'il paie les dégats qu'elles ont occasionnées ; de l'autre, on n'a pas le droit de le forcer à reprendre les objets dont la force majeure l'a privé. Ce n'est pas par son fait qu'ils ont été transportés chez le voisin ; il peut donc les lui laisser, pour éviter de toute indemnité : *Uni cuique licet damni infecti nomine, rem derelinquere.* L. 10, § 1, ff. *de Negot. gest.*

Observez que le propriétaire dont les matériaux, ou autres objets ont été emportés par une force majeure, peut bien les laisser sans indemniser, ou les reprendre en payant l'indemnité ; mais, dès qu'il s'est déterminé pour ce dernier parti, il doit l'exécuter tout entier. Il ne doit donc pas enlever seulement ce qui lui convient, et laisser les choses inutiles ; un pareil arrangement ne pourrait pas rendre le voisin complètement indemne : *Tollere non aliter permittendum, quàm ut omnia, id est, et quæ inutilia essent, auferret.* L. 7, § 2. ff. *de Damn. infect.*

ARTICLE II.

Des accidens arrivés par le fait du voisin.

Nous ne considérons ici les accidens, qu'en ce qu'ils peuvent occasionner des réparations aux héritages : dans l'article précédent, on a vu sur qui retombent les dommages, lorsqu'ils sont causés à un immeuble par cas fortuit ; voyons maintenant ce qui a lieu, lorsque l'événement est la suite d'un fait qui peut être imputé au propriétaire de l'héritage voisin.

Cet article est divisé en deux paragraphes où on verra, 1°. quels ouvrages on peut faire chez soi, sans être responsable de leurs suites envers le voisin ; 2°. les précautions à prendre contre le voisin dont l'édifice menace ruine ; 3°. en quoi consistent les dommages-intérêts résultant d'un accident causé par le voisin, ou par tout autre.

§ 1er.

Quels ouvrages on peut faire chez soi sans répondre de leurs suites.

Encore bien que la faculté d'user de sa propriété soit très-étendue, cependant tout propriétaire qui fait travailler chez lui, doit s'arranger de manière à ne blesser en rien le droit d'aucune autre personne, ni par-conséquent celui de ses voisins : *Sic debet meliorem suum agrum facere, ne vicini deteriorem faciat.* L. 1, § 4, ff. *de aquâ et aqu. pluv. arc.*

Ainsi, quoique l'on ait la faculté d'élever sa maison autant qu'on veut, il n'est pas permis d'excéder les dimensions déterminées par les réglemens de police, dans les villes où cette autorité a fixé la plus grande hauteur des constructions. Pareillement, si un titre de servitude vous défend de porter vos bâtimens plus haut que le premier étage de mon édifice, vous ne serez pas fondé à blesser le droit qui m'appartient.

Il faut conclure de là, que tout ouvrage qui n'est contraire, ni aux lois, ni aux droits des voisins, peut être exécuté, même quand il en résulterait du dommage à l'héritage contigu. Par exemple, mon fonds est comme le vôtre, placé sur le bord d'une rivière; pour empêcher les ravages des débordemens, je construits une digue, et vous ne prenez pas la même précaution: lorsque les grandes crues d'eau arriveront, votre héritage sera beaucoup plus submergé, que si je n'avais opposé aucun obstacle à la rivière. Ce dommage que vous éprouverez ne peut pas m'être imputé, parce que j'ai usé de mon droit sans blesser le vôtre : *Labeo ait, si vicinus flumen, torrentem avertit, ne aqua ad eum perveniat, et hoc modo sit effectum ut vicino noceatur, agi cum eo aquæ pluviæ arcendæ non posse.* L. 2, § 9, ff. *de aquâ et aqu. pluv.*

Il en est de même lorsque je creuse un puits, et que cette opération tarit l'eau du vôtre : pour être à l'abri de toute réclamation, il suffit que j'aie placé mon puits de manière qu'il se trouve éloigné du vôtre, comme le prescrivent les réglemens particuliers du pays où sont situés nos héritages. Dans ces cas, et dans tous les autres semblables, le dommage vient plutôt de la nature du terrain, que du fait de l'homme : par son travail, il n'a été que la cause innocente du cas fortuit, dont il ne pouvait pas prévoir l'effet. *In domo meâ puteum aperio, quo aperto venæ putei tui præcisæ sunt; an tenear? Ait Trebatius non teneri me damni infecti : neque enim existimari operis mei vitio damnum tibi dari, in eâ re, in quâ jure meo usus sum.* L. 24, § 12, ff. *de damno infec.*

Au surplus, quoiqu'un certain travail ne fût contraire, ni à la loi, ni aux droits du voisin, celui qui le ferait dans son héritage répondrait des suites fâcheuses qui en résulteraient, s'il ne l'avait entrepris que pour nuire : cette intention coupable se manifeste, par exemple, lorsque celui qui a commandé l'ouvrage ne pouvait évidemment en espérer, ni utilité, ni agrément.

Vous avez sur votre fonds une fontaine, dont les eaux ne vous arrivent qu'après avoir traversé mon héritage; à la proximité de l'endroit où elles passent j'ai une perte d'eau. Dans le dessein de vous priver de votre fontaine, je fais établir une conduite souterraine, pour détourner les eaux de leur route ordinaire, et les amener dans la perte d'eau. A peine l'opération est-elle achevée, que votre fontaine est tarie : cet évènement vous force à un arrangement que je desirais depuis long-tems; mais que la jouissance de votre fontaine vous empêchait d'accepter. Quelques tems après, vous reconnaissez que le travail fait sur mon héritage, est la seule cause de la perte des eaux qui vous étaient nécessaires : certainement, vous serez autorisé à intenter contre moi une demande, pour que je sois tenu de rétablir les lieux dans l'état où ils étaient, afin que les eaux reprennent leur première destination; et si cela n'est plus possible, vous conclurez en des dommages-intérêts proportionnés au préjudice que je vous ai causé. Vous serez également fondé à faire déclarer nulle, si vous le voulez, la convention que vous avez souscrite uniquement parce que je vous ai méchamment privé de votre fontaine. En vain, soutiendrais-je que chacun est maître de faire sur son fonds les ouvrages qui lui conviennent; on me répondrait que ce principe reçoit une exception dictée par l'équité, et qui a lieu lorsqu'un ouvrage est fait dans le seul dessein de nuire. Il n'y avait aucune utilité, aucun agrément pour moi, à retirer les eaux de votre fontaine, pour les laisser perdre dans mon puisard : il est donc évident que j'ai fait ce travail avec l'intention unique de vous priver de votre fontaine, afin de vous amener à l'arrangement que vous n'aviez jamais voulu accepter, si vous n'eussiez pas manqué d'eau. Cette décision se trouve dans le texte romain qu'on a cité plus haut : L. 2, § 9, ff. *de aquâ et aq. pluv. arc.* Le jurisconsulte dit que l'opinion qui y est énoncée est vraie, lorsque l'ouvrage n'a point été fait dans le dessein de nuire : *Quæ sententia verior est; si modò non hoc animo fecit, ut tibi noceat, sed ne sibi noceat.* D'ailleurs, un principe consacré par la raison, l'intérêt de la société et les bonnes mœurs, ne permet jamais de tolérer ce qui est fait par pure méchanceté : *Neque malitiis indulgendum est.* L. 38, ff. *de rei vend.*

J'ai dans mon parc une pièce d'eau que je veux disposer d'une certaine manière; mais, sans de trop grandes dépenses, je ne peux y réussir qu'en détournant momentanément les eaux sur les héritages contigus : on demande si je puis me livrer à ce travail, qui ne blesse ni les lois, ni aucun titre.

La réponse est négative : quelque légitime que soit l'ouvrage qui se fait dans une propriété, on doit préférer le mode de l'exécuter, qui ne peut nuire à personne : autrement, on s'expose au dédommagement de tous les torts qui en résultent.

Supposons qu'il fût absolument impossible de faire les changemens projettés à ma pièce d'eau, sans la tarir momentanément, en versant les eaux sur les terres des voisins; alors je n'ai plus à choisir entre deux moyens, dont l'un, quoique plus dispendieux que l'autre, ne pourrait pas nuire. On répond que, même dans ce dernier cas, il ne m'est pas permis de vider ma pièce d'eau sur les héritages qui m'environnent. Chacun, sans doute, peut faire chez soi ce qui lui convient, quoiqu'il en résulte du tort pour autrui, lorsque l'ouvrage n'est contraire, ni à la loi, ni à des conventions particulières; mais il faut pour cela, que le travail soit concentré dans la propriété de celui qui le commande, et qu'il n'en résulte aucune invasion, ni d'ouvriers, ni de chose, sur le terrain des voisins. Or, dans l'espèce proposée, je ferais sortir les eaux de mon parc, pour les jetter sur les héritages contigus : voilà l'invasion d'une chose que je pousse volontairement chez autrui ; c'est une voie de fait qui m'est défendue. On sent combien le cas dont il s'agit diffère de celui où j'ouvre dans ma maison un puits, qui tarit le vôtre, quoique j'aie observé les distances et fait les maçonneries prescrites par les réglemens locaux. Il diffère aussi du cas où, par l'exhaussement d'un mur qui m'appartient, plusieurs chambres de votre habitation se trouvent privées du jour. Pour ces deux sortes d'ouvrages, tout s'est passé chez moi : il n'est résulté sur votre terrain aucune invasion, ni d'ouvriers, ni de matériaux, ni d'aucune autre chose. Dès-lors, mon travail qui vous nuit est légitime ; et je ne vous dois aucune indemnité pour la privation, soit des eaux de votre puits, soit du jour de vos appartemens.

On propose le cas où un propriétaire a fait sauter, avec la poudre à canon, d'anciennes maçonneries : elles lui semblaient assez isolées, pour employer ce moyen sans danger. En effet, il ne paraît pas que des éclats de matériaux aient causé aucun dommage chez les voisins ; mais l'air a été ébranlé avec assez de force, pour briser des vitres dans plusieurs maisons : celui qui a démoli à l'aide de la poudre, est-il tenu de payer la valeur des vitres qui ont été détruites.

Pour la négative, on dit que son travail n'est contraire, ni à la loi, ni à des conventions particulières ; il s'est passé dans la propriété de celui qui avait droit de l'entreprendre, et il n'a produit aucune invasion, ni d'hommes, ni de choses sur les terrains contigus.

L'affirmative est soutenue avec plus de raison, en disant que la force de la poudre a poussé l'air, de l'endroit où s'opérait la démolition sur les habitations voisines, et y a causé du dégât. Cette invasion de l'air est de même nature que si des éclats de pierres, ou de bois, eussent été jetés contre les vitres des maisons d'alentour : quoique l'air soit invisible, il n'en est pas moins un corps qu'il n'est pas permis de pousser vers les héritages d'autrui, avec assez de violence pour les endommager.

Puisqu'on ne peut faire chez soi rien qui blesse les droits des voisins, soit qu'ils les tiennent de la loi, soit qu'ils les trouvent dans des titres particuliers; il en résulte que tout ouvrage qui est commencé doit éveiller l'attention des propriétaires limitrophes : celui d'entre eux qui le trouve préjudiciable à ses intérêts est autorisé à se plaindre. L'action qu'il intente dans pareille circonstance, est la dénonciation de nouvel œuvre, *nunciatio novi operis*, dont nous avons parlé page 318. Nous n'avons pas adopté les différentes distinctions que des auteurs modernes ont tirées du droit romain sur cet objet ; leur motif est que le Code Napoléon n'ayant pas parlé particulièrement de cette action, elle leur paraît devoir être réglée par les lois romaines. Nous pensons au contraire que notre Code ayant gardé le silence à cet égard, il faut conclure que la dénonciation de nouvel œuvre reste soumise aux dispositions de notre droit, qui sont communes à toutes les actions.

Ainsi, bien loin d'admettre que la dénonciation ne puisse être faite qu'au lieu où est l'ouvrage, nous croyons qu'en général cette action doit être signifiée, comme toutes les autres, à personne ou à domicile. A l'égard des textes latins qui disent que la dénonciation de nouvel œuvre se fait sur le lieu du travail, *præsenti operis novi;* il ne faut pas en conclure dans notre droit, que l'action donnée à la personne ou au domicile du défendeur serait nulle, s'il ne demeurait pas sur le lieu même où il fait travailler : la seule conséquence qu'on en doive tirer est que la signification, quoique valablement faite à la personne ou au domicile du défendeur, ne serait pas moins régulière si l'exploit était remis à quelqu'un sur les lieux où se font les ouvrages ; de manière pourtant que le propriétaire pût en avoir connaissance. *Sufficit enim, in re præsenti operis novi nunciationem factam sit, ut domino possit renuntiari.* L. 5, § 3, ff. *de oper. nov. nunciat.*

Nous avons dit aussi que l'effet de la dénonciation de nouvel œuvre était de suspendre le travail, jusqu'à ce que les juges en aient autrement ordonné. Si depuis la demande signifiée les travaux continuent, celui qui les dénonce peut exiger provisoirement, et avant que son adversaire soit écouté sur le fonds de la question principale, que la portion d'ouvrage faite au mépris de la dénonciation de nouvel œuvre, soit détruite. On trouve dans les différens recueils plusieurs arrêts, qui attestent que telle est la jurisprudence : aucune de nos lois nouvelles ne s'y trouve contraire, et elle est fondée en bonnes raisons que les Romains avaient senties. *Sed si is, cui opus novum nunciatum est, ante remissionem ædificaverit, de inde cœperit agere, jus sibi esse ita ædificatum habere : Prætor actionem ei negare debet; et interdictum in eum de opere restituendo reddere.* L. 1, § 7, ff. *eod.*

On conçoit combien il est difficile de prouver, qu'un travail a été continué après la dénonciation, si l'état des lieux contentieux n'est pas constaté : en conséquence il est de l'intérêt du demandeur d'obtenir, dans les formes prescrites pour les cas d'urgence (c'est-à-dire en référé, devant le président du tribunal de l'arrondissement où sont les héritages), une ordonnance qui nomme un expert, à l'effet de constater l'état où est l'ouvrage dénoncé. Par ce moyen on pourra s'assurer si, depuis la dénonciation, cet ouvrage a été continué.

§ II.

Des précautions à prendre contre le voisin dont l'édifice menace ruine.

Dans le paragraphe précédent, on a vu qu'un propriétaire peut dénoncer à la justice les ouvrages qui se font chez son voisin, lorsqu'il les croit contraires à ses droits : ici nous parlerons du cas où un propriétaire craint qu'un accident ne lui arrive par l'héritage voisin. C'est encore par la dénonciation qu'il doit agir; au lieu de se plaindre d'un nouvel œuvre, il dénonce le péril dont il est menacé. Par sa demande il conclut à ce que l'objet d'où pourrait naître un accident, soit mis en tel état qu'il ne puisse plus causer de craintes.

Si le défendeur ne convient pas du danger, des experts sont nommés pour vérifier le fait qui a été dénoncé : si leur rapport justifie les appréhensions, un jugement condamne le défendeur à les faire cesser dans un délai fixé; faute par le défendeur de commencer ou de finir les travaux ordonnés dans le tems déterminé, le demandeur est autorisé à y faire procéder; il est ordonné en même-tems que celui-ci sera contraint d'en payer le montant, en vertu de l'exécutoire qui en sera délivré sur le vu des quittances des ouvriers.

Cette action est fondée sur ce qu'il est plus naturel de prévenir un danger, que d'attendre après l'évènement pour réparer le dommage qu'il a causé. Un titre entier est consacré dans le droit romain, pour régler ce qu'il faut faire, quand on est menacé d'un accident qu'il est convenable de prévenir. *Damnum infectum est damnum nundùm factum, quod futurum veremur.* L. 2, ff. *de damn. infec.* Après cette définition d'un danger qui est à craindre, l'autorité promet protection contre tout péril menaçant. *Prætor ait: damni infecti suo nomine promitti; alieno satis dari jubebo ei, qui, etc.* L. 7 *eod.*

Chez les Romains, si le propriétaire de l'héritage d'où l'on craignait l'accident, n'avait pas fait cesser le danger dans le délai qu'avait fixé le Préfet; le demandeur était mis en possession de cet héritage, à moins que celui à qui il appartenait ne donnât caution suffisante. Cette manière de procéder n'est pas assez naturelle pour être admise, sans avoir été prescrite par une loi; et comme il n'en existe aucune où elle soit autorisée, il faut conclure que dans notre droit, l'action à fin de prévenir un accident est permise comme fondée sur l'équité naturelle; mais qu'elle n'est exercée que suivant les règles ordinaires. Ainsi on obtient un jugement qui, comme nous l'avons dit, ordonne que les travaux propres à prévenir le danger seront faits par le défendeur, sinon à ses frais par les soins du demandeur.

L'assignation peut être donnée à la personne, ou au domicile réel du propriétaire de l'héritage d'où on craint l'accident: c'est une règle générale qui n'a point d'exception; mais il est des cas où la loi permet de poser l'exploit ailleurs qu'au domicile réel. Dans le cas d'un danger qui menace il y a urgence: *Res damni infecti celeritatem desiderat, et periculosa dilatio.* L. 1, ff. *de damn. infec.* Le plus souvent il serait trop long d'assigner le défendeur à son véritable domicile, quand il ne demeure pas dans la commune où se trouve situé son héritage dénoncé; c'est pourquoi dans ce cas il est permis de porter l'assignation à ce même héritage. Une déclaration du roi rendue pour le Châtelet de Paris, le 18 juillet 1729, et une autre du 18 août 1730, pour le bureau des finances, le décident formellement : or ces lois, qui font partie du Code de police, et qui sont établies pour la sûreté publique, n'ayant pas été abrogées, doivent avoir toute leur force; elle leur est confirmée par la raison et l'équité.

L'action à fin de faire cesser un danger imminent, appartient à tous ceux qui pourraient souffrir quelque dommage, si l'accident qu'on craint se réalisait. Cependant, comme un pareil danger intéresse l'ordre public, les magistrats chargés de la police doivent veiller à ce qu'aucun édifice, aucune construction ne menacent la vie des citoyens : il est donc dans leurs attributions de dénoncer au ministère public, les objets pour lesquels il est besoin de prendre des précautions.

Lorsqu'une maison qui menace ruine appartient indivisément à plusieurs personnes, la demande formée contre l'un des propriétaires est valable : il est tenu d'exécuter tous les travaux ordonnés pour prévenir l'accident, sauf son recours contre ses copropriétaires. Les monumens de la jurisprudence attestent que cette décision formait le droit commun, fondé en cette occasion sur la saine raison. Il y a même des coutumes qui ont à ce sujet des dispositions précises : de ce nombre sont celles de Berry, *tit. X, art.* 8, et celle de Nivernois, *chap.* 10, *art.* 5 *et* 6 : on y voit que quand un héritage est possédé par indivis, l'un des propriétaires peut faire la dépense totale des réparations; ce qu'il ne doit exécuter qu'après un procès verbal qui en constate la nécessité. Si les autres copropriétaires retardent de rembourser leur part dans un délai fixé, celui qui en a fait les avances est autorisé à s'emparer de l'immeuble commun, afin d'en percevoir les fruits ou les loyers, jusqu'à ce qu'il ait été remboursé. Jusque-là ces coutumes ne décident rien qui ne soit équitable; mais elles ajoutent que les fruits et loyers perçus en cette occasion par celui qui a fait les avances, ne doivent point entrer en déduction du remboursement de ce qui lui est dû. Cette disposition pénale est trop rigoureuse pour qu'on puisse l'étendre au delà des pays qu'elles régissent; c'est une sorte d'amende qui ne doit pas avoir lieu dans les coutumes où elle n'est pas prononcée.

On demande ce qui arriverait, si les différens étages d'une maison menaçant ruine, appartenaient à autant de propriétaires différens. Dans un pareil cas ils ne possèdent pas indivisément : l'un est seul propriétaire du rez-de-chaussée, tandis qu'un autre est seul propriétaire du premier étage, et qu'un troisième possède seul le surplus. De là il résulte qu'il faut actionner celui dont l'étage occasionne le danger : les propriétaires des autres étages sont des voisins ; ils ont droit de dénoncer la partie de la maison d'où l'accident est à craindre. Il peut arriver que l'édifice menace de toutes parts; alors régulièrement il faut que tous les différens propriétaires soient appelés devant le tribunal. Cependant, si un seul était assigné, les circonstances détermineraient ou à ordonner la mise en cause des autres, ou à condamner le seul qui aurait été cité, sauf son recours contre les autres, selon la nature du danger, et selon qu'il serait plus ou moins urgent de travailler à le prévenir.

Suivant le droit romain, si la chute d'un bâtiment arrivait avant qu'il eut été fait un avertissement judiciaire pour prévenir ce malheur; il n'en résultait aucuns dommages-intérêts contre le propriétaire, lorsqu'il abandonnait la place avec tous les matériaux, au voisin à qui cet accident avait causé du tort. Il n'en est pas tout-à-fait de même parmi nous : on a vu dans le paragraphe précédent, que celui dont les débris de sa maison, tombée par accident, ont été portés avec violencesur le terrain d'autrui, est tenu à des dommages-intérêts seulement lorsqu'il veut reprendre les objets qui lui appartiennent; s'il les abandonne, on n'a aucun recours contre lui, ni pour le forcer à les enlever, ni pour des indemnités. Le motif que nous avons donné de cette décision n'est applicable dans notre droit, qu'au cas où la chute d'un bâtiment est l'effet d'une force majeure; mais si la ruine de l'édifice est arrivée par défaut d'entretien, le propriétaire est entièrement dans son tort, et doit dédommager le voisin à qui cet accident porte préjudice. On ne distingue pas si le propriétaire abandonne ou non la place et les matériaux, ni s'il lui a été fait ou non une sommation préalable. Telle était la jurisprudence du Châtelet de Paris, qui faisait le droit commun ; tel est l'esprit du Code Napoléon, qui veut, *art.* 1382, que tout évènement quelconque, oblige celui par la faute duquel il est arrivé, à réparer le dommage qui en est résulté.

Une maison a été dénoncée et même condamnée, sur rapport d'experts, à être démolie ; avant que le propriétaire ait exécuté les travaux ordonnés, un débordement survient, et cause la chute de la maison, qui entraîne avec elle une portion du bâtiment voisin. On demande si l'évènement sera regardé comme un cas fortuit, et si le propriétaire est à l'abri de toute indemnité.

Il faut distinguer : si la force des eaux débordées a été assez violente pour détruire la maison, dans le cas où elle eût été en bon état ; il n'est point dû d'indemnité par le propriétaire, parce que l'accident ne vient pas de sa négligence à réparer sa maison. Mais, si aucune des maisons voisines, qui ont une solidité médiocre, n'a souffert de l'inondation ; s'il est prouvé que celle qui est tombée aurait résisté, dans le cas où elle n'eût pas été en danger ; le propriétaire est réellement dans son tort, pour n'avoir pas entretenu sa maison, de manière à l'empêcher de céder à la plus légère attaque des eaux. En conséquence, il sera forcé à réparer le dommage que la chûte de sa maison a causé au voisin.

§ III.

En quoi consiste l'indemnité due pour accident causé par le voisin, ou autres.

Il est moins difficile de décider dans quels cas il est dû des dommages-intérêts, pour l'accident arrivé par la faute de quelqu'un, que de fixer leur quotité. Le Code Napoléon pose des règles pour déterminer en quoi consistent les indemnités, lorsqu'une obligation n'a pas été exécutée, ou lorsque son exécution a été retardée ; mais nous parlons ici d'un accident, et non pas de l'inexécution d'une convention. Néanmoins, la raison dit assez qu'il faut appliquer, autant qu'il est possible, aux indemnités dont il est ici question, les règles que le Code établit pour les indemnités relatives à l'inexécution des conventions.

Les travaux qu'un propriétaire commande témérairement, ou bien son extrême négligence à entretenir ses constructions, sont des délits s'il est mû pour le dessein de nuire; et ce sont des quasi-délits, s'il n'est coupable que d'imprudence. De là il suit que, pour évaluer les indemnités dues à cause des accidens qu'il occasionne, il faut distinguer s'il est de mauvaise foi, ou s'il n'y a aucune malignité à lui reprocher.

Quand un propriétaire est convaincu d'avoir causé du tort à son voisin, avec une intention méchante, la réparation doit comprendre toute la perte qu'il a fait éprouver, et tout le gain qu'il a empêché d'arriver, sans examiner s'il a pu en prévenir toute l'étendue. Cependant, quoiqu'il y ait dol, on ne doit comprendre dans la perte faite, et dans le gain manqué, que ce qui est une suite immédiate du fait dont on s'est rendu coupable: cette décision est dans l'esprit de l'*art.* 1151; il déclare que, dans le cas même où la mauvaise foi a occasionné l'inexécution de la convention, il faut restreindre les indemnités comme on vient de le dire.

Par exemple, le propriétaire d'un moulin à eau, tient ses vannes baissées pendant plusieurs jours, dans le dessein de submerger les foins coupés qui appartiennent à son voisin, et qui ne sont pas encore enlevés; le délit est constaté, et il s'agit de déterminer les dommages-intérêts. La partie lézée demande d'abord le prix ordinaire du foin qu'elle a perdu; en second lieu, la valeur du bénéfice qu'elle aurait fait en vendant ce même foin dans l'auberge qu'elle tient; troisièmement, étant en marché d'affermer avantageusement ses prés, et l'accident ayant écarté ceux à qui ils convenaient, elle comprend dans l'indemnité le profit qu'elle aurait fait sur le bail. La justice n'accordera pas ce dernier chef de demande, attendu qu'il concerne un effet trop éloigné de l'inondation volontaire. Remarquez qu'on ne parle ici que de l'évaluation des objets d'indemnités; ils sont indépendans des peines et amendes prononcées contre ceux qui se rendent coupables de certains délits, tels que celui que nous prenons pour exemple. Le décret du 6 octobre 1791, sur la police rurale, veut que celui qui aura inondé l'héritage voisin, soit condamné aux dommages-intérêts, et, en outre, à une amende égale à la valeur de l'indemnité.

Lorsqu'il n'y a pas de mauvaise foi de la part de l'auteur de l'accident, l'indemnité se borne au seul dommage qu'il a pu prévoir quand l'évènement est arrivé : cette décision est dans l'esprit de l'*art.* 1150, qui, en parlant de l'inexécution d'une convention, ne met à la charge du débiteur non coupable de dol, que les dommages qui ont pu être prévus lors du contrat. S'il a été possible de prévoir toute la perte, et tout le gain manqué, l'indemnité aura la plus grande étendue qu'elle puisse avoir ; mais, si l'on n'a dû prévoir qu'une partie de la perte, et rien concernant le gain qui serait arrivé, l'indemnité ne s'étendra pas au delà des choses dont la destruction a été prévue : donnons un exemple.

Un mur tombe de vétusté ; il occasionne chez le voisin la destruction de différens objets, et notamment de plusieurs meubles, parmi lesquels est un secrétaire d'un prix excessif. Le propriétaire du mur paiera toute la perte qu'il a pu prévoir ; c'est-à-dire, les croisées, les portes, les meubles qui ont été détériorés par sa faute : à l'égard du secrétaire, il sera évalué seulement comme un beau meuble de cette nature, et non pas d'après le prix exhorbitant qu'il a coûté ; parce qu'il n'est pas ordinaire d'avoir des choses aussi précieuses, et qu'on n'a pas dû penser que la chûte du mur causerait la perte d'un pareil objet.

Puisque, même en cas de dol, l'indemnité ne s'étend pas au-delà de ce qui est la suite immédiate de l'évènement ; à plus forte raion cette règle doit-elle être observée, quand il n'y a qu'imprudence ou négligence à reprocher à l'auteur du dommage. Ainsi, dans l'espèce qu'on vient de proposer, supposons que l'un des meubles brisés renfermât une somme d'argent, et qu'elle se soit trouvée volée par l'une des personnes employées à relever les débris ; le propriétaire du mur tombé ne sera pas responsable de cette somme, parce que le vol n'est pas une suite immédiate de la chûte du mur.

Ces explications suffisent pour faire sentir comment l'indemnité, quand la mauvaise foi a causé l'accident, est évaluée autrement que quand on n'a point de dol à reprocher. Dans le premier cas, il faut que les dommages-intérêts comprennent la totalité de la perte faite, et la totalité du gain dont on a été privé, sans examiner si l'auteur du délit a pu prévoir l'étendue de la condamnation. L'évènement est-il exempt de dol? Celui par la faute de qui le dommage est arrivé, paiera seulement, soit la perte, soit la privation de gain qu'il a pu prévoir. Au surplus, dans tous les cas, qu'il y ait dol, ou qu'il n'y en ait pas, l'évaluation de la perte, ou de la privation de gain, ne doit pas s'étendre au delà de ce qui est une suite immédiate du fait qui a causé le dommage.

Quelques précises que soient ces règles posées par le Code pour évaluer les indemnités, on ne peut pas se dissimuler que dans leur application, si on ne veut pas s'écarter de l'équité, il faut souvent consulter les circonstances : en sorte qu'il peut se faire que, dans tel cas, certaines considérations déterminent à restreindre la condamnation ; tandis que dans tel autre cas, qui paraît semblable, des considérations d'une autre nature fassent étendre l'indemnité. Domat, de qui nous empruntons cette réflexion, cite pour exemple une maison qui menace ruine, et qui appartient à une personne peu fortunée. A la sommation qui lui est signifiée de faire cesser le danger, elle répond qu'elle n'a pas le moyen d'y satisfaire, et qu'elle prie le demandeur, homme riche, de faire étayer, ou de faire les réparations nécessaires, lui offrant pour sûreté un privilège sur la maison elle-même. Peu touché de cette proposition, le voisin la refuse : bientôt après la maison vient à tomber, et cause du dégât par sa chûte sur la propriété de ce dernier; par cet évènement, il perd quelques termes de loyers, parce que ses locataires sont forcés de quitter leurs logemens. Ne serait-il pas de l'équité, dit le célèbre auteur, de modérer le dédommagement que réclame le riche demandeur, et même d'en décharger le propriétaire pauvre? Au contraire, ajoute-t-il, si on suppose un homme riche et négligent qui, sans faire attention à l'avertissement judiciaire d'étayer son bâtiment, l'ait laissé tomber sur la maison d'un voisin pauvre, dont les locataires se sont retirés à cause de l'accident; cette négligence ne devra-t-elle pas être punie d'une entière indemnité, qui s'étendra non seulement à la valeur de la maison détruite; mais encore à tous les loyers dont le voisin se trouve privé, par une suite immédiate de l'accident ?

Il faut donc considérer les circonstances, pour étendre les indemnités ou les restreindre, sans pourtant passer les bornes prescrites par les dispositions du Code Napoléon, et que nous avons citées. Ce sont aussi les circonstances qui servent à indiquer quand il faut estimer les objets d'indemnité à leur juste valeur, ou avec modération. Par exemple, si la chûte d'une maison, en causant du dommage chez le voisin, a détruit des plafonds ornés de peintures d'un grand prix; l'estimation du plancher et des plafonds en eux-mêmes se fera à leur juste valeur : mais on usera de modération en évaluant les peintures précieuses. Celui qui les possédait ne perd que des choses superflues ; il souffre moins que s' il était privé d'objets nécessaires. Il serait trop dur quand l'accident n'est pas causé par mauvaise foi, que l'indemnité fut beaucoup plus forte pour des objets de luxe, que pour des choses utiles. Cette décision a été écrite dans le droit romain, par ce sentiment profond d'équité qui caractérise le jurisconsulte Ulpien. Il veut que la modération et un certain tempérament de justice, dirige les évaluations des choses qui n'ont été établies que pour le plaisir : *Ex damni infecti stipulatione non opportet infinitam vel immoderatam fieri,...... quia honestus modus servandus est, non immoderata cujusque luxuria subsequenda.* L. 40, ff. *de damn. infec.*

On demande si tous les propriétaires indivis de l'édifice qui, par sa chûte, a causé du dommage au voisin, sont tenus solidairement de l'indemnité.

La raison de douter vient de ce que, suivant que nous l'avons dit dans le paragraphe précédent, l'un des propriétaires qui est sommé de faire étayer sa maison possédée indivisément, n'est pas fondé à s'excuser sur ce qu'elle lui appartient pour portion seulement. Ce qui décide, c'est que la solidarité est un effet nécessaire de la possession indivise d'un immeuble : en attaquant l'un des propriétaires, c'est comme si on s'adressait à tous, parce qu'il lui est impossible de veiller à sa portion, sans veiller à la totalité de l'objet commun. Au contraire, une indemnité qui se résout toujours en une somme d'argent, n'entraîne pas essentiellement de solidarité : chacun des propriétaires est donc tenu de sa part des dommages-intérêts, en proportion de la part qu'il avait dans l'édifice tombé. Cette décision conforme à la raison est tirée du droit romain : *Si plurium sint ædes quæ damnosè imminent, utrùm adversùs unum quemque dominorum in solidum competit, an in partem? Et scribit Julianus, quod Sabinus probat, pro dominicis partibus conveniri eos opportere. D. L.* § 3.

ARTICLE III.

Des accidens arrivés par incendie.

Nous venons de parler des accidens en général, dont un immeuble peut être endommagé : ceux qui arrivent par cas fortuit ont fait la matière d'un premier article ; et dans le second, on s'est occupé des accidens qu'éprouve un héritage par le fait, ou la faute du voisin. L'incendie se trouve naturellement compris dans les cas divers qu'on a expliqués ; cependant, comme ce terrible accident n'est malheureusement que trop fréquent, et qu'il présente des circonstances qui lui sont particulières, nous avons cru devoir le traiter séparément dans un troisième article, qui se divise en quatre paragraphes. On verra dans le premier, les précautions à prendre contre l'incendie ; dans le second, la nature du dépôt des objets sauvés de l'incendie ; dans le troisième, les travaux permis pour arrêter les progrès de l'incendie ; dans le quatrième, l'action que peuvent exercer ceux qui souffrent de l'incendie.

§ Ier.

Des précautions à prendre contre l'incendie.

Les ravages terribles que font les flammes, lorsqu'elles dévorent les bâtimens, ont porté de tout tems les législateurs à ordonner des précautions capables de diminuer les causes si multipliées d'incendie. Ce qui est le plus remarquable chez les Romains à ce sujet, est l'usage où chacun était de construire sa maison entièrement isolée; en sorte qu'il n'y avait presque point de mur mitoyen, ainsi que nous l'avons remarqué dans la première partie, en parlant de cet espèce de mur. Les Romains laissaient de tous les côtés, entre leurs habitations, un espace plus ou moins large, mais toujours suffisant pour empêcher que les flammes ne communicassent de l'une à l'autre : c'est pourquoi ils appellaient leurs maisons *insulæ*, pour indiquer que chacune formaient une île.

Bien loin d'adopter cet usage en France, les lois y ont toujours favorisé la construction des murs mitoyens; c'est ce que l'on voit par les dispositions fort anciennes, qui forcent dans les villes tout propriétaire à céder la mitoyenneté d'un mur qu'il a construit sur la dernière extrémité de son terrain. On a pensé que dans nos mœurs, la police des villes trouverait trop de difficulté pour y maintenir la propreté, et y veiller à la sûreté, si chaque maison était séparée par une ruelle.

De là, il résulte que les malheurs occasionnés par incendie, ont des suites bien plus fâcheuses; car elles s'étendent souvent d'une manière effrayante, au delà du lieu où le feu a pris naissance. Ainsi, quelqu'attentionné que soit un propriétaire, pour veiller chez lui aux accidens du feu, il n'est jamais assuré que sa maison ne sera pas la proie des flammes, allumées par l'imprudence d'un voisin : c'est pourquoi les lois de police ont multiplié les précautions, pour diminuer les occasions de pareils évènemens.

En parlant, dans la première partie, page 146, des contre-murs qui sont prescrits pour les cheminées, les forges, les fours et les fournaux, nous avons rappelé un réglement de police renouvelé en 1781 et en 1808, et qui détermine comment ces objets, destinés à contenir le feu nécessaire aux besoins de la vie, doivent être construits : jamais aucune pièce de bois ne doit en approcher; certaines distances sont à observer, et certains ouvrages de maçonnerie doivent servir de préservatifs. Nous ne répéterons pas ce que nous avons dit à ce sujet; il suffit de rappeler que ceux qui se sont chargés d'une construction de cette espèce, et qui ne l'ont pas faite conformément aux réglemens, sont responsables des accidens qui en peuvent résulter. Quoique le propriétaire soit directement attaqué pour les dommages-intérêts, il a son recours contre l'entrepreneur : c'est ce qu'on a expliqué, en parlant de la garantie concernant l'observation des lois de police, page 400.

Parmi les différentes précautions à prendre contre l'incendie, il en est qui, après que la construction est faite, exigent des soins continuels : c'est ainsi que les habitans d'une maison sont obligés de faire ramoner leurs cheminées, d'autant plus souvent qu'ils y allument plus de feu. Par conséquent, les cheminées de cuisine, selon les réglemens de police, doivent être nétoyées plus souvent que celles où on fait un feu moins continuel, et moins considérable. De même, les boulangers, les pâtissiers, les traiteurs, les teinturiers, les brasseurs, et généralement tous ceux qui se servent de fours et fourneaux, sont tenus de se conformer aux ordonnances de police qui exigent le fréquent ramonage de leurs cheminées. Il y a des amendes prononcées contre les personnes dans la cheminée desquelles le feu s'est manifesté, faute d'avoir été nétoyée, quand même il n'en serait résulté aucun accident ; elles sont punies pour ne s'être pas conformées aux réglemens, et pour avoir allarmé tout le voisinage par leur négligence.

La même crainte du feu a fait défendre toute espèce de cheminée dans les boutiques ou loges construites dans les foires, les halles et les marchés : voyez l'ordonnance du 4 février 1684, concernant la foire Saint Germain, qui avait lieu à Paris.

Depuis long-tems aussi il a été défendu d'allumer des pailles dans les rues, d'y tirer aucun artifice, ni fusées, ni pétards : le danger de ces feux imprudens est assez évident.

Ceux qui ont habitude d'entrer la nuit dans des écuries, tels que les voituriers, cochers, palfreniers, sont obligés d'y tenir dans des lenternes ; les chandelles allumées dont ils se servent pour s'éclairer ; il leur est défendu de sortir ces mêmes chandelles allumées de leurs lenternes, pour les attacher au mur, sous prétexte de se procurer une plus grande lumière.

Pareillement, il est défendu aux laboureurs, ou autres, de battre le grain dans les granges, quand il ne fait plus jour, attendu qu'il n'est pas permis de porter du feu, ou de fumer dans les lieux où sont enfermés les pailles. On ne doit pas non plus porter des grains pour les battre dans les habitations, à cause du danger du feu : ces défenses sont consignées dans une ordonnance de police, du 31 mai 1784.

Il est à remarquer que plusieurs ouvriers en bois, tels que des menuisiers, des charrons, exercent en même tems, et dans la même maison, la profession de serruriers, ou de taillendier, ou de maréchal grossier; il leur est enjoint d'avoir des ateliers séparés par un mur de huit pieds au moins de hauteur : dans la construction de ce mur, il ne doit entrer aucune espèce de bois, et il est défendu d'y adosser des forges. Les compagnons ou apprentis travaillant en bois, ne peuvent pas être employés dans l'atelier où sont les forges; la porte qui communique d'un atelier à l'autre, doit être placée de manière que les étincelles de la forge, ne puissent jaillir dans l'atelier où se travaille le bois.

Le réglement qui contient ces dispositions, pousse les précautions encore plus loin : il défend de déposer dans l'atelier des forges, aucun bois, aucune pièce de charonnage, ni de menuiserie, excepté celles qu'on s'occupe à ferrer; mais à la charge de les retirer à la fin de la journée, et de les placer dans un endroit séparé de la forge, de manière qu'il ne reste pendant la nuit aucune matière combustible dans les ateliers où on se sert de feu.

Enfin, avant de former dans la même maison deux sortes d'établissemens, dont le voisinage est aussi dangereux, on est tenu d'en faire la déclaration au commissaire de police; il s'y transporte, et il dresse procès verbal, aux frais du requérant, afin de constater que la distribution des ateliers est conforme à ce réglement. Ceux qui négligeraient d'obéir à cette disposition, seraient condamnés à une amende de 400 francs, à démolir leurs forges, et à fermer leurs ateliers : voyez l'ordonnance de police, rendue sur les incendies, le 15 novembre 1781, et renouvelée en 1808.

Une autre précaution prise par l'autorité publique contre l'incendie, se trouve dans l'*art.* 32, *du tit.* 27, de l'ordonnance des eaux et forêts : il défend à toutes personnes de porter ou allumer du feu, en quelque saison que ce soit, dans les forêts, landes et bruyères, à peine de punition corporelle, outre les dommages que l'incendie pourrait avoir causés, et dont sont également responsables les communes et autres, par qui les gardes ont été choisis.

Il serait trop long de rapporter ici toutes les dispositions légales, faites pour prévenir les malheurs de l'incendie : celles que nous venons de citer font assez voir combien la police est prévoyante ; il serait à desirer que partout elle pût assez surveiller l'exécution des réglemens qu'elle prescrit. Au reste, si ceux qui ne s'y conforment pas, échappent aux peines qu'ils encourent par leur désobéissance ; c'est seulement tant qu'il n'en résulte aucun accident, parce que la police ne connaît pas leur contravention. Mais, aussitôt qu'est éveillée l'attention des magistrats chargés de pourvoir à la sûreté publique, les délinquans sont punis conformément aux lois qui les concernent : il n'est pas besoin que des effets funestes aient été la suite des contraventions ; la peine est encourue et prononcée, pour n'avoir pas pris les précautions ordonnées. Il est vrai que quand un dommage est arrivé par la faute du condamné, il supporte en outre l'indemnité des pertes qu'il a occasionnées.

Remarquez que les craintes du feu ne sont pas seulement pour ceux qui s'y exposent par imprudence, ou négligence ; elles sont communes à tout le voisinage, et même à tous les individus qui composent le public. De là, il suit que toute personne a le droit de dénoncer à la justice, ceux qui contreviennent aux réglemens faits pour prévenir les incendies, et qui par conséquent compromettent la vie et les propriétés des citoyens.

§ II.

Du dépôt des objets sauvés de l'incendie.

Nous ne voulons pas ici expliquer les principes relatifs au contrat de dépôt : ils doivent faire l'objet d'un traité particulier. Mais, en parlant de l'incendie, il est impossible de ne pas faire quelques réflexions, sur la triste nécessité où l'on est de placer chez des voisins, les objets que l'on arrache aux flammes : nous dirons seulement de quelle nature sont les engagemens qui résultent de cette circonstance, et en quoi ils diffèrent des dépôts faits librement.

En général, le dépôt est un acte par lequel on reçoit la chose d'autrui, à la charge de la garder, et de la restituer en nature : *Cod. Nap.*, *art.* 1915.

Si l'objet est déposé à cause d'une contestation, c'est ce qu'on appelle un séquestre; si le dépôt et fait uniquement pour qu'il soit gardé et rendu à la volonté de celui qui l'a confié, c'est un dépôt proprement dit. Ce contrat est essentiellement gratuit, et ne peut avoir pour objet que des choses mobiliaires. *Ibid*, *art.* 1917 *et* 1918.

On distingue le dépôt volontaire, et le dépôt nécessaire. *Ibid*, *art.* 1920.

Par dépôt volontaire, on entend celui qui est fait librement par le propriétaire de la chose, entre les mains d'une personne qu'il a choisie lui-même.

Le dépôt est nécessaire, quand on se trouve forcé de confier quelque chose à quelqu'un par un évènement imprévu, tel qu'un incendie, une ruine, un pillage, un naufrage. *Ibid*, *art.* 1949.

Ainsi le dépôt dont nous voulons parler, étant fait pour sauver des flammes ce qu'on en peut retirer, dans le moment où le péril est imminent et prochain, il est évident qu'il s'agit d'un dépôt nécessaire. Dans un pareil évènement, on n'a pas le choix du dépositaire : on est forcé de placer chez les voisins, tous les objets qu'on veut garantir. Alors le dépôt est valablement fait, soit par le propriétaire de la chose, soit par tout autre qui aide à le démeubler, soit même sans son consentement : ce dernier cas arrive, lorsque celui dont l'appartement est menacé par les flammes se trouve absent, et que des étrangers lui rendent le service de retirer ses meubles du lieu où ils sont en danger. Voilà un premier point en quoi le dépôt nécessaire diffère du dépôt volontaire; car celui-ci n'est valable que quand il est fait par le propriétaire de la chose, ou avec son consentement.

Pareillement, le dépôt volontaire n'a de valeur que par le consentement réciproque du propriétaire de la chose, et de celui à qui elle est confiée; il n'en est pas ainsi du dépôt forcé, on vient de dire qu'il est valablement fait sans le consentement du propriétaire : ajoutons qu'il a lieu aussi sans le consentement de la personne chez qui les objets sont placés. Ce sentiment d'humanité qui est le premier lien des sociétés, ne veut pas qu'on refuse de prêter secours à un incendié, ni par conséquent de recevoir les choses que ce dernier est forcé à déposer. De là il suit que, quand même le voisin serait absent, ceux qui le représente dans sa maison, sont obligés de recevoir et de garder ce que la nécessité fait apporter chez lui. C'est un second point en quoi le dépôt nécessaire diffère du dépôt volontaire.

Suivant le Code, *art.* 1923, la preuve du dépôt fait librement doit être consignée par écrit; du moins on ne pourrait pas se servir de témoins pour établir qu'une chose a été déposée, si sa valeur excèdait cent cinquante francs. Ici nous trouvons une troisième différence, entre les deux sortes de dépôts que nous comparons; car la preuve par témoins peut être reçue pour le dépôt nécessaire, même quand il s'agit d'une valeur au dessus de cent cinquante francs. *Ibid*, *art.* 1950.

Enfin, pour se faire restituer un dépôt volontaire, on n'a que les voies ordinaires de contrainte sur les biens meubles et immeubles du dépositaire infidèle. La loi est plus sévère, contre celui qui a reçu un dépôt nécessaire et le nie : outre les voies d'exécution sur ses biens, il est contraignable par corps. *Ibid*, *art.* 2060, § 1.

Tels sont les quatre points en quoi diffèrent le dépôt volontaire, et le dépôt nécessaire; pour le surplus, ils sont l'un et l'autre régis par les mêmes règles. *Ibid*, *art.* 1951.

Ainsi les obligations du dépositaire dont le secours a été invoqué par nécessité, sont les mêmes que celles de celui qui a été choisi librement. Il doit garder le dépôt avec le même soin qu'il apporte à la conservation des choses qui lui appartiennent : il est tenu de rendre le dépôt en nature ; mais dans le même état où l'objet se trouve au moment de la restitution. Il ne peut le refuser, aussitôt qu'il est réclamé par celui qui le lui a confié, ou par celui au nom duquel la chose a été mise sous sa garde. Chez les Romains, celui à qui un dépôt nécessaire a été confié, et qui ne le rendait pas, était puni par une amende égale à la valeur du dépôt ; en sorte qu'il se trouvait condamné à payer le double de ce qu'il avait reçu. Cette législation n'a pas été adoptée en France : il ne faut pas croire pourtant que l'infidélité pour dépôt nécessaire, n'y soit pas poursuivie plus rigoureusement, que celle commise à l'occasion d'un dépôt volontaire. D'abord, dans le premier cas on peut exercer la contrainte par corps ; en second lieu, l'infidèle dépositaire auquel on s'est adressé forcément, doit être jugé d'après la gravité des circonstances ; il est même de l'intérêt public qu'il subisse une peine, c'est l'opinion de Domat. Il dit que dans nos lois la restitution du double n'est pas admise, parce que nous regardons comme plus équitable, de laisser la fixation de la condamnation à la prudence des juges. Ainsi, il considère que celui qui malverse à l'égard d'un dépôt forcé, commet une sorte de délit, qui doit être vengé, et qui entraîne une condamnation pénale, outre la restitution de l'objet déposé.

A l'égard de celui à qui appartiennent les objets sauvés des flammes, il est obligé de payer toute la dépense qui a été faite pour leur conservation ; et le dépositaire est indemnisé de toutes les pertes que le dépôt peut lui avoir occasionnées. Pour sûreté de ce qui lui est dû, le dépositaire peut même retenir les objets dont la garde lui a été confiée : les choses dont il a droit de réclamer le paiement, concernent seulement les dépenses et les pertes qu'il justifie avoir faites pour le dépôt ; car ce contrat, comme nous l'avons déjà remarqué, est de sa nature essentiellement gratuit. Au reste, nous ne faisons ici qu'indiquer les engagemens formés par le contrat de dépôt : il sont plus amplement marqués par le Code, dans les *art.* 1927 et suivans ; mais il ne nous serait pas possible de les expliquer dans cet ouvrage, sans sortir de notre sujet.

Il est bon de remarquer, avant de terminer, que si dans un tems d'incendie, ou de tumulte, on dépose chez quelqu'un un objet qui devait lui être confié, même quand l'incendie et le tumulte ne serait pas arrivé, le dépôt ne peut pas être considéré comme forcé; il est au contraire un dépôt librement fait. Cette décision aurait lieu, quand même l'incendie, ou le tumulte, aurait été cause que le dépôt s'est effectué plutôt qu'on ne l'espérait; car ce qui caractérise un dépôt volontaire, est surtout le libre choix de la personne à qui l'objet est confié : or, dans l'hypothèse, elle était déjà indiquée lorsqu'est arrivé l'accident; il a seulement accéléré le moment de réaliser le dépôt convenu : *Eum deponere tumultûs, vel incendii, vel cœterarum causarum gratiâ intelligendum est, qui nullam aliam causam deponendi habet.* L. 1, § 3, ff. *de positi.*

§ III.

Des travaux permis pour arrêter les progrès de l'incendie.

Dès qu'un incendie se manifeste, il est du devoir de tous ceux qui en sont avertis de prêter leur secours, soit pour éteindre le feu, soit pour l'empêcher de faire des progrès. C'est pourquoi quand un pareil accident arrive, on sonne le tocsin pour faire venir tous les habitans qui sont épars; et si le feu prend dans une campagne, le tocsin appelle les habitans des communes voisines.

Dans les villes, on a ordinairement des pompes qui restent à la disposition des officiers municipaux; et même dans plusieurs grandes villes, il y a des compagnies de pompiers, qui sont toujours prêtes à se porter où le danger du feu les appelle. On ne peut, sans un sentiment de reconnaissance, penser à l'activité, au zèle et au succès des pompiers de Paris. Les services que leur corps utile rend continuellement aux habitans de la capitale, devrait engager toutes les villes qui en ont le moyen, à former de semblables établissemens : il est démontré que l'utilité qu'on en retire, est infiniment plus grande, que les sacrifices qu'exige leur entretien.

Comme tout est d'une urgence extrême, en cas d'incendie, les magistrats de police et de justice, et tous ceux qui sont dépositaires d'une partie de l'autorité publique, s'empressent de se rendre sur le lieu où est le danger. Là, il peuvent sans le moindre retard donner les autorisations nécessaires pour que rien, autant qu'il est possible, ne s'y fasse illégalement, et pour empêcher ce genre de désordre, qui rend souvent inéficaces les secours les plus prompts. Ajoutez que s'il arrivait, par suite de l'évènement, des discussions qui ne pourraient se décider que par la considération des circonstances, les magistrats qui ont été eux-mêmes témoins du désastre, sont plus en état de reconnaître la vérité. D'ailleurs l'exemple du dévouement, quand il est donné par les chefs, est suivi avec bien plus de zèle et de succès.

Lorsque le propriétaire de la maison incendiée est absent, ou lorsqu'il s'obstine à ne pas ouvrir, ou si les flammes l'empêchent d'approcher de la porte à laquelle la foule se présente à l'extérieure, les magistrats ordonnent que l'ouverture en soit faite par force; et ils commettent quelqu'un pour que l'opération s'exécute avec les précautions que les circonstances permettent. Ce sont eux qui déterminent, autant qu'il est possible, les mesures capables d'assurer le dépôt des objets arrachés aux flammes; ils autorisent aussi la démolition des constructions, dont la suppression peut mettre fin aux ravages du feu.

En l'absence des magistrats, on fait comme on peut; et la loi de la nécessité est alors la seule que l'on est forcé à suivre.

La destruction d'une partie de la maison incendiée est presque toujours le seul moyen efficace, pour empêcher de plus grands malheurs; aussi, le but de ceux qui dirigent avec intelligence les secours en cas d'incendie, est de faire en quelque sorte la part du feu, et de lui couper tout moyen de se communiquer. De là il résulte que, même sans le consentement du propriétaire, on peut être autorisé à démolir les parties de l'héritage incendié, qui n'ont pas encore été la proie des flammes. Régulièrement, lorsque celui à qui cet héritage appartient est absent, ou lorsqu'il refuse de consentir à la démolition, on doit prendre l'ordonnance du juge; mais, quand le péril est éminent, et que le tems d'obtenir cette autorisation apporterait un retard préjudiciable, on procède à la démolition par droit de nécessité.

Les voisins qui craignent la communication des flammes, peuvent-ils faire démolir les maisons qui les séparent de celle que le feu dévore? Il arrive quelquefois que l'on perd entièrement l'espoir de sauver même une portion de l'édifice incendié; il ne faut plus songer alors qu'à cerner le mal pour l'empêcher de gagner autour de lui. Ce remède violent ne peut s'opérer, qu'en détruisant les constructions qui environnent le bâtiment où est le feu. On ne doute pas que ceux qui dirigent les secours, en pareil cas, ne soient autorisés à faire démolir ce qui est menacé, afin de rompre la communication des flammes; mais on demande si cette démolition peut s'effectuer sans le consentement des propriétaires, et quel recours peut être exercé par ceux dont les maisons ont été ainsi détruites.

Il est certain que la nécessité d'arrêter les progrès de l'incendie, est une autorisation suffisante: la démolition de ce qui est en danger peut donc s'opérer, même sans qu'il soit besoin du consentement de ceux à qui appartiennent les objets qu'il s'agit de sacrifier. Cependant il faut qu'une personne revêtue d'autorité, ait reconnu l'urgence de la démolition requise. Avec l'acte qui atteste la nécessité, et si on en a le tems, on obtient du juge une ordonnance qui autorise les travaux indispensables, et qui commet quelqu'un pour veiller à ce qu'ils soient faits avec les précautions que permettent les circonstances.

Lorsque le danger est si pressant, qu'on n'a pas le tems de prendre de pareilles précautions, la démolition s'effectue; mais au risque et péril de ceux qui la réclame. On veut dire par-là, que ces derniers sont responsables des objets démolis, s'ils ne peuvent pas prouver que la démolition en était indispensable, pour arrêter le progrès des flammes. Par exemple, s'il était justifié que l'incendie était éteint, lorsque l'on a commencé la démolition, ou que le vent portait les flammes du côté opposé à celui où on a démoli; ceux qui auraient exigé inutilement la démolition d'un édifice, seraient tenus d'en payer la valeur.

A l'égard de l'indemnité des propriétaires qui ont souffert de la démolition, ils doivent la réclamer contre l'auteur de l'incendie, ou contre le propriétaire de la maison par laquelle le feu a pris, sauf son recours contre ceux qui ont causé l'accident. Quoique les flammes n'aient pas touché aux objets qui n'ont été démolis que par prudence, il n'en est pas moins vrai que cette démolition est une suite directe de l'incendie, et que la personne qui doit répondre de l'évènement est responsable de toutes les pertes qui en sont résultées.

Il n'y aurait aucune difficulté, si l'auteur de l'accident avait le moyen de payer toutes les indemnités auxquelles il s'est exposé; mais le plus souvent celui par la faute de qui l'incendie s'est allumé, en est la première victime. Alors, non-seulement il est hors d'état de satisfaire à la moindre indemnité; mais encore il reste dans un tel dénuement, qu'il n'a d'autre ressource que d'implorer la commisération publique. Est-il juste pourtant, que ceux, dont les propriétés ont été sacrifiées pour l'utilité de tout le voisinage, souffrent seuls le dommage? N'est-il pas convenable que tous les propriétaires à qui ont été profitables les démolitions faites pour arrêter l'incendie, contribuent à supporter la perte des objets démolis?

Quelques jurisconsultes prétendent que la nécessité où l'on se trouve de démolir une maison pour arrêter l'incendie, doit être considérée par rapport aux autres propriétés voisines, comme un cas fortuit: en sorte que si le maître de la maison incendiée est l'auteur de l'accident, et s'il n'a pas le moyen de payer le prix des constructions démolies, la perte en doit retomber sur ceux à qui elles appartiennent, suivant la règle, *res perit domino*.

D'autres, avec plus de raison, regardent un incendie comme un évènement qui menace tout le voisinage. C'est par suite de ce danger commun que chaque voisin, en venant au secours, non-seulement remplit un devoir; mais encore cède à son intérêt. Voilà pourquoi il a droit de requérir l'ouverture de la maison incendiée, et de demander que les travaux propres à éteindre le feu y soient faits, même contre le gré du maître de cette maison. On peut donc comparer les voisins d'un incendie, aux personnes qui se trouvent sur un vaisseau battu de la tempête : dans l'un et l'autre cas le danger est commun ; les sacrifices nécessaires pour l'éviter doivent être faits en commun.

Cette conséquence n'est pas douteuse, lorsque des marchandises sont jetées à la mer pour sauver le vaisseau qui les porte : le code du commerce le décide formellement au livre II, où le titre XII est consacré à régler comment doit s'opérer le jet à la mer, et la contribution des pertes. Cette législation était adoptée par le titre VIII de l'ordonnance de la Marine, rendue en 1681, et était établie chez les Romains : *Lege Rhodiâ cavetur ut, si levandæ navis gratiâ jactus mercium factus est, omnium contributione sarciatur, quod pro omnibus datum est.* L. 1, ff. *de leg. Rhod.*

D'après le même principe d'équité, qui fait supporter en commun par tous les intéressés, les pertes éprouvées pour sauver un vaisseau, on doit décider que la perte des démolitions opérées pour écarter le danger commun de l'incendie, sont supportées par tous les voisins à qui ce genre de secours a été utile ; ce qui est juste dans le premier cas l'est évidemment dans le second : *Ubi eadem est ratio decidendi, jus idem dicendum est.*

La parité entre les deux sortes de dangers dont nous parlons, a été reconnue par la coutume de Bretagne, *art.* 645, où il est dit que « tous » ceux, de qui on peut apercevoir que les maisons ont été sauvées de » l'incendie, sont tenus de dédommager ceux de qui les maisons ont été » abattues, chacun à la discrétion de justice. »

Pour établir la contribution dont il s'agit, il faut d'abord déterminer les propriétés pour lesquelles les démolitions ont été une sauve-garde ; ensuite on évalue, d'un côté les bâtimens préservés, et de l'autre les objets démolis pour l'utilité commune. Ces opérations se font par experts ; et la part de chacun de ceux qui contribuent est facile à fixer, dans la proportion de la valeur de sa propriété.

Supposons que le feu ait pris à une maison, et qu'il ait fallu détruire deux maisons voisines, l'une au midi et l'autre au couchant, à cause du vent qui portait les flammes vers ces deux côtés. Lorsqu'on voudra faire la contribution, on designera les maisons voisines qui ont profité de ces démolitions; on n'y comprendra pas les maisons situées au nord et au levant de l'édifice incendié, puisque nul danger ne les a menacées. On évaluera ensuite ce que valent actuellement les maisons qui ont été préservées, et qui, par exemple, sont au nombre de quatre, dont l'une vaut 10,000 francs, une seconde 20,000 francs, une troisième 30,000 francs, et une quatrième 40,000 francs. On fixera de même la valeur qu'avait chacune des deux maisons démolies au moment où leur destruction a été jugée nécessaire; l'une était du prix de 50,000 francs, et l'autre du prix de 60,000 francs.

Par ces évaluations on voit que la somme totale des quatre maisons préservées et des deux maisons démolies est de 210,000 francs. C'est sur cette masse qu'il faut prendre la perte des objets abattus, et qui se montent ensemble à 110,000 francs. En conséquence on dira : si sur 210,000 francs il y en a 110,000 à perdre, de combien sera la perte proportionnelle du propriétaire de la maison de 10,000 francs, ou de la maison de 20,000 francs, et ainsi des autres. On trouvera par-là que ceux dont les maisons ont été démolies ne recevront pas le prix total de ce qu'ils ont perdu; car ils doivent contribuer à la perte, en raison de la valeur de leurs propriétés.

Remarquez que l'indemnité d'objets démolis pour l'utilité du voisinage est dû, même quand l'incendie provient d'un cas fortuit; pour que la contribution ait lieu, il suffit que les maisons démolies ne puissent pas être payées, soit parce que personne n'est responsable, soit parce que ceux qui ont occasionné l'évènement sont hors d'état de réparer leur tort.

On observera aussi qu'on ne peut pas réclamer l'indemnité pour une maison démolie à l'occasion d'un incendie, si déjà le feu avait gagné cette maison; car alors sa perte était inévitable, et sa démolition n'est point un sacrifice fait uniquement pour l'utilité commune.

Il résulte de cette réflexion que, si les principes sur lesquels on s'appuie, pour assurer l'indemnité dans le cas dont il s'agit, sont incontestables, leur application du moins présente beaucoup de difficultés; parce que les circonstances seules doivent faire connaître si une démolition est un effet nécessaire de l'incendie, ou si elle n'est qu'un sacrifice ordonné par la prévoyance et pour la sécurité du voisinage.

§ IV.

De l'action que peuvent exercer ceux qui souffrent de l'incendie.

Lorsque l'incendie est occasionné par un cas fortuit, tel qu'est un coup de foudre, ou une bombe venue du camp ennemi, ou un artifice lancé dans une fête publique ; ni le maître de la maison incendiée, ni ceux qui en ont reçu chez eux les flammes, n'ont de recours en dommages et intérêts : la perte qu'ils éprouvent est l'effet d'une cause qui ne peut être imputée à personne.

Si rien ne prouve que l'incendie vient d'une force majeure, le propriétaire de la maison brûlée est fondé à réclamer des dommages et intérêts contre les auteurs de l'accident, soit qu'ils l'aient occasionné par imprudence ou négligence, soit qu'il y ait dans leur fait une intention de nuire : dans ce dernier cas ils sont poursuivis criminellement.

Quand la maison incendiée est occupée par un locataire, il est responsable des suites du feu envers le propriétaire; à moins qu'il ne lui prouve que l'accident vient de cas fortuit, ou que les flammes ont été communiquées par une maison voisine : dans le premier cas, comme nous venons de le dire, il n'y a de recours contre personne, et dans le second, le garant de l'évènement doit être cherché dans la maison voisine ; c'est ou le propriétaire, ou le locataire. *Cod. Nap.*, *art.* 1733.

S'il y a plusieurs locataires dans la maison où l'incendie a pris naissance, ils en sont tous solidairement responsables envers le propriétaire ; à moins qu'ils ne prouvent que le feu a commencé dans l'habitation de l'un d'eux, auquel cas celui-ci est seul tenu de l'indemnité. *Ibid.*, *art.* 1734.

Quelquefois un locataire ne peut pas démontrer que l'accident a été occasionné par tel autre locataire; mais il peut prouver au moins que le feu n'a pas pris naissance chez lui : c'en est assez pour le mettre à l'abri de toute condamnation. *Ibid.*

Dans ces différens cas la preuve est à la charge des locataires ; car la présomption de droit est que l'incendie a été occasionné par leur faute. Ils sont donc obligés de prouver le contraire, s'ils veulent éviter toute attaque de la part du propriétaire. C'est la décision du droit romain : *Plerumque incendiæ, culpâ fiunt inhabitantium.* L. 3, § 1, ff. *de offic. præf. vigil.*

Il arrive souvent que le propriétaire habite une partie de sa maison, et que l'autre est occupée par des locataires : on demande si ces derniers sont alors également responsables solidairement envers le propriétaire.

La cohabitation est le seul motif qui ait déterminé nos législateurs à rendre les locataires d'une même maison, responsables solidairement des accidens du feu : lors donc que le propriétaire demeure avec ses locataires dans sa maison, il est, autant qu'eux, présumé l'auteur de l'incendie. De là il suit, que la charge de l'indemnité se divise entre tous ceux qui habitent la maison incendiée ; c'est-à-dire, entre le propriétaire et les locataires, comme le paiement d'une dette se divise entre tous ceux qui l'ont contractée solidairement. En conséquence chacun supporte dans l'indemnité, une part proportionnée à la valeur du local qu'il occupait dans la maison brûlée : par cet arrangement le propriétaire n'aura aucun recours pour la portion d'indemnité qui répond au logement qu'il habite.

Une fois que le propriétaire connaît la portion d'indemnité mise à sa charge, peut-il au moins répéter le surplus solidairement contre ses locataires ? Non : la solidité d'une dette n'a d'effet qu'au profit du créancier, et nullement entre les codébiteurs ; chacun d'eux ne doit que sa part de la dette.

La difficulté vient de ce que le propriétaire, dans le cas dont il s'agit, est tout à la fois le créancier, et un des débiteurs. C'est précisément là ce qui arrive lorsque l'un des débiteurs solidaires paie le créancier, et se trouve subrogé à ses droits : il n'est autorisé à réclamer que la part de chacun de ses codébiteurs, et non pas à demander à l'un d'eux la totalité de ce que doivent tous les autres. Il est vrai que si l'un des codébiteurs est insolvable, celui qui est subrogé aux droits du créancier, peut faire contribuer tous les autres débiteurs au paiement de la part qui n'est pas acquittée. Cette sorte de contribution est amplement expliquée par le célèbre Pothier, en son excellent Traité des obligations, part. II, chap. III, art. VIII, § V.

En appliquant cette décision au propriétaire qui, solidairement avec ses locataires, est tenu de contribuer à l'indemnité de sa maison incendiée; on voit qu'il ne pourra pas exercer d'action solidaire contre aucun des locataires: il demandera à chacun sa part; et si l'un d'entre eux est hors d'état de payer, tous les autres contribueront avec le propriétaire, à l'acquittement de la portion qui manque.

Le propriétaire peut néanmoins prouver, comme chaque habitant de la maison en a le droit, que le feu ne vient pas de chez lui; alors il exerce son action en indemnité solidairement contre tous les locataires, excepté contre ceux qui démontrent pareillement que l'incendie n'a pas pris naissance dans leur habitation.

De même, lorsque l'un des locataires indique avec preuves le local où le feu a commencé, le propriétaire n'a de recours que contre la personne qui occupe ce local.

Après avoir dit contre qui le propriétaire de la maison incendiée peut former sa demande en dommages et intérêts, voyons à qui doivent s'adresser les voisins chez qui le feu s'est communiqué. Si l'incendie a pour cause un cas fortuit, ils n'ont de recours contre personne, ainsi qu'on l'a déjà remarqué; mais, si aucune force majeure n'est reconnue pour avoir occasionné l'accident, il y a présomption de droit que l'auteur est un des habitans de la maison où le feu a commencé: en conséquence tous ceux qui y demeurent sont responsables solidairement, comme on l'a vu plus haut, non seulement envers le propriétaire, mais encore envers tous ceux qui ont souffert des suites directes de l'accident.

Cependant, si l'un des habitans indique l'endroit où l'incendie a pris naissance, celui qui occupe ce lieu est seul responsable.

Il faut aussi mettre à l'abri de toute réclamation du voisinage, ceux qui habitent la maison, et qui, sans indiquer l'endroit où le feu a commencé, prouvent que ce n'est pas chez eux.

Enfin celui dont la propriété a reçu les flammes d'une maison voisine, ne peut adresser sa demande en indemnité contre aucun des habitans de cette maison, s'il est prouvé que le feu y a été communiqué par un autre bâtiment : c'est donc parmi les habitans de ce dernier édifice, qu'il faudra chercher la personne responsable des dégâts causés par l'accident.

S'il est constant que l'incendie est l'effet d'une intention coupable, l'auteur peut être poursuivi criminellement par l'un de ceux à qui ce délit a causé du préjudice. Lorsque l'auteur du crime n'est pas un des habitans de la maison d'où le feu s'est communiqué, les voisins qui ont été atteints par les flammes, ne peuvent plus s'adresser pour leurs dommages et intérêts à ces mêmes habitans; car alors il n'y a plus lieu à présomption, la vérité est connue, elle montre le coupable.

Ces diverses décisions sont des conséquences de celles qu'on a expliquées plus haut, et qui sont écrites dans le Code, *art.* 1733 et 1734; elles ne font aucune difficulté. Une question qui reste indécise est celle de savoir si, pour répondre des suites d'un incendie dont on est la cause, il faut avoir commis une grande imprudence ou une négligence grave, ou bien s'il suffit d'une faute légère.

Il paraît que la jurisprudence n'a été, ni constante, ni uniforme sur ce point : on trouve des arrêts qui ont déchargé de toute indemnité les auteurs d'un incendie, quand on ne pouvait leur reprocher qu'un défaut d'attention. Cependant les suites de pareils accidens sont si fâcheuses, et les occasions qui les font naître sont si fréquentes, qu'il n'est pas de moyen qu'on ne doive employer, à fin de forcer tous les citoyens à prendre les précautions les plus minutieuses, pour prévenir les malheurs affreux de l'incendie. Une des mesures les plus efficaces est de rendre responsables tous ceux qui, par la plus petite négligence, sont cause d'accidens arrivés par le feu.

Telle était la législation romaine. On voit par la loi *Aquilia*, que l'incendie allumé par suite d'une négligence très-excusable dans tout autre cas, donne action contre le maître de l'esclave qui n'a pas été assez surveillant; parce qu'en cette matière, on est tenu de la faute la plus légère : *In lege Aquilia et levissima culpa venit.* L. 44, ff. *ad leg. Aquil.*

On voit dans les recueils un grand nombre d'arrêts, qui attestent que la jurisprudence française s'est fixée, en adoptant les principes du droit romain.

Une autre question qui se présente sur cette matière, consiste à savoir si le propriétaire de la maison où l'incendie a pris naissance, est directement responsable envers les voisins qui ont souffert des flammes. Ceux-ci sans doute peuvent agir contre les auteurs de l'accident, ou contre les habitans de cette maison ; mais ne peuvent-ils pas s'adresser de préférence au propriétaire, sauf le recours de ce dernier, soit contre ceux qui occupent sa maison, soit contre l'auteur de l'évènement?

Suivant quelques jurisconsultes, le Code Napoléon ayant déclaré que les locataires sont responsables de l'incendie qui commence dans leur habitation, le propriétaire se trouve par-là nécessairement à l'abri de toute recherche. Ceux qui embrassent cette opinion se fondent sur les *art.* 1733 et 1734 qui parlent de cette responsabilité. On leur objecte que ces deux dispositions ne concernent que le contrat de louage; c'est-à-dire, les obligations réciproques qui lient les propriétaires et les locataires. On ne peut en conclure autre chose, si ce n'est que le propriétaire dont la maison est incendiée, a son recours contre ceux qui y sont logés. Les articles cités prononcent sur la responsabilité des locataires envers le propriétaire, et ils ne disent rien sur le rapport qui s'établit entre le propriétaire et les voisins. Les mêmes insistent en disant, au surplus, que l'incendie est un délit, ou un quasi-délit, selon qu'il est occasionné par une mauvaise intention, ou involontairement. Or, les auteurs d'un délit ou d'un quasi-délit sont seuls responsables de ses suites ; à moins que ceux qui l'ont commis, ne soient sous la dépendance essentielle de quelqu'un, comme d'un tuteur, ou d'un maître : alors le tuteur, ou le maître, est directement responsable, sauf son recours contre son pupile, ou son domestique.

On dit pour l'opinion contraire, que l'on possède par ses fermiers, ainsi que par ses mandataires : ce qui est fait d'avantageux dans l'héritage est pour le profit du maître, qui n'est tenu qu'à payer les dépenses légitimes, occasionnées par l'accroissement ou l'amélioration de sa propriété. Pareillement ce qui arrive de fâcheux à l'immeuble doit être au détriment du maître, sauf son recours contre les auteurs du mal. Un locataire ne serait pas exempt de garantie, en prouvant que le feu a été mis dans son habitation, par une personne qui a voulu tirer une vengeance de lui. Cette décision est écrite dans la L. 25, § 4, ff. *loc. cond.*, où il est dit qu'un fermier ne cesse pas de répondre des arbres qui ont été coupés, quoique le délit ait été commis par un particulier qui avait de l'inimitié contre lui. Ce qui a lieu pour des arbres détruits, doit s'appliquer au dégât d'un incendie, puisqu'il y a même raison de décider. Ne faut-il pas conclure de là qu'un propriétaire, pour éviter l'action de ses voisins, ne peut pas les renvoyer à se pourvoir contre ses locataires ? Ils représentent le maître pour les avantages, comme pour les évènemens fâcheux qui arrivent à l'héritage : ceux que ces évènemens font souffrir, sont donc fondés à s'adresser au propriétaire, pour leurs indemnités, sauf son recours contre les personnes à qui il a confié son héritage.

Cette question nous semble dépendre beaucoup des circonstances : elle est livrée à la discussion, et à la prudence des juges.

CHAPITRE III.

DES RÉPARATIONS PROVENANT DE VÉTUSTÉ.

LORSQU'UN propriétaire occupe lui-même sa maison, ou fait valoir son bien rural, il est évident que toutes les espèces de réparations qui y sont occasionnées par vétusté, sont à sa charge : il n'a recours contre qui que ce soit, pour en répéter la moindre portion. Mais souvent un héritage est possédé précairement, par quelqu'un à qui il n'appartient pas, et qui est obligé à le rendre dans un tems déterminé : un pareil possesseur doit supporter une partie des réparations, selon le titre en vertu duquel il jouit. Pour distinguer les réparations qui sont à la charge du propriétaire, et celles que doit payer le possesseur à titre précaire, on divisera ce chapitre en trois articles. Le premier, parlera des réparations locatives, dues par ceux qui tiennent des héritages par bail à loyer ou à ferme ; le second, des réparations à la charge d'un usufruitier ; le troisième, indiquera ce qui a lieu pour les réparations, quand l'héritage est l'objet d'un bail à vie, ou à rente, ou emphytéotique.

ARTICLE PREMIER.

Des réparations locatives.

Dix paragraphes expliqueront successivement, 1°. l'origine des réparations locatives ; 2°. les réparations locatives désignées par le Code pour les maisons ; 3°. celles d'usage ; 4°. celles des moulins ; 5°. celles des biens ruraux ; 6°. de qui elles sont exigibles ; 7°. dans quel tems ; 8°. les changemens que peut faire un locataire ; 9°. l'utilité d'un état des lieux ; 10°. sa forme.

§ Ier.

De l'origine des réparations locatives.

Le bail est, parmi les contrats de louage de chose, celui par lequel on confie à une autre personne la jouissance d'un immeuble, soit en totalité, soit seulement en partie, pendant un certain tems, et pour un prix convenu. Non-seulement, le propriétaire peut donner son bien à loyer; mais encore tout autre possesseur, tel qu'un usufruitier, qui a la même jouissance que le propriétaire, peut faire un bail. Bien plus, celui qui tient un héritage à bail, peut aussi, pendant le tems de sa jouissance, en confier le tout ou partie à un autre, qui à son tour est libre de donner à bail le même objet ou une portion, et ainsi de suite.

Lorsqu'un locataire abandonne sa jouissance totale à un autre, il cède son bail : s'il ne donne qu'une partie de l'objet qui lui a été loué ou affermé, et même s'il divise la totalité de la jouissance entre plusieurs personne, il sous-loue ou sous-afferme : il est appelé principal locataire s'il s'agit d'une habitation, ou fermier principal s'il s'agit d'un bien rural; ceux qui tiennent de lui sont donc des sous-locataires ou sous-fermiers. Au reste, ces distinctions ne sont utiles que pour la pratique, parce que les principes sont les mêmes, soit que le locataire ou fermier cède son bail, soit qu'il en divise la jouissance. Ceux qui tiennent de lui, ou la totalité, ou une portion de l'objet, peuvent à leur tour le céder, ou en sous-louer ou sous-affermer les parties; et ceux à qui le tout, ou portion de l'immeuble est ainsi confié, ont également la faculté d'en disposer de la même manière.

Observez pourtant que le locataire, ou le sous-locataire, le fermier, ou le sous-fermier, ne peut, ni céder son bail, ni sous-louer, lorsque par une clause particulière cette faculté lui a été interdite. Cette clause ne doit pas se suppléer, il est vrai, quand elle n'a pas été exprimée; mais aussi, quand elle a été écrite dans l'acte, elle n'est plus simplement comminatoire, ainsi qu'on le décidait autrefois : elle doit nécessairement recevoir son exécution; car le Code Napoléon, *art.* 1717, déclare qu'elle est toujours de rigueur.

Au surplus, ce qui nous suffit ici est de faire sentir que, quand l'objet d'un bail est cédé ou sous-loué, le locataire ou fermier n'en doit pas moins tenir tous les engagemens qu'il a contractés envers le propriétaire; et il devient responsable directement, des faits de ses sous-locataires ou sous-fermiers. Pareillement, le propriétaire est obligé de garantir la jouissance qu'il a promise, quoiqu'elle ait été cédée à d'autres par le locataire ou fermier à qui la faculté d'en disposer n'a pas été interdite. Il en est de même du locataire ou fermier, vis-à-vis du sous-locataire ou sous-fermier; comme de celui-ci vis-à-vis de la personne à qui il a cédé le tout, ou portion de sa jouissance. Chacun ne connait que celui avec qui il a traité : le bailleur doit garantir la jouissance qu'il promet, et il répond des faits de ceux qui tiennent de lui. A leur tour, ceux à qui il a sous-loué, sont tenus envers lui, comme s'il était le propriétaire, et lui répondent des faits des personnes à qui ils pourront sous-louer.

De là, il résulte que tout ce que nous dirons, concernant les réparations qui sont à la charge du propriétaire, s'applique à tout bailleur; comme aussi tout ce qui est relatif aux réparations locatives s'applique à tout preneur. En effet, l'action du propriétaire pour le paiement des réparations que doit le locataire, peut-être exercée par celui-ci, contre son sous-locataire ou sous-fermier, pour la portion de jouissance cédée à ce dernier : et si le sous-locataire ou sous-fermier a lui-même confié le tout, ou partie de son bail à un autre, il peut en exiger les réparations locatives. Ainsi, sur la demande que le propriétaire, pour avoir paiement des réparations locatives, formerait contre le locataire ou fermier, celui-ci pourrait appeler en garantie son sous-locataire ou sous-fermier : ce dernier à son tour appelerait comme sous-garant, la personne à qui il aurait cédé le tout ou partie de ses droits. Enfin, ce recours en garantie descendrait de degré en degré, jusqu'à celui qui se trouve le dernier en possession de l'héritage, ou d'une de ses portions.

Ces explications étaient nécessaires, pour faire bien comprendre que les droits attribués au propriétaire, vis-à-vis de son locataire ou fermier, et réciproquement, conviennent à tout bailleur vis-à-vis de son preneur, et respectivement; quoique le bailleur soit preneur à l'égard d'un tiers, et quoique son preneur soit devenu lui-même bailleur envers un autre. Ainsi, ne parlons maintenant que des réparations qui doivent être supportées par le propriétaire, et de celles qui sont à la charge du locataire ou fermier; les principes s'appliqueront facilement aux sous-locataires, ou aux sous-fermiers.

En général, toutes les réparations occasionnées par la vétusté doivent être faites par le propriétaire, même quand il a loué ou affermé son bien: ce qui est conforme à la maxime, *res perit domino*. En effet, le prix qu'il reçoit pour le bail, l'oblige à garantir une jouissance entière; en sorte que si elle dépérit sans la faute du locataire ou fermier, celui-ci a droit d'exiger les réparations qui la lui assurent. Enfin, il est de toute justice que celui qui a les avantages de la propriété, en supporte les pertes, quand elles n'arrivent que par l'effet du tems et de l'usage: *Secundùm naturam est commoda cujusque rei eum sequi, quem sequentur incommoda*. L. 10, ff. *de reg jur.*

Mais, lorsque des réparations sont occasionnées par la faute du locataire ou fermier, il doit en répondre: il est facile de reconnaître si les réparations des gros entretiens viennent de vétusté, ou des personnes qui occupent l'immeuble. Il y a plus de difficulté à l'égard des réparations de menu entretien: elles sont sans doute occasionnées par l'usage qu'on fait de l'objet loué ou affermé; et sous ce rapport, d'après le principe général que nous venons de citer, il semble qu'elles devraient être à la charge du propriétaire. Cependant, il arrivait souvent que celui-ci prétendait qu'elles étaient trop fréquentes, et que le locataire ou fermier avait usé trop indiscrétement: de là, est venu le parti qu'on a pris de mettre à la charge du locataire ou fermier, certaines menues réparations, sans examiner si elles sont l'effet d'un usage modéré ou abusif. Par ce moyen, on a tari la source d'une infinité de petites contestations, fondées sur des faits presqu'impossibles à vérifier. Telle est l'origine des réparations *locatives*; elle sont ainsi appelées, parce que de plein droit, elles sont supportées par les locataires ou fermiers, qui ont leur recours contre leurs sous-locataires ou sous-fermiers.

Long-tems, la législation de ces menus réparations n'a été établie que par la jurisprudence, et leur désignation variait selon les diverses coutumes; mais, le Code Napoléon a converti en loi générale cet usage ancien et raisonnable. Son *art.* 1754 porte, que les réparations locatives, ou de menu entretien, dont le locataire est tenu, s'il n'y a clause contraire, sont celles désignées comme telles par l'usage des lieux. Cependant, le même article indique les principales de ces réparations, qui partout, et sans égard à l'usage observé antérieurement à cette loi, doivent être nécessairement à la charge des locataires ou fermiers. Comme il y a quelques différences entre les réparations locatives des maisons, celles des moulins, et celles qu'exigent les fermes, on parlera des unes et des autres successivement, dans les paragraphes suivans.

§ I I.

Des réparations locatives, désignées pour les maisons par le Code Napoléon.

On a vu, dans le paragraphe précédent, ce que l'on entend par réparations locatives : ce sont celles de menu entretien, qu'un locataire ou sous-locataire est tenu de faire à ses frais, dans les lieux qu'il occupe à titre de bail écrit ou verbal. La présomption de droit est que ces sortes de réparations sont occasionnées par la faute de celui qui est dans les lieux, et qu'elles ne viennent pas de vétusté, ou de cas fortuit. En conséquence, tant que le locataire ou sous-locataire ne prouve pas, que les réparations locatives ont été causées par le vice même des objets détériorés, ou par accidens dont il ne peut répondre, il doit seul supporter la charge de ces mêmes réparations. *Cod. Nap.*, *art.* 1755.

Il est également tenu des réparations plus importantes, lorsqu'elles ont lieu par son fait; mais, à leur égard, la présomption de droit n'est pas contre lui: le propriétaire doit prouver que le dégât qui excède le menu entretien, a été occasionné par ceux qui se servent de son bâtiment: à défaut de faire cette preuve, ces sortes de réparations sont censées provenir d'une cause dont il doit supporter tous les effets. Remarquez que ces présomptions de droit n'ont lieu, que quand il n'y a rien de convenu particulièrement sur ce qui concerne les réparations; car il faut toujours que les clauses arrêtées par les parties soient exécutées: en cette occasion, la loi ne sert que pour les cas où rien n'a été stipulé de contraire à ce qu'elle prescrit, pour les réparations dont chacun doit être chargé.

On voit qu'il est très-important de déterminer qu'elles sont les réparations qui sont présumées à la charge des locataires ou sous-locataires: car toutes les autres, de quelque nature qu'elles soient, seront par conséquent présumées à la charge des propriétaires. Il est un usage dans chaque pays, d'après lequel on se dirige pour faire la distinction des réparations locatives. Le Code Napoléon, *art.* 1754, veut que l'on se conforme sur ce point à l'usage des lieux, s'il n'y a clause contraire dans le bail. Néanmoins, le même article désigne certaines réparations qui nécessairement doivent être comprises parmi les locatives, dans tous les pays, nonobstant les usages contraires. Delà la distinction des menues réparations, absolues, c'est-à-dire, qui ont ce caractère dans toutes les parties de l'Empire; et les menues réparations relatives, c'est-à-dire celles indiquées par l'usage de chaque pays. Nous ne verrons dans ce paragraphe que les premières: on parlera des autres dans le paragraphe suivant.

Le Code, dans son *art.* 1754, indique cinq sortes de réparations qui sont nécessairement à la charge des locataires, à moins que ceux-ci ne prouvent que les objets désignés ont été détériorés par vétusté, ou par cas fortuit. Nous expliquons ces cinq sortes de réparations, suivant Desgodets et son annotateur Goupy.

1.° Les réparations qui sont à faire aux âtres, contre-cœurs, chambranles et tablettes des cheminées. On a pensé que le dépérissement de ces objets venait le plus souvent du peu d'attention des locataires, qui jètent du bois dans le foyer avec trop de force, ou qui font un feu plus ardent qu'il ne serait convenable, pour la conservation de toutes les parties de la cheminée. Quand les contre-cœurs sont en plaques de fonte, et qu'elles viennent à casser, les locataires en sont responsables, ainsi que des scellement qui retiennent ces mêmes plaques. Pareillement les croissans propres à retenir les pelles et pincettes, sont à la charge de ceux qui occupent la maison ; ils doivent faire replacer et même fournir les croissans qui se trouvent descellés, ou perdus, ou cassés.

On ne distingue pas si les chambranles et les tablettes des cheminées sont en menuiserie, ou en pierre, ou en marbre ; les locataires en sont responsables, quand ces objets sont ou cassés, ou fêlés, ou détériorés d'une manière quelconque par la trop grande activité du feu. Goupy, dans ses notes sur Desgodets, dit qu'il n'est pas aisé de juger sainement si un chambranle, une tablette, le revêtissement et l'attique d'une cheminée en marbre ou en pierre, sont détériorés par la faute du locataire, ou par l'effort des plâtres, ou par un tassement, ou par autre cause dont il n'est pas responsable. Il ajoute même que fort souvent les marbriers vendent de pareilles pierres comme saines et entières; tandis qu'elles sont tranchées par des fils, qu'ils ont soin de boucher avec du mastic mêlé de poudre de marbre : de là il conclut que ces réparations, qui sont d'une grande dépense, ont besoin d'être examinées soigneusement, avant de décider par qui elles seront supportées.

Les tables et les buffets couverts en marbre, les coquilles et les cuvettes de même matière, sont aussi à la charge du locataire, si ces objets ont été écornés, ou cassés par sa faute ; mais il faut faire les mêmes attentions qu'on vient d'expliquer à l'occasion des chambranles et tablettes de cheminées.

2.° Le Code veut aussi que le crépi du bas des murailles des appartemens et autres lieux d'habitation, soit refait par les locataires ou sous-locataires jusqu'à la hauteur d'un mètre. En posant des meubles ou autres objets près des murailles, on peut détruire l'enduit dont elles sont recouvertes : il était bon d'obliger ceux qui occupent les lieux, à réparer cet enduit jusqu'à hauteur d'appui, afin de les forcer à y avoir attention.

3.° Sont encore à la charge des locataires ou sous-locataires, les pavés et les carreaux des chambres, lorsqu'il y en a seulement quelques uns de cassés. Par cette disposition, il faut entendre que le locataire n'est pas présumé être l'auteur de la détérioration, lorsque, par exemple, une grande partie des carreaux se trouve feuilletée, ou cassée. Il est vraisemblable que c'est leur mauvaise qualité, ou la vétusté, ou l'humidité qui les a détruits. Quand une grande partie des pavés ou des carreaux a besoin de réparation, il faut donc qu'elle soit à la charge du propriétaire, à moins qu'il ne prouve que le locataire a occasionné le dommage.

Dans les pièces carelées en carreaux blancs et noirs, il y a des plates-bandes de pierre au pourtour des murs ; elles font partie du carreau, et sont à la charge du locataire, lorsqu'elles sont cassées seulement en quelques endroits. Néanmoins, il faut examiner si les cassures n'ont point été faites par la charge des plâtres qu'on a mis dessus, en enduisant les murs, ou par quelque lambri posé à force, ou par tout autre effort ; car, dans l'un de ces cas, le locataire n'est pas responsable.

Au parquet, lorsque quelques panneaux ou battans sont cassés, ou enfoncés par violence, le locataire en est tenu : mais il ne répond pas d'un parquet détérioré dans de grandes parties, à moins qu'il n'ait causé lui-même le dommage ; ce que doit prouver le propriétaire.

Les pavés des grandes cours et des remises ne sont réparés par les locataires, que quand il s'y trouve quelques pavés hors de place ;

mais ceux qui sont écrasés, cassés ou ébranlés doivent être à la charge du propriétaire, parce que ces différens lieux sont destinés à supporter des voitures d'une grande pesanteur. Il en est de même du pavé des écuries, que les chevaux battent continuellement avec les pieds. Les propriétaires doivent s'attendre à ces efforts des voitures et des chevaux : si donc il en résulte des dégradations, on ne peut pas les imputer aux locataires qui n'ont pas fait un mauvais usage des endroits pavés. Il suit delà qu'il est de l'intérêt des propriétaires, de veiller à ce que des pavés durs soient employés dans les grandes cours, et dans les écuries, et que le ciment n'y soit pas épargné.

A l'égard des petites cours, où il n'entre pas de voitures, et des cuisines ou autres lieux, dans lesquels il n'est pas reçu de grosses charges, le locataire est tenu de réparer les pavés qui sont cassés, et de remplacer ceux qui manquent, à moins que ces défauts ne viennent évidemment de vétusté; ce qui se présume, quand une grande partie des pavés se trouve en mauvais état. L'entretien des pavés qui ne sont qu'ébranlés n'est pas à la charge du locataire, dans les cours, parce qu'elles sont exposées aux intempéries de l'air, à la pluie, aux égouts, causes naturelles de la destruction des cimens. Il en est de même dans les cuisines, les offices, et les laboratoires destinés à recevoir des eaux qui détériorent le ciment des pavés : les locataires, par de continuels lavages, ne font qu'un usage ordinaire et convenu de ces mêmes lieux; il n'y a rien de forcé dans leur jouissance; ils ne sont donc pas tenus de réparer les pavés qui s'ébranlent.

4.° Le lavage des vitres, suivant le Code, est une réparation locative, parce qu'il est toujours présumé que le propriétaire les a livrées nettes : d'où il suit qu'on doit les lui rendre dans le même état, à moins qu'il ne soit prouvé que les vitres n'étaient pas nétoyées, quand le locataire a pris possession.

Pareillement, il est présumé que les vitres sont livrées sans cassure ni fêlure, et tenant bien dans leurs chassis; le locataire doit donc les rendre de même. S'il étoit prouvé qu'en entrant en jouissance, le locataire a trouvé une certaine quantité de vitres cassées ou fêlées, il ne serait pas tenu de les rendre dans un meilleur état. Quand les vitres ont été endommagées par une force majeure, telle que la grêle, ce n'est pas au locataire à les réparer.

Si les vitres tiennent à des panneaux de plomb, la réparation des plombs est à la charge du propriétaire, parce que la présomption est que la vétusté les a détériorés; en sorte que s'il était évident que les plombs n'ont pu être ruinés que par le fait du locataire, celui-ci en serait responsable. A l'égard des verges de fer qui soutiennent les panneaux de plomb dans lesquels sont enchassés les vitres, le locataire est tenu de remplacer celles qui manquent et celles qui sont cassées; à moins qu'il ne soit prouvé qu'elles ont été détruites par le vice de la matière, telle que serait une paille, ou tout autre défaut provenant du fer.

On doit dire ici que les glaces qui garnissent une maison, soit sur les cheminées, soit partout ailleurs, sont sous la garde du locataire, qui doit les rendre nétoyées et entières. S'il a le malheur d'en casser, il doit en rendre des neuves, de mêmes qualités et dimensions: alors les morceaux de celles qu'il remplace lui appartiennent. Il arrive que des glaces se trouvent cassées, soit par l'effort des parquets qui les supportent, soit par le tassement ou gonflement des plâtres : dans ce cas, la perte est supportée par le propriétaire.

5.° C'est encore à la charge du locataire, que le Code met les réparations à faire aux portes, aux croisées, aux planches de cloison ou de fermeture de boutiques, aux gonds, targettes et serrures.

Dans ces articles, doivent être compris les contrevents et leurs volets, ainsi que toute autre sorte de fermeture; les chambranles des portes, les embrasures des croisées et des portes, les lambris d'appui, ceux à hauteur de plancher, toute espèce de cloison, et généralement toutes les menuiseries d'une maison : elles sont à la charge du locataire, si elles se trouvent endommagées par sa faute, et autrement que par vétusté ou cas fortuit.

Si un locataire a fait percer, dans une porte ou une cloison, un trou de chatière, il est tenu de faire remettre la planche entière où le trou a été pratiqué : il ne suffirait pas de faire remettre un morceau pour boucher l'entaille. Il en est de même lorsque l'on fait poser une serrure à une porte, dans une autre place que celle où elle était ; le locataire n'eût-il fait que le trou nécessaire pour le passage d'une clef, le propriétaire peut exiger qu'on remplace par une planche neuve, celle où s'est opéré ce changement, et qu'elle soit peinte de la même couleur que le reste de la porte.

Les dessus de portes, ou autres tableaux, ainsi que leurs bordures, sont à la charge du locataire, lorsqu'ils ont été gâtés pendant sa jouissance : on peut dire la même chose des objets de sculpture et des autres ornemens, s'ils ont été cassés ou détériorés autrement que par vétusté ou force majeure.

Aux croisées sont quelquefois laissées par le propriétaire, des tringles de fer destinées à soutenir les rideaux, avec leurs poulies et doubles poulies pour le jeu des cordons, ainsi que des croissans ou autres objets en fer, propres à tenir les rideaux ouverts ; si ces diverses choses sont de manque ou cassées, le locataire doit les remplacer, ou prouver que leur détérioration ne vient pas de sa faute.

Il en est de même des balcons, des grilles de fer ; s'il y manque quelques pièces, ou s'il y en a de cassées, la présomption est que le locataire en est cause : il en est responsable, ainsi que des treillis de fil de fer ou de laiton, quand ils ont été brisés autrement que par vétusté ou par cas fortuit.

Toute la serrurerie des portes, des fenêtres, des armoires est mise par le Code au nombre des objets dont les réparations sont locatives ; ainsi, elle est présumée avoir été livrée en bon état : si donc quelques fers sont descellés, ou sont cassés, si les serrures sont forcées, si les clefs s'en trouvent brisées, le locataire en est responsable. On dira peut-être à l'égard des serrures, que les garnitures n'en sont pas assez solides pour résister au frottement continuel des clefs ; et qu'ainsi, elles peuvent être gâtées sans qu'il y ait de la faute des locataires. La réponse est que le Code a établi cette responsabilité ; c'est sans doute afin d'avertir les locataires d'ouvrir et de fermer les portes et les armoires avec précaution : s'il en était autrement, il y aurait de la part des locataires inattentifs, ou négligens, ou de mauvaise foi, un abus dont les propriétaires seraient trop souvent dupes.

§ III.

Des réparations locatives des maisons, suivant l'usage.

Les objets dont on a parlé dans le paragraphe précédent, sont à la charge des locataires, dans tous les pays où le Code Napoléon est en activité, tant qu'il n'est pas prouvé que ces objets sont détériorés, ou par vétusté, ou par cas fortuit. Ce sont là les menues réparations absolues, parce que la loi générale le veut ainsi ; mais elle décide que d'autres objets, désignés par l'usage des lieux, peuvent être également à la charge des locataires : nous les nommons menues réparations relatives. L'énumération en serait impossible, parce qu'il faudrait connaître sur ce point, les usages particuliers de tous les pays qui composent l'Empire français. Nous nous bornerons donc à faire connaître ce qui est pratiqué dans l'étendue de la Coutume de Paris : on peut le regarder comme le droit commun, à cette égard, pour les cas où rien de contraire n'est établi par l'usage des différens lieux. Ce que nous allons dire est attesté par Desgodets et son annotateur Goupy, dont les avis, fondés sur une longue expérience, sont d'un grand poids en pareille matière.

1°. Dans les écuries, les trous faits dans la maçonnerie des mangeoires, doivent être rebouchés au dépens du locataire. Lorsque le devant des mangeoires se trouve rongé, c'est encore le locataire qui est tenu d'en faire la réparation ; car il doit s'imputer d'avoir placé dans cette écurie, des chevaux qui avaient le défaut de ronger le bois. Goupy observe que l'on évite cet inconvénient, en recouvrant de tôle le devant de la mangeoire ; mais c'est au locataire à exiger, avant d'entrer en jouissance, que cette précaution soit prise par le propriétaire, ou à la prendre lui-même.

Les ratelliers et leurs roulons, les pilliers et les barres servant à la séparation des chevaux, sont entretenus par le locataire ; à moins qu'ils ne soient détruits par vétusté, ou par force majeure.

2°. Le ramonage des cheminées est une réparation locative, parce qu'il doit être plus ou moins fréquent, selon qu'il est fait plus ou moins de feu par ceux qui occupent la maison. Par exemple, les cheminées où se trouve un grand feu continuel, doivent être nettoyées une fois par mois, ou au plus tard, une fois toutes les six semaines. Au reste, il faut dans chaque pays, se conformer aux réglemens de police sur cette sorte d'entretien.

Si donc le feu qui a pris dans une cheminée, en avait fait crever le tuyau, le locataire serait tenu de le rétablir ; pourvu qu'il ne se trouvât dans ce tuyau, aucune pièce de bois qui ait pu être la cause de l'accident.

3°. A l'égard des fourneaux de cuisines, soit ceux qu'on appelle potagers, soit tous autres, tels que ceux qui servent aux lavoirs ; leurs voûtes, murs et planchers, sont à la charge du propriétaire. Le locataire est tenu d'entretenir le carreau, tant celui qui est placé sur le plancher où tombe les cendres des réchauds, que celui du dessus des fourneaux. Le locataire fait refaire le scellement des réchauds : il doit remplacer les réchauds potagers qui sont cassés, et leurs grilles quand elles sont brûlées. Quand aux paillasses de cuisine, le locataire n'est tenu d'entretenir que le carreau de dessus. Les paillasse de cuisine sont de petits massifs de maçonnerie, carelés par dessus, élevés de terre de douze ou de quinze pouces, ou, suivant les nouvelles mesures, d'environ trente-six centimètres ; on y met du charbon, ou de la cendre chaude, pour faire cuire doucement les viandes.

4°. Aux fours, l'usage est que le propriétaire en entretienne les murs, la voûte du dessous s'il y en a, le tuyau, ou la cheminée : il y a donc à la charge du locataire l'aire du four, qui est ou en terre, ou carelée, et la chapelle du four ; c'est-à-dire, la voûte de briques qui le couvre, et reçoit la chaleur qu'on veut obtenir pour les différens usages auxquels est destiné le four.

5°. C'est au locataire à répondre des pierres à laver, lorsqu'elles sont écornées ou cassées par son fait : mais, si dans la pierre il se trouvait quelque défaut qui eût causé la détérioration, elle serait à la charge du propriétaire ; il doit supporter les accidens qui arrivent à sa chose, par le vice de la matière. Quand il y a une grille sur l'orifice d'un tuyau propre à recevoir les eaux du lavoir, elle sert à prévenir les engorgemens ; le locataire ne doit donc pas entretenir le tuyau, mais réparer la grille, si elle est enfoncée ou rompue. Il y a des experts qui veulent que la jonction du tuyau à la pierre soit rétablie par le locataire, quand elle est détruite ; mais Goupy n'est pas de cet avis, parce qu'il y a un moyen solide de souder le tuyau à la pierre, en employant du plomb au lieu de mastic : il n'est pas juste que le locataire souffre de ce que le propriétaire, pour économiser, n'a pas établi le tuyau de la manière la plus solide.

6°. Il est d'usage que les barrières et les bornes, qui se trouvent, ou dans les cours, ou sous les remises, soient à la charge du locataire. Goupy ne pense pas que cet usage soit juste ; parce que, dit-il, ces barrières, et ces bornes sont établies pour préserver les murs du choc des voitures : elles ne sont donc utiles qu'au propriétaire, et ne servent point au locataire.

Nous croyons que quand des bornes et des barrières ne sont point en état de vétusté, et qu'elles sont brisées par la mal-adresse des cochers, ou des voituriers, le locataire en est responsable : ces objets sont toujours assez forts pour supporter le frottement ordinaire des voitures ; en sorte que s'ils se trouvent cassés, ce ne peut être que par un fait étranger au propriétaire, et dont il ne doit pas souffrir.

Quand il y a des auges de pierre dans une cour, le locataire doit veiller à ce qu'elles ne soient pas endommagées. Goupy prétend que l'on peut les garnir de fer, et par là les préserver de tout accident : d'où il conclut que les locataires n'en sont pas tenus. Nous croyons que la pierre est une matière assez solide, pour qu'une auge puisse servir à sa destination sans crainte d'être détruite. Si donc elle est écornée ou cassée pendant le cours du bail, on présume que l'accident est arrivé par la faute du locataire, ou de ses gens; c'est à lui à prouver que la pierre était viciée, ou que la rupture a été causée par cas fortuit.

7°. Le curage des puits était regardé autrefois, comme une réparation locative dans certains pays ; tandis que dans d'autres, le propriétaire en était seul chargé. Le Code, *art.* 1756, assimile le curage des puits à celui des fosses d'aisance, et décide que ces deux sortes d'opérations doivent être faites par le propriétaire.

Mais les poulies des puits, et les mains de fer, les poulies des greniers, les chappes des poulies, sont des sortes de meubles que le propropriétaire confie au locataire, qui par conséquent est obligé d'en répondre.

Dans plusieurs maisons, l'eau est tirée des puits par des pompes : on demande ce qui est alors à la charge du locataire. Suivant Goupy, c'est le piston, la tringle qui sert à le mouvoir, et le balancier. La raison qu'il donne est que ces objets dépérissent plus ou moins promptement, selon qu'on se sert d'une pompe plus ou moins fréquemment, et avec plus ou moins de ménagement : d'ailleurs, ces mêmes objets épargnent des cordes que serait obligé de fournir le locataire, et lui facilitent beaucoup les moyens de se procurer de l'eau.

8°. Il n'est pas d'usage de mettre à la charge du locataire les tuyaux de descente, établis pour conduire les eaux des toits et des appartemens. Les engorgemens de ces mêmes tuyaux sont également des accidens auquels doit seul remédier le propriétaire. En effet, ou il y a grille à l'orifice des tuyaux, ou bien il n'y a pas de grille : dans ce dernier cas, c'est la faute du propriétaire, qui aurait évité l'engorgement en garnissant d'une grille l'entrée des tuyaux : s'il y a grille, l'engorgement ne vient alors que des sels qui se forment sur les parois intérieures des tuyaux; ce dont le locataire n'est pas responsable, quand il use convenablement des tuyaux. Si pourtant les grilles sont rompues ou enfoncées, leur rétablissement se fait aux dépens du locataire : comme il répondrait des cassures faites aux tuyaux par violence, et autrement que par vétusté ou cas fortuit.

9.° Dans les jardins, les locataires sont obligés d'entretenir en bon état les allées sablées, les parterres, les plates-bandes, les bordures et les gazons. Les arbres et arbrisseaux doivent être rendus de même espèce et en même nombre qu'ils étaient, lorsque le bail a commencé; et s'il en meurt quelques-uns, les locataires doivent les remplacer.

On ne regarde point comme réparations locatives, celles des treillages placés le long des murs, ou dans les autres parties du jardin, en telle forme que ce puisse être, tels que palissades, berceaux, portiques : le locataire n'en est tenu, que quand il est prouvé que ces objets ont été détériorés par son fait.

Pareillement, l'entretien des bassins, des jets d'eau et de leurs conduits, n'est point à la charge du locataire, à moins qu'il n'y ait de sa faute : par exemple, lorsqu'il a négligé de vider les bassins et conduits pendant l'hiver, et que la gelée les a fait crever, il est responsable de cet accident arrivé par sa négligence. On suppose ici que le locataire est maître de vider les eaux à sa volonté : mais, si elles arrivent par des canaux publics, il ne lui est plus possible de vider les bassins et les conduits, quand il convient; et alors les évènemens de la gelée ne lui sont pas imputables.

A l'égard des vases, des pots de fleurs et des bancs qui servent à l'ornement des jardins, Goupy fait une distinction : il dit que les vases de faïence, de fonte ou de fer, les caisses et les bancs de bois, s'ils se trouvent cassés ou dégradés autrement que par vétusté, sont réparés par le locataire; la présomption étant que ces accidens sont arrivés par sa faute, ou celle de ses gens. Mais la dégradation des vases et des bancs de marbre, de pierre, de terre cuite, pouvant venir de l'intempérie de l'air, le locataire n'en est pas tenu, à moins de prouver qu'ils ont été détériorés par sa faute.

10.° Toute dégradation qui arrive par vol, comme lorsqu'il se trouve des plombs, des fers, des pierres emportés, doit être réparée par le locataire, parce que sa négligence peut avoir occasionné l'accident. Cependant, si on prouve que les soins qu'il est raisonnable de prendre pour la sûreté des objets compris au bail, étaient insuffisans pour empêcher le vol; ce qui arrive, par exemple, quand il est fait à main armée par une bande de brigands; la présomption ne peserait plus sur le locataire, et la perte serait supportée par le propriétaire, suivant cette règle de droit: *Impetus prædonum, à nullo præstantur.* L. 23. ff. *de Reg. jur.*

11.° Un bail à loyer ayant été signé, le preneur s'aperçoit que différens objets dont il n'a pas besoin, se trouvent dans la maison: on demande s'il peut refuser de s'en charger.

Il est évident que cette question n'a d'intérêt que dans le cas où le bail est conclu, et qu'on ne s'est point expliqué sur les choses dont le locataire ne veut pas être responsable. En effet, si l'observation était faite avant la signature du bail, une des parties serait encore libre d'accorder ou de refuser ce que l'autre demandrait; et si on s'est expliqué dans le bail sur tous les objets qui se trouvent dans la maison, ils ne donnent lieu à aucune difficulté. Voilà pourquoi on suppose que le bail est parfait, et qu'on n'y a pas parlé des choses dont le locataire, avant d'entrer en jouissance, refuse d'être responsable.

Goupy pense que l'on ne peut pas forcer, dans le cas proposé, un locataire à se charger d'aucune choses qui ne font pas essentiellement partie de la maison; c'est-à-dire des objets qui sont meubles, et qui peuvent facilement s'emporter. Pour exemple, il cite, dans les jardins, les bancs de bois qui ne tiennent pas au sol, les vases de toute espèce, les caisses de bois propres aux arbrisseaux; dans les appartemens, les tringles des rideaux, les croissans pour tenir les rideaux ouverts, les tables, les glaces qui ne sont point attachées à perpétuelle demeure, les armoires non scellées, les doubles portes d'étoffe, les stors des croisées, les tables, les tableaux, les dessus de portes non arrêtées par la menuiserie de la maison; dans les escaliers, les lanternes; dans les cuisines, les tablettes, les rateliers propres à la vaisselle; en un mot, tous ce qui est meuble, et par conséquent ne fait pas partie nécessaire de la maison.

Remarquez que si le locataire est entré en jouissance, il n'est plus recevable à refuser d'entretenir les objets mobiliers qui se trouvent dans la maison. Il est donc bon, pour mettre sa responsabilité à l'abri, qu'il fasse sa protestation avant d'accepter les clefs, ou au moins lors de sa prise de possession.

§ IV.

Des réparations locatives des moulins.

Ce qu'on veut dire ici sur les réparations locatives des moulins, ne concerne pas les édifices qui les contiennent, ou qui forment, soit leurs magasins, soit les logemens de ceux qui en ont la garde : ces bâtimens sont sujets aux mêmes réparations locatives que les maisons ; elles ont été expliquées dans les deux paragraphes précédens.

Les moulins, outre des édifices, ont des tournans et travaillans, des machines, des ustensiles et des meubles consacrés spécialement à leur exploitation : comment le locataire doit-il entretenir ces objets ? voilà ce que nous nous proposons d'examiner.

Il n'est point parlé, dans le Code Napoléon, des réparations locatives qui sont particulières aux différentes sortes de moulins ; en conséquence, il faut suivre sur ce point l'usage des lieux où ils sont situés.

Dans l'impossibilité de connaître les usages de chaque pays, nous nous contenterons d'indiquer l'usage dans la coutume de Paris, et qui fait le droit commun : cet usage est attesté par Desgodets, et par Goupy son annotateur. Les objets qu'on va indiquer, sont à la charge du locataire, quand le contraire n'est pas stipulé au bail : en conséquence, la présomption de droit est que les réparations qui sont nécessaires à ces objets, ont été occasionnées par la faute du locataire. Ainsi, il est tenu de faire ces réparations, à moins qu'il ne prouve que la vétusté, ou une force majeure a causé les dégradations.

L'usage est de faire estimer ce que valent tous ces objets particuliers aux moulins, lorsqu'on les livre au locataire, et lorsque son bail est fini. Si la dernière prisée est plus forte que la première, le propriétaire rembourse au locataire ce qu'elle vaut de plus ; et lorsque la dernière prisée est moins considérable que la première; c'est le locataire qui paie au propriétaire ce que celle-ci vaut de moins.

Tous les objets particuliers aux moulins, et qu'on n'énonce pas comme sujets à réparations locatives, sont à la charge du propriétaire; la présomption est qu'ils sont usés par vétusté : le locataire n'en serait tenu, que dans le cas où on prouverait que la dégradation est arrivée par violence, et n'est pas l'effet d'un cas fortuit.

1.° Les palées des moulins à eau sont entretenues par le locataire. On nomme *palées*, une rangée de pieux enfoncés les uns près des autres, et derrière lesquels sont attachées des planches. Un espace entouré de palées, et les palées elles-mêmes, est ce que l'on appelle *palis* : ils forment des espèces de coffres que l'ont remplit de pierres, pour serrer le canal de l'eau, et lui donner un cours plus rapide.

2.° On met aussi à la charge du locataire, les réparations à faire aux vannes. Ce sont des espèces de portes de bois qui se lèvent et se baissent, pour donner à l'eau qui pousse la roue du moulin, un volume plus ou moins considérable, selon le besoin; et même pour empêcher totalement l'eau de se porter sur la roue, quand on veut arrêter le moulin.

3.° Les tournans et travaillans d'un moulin à eau doivent être entretenus par le locataire, à moins qu'il ne prouve que les dégradations qui y arrivent, viennent ou de vétusté, ou de force majeure.

Pour entendre en quoi consistent les tournans et travaillans, nous ne pouvons mieux faire que de suivre les indications de Goupy : par état, il connaissait les termes techniques, qui sont familiers à tous ceux qui construisent ou gouvernent des moulins à eau.

On comprend dans les tournans et travaillans, d'abord l'arbre gisant, c'est-à-dire celui qui est placé horisontalement. Le locataire est responsable de cet arbre, ainsi que de ses frettes de fer, de ses deux tourillons, de son gros et de son menu bout, qui portent sur les deux chevreciers garnis de plumars de cuivre; du rouet avec ses embrassures, bosses, paremens, chaussures des chevilles, ses embrayemens, coins et fermetures; de la volée, garnie de ses petits bras, coins, fermetures, entretoises, coilleaux, liens et aubes.

En second lieu, fait partie des tournans et travaillans qui sont à la charge du locataire, l'arbre qui est debout, avec sa potence et ses frettes, et par conséquent sa souche garnie de sa palette, de ses pars, contre-fiches, embrayemens, coins et fermetures. Ce même arbre a, pour accessoires un boutteau avec crètes de fer, une chaussure de fuseaux, des moires, un noyau et sa frette, un hérisson de bois d'orme et ses courbes, embrassure et chaussure de cheville, une chaise, et un pallié avec son pars, sa palette, son noyau, ses coins et fermetures.

Le troisième objet des tournans et travaillans que le locataire doit entretenir, est la lanterne faite en bois d'orme, avec ses frettes, sa queue d'aronde, sa chaussure de fuseaux, son fer garni de la fusée et de la nille, et ses quatre bras.

Quatrièmement, les tournans et travaillans dont répond le locataire, comprennent encore la meule gisante, c'est-à-dire celle qui est immobile. Elle a pour accessoires, sa boîte, son boîtillon avec liens de fer, pour retenir la boîte; des pièces d'enchevêtrures, des archures et couversaux avec équerres, crochets par haut et par bas, crampons, enfin des planches.

La cinquième pièce principale des travaillans et tournans dont est tenu le locataire, est la meule courante, celle qui reçoit le mouvement, et qui couvre la meule gisante. La meule courante est garnie de son lien de fer à mouffle, et d'une croisée par-dessus, avec crampons scellés en plomb.

On compte en sixième lieu, parmi les tournans et travaillans à la charge du locataire, les deux trémions, les porte-trémions, le chapeau, l'orgueil et les coins de levée.

Vient en septième lieu la trémie, avec ses augets et frayons, ses quatre branches de fer, et ses platines.

Enfin, on compte la huche destinée à recevoir la farine, le baille-blé garni de ses bajoues et petits moulinets, l'arbre du tambour garni d'une gacaunone avec sa poulie et son boulon.

Tels sont les objets compris sous la dénomination de tournans et travaillans des moulins à eau, et dont l'entretien est à la charge du preneur.

Les différens noms que nous venons de leur donner, changent suivant les différens pays : il y a même des objets qu'il faut supprimer ou ajouter, ou qui ont une autre forme, selon la structure des moulins. La description qu'on vient de donner pour exemple, fait suffisamment connaître tout ce qui doit être compris dans la prisée d'un moulin, et dont le locataire est responsable.

4°. Dans les moulins pendans, c'est-à-dire, dans ceux dont la roue peut se hausser et se baisser, afin de se conformer à la hauteur des eaux, lorsqu'ils sont sur des rivières sujettes à varier, les tournans et travaillans comprennent, en outre, une charpente qui sert à élever ou à baisser la roue, selon l'augmentation ou la diminution des eaux. Le locataire est également tenu des réparations de cette charpente qui est composée :

D'une reille de la lotoire, garnie de boulons, rondelles, clavettes de fer, planches, liernes, suspotreaux, chevilles de reille, écharpe et poulie ;

D'une reille du gros bout d'amont-l'eau, garnie de sa clef, de ses boulons, de ses clous à hune, et de son suspotreau à chevilles de reilles ;

D'une reille du même bout d'amont-l'eau, garnie de ses boulons, rondelles et clavettes, clous à hune, de sa clef par bas, de son suspotreau par haut, et de ses chevilles de reilles ;

D'une reille du gros bout d'aval-l'eau, garnie de fer, boulons, rondelles et clavettes, clous à hune, suspotreau et chevilles de reilles ;

D'une reille de menu bout d'aval-l'eau, garnie comme on l'a dit ci-dessus ;

De deux pars, de trois arbalêtriers du gros bout, de trois arbalêtriers du menu bout, de godivelles du gros bout et du menu bout, de chevreciers du gros et du menu bout. Par gros et menu bout, on entend les deux bouts de l'arbre gisant, et qui ne sont pas de même grosseur : on distingue les pièces dont on vient de donner le détail, par la place qu'elles occupent du côté du gros ou du menu bout.

On demande si le locataire d'un moulin pendant, est tenu de réparer la charpente dont il s'agit, lorsqu'elle a été endommagée, soit par les glaces, soit par le choc de quelque bateau, ou de quelque autre objet entraîné par les eaux.

La raison de douter, est que le locataire n'est pas responsable des accidens arrivés par cas fortuits. Ce qui décide, c'est que les dommages causés par les glaces, ou par le choc des corps qu'entraînent les eaux, peuvent s'éviter, en prenant des précautions usitées sur les rivières. Le locataire qui ne fait rien pour prévenir ces sortes d'accidens, est responsable de leurs suites : s'il n'a pas d'autre moyen de se garantir, que d'avoir des pieux de garde, il doit en demander au propriétaire ; celui-ci étant mis en demeure de les faire placer, il supporte seul les pertes qui arrivent par le défaut de pieux.

5°. Outre les tournans et travaillans, les ustensiles et objets mobiliers servant à l'exploitation du moulin, sont à la charge du locataire. Dans un moulin à eau, ce sont ordinairement les cables à reprendre l'hérisson, les verins, les pinces de fer et le treuil garni de ses bras, ou autrement dit de son moulinet; le cable à lever la meule, les vingtaines sur le tambour et pour la lotoire; les escaliers pour monter à la trémie, et les treuils servant à suspendre le moulin; des corbeilles à engrainer, un crible de fil de fer, une banne de treillis; les marteaux à rhabiller les meules, le marteau à pannes, les masses, les ciseaux, et la petite échelle à monter la farine.

6°. Il y a des circonstances où les locataires de moulins à eau, sont tenus à d'autres espèces de réparations : mais, il faut que le bail en fasse mention, sinon elles restent à la charge du propriétaire. Tels sont les digues qui se font pour retenir l'eau, et la porter en plus grande quantité sur les moulins; le fauchage des herbes qui croissent dans l'eau, et en ralentissent la vitesse; l'enlèvement des atterrissemens, c'est-à-dire, des amas de vase ou de sable, qui se forment au dessus, ou au dessous des moulins, et qui privent l'eau de la force dont elle a besoin pour faire tourner la roue. Si le propriétaire manquait de charger le locataire de ces objets d'entretien, celui-ci pourrait exiger qu'on fit cesser tous les obstacles qu'éprouverait le cours des eaux : il aurait droit de demander que les eaux qui s'échappent, soient retenues dans la direction qu'elles doivent avoir vers la roue du moulin. Mais aussi, dès que par le bail on oblige le locataire à ces sortes de travaux, il est seul tenu de les exécuter : et quand même les grandes eaux détruiraient ce qu'il aurait fait, il n'en serait pas indemnisé par le propriétaire ; parce que le cas de l'accroissement des eaux est un des inconvéniens qui se prévoit naturellement, et auquel les parties sont censées avoir pensé en souscrivant le bail.

7°. Il y a des moulins à eau construits sur masses de pierres, et d'autres établis simplement sur bateaux : or, les locataires de ces dernières sortes de moulins, non seulement sont tenus de l'entretien des tournans et travaillans, ainsi que des ustensiles, comme on l'a dit plus haut ; mais encore ils sont responsables de tous les dommages arrivés aux bateaux qui supportent les moulins, ainsi qu'au corps même du moulin. Ils sont cependant à l'abri de toute poursuite à cet égard, lorsqu'ils prouvent que les réparations sont occasionnées par vétusté, ou par force majeure.

On demande sur qui tombe la perte causée aux moulins sur bateaux, lors des grandes eaux ou des glaces, par la surcharge, par la rupture des cables, par les frottemens ou le choc, soit des autres bateaux, soit de tout autre corps entraîné par les eaux.

On ne regarde pas ces évènemens comme l'effet d'une force majeure : ces sortes de moulins sont naturellement exposés à ces divers accidens, et les parties sont censées les avoir prévus. D'ailleurs, il y a des précautions à prendre pour les éviter : le locataire est donc responsable s'il a été négligent ou mal-adroit.

8°. Dans les moulins à vent, les tournans et travaillans, ainsi que les ustensiles, sont également à la charge du locataire.

Les tournans et travaillans sont les volans de dehors, et leurs toiles ; les volans de dedans, et l'arbre tournant ; le marbre, le frein, le rouet, et le gros fer ; les trois palliés qui sont, le pallié de gros fer, celui du petit collet, et celui du heurtoir ; la lenterne, le cable, et les quatre pièces d'archure ; les meules courante et gisante, et le cerceau de fer ; le petit fer, la tempure, le pallié du petit fer, la boîte, et le boîtillon ; le babillard, la petite et grande huche, le bluteau, et le moulinet ou engin à monter le bled. Quand aux ustensiles et autres objets mobiliers, ils sont ordinairement, pour les moulins à vent, les quatre marteaux à rhabiller les meules; une pince ou queue de fer, une corbeille, un boisseau, un picotin, et des échelles; la nille de fer, une armoire de la queue, et une brouette; la garoine ou grouanne, les garouans, et la rouette; les crocs, les pieux, et le cableau pour l'escalier.

Nous avons dit que, quand le corps d'un moulin à eau reçoit du dommage par le choc d'un autre bateau, le locataire en est responsable, parce qu'il pouvait l'en garantir : par la même raison, si le corps d'un moulin à vent éprouvait des dégradations par la force du vent, le locataire en serait responsable, s'il était prouvé qu'il a négligé de tourner le moulin comme il convenait pour éviter l'accident.

On conçoit que les ustensiles et autres effets mobiliers peuvent varier selon les lieux, la nature des moulins, et le bon état dans lequel ils sont tenus par le propriétaire. Au surplus, en règle générale, tous les objets de ce genre qu'il fournit au locataire, doivent être rendus par ce dernier dans le même état qu'il les a reçus; c'est pourquoi il est nécessaire de les comprendre dans la prisée qui est faite avant de mettre le locataire en jouissance, et dans celle qui a lieu à la fin de son bail, pour constater l'état dans lequel il rend les objets qui lui ont été confiés.

Desgodets fait, à l'occasion de la prisée des moulins, une réflexion qui est très-importante : il recommande aux experts chargés de la seconde estimation, de considérer l'état où se trouvent les objets, eu égard à l'état où ils étaient au commencement du bail. Si on ne faisait attention qu'à leur valeur actuelle, qui peut varier selon les tems, le propriétaire ou le locataire pourrait être lésé.

Par exemple, les tournans et travaillans d'un moulin sont en très-bon état lorsque le locataire en prend possession ; et leur prix est porté à 1,500 francs. A la fin du bail, on trouve que les mêmes objets ont été mal entretenus, et ne sont pas, à beaucoup près, dans un état aussi bon que celui où ils étaient lors de l'entrée en jouissance du locataire.

Cependant, comme les circonstances ont rendu les bois et autres matières plus chères, la seconde évaluation des mêmes objets, si elle était faite à raison des prix actuels, se monterait à la même somme que la première, c'est-à-dire à 1,500 francs. Alors le locataire, qui a manqué d'entretenir, comme il y était obligé, ne devrait aucune indemnité au propriétaire ; ce qui serait injuste. Il faut donc, lors de la seconde estimation, que les appréciateurs déclarent, d'abord, dans quelle proportion les objets estimés ont perdu de leur valeur, s'ils ont été dépréciés du quart, ou du tiers, ou de toute autre partie aliquote ; ensuite les experts indiquent le prix actuel de ces mêmes objets, et le locataire est débiteur du quart, ou du tiers, ou de toute autre portion perdue, dont la vente est fixée en proportion du prix actuel.

Supposons, dans l'exemple proposé, que la dégradation des objets de la prisée soit d'un quart; ils valent, dit-on, au moment de la seconde estimation, 1,500 francs; cette somme est donc seulement le prix des trois quarts de ce qu'est tenu de rendre le locataire; il devra donc, pour le quart qu'il a laissé perdre, une somme de 500 francs. En effet, les objets de la prisée ayant été livrés en bon état, il faut les rendre de même. Au commencement du bail, ces objets en bon état valaient 1,500 francs; on trouve qu'à la fin du bail, s'ils étaient également en bon état, ils vaudraient 2,000 francs, à cause de l'augmentation des matières. C'est donc cette dernière valeur que doit rendre le locataire; mais les objets de la prisée ayant perdu un quart de leur valeur, ils ne montent qu'à 1,500 francs, au lieu de 2,000 francs qu'ils vaudraient sans la négligence du locataire. Ce dernier est donc évidemment redevable de la perte du quart dont il est cause ; et qui est évaluée 500 francs.

Dans le cas où le propriétaire loue sa maison à deux ou plusieurs locataires, on demande par qui sont supportées les réparations locatives qui sont à faire dans les escaliers, les passages et autres lieux communs à tous ceux qui habitent la maison ?

On doit faire payer chaque réparation par celui des locataires qui en est cause : cette décision est conforme à l'équité, et n'est point contestée. Mais la difficulté naît, lorsqu'il est impossible de connaître celui des locataires qui a fait une dégradation à un objet commun. Goupy, dans ses notes sur le commentaire de Desgodets, pense que le propriétaire, ne pouvant avec justice s'adresser à un locataire plutôt qu'à un autre, il doit seul supporter les réparations dont il s'agit. La présomption qui milite contre le locataire, à l'égard des dégradations qui sont faites dans le local qu'il occupe seul, ne peut pas être invoquée pour les réparations des lieux qui sont communs à tous les habitans de la maison.

Cette opinion est combattue par Pothier: il ne croit pas que la présomption opposée au locataire, soit la cause prochaine de l'obligation où est ce dernier de supporter les réparations dont on parle. On peut bien présumer que celui à qui un objet est loué, l'a dégradé ou laissé dégrader par sa faute; et sans doute que c'est là le fondement de l'usage qui a mis certaines réparations à la charge des locataires. Mais, ajoute le même jurisconsulte, dès que l'usage est établi, la cause prochaine de l'obligation imposée aux locataires, de payer ces sortes de réparations, vient de ce qu'ils se sont tacitement soumis à faire les réparations que l'usage met à leur charge, suivant cette maxime : *In contractibus tacitè veniunt ea quæ sunt moris et consuetudinis.*

Il ne nous paraît pas que le raisonnement de Pothier soit concluant. De ce que les locataires s'obligent tacitement à faire les réparations que l'usage met à leur charge, il suit que chacun est tenu des réparations locatives qu'exigent les lieux qu'il occupe pour son compte particulier; mais on ne trouve pas dans ce principe, un motif pour décider par qui seront supportées les réparations des objets qui ne sont pas exclusivement confiés à la garde particulière de chacun des locataires. Voudrait-on que tous contribuassent aux réparations communes, en proportion du prix de leurs loyers? Les embarras d'une pareille opération, plus encore les discussions auxquelles elle ne manquerait pas de donner lieu entre les habitans d'une même maison, qu'on doit au contraire maintenir, autant qu'il est possible, dans une bonne union, font assez sentir qu'il ne convient pas de penser à aucune contribution, à moins qu'elle n'ait été stipulée dans les baux des différens locataires.

Nous nous rangeons donc à l'avis de Goupy ; nous croyons que si l'usage a mis certaines réparations à la charge des locataires, c'est qu'il est à présumer qu'elles sont occasionnées par leur faute : or, sur qui la présomption doit-elle porter, lorsqu'il y a des dégradations dans les escaliers, les passages et autres lieux communs à tous les locataires d'une maison? Chacun dira, qu'en prenant son bail, il s'est chargé tacitement des réparations de son appartement, parce qu'il est le maître de veiller à la conservation de tout ce qui le compose; mais qu'il n'a pas entendu se rendre garant des objets dont tous les autres locataires ont la jouissance comme lui. Sa défense sera d'autant plus péremptoire, qu'il ne s'est passé aucune convention entre lui et les autres locataires; leur jouissance commune ne peut donc établir entr'eux aucune obligation. Le propriétaire est libre, il est vrai, d'insérer dans les baux qu'il fait à chaque locataire, quelque clause relative aux réparations des objets communs; quand il ne prend pas cette précaution, il consent donc tacitement à supporter seul ces mêmes réparations.

Au reste, cette décision n'a lieu, que quand il est impossible de savoir par le fait de qui une dégradation est arrivée; dès que l'on connaît celui des locataires qui a occasionné un accident, par lui-même, ou par ses gens, ou par les étrangers qui vont à son logement, lui seul en est responsable. Le recours contre lui s'exercerait quand bien même, par leurs baux, les locataires auraient consenti à contribuer proportionnellement aux réparations locatives des objets communs; car ce consentement n'est jamais donné, que pour les cas où on ne peut pas savoir par qui ces réparations ont été occasionnées.

On conçoit que toutes ces discussions ne peuvent pas avoir lieu, lorsqu'une maison, ou tout autre édifice est loué à une seule personne, ou à un principal locataire ; il répond de toutes les parties de l'objet envers le propriétaire. A l'égard de ceux à qui il sous-loue, il exerce les mêmes droits que le propriétaire; en conséquence, s'il a plusieurs sous-locataires, les décisions qu'on vient d'expliquer auront lieu, relativement aux réparations des objets dont ils jouissent en commun.

§ V.

Des réparations locatives des fermes.

Le contrat de louage d'une maison, d'un bâtiment, d'une construction quelconque, et généralement de tout objet qui ne rapporte aucun fruit, se nomme bail à loyer. On entend par bail à ferme, le contrat de louage des biens qui, de leur nature, produisent des fruits; tels que les terres labourables, les prés, les vignes, les bois, les étangs. Le prix des baux à loyer est proportionné à l'avantage que peut procurer la maison, ou le moulin, ou le magasin, ou tout autre objet du bail: les produits qu'on en retire se nomment fruits civils. A l'égard du prix des baux à ferme, il est proportionné aux produits des biens ruraux, qui donnent des fruits naturels, ou industriels.

Nonobstant cette distinction, la nature du contrat de louage reste la même, soit qu'il s'agisse du bail d'une maison ou de tout autre édifice; soit que le bail concerne un bien rural. Mais, dans l'application des principes, il y a des détails qui sont particuliers à l'une ou à l'autre espèce de bail, à cause de la différence des biens qui en font l'objet; c'est ce qu'on va voir à l'égard des réparations locatives.

Dans un bail à ferme, s'il y a des bâtimens tels que sont le logement du fermier, les granges, les écuries, les étables et autres constructions; les réparations à la charge du preneur se règlent comme on l'a expliqué aux paragraphes II et III: tout ce qui y est décidé, s'applique aux maisons et à toute espèce d'édifice, soit de la ville, soit de la campagne. Pareillement, si un moulin est compris dans un bail à ferme, on se conforme, pour les réparations locatives de ce moulin, à ce qui est dit au paragraphe IV, consacré à cette sorte de construction.

Il nous reste donc à parler des biens ruraux, abstraction faite des bâtimens qui servent à leur exploitation. Le Code Napoléon ne dit rien de particulier, sur les réparations qui sont à la charge des fermiers de biens ruraux. Cependant, quelques-unes de ses dispositions concernant les obligations des fermiers, peuvent être considérées comme des charges d'entretien, qu'on peut exiger d'eux. Il veut, *art.* 1766, que le fermier n'abandonne pas la culture de la terre qui lui est donnée à bail. En effet, la culture est un entretien si nécessaire, que, quand elle est abandonnée, le terrain devient très-difficile à travailler; il faut de grandes dépenses pour le rendre à son premier état de production. Si donc un fermier avait négligé de cultiver les terres qui lui sont affermées, il serait tenu de dédommager le propriétaire, en raison du tort que celui-ci éprouverait. Bien plus, si le propriétaire s'aperçoit pendant le cours du bail, que la culture est abandonnée, il peut demander la résiliation du contrat de louage.

L'abandon total de la culture n'est pas le seul cas où le propriétaire ait droit de se plaindre du fermier; celui-ci est obligé à cultiver en bon père de famille. Ainsi, une culture trop négligée serait considérée comme si elle était abandonnée: par la même raison, une culture forcée, ayant l'effet de détériorer la terre, porte également préjudice au propriétaire, qui peut réclamer contre le fermier. Lorsque la négligence ou l'abus dans la culture est assez considérable, le propriétaire peut faire prononcer la résiliation du bail; et dans tous les cas, il obtient des indemnités proportionnées. *Ibid.*

Il en est de même lorsque le fermier emploie la terre qui lui est affermée, à un autre usage que celui auquel elle a été destinée par le bail, et qu'il en résulte un dommage pour le propriétaire. Supposons que le bail ne parle que de cultiver convenablement; le fermier est libre de choisir le genre de culture usité dans le pays, et même une culture nouvelle, si elle ne porte aucun préjudice à la terre. Mais l'objet du bail étant une vigne, par exemple, le fermier ne pourrait pas l'arracher, pour avoir à la place un champ ou un pré; comme aussi il ne pourrait pas planter de la vigne, dans une terre qui lui a été livrée pour être labourée. Pareillement, les terres affermées étant habituellement consacrées à la culture du grain, le fermier ne pourrait pas, sans le consentement du propriétaire, y cultiver des plantes capables d'appauvrir le sol, quoiqu'elles se coupent annuellement comme le grain. Par exemple, il n'est pas permis de cultiver le safran ou le chardon, dans des terres qui n'ont pas été affermées pour cet usage. Dans ces différens cas et autres semblables, le propriétaire aurait droit à des dommages-intérêts, et même il pourrait demander la résiliation du bail, selon les circonstances. *Ibid.*

Il n'est permis au fermier de déposer les grains de sa récolte, que dans les granges désignées par le bail pour cet usage. En se conformant sur ce point à son obligation, il n'est tenu que des réparations locatives, telles qu'on en a donné le détail dans les paragraphes II et III, où on fait connaître les réparations locatives des maisons et autres bâtimens; mais, si le fermier engrangeait dans des lieux qui ne sont pas destinés à cet usage, il s'exposerait à supporter toutes les réparations qu'exigeraient ces mêmes lieux, parce qu'on pourrait soutenir qu'il est cause des dégradations qui y sont arrivées. Pour se soustraire à la demande qui serait formée contre lui, ce serait à lui à prouver que les réparations qu'on exigerait, ne viennent pas de l'abus qu'il a fait des lieux endommagés.

On peut encore regarder comme une sorte d'entretien, la surveillance que doit avoir le fermier, pour empêcher qu'il ne soit rien usurpé sur les fonds qui lui sont confiés. Dès qu'une usurpation est commise, le fermier est tenu d'en avertir le propriétaire, sous peine de tous dépens, dommages et intérêts que celui-ci pourrait réclamer, s'il avait souffert de la négligence du fermier. *Ibid.*, *art.* 1768.

Si, par exemple, l'usurpateur acquiert la possession annale, faute par le propriétaire d'avoir été averti en tems utile; c'est un des cas où le fermier est responsable des suites fâcheuses que sa négligence peut avoir; par conséquent il ne pourra pas répéter d'indemnité contre le propriétaire pour la non-jouissance du terrain usurpé. Cette indemnité serait exigible au contraire par le fermier, s'il avait dénoncé l'usurpation au propriétaire avant qu'elle ait duré une année, et si ce dernier avait négligé de se faire réintégrer dans la possession.

Il faut pourtant que le fermier ait donné l'avertissement au propriétaire, assez à tems pour que celui-ci ait pu former sa demande au possessoire, avant l'expiration de la première année d'usurpation. Pour décider si le propriétaire a été averti en tems utile, on calcule les délais qu'il lui faut pour agir contre l'usurpateur, à compter du jour où la voie de fait lui est dénoncée, suivant la distance des lieux, comme il est réglé pour les assignations. *Ibid.*

Ainsi un propriétaire demeurant à Paris a donné à ferme des terres situées dans la Beauce, à neuf myriamètres, ou dix-huit lieues de cette Capitale. Un habitant du lieu où sont situées les terres en a usurpé une portion, en faisant des labours au premier octobre de l'an 1807. Pour que le propriétaire puisse se pourvoir au possessoire, il faut qu'il soit averti, avant le premier octobre, 1808, assez tôt pour que, d'abord, il ait une huitaine de délai, afin de préparer sa demande, rechercher ses titres, et se consulter; c'est là le délai ordinaire des assignations, suivant l'*art.* 72 du Code de procédure civile. Dans cette huitaine il ne faut comprendre, ni le jour de la signification de l'avertissement, ni le jour de l'échéance du délai, parce que la huitaine doit être franche. *Ibid.*, *art.* 1033. En second lieu, il faut que le propriétaire ait un jour par chaque fois trois myriamètres de la distance, qui sépare son domicile de celui de l'usurpateur; ce qui, dans l'exemple, exige trois jours, puisque cette distance par l'hypothèse est de neuf myriamètres. On voit par ce calcul, que les délais nécessaires au propriétaire pour se pourvoir au possessoire dans l'espèce proposée, est au moins de treize jours francs. Le fermier ne l'avertirait donc pas en tems utile, s'il n'y avait pas au moins treize jours pleins depuis la signification de la dénonciation, jusqu'au jour où doit expirer l'année d'usurpation.

Les diverses obligations qu'on vient de considérer comme faisant partie de l'entretien à la charge du fermier, font loi dans tous les pays où le Code Napoléon est en vigueur. A l'égard des réparations proprement dites, on conçoit qu'elles sont peu considérables pour les seules terres; cependant pour connaître l'entretien que doit y faire le fermier, il faut consulter les usages, qui, dans chaque pays, varient autant qu'il y a de sorte de culture et de climats différens.

Néanmoins on peut dire en général que, si les terres labourables ne sont sujettes à aucunes réparations locatives, elles doivent cependant être rendues bien cultivées, à moins qu'il n'ait été constaté, en commençant le bail, que ces mêmes terres n'étaient pas en valeur. En effet le principe exige qu'on rende l'objet loué ou affermé, précisément comme il a été livré; et la présomption est que cet objet a été livré en bon état: il faut donc qu'il soit rendu dans le même état, si rien de contraire n'a été convenu. De plus, le fermier sortant doit laisser les pailles et les fumiers qui sont destinés à la culture, s'il les a reçus lors de son entrée en jouissance. *Cod. Nap.*, *art.* 1778.

On doit dire aussi qu'il faut rendre en bon état les étangs, et ce qui sert à les vider et à les remplir, lorsqu'ils ont une construction qui donne ces facilités. Si le fermier fait constater que ces objets lui ont été livrés en mauvais état, il pourra les laisser dans un état semblable.

Aux vignes, l'entretien des échalats, qui dans certains pays se nomment charmiers, est à la charge du fermier, qui, par conséquent, doit en rendre une quantité suffisante pour garnir la vigne qui lui a été affermée. Il faut qu'il les rende de qualité, grandeur et grosseur convenables, selon l'usage des lieux. Il doit aussi entretenir les haies qui servent ordinairement de clôture dans les vignobles; comme aussi il doit laisser les fossés creusés dans les dimensions qui sont d'usage pour chaque pays.

Il n'y a point de réparations locatives pour les prés: on fait à leur égard ce qui est stipulé au bail; et faute d'explication, on se conforme à ce qui est pratiqué dans le lieu où ils sont situés.

Pour ce qui concerne les bois, on ne voit aucune réparation locative; le fermier est seulement tenu de se conformer aux lois relatives aux forêts. Par exemple, dans les bois taillis, il doit respecter les arbres corniers, c'est-à-dire ceux qui marquent les limites de la portion de bois qui lui est affermée. Il est aussi tenu de laisser les baliveaux de l'âge actuel du bois, les modernes et les anciens, les gros arbres, et même les arbres fruitiers. Au reste, le propriétaire et le fermier peuvent convenir des clauses qu'ils jugent à propos, pourvu qu'elles soient permises par les lois rendues en matière de forêts.

§ VI.

De qui les réparations locatives peuvent être exigées.

Par tout ce qu'on a dit sur les réparations locatives, on voit que le propriétaire n'a droit de les exiger, que de celui au profit de qui il a consenti le bail. Si le locataire ou fermier a sous-loué ou sous-affermé, le propriétaire n'a aucune action personnelle contre les sous-locataires, ou sous-fermiers.

Cependant, comme le Code-Napoléon, *art-* 2102, § 1, accorde au propriétaire, pour les réparations locatives, un privilége sur tous les meubles qui garnissent la maison ou la ferme; il en résulte qu'il peut saisir tous les objets mobiliers qui s'y trouvent, même ceux appartenant à des sous-locataires, ou à des sous-fermiers, afin d'avoir sûreté des réparations locatives. Remarquez néanmoins que les meubles de chaque sous-locataire ou sous-fermier, ne doivent répondre que des dégradations faites dans la portion de l'héritage qu'il occupe. Il ne serait pas juste que tous les sous-locataires d'une maison fussent solidaires des réparations qui s'y trouvent à faire. D'ailleurs, l'intérêt du propriétaire n'est nullement blessé par cette décision, puisqu'il trouve dans chaque portion de son bien, des objets mobiliers pour lui répondre des réparations qu'exige chacune de ces portions. Il arrive quelquefois, dit-on, que certaines portions de l'héritage sont sous-louées à des personnes, qui ne les garnissent pas suffisamment de meubles. La réponse est que le propriétaire doit veiller, d'abord, à ce qu'il y ait dans sa maison ou dans sa ferme, un mobilier suffisant; et, en second lieu, à ce que les réparations locatives ne soient pas négligées au point, qu'il faille une trop grosse somme pour les payer.

Le principal locataire ou fermier, qui est seul personnellement responsable de l'exécution de son bail, vis-à-vis de son propriétaire, a son recours contre chacun des sous-locataires ou sous-fermiers. Il exerce même à leur égard les droits de propriétaire. Cette décision est si vraie, que le principal locataire peut réclamer les réparations locatives contre ses sous-locataires, sans attendre que le propriétaire ait formé sa propre réclamation. En conséquence, les sous-locataires ou sous-fermiers ne seraient pas fondés à refuser les réparations locatives, sous prétexte que le propriétaire ne les a pas exigées du principal locataire ou fermier : les conventions que celui-ci a faites avec ceux à qui il a souscrit des sous-baux, n'ont rien de commun avec celles qui constituent le louage par lui contracté avec le propriétaire.

Puisque le principal locataire ou fermier exerce contre ses sous-locataires ou sous-fermiers, des droits semblables à ceux du propriétaire ; il en résulte que, sur les meubles de ceux avec qui il a des sous-baux, il jouit d'un privilége pour la sûreté des réparations locatives dont chacun est responsable.

Ce qui est dit du droit du principal locataire ou fermier, contre ses sous-locataires et sous-fermiers, s'applique à ceux-ci, vis-à-vis de ceux à qui ils donnent à loyer ou à ferme, les objets ou partie des objets qu'ils tiennent au même titre.

Toutes les réparations qui ne sont pas locatives tombent à la charge du seul propriétaire ; c'est ce que nous avons observé au commencement de ce chapitre. Voilà pourquoi nous n'avons pas eu besoin d'en donner le détail : en énonçant les entretiens locatifs, il est facile de sentir que tous ceux qui ne se trouvent pas compris dans cette classe, sont à la charge du propriétaire.

Cependant, en parlant ici de la faculté accordée au propriétaire, pour demander à ses locataires ou fermiers les réparations locatives, il est bon de dire que réciproquement tout locataire peut demander au propriétaire, les réparations qui sont à la charge de ce dernier. Ce droit est fondé sur l'*art.* 1719, § 2, du Code : il oblige le bailleur à entretenir les choses par lui louées ou affermées, en état de servir à l'usage pour lequel elles ont été livrées au preneur. Peu importe que les réparations à la charge du propriétaire soient urgentes, lors de la signature du bail, ou qu'elles surviennent pendant sa durée; le locataire ou fermier n'en est pas moins fondé à exiger qu'elles soient faites. Si le bailleur prétend que les réparations réclamées, ou ne sont pas à sa charge, ou ne sont pas nécessaires, des experts sont nommés; et lorsqu'ils ont reconnu le besoin de réparations, et qu'elles sont dues par le propriétaire, un jugement condamne ce dernier à les faire dans un délai fixé. Le même jugement ajoute que, faute par le bailleur d'avoir fait exécuter les ouvrages dans le tems prescrit, le locataire ou fermier est autorisé à les faire faire, et à en retenir le prix sur les loyers ou fermages échus : s'il n'en doit pas, il est ordonné que le bailleur le remboursera, et qu'à cet effet, il sera délivré au locataire un exécutoire, sur le vu des quittances des ouvriers. Si, par le retard que le propriétaire a mis à faire les réparations, depuis la demande qui lui en a été signifiée, le locataire ou fermier a éprouvé quelque préjudice, le même jugement peut lui accorder des dommages et intérêts.

Il arrive quelquefois que le locataire ou fermier, au lieu de conclure à ce que les réparations soient exécutées, demande la résiliation du bail; ce qui lui est accordé, selon les circonstances. Par exemple, la résiliation du bail ne lui serait pas refusée, si les réparations étaient très-considérables, et devaient empêcher l'exploitation de l'objet loué ou affermé; surtout si, dans de pareilles circonstances, le locataire ou fermier était hors d'état de faire les avances que ces réparations exigeraient.

Le locataire ou fermier peut-il demander des indemnités au propriétaire qui lui fait souffrir de grandes incommodités, par les réparations que celui-ci fait à l'immeuble loué ou affermé?

La réponse à cette question est consignée dans l'*art.* 1724 du Code. D'abord le propriétaire ne doit faire que les réparations urgentes, qui ne peuvent pas être différées jusqu'à l'expiration du bail, à moins qu'elles ne lui aient été demandées par le locataire ou fermier, et qu'il ait consenti à les faire.

Dans ces deux cas, lorsque les réparations sont urgentes, ou quand elles sont requises par le preneur, celui-ci doit les souffrir, quelque incommodité qu'elles lui causent, et quoique pendant qu'elles se font, il soit privé d'une partie de la chose louée. *Ibid.*

Mais, lorsque des réparations urgentes qui sont faites, soit du propre mouvement du bailleur, soit sur la demande du preneur, durent plus de quarante jours, le prix du bail doit être diminué, en raison de la portion de l'immeuble dont le preneur aura été privé, et du tems que cette privation aura duré. *Ibid.*

Dans le cas dont il s'agit, si les réparations sont de telles nature, qu'elles rendent inhabitable ce qui est nécessaire au logement du preneur et de sa famille, celui-ci peut demander la résiliation du bail. *Ibid.*

Si les réparations ne sont pas urgentes, et ne sont faites volontairement par le propriétaire, qu'après en avoir obtenu le consentement du preneur, ou pour la seule satisfaction de ce dernier; elles ne peuvent jamais l'autoriser, soit à demander une indemnité, quand les ouvriers restent plus de quarante jours, soit à faire résilier le bail, lorsque les travaux le privent de son logement pour un tems.

Un principal locataire est quelquefois autorisé, par son bail, à faire de certains travaux; il est même possible qu'il soit tenu de différentes réparations assez importantes, et convenues entre lui et le propriétaire. Alors, il peut arriver entre le principal locataire, et ceux qui tiennent de lui en sous-location, les mêmes discussions que celles dont on vient de parler, relativement aux réparations urgentes. Les mêmes décisions doivent être prononcées, puisqu'il s'agit des mêmes droits respectifs.

Que le locataire soit ou non chargé, par son bail, de faire de grosses réparations, c'est pourtant à lui seul que ses sous-locataires peuvent s'adresser, pour obtenir les réparations nécessaires à la jouissance des objets qui leur ont été loués : alors, le principal locataire met en cause le propriétaire, comme étant son garant.

Si les réparations durent plus de quarante jours, c'est avec le principal locataire qu'est réglée l'indemnité due au sous-locataire; sauf au premier à régler séparément son indemnité avec le propriétaire. Pareillement, si les réparations sont de nature à priver de leur logement un ou plusieurs des sous-locataires, ils peuvent faire résilier leurs sous-baux; mais leur demande est dirigée uniquement contre celui avec qui ils ont traité. Le propriétaire n'a point à s'en mêler : il aura seulement à répondre au principal locataire, qui exigera pour indemnité une diminution de prix, proportionnée aux circonstances; et même, s'il y a lieu, il obtiendra la résiliation de son bail.

§ VII.

Dans quel tems on peut exiger les réparations locatives.

Par la nature du contrat de louage, le preneur est tenu d'user en bon père de famille, de la chose qui lui est confiée; c'est la disposition du Code Napoléon, *art.* 1728, § 1. Or, un bon père de famille a soin de faire, sans retard, les réparations qui ne peuvent pas être négligées, sans porter préjudice à sa chose : voilà donc la règle qu'il faut suivre pour déterminer le tems où on peut forcer, soit un locataire, soit un fermier, à faire les réparations qui sont à sa charge.

Ainsi, parmi les réparations locatives, il faut distinguer celles qui sont urgentes, de celles qui peuvent, sans danger, s'effectuer à la fin du bail. Il n'est pas douteux que le bailleur étant intéressé à la conservation de sa propriété, a le droit d'exiger les réparations locatives qui sont urgentes, aussitôt que le besoin s'en est manifesté. Si le locataire ou fermier prétend que les réparations qu'on lui demande ne sont pas urgentes, des experts en font la visite; et s'ils décident que les réparations ne peuvent pas être retardées, le locataire ou fermier est condamné à les faire dans un délai fixé. Le même jugement décide que, si les travaux ordonnés ne sont pas exécutés dans le tems prescrit, le propriétaire pourra les faire faire aux dépens du locataire ou fermier, et qu'à cet effet, un exécutoire lui sera délivré sur le vu des quittances des ouvriers. Comme l'*art.* 2102, § 1, donne sur les meubles qui garnissent la maison ou la ferme, un privilége pour les réparations locatives, on voit que le propriétaire est assuré du paiement des avances qu'il aura faites en vertu du jugement dont on vient de parler. A l'occasion de ce même privilége, on a fait voir, dans le paragraphe précédent, qu'il s'étend aux meubles des sous-locataires ou sous-fermiers, seulement pour les réparations locatives des portions qu'ils occupent dans l'immeuble.

Ce qu'on vient de dire des réparations locatives, s'applique à plus forte raison aux autres espèces de réparations dont serait tenu le preneur, soit parce qu'elles seraient survenues par sa faute, soit parce qu'il s'y serait obligé spécialement par son bail. En effet, quoiqu'il soit chargé des réparations locatives, à moins qu'il n'y ait convention contraire, ou qu'elles ne viennent, soit de vétusté, soit de cas fortuit, il n'en est pas moins obligé de réparer, en outre, les dégradations plus importantes arrivées par son fait, ou par celui de ses gens. La seule différence est que, pour se défendre de payer les réparations locatives, c'est à lui à prouver qu'il ne les doit pas, parce que la présomption établie par la loi est contre lui; au lieu que pour le forcer à faire d'autres espèces de réparations, c'est au propriétaire à prouver qu'elles ont été occasionnées par le fait du locataire, ou de ceux qui le représentent.

Il peut donc arriver que le bailleur ait à réclamer contre le preneur, des réparations plus fortes que celles qui sont simplement locatives; alors la contestation peut devenir très-sérieuse : tel serait le cas où un locataire aurait crevé un plancher, en plaçant une trop forte quantité de marchandises pesantes, dans une chambre destinée à recevoir seulement les meubles d'usage pour coucher. Un pareil accident ouvrirait une action au profit du propriétaire, non seulement pour exiger sur le champ la réparation; mais encore pour résilier le bail, ce qui dépendroit des circonstances. Cette décision est dans l'*art.* 1729 du Code; elle est prononcée contre tout preneur, qui emploie la chose louée à un usage auquel elle n'est pas destinée, ou dont il peut résulter du dommage pour le bailleur.

A l'égard des réparations locatives qui peuvent se différer sans inconvénient, et sans compromettre les intérêts du propriétaire, il n'y a aucune raison pour ne pas laisser au locataire, la liberté de les faire dans le tems qui lui est le plus commode; à moins que les circonstances ne permettent pas de se fier au locataire, ou qu'il y ait quelque danger à laisser accumuler les réparations à la charge d'un locataire, qui ne paie ses loyers qu'avec difficulté.

C'est donc ordinairement à la fin du bail, que sont exigibles les réparations locatives qui ne sont pas urgentes. Le propriétaire est autorisé à retenir les meubles de son locataire ou fermier, et même à les mettre sous la main de justice par voie de saisie-gagerie, afin d'avoir sûreté pour le paiement de toutes les réparations quelconques, qui sont à la charge du locataire ou fermier; car, comme on l'a dit plus haut, les réparations sont, ainsi que les loyers, privilégiées sur les meubles qui garnissent la maison ou la ferme. S'il y a contestation, des experts sont nommés, et sur leur rapport, le tribunal désigne les réparations que doit faire le locataire ou le fermier sortant, et détermine la somme à laquelle elles peuvent se monter. Le jugement laisse le choix au locataire, ou de faire exécuter lui-même les réparations dans un délai fixé, ou d'en payer la valeur. Il ordonne aussi que, faute par le locataire d'avoir fait ou payé les réparations dans le tems prescrit, le propriétaire sera autorisé à se procurer le prix de leur estimation, par toutes les voies ordinaires d'exécution, et même par privilége, sur les meubles qui garnissent l'objet dont le bail est fini. De là, il suit que le propriétaire n'est pas tenu d'attendre, qu'il soit commode au locataire de faire les réparations, et de sortir de la maison ou de la ferme : en vertu du jugement, les meubles sont mis dehors, et vendus jusqu'à la concurrence des indemnités adjugées.

On traiterait de même les meubles d'un sous-locataire ou sous-fermier, en observant seulement de n'en vendre, que pour payer les réparations de la portion qu'il occupait dans l'immeuble.

Le locataire ou fermier qui a sous-loué, soit le tout, soit une portion de l'objet, à une seule personne ou à plusieurs, peut exercer envers les sous-locataires ou sous-fermiers la même action que l'on vient d'expliquer; il a contre eux les mêmes droits, dont peut user contre lui le propriétaire. Ce que l'on dit du preneur et du bailleur, doit donc s'entendre de celui qui accorde le bail et de celui qui l'accepte, soit que la maison ou la ferme appartienne au preneur, ou qu'il la tienne lui-même d'une autre personne.

Il n'est pas possible de donner ici le détail des réparations locatives qui sont urgentes, et de celles qu'on ne peut exiger qu'à la fin du bail : on conçoit aisément qu'elles varient à l'infini, selon la nature des objets loués, selon les usages de chaque pays, et selon les différentes parties de l'objet loué, qui se trouvent endommagées.

Par exemple, le Code met à la charge des locataires l'entretien des âtres, contre-cœurs, chambranles et tablettes des cheminées. Il est évident que la réparation d'un chambranle ou d'une tablette n'est pas urgente ; il suffit qu'elle soit faite à la fin du bail. Il n'en est pas de même de l'âtre et du contre-cœur ; il peut arriver des cas où il soit prudent de ne pas différer la réparation de ces parties de la cheminée, afin d'éviter toute communication du feu.

Pareillement, les vitres qui ne sont que fêlées, peuvent rester dans cet état jusqu'à la fin du bail ; mais, s'il y a des vitres de manque à une croisée, il est nécessaire de les remplacer sans délai, afin d'empêcher la pluie de se répandre dans la chambre éclairée par cette croisée, et d'y causer du dommage en pénétrant à travers le plancher.

Quoiqu'une réparation ne soit pas urgente, il est quelquefois important de la faire, pour qu'elle ne devienne pas plus considérable. Par exemple, si le crêpi des murs de l'appartement est détruit jusqu'à la hauteur d'appui, c'est une réparation à la charge du locataire, et qui ne semble pas urgente ; cependant, si on retarde trop à la faire, la dégradation pourra devenir plus considérable : le propriétaire a donc un intérêt suffisant à l'exiger pendant le cours du bail. En vain dirait-on que, si le crêpi se détériore davantage, c'est le locataire qui en souffrira, puisqu'à la fin du bail, il en aura une plus forte dépense à supporter. On répondrait que le propriétaire est intéressé, à ne pas laisser augmenter trop fortement la masse des indemnités, qui pourront lui être dues par son locataire. D'un autre côté, le crêpi sert à conserver les murs ; plus il est soigné, plus la maçonnerie a de durée : cet intérêt est suffisant pour que le propriétaire puisse exiger cette sorte de réparation, sans attendre la fin du bail.

En général, il est peu de réparations locatives que le propriétaire n'ait pas intérêt d'exiger sans délai : cependant, pour celles qui doivent se faire pendant le cours du bail, les juges ont l'attention d'accorder plus ou moins de tems, suivant le degré d'urgence qu'elles présentent, et suivant que la solvabilité du locataire est plus ou moins rassurante. Il faut allier l'intérêt du propriétaire avec la commodité du locataire, de manière pourtant à ne point blesser l'équité.

§ VIII.

Si on peut faire des changemens dans la disposition des lieux qui sont loués.

Un locataire peut-il faire dans les lieux qui lui sont confiés, les changemens dont il a besoin, quand ce n'est pas pour employer l'objet loué, à un autre usage que celui auquel il est destiné?

En principe général, il n'est pas permis de faire des changemens dans les dispositions d'une maison ou d'une ferme, si on n'en a pas reçu l'autorisation par le bail, ou postérieurement par le propriétaire. Celui qui prend à bail un objet quelconque, voit bien s'il lui convient dans l'état où il le trouve, ou s'il faut y faire des changemens : il est donc facile de les prévoir par le contrat, de convenir aux dépens de qui ils seront exécutés, et même si le preneur laissera subsister les nouvelles dispositions, ou bien s'il sera obligé de remettre les lieux dans leur ancien état. Lorsque les parties ne se sont pas expliquées sur ce point, il faut en conclure que leur intention a été de laisser les lieux, comme ils étaient lorsqu'ils ont été loués. L'une des parties qui voudrait y faire des changemens, sans le consentement de l'autre, agirait donc contre ce qui a été convenu.

Cette vérité est évidente à l'égard du propriétaire ; dès qu'il a livré sa maison ou sa ferme, en vertu du contrat de louage, il ne lui est plus possible d'y faire exécuter aucun ouvrage nouveau. Le Code, dans son *art.* 1723, dit expressément que le bailleur, pendant la durée du bail, ne peut changer la forme de la chose louée. Il est un seul cas où le propriétaire peut mettre des ouvriers chez son locataire, même sans le consentement de ce dernier; c'est, suivant l'*art.* 1724, lorsque la chose louée a besoin de réparations tellement urgentes, qu'elles ne peuvent pas être différées jusqu'à la fin du bail. On a vu plus haut comment le locataire doit souffrir ces sortes de travaux, et à quelles conditions.

Si des réparations qui ne sont pas urgentes, ne sont pas permises au propriétaire, à plus forte raison n'a-t-il pas le droit de faire des améliorations ou des changemens. En vain soutiendrait-il qu'ils sont avantageux au locataire; si celui-ci les refusait, il ne serait pas possible de le troubler dans sa jouissance, suivant cette règle : *Invito beneficium non datur.* L. 69, ff. *de reg. jur.*

Néanmoins, comme l'équité est la première règle à suivre dans l'interprétation des contrats de louage, nous avons peine à croire qu'un propriétaire ne fût pas autorisé à faire une amélioration dans l'objet qu'il a loué, si le travail qu'elle exige ne gênait en rien le locataire. Celui-ci ne s'opposerait alors aux desirs du propriétaire, que par humeur et pour lui nuire; or, la justice ne permet pas d'avoir égard à de pareils motifs : *Malitiis non est indulgendum.* C'est pour l'intérêt du locataire, qu'on défend au propriétaire de rien changer à la chose louée : si donc le changement proposé ne fait aucune espèce de tort au locataire, il n'y a plus lieu à la défense; et le propriétaire, en pareil cas, peut être autorisé à exécuter ce qu'il demande.

Par exemple, je vous ai donné à bail une maison de campagne, dont le parc est entouré de murs, à l'exception d'un espace de vingt mètres qui est clos en planches. Il n'a point été dit dans le bail, que je ferais faire cette portion de clôture en mur; en sorte que vous ne pourriez pas m'y obliger. Cependant j'ai lieu de craindre pour les plombs et les fers qu'on peut voler dans le parc : il est vrai que vous êtes responsable des objets qui s'y trouvent; mais j'ai intérêt que votre responsabilité soit garantie par une clôture solide. D'ailleurs, je desire que le public prenne une bonne opinion de ma maison, afin de la louer avantageusement quand vous ne l'occuperez plus; et pour cela il faut convertir en bon mur, ce qui n'est qu'en planches. Je demande donc à faire cet ouvrage dans la saison où vous n'habitez pas la campagne; je m'oblige à faire faire le service des ouvriers par dehors, de manière que rien ne sera sali de votre côté; enfin j'offre de prendre toutes les autres précautions qui pourront vous convenir.

Votre réponse est négative; et vous vous contentez de m'opposer la disposition du Code, qui défend au bailleur de faire aucun changement dans la chose louée, ni de faire d'autres réparations que celles qui sont urgentes. Nous pensons que dans cette espèce, et dans celles où pareillement le locataire n'aurait aucun motif raisonnable de s'y opposer, les améliorations peuvent être autorisées. Au reste, c'est à la prudence des juges à peser toutes les circonstances, avant de permettre au propriétaire de faire travailler, malgré le locataire, à des ouvrages qui ne sont pas d'une nécessité indispensable.

Il doit être très-rare que des travaux soient faits à une maison, sans qu'il en résulte la moindre gêne pour le locataire, dont la jouissance ne doit être troublée en aucune manière; mais, lorsque c'est ce dernier lui-même qui desire des changemens, ne peut-il pas les exécuter à ses dépens, pourvu qu'ils ne portent aucun préjudice à la propriété? Suivant la rigueur des principes, il ne lui est pas permis de contrevenir au contrat; cependant, si l'équité défend au locataire de s'opposer à ce que la maison reçoive des améliorations dont il n'éprouve aucun embarras, ni aucun préjudice, il faut dire la même chose à l'égard du bailleur: il n'y aurait qu'une humeur déplacée, qui le porterait à empêcher le locataire de faire dans la maison certains changemens, quand ils ne peuvent en aucun cas compromettre les intérêts de la propriété.

Ainsi, il y a dans une maison qui m'est louée, une grande chambre qui me serait plus commode, si elle était divisée en deux par une cloison ; quoique le bail ne me donne pas la faculté de faire cette nouvelle distribution, il suffit qu'il ne me le défende pas, pour que j'y sois autorisé : je pourrai donc former une cloison en planches, ou en briques posées sur leur champ, ou de toute autre manière qui ne charge pas les planchers. Le propriétaire n'a aucun intérêt à s'opposer à ce que je me donne cette commodité, pourvu que je ne dégrade, ni les plafonds, ni le parquet ou les carreaux, ni les menuiseries du pourtour de la chambre.

Pareillement, il existe dans une autre chambre une alcove qui me gêne; et le bail n'en parle, ni pour m'obliger à la laisser subsister, ni pour m'autoriser à la déplacer. Le propriétaire serait mal fondé à m'empêcher de me satisfaire, si je peux enlever l'alcove, et la replacer en quittant, sans l'endommager, et sans dégrader l'appartement.

On dit la même choses des différentes glaces, trouvées dans des places qui ne conviennent pas au locataire : il serait ridicule de s'opposer à ce qu'il fît mettre ces objets dans les endroits où ils lui seraient plus utiles, ou plus agréables. Bien entendu qu'il répond des accidens qui pourraient leur arriver dans l'opération du déplacement.

Au surplus, quand des propriétaires ont loué à des personnes, dont la solvabilité leur est assurée, ils n'ont pas coutume de se rendre difficiles pour permettre les changemens demandés par le locataire, surtout quand il les fait à ses dépens. A l'égard des locataires qui ne présentent pas une solvabilité suffisante, les propriétaires sont plus attentifs à ne permettre des changemens, que quand il en résulte une amélioration pour la maison; ou au moins, lorsque ces changemens n'exigent pas que les lieux soient remis, à la fin du bail, dans leur état primitif. S'il s'élève des contestations sur la question de savoir, si un locataire aura la faculté de faire les changemens qu'il desire ; la justice, après un rapport d'experts, se détermine par les circonstances, et suivant les principes et les considérations dont on vient de parler.

Dans tous les cas où le locataire a fait des changemens dans la disposition des lieux, il est tenu, à la fin de sa jouissance, de les remettre dans l'état où ils lui ont été livrés ; à moins que, par le bail, il n'ait été convenu de laisser subsister en sortant, les changemens qu'il aurait faits. En vertu de cette clause, il ne lui serait pas permis de rétablir les lieux dans leur ancien état, quand même ce qu'il laisserait serait plus précieux que ce qu'il aurait à faire, pour rendre les choses comme elles lui ont été livrées.

S'il ne se trouve aucune clause de cette nature dans le bail, le propriétaire peut bien forcer le locataire, à rétablir les lieux dans leur état primitif; mais il n'a pas droit d'exiger, que celui-ci laissent les objets qu'il a substitués aux anciens.

Desgodets pose en principe, qu'un locataire ne doit faire aucun changemens dans les lieux qu'il occupe, sans la permission du propriétaire : c'est en effet le vrai moyen d'éviter toute contestation, surtout quand il s'agit de changemens importans. Mais cet architecte ajoute que, si le propriétaire n'a pas donné par écrit son consentement, il a l'option d'exiger le rétablissement des lieux dans leur ancien état, ou de les faire laiser tels qu'ils se trouvent : il en excepte les tableaux et les glaces, qui ne seraient attachés qu'avec des vis, et permet aux locataires de les emporter. On ne voit pas sur quoi serait fondée une pareille opinion. Supposons, par exemple, qu'une alcove et des lambris de hauteur, faits en bois de chêne, et travaillés avec soin, aient été placés par le locataire, dans une chambre où il n'y avait que les murs, quand il y est entré; ne répugnerait-il pas que le propriétaire pût s'approprier, sans aucun motif, ces objets précieux qui ne sont pas à lui? L'équité ne permet jamais de s'enrichir au détriment d'autrui : *Nemo, detrimento alterius, locupletior fieri potest.*

Le judicieux annotateur de Desgodets n'admet point la décision de ce dernier; il pense que le locataire peut retirer de l'appartement qu'il quitte, tout ce qu'il y avait placé, sans le consentement du propriétaire. Si ce consentement existe par écrit, il en résulte la preuve que les changemens ont été faits par le locataire; tandis que quand le propriétaire n'a pas donné de permission écrite, c'est au locataire à prouver que les changemens ont été exécutés par lui : mais, dès que ce fait est constant, le locataire peut toujours emporter ce qui lui appartient, en rétablissant les lieux dans l'état où il les a reçus. Néanmoins, il est bon de distinguer les changemens, dont les principaux objets peuvent s'emporter avec utilité pour le locataire, et les changemens dont la destruction ne servirait point à celui qui quitte la maison. Dans le premier cas s'applique notre décision : le propriétaire peut bien forcer le locataire à remettre les lieux dans leur ancien état ; mais, sous prétexte que les changemens ont été opérés sans son consentement, il n'a pas le droit de s'approprier les objets que le locataire a placés pour le tems de sa jouissance, et dont il peut tirer avantage, soit en les vendant, soit en les faisant servir dans un autre logement.

Si, au contraire, les ouvrages que le locataire a exécutés pour sa commodité ou son agrément, ne peuvent lui être d'aucune utilité après leur destruction; il n'y aurait que mauvaise humeur de sa part, s'il voulait rétablir l'ancien état des lieux, contre le gré du propriétaire. Celui-ci serait donc bien fondé à s'opposer à la destruction des changemens, s'il lui convenait de les laisser subsister. Peu importe, dans ces différentes circonstances, que les changemens aient été faits à l'insçu du propriétaire, ou avec sa permission. Ainsi, quand il n'a pas été convenu que les changemens seront laissés, le locataire sortant peut être forcé de remettre les lieux dans leur ancien état; comme aussi le propriétaire peut exiger que les choses restent dans leur état actuel, lorsque leur destruction ne peut pas être utile au locataire.

Un locataire avait pris, rue Saint-Denis, à Paris, une maison sans plafonds, ni papiers, ni peintures; il fit faire à ses frais des plafonds, de jolies peintures, et fit coller des papiers sur les murs. Le propriétaire ne voulut pas renouveller le bail, et signifia qu'il gardait les changemens. Sous prétexte qu'on ne pouvait pas l'empêcher de rétablir les lieux dans leur état primitifs, le locataire détruisit les plafonds, gratta les peintures, et arracha les papiers.

Le propriétaiétaire se pourvut en dommages et intérêts : il soutint que son intention de conserver les lieux dans leur état actuel, ayant été connue du locataire qui n'en disconvenait pas; celui-ci n'avait eu le droit d'y rien détruire; qu'à la vérité les embellissemens avaient été exécutés à ses dépens; mais qu'il ne pouvait tirer aucune espèce d'avantage de la destruction de plafonds en plâtre, ni de papiers qui étaient collés sur les murs, et non pas sur de la toile. A l'égard des peintures, il était évident qu'un esprit de méchanceté avait porté le locataire à les gâter.

Une sentence du Châtelet ayant adjugé des dommages et intérêts au propriétaire, il y eut appel, qui fut porté à l'audience de la grand'chambre, où la sentence fut confirmée par arrêt rendu sur les conclusions de M. Séguier. Nous étions présens, et nous entendîmes que M. l'avocat général, invoqua d'abord le principe, qui ne permet pas de faire le mal d'autrui, sans intérêt pour soi. Il observa ensuite que les embellissemens opérés par le locataire, avaient le caractère évident de choses faites avec l'intention de la perpétuelle demeure; puisqu'elles ne pouvaient pas être enlevées, sans être entièrement détruites. Ces embellissemens étaient ainsi devenus parties intégrantes de la maison, et par conséquent la propriété du maître de cette maison. Celui-ci avait donc le droit d'exiger, ou que l'ancien état des lieux fût rétabli, ou qu'ils fussent laissés dans l'état actuel : le propriétaire ayant fait son choix pour ce dernier parti, le locataire ne devait plus toucher à des embellissemens qui ne lui appartenaient plus.

Si les objets d'embellissement placés par un locataire dans une maison, étaient susceptibles d'être enlevés sans être détruits, nous disons que le propriétaire ne pourrait pas empêcher le locataire de les reprendre, à la charge par ce dernier de rétablir les lieux dans leur état primitif. Mais, si le propriétaire, en pareil cas, offrait au locataire de payer les choses qui peuvent s'enlever, celui-ci pourrait-il s'obstiner à remettre les lieux dans leur ancien état ?

On doit distinguer en quoi consistent les objets qui ont servi à opérer les embellissemens. S'ils sont tels qu'il est facile au locataire de s'en procurer d'autres de même qualité, avec le prix qui lui est offert; il ne pourrait refuser les propositions du propriétaire, sans marquer une envie de lui nuire; ce que la justice n'autorise jamais. Ainsi, des papiers collés sur toile, et une alcove en bois de chêne, ont été placés par le locataire; en sortant de l'appartement, il veut enlever ces objets qui lui seront utiles ailleurs. Le propriétaire est en droit de s'opposer à l'enlèvement, en offrant de payer comptant le prix qui sera estimé par gens connaisseurs; parce qu'il est facile au locataire de faire faire une autre alcove, et d'acheter un papier semblable. Observez qu'alors les objets laissés par le locataire doivent lui être payés, non pas précisément selon leur valeur réelle; mais en proportion du prix qu'il en coûterait pour s'en procurer de semblables.

Il n'en serait pas de même, si le locataire avait embelli son appartement avec des objets, pour lesquels il peut raisonnablement avoir une affection particulière, tels que sont des glaces d'une certaine qualité, des tableaux, des chambranles de marbre rare, des boiseries sculptées ou ornées d'une manière qui n'est pas ordinaire. En vain le propriétaire offrirait-il un grand prix de ces sortes de choses; il ne serait pas juste de forcer le locataire à s'en priver : on ne peut pas dire alors, que ce dernier est mu par le desir de désobliger le propriétaire.

Un locataire ou fermier qui a planté des arbres, peut-il les arracher à la fin de son bail?

D'un côté, ils ont été placés à perpétuelle demeure, parce que des arbres sont toujours destinés à rester où ils ont été plantés; par conséquent, ils font partie de l'immeuble. D'un autre côté, on ne peut pas dissimuler que si le propriétaire les gardait, il en profiterait aux dépens du locataire ou fermier, qui, en les arrachant, pourrait au moins faire usage du bois qu'il en retirerait.

Nous croyons que pour être juste, il faut décider que le propriétaire peut empêcher qu'on arrache les arbres; mais alors, il doit en payer la valeur au locataire : c'est ce qui a été jugé au Parlement de Bretagne, par arrêt du 17 octobre 1575.

Si la même question s'élevait pour des arbres en pépinière, il n'y aurait pas de difficulté; il est évident que le locataire en les plantant, n'a pas eu l'intention de la perpétuelle demeure : ces arbres étant destinés nécessairement à être déplacés, le locataire peut les enlever à la fin de son bail, s'il ne s'est pas obligé à les laisser.

§ IX.

De l'utilité d'un état des lieux.

On appelle état des lieux, un acte qui est ordinairement fait sous seing privé, entre le propriétaire, et le locataire ou fermier; ce qui suppose que l'un et l'autre savent signer: mais, si l'un des deux ne pouvait signer, il faudrait faire faire l'état des lieux par devant notaire. On pourrait aussi faire donner une procuration devant notaire, par la partie qui ne sait pas signer; et l'état des lieux se ferait sous signatures privées avec le mendataire.

Cet état contient la description détaillée de toutes les parties quelconques, grandes ou petites, de l'objet loué ou affermé: il énonce la matière, les qualités, la forme, et la situation de ces mêmes parties; ce qu'elles peuvent avoir de particulier en excellence, ou en défectuosité; l'état où elles se trouvent par rapport au service, par exemple, si elles sont neuves ou vieilles, bonnes ou mauvaises, usées ou cassées.

Il est rare qu'un propriétaire soigneux n'ait pas un état des lieux, soit pour ses maisons et bâtimens, soit pour toutes ses autres sortes de biens, qu'il veut donner à loyer ou à ferme. Au reste, lorsque le propriétaire montre de l'indifférence sur ce point, le locataire ou fermier peut exiger qu'un état des lieux soit joint au bail. En effet, ce bail étant utile à la conservation des droits du bailleur et du preneur, chacun est fondé à demander un état des lieux. Si l'un des deux refuse, l'autre obtient un jugement, par lequel le juge de paix de la situation de l'héritage ordonne que l'état en sera constaté par lui, en présence des parties intéressées, ou elles dûment appelées. Il nomme en même-tems un expert, s'il croit en avoir besoin pour l'aider dans la description des lieux. Si ce jugement est définitif, il énonce le lieu, le jour et l'heure de la visite: en le signifiant, assignation est donnée à l'expert et à la partie; à l'un pour prêter serment et assister le iuge de paix; à l'autre pour être présente à la prestation de serment, et à la rédaction de l'état des lieux, si bon lui semble. Lorsque le jugement qui ordonne la visite n'est que préparatoire, il n'est pas permis de l'expédier; alors l'expert et la partie sont assignés en vertu d'une cédule que délivre le juge de paix, et qui énonce le lieu, le jour, et l'heure de la visite.

Au jour et à l'heure indiqués, le juge de paix, assisté de son greffier, se transporte sur les lieux contentieux; et si le jugement qui a ordonné la visite est définitif, il procède à la rédaction de l'état des lieux, après avoir mentionné la comparution ou la non-comparution des parties, ainsi que la prestation du serment de l'expert, s'il y en a un. Lorsque le jugement qui a ordonné la visite est simplement préparatoire, le juge écoute les dires respectifs des parties présentes, et, soit d'après les motifs allégués par le défendeur, soit par l'inspection des objets loués, s'il trouve qu'il n'est pas besoin d'un état des lieux, et que leur énonciation dans le bail est suffisante, il rend son jugement définitif, qui déboute le demandeur.

Mais, si ce dernier est fondé en bonnes raisons, s'il est évident que les objets loués sont trop imparfaitement énoncés dans le bail, le jugement définitif, rendu sur place par le juge de paix, porte qu'il va être à l'instant procédé par lui à la description des lieux, tant en l'absence qu'en la présence des parties: alors il fait prêter serment par l'expert, s'il y en a un, et mentionne cette formalité en son procès verbal; ensuite il y consigne l'état dans lequel se trouvent les lieux compris au bail. Ce procès verbal est clos par la signature des parties présentes, la mention de celles qui sont absentes, ou ne savent pas signer, et la signature du juge, de son greffier, et de l'expert s'il y en a un.

Ces formes qu'il faut suivre, pour faire par autorité de justice un état des lieux, sont fondées sur les dispositions du Code de procédure civile. D'abord, suivant l'*art.* 3, § 3, ce qui concerne les réparations locatives sont de la compétence du juge de paix: c'est donc à lui qu'il faut s'adresser pour faire un état des lieux; car cet acte sert, entre le bailleur et le preneur, à faire connaître les réparations qui sont à la charge de l'un, et celles dont l'autre est tenu, soit pendant le cours du bail, soit lorsqu'il est expiré.

En second lieu l'*art.* 41 porte que, quand il s'agit de constater l'état des lieux, ou d'apprécier la valeur des indemnités et dédommagemens demandés, le juge de paix ordonnera que les lieux contentieux seront visités par lui, en présence des parties. De plus, l'*art.* 42 ajoute que, si l'objet de la visite ou de l'appréciation exige des connaissances qui soient étrangères au juge, il nommera par le même jugement des gens de l'art, pour faire la visite avec lui. Dans le cas dont il s'agit, la contestation ne porte pas sur des objets d'arts; il n'est question que de bien connaître certains termes. En conséquence pour indiquer les expressions, usitées il suffit d'un seul expert; et même le juge peut souvent s'en passer, quand il se trouve en état de décrire les objets dont il fait la visite.

L'état des lieux est indispensable pour la conservation des droits du propriétaire, qui aurait le malheur de louer à quelqu'un de mauvaise foi. Par exemple, si à des objets précieux, tels que des chambranles de marbre, des boiseries en chêne, des serrures et des verroux bien conditionnés, un locataire substituait des chambranles de pierre, des boiseries de sapin, des serrures et des verroux en mauvais état; si même il faisait disparaître certains objets, comme des glaces, des armoires, des doubles portes, le propriétaire serait embarrassé pour prouver que les objets par lui réclamés, ont été livrés au locataire.

Sans qu'il soit besoin de supposer de la mauvaise foi de la part du locataire, l'état des lieux est encore nécessaire pour l'intérêt du propriétaire. En cas d'accident arrivé par la faute du locataire, comme serait un incendie, comment, sans un état des lieux, apprécier les objets qui ont été la proie des flammes, et dont le locataire doit l'indemnité?

Il n'est pas moins utile pour le locataire de faire un état des lieux, surtout, quand tous les objets qui font partie de la maison ou de la ferme, ne sont pas en très-bon état. En effet, comment se défendra-t-il, si on lui demande la réparation d'un chambranle de marbre écorné, d'une serrure usée, d'un parquet enfoncé dans quelques parties, s'il n'a pas un acte capable de prouver que ces dégradations existaient, quand les lieux lui ont été livrés, et qu'ainsi il n'en peut répondre? Comment pourrait-il avec sécurité, faire des changemens ou des embellissemens, si rien n'établit que les objets par lui placés en décoration, n'existaient pas lors de son entrée en jouissance? Il doit craindre qu'on lui dispute le droit de les reprendre à la fin du bail.

Pour la sûreté du locataire ou fermier il n'y a pas de milieu, ou il faut un acte, qui constate l'état circonstancié dans lequel se trouvent les objets qui lui sont livrés, ou bien il faut qu'en entrant en jouissance, tout ce qui est compris au bail soit en bon état.

De là il suit que, même après la signature du bail, et avant de prendre possession, le locataire peut exiger du propriétaire, que les objets loués et qui se trouvent détériorés, soient rétablis en état convenable. Il y a même des objets dont il peut refuser de se charger, tels que sont des meubles que le propriétaire aurait laissés; car, en louant un héritage à la ville ou à la campagne, on ne se rend responsable que des choses qui en font partie. Si donc en entrant en jouissance, on trouve des objets purement mobiliers dont on ne veuille pas se charger, on est en droit d'exiger que le propriétaire en débarrasse les lieux qu'il donne à loyer. Cette observation ne s'applique pas au cas où, par le bail, le preneur s'est obligé à garder les meubles; il ne peut plus alors demander qu'on les enlève, et il est tenu de leur entretien.

L'effet d'un état des lieux est que le preneur doit rendre la maison ou la ferme, telle qu'il l'a reçue; on ne peut pas lui demander plus d'objet qu'il n'en est énoncé dans cet état; on ne peut pas lui en demander d'autres, et il n'est pas tenu de rendre ceux qui y sont compris, meilleurs qu'ils n'étaient quand on les lui a livrés. Pareillement il doit rendre exactement, tout ce qui est énoncé dans l'état des lieux; et si quelque objet a été détérioré pendant sa jouissance, il en doit le rétablissement: c'est la décision du Code, *art.* 1730, qui décide pourtant, que le locataire ne répond pas de ce qui a péri, ou a été dégradé par vétusté, ou par force majeure. Des experts indiquent, en cas de contestation, si l'objet litigieux a cédé à la vétusté ou à la violence.

Quand il n'a pas été fait d'état des lieux, le preneur est présumé les avoir reçus en bon état de réparations locatives, et doit les rendre tels, sauf la preuve contraire. *Ibid.*, *art.* 1731. Le locataire qui ne reçoit pas les lieux en bon état, est donc bien intéressé, comme nous venons de le dire, à en faire une description circonstanciée, afin de n'être pas obligé de les rendre meilleurs qu'ils ne lui ont été livrés. La preuve qui pourrait suppléer à l'état des lieux, est si difficile à établir à l'expiration d'un bail; il reste si peu de traces quelquefois de l'état où était, il y a plusieurs années, l'objet contesté, qu'il serait très-imprudent de compter sur tout autre moyen, que celui résultant d'un état des lieux.

§ X.

Forme de l'état des lieux.

Pour opérer régulièrement, en faisant un état des lieux, on commence par les caves; en suite on passe au rez-de-chaussée qui comprend les cours, les remises, les écuries, les hangards, et les jardins: de là, on monte au premier étage, puis au second, et ainsi de suite; de manière qu'on termine par les greniers. Quelques personnes commencent la description par le haut de la maison, et descendent successivement d'étage en étage, jusqu'aux caves. Ces deux méthodes sont égalementbonnes; le point important est de mettre de l'ordre dans l'opération, afin de rendre faciles les recherches que l'on a besoin de faire, dans l'acte de l'état des lieux, et afin d'en vérifier les détails sans confusion.

A chaque étage, on décrit l'escalier qui y conduit, le pallier, et les jours qu'il reçoit; dans chaque étage, on passe successivement d'une pièce à une autre. On voit par ce moyen, qu'un état des lieux est naturellement divisé en autant de chapitre qu'il y a d'étages; et que chaque chapitre est lui-même divisé, en autant d'articles qu'il y a de pièces à chaque étage. Ainsi, dans un acte de cette espèce, où la description de l'immeuble se fait en commençant par le bas, le premier chapitre est celui des caves: il se divise en autant d'articles qu'il y a de pièces différentes dans ce souterrain. S'il y a plusieurs étages de caves, comme cela arrive quelquefois, le chapitre des caves se divise en autant d'articles qu'il y a de caves l'une sur l'autre ; et l'article de chaque cave se divise en autant de paragraphes, qu'elle contient de pièces.

Le second chapitre se compose des objets qui forment le rez-de-chaussée, quelqu'étendu qu'il soit. S'il y a jardin et cour, ce chapitre se divise en autant d'articles, et chaque article, en autant de paragraphes qu'on y trouve de lieux à décrire séparément; c'est ainsi que dans les cours sont les écuries et les remises, comme dans les jardins sont les parties d'agrément, celles destinées aux fruits ou aux légumes, divers cabinets, et autres constructions.

Au troisième chapitre est décrit le premier étage, dont le premier article est pour l'escalier et le pallier qui y conduit; on fait en suite autant d'autres articles, qu'il y a de pièces dans ce premier étage.

Il y a de même autant d'autres chapitres, qu'il se trouve d'autres étages; et chacun de ces nouveaux chapitres se compose d'autant d'articles, qu'on a de pièces à y décrire.

Quand il existe deux escaliers pour monter à un étage, l'un forme le premier article du chapitre consacré à cet étage, et l'autre escalier fait la matière du dernier article de ce même chapitre : ce qui fait sentir qu'on peut monter par l'un des escaliers, et qu'après avoir parcouru l'étage entier, on peut descendre par l'autre.

Dans chaque pièce d'appartement, on commence par indiquer le nombre des croisées, d'où elles tirent leur jour, si c'est d'une rue, d'une cour, ou d'un jardin ; on dit le nom de la rue, si la cour ou le jardin dépend de la maison, ou appartient à un voisin, et par conséquent, si le jour est légal, ou de souffrance, ou s'il est l'objet d'une servitude volontaire. On décrit en suite la forme et la grandeur de chaque croisée; ses barreaux de fer, ou ses balcons, s'il y en a, et leur nombre; sa ferrure, le nombre des carreaux de verre et la qualité du verre; si ces carreaux sont collés en papiers, ou s'ils tiennent avec du mastic; les triangles de fer pour les rideaux, les croissans.

De la description des croisées, on passe à celle des portes : on en constate le nombre, puis les dimensions et la figure de chacune; on indique de quelle matière elle est: par exemple, si c'est en bois de chêne, ou de sapin ; si elle est pleine, ou en placards, ou vitrée ; si elle est à un, ou à deux venteaux ; s'il y a des tringles, des portières, des croissans.

On décrit en suite le pourtour de la pièce, tels que les lambris, soit de hauteur, soit d'appui ; les dessus de portes et les tableaux, dont il faut indiquer les sujets et les bordures ; les glaces, les places où elles se trouvent, leurs dimensions, leur qualité, leur parquet et leurs bordures. S'il y a de la dorure, on en désigne la qualité ; on dit, par exemple, si elle est brunie, ou matte.

Après quoi, on s'occupe des autres objets qui peuvent se recontrer, tels que buffets, armoires, tables et tablettes, dont on décrit toutes les circonstances concernant la matière, la forme, les dimensions. La cheminée est un des objets essentiel à indiquer : on en spécifie le chambranle, la tablette, les retours, le revêtissement, le foyer ; on dit ce qui est en marbre, et de quel nature est ce marbre, ce qui est en pierre, ou carreaux de terre, et de qu'elle espèce ; on parle des croissans, et des autres garnitures de la cheminée, ainsi que des plaques de fontes, dont on marque les mesures.

Vient ensuite la désignation du parquet : on dit s'il est en planches, ou en feuilles, et combien il y a de panneaux à chaque feuille ; s'il est posé quarrément, ou en échiquier, de quel bois il est fait ; s'il y a des frises, on les indique ; et si au lieu de parquet, il y a du carreau, on désigne s'il est de marbre, ou de pierre, ou de terre cuite, sa forme, et la manière dont il est posé.

Enfin, on décrit le plancher haut : on dit si les solives sont apparentes, ou si elles sont recouvertes d'un plafond ; s'il y a une corniche, une poutre, des peintures. En un mot, on n'omet aucun objet appartenant au propriétaire, ni aucune circonstance qui puisse faire connaître ce même objet, en indiquer la valeur actuelle, et l'état bon ou mauvais dans lequel il se trouve.

Dans les cuisines, les offices, les lavoirs, les gardes-mangers, on en explique toutes les dépendances, tels que les fourneaux avec leurs paillasses, et leur armature ; on désigne la nature de leur construction, et leurs formes, le nombre, la figure, et la mesure de leurs réchauds. Il ne faut oublier, ni les pierres à laver, ni les auges, dont on marque les mesures. On parle des plaques des cheminées, des barres de garde, des porte-crémaillères, des crémaillères, des porte-écumoires, des porte-broches, des tourne-broches, des fours, dont on spécifie le diamètre, la construction, et la fermeture.

On marque aussi dans les écuries, tout ce qui y tient, comme sont les rateliers, les mangeoires, les coffres, les chevilles, les porte-brides, les porte-scelles, et autres objets; on en indique les mesures, et l'état de bonté, ou de vétusté.

Aux greniers, on marque le nombre des fermes composant la charpente du toit : on dit si elles sont couvertes en tuiles, ou en ardoises, si elles sont éclairées par des mansardes, ou des lucarnes, ou des vues faîtières; on donne leur nombre, et on fait le détail de leur construction. On indique s'il y a chesneaux, ou goutières pour recevoir les eaux des combles; si elles se rendent à terre par des tuyaux de descente, ou si elles s'y précipitent par des godets ou canons; on dit de quelle matière sont ces différens objets.

Pour les jardins, on indique leur situation, le nombre des portes qui y conduisent, et le nombre des issues pour en sortir par la rue; on compte les pieds d'arbres, tant en bouquets qu'en espaliers; on décrit les treillages, les berceaux, les niches, les bancs, les bassins, les jets d'eau et leurs conduits. On spécifie la matière de chaque objet, sa mesure, sa forme, sa construction, l'état de bonté, ou de vétusté dans lequel il se trouve. Il faut indiquer encore le nombre des allées, leur longueur, leur direction; et on dit si elles sont sablées.

On indique dans les cours, si elles sont pavées, et de quelle manière, si elles sont entourées de bornes, ou de barrières dont on fait la description : on parle des arbres qui s'y trouvent, et des fers dont est quelquefois armé le haut des murs de clôture. On explique les portes qui conduisent dans la rue, leur grandeur, leur fermeture, leur ferrure, leur forme; les cordons et leurs conduits, pour ouvrir, soit du dedans de la maison, soit de la loge du portier. Aux passages des portes cochères, on dit s'il y a un plancher haut, si les solives en sont visibles, ou si elles sont recouvertes d'un plafond, avec ou sans corniche : on compte les bornes dont on donne les dimensions ; si elles sont armées, on explique comment.

A l'égard des caves, on compte le nombre des berceaux : on décrit les portes, les fermetures, les soupiraux ; et les différentes divisions qui s'y trouvent.

En général, on décrit toutes les parties les plus petites de l'immeuble, et on en donne un détail assez exact pour que, si un objet vient à se détériorer, on puisse facilement s'en apercevoir, juger si c'est par vétusté ou par violence, et apprécier le dommage qu'il a éprouvé.

Il est aisé de sentir que, pour tirer d'un état des lieux tout l'avantage qu'on doit en attendre, il faut qu'il soit bien fait; c'est-à-dire, qu'il ne doit rien manquer à la description de chaque objet : par conséquent, c'est à un architecte qu'il faut en confier la rédaction. Non seulement il y a une infinité de détails qui échapperaient à tout autre qu'à un homme de l'art; mais encore il est seul capable, par son expérience, de bien juger de l'état de bonté, de médiocrité, ou de vétusté dans lequel se trouvent les différens objets qu'il faut décrire.

Ordinairement, c'est le propriétaire qui fait dresser l'état des lieux à ses frais : il en donne une copie au locataire, qui, avant de signer, la vérifie, ou la fait vérifier, soit par un architecte, soit par tout autre ; et c'est lui seul qui doit payer cette vérification. En effet, le même état sert au propriétaire, pour tous les baux qu'il passe successivement; c'est donc à lui à en faire les frais. Mais, à chaque bail, il faut deux copies de l'état des lieux l'une reste au propriétaire, et l'autre au locataire, après que leurs signatures y ont été apposées : or, le locataire doit payer la copie qui lui est remise ; ce qui comprend la vérification le coût du papier timbré, et la peine du copiste. Ceci s'observe, à moins que le bail ne contienne, à ce sujet, des conventions contraires.

ARTICLE II.

Des réparations usufruitières.

Dans un premier paragraphe, on dira ce qu'on entend par l'usufruit; dans un second, en quoi consiste les réparations à la charge de l'usufruit; et dans un troisième, on examinera à quelles sortes de réparations, le bail à vie, le bail à rente, et le bail emphitéotique obligent l'entrepreneur.

§ Ier.

En quoi consiste l'usufruit.

Suivant le Code Napoléon, *art.* 578, l'usufruit est le droit de jouir, pour un tems, d'un objet mobilier ou immobilier, comme un vrai propriétaire, à la charge de le conserver au profit d'une autre personne qui en a la propriété.

L'usufruit est établi, ou par la loi, ou par la volonté de l'homme *ibid*, *art.* 579. Il y a des cas où l'usufruit de certaines choses est attribué de plein droit, sans qu'il soit besoin d'aucun consentement : par exemple, le père et la mère ont la jouissance usufruitière des biens de leurs enfans, jusqu'à ce que ceux-ci aient atteint l'âge de dix-huit ans, ou jusqu'à leur émancipation, s'ils l'obtiennent avant cet âge. *Ibid art.* 384 *et* 385, § 1.

Pareillement, l'usufruit peut être acquis par vente, par échange, par donation entre vifs ou testamentaire, et généralement par tous les actes au moyen desquels on peut disposer de son bien. C'est ainsi que celui qui a la pleine propriété d'une chose, peut en vendre l'usufruit; ou bien il peut en vendre la nue propriété, et s'en réserver l'usufruit. De même, l'usufruit d'un objet quelconque peut être la matière d'un échange, lorsqu'on le donne pour l'usufruit ou la propriété d'une autre chose

Par donation entre vifs, on peut gratifier quelqu'un d'un usufruit; ou bien on peut donner la nue propriété, et se réserver l'usufruit. Souvent un testateur lègue l'usufruit de son bien, ou d'une partie de son bien, à une personne, laissant la nue propriété à ses héritiers, ou la léguant à une autre personne. On voit quelquefois, dans les contrats de mariage, des usufruits établis par donation entre vifs: assez souvent, dans ces actes, les époux se donnent l'usufruit de leurs biens, pour que le survivant des deux en ait la jouissance.

Nous n'entreprendrons pas d'exposer les principes relatifs à l'usufruit; c'est une matière qui exige un traité particulier. Nous n'en parlerons ici qu'autant qu'il est nécessaire, pour bien entendre en quoi consistent les réparations dont est chargé, celui qui jouit d'un héritage comme usufruitier. Quelque soit le titre qui donne cette qualité, elle oblige aux mêmes charges : dans tous les cas, l'usufruitier ne peut entrer en jouissance qu'après un inventaire des meubles, et un état des immeubles sujets à l'usufruit. *Code Napoléon*, *art.* 600. Il doit aussi fournir caution de jouir en bon père de famille, si le titre qui établit l'usufruit ne l'en dispense pas. La loi n'exige pas de caution des pères et mères qui jouissent des biens de leurs enfans mineurs. *Ibid*, *art.* 601. L'usufruitier est tenu de toutes les réparations d'entretien; les grosses réparations restent seules à la charge du propriétaire. *Ibid*, *art.* 605. On expliquera dans la suite ce qu'on entend par ces diverses sortes de réparations. Les charges annuelles, telles que les impositions, les redevances foncières, sont supportées par l'usufruitier.

De quelque manière qu'ait été établi l'usufruit, il s'éteint dans tous les cas par les mêmes causes : elles sont indiquées au Code, *art.* 617. La première, est la mort naturelle ou civile de l'usufruitier. La seconde, est l'expiration du tems pour lequel a été accordé l'usufruit; car il peut être établi pour la vie entière de celui qui en jouit, ou pour un certain nombre d'années seulement. En troisième lieu, l'usufruit, s'éteint lorsque les deux qualités d'usufruitier et de propriétaire se trouvent réunies dans la même personne; ce qui arrive lorsque par acquisition, échange, transaction, donation ou testament, l'usufruitier acquiert la propriété; ou bien réciproquement, lorsque par un moyen quelconque, le propriétaire acquiert l'usufruit. Si la personne qui a un droit d'usufruit, reste trente ans sans le réclamer ou sans en faire usage, l'usufruit est prescrit; c'est un quatrième moyen de l'éteindre. En cinquième lieu, l'usufruit cesse par la perte totale de la chose sur laquelle il est établi. Si donc l'usufruit porte uniquement sur un bâtiment qui s'est écroulé par un tremblement de terre, ou par vétusté, le propriétaire rentre dans la jouissance du sol et des matériaux. Mais, s'il s'agit de l'usufruit d'un domaine, sur lequel se trouve le bâtiment écroulé par vétusté, ou par cas fortuit, l'usufruitier continue l'exercice de son droit sur les matériaux et sur le sol, comme sur le reste du domaine. *Ibid*, *art.* 617 *et* 624.

Ce qu'on vient de dire, fait assez connaître la différence qu'il y a entre posséder un immeuble à titre de bail, ou à titre d'usufruit. Le contrat de louage n'existe que par l'effet d'une convention, et pour un prix convenu ; tandis que l'usufruit est établi par la loi, ou par convention, ou à titre gratuit. Un bail ne produit qu'une obligation personnelle d'exécuter le contrat ; tandis que l'usufruit est un droit réel sur la chose qui y est assujétie : en sorte qu'on peut le revendiquer sur des tiers détenteurs. La jouissance du fermier n'a d'autre étendue que celle qui a été convenue entre les parties ; tandis que l'usufruitier jouit essentiellement de toutes les espèces de produits, comme le propriétaire lui-même. Les fruits prêts à être récoltés peuvent être réservés par le propriétaire, et n'être pas compris dans le bail ; tandis que s'il y a des fruits pendant par les racines, au moment où le droit de l'usufruitier s'ouvre, ils lui appartiennent. Quand un bail expire avant la fin de la récolte, on laisse au fermier la facilité de l'achever, et même de consommer les fourrages : il n'en est pas de même à l'égard de l'usufruit; dès qu'il est éteint, le propriétaire devient maître de toutes les récoltes, même de celles qui sont mûres, et qui ne sont pas encore séparées de la terre. On voit que les droits de l'usufruitier sont bien plus étendus que ceux du locataire ou fermier : par conséquent, les obligations du premier sont bien plus considérables que celles du second. Il n'entre pas dans le plan de cet ouvrage, de donne le détail des droits et des obligations de l'usufruitier, pas plus que nous n'avons parlé des devoirs et des obligations qui résultent du contrat de louage. Mais il était nécessaire de faire sentir, pourquoi celui qui possède à titre d'usufruit, est chargé de toutes les réparations d'entretien; tandis qu'il ne devrait que des menues réparations, s'il jouissait en vertu d'un simple bail : on en voit le motif dans les droits de l'usufruitier, qui sont bien plus étendus que ceux du locataire ou fermier. Celui-ci jouit de la chose d'autrui avec toutes les réserves qu'exprime le bail, ou qui y sont supplées de droit; au contraire, la jouissance de l'usufruit est la même que celle du propriétaire. Il lui est seulement défendu de détruire, et même il est tenu de conserver l'objet dont la jouissance lui appartient. En effet, si le propriétaire ne peut rien faire qui puisse gêner, ni changer en rien la possession de l'usufruitier; il est du devoir de ce dernier d'exercer ses droits, de manière à ne porter aucun préjudice à ceux du propriétaire, *ibid*, *art.* 599 *et* 601. Voilà pourquoi aussi, toute usurpation commise sur le fonds, ou toute autre manière de porter atteinte aux droits du propriétaire, doit lui être dénoncée par l'usufruitier : si ce dernier met de la négligence à remplir cette obligation, il est responsable de tout le dommage qui peut en résulter, comme si c'était lui-même qui eût commis l'usurpation, ou les dégradations. *Ibid*, *art.* 614.

§ II.

De quelles réparations sont tenus respectivement le propriétaire et l'usufruitier.

Quand un immeuble est possédé par un usufruitier, celui-ci est chargé de toutes les réparations d'entretien, qui sont en conséquence nommées *réparations usufruitières.* La loi n'oblige le propriétaire qu'aux grosses réparations, à moins qu'elles n'aient été occasionnées par la faute de l'usufruitier, qui alors est tenu de les payer. Un des cas où on le regarde comme étant la cause des grosses réparations, est celui où elles arrivent faute par lui d'avoir fait les réparations d'entretien. Par exemple, le rétablissement de la couverture entière est une grosse réparation; mais, si elle est devenue nécessaire bien plutôt qu'on ne devait s'y attendre, parce que l'entretien de cette couverture a été négligé par l'usufruitier, tout le travail est à la charge de ce dernier. *Cod. Nap.*, *art.* 605.

En conséquence, avant d'entrer en jouissance, il est de l'intérêt du propriétaire et de l'usufruitier, de faire constater l'état dans lequel se trouve l'héritage: afin donc d'éviter toutes les contestations, qui ne manqueraient pas de naître sans cette précaution, il est défendu à l'usufruitier d'entrer en jouissance, s'il n'a un état des lieux. *Ibid*, *art.* 600.

Lorsqu'on procède à cet état, s'il se trouve de grosses réparations à faire, le propriétaire est obligé d'y pourvoir; mais, par qui doivent être supportées les réparations d'entretien, qui ont besoin d'être faites à la même époque? L'usufruitier s'en défend, en disant qu'il doit seulement l'entretien occasionné depuis sa jouissance. De son côté, le propriétaire dit que l'usufruit étant ouvert, il n'est tenu que des grosses réparations. Suivant le témoignage de Desgodets et de Goupy, l'usufruitier pouvait exiger avant son entrée en jouissance, que l'immeuble fût mis en bon état, et qu'ainsi les réparations de toute espèce fussent faites: la raison qu'ils en donnent, est que l'usufruitier était tenu de rendre l'objet en bon état. Mais notre Code, *ibid.* ayant décidé que l'usufruitier prend les choses dans l'état où elles sont, il ne peut exiger du propriétaire, en entrant en jouissance, que les grosses réparations qui sont à faire, parce qu'en quelque tems que ce soit, le Code les met à la charge de ce dernier.

Il suit de là, que l'usufruitier n'est pas tenu de rendre l'héritage complétement réparé; mais seulement dans un état semblable à celui où il l'a reçu. Qu'arriverait-il, s'il avait omis de faire constater l'état de l'immeuble, avant d'en prendre possession? La présomption serait qu'il n'y a trouvé aucune réparation à faire; et par conséquent il serait tenu de le rendre exempt de toutes les réparations d'entretien: il ne serait pas même recevable à soutenir que l'héritage n'était pas en bon état; parce qu'étant contrevenu à la loi, qui lui défendait d'entrer en jouissance sans avoir fait constater l'état de l'héritage, il ne lui reste aucun moyen de faire la preuve qui lui serait nécessaire.

Si l'usufruitier avait fait des améliorations sur l'immeuble, pourrait-il en répéter l'indemnité? Non: l'usufruit commence dans l'état où est le bien, sauf les grosses réparations; il continue et finit de même. L'héritage, tel qu'il se trouve à la fin de l'usufruit, entre dans la possession du propriétaire. Cependant, l'usufruitier n'ayant pas pu détériorer, on peut exiger de lui ou de ses héritiers, qu'il rétablisse l'héritage dans le même état où il était, quand la jouissance usufruitière a commencé. A l'égard des améliorations, elles ont été faites pour la satisfaction de l'usufruitier; la jouissance qu'il en eut est le seul prix qu'il en attendait: le propriétaire ne lui doit donc aucune indemnité.

L'usufruitier ou ses héritiers peuvent-ils, du moins, emporter les objets d'amélioration? Cette question a été décidée à l'égard du locataire, lorsqu'il a fait des embellissemens dans la maison qui lui a été louée. A l'exemple de l'usufruitier, il n'est tenu à rendre l'héritage que dans l'état où il l'a reçu; l'un et l'autre peuvent donc enlever ce qui n'a pas été placé à perpétuelle demeure, et généralement ce qui ne fait pas partie essentielle de l'immeuble, ce qui peut en être séparé sans le détériorer, et ce qui peut être détaché sans être détruit. Voyez ce qu'on a dit à ce sujet dans l'article précédent, paragraphe VIII.

Une maison possédée en usufruit, vient à s'écrouler par l'effet d'un tremblement de terre; est-ce le propriétaire, est-ce l'usufruitier qui doit la reconstruire? Comme les cas fortuits ne sont imputables ni à l'un ni à l'autre, le Code, *art.* 607, décide qu'aucun des deux n'est tenu de rétablir l'édifice. La même décision a lieu, lorsque l'accident est arrivé par vétusté. Le bâtiment a duré d'autant plus long-tems, qu'il a été réparé et entretenu avec plus de soins; mais, malgré toutes les précautions du propriétaire et de l'usufruitier, il arrive un tems où l'édifice ne peut résister à la vétusté, dont les effets ne doivent être reprochés ni à l'un ni à l'autre. Cependant, si le propriétaire voulait relever cette maison, l'usufruitier ne pourrait pas s'y opposer : s'il alléguait que le terrain nu lui est plus utile qu'une maison, ce prétendu avantage serait balancé avec l'intérêt du propriétaire, qui, pour bâtir, ne voudrait pas attendre l'extinction de l'usufruit; et la contestation serait jugée selon les circonstances.

Si le propriétaire refusait de relever la maison, l'usufruitier serait-il autorisé à la rebâtir? Desgodets pense pour l'affirmative, et ajoute qu'après l'usufruit le propriétaire serait redevable du prix de la maison. Nous croyons bien que l'usufruitier peut bâtir; mais il ne pourra pas répéter le prix de la construction. C'est une amélioration qu'il fait sur l'objet dont il a la jouissance : or le Code, *art.* 599, dit qu'à la cessation du droit de l'usufruitier, celui-ci ne peut réclamer aucune indemnité pour les améliorations qu'il a pu faire, quoiqu'elles aient augmenté la valeur de l'immeuble qui était soumis à l'usufruit.

A l'égard du tems où les réparations usufruitières sont exigibles, il faut voir ce qui a été dit dans l'article précédent, § VII, sur le tems d'exiger les réparations locatives : on distingue celles qui sont nécessaires à la conservation de l'édifice, et celles qui peuvent être différées jusqu'à l'expiration de l'usufruit, sans aucun danger pour les droits du propriétaire. Les premières sont exigibles à mesure qu'elles se présentent. Un arrêt du 15 janvier 1583 l'a ainsi jugé : il prononce aussi que l'usufruitier est tenu des dommages causés à l'héritage par son fermier, sauf son recours contre ce dernier.

Si l'usufruitier refusait de faire les réparations, soutenant qu'elles ne sont pas à sa charge, des experts seraient nommés; et si leur rapport était favorable au demandeur, celui-ci, après un délai fixé, serait autorisé à faire faire les réparations aux frais du défendeur : le tribunal ordonnerait en conséquence, qu'un exécutoire serait délivré sur le vu des quittances d'ouvriers. Une usufruitière n'ayant pas le moyen de réparer l'immeuble dont elle jouissait, et qu'elle avait laissé dépérir, fut condamnée par arrêt du 9 janvier 1554, à abandonner son usufruit pendant le tems nécessaire, pour que les revenus pussent suffir à payer les dommages qu'elle avait causés.

De son côté, l'usufruitier peut exiger les grosses réparations, quand elles sont nécessaires, et que leur retard lui ferait éprouver de la perte; ou quand elles donnent une juste crainte du dépérissement de l'immeuble, avant la fin de l'usufruit. Par exemple, des murs sont tellement déversés, que personne ne veut louer la maison sujette à l'usufruit; il devient donc nécessaire de redresser ces mêmes murs. En vain le propriétaire alléguerait qu'ils peuvent encore durer long-tems dans l'état où ils sont; le motif déterminant est que cet état empêche réellement l'usufruitier de louer la maison : si ce point de fait est constant, c'en est assez pour que l'usufruitier ait droit de demander la réparation.

Si le propriétaire refuse de faire les réparations réclamées, un jugement rendu, sur rapport d'experts, autorise l'usufruitier à les faire aux frais du propriétaire, après l'expiration d'un délai accordé à ce dernier. En conséquence, exécutoire est délivré au greffe, sur la représentation des quittances des ouvriers et fournisseurs.

Au reste, l'usufruitier est tenu de souffrir les grosses réparations, quand elles sont nécessaires; et s'il y a contestation pour savoir si elles sont indispensables, on fait visiter les lieux par des experts.

Est-il dû indemnité à l'usufruitier, pour sa non jouissance, lorsque les grosses réparations durent plus de quarante jours?

Les uns pensent pour l'affirmative, attendu que le terme de quarante jours est fixé par la loi, pour la souffrance que doit le locataire, au propriétaire qui fait de grosses réparations. On trouve que celui-ci n'est pas fondé à troubler plus long-tems la jouissance de l'usufruitier, que celle du locataire; d'où on conclut que, l'un et l'autre doivent être indemnisés, en raison du tems que les réparations durent au delà de quarante jours.

D'autres disent que le locataire jouit à un titre, qui ne permet pas qu'on lui fasse perdre une portion trop considérable de sa jouissance; tandis que l'usufruitier exerce des droits bien plus étendus, qui lui donnent le moyen de souffrir plus long-tems l'embarras des réparations. Un propriétaire ne doit louer sa maison pour un certain nombre d'années, qu'après l'avoir mise dans un tel état, qu'elle n'ait pas besoin de grosses réparations. Si donc on lui accorde la faculté d'en faire, pendant quarante jours, c'est par une sorte d'indulgence, et pour les cas imprévus. Il n'en est pas de même d'un héritage, dont l'usufruit appartient à une autre personne que le propriétaire; c'est souvent sans le consentement de ce dernier, et très-souvent pour un tems indéterminé. Le propriétaire n'est donc pas responsable de ce que, pendant la durée de l'usufruit, il survient de grosses réparations qui durent plus de quarante jours. Néanmoins, ceux qui soutiennent cette dernière opinion disent que, si le propriétaire ne mettait pas dans le travail des grosses réparations une activité suffisante, l'usufruitier pourrait faire fixer, par la justice, un terme après lequel il lui serait dû des indemnités par le propriétaire négligent.

§ III.

Enumération des grosses réparations, et de celles d'entretien ou usufruitières.

Il ne suffit pas d'avoir dit par qui sont supportées les grosses réparations, et celles d'entretien; il faut maintenant faire connaître en quoi consistent les unes et les autres. Le Code Napoléon, *art.* 606, indique comme grosses réparations celles des gros murs, et des voûtes, le rétablissement des poutres, celui des couvertures entières, celui des digues et des murs, soit de soutenement, soit de clôtures, quand ces objets sont à refaire en entier. Toutes les autres réparations, ajoute la loi, sont d'entretien : ainsi, il y a deux sortes de réparations, les grosses et celles d'entretien ; ces dernières se subdivisent en menues et grandes. Les réparations de menu entretien, sont toutes celles que les locataires doivent à ceux dont ils tiennent leur jouissance. Ces derniers sont obligés réciproquement vis-à-vis de leurs locataires, à toutes les autres réparations; c'est-à-dire, aux grosses, et à celles de grand entretien : c'est ce qu'on a vu dans l'article précédent.

Quand un immeuble est possédé en usufruit, le propriétaire ne doit que les grosses réparations à l'usufruitier; et celui-ci doit au propriétaire toutes les réparations d'entretien, les grandes et les menues : voilà pourquoi dans la pratique on les nomme réparations usufruitières.

Néanmoins, lorsque l'usufruitier donne à bail l'immeuble sujet à l'usufruit, il a droit d'exiger que son locataire fasse les menues réparations; et celui-ci peut forcer l'usufruitier à faire les autres réparations, tant les grosses que celles de grand entretien; sauf le recours de l'usufruitier, pour obtenir que le propriétaire fasse les grosses réparations.

En indiquant ce qu'elle entend par grosses réparations, la loi dit assez en quoi consistent toutes celles d'entretien, et qui sont par conséquent à la charge de l'usufruitier. Cependant, il est nécessaire d'entrer ici dans quelques détails, pour faire connaître plus particulièrement, dans quelle classe doit être rangée chaque sorte de réparation qu'exigent les immeubles.

Nous ne pouvons rien suivre de mieux sur cette matière, que ce que disent Desgodets et son annotateur, sur chaque partie d'un héritage.

1°. Par les gros murs, on entend les murs de face, ceux de refend, les pignons, qu'ils soient mitoyens ou non, qu'ils soient en élévation ou en fondation. Sont compris aussi au nombre des gros murs, les jambes de pierre de taille, les pans de bois, les cloisons en charpente et maçonnerie, quand elles règnent de fond en comble. Il en est de même de celles qui séparent les appartemens, lorsqu'elles portent des planchers, et qu'en même-tems elles sont formées de poteaux assemblés à tenons et à mortoises par le haut et par le bas, dans des sablières stables et destinées à maintenir l'édifice.

2°. La reconstruction entière des murs de clôture ou de soutenement est une grosse réparation : par conséquent s'il n'y a qu'une brèche à boucher, ou l'enduit à refaire, ou le chapron à rétablir, c'est à la charge de l'usufruitier; il n'y a là rien d'entier à réparer.

Un mur de clôture a cinquante toises de long ; il s'en trouve quelques toises qui ont besoin d'être reconstruites : sera-ce une grosse réparation? La raison de douter est qu'il ne s'agit pas du mur entier. Mais ce qui décide, c'est que la partie défectueuse est à rétablir toute entière. Tel est le vrai sens de la loi : il faut l'entendre comme s'il était dit, que toute partie de mur de clôture, ou de soutenement qu'il faut reconstruire entièrement, est à la charge du propriétaire.

3°. Avec les poutres on comprend les poutrelles, les sablières ou lambourdes posées à côté des poutres, quand elles servent à les rendre plus fortes, et les sablières placées le long des murs pour soutenir les planchers : non seulement les propriétaires sont tenus de les réparer ; mais encore les ouvrages accessoires pour y parvenir sont aussi à leur charge, tels que tous les étayemens, les raccordemens. Observez pourtant que si les poutres, poutrelles, lambourdes et sablières avaient péri, par l'effet d'une surcharge posée sur les planchers, l'imprudence de l'usufruitier ou de ses gens aurait été la cause de l'accident ; il serait donc tenu de le réparer.

Le Code ne mettant parmi les grosses réparations que les poutres, et conséquemment les poutrelles, lambourdes et sablières, il en résulte que les planchers portés sur ces objets sont à la charge de l'usufruitier. Ainsi il remplace les solives qui ne peuvent plus servir ; l'aire des planchers, le carreau ou le parquet, et le plafond sont rétablis en entier par lui. Cependant, si les dégâts arrivés au plancher venaient de ce que les poutres ou les murs qui les soutenaient ont manqué, le propriétaire se trouverait l'auteur du tort que souffre l'usufruitier, et serait obligé de refaire le plancher.

4°. L'entretien des couvertures étant une réparation usufruitière, sauf lorsqu'il s'agit d'une reconstruction entière ; ce qu'on appelle les recherches, le rétablissement des plâtres, les changemens de gouttières, le changement des plombs, comme faîtes, noues, arrêtiers, sont faits aux dépens de l'usufruitier.

Mais lorsque la couverture est à refaire entièrement, c'est une charge du propriétaire, qui alors doit rétablir les gouttières et les plombs, parce qu'ils font partie de la couverture. Le cas où la couverture est à refaire par le propriétaire, arrive quand la totalité ou la plus grande partie, soit de l'ardoise, soit de la tuile, est hors d'état de servir par vétusté, ou mauvaise qualité, ou cas fortuit.

Que faut-il décider, lorsque la couverture n'a besoin que d'un remanié à bout? Remanier à bout les tuiles d'une couverture c'est déposer la tuile et la latte d'un comble, refaire un lattis neuf, et reposer les vieilles tuiles.

Desgodets pense que cette opération est usufruitière, parce que ce n'est pas là refaire la couverture entière : suivant cet architecte le propriétaire n'est tenu de la couverture, que quand la totalité de l'ardoise ou de la tuile est mauvaise.

Goupy nous paraît plus raisonnable : il dit que si le remanié à bout ne s'étend qu'à une partie de la couverture, il est à la charge de l'usufruitier; mais que s'il faut remanier à bout la totalité ou la plus grande partie de la couverture, c'est au propriétaire à en faire la dépense. S'il en était autrement, il n'arriverait presque jamais que les propriétaires eussent à rétablir les couvertures, parce qu'il n'arrive presque jamais qu'on ne puisse pas faire servir une portion des ardoises ou des tuiles, quelque totale que soit la réparation d'un comble.

5°. Tous les plombs d'un édifice, les faîtages, les noues, les gouttières, les chesnaux, les godets, les tuyaux de descente, les cuvettes de plomb ou de toute autre matière, les paratonnerres sont entretenus par l'usufruitier. Goupy observe que les plombs qui couvrent une terrasse servent de couverture : en conséquence il distingue le cas où il n'y a que des portions à réparer, et il les met à la charge de l'usufruitier. Mais, s'il s'agissait de renouveler la totalité du plomb de la terrasse, le propriétaire en ferait la dépense, comme étant chargé du rétablissement des couvertures, quand il se fait pour la totalité. Au reste, il est bon de remarquer que, si un domaine contient plusieurs corps de combles, il suffit qu'un de ces corps ait besoin d'être réparé en entier, pour qu'il soit à la charge du propriétaire.

6°. On demande par qui la charpente des combles doit être entretenue. Elle soutient la couverture ; mais elle n'en fait pas partie : on ne peut donc pas lui appliquer le même principe, et dire que si cette charpente est à refaire entièrement, c'est au propriétaire à s'en charger, tandis que les réparations partielles sont payées par l'usufruitier.

Il paraît que Desgodets et Goupy ont compris la charpente des combles parmi les poutres; c'est-à-dire, parmi les bois qui constituent l'édifice, et servent à soutenir les objets entretenus par l'usufruitier. De là il faut conclure, que toute cette charpente est à la charge du propriétaire. Il est vrai que Desgodets excepte la charpente des chevrons et des lucarnes, qu'il fait réparer par l'usufruitier; mais Goupy n'est point de cet avis : il ne voit pas pourquoi cette distinction. Selon lui toute la charpente du comble, y compris celle des chevrons et des lucarnes, est nécessaire pour soutenir la couverture, comme les lambourdes qu'on joint à une poutre pour la rendre plus forte, sont nécessaires pour soutenir les planchers. En suivant cette analogie, qui a d'abord été saisie par Desgodets, son annotateur en conclut qu'il faut mettre la totalité de la charpente des combles, parmi les objets sujets à grosses réparations. Au reste, il convient de dire que, si ces bois venaient à périr par le défaut des réparations d'entretien, l'usufruitier en serait responsable.

Pareillement, si la charpente des combles était vicieuse, au point d'occasionner de trop fréquentes réparations à la couverture, le propriétaire serait tenu d'y remédier. Par exemple, si les chevrons étaient trop éloignés les uns des autres, ce qui causerait un continuel affaissement de la couverture; on forcerait le propriétaire à espacer les chevrons, de manière qu'il y en eût quatre sur la longueur d'une latte, et à rétablir le dommage causé à la couverture. Pour s'épargner une opération de ce genre, le propriétaire pourrait offrir de se charger de l'entretien de la couverture.

7°. Les voûtes sont un objet de grosse réparation, quelque petite que soit la partie qu'il faut rétablir, à moins que le dommage n'ait été occasionné par l'usufruitier. C'est ce qui arrive lorsque les voûtes sont surchargées, ou lorsqu'elles éprouvent des efforts trop violens, tel que celui du travail des maréchaux, qui frappent à grands coups sur leur enclume. De même, quand les pavés et les aires ne sont pas entretenus sur les voûtes, les eaux y pénètrent et en causent la ruine. Dans ces différens cas, c'est l'usufruitier qui est responsable des réparations.

8°. En général, toutes les fois que le propriétaire fait des ouvrages qui sont à sa charge, il est tenu de tous leurs accessoires, qui seraient supportés par l'usufruitier, s'il s'agissait d'un simple entretien. Ainsi, quand un propriétaire reconstruit un gros mur, il doit refaire à ses frais également les manteaux, les tuyaux et les souches des cheminées, qui s'y trouvent adossées; il paie le rétablissement des planchers, et de la couverture qu'il a fallu défaire pour la reconstruction de ce mur. Néanmoins, lorsque les objets qui tiennent aux gros ouvrages faits par le propriétaire, sont eux-mêmes en mauvais état, celui-ci n'est pas tenu d'en payer le rétablissement. Si donc en remplaçant une poutre, les solives qui y étaient appuyées se trouvaient pourries, le rétablissement du plancher ne serait pas à la charge du propriétaire : car il est évident que l'usufruitier allait être dans la nécessité de refaire ce même plancher.

9°. Il est d'usage de mettre l'entretien des puits et des fosses d'aisance, à la charge du propriétaire; car ces sortes de constructions sont de véritables gros murs : or, nous avons dit que de quelque nature qu'ils fussent, en élévation ou enfoncés dans la terre, ils étaient des objets de grosse réparation. A l'égard du curage des puits, et de la vidange des fosses, on les comprend dans l'entretien de l'usufruit. Si un puits a besoin d'être nétoyé, s'il faut vider une fosse lorsque l'usufruitier entre en jouissance, il doit s'en charger; il ne peut pas exiger que ces opérations soient faites par le propriétaire, parce qu'on prend l'usufruit dans l'état où se trouve l'immeuble. Il est vrai qu'on peut le rendre dans le même état; c'est pourquoi le propriétaire, à la fin de l'usufruit, ne pourra demander, ni qu'on lui fasse curer son puits, ni qu'on lui fasse vider sa fosse.

10°. Dans une terre où il y a, soit des étangs, soit des eaux coulantes, on doit laisser à la charge du propriétaire les chaussées, les digues, les canaux, les bassins, les réservoirs, les bondes de décharge, les grillages qui retiennent le poisson, lorsqu'il s'agit de leur refection entière, et qu'elle n'a point été causée par la faute de l'usufruitier. De là il suit que, s'il n'y que des brèches à boucher, et autres réparations de pur entretien à faire, comme des chaussées ou des digues à recharger, des enduits à rétablir, des canaux, des fossés et rigoles à nétoyer, l'usufruitier doit supporter la dépense. Goupy ne pense pas ainsi, il dit que les réparations, même partielles de ces digues et chaussées, sont à la charge du propriétaire, comme le sont les réparations partielles des gros murs, voûtes et poutres. Mais le Code, dans son *art.* 606, a consacré l'opinion de Desgodets : il ne considère les digues et les murs de soutenement, comme sujets à grosses réparations, que quand ils sont à refaire en entier.

11°. Un moulin à eau construit sur masse; c'est-à-dire, sur terre ou sur pilotis, offre ces derniers objets de grosses réparations, concernant ses eaux. A l'égard de ses bâtimens, on suit également ce qui a été expliqué plus haut, pour la distinction des grosses réparations, et de celles d'entretien. Du reste, l'usufruitier doit entretenir tout ce qui est particulier à un moulin : il fait le curage des canaux, ruisseaux et rivières qui y conduisent l'eau; il répare l'arbre, les aubes, les caisses et les sabots; les rouets, les roues et lanternes; les pivots, les meules, la cerce, la trémie, la huche, et généralement les tournans, travaillans et ustensiles. Une grande partie de ces objets a été mise au nombre de ceux, qui ne sont sujets qu'à réparations locatives : par conséquent, l'usufruitier qui donne à bail le moulin dont il jouit, a le droit d'exiger de son locataire ou fermier, l'entretien de ces différentes parties; mais il en est lui-même responsable vis-à-vis du propriétaire.

12°. Aux moulins à eau construits sur bateaux, le propriétaire ne doit faire que les grosses réparations du bateau, et de l'édifice de charpente qui supportent et renferment le moulin. Pour y reconnaître les objets de grosses réparations, on distingue ce qui, dans une pareille construction, représente les gros murs et les poutres. Ainsi, les planches du pourtour du moulin, avec les pièces de bois sur lesquelles elles sont attachées, sont les véritables gros murs : c'est donc au propriétaire à les réparer, quand elles manquent par vétusté. Mais, si le dommage venait par la faute de l'usufruitier ou de son fermier : par exemple, si des planches étaient cassées ou fendues par les crocs des mariniers, par l'effort des cordages qu'on y attache, ou par le choc des bateaux qui passent, ou par autres accidens, l'usufruitier supporterait la réparation. Il est tenu, comme d'un simple entretien, de faire calfater, goudroner et sparmer le bateau : on appelle sparmer, mettre du suif par dessus le goudron. Il doit aussi entretenir la couverture, si ce n'est quand elle a besoin d'être refaite entièrement ; car, dans ce cas, on suit ce qui a été dit pour la couverture des bâtimens, laquelle est à la charge du propriétaire, s'il s'agit d'une réparation totale. Quant au surplus, tels que les tournans, travaillans et ustensiles, l'usufruitier en est responsable, comme on l'a dit plus haut pour les moulins bâtis sur masse.

13°. Il en est de même des moulins à vent, dont le corps seul du moulin est à la charge du propriétaire ; c'est-à-dire, qu'on regarde comme grosses réparations, celles des pans de bois des quatre faces, avec leurs planches à couteaux du pourtour ; la charpente du comble, le gros pivot ou attache, avec ses sommiers et contre-fiches ; les couillards, la cloison et les supports ; enfin, la flèche et la queue servant à tourner le moulin du côté du vent. Ces divers objets représentent les gros murs, les poutres, poutrelles, lambourdes et sablières. On raisonne pour la couverture d'un moulin à vent, comme de celle de tout autre bâtiment : elle est entretenue par l'usufruitier, sauf les cas où il faut la refaire en entier ; car, alors, c'est le propriétaire qui en supporte la dépense. Le surplus, comme les limons et les marches de l'échelle, les volans, cabestans, et autres tournans, travaillans et ustensiles, sont des objets d'entretien que doit payer l'usufruitier.

14°. Pour les pressoirs à vin, à cidre, l'usufruitier est chargé d'entretenir et de faire à neuf, s'il est nécessaire, toute la charpente du sommier, les chevalets, jumelles, arbres, presses, vis, treuillées, couchis, auges, moulinets, et généralement les mouvans, travaillans et ustensiles. Quant aux bâtimens qui renferment les pressoirs, on distingue, comme on la fait plus haut, les grosses réparations, et celles d'entretien ; et ces dernières sont les seules supportées par l'usufruitier.

15°. C'est aussi par l'usufruitier que sont entretenus de toute espèce de réparations, les haies et fossés servant de clôture aux terres, aux vignes, aux bois et aux autres héritages sujets à l'usufruit.

ARTICLE III.

Des réparations en cas de bail à vie, ou à rente, ou emphythéotique.

Ce que nous avons à dire de ces trois sortes de baux, formera la matière de trois paragraphes : on s'y bornera à quelques réflexions sur la nature de chacun de ces baux, afin de faire reconnaître les réparations qu'ils mettent, soit, à la charge du preneur, soit à la charge du bailleur.

§ Ier.

Du bail à vie.

Le bail à vie est un acte par lequel un propriétaire cède la jouissance de son héritage, pendant toute la vie du preneur, et moyennant un prix convenu pour chaque année. Cette sorte de bail ne diffère de la vente à vie, c'est-à-dire, de la vente de la jouissance d'un immeuble pendant la vie de l'acquéreur, que par le prix : dans le bail, il est une redevance annuelle, et dans la vente, il est une somme déterminée, payable comptant, ou à des termes plus ou moins multipliés. Le preneur du bail à vie ne sait pas pendant combien de tems il paiera la redevance : à l'égard de l'acquéreur à vie, il doit la totalité du prix convenu, quelque courte que soit sa jouissance; comme aussi, quelque prolongée qu'elle soit, il ne doit rien plus que le prix fixé.

Il est aisé de sentir que celui qui possède en vertu d'un bail à vie, ou d'une vente à vie, n'est qu'un usufruitier : il jouit de l'héritage d'une autre personne, comme s'il en était le propriétaire, à la charge d'en user en bon père de famille, et de veiller à la conservation de cette chose.

L'incertitude de la durée d'un bail, ou d'une vente à vie, et la certitude que le propriétaire, ou ses successeurs rentreront dans la jouissance aliénée, ne permettent pas de regarder ces deux sortes de contrat, ni comme un simple louage, ni comme une simple vente : l'un, est un bail de l'usufruit, et l'autre, une vente de l'usufruit. C'est pourquoi dans l'un ou l'autre cas, celui qui jouit à la charge de conserver, est tenu de toutes les obligations de l'usufruitier, et par conséquent de toutes les réparations d'entretien ; c'est-à-dire, de celles appelées usufruitières, et qui, s'il s'agit d'un bail ou d'une vente à vie, se nomment quelquefois réparations viagères. Par la même raison, celui à qui est restée la nue propriété, est tenu de toutes les obligations d'un propriétaire envers l'usufruitier, et par conséquent de faire les grosses réparations.

Ce que nous venons de dire du bail à vie et de la vente à vie, qui peuvent aussi être appelés bail ou vente d'usufruit, convient à ces sortes de contrats, lorsque les parties n'y ont rien stipulé de contraire. En effet, ce sont des conventions du droit des gens, qui par conséquent sont susceptibles de recevoir toutes les conditions qu'il plaît aux parties d'y insérer, pourvû que ce ne soit rien de contraire, ni aux lois, ni aux bonnes mœurs.

Ainsi, il pourrait être convenu que le preneur ou l'acquéreur de l'usufruit ne serait tenu que d'un menu entretien, ou bien que toutes les sortes de réparations, même les grosses, seraient à sa charge. En général, c'est aux clauses de ces sortes d'actes qu'il faut s'arrêter : on n'invoque les règles générales, que sur les points qui n'ont pas été prévues par les parties. Il nous suffit donc de dire ici qu'à moins de convention contraires, celui qui prend un bail à vie, ou qui achète la jouissance d'un bien pour sa vie, est considéré comme un usufruitier.

Nous voyons dans un ouvrage moderne, que celui qui achète à vie devient propriétaire, et n'est pas, comme le preneur d'un bail à vie, tenu seulement des réparations usufruitières : il doit, dit-on, toutes les espèces de réparations, même les grosses.

Nous ne pouvons pas adopter cette opinion ; parce que celui qui, pour une jouissance à vie, paie un prix déterminé, est obligé, comme celui qui paie le même objet par une redevance annuelle, de veiller à la conservation de l'héritage, à fin de le laisser, lors de son décès, dans le même état qu'il l'a reçu. Il ne peut, ni détruire, ni changer, ni vendre à perpétuité la chose dont il jouit : il n'en a donc pas l'entière propriété. De là, il résulte qu'il ne doit pas être tenu des grosses réparations; elles sont essentiellement à la charge de celui pour qui l'héritage doit être conservé, à moins que le contraire n'ait été convenu dans l'acte d'acquisition de l'usufruit.

§ II.

Du bail à rente.

Un bail à rente est un contrat par lequel un héritage est cédé à perpétuité, sous la réserve, que le propriétaire fait à son profit, d'une redevance annuelle dont il charge ce fonds : cette circonstance fait donner à la redevance dont il s'agit, le nom de rente foncière.

De cette définition, il résulte évidemment que la pleine et entière propriété passe au preneur d'un bail à rente. Sa jouissance n'a point de terme, et celui qui la lui a cédée, ne conserve aucun espoir d'y rentrer. Il n'y a donc point de différence, entre le bail à rente et le contrat de vente, quant aux droits qui sont attribués par l'une ou l'autre aliénation, à celui qui entre en possession de l'héritage. Lui-même peut le vendre à perpétuité, pourvu que la rente annuelle soit réservée au profit du bailleur à rente.

Il est vrai que celui qui doit une rente, pour prix de l'immeuble qu'il a acquis, est tenu de maintenir ce bien dans un assez bon état pour être un gage suffisant du paiement de la rente; mais, c'est une obligation qui ne détruit point le droit de propriété incommutable : elle n'est qu'une assurance pour le paiement de la rente qui représente le prix convenu; cette obligation est de même nature que celle où on est de ne pas détériorer l'objet d'une acquisition, tant que le prix n'en a pas été soldé. Aussi, y a-t-il bien de la différence entre cette obligation, et celle de l'usufruitier qui ne peut, ni détruire, ni même changer la forme de l'héritage; attendu qu'il doit le conserver, pour le rendre dans l'état où il l'a reçu. Il n'y a rien à dire à l'acquéreur par bail à rente, tant qu'il tient l'héritage en état de répondre du paiement de la redevance annuelle : il peut donc changer la forme de son bien comme il lui plaît, pourvu qu'il lui conserve une valeur suffisante.

Ces considérations font assez voir que le preneur d'un bail à rente n'est pas un simple usufruitier : il réunit dans sa main la pleine propriété de l'objet affecté à la rente foncière ; et par conséquent il est tenu de toutes les espèces de réparations, même des grosses.

Si donc un gros mur, une poutre venaient à tomber, le bailleur à rente, qui est un véritable vendeur, pourrait forcer le preneur à rétablir ces objets ; mais, c'est seulement pour que le bien puisse répondre du paiement de la redevance. Elle doit être considérée comme les intérêts du prix d'une vente ; en sorte, que si le capital de la rente foncière venait à être remboursé, celui qui la devait se trouverait entièrement libre de disposer à sa volonté de l'immeuble, et même de le détruire, le vendeur n'y ayant plus aucun droit.

Ce qui prouve encore que la redevance établie par un bail à rente, n'est regardée que comme l'intérêt du prix d'une vente, c'est que cette redevance est rachetable. Jusqu'au commencement du quinzième siècle, ces sortes de rentes n'étaient pas rachetables ; elles étaient regardées comme une portion de la propriété que le vendeur s'était réservée, et à laquelle il ne pouvait pas être forcé de renoncer, suivant la maxime, *Nemo rem suam vendere cogitur.* Mais, par différentes considérations, le rachat des rentes foncières a été permis, quand elles étaient établies sur les maisons des villes ou des faubourgs, pourvu qu'elles ne fussent pas le premier cens, ou la première redevance exigible sur l'immeuble. Cette réserve était dans l'intérêt de la féodalité : en sorte qu'aujourd'hui, l'ancien système féodal étant détruit, il n'y a plus de motif pour une pareille restriction. On a même pensé que ce qui était décidé, pour le rachat des rentes établies sur les maisons des villes et des faubourgs, devait s'étendre à toutes sortes d'immeubles, quelque fût le lieu de sa situation. On ne regarde donc plus la rente foncière comme une sorte particulière de bien, qui ne peut pas changer de nature sans la volonté du propriétaire : elle est considérée comme l'intérêt du prix auquel l'immeuble a été vendu. C'est dans ce sens qu'a été rédigé l'*art.* 530, du Code Napoléon : il décide que toute rente établie à perpétuité, pour le prix de la vente d'un immeuble, ou comme condition de la cession qui en est faite, à titre onéreux ou gratuit quelconque, est essentiellement rachetable.

Il est néanmoins permis au créancier de régler les clauses et conditions du rachat : par exemple, on peut convenir que ce rachat ne pourra avoir lieu, qu'après l'accomplissement d'une condition imposée à celui qui entre en possession de l'héritage. On peut aussi stipuler que le rachat ne pourra être fait qu'en payant à la fois tout le capital de la rente ; ou bien que, si le remboursement se fait par portions, chaque paiement ne pourra être, ni au dessus, ni au dessous d'une certaine somme convenue ; comme aussi on peut régler qu'il sera mis entre chaque paiement partiel, un intervalle déterminé. *Ibid.*

Il est aussi permis de stipuler que la redevance annuelle ne pourra pas être rachetée pendant un certain délai, qui ne peut jamais excéder le terme de trente ans. *Ibid.*

Quand aucune condition n'a été convenue pour le tems du rachat, il peut s'effectuer à la volonté du débiteur de la rente foncière, qui alors ne peut jamais être contraint à se libérer.

On en a dit assez sur le bail à rente, pour faire sentir que c'est une véritable vente, quand à la transmission de propriété ; et qu'ainsi le débiteur de la rente foncière jouit pleinement de l'immeuble. Il doit donc en faire toutes les réparations, même les grosses.

§ III.

Du bail emphytéotique.

Par bail emphytéotique, ou par emphytéose, on entendait un contrat par lequel le propriétaire d'un héritage en cédait, ou à perpétuité, ou à longues années, la propriété utile, à la charge, par le preneur appelé emphytéote, d'y faire des améliorations, et d'en payer une redevance annuelle, en reconnaissance de la seigneurie directe que se réservait le bailleur.

On conçoit que depuis l'abolition de l'ancien système féodal, il ne peut plus y avoir de baux emphytéotiques. Ces sortes de contrats étaient mêmes assez rares en France : on donnait du bien à rente foncière, avec réserve de cens, pour représenter la seigneurie ; mais, ces actes n'étaient pas de véritables baux emphytéotiques.

Au reste, cette dénomination s'est conservée dans la pratique, pour indiquer des baux à longues années, faits avec la condition d'améliorer, imposée au preneur : car le mot *emphytéose*, qui vient du grec ἐμπτενηματα, signifie améliorations. Les principes qui concernent les emphytéoses sont empruntés du droit Romain : le Code de Justinien leur a consacré un titre intitulé *de jure emphyteutico.*

Ces sortes de contrats étant du droit des gens, sont valables parmi nous, et sont susceptibles de toutes les conditions qu'il plait aux parties d'y apposer ; pourvu qu'elles n'y stipulent rien de contraire, ni aux lois, ni aux bonnes mœurs.

Ils diffèrent des baux à loyers ou à ferme, en ce qu'ils sont faits pour longues années, et avec la charge d'améliorer ; tandis que le simple locataire n'est tenu que des menues réparations.

Ils diffèrent aussi des baux et des ventes à vie, parce que l'effet de ces contrats doit durer indéfiniment jusqu'au décès du preneur, tandis que l'emphytéose est limitée à un tems, dont la durée est connue. De plus, par le bail ou la vente à vie, on n'est pas tenu de conserver l'immeuble autrement que dans l'état où on l'a reçu, tandis que l'emphytéose est obligé de l'améliorer.

Enfin, ils diffèrent des baux à rente, parce que ceux-ci tranfèrent la propriété pour toujours, tandis que l'emphytéose n'existe que pour un tems. Le preneur par bail à rente peut racheter la redevance qu'il doit, tandis que le preneur par bail emphytéotique n'a pas la faculté de se libérer, attendu que sa jouissance n'est pas perpétuelle.

D'abord, on doit consulter les clauses du bail emphytéotique, et s'y conformer, puisqu'elles peuvent être telles que les parties en sont convenus. Mais, quand il n'y a pas de stipulation contraire, on regarde l'emphytéose comme tenu de la redevance annelle, même quand par un évènement imprévu, tous les fruits seraient absorbés. Il est dans ce cas comme le preneur d'un bail à vie, ou d'un bail à rente, et n'est pas traité en pareille occasion comme un simple fermier, à cause de la longue durée de la jouissance; car le nombre des mauvaises années doit être compensé, par le nombre des années productives.

L'emphytéose est obligé de faire toutes les améliorations qu'il a promises, et doit tenir en bon état les objets par lui établis, comme ceux qui lui ont été livrés. Bien plus, s'il a fait des constructions plus considérables que celles, dont il s'est engagé d'enrichir l'héritage, il doit les laisser en bon état, et ne peut jamais en réclamer le prix. La raison qu'on en donne, est qu'en améliorant il a rempli une des conditions essentielles du bail; et qu'en faisant plus qu'il n'était obligé, il savait qu'il bâtissait sur le terrain d'autrui.

On voit que l'emphytéose serait un véritable usufruitier pour un tems déterminé, s'il n'était pas obligé à des améliorations; en conséquence, non-seulement il prend l'immeuble dans l'état où il le trouve; mais encore il est tenu de mettre les terres en culture, et de rétablir les bâtimens dans un bon état : cette obligation comprend celle de faire toutes les espèces de réparations, tant les grosses, que celles d'entretien.

Au reste, sur ce point il y a peu de contestation, parce que dans les baux faits à longues années, l'intention qui a déterminé à en prolonger la durée est toujours exprimée, ainsi que les charges du preneur. C'est donc là ce qui indique les réparations qui doivent être supportées par chacune des parties. Si un bail à longues années ne contenait rien qui expliquât en quoi consistent les réparations à la charge du preneur, on examinerait si celui-ci s'est obligé à faire des améliorations. Dans ce cas, il est évident qu'il y a emphytéose, et que pour prix de sa jouissance, le preneur s'est chargé de toutes les réparations en général.

même des grosses. En conséquence, le preneur n'en pourrait réclamer aucune du bailleur, qui au contraire aurait droit de les exiger toutes de celui qui jouit de l'immeuble.

Suppose-t-on que le bail à longues années ne charge le preneur d'aucune amélioration, et que nulle autre clause ne s'explique sur les réparations qui seront à sa charge? On en conclura que c'est un bail d'usufruit : puisque, suivant le Code Napoléon, *art.* 580, l'usufruit peut être établi, ou purement, c'est-à-dire, pour la vie du preneur; ou à certain jour, c'est-à-dire, pour un tems déterminé. Dans ce cas, le preneur est tenu de toutes les obligations de l'usufruitier, et doit toutes les réparations d'entretien; à l'égard du bailleur, il ne peut être forcé à faire que les grosses réparations.

TROISIÈME PARTIE.

DES PROCÉDURES POUR LA VISITE DES LIEUX.

DANS les contestations relatives aux diverses matières que traitent les deux premières parties, dont l'une a pour objet les servitudes, et l'autre les réparations, il est presque toujours indispensable que les lieux litigieux soient visités, ou par le juge, ou par des experts. Il devient donc nécessaire, pour compléter ce qui concerne les lois des bâtimens, d'indiquer les formes à suivre pour les différentes sortes de visites des lieux. C'est ce qu'on se propose de faire dans cette dernière partie. On y expliquera ce que le Code de procédure civile prescrit à cet égard ; et pour faciliter davantage l'intelligence des dispositions de cette loi, on donnera le modèle de tous les actes qu'elle exige, à fin de procéder avec régularité à ces sortes d'opérations.

Cette partie se divise en trois chapitres :

Le premier traitera des visites et appréciations par les juges de paix ;

Le second s'occupera de la descente sur les lieux, par le juge que commet un tribunal.

Le troisième sera consacré aux rapports d'experts.

CHAPITRE PREMIER.

DES VISITES ET APPRÉCIATIONS PAR LES JUGES DE PAIX.

Il entre dans les attributions des juges de paix de connaître des actions pour dommages causés aux champs, aux fruits et récoltes; pour déplacement de bornes; pour usurpations de terres, d'arbres, de haies, de fossés et de toutes sortes de clôtures, quand l'usurpation a été commise depuis moins d'un an; pour entreprises sur les cours d'eau, commises pareillement depuis moins d'un an; en un mot, la compétence des juges de paix s'étend à toutes les actions possessoires. *Cod. de procéd.*, *art.* 3.

Devant la même autorité judiciaire sont portées les contestations concernant les réparations locatives; les indemnités prétendues par le fermier ou locataire pour non jouissance, lorsque le droit n'est pas contesté; enfin, les dégradations alléguées par le propriétaire. *Ibid.*

Ainsi, très-fréquemment, il est besoin que les lieux soient visités, et les objets d'indemnités évalués, avant que les juges de paix puissent prononcer sur la plupart des causes qui leur sont soumises, dans les matières dont on vient de faire l'énumération. Dans un premier article, on verra comment la visites des lieux et les appréciations sont ordonnées. Dans un second, on dira comment le juge de paix procède à ces opérations.

ARTICLE PREMIER.

Quand et comment la visite et l'appréciation sont ordonnées.

Toutes les fois que le juge de paix croit nécessaire de voir les objets litigieux, pour en constater l'état, ou pour évaluer les indemnités demandées, le Code de procédure, *art.* 41, l'autorise à ordonner que les lieux seront par lui visités en présence des parties.

Souvent l'objet de la visite, ou de l'appréciation, exige des connaissances qui sont étrangères au juge de paix. Il ordonne alors que des gens de l'art, qu'il nomme d'office par le même jugement, l'assisteront dans cette visite pour lui donner leur avis. *Ibid.*, *art.* 42.

Il est nommé un ou trois experts, selon l'importance de la contestation; mais il n'est pas dans l'esprit de la loi de les nommer en nombre pair. On voit que la nomination des experts n'est jamais faite par les parties, dans les justices de paix; le juge doit les indiquer de lui-même quand il en a besoin. Jamais, en effet, des experts ne sont directement chargés de la visite ordonnée en justice de paix; il est indispensable qu'elle soit faite par le juge, accompagné de son greffier : s'il se fait assister de gens de l'art, c'est pour les consulter lui-même, et faire l'usage convenable de leur avis.

Il n'est point parlé dans le Code de procédure de la récusation des experts dans les justices de paix; mais comme ils sont toujours nommés d'office, ils sont toujours récusables avant la prestation de leur serment. On verra au chapitre suivant, les causes de récusation, admises dans les tribunaux; elles le sont aussi en justice de paix.

Suivant l'*art.* 28, *ibid.*, tout jugement qui n'est pas définitif, et qui est rendu en présence des parties par le juge de paix, ne peut pas être expédié. Le jugement qui ordonne une visite des lieux, ou une appréciation, étant évidemment un interlocutoire, il faut distinguer s'il est rendu contradictoirement, ou par défaut. Dans le premier cas, on ne pourra pas en avoir une expédition; mais le juge de paix devra y indiquer le lieu, le jour et l'heure où il fera l'opération; et la prononciation du jugement sera une citation suffisante, pour les parties qui sont présentes.

Comment donc, si on ne peut pas lever et signifier le jugement, les experts seront-ils avertis, quand le juge de paix en a nommé d'office pour l'assister? Il délivre une cédule de citation pour les appeler; il y mentionne le fait, les motifs et la disposition du jugement en ce qui concerne l'opération ordonnée; en même-tems il y indique le lieu, le jour et l'heure fixés pour y procéder. *Ibid.*, *art.* 29.

On demande encore comment on peut, dans l'opération, se conformer au jugement s'il n'est pas expédié. La réponse est dans l'*art.* 40 : il veut que le juge de paix qui se transporte sur les lieux dont il fait la visite, soit accompagné de son greffier, et que celui-ci apporte avec lui la minute du jugement.

Si pourtant l'une des parties présentes veut interjeter appel du jugement interlocutoire, comment y parviendra-t-elle si ce jugement n'est pas expédié? Dans ce cas, l'*art.* 31 décide qu'une expédition du jugement sera délivrée.

Quand la visite ou l'appréciation a été ordonnée par défaut, il est indispensable de lever le jugement, pour le faire signifier à la partie adverse; on en use de même à l'égard des experts, s'il y en a de nommés pour assister le juge de paix. La signification faite à la partie et aux experts, porte en même tems citation, pour qu'ils aient à se trouver sur les lieux au jour et à l'heure indiqués dans le jugement par défaut.

Jugement contradictoire, qui ordonne visite et appréciation.

Considérant que, pour prononcer sur le déplacement des bornes dont il s'agit, il est nécessaire de voir les lieux, et d'apprécier le dommage s'il y a lieu;

Nous, juge de paix, avant de faire droit, ordonnons que le vingt de ce mois, à midi, nous nous transporterons avec notre greffier, sur le pré du demandeur, lequel pré est situé dans la commune de . . . . , dépendant de notre canton, et où les parties sont sommées de se trouver. Nous nommons en même tems, pour nous donner leur avis sur l'appréciation du dommage, s'il y en a, les sieurs P . . et O . . , fermiers, demeurant dans cette commune, et le sieur D . . . . , aubergiste à . . . . . . , lesquels, par une cédule que nous délivrerons à la partie la plus diligente, seront cités pour se trouver à la visite.

Jugé à . . . .

On ne donnera communément les modèles, que des motifs et du dispositif des jugemens, attendu que les qualités qui doivent les précéder, sont toujours dans la même forme. On place d'abord les noms, professions et demeures des parties; ensuite l'énoncé de la demande, et celui de la défense qui y est opposée; après quoi viennent l'exposé du point de fait, celui du point de droit, les motifs qui déterminent le juge, et enfin ce qu'il prononce.

Cédule de citation signifiée aux experts, en vertu du précédent jugement.

Nous N . . . . , juge de paix du caton de . . . . , arrondissement de . . . , département de . . . , citons les sieurs P . . . , et O . . . , fermiers, demeurant dans cette commune, et le sieur D . . . . , aubergiste, à . . . . , tous trois experts nommés par notre jugement rendu le . . . . . . , entre le sieur A . . . . . . , demandeur, et le sieur B . . . . . . , défendeur, à l'effet, par lesdits experts, de se trouver le vingt de ce mois, à midi, sur le pré du demandeur, lequel pré est situé en cette commune, afin d'y prêter serment, et de nous y assister dans la visite que nous devons faire, pour reconnaître les circonstances du déplacement des bornes dudit pré, et à fin de nous y donner leur avis sur l'appréciation du dommage, s'il y en a, leur déclarant que leurs vacations leur seront payées, suivant la taxe.

La présente cédule sera notifiée dans le délai de deux jours, aux trois experts ci-dessus nommés, par notre huissier ordinaire.

Délivré à. . . . .

Signé N. . . . . . . , *juge de paix.*

La cédule ci dessus copiée a été notifiée, et copie en a été laissée, par moi C. . . . . . . , huissier de la justice de paix, du canton de. . . . . . . , y demeurant, dans la commune de. . . . . . , le. . . . . . ; savoir, au sieur P. . . . . . . , en son domicile, en parlant à son fils; au sieur D. . . . . . . , en son domicile, en parlant à son épouse; et au sieur O. . . . . . . , en son domicile, en parlant à une fille, qui m'a dit se nommer R. . . . . . . , et être sa domestique.

Le coût de la présente notification est de. . . . . . francs.

Signé C. . . . . . . , *huissier.*

Jugement par défaut, qui ordonne visite et appréciation.

Considérant, etc. (*comme dans le modèle précédent.*)

Nous, juge de paix, donnons défaut contre le sieur B. . . . . . ., défendeur; et néanmoins, avant de faire droit, ordonnons que le vingt de ce mois, à midi, nous nous transporterons, avec notre greffier, sur le pré du sieur A. . . . . . ., demandeur, lequel pré est situé dans cette commune, afin d'en faire la visite en présence des parties, ou elles dûment appelées. Nous nommons pour nous assister dans ladite visite, et pour nous donner leur avis sur l'appréciation du dommage, s'il y en a, les sieurs P. . . . ., et O. . . . ., fermiers, demeurant en cette commune, et le sieur D. . . . . ., aubergiste, demeurant à. . . . . ., lesquels, à la diligence de l'une des parties, seront cités pour se trouver à la visite.

Jugé à. . . . .

La signification de ce jugement, dont on lève une expédition, parce qu'il est par défaut, est faite à la partie défaillante, avec assignation pour se trouver à la visite. Pareille assignation est donnée aux experts, en vertu du même jugement, dont l'extrait, en ce qui les concerne, est copié en tête de l'exploit.

ARTICLE II.

Comment on fait la visite et l'appréciation.

Au jour et à l'heure indiqués, le juge de paix, et son greffier porteur de la minute du jugement, se rendent sur le lieu qu'il s'agit de visiter.

Les experts avertis, comme on l'a expliqué dans l'article précédent, s'y trouvent; à l'égard des parties, dûment appelées comme on l'a dit plus haut, elles y sont présentes si bon leur semble : mais, si l'une ou l'autre, ou même si toutes faisaient défaut, le juge n'en procéderait pas moins à l'opération.

A cet effet il examine les lieux, vérifie les titres qui lui sont présentés, et reçoit les observations des parties présentes. S'il est assisté d'experts, il prend leur serment, et écoute leur avis. Quand tout a été vu et discuté suffisamment, il rend sur le champ le jugement définitif, s'il trouve la cause assez éclaircie pour recevoir une décision ; autrement, il indique le jour où il la prononcera à son audience. *Cod. de procéd., art.* 42.

Doit-il être dressé procès verbal de la visite du juge, assisté ou non d'experts?

On distingue si la cause doit être jugée en dernier ressort; car alors, il n'est point rédigé de procès verbal. Il suffit que le jugement fasse mention de la visite que le juge a faite ; et s'il a été assisté par des experts, il énonce en outre leurs noms, la prestation de leur serment, et le résultat de leur avis : par conséquent les experts n'ont aucune signature à donner en pareil cas. *Ibid., art.* 43.

Quand la contestation est sujette à l'appel, le greffier dresse un procès verbal de la visite, et y constate le serment prêté par les experts. Ce procès verbal est signé par le juge, par le greffier et par les experts ; et si ces derniers ne savent ou ne peuvent signer, il en est fait mention. *Ibid, art.* 42.

Jugement en dernier ressort rendu sur les lieux visités.

Entre F. . . . . . , marchand mercier, demeurant à. . . . . . , demandeur comparant, d'une part,

Et M. . . . . . , cordonnier, demeurant aussi à. . . . . . , défendeur, comparant d'autre part ;

A été rendu le. . . . . . , notre jugement contradictoire, en vertu duquel nous nous sommes transportés, avec notre greffier, aujourd'hui à onze heures du matin, dans une boutique située en cette commune, rue. . . . . . , laquelle boutique le demandeur avait louée au défendeur, par un bail qui vient d'expirer. Nous avons trouvé sur les lieux, outre les deux parties, ci-dessus nommées, le sieur C. . . . . . , maçon, demeurant dans cette commune, et que nous avons nommé par notre dit jugement, pour nous assister dans la présente visite. Après avoir prêté serment de donner son avis selon sa conscience, et avoir visité l'objet de la contestation, il a dit que les réparations qui doivent être à la charge du locataire, consistent dans quatre planches de la fermeture, six carreaux de terre et une serrure, à remettre en remplacement de pareils objets qui paraissent cassés par violence. La valeur de ces réparations, suivant le même expert, se monte à la somme de trente neuf francs; en conséquence, nous avons procédé au jugement de la cause, sans désemparer des lieux par nous visités.

Parties ouïes, chacune ayant persisté dans ses conclusions, le point de fait est qu'il existe des dégradations, dont l'indemnité est réclamée; et le point droit est de savoir si le défendeur doit payer cette indemnité.

Considérant que rien ne peut exempter le défendeur de réparer les dégradations, qui se trouvent faites dans les lieux par lui occupés, et que ces dégradations sont évaluées à la somme de trente-neuf francs;

Nous, juge de paix, prononçant en dernier ressort, condamnons le défendeur à faire faire dans le délai de trois jours, à la boutique qu'il tenait à bail du demandeur, les réparations locatives ci-dessus mentionnées; si non, et ledit tems passé, le condamnons à payer au demandeur la somme de trente neuf francs, à quoi faire il sera contraint, en vertu du présent jugement, par toutes voies de droit, et le condamnons aux dépens liquidés à. . . . .

Jugé à. . . . .

Procès verbal de visite dans une contestation sujette à l'appel.

Aujourd'hui. . . . . . onze heures du matin, nous, juge de paix du canton de. . . . . ., nous nous sommes transportés, avec notre greffier, sur une pièce de terre située dans cette commune, et appartenant au sieur L. . . . . . ., chirurgien, demeurant dans ladite commune; en vertu de notre jugement rendu contradictoirement, le. . . . . . ., entre ledit sieur L. . . . . ., demandeur en indemnité d'usurpation, et le sieur G. . . . . . ., cultivateur, demeurant au même lieu : nous y avons trouvé ledit sieur L. . . . ., chirurgien. Se sont également trouvés sur les lieux, le sieur H. . . . . . ., arpenteur, demeurant à. . . . ., dépendant de ce canton, et les sieurs J. . . . . ., et K. . . . . ., fermiers, demeurant au même lieu; tous trois experts nommés, par notre dit jugement, pour nous donner leur avis, sur l'usurpation dont il s'agit, et apprécier le dommage, s'il y en a.

Après avoir attendu jusqu'à plus de midi, sans que le sieur G. . . ait comparu, ni personne pour lui, nous avons donné défaut contre lui. Nous avons reçu ensuite le serment que les trois experts ci-dessus nommés, ont prêté en nos mains, de bien et fidèlement remplir leurs fonctions. Après quoi, aidé desdits experts, nous avons reconnus les bornes du terrain du demandeur, et les avons confrontées avec celles énoncées par les titres de sa propriété.

Il nous a paru, ainsi qu'aux trois experts, que l'usurpation faite sur le terrain du demandeur est de deux hectares; et comme cette usurpation parait dater de huit mois, il en résulte, que le demandeur a été privé de la récolte faite cette année sur ces deux hectares. Au dire des experts, cette récolte aurait pu produire douze quintaux de bled froment, à douze francs le quintal; ce qui fait monter l'indemnité à un total de cent quarante-quatre francs.

En foi de quoi nous avons dressé le présent procès verbal, auquel nous avons vaqué jusqu'à quatre heures du soir, et qui a été clos par notre signature et celle de notre greffier, après y avoir fait apposer celle des sieurs H. . . . . , et K. . . . . , tous deux experts; à l'égard du sieur J. . . . . , autre expert, il a déclaré ne pouvoir signer, à cause d'une blessure qu'il a reçue à la main droite. *Signé*, etc.

Le jugement définitif est en suite rendu, soit sans désemparer, soit postérieurement à l'audience, et il est motivé sur le procès verbal qui y est mentionné.

CHAPITRE II.

DES DESCENTES SUR LES LIEUX.

QUAND le juge de paix a besoin de voir les lieux contentieux, il ordonne une visite ou appréciation. Si c'est un tribunal de première instance ou autre, qui commet un de ses membres pour visiter les lieux contentieux avec ou sans assistance d'experts, on nomme l'opération *descente sur les lieux*. Ces deux manières d'arriver au même but ont dû être distinguées, parce qu'on n'y suit pas les mêmes formes : elles sont différentes, à cause de la différence des autorités judiciaires qui les ordonnent.

Dans un premier article, on verra quand et comment s'ordonne une descente sur les lieux; et dans un second, on dira comment s'effectue cette opération.

ARTICLE PREMIER.

Quand et comment s'ordonne une descente sur les lieux.

La procédure pour les descentes sur les lieux, se pratique seulement dans les tribunaux supérieurs aux justices de paix. La loi prévoit le cas où la décision d'une contestation soumise à un de ces tribunaux, dépend de l'inspection des lieux, et pour laquelle un simple rapport d'experts ne suffit pas. C'est ce qui arrive assez souvent dans les matières de servitude: lorsqu'il est besoin de discuter les titres sur les lieux mêmes, le tribunal commet un de ses membres pour s'y transporter accompagné d'un greffier, et y entendre les dires respectifs des parties.

Quelquefois le tribunal ordonne la descente d'un de ses membres sur les lieux, quoiqu'il ait en même tems nommé des experts; plusieurs raisons peuvent l'y déterminer. La première se rencontre lorsque l'avis des experts, étant nécessaire pour certains objets, ne suffit pas sous d'autres rapports. Un autre cas où un juge est chargé de visiter les lieux contentieux, quoiqu'il soit nommé des experts, arrive lorsque l'une des parties le requiert; ce qu'elle fait quand elle craint des obstacles dont le juge-commissaire peut seul triompher en vertu des pouvoirs que lui donnent le tribunal. Par exemple, si elle prévoit qu'il faudra faire des ouvertures de portes par autorité, pour procéder à la visite; si elle appréhende des voies de fait contre elle-même, ou contre les experts, c'est alors qu'elle a raison de requérir que ces derniers fassent leur opération en la présence d'un juge.

Ces décisions sont écrites dans l'*art.* 295 du Code de procédure: il autorise le tribunal, dans les cas où il le croit nécessaire, à ordonner le transport de l'un de ses membres sur les lieux; ce qu'il peut faire, soit d'office, soit sur la demande des parties. Mais, dans les matières où il suffit d'un simple rapport d'experts, le même article défend d'ordonner une descente sur les lieux, à moins qu'elle ne soit requise formellement par l'une des parties. Ainsi, lorsqu'une visite d'experts est demandée par une partie, et ordonnée par le tribunal, la même partie, ou bien la partie adverse, peut requérir que cette visite se fasse en présence d'un juge-commissaire. Si les motifs allégués pour obtenir ce surcroît de précaution paraissent suffisans, le tribunal ordonne la descente sur les lieux, et nomme par le même jugement celui de ses membres qui fera cette opération.

Observez que, quand une descente sur les lieux est ordonnée avec ou sans visite d'experts, il faut nommer, pour la faire, un des juges qui sont présens à l'audience, afin qu'il connaisse bien l'objet de la contestation. *Ibid.*, *art.* 296.

Le même Code, *art.* 1035, dit que toutes les fois qu'il s'agit de procéder à une opération, par un juge-commissaire en vertu d'un jugement, et que les parties ou les lieux contentieux sont trop éloignés ; ce jugement pourra commettre un tribunal voisin du lieu où doit se faire l'opération, ou un des juges de ce tribunal, ou même un juge de paix, suivant l'exigeance des cas. Le jugement peut aussi autoriser le tribunal voisin des lieux à nommer, soit des experts, soit l'un de ses membres, soit un juge de paix pour procéder à l'opération. On demande si cette disposition est applicable à la descente sur les lieux.

Il est certain que l'*art.* 296 ne permet de commettre pour cette opération, qu'un des juges qui sont présens au jugement qui l'ordonne. Or la disposition de l'*art.* 1035 étant générale, ne peut pas s'étendre aux cas pour lesquels il a été réglé particulièrement quelque chose de contraire. Qu'on réfléchisse au motif qui détermine à faire une descente sur les lieux, et à nommer nécessairement l'un des juges qui a opiné, lors du jugement par lequel cette opération a été ordonnée ; on sentira qu'il est fondé sur ce que le tribunal a besoin d'être éclairé par l'un de ses membres délibérant dans la contestation. S'il lui suffisait d'avoir un rapport, il nommerait seulement des experts ; or l'*art.* 295 ne permet pas de suppléer à un rapport d'experts, par une descente sur les lieux, à moins que la présence d'un juge-commissaire ne fût expressément requise par l'une des parties.

Ainsi il faut distinguer si la descente sur les lieux est ordonnée, pour mettre l'un des membres du tribunal en état de donner des lumières, lors des délibérations sur le fonds de la contestation; dans ce cas nous pensons que le tribunal n'arriverait pas à son but, en commettant un juge qui ne pourrait qu'envoyer un rapport. Il faudra donc qu'en exécution de l'*art.* 296, la descente sur les lieux, quelqu'éloignés qu'ils soient, se fasse par un des juges qui aura opiné, lors du jugement par lequel l'opération aura été ordonnée, et qui pourra assister aux audiences où la même cause sera discutée.

Mais la descente des lieux n'est-elle ordonnée, que sur la réquisition d'une des parties, par la nécessité qu'il y a d'user d'autorité pendant la visite des lieux : par exemple, pour prévenir des voies de fait qui seraient à craindre, ou pour faire des ouvertures de portes par force? Un juge étranger au tribunal qui ordonne l'opération, peut être commis pour y procéder, suivant la faculté accordée par l'*art.* 1035, puisqu'il n'est besoin alors que d'un rapport, pour éclairer la décision de la cause.

Prenons pour exemple une contestation où il s'agisse de servitude; car cette matière fournit assez ordinairement des occasions de descendre sur les lieux. Supposons d'abord que les parties soient d'accord sur les faits, et qu'elles ne contestent que sur l'interprétation du titre qui a établi la servitude. D'un côté on veut l'étendre, et de l'autre on veut la restreindre; et comme dans le doute c'est toujours en faveur de l'héritage servant qu'on se décide, il est nécessaire d'entendre la discussion des titres sur les lieux mêmes. Il n'est besoin alors d'aucun homme de l'art; mais il est indispensable que l'un des membres du tribunal prenne par lui-même connaissance des lieux, afin d'en rendre compte pour éclairer la délibération des juges, lorsqu'il s'agira de porter un jugement définitif. Quoique les lieux soient éloignés, il n'en est pas moins nécessaire que la descente se fasse par un des juges qui ont assisté à l'audience où l'opération a été ordonnée; puisque sans cela le tribunal ne recevrait pas, lors de sa délibération sur le fonds de la cause, les lumières qu'il a voulu se procurer.

Outre le besoin de discuter les titres sur les lieux, y a-t-il à reconnaître des faits qui ne sont familiers qu'aux gens de l'art? Le juge-commissaire est assisté d'experts; et l'opération n'est encore confiée qu'à un des membres du tribunal qui l'a ordonnée : car, dans cette seconde hypothèse, la vérification des faits n'est pas le seul objet de la contestation; il est de plus nécessaire que l'un des juges qui assistera au jugement de la cause, fasse l'examen des titres sur les lieux contentieux.

Mais, si les parties n'étaient divisées que sur des points de fait faciles à vérifier par gens de l'art, il faudrait se contenter d'un rapport d'experts. Cependant, s'il s'agit de pénétrer dans la maison d'une personne absente, ou, dont l'intention connue est de résister à toute opération, par toute sortes de moyens, même par violence; ou s'il est à craindre que l'une des parties se porte, soit à des injures, soit à des voies de fait, contre les experts; le tribunal, par prudence, et sur la réquisition de l'une des parties, pourra ordonner la présence d'un juge. Dans ce cas, comme il est évident qu'un simple procès verbal de l'opération suffira, un juge étranger au tribunal, et pris dans le voisinage des lieux pourra être commis, dans la forme que prescrit la disposition générale de l'*art.* 1035.

Le juge-commisaire, membre ou non du tribunal qui a ordonné l'opération, peut être récusé : ce qui se pratique pour les causes et dans les formes prescrites par le Code de procédure. Ce n'est pas ici le lieu d'expliquer cette matière : nous dirons seulement que la récusation pour être écoutée, doit être proposée, si le jugement est contradictoire, dans les trois jours qui suivent celui où il a été prononcé; s'il est par défaut, dans les trois jours qui suivent la huitaine accordée pour y former opposition; enfin, si l'opposition a eu lieu, dans les trois jours qui suivent le jugement qui déboute de cette opposition.

Lorsque des experts sont nommés pour assister le juge-commissaire dans sa visite, ils peuvent aussi être récusés, de la même manière que s'ils étaient seuls chargés du rapport. La récusation des experts sera expliquée dans le chapitre suivant, uniquement consacré à ce qui concerne les opérations d'experts.

Ordinairement, une descente sur les lieux n'est pas ordonnée par défaut, parce qu'elle n'est presque jamais utile, que quand il s'agit de discuter sur les lieux mêmes, les titres dont le sens est contesté : or, cela n'arrive guère que quand les parties sont présentes. Mais il peut se trouver que plusieurs défendeurs aient été assignés, et que l'un d'eux fasse défaut : alors, la contestation s'instruit contradictoirement avec ceux qui se présentent, et par défaut avec les non comparans. A cet effet, on doit suivre la marche que le Code de procédure prescrit par son *art.* 153, où il prévoit le cas dans lequel, de deux ou plusieurs parties assignées, l'une comparaît et l'autre ne se présente pas.

Un premier jugement donne défaut contre cette partie non comparante, joint le profit du défaut au fond de la contestation, et remet à prononcer, dans un délai proportionné à l'éloignement de la partie défaillante, attendu qu'il faut la réassigner. En effet, ce premier jugement lui est signifié, avec nouvelle assigation pour le jour auquel la cause doit être appelée. Si le défaillant comparaît sur cette signification, le jugement qui ordonnera la descente se trouvera contradictoire; mais si le défaillant persiste à ne pas comparaître, le jugement qui sera rendu sur la seconde assignation sera, à l'égard de cette partie, un second défaut qui a la même force qu'un jugement contradictoire : il ne sera donc pas susceptible d'opposition, ainsi que le décide l'article cité. En vertu de ce jugement, on procèdera à l'opération, comme si la partie défaillante avait été jugée contradictoirement.

Elle peut se présenter pendant l'opération; il en est fait mention au procès verbal. Après l'opération, elle peut encore se présenter dans la cause; mais elle n'y prend part que dans l'état où se trouve la procédure : elle n'est donc pas reçue à revenir contre ce qui a été ordonné et exécuté sans elle. Il lui reste la faculté de proposer tous les moyens qui peuvent résulter en sa faveur, comme si elle avait assisté à l'opération : elle est libre même de la critiquer, si elle y trouve des nullités, ou des erreurs.

Quoique rarement une descente sur les lieux puisse être ordonnée par défaut, quand il n'y a qu'un seul défendeur, néanmoins, il n'est pas impossible que le cas arrive. Alors, il faut remarquer que, suivant l'*art.* 155 du Code de procédure, aucun jugement par défaut ne peut être exécuté avant l'échéance de la huitaine, à compter du jour de la signification faite, soit à avoué, si le défaut est pris contre avoué, soit à personne ou domicile, si le défaillant n'a pas constitué d'avoué. C'est donc en lui rapportant l'original de la signification du jugement par défaut, que le juge-commissaire calcule la huitaine qui doit s'écouler, avec augmentation d'un jour par trois myriamètres, à raison de la distance du domicile du défaillant: et ce n'est que quand le délai légal est expiré, qu'il procède à l'opération, dans la forme dont parlera l'article suivant.

Quoique le Code de procédure civile ne permette pas en général, d'exécuter un jugement par défaut, avant la huitaine qui suit la signification, afin de laisser le tems d'y former opposition, s'il y a lieu; néanmoins, suivant le même texte, il faut excepter le cas où il y a urgence, et où le jugement ordonne qu'il sera exécuté sans attendre le délai accordé pour l'opposition. Alors il suffit d'avoir fait signifier le jugement; on peut procéder de suite à l'opération, sans qu'il soit besoin d'attendre que le délai accordé pour l'opposition soit expiré.

Jugement qui ordonne simplement une descente sur les lieux.

Entre le sieur P. . . . . . , demandeur. . . . . . ,

Et le sieur E. . . . . . , défendeur. . . . .

Par son exploit d'ajournement, du. . . . . . , le sieur P. . . . . . , conclut à ce qu'il soit fait défense au sieur E. . . . . . , de faire aucune élévation sur le mur qui sépare leurs propriétés limitrophes; attendu que ce mur n'est pas mitoyen, et que même il ne peut pas le devenir, puisqu'entre ce mur et la propriété voisine, il existe un espace appelé tour d'échelle, il demande en outre que ledit sieur E. . . . . . , soit condamné aux dépens.

Dans les écritures signifiées le. . . . . . , il a été répondu pour le sieur E. . . . . , que le mur dont il s'agit est mitoyen, et que le prétendu tour d'échelle n'existe point; que ces faits sont faciles à reconnaître par les signes extérieurs, et par l'énoncé des titres: en conséquence, il conclut à ce qu'il plaise au tribunal, avant de faire droit, ordonner le transport d'un de ses membres, pour visiter le mur dont il s'agit, en présence des parties, ou elles dûment appelées ; se réservant tous ses droits et actions, et de prendre après l'opération, telles autres conclusions qu'il conviendra, et même d'acquérir la mitoyenneté dudit mur, si, contre toute évidence, cette mitoyenneté n'était pas déclarée existante.

En point de fait, le mur dont est question est-il mitoyen, et, s'il ne l'est pas, la mitoyenneté peut-elle être acquise ?

En point de droit, doit-on ordonner préalablement une descente sur les lieux ?

Considérant que l'inspection du mur dont il s'agit, avec les titres à la main, est le seul moyen de reconnaître si le mur est mitoyen, ou si, ne l'étant pas, le défendeur est en droit d'en acquérir la mitoyenneté ;

Le tribunal ordonne que, sans préjudicier aux droits des parties sur le fonds de la contestation, le mur qui sépare les maisons des deux parties, et qui sont situées dans cette ville, sera visité par M. J. . . . . . , l'un des juges présens à cette audience, à l'effet d'examiner si des signes légaux, ou convenus par les titres, annoncent la mitoyenneté du mur ; et si, la mitoyenneté n'étant pas reconnue, il existe au delà de ce mur un tour d'échelle appartenant au sieur P. . . . . . , et qui empêcherait le sieur E. . . . . . , d'acquérir la mitoyenneté dudit mur. De cette visite, il sera dressé un procès verbal, lors duquel les parties, ou leurs avoués, pourront faire tels dires, et réquisitions que bon leur semblera ; pour, sur le vû dudit procès verbal, et sur le rapport qui en sera fait par le juge commis, être par le tribunal ordonné ce qu'il appartiendra : dépens réservés.

Jugé à . . . . ce . .

Si la descente du juge est accompagnée d'une visite d'experts, attendu que le point de droit à besoin d'être discuté sur les lieux, tandis que le point de fait ne peut être vérifié que par des gens de l'art ; le jugement sera motivé comme il suit :

Considérant que l'inspection des lieux par gens à ce connaisseurs, et la discussion des titres devant un juge sur les lieux mêmes, sont les seuls moyens de reconnaître si le mur dont il s'agit est mitoyen, et si, ne l'étant pas, la mitoyenneté peut en être acquise ;

Le tribunal ordonne, etc.

Dans le cas où la présence du juge-commissaire n'est ordonnée que parce qu'elle est expressément requise par l'une des parties, les motifs du jugement sont ainsi conçus :

Considérant, qu'il est nécessaire que des gens de l'art examinent le mur, avant qu'on puisse décider s'il est mitoyen, ou peut le devenir; que le sieur E . . . . . a conclu à ce que cette visite fût faite en présence d'un juge, et que l'*art.* 295, du Code de procédure, permet d'obtempérer à cette demande ;

Le tribunal ordonne, etc.

Quelque soit le motif qui détermine le tribunal à ordonner, que la visite par expert se fera en présence d'un juge, le dispositif du jugement sera prononcé en ces termes :

Le tribunal ordonne que, sans préjudicier aux droits des parties sur le fonds de la contestation, le mur qui sépare les maisons dont il s'agit, et qui sont situées en cette ville, sera visité par M. J . . . . . . , l'un des juges présens à cette audience, lequel sera assisté d'un ou de trois experts, dont les parties seront tenus de convenir dans les trois jours de la signification du présent jugement; sinon, il sera assisté par les sieurs B . . . . . . , C . . . . , et D . . . . . . , tous trois architectes qui sont nommés d'office.

Les experts qui seront convenus, sinon ceux nommés d'office, après serment préalablement prêté entre les mains du juge-commissaire, l'aideront à l'effet d'examiner, etc. . . . . .

Le surplus, comme dans le dispositif du modèle précédent.

ARTICLE II.

Forme de procéder à la descente des lieux.

Quand le jugement qui ordonne une descente sur les lieux, a été rendu, la partie la plus diligente s'en fait délivrer une expédition, qu'elle signifie par acte d'avoué, s'il est contradictoire, ou s'il est par défaut pris contre avoué; mais la signification est faite à la personne ou au domicile de la partie qui n'a pas constitué avoué. Huit jours après la signification du défaut, si elle est faite à avoué, la descente peut être poursuivie. Quant la signification a été faite à personne ou domicile, on ajoute au délai de huitaine, un jour par trois myriamètres, pour raison de la distance qu'il y a de la demeure du défaillant, au lieu où siège le tribunal; et après la huitaine ainsi augmentée, on peut procéder à la descente. Il n'est besoin d'aucun délai après la signification à avoué, quand le jugement est contradictoire.

Comme une descente sur les lieux entraîne des frais de transport, que le juge-commissaire ne doit pas les avancer, ni le greffier; l'*art.* 301 du Code de procédure ordonne que la partie qui poursuit la descente, sera tenue de déposer au greffe les frais de transport, avant que l'opération se fasse. En conséquence, après s'être fait délivrer une expédition du jugement, la partie la plus diligente doit ensuite faire au greffe le dépôt d'une somme suffisante, pour subvenir aux frais de transport. Si, pour la fixation de cette somme, il y avait difficulté entre la partie et le greffier, il en serait référé au juge-commissaire, qui déterminerait le montant présumé des frais de transport. Cette fixation qui se fait par approximation, n'est pas définitive; en sorte que, si la dépense du voyage avait été plus considérable qu'on ne l'avait prévu, la partie serait obligée de payer le surplus. Pareillement, si elle avait consigné une somme plus considérable que celle qui était nécessaire, il lui serait tenu compte de l'excédant. Le calcul juste des frais de transport s'établit lors de la liquidation des dépens; car, définitivement c'est par la partie qui succombe, que sont supportés les frais de transport du juge et du greffier, aussi bien que le surplus des frais de la visite et des autres procédures.

Celui donc qui poursuit la descente sur les lieux se munit d'un certificat, par lequel le greffier atteste avoir en dépôt les frais de transport; la même partie joint à ce certificat l'expédition du jugement; elle y ajoute l'original de la signification qui a dû en être faite convenablement. Avec ces pièces on présente au juge commissaire une requête, au bas de laquelle il appose son ordonnance, portant fixation du lieu, du jour et de l'heure où il procédera à la descente. *Code de procéd.*, *art.* 397.

Cette ordonnance est signifiée d'avoué à avoué. *Ibid.* La loi ne porlant pas du cas où l'une des parties n'a pas d'avoué en cause, on en conclut qu'alors il n'y a pas de signification à lui faire de l'ordonnance du juge-commissaire. En effet le jugement qui ordonne la visite, ayant été rendu par défaut pris contre partie, a été signifié à la personne ou au domicile du défaillant. S'il a laissé écouler le tems accordé pour former opposition sans se pourvoir, et par conséquent sans constituer avoué, c'est de sa part consentir à ce que l'on procède sans elle. Voilà pourquoi la loi, en disant que l'ordonnance du juge-commissaire sera signifiée d'avoué à avoué, n'ajoute pas qu'elle le sera à domicile, quand l'une des parties n'a pas constitué avoué.

Cependant quelques jurisconsultes pensent que, dans le cas dont il s'agit, on doit suppléer au silence de la loi, et faire signifier l'ordonnance du juge-commissaire à la personne, ou au domicile du défaillant qui n'a pas d'avoué en cause. Ils se fondent sur l'*art.* 261 du même Code, qui, en matière d'enquête, veut qu'en vertu de l'ordonnance du commissaire, la partie qui n'a pas d'avoué soit assignée à personne ou domicile, pour être présente à l'audition des témoins. Or, ajoute-t-on, il y a même raison de décider, à l'égard d'une descente ordonnée contre une partie qui ne s'est pas présentée par le ministère d'un avoué.

On répondra qu'il y a une grande différence entre une enquête, et une visite des lieux par un juge; que ce qui a été ordonné pour l'enquête l'aurait été infailliblement pour la descente de juge, si l'intention des législateurs eût été d'assimiler les deux procédures; que précisément parce que la formalité dont il s'agit a été prescrite pour l'enquête, et ne l'a pas été pour la descente, il en faut conclure qu'elle doit avoir lieu dans un cas, et non pas dans l'autre. Il est dit par l'*art.* 1034 que, si l'opération d'un expert exige plusieurs vacations, il suffit que le jour et l'heure de chaque vacation soient indiqués par le procès verbal de la vacation précédente. On ne signifie point ces indications, pas même aux parties défaillantes. L'intention générale de la loi est donc de ne plus s'occuper des parties, qui ont été mises suffisamment en demeure de se présenter aux opérations préparatoires. Il faut donc regarder la disposition de l'*art.* 261 pour les enquêtes, comme une exception, et ne pas l'étendre au-delà du cas prévu.

Enfin, dit-on pour cette dernière opinion, le tarif ne passe pas en taxe la notification de l'ordonnance du juge-commissaire, à la partie qui n'a pas constitué avoué, dans le cas dont il s'agit: d'où on conclut que cette signification ne doit pas avoir lieu.

Lorsque dans la cause où une descente de juge est ordonnée, le ministère public a été entendu, doit-on l'appeler à l'opération? Le Code de procédure décide, *art.* 300, que la présence du ministère public n'est nécessaire à la descente sur les lieux, que quand il est lui-même partie dans la contestation. Ainsi la cause n'est-elle simplement que sujette à communication, comme lorsqu'il s'agit de l'intérêt d'une commune ou d'un mineur, de la dot d'une femme, d'une récusation, d'une question d'état? Il suffit que les jugemens rendus à l'audience soient précédés des conclusions du procureur impérial; il ne doit pas être présent à la descente sur les lieux. Mais, s'il était partie au procès; par exemple, s'il a provoqué lui-même l'interdiction d'un furieux qui n'a point de parens, ou dont les parens ne se présentent pas, la descente de juge qui serait ordonnée, ne pourrait avoir lieu qu'en présence du procureur impérial, puisque c'est ce magistrat qui serait en pareil cas la seule partie requérante.

Au jour et à l'heure indiqués, le juge-commissaire se transporte sur les lieux avec un greffier, et dresse son procès verbal. D'abord il y mentionne le jugement qui ordonne la descente, puis l'ordonnance qu'il a rendue en exécution de ce jugement, pour fixer le jour et l'heure de l'opération : il constate ensuite la comparution des parties qui se présentent, et donne défaut contre celles qui ne comparaissent pas, après avoir vérifié que son ordonnance leur a été légalement signifiée. Si l'original de l'exploit ne lui était pas représenté, ou si par cet original il s'apercevait que la signification est nulle, il déclarerait que l'opération ne peut être faite pour les motifs qu'il indiquerait dans son procès verbal, dont il ferait la clôture par sa signature, et celle du greffier.

Dans une pareille circonstance, la partie requérante n'aurait rien de mieux à faire, que de recommencer à consigner les frais d'un nouveau transport, à présenter requête pour obtenir une nouvelle ordonnance, portant fixation nouvelle du jour et de l'heure pour l'opération, et à faire plus régulièrement la signification de cette ordonnance, en sorte que quand le juge se sera rendu une seconde fois sur les lieux, il trouve les formalités remplies sans nullités.

Quand le juge, après les préliminaires de son procès verbal, n'est arrêté par aucun vice de forme, il procède à la visite des lieux, tant en l'absence qu'en présence des parties dûment appelées. Il décrit dans son procès verbal ce qu'il est chargé d'observer, et ce qu'il croit capable de déterminer le tribunal : il y reçoit toutes les observations des parties comparantes, qui signent chaque dire dont elles requèrent la mention. Si une partie ne pouvait pas signer, le juge-commissaire le constaterait. Les parties peuvent être assitées, ou représentées par leurs avoués ; car le tarif des frais, *art.* 92, accorde aux avoués qui assistent aux descentes de juge, des droits de vacations qui entrent en taxe. Le même article, cependant, ne permet aux avoués d'assister aux visites d'experts, que quand ils en sont expressément requis par leurs parties. Cette différence vient de ce que le juge sur les lieux peut rendre des ordonnances, ce qui n'a lieu que sur réquisition d'avoués.

Si l'objet de la visite exige plusieurs vacations, le juge-commissaire, avant de clorre une vacation, indique le jour et l'heure de la suivante ; ce qui suffit pour intimer les parties, même celles qui n'ont pas comparu. Ainsi, la vacation postérieure a lieu, sans qu'on ait fait sommation aux défaillans de s'y présenter : telle est la disposition générale de l'*art.* 1034, du Code de procédure, pour ce qui concerne les diverses vacations des visites d'experts ; on doit en faire l'application aux descentes de juges, puisqu'il y a même raison de décider. Enfin, le procès verbal est signé par le juge et le greffier : il en est de même de chaque vacation ; car, on peut dire qu'elles sont constatées par autant de procès verbaux particuliers.

Lorsque dans le cours de son opération, le juge-commissaire rencontre des obstacles, il use de l'autorité qu'il a reçue pour en triompher. Si, par exemple, il s'agit de faire des ouvertures de portes, il rend les ordonnances nécessaires, et les consigne sur son procès verbal. Si pourtant les difficultés qui se présentent, sont de nature à ne pouvoir être surmontées, sans y avoir été ausorisé par un jugement; le juge-commissaire ordonne qu'il en sera par lui référé au tribunal, à l'audience qu'il indique : ce qui sert de sommation aux parties, pour s'y trouver si bon leur semble, même à celles qui ne sont pas présentes. Au jour indiqué, le juge-commissaire fait son rapport ; et on procède, selon qu'il est ordonné par le jugement qui intervient. S'il est besoin de continuer les vacations de la visite des lieux, le jugement peut indiquer le lieu, le jour et l'heure ; sinon, le poursuivant obtient du commissaire une ordonnance, par laquelle ce juge fixe les lieu, jour et heure, où il reprendra la suite de ses opérations, en exécution des pouvoirs nouveaux qu'il a reçus : cette ordonnance est signifiée à avoué.

Par exemple, si après un premier aperçu il paraît, par l'étendue et la complication des objets à examiner, qu'on ne peut, sans trop de difficultés, prendre une juste idée des lieux à moins d'en avoir la figure ; le commissaire ne peut pas se permettre d'ordonner que le plan sera dressé, si le jugement ne l'y autorise pas expressément. C'est un des cas où il fait son rapport au tribunal, qui ordonne ce qu'il croit convenable. S'il adopte la proposition de faire lever le plan des lieux contentieux, il nomme d'office la personne par qui ce travail sera exécuté ; sinon, il charge le juge-commissaire de choisir qui bon lui semblera; ce qu'il fait par une ordonnance consignée au procès verbal.

Au reste, l'expert nommé d'office, soit par le tribunal, soit par le juge-commissaire, est assigné en vertu d'une ordonnnance de ce magistrat, à venir prêter serment, aux lieu, jour et heure indiqués; après quoi, il exécute son travail, qu'il remet au juge-commissaire. C'est alors que ce magistrat, sur la requête de la partie la plus diligente, rend une nouvelle ordonnance indicative du lieu, du jour et de l'heure où il continuera sa visite.

Cette ordonnance est signifiée par acte d'avoué ; et s'il y a partie qui n'ait pas d'avoué, on ne lui en fera pas la signification.

En effet, il en est de ces ordonnances que rend le juge-commissaire pendant le cours de son opération, comme de la première qu'il délivre pour la commencer : or, on vient de prouver, d'après la loi et le tarif, que cette première ordonnance ne doit pas être signifiée aux parties qui n'ont pas d'avoués.

Au jour et à l'heure indiquée, la visite est continuée, tant en l'absence qu'en la présence des parties; et si le plan, après la critique des parties présentes, est trouvé conforme à l'état des lieux, le juge-commissaire l'approuve, par sa signature et celle du greffier : il en fait, en outre, mention en son procès verbal. Si ce plan était inexact, les corrections seraient ordonnées et effectuées sous l'autorisation du juge-commissaire, et d'après les observations des parties.

On a supposé, dans tout ce qu'on vient de dire, que pour la descente sur les lieux, le commissaire n'était point assisté d'experts. Cependant, comme on l'a dit dans l'article précédent, il peut arriver que des experts aient été nommés, et qu'en même tems un juge-commissaire ait été chargé de faire la visite avec eux, soit pour éclaircir un point de droit qui n'est pas dans leur attribution, soit pour protéger leur travail. Dans ce cas, le juge-commissaire de son côté dresse un procès verbal, tandis que les experts, sous son autorisation font leur rapport. En conséquence, il ne se fait aucune confusion entre les deux opérations : l'une, qui est celle du commissaire, s'exécute comme on vient de le dire; à l'égard de celle des experts, on suivra ce qui sera expliqué dans le chapitre suivant.

On observe seulement ici que, si les experts rencontrent des obstacles, ils en réferrent au juge-commissaire qui se trouve sur les lieux avec eux, et qui rend les ordonnances qui sont nécessaires, ou en fait son rapport au tribunal, s'il y a lieu.

Remarquez encore, que la présence du juge-commissaire n'est utile pour protéger le travail des experts, que pendant le tems qu'ils emploient à visiter les lieux, et à recevoir les observations des parties : il est évident que quand ils se sont retirés pour délibérer leur avis, et le rédiger hors de la présence des parties, ils n'ont plus besoin du secours de l'autorité. Ainsi, le procès verbal du juge commissaire peut être clos, à l'époque où les experts déclarent qu'ils se retirent pour former leur avis.

Requête au juge commis pour la descente.

A M. F . . . . , juge du tribunal de première instance, de l'arrondissement de . . . . , département de. . . . . . .

Le sieur D . . . . . . vous expose que, par jugement rendu par le tribunal, le . . . . , entre lui et le sieur H . . . . . . , et dont expédition est ci-jointe, vous avez été commis pour visiter le mur qui sépare la maison de l'exposant, et celle dudit sieur H . . . . . . , l'une et l'autre situées dans la commune de . . . . . . En conséquence, le sieur D . . . . . a consigné au greffe les frais de transport, suivant qu'il est attesté par le certificat également ci-joint.

C'est pour quoi il vous pris d'indiquer le jour et l'heure où vous procéderez à la descente sur les lieux contentieux.

A . . . . . . , ce . . . .

Signé B . . . . . . , *avoué.*

Au bas de cette requête, qui est mise sous les yeux du juge-commissaire, ainsi que les deux pièces qui y sont énoncées, ce magistrat appose son ordonnance en ces termes :

Ordonnons que par nous, il sera procédé à la descente ordonnée par le jugement ci-dessus relaté, le. . . . . . , à dix heures du matin.

Fait à . . . . , au Palais de justice, le. . . . .

Signé F. . . . . . , *juge-commissaire.*

Cette requête, à laquelle est ainsi ajoutée l'ordonnance du juge, ne demeure pas entre les mains du greffier, parce qu'elle n'est pas destinée à rester dans ses minutes. Elle est donc rendue, ainsi que les pièces qui y sont jointes, à l'avoué qui poursuit la descente. Celui-ci fait faire deux copies, tant de la requête que de l'ordonnance, et au bas de chacune de ces copies, il dresse sa sommation en ces termes :

A la requête de Me. B . . . . , avoué du sieur D . . . . . . , soit signifié à Me. J . . . . . . , avoué du sieur H . . . . . . , la requête et l'ordonnance, dont copie est ci-dessus, avec sommation de se trouver, ainsi que sa partie, aux lieu, jour et heure indiqués par ladite ordonnance, à l'effet d'être présens à la descente qui sera faite sur les lieux contentieux.

A . . . . , ce . . . .

Signé B . . . . , *avoué.*

Les deux copies de cette sommation sont remises aux huissiers audienciers du tribunal, et l'un d'eux se charge de les signifier à l'avoué auquel elles s'adressent. Il met en conséquence, au bas des deux copies, son acte de signification, porte l'une des deux copies chez l'avoué à qui il faut en donner connaissance, et rend l'autre copie à l'avoué requérant : elle est, pour ce dernier, l'original de la sommation.

Si le défendeur n'a pas constitué avoué, aucun avertissement ne doit lui être donné du jour et de l'heure fixés par le juge-commissaire, ainsi qu'on l'a prouvé plus haut. Une sommation faite à celui qui s'obstine à ne pas constituer avoué, serait contraire, et à l'*art.* 297 du Code de procédure, et au tarif des frais et dépens.

Quand la descente doit se faire en présence d'experts, assignation leur est donnée aussi en vertu de l'ordonnance du juge-commissaire, pour qu'ils aient à se trouver sur les lieux, au jour et à l'heure indiqués, tant pour prêter serment, que pour donner leur avis.

Procès verbal de descente sur les lieux.

Aujourd'hui, le . . . . . , du mois de . . . . . , l'an . . . . . . , à six heures du matin, nous F . . . . . , juge, commis par jugement rendu au tribunal de . . . . . , le . . . . . . , et en vertu de notre ordonnance apposée le. . . . . , au bas de la requête qui nous a été présentée ledit jour, étant assisté de Me. L . . . . . , greffier près ledit tribunal, sommes partis de notre demeure, sise à . . . . . , pour nous rendre dans la ville de . . . . . , qui en est distante de deux myriamètres, et y procéder à la visite du mur mitoyen qui sépare deux maisons sises en ladite ville, rue des Amandiers, nos. 16

et 17. Etant arrivés sur les lieux contentieux, à dix heures du matin, laquelle avait été indiquée par notre dite ordonnance,

A comparu devant nous le sieur D. . . . ., assisté de Me. B. . . . ., son avoué : il nous a représenté l'expédition du jugement qui ordonne la descente. Il nous a remis aussi sa requête, au bas de laquelle est notre ordonnance qui fixe le jour et l'heure de l'opération, ainsi que l'original de la sommation faite en vertu de ladite ordonnance; lesquelles requête, ordonnance et sommation demeureront annexées à la minute du présent procès verbal : en conséquence, ledit sieur D. . . . ., nous a requis de procéder à la descente, et a signé avec ledit Me. B. . . . . . .

Signé D. . . . ., *partie*. B. . . . . ., *avoué*.

A aussi comparu le sieur H. . . . ., assisté de Me. J. . . . ., son avoué, lequel a dit qu'il ne s'oppose point à l'opération de la descente, et a déclaré ne savoir signer : c'est pourquoi la présente déclaration n'est signée que de son avoué.

Signé J . . . . . ., *avoué*.

Desquels comparutions, dires et réquisitions, avons donné acte auxdites parties. Après quoi nous avons procédé en leur présence, à la visite du mur qui sépare leurs maisons, ce qui a été constaté comme il suit.

Nous avons remarqué que le mur dont il s'agit est élevé de . . . . ., et qu'il s'étend sur une longueur de . . . . ., depuis . . . . ., etc.

Ici se place la description des lieux contentieux, les observations respectives des parties, et les ordonnances que peut rendre le juge-commissaire, pour l'exécution de sa mission; telle que serait celle par laquelle il ordonnerait une fouille, une ouverture de porte, ou autre fait nécessaire à l'examen dont il s'occupe. Il constate ensuite la manière dont ces ordonnances sont exécutées, le résultat auquel cette exécution l'a conduit; en un mot, toutes les circonstances quelconques qui se rencontrent pendant le cours de son opération. Lorsqu'elle est finie, et que tout ce qui la concerne est écrit au procès verbal par le greffier, il termine en ces termes :

Après avoir achevé notre opération, à laquelle nous avons vaqué, depuis dix heures du matin, jusqu'à trois heures du soir, l'expédition du jugement ci-dessus relaté, a été par nous remise à Me. B . . . . , avoué du sieur D . . . ., et nous avons clos le présent procès verbal, signé par ledit sieur D. . . . , par son avoué, par l'avoué du sieur H. . . . , ainsi que par nous et notre greffier; à l'égard du sieur H . . . il a déclaré ne savoir écrire.

Signé D . . . . . , *partie.* B . . . . . , *avoué.* J . . . . . , *avoué.* F . . . . . , *juge commissaire.* L . . . . . , *greffier.*

Si l'une des parties ne se présentait pas à l'opération, le procès[1] verbal en ferait mention; après avoir annoncé la comparution de celle qu'il trouve sur les lieux, le juge-commissaire continuerait ainsi :

Ledit comparant nous a requis de procéder à l'examen des lieux contentieux, tant en présence, qu'en l'absence de la partie adverse, et il a signé avec son avoué.

Signé D. . . . , *partie.* B. . . . , *avoué.*

[1] Après avoir attendu jusqu'à plus d'onze heures, sans que le sieur H . . . . , ni personne pour lui ait comparu, nous avons donné au sieur D . . . . . , acte de sa comparution et de sa réquisition, ainsi que défaut contre ledit sieur H. . . . . , et avons ordonné que, nonobstant l'absence de ce dernier, il serait par nous procédé à la visite du mur dont il s'agit : ce qui a été fait ainsi qu'il suit.

Nous avons remarqué que le mur, etc . . . . .

Il peut arriver qu'une partie ne soit pas assistée de son avoué, ou qu'elle ne soit pas présente, et que son avoué ou un fondé de pouvoir spécial comparaisse pour elle; dans ces différens cas, le procès verbal fait mention de la manière dont chaque partie assiste à l'opération, soit par elle-même, seule ou accompagnée de son avoué, soit par un représentant qui est ou son avoué, ou toute autre personne. Quand ce n'est pas l'avoué, il faut que celui qui comparaît pour une partie, en ait un pouvoir spécial, qui reste annexé à la minute du procès verbal où il en est fait mention.

Quand l'opération ne peut pas se terminer en une vacation, le lieu, le jour et l'heure où se fera la vacation suivante sont indiqués par la clôture de la première, en ces termes :

Après avoir vaqué à ce qui est ci-dessus mentionné, depuis dix heures du matin, jusqu'à quatre heures du soir, par double vacation, nous avons remis la continuation de la visite à demain, sommant les parties de se trouver au même lieu, à neuf heures du matin, et le sieur D . . . . . , a signé avec son avoué ; à l'égard du sieur H . . . . . , ayant déclaré ne savoir signer, la présente vacation a été signée de son avouée, ainsi que de nous et de notre greffier.

Signé D . . . . . , *partie.* B . . . . . , *avoué.* J . . . . . , *avoué.* F . . . . . , *juge-commissaire.* L. . . . . , *greffier.*

Le lendemain, la seconde vacation est ouverte de la même manière que la première, en constatant la comparution des parties comme il suit.

Et aujourd'hui . . . . , le . . . . , du mois de . . . . , l'an . . . . , à neuf heures du matin, en exécution de l'intimation par nous donnée, par la clôture de notre procès verbal d'hier, ci-dessus transcrit, nous nous sommes transportés avec Me. L . . . . , greffier, dans la maison du sieur D . . . . , sise en cette ville de . . . . . , rue des Amandiers, no. 16.

Les mêmes parties, qualifiées au procès verbal d'hier, assistées également de leurs avoués, ont comparu devant nous, ont requis la continuation de la visite des lieux, et ont signé à l'exception du sieur H . . . . . , qui a déclaré ne savoir écrire.

Signé D . . . . . , *partie.* B . . . . . , *avoué.* J . . . . . , *avoué.*

Desquelles comparutions, et réquisitions, nous avons donné acte aux parties. En conséquence, nous avons continué l'opération ainsi qu'il suit.

Ayant considéré l'excavation que nous avons ordonné de faire, pour reconnaître la profondeur des fondations du mur, etc.

Si cette seconde vacation n'est pas la dernière, on la termine par l'indication du lieu, du jour et de l'heure où se fera la troisième, comme on vient de le voir, pour indiquer la seconde. Enfin, la dernière vacation est close, en annonçant que l'opération est terminée, et en constatant que les pièces communiquées par les parties leur ont été rendues, ainsi qu'on l'a vu dans l'exemple précédent.

Quand des experts ont été nommés en même tems que la descente a été ordonnée, le juge-commissaire, après avoir constaté la comparution des parties, et donné défaut contre celles qui n'ont point paru, énonce la présence des experts et la remise qu'ils lui font des copies de l'assignation qu'ils ont reçues, en vertu de son ordonnance, pour se trouver sur les lieux contentieux; il ordonne que ces copies d'exploit resteront annexées à la minute de son procès verbal; il fait ensuite prêter serment aux mêmes experts, et le mentionne au procès verbal. C'est après ces préliminaires que le juge-commissaire procède à l'examen des lieux, assisté des experts; reçoit les dires, réquisitions et observations des parties; constate les interpellations que leur adressent les experts, et les réponses qui y sont faites; rend les ordonnances qui peuvent être nécessaires pour faciliter la visite des experts; en un mot, énonce dans son procès verbal tout ce qu'il fait, soit pour éclaircir les points de droit sur lesquels le tribunal l'a chargé de prendre des lumières, soit pour protéger les experts dans la visite des lieux. Pendant l'opération du juge-commissaire, les experts prennent des notes pour la rédaction de leur avis.

En terminant le procès verbal de la descente, lequel est signé à la clôture de chaque vacation, par les parties présentes, les experts, le juge et le greffier, il est dit que les experts se sont retirés dans tel endroit, ou qu'ils sont restés seuls sur les lieux, pour la rédaction de l'avis qu'ils doivent délibérer entre eux seulement. Ils rédigent en effet cet avis dans la forme dont on parlera au chapitre suivant, et le déposent soit entre les mains du juge-commissaire s'il est encore sur les lieux, soit au greffe du tribunal, si le travail des experts n'est pas prêt avant que le juge-commissaire ait terminé sa mission.

En parlant des experts, dans le chapitre suivant, on verra qu'avant de donner leur avis, ils commencent leur rapport par constater la présence des parties ou leur défaut de comparution, ainsi que les dires et observations qu'elles leur adressent; et c'est seulement après ce préparatoire nécessaire, qu'ils restent seuls pour rédiger leur avis. Mais, quand des experts assistent à une descente, les opérations qui précèdent leur avis étant faites en présence du juge-commissaire, c'est sur le procès verbal de ce magistrat qu'elles se trouvent constatées. Alors, au lieu de contenir deux parties, l'une qui décrit les opérations préparatoires, et l'autre qui contient leur avis, le rapport des experts se borne à cette dernière partie. Du reste, ce qui concerne les experts se règle comme s'il n'y avait pas eu de descente de juge, et suivant ce qui est dit au chapitre suivant.

A son retour, le juge-commissaire fait au bas de la minute de son procès verbal, la mention du nombre de jours qui ont été employés pour le transport, du nombre de jours employés pour l'opération, et du nombre de jours employés pour revenir : telle est la disposition précise de l'*art.* 298 du Code de procédure.

L'avoué de la partie la plus diligente lève ensuite une expédition du procès verbal, et la fait signifier aux avoués des autres parties; par conséquent, si l'une des parties n'a pas d'avoué en cause, il ne lui est fait aucune signification. *Ibid*, *art.* 299.

Ceux qui veulent que l'ordonnance du juge-commissaire, portant fixation du jour et de l'heure de l'opération, soit signifiée à la personne ou au domicile de la partie qui n'a pas d'avoué, conviennent que le procès verbal ne doit pas lui être signifié, si elle est encore sans avoué; cependant, il y a autant de raison pour faire connaître au défaillant le résultat de l'opération, que pour lui indiquer le jour et l'heure où elle doit se faire. Si, par son obstination à ne pas se présenter à la justice, il ne mérite pas qu'on lui donne communication du procès verbal, la même obstination existant déjà lorsqu'est rendue l'ordonnance qui fixe le jour et l'heure de l'opération, il ne mérite pas davantage qu'on la lui adresse.

Quoiqu'il en soit, le procès verbal de descente n'est signifié que par acte d'avoué, et par conséquent on n'en fait aucune part à la partie qui n'a pas constitué avoué. Enfin, trois jours après la signification de ce procès verbal, on peut poursuivre l'audience sur un simple acte; ce qui veut dire qu'il n'est permis de signifier aucune écriture, sous prétexte de tirer des conséquences de l'opération : les parties seront suffisamment entendues à l'audience, dans leurs plaidoiries.

CHAPITRE III.

DES RAPPORTS D'EXPERTS.

Du latin *experiens*, qui signifie instruit par l'expérience, on a fait le mot *expert*, qui, suivant le même sens, indique une personne que l'on charge de donner son avis, sur un point contesté, et qui concerne l'art qu'elle connaît.

Il arrive très-souvent que pour éclaircir des faits, ou pour évaluer des objets, les juges ont besoin de l'avis de gens connaisseurs : ils ordonnent alors un rapport d'experts; et dans la pratique, l'ensemble de l'opération se nomme *expertise*.

Par exemple, le pignon d'une maison bâtie depuis moins de dix ans, s'est écroulé : le propriétaire de cette maison veut exercer sa garantie contre l'entrepreneur à qui il en avait confié les travaux. La question qui s'élève alors est de savoir si l'accident vient d'un vice de construction, ou d'une cause étrangère à l'entrepreneur. Une autre fois, le propriétaire d'un héritage réclame des indemnités, pour les dégâts que lui ont causé des voisins, par mauvaise intention ou par imprudence; il s'agit de constater en quoi consiste le dommage, et d'en faire l'estimation.

Dans ces deux cas, et dans une infinité d'autres, il est nécessaire que les juges soient éclairés sur des points qui ne leur sont pas familiers ; or on ne peut s'en rapporter à cet égard qu'à des gens connaisseurs dans l'art auquel se rapporte la contestation.

L'importante matière des rapports d'experts est d'un usage si fréquent, et s'applique à tant d'objets, qu'elle devrait être connue de toutes les classes de la société : il n'y a personne qui n'ait besoin de recourir à des experts, ou qui ne puisse être nommé pour en remplir les fonctions.

Afin de mettre de l'ordre dans les explications que nous allons donner, sur les formes à suivre lorsqu'il s'agit d'un rapport d'experts, ce chapitre sera divisé en cinq articles, qui traiteront successivement, 1°. de la nomination des experts; 2°. de leur récusation ; 3°. de leur serment; 4°. de leur opération; 5°. du jugement qui en est la suite.

ARTICLE PREMIER.

De la nomination des Experts.

Il n'y a pas de règles particulières pour décider dans quels cas il faut nommer des experts; c'est par l'état de la question présentée au tribunal, qu'on reconnaît s'il est nécessaire de recourir aux lumières de gens connaisseurs. Quelquefois l'une des parties demande des experts, tandis que l'autre s'y refuse ; assez souvent les deux parties consentent à ce qu'il soit fait un rapport d'experts : enfin il arrive que, sans en être requis par aucune des parties, le tribunal croit nécessaire d'avoir l'avis de gens connaisseurs. Dans ces différens cas, l'opération des experts ne peut avoir lieu, si elle n'est ordonnée par un jugement. *Cod. de procéd., art.* 302.

Il ne suffirait pas de prononcer d'une manière générale, que des experts donneront leur avis sur les faits à éclaircir ; il est indispensable que le même jugement énonce clairement l'objet de l'expertise : c'est de ce jugement que les experts reçoivent leur pouvoir. Ils doivent satisfaire à tout ce qu'il exige d'eux, et il ne leur est pas permis de faire plus qu'il ne leur est demandé : or, pour que les experts ne restent pas en-deçà, ou ne se portent pas au-delà du but, il n'est qu'un moyen ; c'est de leur indiquer clairement l'objet de leur mission. *Ibid.*

Autrefois chacune des parties nommait un expert, et les deux personnes choisies opéraient ensemble. Si elles ne tombaient pas d'accord, on avait recours à un tiers pour les départager.

Le Code de procédure a voulu remédier à divers inconvéniens qui résultaient de cette méthode, et dont le moindre était d'occasionner deux nominations d'experts et deux opérations ; d'abord la nomination et le rapport des premiers experts ; en second lieu la nomination et le rapport du tiers expert.

Suivant l'*art.* 303, nulle expertise ne peut être faite que par trois experts, à moins que les parties ne consentent qu'il y soit procédé par un seul. Ainsi, jamais les experts ne sont nommés en nombre pair, et par conséquent il n'y a jamais partage. On appelle partage d'opinions, ce qui arrive lorsque deux avis sont proposés, et qu'il y a autant de voix pour l'un que pour l'autre.

Il est vrai que trois experts peuvent avoir chacun un avis différent, ce qui serait une sorte de partage ; mais on verra par la suite que, conformément à l'*art.* 318, les experts sont tenus de consigner dans leur rapport les motifs des différens avis. C'est une manière expéditive de faire connaître aux juges, ce qu'ils n'apprenaient autrefois, que par une double opération. Aujourd'hui, comme alors, ils peuvent choisir celle des trois opinions qui leur convient le mieux.

Au moment où le tribunal croit devoir ordonner un rapport de gens de l'art, s'il paraît que les parties sont d'accord sur le choix des trois experts, le jugement leur donne acte de la nomination des trois personnes. Cet accord se prouve par les actes de la procédure, lorsque la partie qui demande une visite des lieux indique en même-tems trois experts, et que l'autre partie par sa réponse adhère au choix proposé. La manière la plus ordinaire de faire connaître que l'on est d'accord sur le choix des experts, est de le déclarer à l'audience. Dans l'un et l'autre cas, le tribunal est tenu de nommer les trois experts que les parties lui indiquent d'un commun accord. *Ibid.*, *art.* 304.

Si l'une proposait par ses actes de procédure, ou verbalement à l'audience, de confier l'opération à une seule personne désignée, et que l'autre partie y consentît, soit par écrit, soit verbalement, la personne choisie serait nécessairement nommée par le tribunal pour faire seule l'expertise.

Au moment où est ordonnée la visite, si les parties ne se sont pas encore accordées sur le choix des experts, le jugement décide qu'ils seront convenus dans les trois jours, à compter de sa signification, sinon que les trois personnes qu'il nomme d'office sur le champ, resteront définitivement chargées de l'expertise. *Ibid, art.* 305.

Ainsi tout jugement qui ordonne une pareille opération, contient nécessairement la nomination de trois experts ; ils sont ou convenus entre les parties, ou nommés d'office. Dans ce dernier cas, leur nomination est conditionnelle ; elle devient définitive si, dans les trois jours de la signification du jugement, les parties ne sont pas tombées d'accord pour en nommer, ou trois autres, ou un seul.

Si les parties avaient déclaré qu'elles consentaient à laisser faire la visite par un seul expert, sans pourtant s'accorder sur le choix, le tribunal, au lieu de trois experts, n'en nommerait d'office qu'un seul. Cette nomination serait également conditionnelle, et pour le cas où les parties n'auraient pas fait leur choix, dans les trois jours à compter de la signification du jugement.

La partie la plus diligente lève le jugement, que nous supposons contradictoire, et le fait signifier par acte d'avoué : si les experts qui y sont nommés ont été choisis d'un commun accord, elle obtient, sans aucun délai, l'ordonnance qui fixe le jour de la prestation du serment dont on parlera dans l'article suivant. Mais, si les experts ont été nommés d'office, la partie la plus diligente fait également signifier le jugement par acte d'avoué ; et dans les trois jours de cette signification, il faut que les parties s'accordent sur le choix de leurs experts ;

sinon, ceux qui ont été nommés d'office restent définitivement chargés de l'opération.

Quand les parties, dans le délai fixé, conviennent à l'amiable de leurs experts, elles font connaître leur choix par une déclaration qu'elles en passent au greffe; les personnes ainsi désignées ont seules pouvoir de procéder à l'expertise, à l'exclusion de celles qui avaient été nommées d'office conditionnellement. *Ibid*, *art.* 306.

Jugement qui ordonne un rapport d'experts.

Après les qualités, l'exposé des points de fait et de droit, et les motifs qui déterminent les juges, le dispositif est prononcé en ces termes :

Le tribunal, avant de faire droit, ordonne que, par le sieur A . . . . . . architecte, le sieur B . . . . . , ingénieur hydrolicien, et le sieur C . . . . . cultivateur, demeurant tous trois à . . . . . . , et tous trois experts convenus entre les parties, la maison de compagne dont il s'agit sera visitée, à l'effet de constater et estimer les ouvrages faits par le défendeur au premier étage de cette maison, aux plantations du parc, et aux conduits des eaux; lesdits experts prêteront préalablement serment devant M. D . . , l'un des juges commis à cet effet; de leur opération, les experts dresseront un rapport, lors duquel les parties pourront, par elles ou par leurs avoués, faire tels dires et réquisitions qu'elles jugeront convenables, pour, sur ledit rapport, être requis par les parties, et ordonné par le tribunal, ce qu'il appartiendra; dépens réservés.

Si les parties avaient consenti à ce que l'opération fût faite par un seul expert, le jugement l'énoncerait de cette manière :

Le tribunal, avant de faire droit, ordonne que, par le sieur A . . . . . . architecte, demeurant à . . . . . . , seul expert nommé du consentement et par le choix des parties, la maison de campagne dont il s'agit, sera visitée, à l'effet, etc.

Lors du jugement, les parties ne se sont-elles pas encore accordées sur le choix des experts? On prononce comme il suit :

Le tribunal, avant de faire droit, ordonne que, par experts qui seront convenus entre les parties, dans les trois jours qui suivront la signification du présent jugement, sinon, par le sieur A . . . . . , architecte, le sieur B . . . . . , ingénieur, et le sieur C . . . . . , cultivateur, demeurant tous trois à . . . . . , et qui sont tous trois nommés d'office, la maison de campagne, etc.

Dans les trois jours qui suivent la signification de ce jugement, les parties peuvent s'accorder sur le choix des experts : elles peuvent même s'accorder sur cette nommination, sans attendre la signification du jugement; enfin, il est encore tems qu'elles conviennent des experts, même après l'expiration des trois jours qui suivent la signification du jugement, tant que le juge commis pour recevoir le serment, n'a pas rendu son ordonnance à l'effet d'assigner les experts nommés d'office. Dans ces différens cas, les parties étant d'accord, se réunissent ensemble au greffe, pour y passer leur déclaration, comme au modèle suivant :

Déclaration au greffe, pour convenir d'experts.

Aujourd'hui . . . . . , du mois de . . . . . , an . . . . . , ont comparus au greffe du tribunal de . . . . . .

Le sieur E . . . . . , demeurant à . . . . . , assisté de Me. F . . . . . , son avoué, et le sieur G . . . . . , demeurant à . . . . . , assisté de Me. H . . . . . , son avoué, lesquels ont déclaré qu'en exécution du jugement rendu entre eux, le . . . . . , et pour procéder à la visite et estimation ordonnées par ledit jugement, ils conviennent de nommer pour experts le sieur Z . . . . . , ingénieur, demeurant à . . . . . , le sieur K . . . . . , entrepreneur de bâtimens, demeurant aussi à . . . . . , et le sieur L . . . . . , jardinier pépiniériste, demeurant à . . . . . .

De laquelle déclaration a été dressé le présent acte, qui a été signé par les parties, leurs avoués et moi greffier.

Signé E . . . . . , *partie.* G . . . . . , *partie.* F . . . . . , *avoué.* H . . . . . , *avoué.* M . . . . . , *greffier.*

Les parties peuvent être représentées par leurs avoués pour faire cette déclaration ; mais les avoués doivent alors être munis des pouvoirs de leurs parties, s'ils ne veulent pas s'exposer au désaveu. Le choix des experts n'est point un acte nécessaire de la procédure : ainsi, par sa constitution, l'avoué n'est pas suffisamment autorisé à s'accorder sur leur nomination ; mais sa partie seule peut le dédire.

Une partie peut-elle faire sa déclaration au greffe, sans l'assistance de son avoué ? Sans doute qu'une pareille déclaration est valable ; mais, si le greffier ne connaît pas la personne qui se présente, il fera prudemment de ne l'écouter, que quand elle sera assistée d'un avoué près du tribunal. Par cette précaution, le greffier est à l'abri de toute surprise ; c'est l'avoué qui répond alors que la déclaration est réellement signée par sa partie.

ARTICLE II.

De la récusation des experts.

Récuser un expert, c'est déclarer qu'on s'oppose à sa nomination : *recusare* est un mot latin qui signifie refuser.

Cet article se divise en trois paragraphes, où on expliquera successivement, 1° pour quelles causes on peut récuser un expert ; 2° quand et comment se propose la récusation ; 3° la manière dont on procède au jugement de la récusation.

§ Ier.

Des causes de récusation.

Suivant l'*art.* 310 du Code de procédure, les experts peuvent être récusés par les motifs pour lesquels les témoins peuvent être reprochés. En effet, un expert qui donne son avis sur un objet que la justice le charge d'examiner, est avec les parties, dans la même relation que le témoin interpellé par la justice de dire ce qu'il sait, sur des faits dont il a connaissance. Appliquons donc à l'expert, les motifs pour lesquels il est permis de reprocher un témoin; ils sont indiqués par le même Code, *art.* 283.

1°. La parenté ou l'alliance d'un expert avec l'une des parties, jusqu'au degré de cousin issu de germain inclusivement, est une cause de récusation.

Tout le monde entend ce que c'est que la parenté; à l'égard de l'alliance, elle consiste dans le rapport qu'il y a entre une personne mariée, et les parens de son conjoint. Le frère de ma femme est mon frère par alliance, ou autrement dit mon beau-frère. Mon oncle est par alliance l'oncle de ma femme, ou son bel-oncle. Le cousin de l'un des époux est par alliance le cousin de l'autre, ou son beau-cousin. Remarquez que l'alliance ne s'étend pas au delà de la personne du conjoint; ainsi le père de ma femme est mon père par alliance, ou mon beau-père; mais il n'est allié sous aucun rapport à mes frères.

Ainsi un expert nommé d'office est-il parent de son chef, ou allié du chef de sa femme avec l'une des parties? Il peut être récusé.

2°. Il en est de même si l'expert est parent de son chef, ou bien si, du chef de sa femme, il est allié du conjoint d'une des parties. En conséquence, l'expert sera récusable, s'il est parent de l'épouse d'un des plaideurs, ou bien si la femme de l'expert est parente avec la femme d'un des plaideurs.

Quand la parenté ou l'alliance de l'expert avec le conjoint d'une des parties existe en ligne directe indéfiniment, ou en collatérale au degré de frère et sœur, de beau-frère et belle-sœur, la récusation est toujours proposable. Elle l'est également, quand cette parenté ou cette alliance n'excède pas, en collatérale, le degré de cousin issu de germain; mais au delà du degré de frère et sœur, de beau-frère et belle-sœur, il faut que le conjoint, soit de l'expert, soit de la partie d'où procède le lien du sang, ne soit pas décédé; ou s'il est décédé, il faut qu'il ait laissé des enfans ou petits-enfans actuellement vivans.

Par exemple, l'épouse de l'expert est cousine germaine de l'épouse d'un des plaideurs; la récusation peut donc être proposée. Elle ne pourra plus l'être si l'épouse du plaideur est décédée, à moins qu'il n'existe des enfans ou petits enfans provenant de son mariage avec ce même plaideur. De même, si c'était la femme de l'expert qui fût morte, la récusation ne serait admise que dans le cas où cette femme aurait laissé des enfans ou petits-enfans de son mariage avec cet expert.

Peu importe que le conjoint d'où procède la parenté ou l'alliance, soit séparé de bien ou même de corps; il n'y a pas moins alors cause de récusation, puisque le mariage subsiste.

3°. Celui qui est héritier présomptif ou donataire d'une personne, ne peut pas être expert dans une affaire où cette personne est partie intéressée.

Si c'était la partie qui fût présomptive héritière, ou donataire de l'expert, la récusation ne semble pas avoir lieu, puisque la loi ne parle que du cas contraire. Néanmoins, comme la récusation est fondée sur la partialité qu'on peut craindre de la part de l'expert, et qu'on est présumé avoir une affection particulière pour son héritier présomptif, quelque éloigné que soit son degré de parenté, et pour celui envers qui on a été libéral, nous croyons que le motif de récusation dont il s'agit peut être admis, sauf aux juges à discerner certains cas où il serait convenable de le rejeter.

4°. Un expert qui aurait bu ou mangé aux frais de l'une des parties et avec elle, depuis la prononciation du jugement qui le nomme, est récusable. S'il avait mangé avec une des parties, à une table où chacun paie sa dépense, il n'y a plus lieu à la récusation; parce que, suivant la loi, un expert qui boit ou mange avec une des parties, n'est soupçonné de partialité, que quand la dépense a été faite aux frais de cette même partie.

Si on avait nommé pour expert, une personne qui se trouve en pension chez l'une des parties; ou réciproquement, si c'était la partie qui fût pensionnaire chez l'expert, la récusation, en raisonnant rigoureusement, ne serait pas admissible ; car, dans aucun de ces deux cas, l'expert ne mange aux frais de la partie. Cependant, les juges prendraient les circonstances en considération, et verraient s'il ne serait pas convenable d'écarter un expert, qui se trouverait avoir des rapprochemens trop fréquens, et même trop intéressés avec l'une des parties.

5°. Il est évident que celui qui a donné des certificats sur des faits relatifs au procès, ayant fait connaître son opinion, serait récusé valablement, s'il était nommé expert.

6°. On ne peut pas non plus avoir confiance en un expert qui serait en état d'accusation, ou qui aurait été condamné à une peine, soit afflictive, soit infamante, soit simplement correctionnelle, si cette dernière peine avait été prononcée pour cause de vol.

7°. Il est impossible de ne pas écouter la récusation proposée contre un expert, qui se trouverait le serviteur ou le domestique d'une des parties ; la crainte de la partialité est suffisamment fondée. On appelle serviteur, celui qui est aux gages de quelqu'un, près de qui il remplit des fonctions serviles ; tels qu'un cuisinier, un laquais, une femme de chambre, un cocher. Sous la dénomination de domestiques, on entend tous ceux qui sont aux appointemens de quelqu'un, pour toute espèce de fonction qui n'est pas servile ; tels que son secrétaire, son intendant, et tout autre commensal ; c'est-à-dire, toute personne qui est nourri à la table, ou aux frais du maître de la maison.

Ces différentes causes de récusation que l'on peut proposer contre les experts, sont moins nombreuses que celles qu'il est permis d'opposer aux juges ; on demande si les autres circonstances qui autorisent à récuser un juge, peuvent être également invoquées contre un expert.

Pour la négative, on dit que la récusation est une voie rigoureuse, qui doit être restreinte aux seuls cas qui ont été prévus par la loi ; que la dignité des juges exigeait qu'on multipliât les causes de leur récusation, plus que les causes capables de faire écarter des témoins, ou des experts.

On soutient l'affirmative, en disant que pour donner un avis qui est presque toujours la règle des décisions de la justice, un expert doit avoir une impartialité aussi grande que celle des juges eux-mêmes. Il n'est pas vrai que la récusation soit une voie rigoureuse; elle est établie par l'équité naturelle, qui ne permet pas de s'en rapporter, sur une contestation, au sentiment d'une personne prévenue de partialité. Ainsi, le détail des circonstances dans lesquelles on est raisonnablement soupçonné de partialité, n'a rien de rigoureux. L'intention de la loi est que nul ne puisse rester expert, si on lui oppose une des cause de récusation qu'elle désigne; mais, elle ne défend pas de récuser un expert qui, par d'autres circonstances que celles prévues, donnerait de justes craintes de partialité. Nous croyons donc, avec de bon jurisconsultes, qu'il est laissé à la prudence des juges, de décider si telle cause de récusation, qui n'est pas écrite dans la loi, est admissible. Par conséquent, les causes de récusation qu'il est permis de proposer contre les juges, nous paraissent applicables aux experts. On en trouve l'énumération dans l'*art.* 378 du Code de procédure. Parmi celles qu'on y trouve, voici celles qui ne sont pas comprises dans les *art.* 283 *et* 310, concernant seulement les témoins et les experts; il suffira de les indiquer, pour sentir qu'on ne peut pas raisonnablement laisser la fonction d'expert, à celui qu'une de ces causes peut concerner; c'est pourquoi nous n'hésitons pas à les considérer, comme faisant suite aux précédentes causes de récusation dont on vient de parler.

8°. Il n'est pas possible que la justice puisse s'en rapporter au sentiment d'un expert qui serait en procès, sur une pareille question que celle dont il s'agit, et pour l'éclaircissement de laquelle il a été nommé. La même présomption de partialité existerait, quoique ce procès semblable intéressât seulement, soit l'expert, soit la femme de l'expert, soit un de leurs parens ou alliés en ligne directe.

9°. Si l'une des parties était juge d'un tribunal, dans lequel, soit l'expert, soit son épouse, soit un de leurs parens ou alliés en ligne directe soutient un procès; la partialité serait encore trop à craindre.

10°. On dirait la même chose, si l'expert ou sa femme, ou si un de leurs parens ou alliés en ligne directe, était créancier ou débiteur d'une des parties.

11°. Il y aurait soupçon suffisant de partialité, si l'expert ou sa femme, ou si un de leurs parens ou alliés avait eu contre l'une des parties, un procès criminel depuis moins de cinq ans.

12°. Un procès civil existant entre l'expert ou sa femme, ou entre un de leurs parens ou alliés en ligne directe, fait aussi suspecter la partialité de l'expert; mais il faut que ce procès ait été intenté avant la nomination de l'expert, ou qu'il n'ait pas été jugé depuis plus de six mois avant cette nomination. Remarquez qu'un procès n'est pas censé jugé, quand il est pendant sur l'appel.

13°. Un expert qui, dans une cause purement mobilière, serait le curateur, ou qui, dans des causes immobilières, serait le subrogé tuteur d'une des parties pourrait être récusé.

14°. Dans une affaire qui intéresse un établissement, une société, une direction, on ne s'avisera pas de nommer pour expert un administrateur de l'un de ces objets, ni même personne qui y soit attaché; le soupçon de partialité serait trop bien motivé.

15°. Si l'expert nommé était parent ou allié à un degré prohibé, soit du tuteur, ou subrogé tuteur, ou curateur d'une partie, soit d'un administrateur de l'établissement, ou société, ou direction ayant intérêt dans la cause, il n'y aurait pas lieu à craindre la partialité, à moins que le parent ou allié de l'expert ne fût intéressé personnellement dans la contestation.

16°. Il est de toute évidence, que celui qui a sollicité ou recommandé l'une des parties pour un procès, et celui qui a fourni à cette partie de quoi subvenir aux dépenses de ce procès, ne peuvent pas y être nommés experts.

17°. Il y a aussi juste sujet de récuser l'expert, qui aurait été entendu comme témoin dans la même affaire.

18°. L'inimitié capitale entre l'expert et l'une des parties, est encore une cause valable de récusation. La loi ne dit point à quel caractère on doit reconnaître l'inimitié capitale; c'est donc aux juges à se déder selon les circonstances, quand ce motif de récuser un expert leur est présenté.

19°. Enfin, si postérieurement à sa nomination, ou même si peu de tems au paravant, pourvu que ce ne soit pas depuis plus de six mois, il y a eu de la part de l'expert, envers l'une des parties, aggression, ou injures, ou menaces, soit par écrit, soit verbalement, la récusation est admise. Remarquez qu'il n'est pas permis à une partie d'injurier un expert, d'une manière quelconque, pour se faire un motif de récusation : elle ne serait pas écoutée, tant que l'aggression ne viendrait que de son côté.

§ II.

Quand et comment se propose la récusation.

Dans le tems où chaque partie nommait son expert, il pouvait arriver que l'une eût des motifs de récusation contre celui de la partie adverse; mais on sent qu'elle n'était pas tentée de récuser celui qu'elle proposait, et elle n'aurait pas été écoutée. Aujourd'hui, quand les experts sont du choix des parties, elles ont consenti également à la nomination de tous. En conséquence, il est juste, comme le décide l'*art.* 308 du Code de procédure, que la récusation ne soit permise contre aucun des experts convenus volontairement par les parties : elles ont reconnu leur impartialité, malgré les motifs qu'elles auraient pu avoir de ne pas s'y fier; ainsi, elle ne sont plus recevables à revenir sur le choix qu'elles ont fait librement.

Cependant, si une cause de récusation survenait contre un expert depuis sa nomination, on ne pourrait plus opposer aux parties le choix libre qu'elles ont fait; elles ne pouvaient pas connaître alors le motif qui porte à le récuser, et qui n'est fondé que sur un fait postérieur à sa nomination. Le même article en permettant dans ce cas la récusation, veut pourtant qu'elle soit proposée avant la prestation de serment; car en laissant remplir cette formalité par un expert, sans lui opposer le soupçon auquel il a donné lieu depuis sa nomination, on est censé renoncer au droit de le récuser, et croire que la confiance qu'il mérite, l'emporte sur la crainte qu'on a de sa partialité.

A l'égard des experts qui sont nommés d'office, les parties peuvent les récuser, puisqu'elles n'ont point eu part à leur choix; mais il faut que ce soit avant la prestation de serment. On ne veut pas que la récusation serve de prétexte aux parties, qui voudraient ralentir le cours de la procédure; or, depuis la nomination des experts jusqu'au jour où ils prêtent serment, elles ont le tems de s'informer s'ils sont récusables. *Ibid.*

La loi n'ayant pas parlé du cas où des causes de récusation surviendraient contre les experts, depuis leur prestation de serment, on demande s'ils peuvent alors être récusés, soit qu'ils aient été convenus librement entre les parties, soit qu'ils aient été nommés d'office.

Pour la négative, on dit que l'*art.* 308 a décidé, que la récusation pour cause survenue après la nomination des experts, devra être proposée avant le serment; il en résulte qu'après cette formalité nulle récusation ne doit avoir lieu, et que l'expert est investi d'un pouvoir qui ne peut plus lui être enlevé.

On répond pour l'affirmative, que la disposition dont il s'agit, paraît avoir prévu seulement le cas où la cause de récusation survient, depuis la nomination jusqu'au serment; mais qu'elle n'a parlé ni directement ni indirectement des causes de récusation, qui surviennent depuis la prestation de serment. De là on conclut que ce cas est laissé à la prudence des juges : ils peuvent donc admettre une récusation, fondée sur de justes soupçons de partialité, lorsque l'expert les a fait naître depuis la prestation de son serment, et avant de procéder à l'opération qui lui est confiée. Le serment prêté ne peut pas être une fin de non-recevoir contre les parties; elles n'ont pas été dans le cas de s'opposer à cette formalité, puisque l'expert n'avait encore rien fait qui pût le rendre suspect.

Le délai dans lequel on doit récuser les experts, pour des causes antérieures à leur nomination, est de trois jours, à compter de celui de cette nomination. *Ibid.*, *art.* 309.

Ainsi, lorsque des experts sont nommés d'office et définitivement par le tribunal, ce qui arrive dans plusieurs circonstances, le délai pour récuser est de trois jours, à compter de celui où le jugement a été prononcé.

Dans les cas où le jugement nomme des experts d'office, en laissant aux parties la faculté d'en choisir d'autres, pendant les trois jours qui suivent la signification de ce jugement, on conçoit que le délai pour récuser ne peut courir, que du jour où les experts indiqués par le tribunal se trouvent définitivement chargés de l'opération, faute par les parties d'avoir pu s'accorder sur un autre choix.

Il est évident que ce délai n'est fixé, que pour les récusations dont les causes sont antérieures à la nomination des experts; car, si un expert devient récusable plus de trois jours après sa nomination, rien n'empêche qu'on ne puisse le faire remplacer. Le délai pour en former la demande court jusqu'au serment : si on le lui laissait prêter, on serait censé avoir renoncé à la faculté de le récuser.

Mais, si la cause de récusation survient depuis la prestation de serment, on pourra la proposer jusqu'au premier acte qui se fera dans la procédure. Cet acte est ordinairement l'opération elle-même; en la laissant commencer, ou en faisant un acte de procédure quelconque, on devient non-recevable à faire usage de la récusation.

Lorsque la cause de récusation d'un expert n'est connue qu'au moment où se fait l'opération, elle est proposée par le procès verbal même des experts, qui, s'ils reconnaissent la vérité du fait sur lequel est fondée la récusation, s'abstiennent d'opérer jusqu'à ce qu'un autre expert ait été nommé. Si la cause de récusation n'est pas avouée, les experts peuvent, ou surseoir jusqu'à ce que le tribunal ait prononcé, ou continuer leur opération selon la nature des circonstances; sauf aux parties à contester sur la récusation, lorsque le rapport des experts sera présenté à l'homologation, et sauf aux juges à avoir tel égard que de raison aux motifs de récusation survenus trop tard, pour avoir pu être proposés avant le travail des experts.

La récusation se propose par un simple acte d'avoué; mais il faut nécessairement qu'il soit signé par la partie elle-même, ou par son mandataire spécial, qui peut être l'avoué ou toute autre personne. Dans le cas où l'acte de récusation est signé par un mandataire, la mention du pouvoir doit être faite dans l'acte de récusation; il arrive même souvent, que ce pouvoir est copié en tête de l'acte. Au reste, l'avoué doit toujours être en état d'en donner communication, si elle lui est demandée. *Ibid.*

Par l'acte de récusation, non seulement les motifs sur lesquels on se fonde sont exprimés; mais encore on doit en produire les preuves, ou offrir de vérifier par témoins les faits allégués contre l'expert. *Ibid.* La preuve testimoniale est donc admise en matière de récusation; ce qui est conforme à l'*art.* 1348 du Code Napoléon : il permet la voie de l'enquête, toutes les fois que la partie qui la demande, n'a pas été libre de se procurer la preuve littérale des faits, dont elle a intérêt de démontrer l'existence.

Acte de récusation.

A la requête du sieur A . . . . . . ,

Soit signifié à Me. B . . . . . . , avoué du sieur C . . . .

Que ledit sieur A . . . . . , récuse le sieur D. . . . . . , l'un des experts nommés d'office par le jugement rendu le. . . . . , entre les parties. Le motif de cette récusation est que ledit expert s'est permis d'aller manger, postérieurement à sa nomination, chez la partie adverse; ce que le requérant offre de prouver par témoins.

En conséquence, ledit sieur A. . . . . déclare qu'il se pourvoira pour faire statuer sur la présente récusation, et faire nommer d'office un autre expert.

Fait à. . . . . . , ce. . . . . . .

Signé A. . . . . . , *partie*. E. . . . . , *avoué*.

La signature de l'avoué sert à garantir que celui qui a signé la récusation est réellement la partie.

Quelquefois la partie commence par déclarer qu'elle récuse, et au bas de sa déclaration l'avoué fait son acte de signification, comme dans l'exemple suivant.

Je soussigné déclare que je récuse le sieur D. . . . . . l'un des experts nommés d'office par le jugement rendu entre le sieur C. . . . . . . et moi, le. . . . . . . Les motifs de cette récusation sont que ledit sieur D. . . . . . est cousin issu de germain de l'épouse de ma partie adverse ; ce que j'offre de prouver par titre, en cas de dénégation.

Fait à. . . . . , ce. . . . . . .

Signé A. . . . . , *partie.*

A la requête du sieur A. . . . . ,

Soit signifié à Me. B. . . . . , avoué du sieur C. . . . . , l'acte de récusation ci-dessus écrit ; et qu'en conséquence, ledit sieur A. . . . . se pourvoira pour faire statuer sur ladite récusation, et faire nommer d'office un autre expert.

Dont acte . . . . . , ce. . . . . .

Signé E. . . . . , *avoué.*

Cette forme est la plus commode, surtout lorsque la récusation est faite par un mandataire, et quand la cause de récusation a besoin d'être énoncée avec un peu d'étendue.

De quelque manière que soit rédigé l'acte de récusation, il doit en être fait deux copies, qui sont également signées de la partie ou de son mandataire, et qui sont remises aux huissiers audienciers du tribunal. L'un d'eux se charge de signifier cet acte à l'avoué de la partie adverse ; en conséquence, sur l'une et l'autre copie, il constate la signification, laisse l'une des deux copies à cet avoué, et rend l'autre à l'avoué du récusant.

On voit par l'*art.* 71 du tarif des frais de procédure, que l'avoué à qui est signifié un acte de récusation, peut y répondre. Il n'est pas besoin que la réponse soit signée de la partie au nom de laquelle elle est faite ; il suffit à l'avoué de prendre vis-à-vis de sa partie les précautions convenables, pour qu'elle ne puisse pas désavouer la dénégation qu'il se charge de faire en son nom.

Réponse à un acte de récusation.

A la requête du sieur C . . . . . . ,

Soit signifié à Me. E . . . . . , avoué du sieur A . . . . . .

Que ledit sieur C . . . . . proteste de nullité de l'acte du . . . . . , signifié à la requête du sieur A . . . . . , et contenant récusation du sieur D . . . . . , expert nommé d'office, par jugement du . . . . . ; déclarant que le motif allégué est sans fondement.

En effet, le sieur D . . . . . n'est poit parent de l'épouse du sieur A . . . . . . Il est vrai qu'il y avait de la parenté entre ledit expert, et la première femme dudit sieur A . . . . . ; mais, comme elle est décédée sans laisser de postérité, l'alliance n'existe plus, d'après les termes mêmes de l'*art.* 283 du Code de procédure. Déclare en conséquence ledit sieur C . . . . . , qu'il doit être passé outre à l'expertise, nonobstant ladite récusation qui sera regardée comme non avenue.

Dont acte . . . . . . ce . . . . . .

Signé B . . . . . , *avoué.*

Cette réponse est signifiée à l'avoué du récusant, dans la même forme que l'acte de récusation.

Un rapport d'experts peut être ordonné par défaut, contre une partie qui n'a pas constitué avoué; le jugement est alors signifié à personne ou domicile. Après le délai de huitaine accordé pour l'opposition, le défaillant ne s'étant pas présenté, les parties n'ont pas pu convenir d'experts ; par conséquent, ceux qui ont été nommés d'office, se trouvent définitivement chargés de l'opération. Quelques jours après, survient une cause de récusation contre l'un des experts : on demande comment le demandeur se pourvoira pour en faire nommer un autre.

Ceux qui ne veulent pas en général qu'on s'occupe davantage de la partie qui ne se présente pas, sur la signification du jugement par défaut, faite à personne ou à domicile, prescrivent ensuite la marche du demandeur : muni de l'original de la signification du jugement par défaut, il présente ses moyens de récusation par une requête, au bas de laquelle le président ordonne qu'elle soit communiquée au procureur impérial, attendu qu'il s'agit de récusation ; la même ordonnance fixe le jour où il sera statué sur la requête. Au jour indiqué, sur le rapport fait au tribunal, et après avoir entendu les conclusions du ministère public, la récusation est rejetée ou admise; dans ce dernier cas, le même jugement nomme d'office un autre expert.

Dans le système contraire, quoique le jugement ait été signifié à la personne, ou au domicile du défaillant, et que celui-ci ait laissé passer le délai de l'opposition sans se présenter, il faudrait lui faire signifier encore à personne ou domicile l'acte de récusation, par le ministère d'un huissier. Le même acte contiendrait sommation de se trouver à l'audience, dans un délai convenable et proportionné à la distance, pour voir prononcer sur la récusation, et voir nommer un autre expert. Cette dernière opinion ne nous paraît pas la plus raisonnable.

§ III.

Du jugement de la récusation.

Quand la récusation et la réponse ont été réciproquement signifiées, la partie la plus diligente provoque l'audience par un simple acte, sans autres écritures, parce que cet incident doit être jugé sommairement. *Cod. de procéd.*, *art.* 311.

Il n'est point fixé de délai pour répondre ; si donc la partie à qui la récusation a été signifiée, ne répond pas dès le lendemain, rien n'empêche que le récusant ne provoque l'audience par un avenir, sans attendre plus long-tems.

Suivant l'*art.* 83, § 4 du même Code, toutes les contestations qui ont une récusation pour objet, doivent être communiquées au ministère public : ainsi aucun jugement, soit préparatoire, soit interlocutoire, soit définitif, ne peut statuer sur la récusation proposée contre un expert, sans que le procureur impérial n'ait été entendu.

Si le motif de récusation n'est pas justifié, les juges peuvent en ordonner la preuve par témoins : on y procède comme en matière sommaire, *ibid.* En conséquence, le même jugement qui ordonne l'enquête, énonce les faits qu'il s'agit de vérifier, et fixe les jour et heure où les témoins seront entendus à l'audience. *Ibid*, *art.* 407.

Quand la récusation est en état de recevoir une décision définitive, il arrive qu'elle est admise ou rejetée. Si elle est admise, le même jugement nomme d'office un nouvel expert, sans laisser aux parties la faculté de le choisir d'un commun accord. *Ibid*, *art.* 313.

La récusation est-elle rejetée? La partie qui l'a proposée peut être condamnée, envers l'autre partie, à des dommages et intérêts, selon les circonstances. L'expert que les faits de récusation auraient pu offenser, peut aussi requérir des dommages et intérêts; mais alors, il ne peut plus rester chargé de l'opération. *Ibid*, *art.* 314.

Dans le cas où l'expert demande réparation d'une injure faite par une récusation mal fondée, le même jugement qui rejette la récusation, nomme d'office un nouvel expert, en remplacement de celui qui s'est ainsi rendu partie dans l'incident.

Souvent les faits allégués sont de nature à ne point blesser la réputation de l'expert; il ne réclame point alors contre la récusation : en sorte que si elle est rejetée, il demeure chargé de l'opération avec les autres experts non récusés.

Quelque soit le jugement qui prononce sur une récusation d'experts, il est exécutoire, nonobstant l'appel qui pourrait en être interjetté. En conséquence, s'il admet la récusation, l'expertise s'effectue provisoirement avec le nouvel expert nommé d'office; tandis que si le jugement rejette la récusation, la visite des lieux se fait par provision avec l'expert récusé. *Ibid*, *art.* 312.

Néanmoins, l'usage qui sera fait de l'opération à laquelle il aura été procédé provisoirement, dépendra de l'arrêt qui sera rendu sur l'appel, et qui confirmera ou infirmera le jugement de première instance. S'il y a confirmation du jugement, l'opération se trouve définitivement approuvée; si l'arrêt infirme le jugement, l'opération qui en a été la suite, se trouve nécessairement annullée.

Jugement qui rejette la récusation.

Considérant que les motifs de récusation ne sont pas prouvés, et que ladite récusation, en retardant le jugement de la contestation, a porté préjudice au demandeur;

Le tribunal rejette l'acte de récusation, signifié le . . . . , à la requête de la partie de E . . . . , contre le sieur D . . . . . , l'un des experts nommés d'office, par le jugement du . . . . . ; ordonne que ledit sieur D . . . . procédera, conjointement avec les deux autres experts, aux opérations prescrites par ledit jugement; condamne ladite partie de E . . . . . , envers la partie de B . . . . , en . . . . fr., de dommages et intérets, et aux dépens de l'incident.

Jugement qui rejette la récusation, et accorde des dommages-intérêts à l'expert.

Considérant que les motifs de la récusation ne sont pas justifiés, et qu'ils sont injurieux pour le sieur D . . . . . . , expert récusé;

Le tribunal rejette l'acte de récusation signifié le . . . . . . , à la requête de la partie de E . . . . . , contre le sieur D . . . . . , l'un des experts nommés d'office par jugement du . . . . . ; faisant droit sur la demande dudit sieur D . . . . . , en réparation de l'injure à lui faite par ledit acte de récusation, condamne ladite partie de E . . . . , envers ledit sieur D . . . . . , en . . . . fr. de dommages et intérêts, applicables, du consentement dudit sieur D . . . . . , aux pauvres de cette commune; nomme d'office, pour remplacer ledit sieur D. . . . . . , dans ses fonctions d'experts, le sieur F. . . . . . . , lequel, après serment préalablement prêté devant M. A. . . , juge, commis à cet effet, procédera aux opérations prescrites par le jugement du . . . . . ; conjointement avec les deux autres experts qui y sont nommés; condamne la partie de E. . . . . , aux dépens de l'incident.

Jugement qui admet la récusation.

Considérant que, des actes produits au soutient de la récusation dont il s'agit, il résulte que le sieur D. . . . . est cousin issu de germain de la partie de B. . . . . . . ;

Le tribunal ayant égard à l'acte signifié le . . . . . , à la requête de la partie de E . . . . . , pour récuser le sieur D. . . . . , l'un des experts nommés d'office, par jugement du. . . . . , nomme pour le remplacer le sieur T. . . . , entrepreneur de bâtimens, demeurant à. . . . . , lequel procédera aux opérations prescrites par ledit jugement, conjointement avec les sieurs G. . . . . , et H. . . . . , autres experts qui s'y trouvent nommés; dépens réservés.

Les jugemens qui prononcent sur la récusation d'experts, sont-ils sans exception sujets à l'appel? Ne faut-il pas distinguer si l'expertise a été ordonnée dans une contestation sujette à l'appel, ou bien dans une contestation qui doit être jugée en dernier ressort? Il n'y a point à faire de distinction : quelque modique que soit l'objet de la cause principale, pour l'instruction de laquelle un rapport d'experts a été ordonné, l'incident de récusation qui s'élève, ne peut jamais être jugé qu'à la charge de l'appel. La raison de cette décision est que la récusation touche souvent l'honneur de l'expert contre qui elle est dirigée, même quand les faits allégués n'ont rien de déshonorant. Par exemple, on récuse un expert parce qu'il est parent d'une des parties; ce fait ne paraît pas par lui-même affecter l'honneur. Cependant l'expert doit être jaloux qu'on ne le croie pas capable d'accepter sa nomination, lorsqu'il connaît en lui une cause de récusation. Combien plus est-il intéressé à voir repousser une récusation, lorsqu'elle porte sur des faits d'un autre genre, tel que celui d'avoir mangé depuis sa nomination chez l'une des parties. Puisque la récusation touche toujours en quelque chose à l'honneur de l'expert, elle ne peut jamais être jugée en dernier ressort dans le premier degré de juridiction, même quand l'incident de récusation s'élève sur une contestation non susceptible d'appel. En effet l'honneur est essentiellement inappréciable; par conséquent il ne peut pas être réduit à une valeur telle, qu'elle puisse être jugée en dernier ressort dans le premier degré de jurisdiction. Le Code de procédure, *art.* 391, le décide formellement pour la récusation des juges; il y a même raison pour celle des experts.

Comment doit-on procéder sur l'appel d'un jugement, qui admet ou rejette la récusation d'un expert?

Un auteur accrédité pense qu'il faut appliquer à l'appel d'un pareil jugement, ce qui est prescrit pour l'appel du jugement rendu sur la récusation d'un juge: en conséquence il veut que l'on suive, pour la récusation d'experts, la procédure d'appel, qui est prescrite par le Code de procédure, *art.* 392 et suivans, pour la récusation des juges.

Nous ne partageons pas cette opinion, et nous soutenons que l'appel du jugement rendu sur la récusation d'un expert, doit être instruit comme l'appel dans toutes les matières ordinaires. Ce qui est réglé d'une manière générale sur l'appel, par le Code de procédure, est essentiellement obligatoire pour tous les jugemens sujets à subir un second degré de jurisdiction, sans distinction des matières: s'il y a lieu à suivre une marche particulière, ce ne peut être que pour les cas qui sont formellement exceptés par la loi; de ce nombre est celui de la récusation proposée contre les juges, celui des nullités de procédure dans la saisie immobilière, et quelques autres. Jamais il n'est permis, sous prétexte d'analogie, d'abandonner les formes généralement prescrites dans les contestations, pour suivre celles qui sont particulières à certaines matières désignées expressément. Les exceptions doivent se restreindre aux seuls cas prévus; et la règle qui permet d'appliquer une décision à tous les cas semblables, n'a lieu que quand il s'agit de principes généraux, ou d'objets sur lesquels il n'y a pas de législation. Ici la forme de l'appel et de l'instruction en matière ordinaire, est formellement établie par le Code de procédure; on ne peut donc pas s'en écarter, si ce n'est dans les matières exceptées nommément par la loi. La récusation des juges est l'objet d'une exception de cette nature, tandis que la récusation des experts n'est point soustraite à la règle générale; ce serait donc une infraction manifeste à la loi, que de créer pour ce dernier objet, une exception qu'elle n'a pas prononcée.

Au reste, c'est par de bonnes raisons que l'appel relatif à la récusation des experts, n'est pas assimilé à l'appel concernant la récusation des juges. En effet en première instance, la procédure pour récuser un expert se dirige entre les parties de la cause, comme tous les incidens ordinaires, ainsi qu'on vient de l'expliquer. Pourquoi donc après avoir suivi dans le premier degré de jurisdiction les formes usitées, serait-on obligé de les abandonner dans le second degré, où la cause est la même? Aussi la loi ne l'a-t-elle pas dit, parce que c'eût été de sa part une bizarrerie sans motif et sans utilité. Il est donc nécessaire de suivre pour l'appel d'une récusation d'experts, les règles générales de la procédure, comme on est tenu de les observer en première instance.

Il n'en est pas de même à l'égard de la récusation des juges; elle s'instruit d'une manière toute particulière, en vertu d'une exception établie spécialement pour ces sortes de causes. La récusation de l'expert est proposée par un simple acte signifié; tandis que la récusation d'un juge est proposée par un acte passé au greffe. La partie qui a reçu la signification, quand il s'agit d'un expert, peut y répondre par un autre acte signifié; tandis que c'est au juge récusé, et non à la partie, que l'acte de récusation est communiqué : encore faut-il que le tribunal ait préalablement pris connaissance des moyens de récusation, pour les rejeter sur le champ, ou en ordonner la communication au juge qu'ils attaquent. En un mot la récusation de l'expert s'instruit, comme tout incident, entre les parties de la cause : alors, nulle raison de quitter la voie ordinaire de la procédure. Au contraire, la récusation du juge s'instruit entre lui et le récusant, et toute procédure entre les parties est suspendue : voilà donc un incident qui n'est point ordinaire, et pour lequel il faut des formes propres à conduire au but que la loi s'est proposé.

Ainsi, la forme de procéder à la récusation des juges, n'a aucune similitude avec l'instruction sur la récusation des experts. On ne peut donc pas appliquer à cette dernière matière, ce qui est réglé par exception spéciale pour la première. Celle-ci est assujétie à une marche extraordinaire, pour le premier degré de jurisdiction ; il est donc nécessaire que l'appel soit réglé d'une manière analogue. Le jugement sur la récusation d'un juge ne s'exécute jamais par provision : il est donc urgent d'établir des formes expéditives pour l'appel. La récusation des experts, au contraire, suit en première instance les formes communes à toutes les affaires; il ne serait donc pas convenable qu'en cas d'appel, on se détournât de la même route, lorsque nulle texte de loi ne le prescrit. D'ailleurs, tout jugement rendu sur récusation d'experts, est de plein droit exécutoire par provision ; il n'est donc pas besoin de prendre des précautions extraordinaires, pour accélérer la décision de l'appel.

ARTICLE III.

Du serment des experts.

Par le jugement qui ordonne l'expertise, l'un des juges est commis pour recevoir le serment des experts. En le prescrivant ainsi, le Code de procédure, *art.* 305, autorise néanmoins le tribunal à permettre, que les experts prêtent leur serment, devant le juge de paix du canton où ils feront l'opération. Cette facilité est accordée, lorsque les experts demeurent plus près du lieu à visiter, que du tribunal : telle est l'intention de la loi, d'après *l'art.* 1035, qui reçoit ici son application, et qui donne même une plus grande latitude. On y lit que, quand il s'agit d'une opération quelconque, ordonnée par jugement, notamment d'un serment à recevoir, et que les lieux contentieux sont trop éloignés, les juges peuvent commettre, dans le voisinage de ces mêmes lieux, ou un juge, ou même un juge de paix, suivant l'exigence des cas; ils peuvent même autoriser un tribunal à nommer, soit un de ses membres, soit un juge de paix, pour procéder à l'opération ordonnée.

Après le délai de trois jours depuis la signification du jugement, quand il est contradictoire, ou après l'expiration du tems accordé pour y former opposition, lorsqu'il est par défaut, la partie la plus diligente, voyant qu'elle n'a pu s'accorder pour la nomination des experts, présente requête au juge commis par le jugement. Elle en obtient une ordonnance, fixant le jour et l'heure où sera reçu par lui le serment des experts nommés d'office, et qui se trouvent, par l'expiration des délais dont on vient de parler, définitivement chargés de l'opération.

Dans les différens cas où les experts sont nommés définitivement, par le jugement qui ordonne la visite; par exemple, lorsqu'à l'audience les parties ont déclaré leur choix, fait d'un commun accord, il n'est pas besoin de délai pour obtenir l'ordonnance du juge commissaire. Dès que le jugement est signifié par acte d'avoué, puisqu'il s'agit dans l'hypothèse d'un jugement contradictoire, la requête peut être présentée au commissaire chargé de recevoir le serment des experts. Pareillement, lorsque postérieurement au jugement, les parties ont nommé leurs experts par acte au greffe, la requête tendante à faire fixer le jour et l'heure du serment peut être présentée aussitôt après, sans aucun délai : il suffit que le jugement, qui, dans ce cas, est nécessairement contradictoire, ait été signifié d'avoué à avoué.

Si le jugement qui ordonne la visite est par défaut, ce n'est évidemment qu'après le délai de l'opposition, que peut être présentée la requête pour parvenir au serment des experts. Pendant qu'il en est encore tems, si le défaillant forme son opposition, il n'y a plus lieu à exécuter le jugement par défaut : la cause se porte de nouveau à l'audience; et le jugement qui intervient ainsi en second lieu, est le seul qui règle les droits des parties, et d'après lequel il faille opérer, s'il ordonne un rapport d'experts.

Il peut arriver que plusieurs défendeurs aient été assignés, et que l'un seulement fasse défaut; le jugement sera-t-il contradictoire avec les comparans, et par défaut contre celui qui ne s'est pas présenté? Un jugement peut-il avoir ce double caractère? Comment les dispositions qui règlent une marche prompte, quand l'expertise a été ordonnée contradictoirement, peuvent-elles s'accorder avec les dispositions qui ralentissent la procédure, quand l'opération a été ordonnée par défaut?

Le cas où de plusieurs défenseurs il y en a qui se présentent, tandis que d'autres ne comparaissent pas, a été prévu d'une manière générale, par l'*art.* 155 du Code de procédure. Le premier jugement donne défaut contre la partie qui ne se montre pas; et au lieu d'adjuger aussitôt le profit du défaut, il est joint au fond, et la cause est remise à une époque assez éloignée, pour qu'on ait le tems d'assigner de nouveau le défaillant. Ce jugement de jonction, qui est purement préparatoire, est signifié au défaillant, avec nouvelle assignation au domicile de l'avoué, si le défaut a été pris contre avoué; la signification avec assignation est faite à la personne ou au domicile du défaillant, s'il n'a point constitué avoué.

Sur cette seconde assignation, le défaillant comparait-il? La cause qui avait été remise, est jugée contradictoirement avec toutes les parties. Mais, si le défaillant persiste à ne pas se présenter, le jugement qui intervient adjuge le profit du défaut, dont la décision avait été remise. Ce second jugement a la même force que s'il était contradictoire; car le défaillant ne peut pas y former d'opposition. Si donc un rapport d'expert a été ordonné avant de faire droit, ce jugement est signifié à l'avoué de la partie qui a comparu, et au domicile de celle qui a fait défaut. Après le délai de trois jours, augmenté d'un jour par chaque fois trois myriamètres de l'éloignement du défaillant, les parties n'étant pas tombées d'accord sur le choix des experts, ceux nommés d'office restent définitivement chargés de l'opération; et on peut procéder à leur prestation de serment.

Ainsi, soit que tous les défendeurs aient comparu, soit qu'un d'entre eux ait fait défaut, dès que la procédure est amenée à l'époque où il est possible de prendre l'ordonnance du juge commissaire, la partie la plus diligente lui présente une requête, accompagnée de l'expédition du jugement qui ordonne l'expertise, et de l'original de la signification qui en a été faite. Ce magistrat met au bas son ordonnance, portant permission d'assigner devant lui les experts, à l'effet de prêter serment au jour et à l'heure qu'il fixe.

S'il a été commis un juge d'un autre tribunal, la requête doit être présentée par un avoué près du tribunal dont est membre le juge commis. Si, le tribunal voisin des lieux contentieux avait été autorisé à commettre un de ses membres, pour recevoir le serment des experts, la requête, signée d'un avoué de ce tribunal, serait remise au président avec le jugement; et sur son rapport interviendrait une décision, qu'on peut appeler une ordonnance: elle est en effet écrite au bas de la requête, qui est rendue en cet état à la partie poursuivante. En conséquence de cette ordonnance du tribunal, portant simplement nomination d'un commissaire, on présente une autre requête à ce dernier; on y joint, outre les précédentes pièces, la requête présentée au tribunal, et au bas de laquelle est l'ordonnance qui nomme le commissaire. Ce magistrat appose à son tour, au bas de la requête qui lui est présentée, son ordonnance, où il indique le jour et l'heure de la prestation de serment.

Quand un juge de paix a été commis, soit directement par le jugement qui ordonne l'expertise, soit par le tribunal que ce jugement autorise à nommer un commissaire, on ne lui présente pas de requête; car près des justices de paix il n'y a point d'avoué, ni même aucun autre officier chargé de la rédaction des actes de procédure. Toutes les réquisitions, de quelque nature qu'elles soient, se font verbalement au juge de paix; on lui présente les pièces qui appuyent la réquisition, et il dresse acte de sa décision. Si, comme dans l'espèce dont il s'agit, l'objet de la réquisition est une autorisation d'assigner, et une fixation de jour et d'heure, le juge de paix, sur la représentation du jugement qui le commet, délivre une cédule, portant citation aux experts de se présenter au jour et à l'heure qu'il indique, pour prêter leur serment devant lui: cette cédule est signifiée dans la forme ordinaire des citations données pour comparaître en justice de paix.

L'ordonnance ou la cédule, en vertu de laquelle les experts sont sommés de venir prêter serment, n'est signifiée à aucune partie; c'est ce que dit textuellement l'*art.* 307 du Code de procédure : ainsi il n'est pas nécessaire que la prestation de serment se fasse en présence des parties.

Quelques praticiens, néanmoins, croyent utile de sommer la partie adverse de se trouver à la prestation de serment, si bon lui semble. Ils disent que, sans cette précaution, elle ne peut pas connaître le jour et l'heure où se fera l'opération, et qui doivent être indiqués par le procès verbal de prestation de serment. En second lieu, ajoute-t-on, si les parties, sur cet avertissement, se présentent à la prestation de serment, on épargne la sommation qu'il faudrait leur faire de se présenter à l'expertise.

Nous ne pensons pas de même, et nous soutenons qu'il ne faut pas faire de sommation aux parties pour assister au serment, et qu'un pareil acte serait à la charge personnelle de l'avoué, parce que cette sommation n'est point autorisée par le tarif des frais. A l'égard de la manière dont les parties peuvent être averties du jour où le serment sera prêté, elle n'a point été régularisée, parce qu'elle a été jugée inutile; si donc on veut faire cet avertissement, ce doit être à l'amiable et sans frais.

L'économie d'une sommation n'est pas réelle; car, dans tous les cas, il faut une sommation, soit celle d'assister au serment, soit celle de se trouver à l'expertise; en faisant la première, il est incertain que la seconde ne sera pas nécessaire, puisqu'on ignore si la partie se présentera; au contraire, en ne s'occupant que de la seconde, on est assuré qu'elle suffira; c'est donc ce dernier parti qui est économique et légal.

Si à la sommation de comparaître devant le juge-commissaire, un expert répond qu'il n'accepte pas sa nomination, l'huissier auquel il fait cette déclaration doit la consigner dans son exploit : de cette manière, la partie poursuivante est instruite du refus, par l'original de la sommation. D'autre fois, n'étant pas chez lui lorsque l'huissier s'y présente, l'expert se contente d'annoncer son refus à la partie de qui il reçoit l'assignation, ou à l'avoué qui occupe pour elle. Au reste dès qu'un partie apprend qu'un des experts n'accepte pas, elle peut aller trouver son adversaire, et sur le champ convenir d'un autre expert ; sinon, c'est au tribunal à le nommer d'office. Aucun délai n'est fixé pour faire le remplacement : en conséquence, aussitôt qu'il plaît à l'une des parties, elle provoque l'audience sur un simple avenir, et obtient un jugement qui nomme d'office un autre expert, à la place de celui qui a refusé. *Ibid*, *art.* 316.

Il arrive aussi qu'un expert ne prend pas la précaution de prévenir qu'il n'accepte pas, et croit suffisant de ne pas se présenter sur la sommation. Les parties en sont instruites, quand elles assistent à la prestation de serment ; sinon elles peuvent s'en informer, en consultant le procès verbal qui reste au greffe. Dès que l'une des parties sait qu'un des experts n'a point comparu devant le juge-commissaire, elle peut essayer de s'accorder avec son adversaire, pour le choix d'un remplaçant; si l'accord a lieu, la déclaration en est faite au greffe, et aussitôt que l'expédition en est délivrée, on prend l'ordonnance du juge commis, pour faire prêter le serment du nouvel expert. Quand les parties ne s'accordent pas pour remplacer l'expert absent, l'une des parties, sans être tenu d'observer aucun délai, peut provoquer l'audience, et faire nommer d'office un expert. *Ibid.*

Les experts qui se présentent prêtent serment devant le juge-commissaire : cette formalité est constatée par un procès verbal ; on y fait aussi mention des parties qui comparaissent, et de celles qui ne se sont pas présentées. Après avoir prêté leur serment, les experts, en présence du juge-commissaire, conviennent entr'eux du lieu, du jour et de l'heure où ils procéderont à l'opération : cette indiquation est consignée au procès verbal de la prestation de serment; et les parties présentes, étant par-là suffisamment averties, n'ont pas besoin de sommation pour se trouver à l'expertise. *Ibid*, *art.* 314.

Requête au juge-commissaire.

A M. A . . . . . , juge au tribunal de . . . . . .

Expose le sieur B. . . . . , que par jugement du. . . . . , dont expédition est ci-jointe, vous avez été commis pour recevoir le serment des sieurs C . . . . . ,

D. . . . . ., et E. . . . . ., experts nommés d'office, lesquels sont définitivement chargés de l'opération, les parties n'ayant pas fait leur choix en tems utile, ainsi qu'il parait par l'original, ci-joint, de la signification dudit jugement.

Requiert en conséquence ledit sieur B. . . . . ., qu'il vous plaise, Monsieur, lui permettre de faire assigner lesdits experts, à comparaître devant vous, au jour et heure qu'il vous plaira fixer, pour prêter serment de bien et fidellement procéder à leur rapport.

A. . . . . ., ce. . . . . .

Signé F. . . . . ., *avoué.*

Au bas de cette requête, le juge-commissaire appose son ordonnance, comme dans l'exemple suivant.

Ordonnance.

Permis d'assigner les trois experts à comparaître devant nous, en la chambre du conseil du tribunal, le. . . . . ., à. . . . . ., heure du matin, aux fins de la requête.

Fait à la chambre du conseil, le. . . . . .

igné A. . . . . ., *juge.*

Avant le tarif, on pouvait être incertain si le juge devait dresser procès verbal de la délivrance de son ordonnance. Ceux qui pensaient pour l'affirmative, tiraient argument de ce que la loi exige cette formalité, lorsque le juge commis à une enquête délivre son ordonnance pour l'audition des témoins. Les autres disaient que, quand il s'agit d'une formalité, ce qui est prescrit pour un cas, ne doit pas être étendu à un autre; surtout quand l'utilité de cette même formalité ne paraît plus évidente qu'elle ne l'est en cette occasion.

Cette question a été décidée, par le décret portant tarif des frais et dépens. On y voit bien une vacation, pour l'avoué qui signe le procès verbal d'ouverture d'enquête, afin de constater la délivrance de l'ordonnance portant permission d'assigner les témoins; mais il n'est point parlé d'une pareille vacation, pour constater la délivrance de l'ordonnance portant permission d'assigner les experts : de là on conclut qu'il ne doit pas y avoir de procès verbal lors de cette ordonnance. En effet, si on réfléchit que, pour faire courir le délai de l'enquête, il est nécessaire que l'ouverture en soit constatée ; on sentira qu'on ne peut pas se dispenser du procès verbal d'ouverture, qui mentionne la délivrance de l'ordonnance fixant le jour et l'heure de l'audition des témoins. Au contraire, on voit que rien ne nécessite cette formalité, quand il s'agit de déterminer l'époque de la prestation du serment des experts, puisqu'il est même inutile que les parties y assistent. Nous croyons donc qu'en dressant un procès verbal, pour délivrer l'ordonnance portant fixation du jour et de l'heure de la prestation de serment, on fait une procédure irrégulière, dont il serait impossible aux avoués et aux greffiers de se faire payer, puisque le tarif ne passe rien en taxe pour un pareil acte.

Assignation aux experts.

Après avoir copié la requête présentée au juge-commissaire, et son ordonnance apposée au bas, l'huissier dresse son exploit en ces termes :

L'an. . . . . , en vertu de l'ordonnance que M. A. . . . . , juge-commissaire, a délivrée le. . . . . , au bas d'une requête, le tout transcrit ci-dessus ; et à la réquisition du sieur B. . . . , moi, K. . . . , huissier, reçu . . . . , j'ai donné assignation,

Au sieur C . . . . , à son domicile, sis en cette commune, rue . . . . , en parlant à son épouse ;

Au sieur D . . . . , à son domicile, sis en cette commune, rue . . . . , en parlant à son fils ;

Et au sieur E . . . . , à son domicile, sis en cette commune rue . . . . , en parlant à lui-même,

A comparaître le . . . . , du présent mois, à . . . . heure du matin à la chambre du conseil du tribunal civil de . . . . , par devant M. A . . . . , juge-commissaire, à l'effet de prêter serment de bien et fidellement procéder au rapport dont ils sont chargés, par jugement du . . . . .

Copie du présent exploit, ainsi que de la requête et de l'ordonnance ci-dessus relatée, a été laissée par moi à chacun desdits trois experts, en parlant comme dessus, ; je leur ai déclaré que Me. F . . . ., continuera d'occuper pour ledit sieur B . . . . . .

Le coût du présent exploit est de . . . . . .

Signé K . . . . . ., *huissier.*

Lorsque, pour recevoir le serment des experts, un juge de paix est commis, on le requiert verbalement de fixer le jour et l'heure, et on lui montre les pièces qui l'y autorisent; alors il délivre une cédule comme il suit.

Cédule de juge de paix.

Nous, G . . . . ., juge de paix du canton de . . . . ., sur la réquisition du sieur B . . . . ., qui nous a représenté l'expédition d'un jugement rendu le . . . . ., au tribunal de . . . . . ., par lequel nous sommes commis pour recevoir le serment des experts qui y sont nommés, et l'original de la signification dudit jugement, citons les sieurs C . . . . ., D . . . . ., et E . . . . ., à comparaître devant nous, le . . . . ., à . . . . . heure du matin, en notre demeure, sise à . . . . ., pour y prêter serment de bien et fidellement procéder au rapport dont ils sont chargés par ledit jugement.

La présente cédule, délivrée à . . . . . ., le . . . . . ., de l'an . . . . . ., sera notifiée dans le jour par notre huissier ordinaire.

Signé G . . . . ., *juge de paix.*

Cette cédule, qui est remise à la partie requérante, est par elle portée à l'huissier de la justice de paix; celui-ci dresse, au bas, de la cédule l'original de notification en ces termes :

L'an . . . . ., le . . . . . ., du mois de . . . . . ., la cédule ci-dessus a été notifiée par moi, I . . . . . ., huissier ordinaire de la justice de paix de . . . . ., demeurant en ladite commune, rue . . . . ., patenté . . . . . ; et les copies en ont été laissées, savoir : une au domicile du sieur C . . . . . ., sis en cette commune, rue . . . . . ., en parlant à la dame son épouse ; l'autre au domicile du sieur D . . . . ., sis également en cette commune, rue . . . . ., en parlant à une fille qui m'a dit être sa domestique, et se nommer Henriette ;

et une troisième copie à la personne même du sieur E . . . . ., trouvé au marché de cette commune.

Signé I . . . . ., *huissier.*

Trois copies sont faites par l'huissier, et chacune contient la cédule ainsi que l'acte de notification; elles sont remises aux personnes déclarées dans l'original.

Procès verbal de prestation de serment.

Aujourd'hui le . . . . ., à . . . . ., heure, en la chambre du conseil du tribunal de . . . . ., par devant nous A . . . . ., juge commis par jugement rendu le . . . . ., à l'effet de recevoir le serment des experts nommés par ledit jugement, et assisté de Me. L. . . . ., greffier,

A comparu Me. F. . . . ., avoué du sieur B. . . . ., lequel a dit, qu'en vertu de notre ordonnance du. . . . ., apposée au bas de la requête par lui présentée, et qui sera annexée à ce procès verbal, ledit sieur B. . . . ., par exploit de K. . . . ., huissier, en date du. . . . ., et dont il nous a représenté l'original, a fait assigner les trois experts nommés dans lesdites requêtes et ordonnances, à comparaître aujourd'hui à. . . . ., heure du matin, pour prêter serment. En conséquence, il nous a requis de recevoir le serment de ceux qui se présenteront, se réservant de se pourvoir à l'effet de faire remplacer celui ou ceux qui ne comparaîtraient pas; et ledit requérant a signé.

Signé F. . . . ., *avoué.*

Et à l'instant ont aussi comparu les sieurs C. . . . ., D. . . . ., et E. . . . ., qui nous ont dit se présenter pour satisfaire à notre dite ordonnance, et à ladite assignation.

Desdites comparutions et réquisitions nous avons donné acte. En conséquence nous avons reçu de chacun desdits sieurs C. . . . ., D. . . . ., et E. . . . ., le serment qu'ils ont prêté, de bien et fidellement procéder aux opérations ordonnées par ledit jugement, dont lecture leur a été faite. Ils nous ont en même tems déclaré qu'ils se transporteront sur les lieux, pour commencer leur opération, le. . . . ., à. . . . ., heure du matin.

De tout ce que dessus, nous avons dressé le présent procès verbal, et ledit

Me. F. . . . , ainsi que lesdits sieurs C. . . . , D. . . . , et E. . . . . , ont signé avec nous et notre greffier.

Signé F. . . . , *avoué.* C. . . . . , D. . . . . , et E. . . . . , *experts.* A. . . . . , *juge-commissaire.* L. . . . . , *greffier.*

Si la partie adverse de celui qui poursuit l'expertise comparaît, on le déclare en ces termes, avant de parler des experts.

A aussi comparu Me. N. . . . . , avoué du sieur P. . . . . , lequel a déclaré se présenter pour assister à la prestation de serment desdits experts, et a signé.

Signé N. . . . . , *avoué.*

En conséquence le même avoué signe, comme l'autre, à la fin du procès verbal. Remarquez pourtant que cette formalité n'est pas absolument nécessaire; il suffit que chacun signe sa comparution. Néanmoins, on ne peut que louer l'usage de faire signer la clôture du procès verbal par les parties et leurs avoués.

Dans le cas où l'un des experts ne peut pas signer, il en est fait mention au procès verbal.

ARTICLE IV.

De l'opération des experts.

Cet article est divisé en cinq paragraphes, où on parle successivement 1.° de la sommation aux parties pour assister à l'expertise; 2.° de la rédaction du rapport; 3.° d'un modèle de rapport; 4.° du dépôt du rapport; 5.° De la taxe des experts, soit dans les tribunaux, soit dans les justices de paix.

§ Ier.

De la sommation aux parties pour assister à l'expertise.

Par le procès verbal de prestation de serment, les experts indiquent le lieu, le jour et l'heure où ils procéderont à leur visite. Suivant l'*art.* 315 du Code de Procédure, les parties qui sont présentes au serment, sont, par cette indication, suffisamment averties de se trouver à l'opération. A l'égard des parties qui n'ont pas entendu prêter le serment, le même article dit qu'il leur sera fait une sommation, par acte d'avoué, avec indication du lieu, du jour et de l'heure.

Si, par une cause quelconque, la visite des experts ne peut pas avoir lieu le jour indiqué, le poursuivant prend à l'amiable l'indication nouvelle du lieu, du jour et de l'heure, dont conviennent les experts entre eux, et il en donne avis, par acte d'avoué, aux autres parties, et même à celles qui se sont trouvées à la prestation de serment; car, dans ce cas, il est évident que la sommation leur est absolument nécessaire.

Quand le jugement qui a ordonné l'expertise, a été rendu par défaut contre une partie non pourvue d'avoué, faut-il lui faire, à personne ou domicile, une sommation de se trouver à l'opération des experts?

Plusieurs praticiens disent que cette sommation est indispensable, parce qu'il s'agit d'exécuter un jugement. Ils appuyent ce sentiment sur ce qui se pratique en matière d'enquête : si elle a été ordonnée contre une partie, qui n'a pas constitué avoué, l'*art.* 261 du Code de Procédure dit que, dans ce cas, la partie sera assignée à personne ou à domicile, pour assister à l'audition des témoins, le jour que le juge-commissaire aura indiqué.

Dans l'opinion contraire, on soutient qu'une formalité prescrite seulement pour une sorte de procédure, ne doit pas s'étendre à une procédure d'une autre espèce, quand il n'y a pas nécessité. Il faut donc restreindre la disposition de l'*art.* 261 au seul cas de l'enquête, et s'attacher à la lettre de l'*art.* 315, pour ce qui concerne les expertises : il ne permet d'avertir les parties de se trouver à la visite, que quand elles ont constitué avoués, et qu'elles n'ont pas assité au serment. Si les législateurs eussent voulu qu'il en fût usé comme en matière d'enquête, et que les parties qui n'ont pas d'avoué, fussent assignées à leur domicile, ils s'en seraient expliqués dans l'*art.* 315, comme ils l'ont fait dans l'*art.* 261 : ils n'ont donc pas voulu établir de parité entre les deux cas. Bien loin qu'il y ait nécessité de suppléer ici au silence de la loi, on voit qu'elle a marqué entre l'enquête et l'expertise, une différence qui est très-facile à sentir. En effet, la présence de la partie contre qui l'enquête est ordonnée, doit imposer aux témoins, et retenir dans les bornes de la vérité ceux qui seraient tentés de s'en écarter. D'ailleurs, les interpellations que les parties requièrent le juge de faire aux témoins, ne contribuent pas peu à la connaissance de la vérité ; or, c'est ce qui importe à la justice essentiellement. Ainsi, puisqu'un des moyens de se procurer la vérité, est d'entendre les dépositions en présence des parties, il est indispensable d'y appeler même les défaillans, quoiqu'on ne le fit pas, s'il s'agissait de toute autre espèce d'interlocutoire.

Pour la visite d'experts, la présence des défaillans n'est pas nécessaire ; on s'y propose principalement d'examiner des objets qui existent indépendamment de toute explication. La loi permet bien aux parties de se trouver sur les lieux avec les experts ; mais elle n'attend pas nécessairement la vérité de cette présence. Voilà pourquoi il n'est point dit que la partie non pourvue d'avoué, sera avertie du jour et de l'heure indiqués par les experts : son obstination à ne pas se présenter ne mérite aucune indulgence, puisque malgré son absence la vérité n'en parviendra pas moins à la justice.

Ce qui achève de convaincre, que l'intention de la loi n'est pas d'assimiler la procédure de l'enquête, avec celle des rapports d'experts, quant au point que nous examinons ; c'est que le tarif a passé en taxe un exploit, pour assigner à personne ou domicile la partie qui n'a pas d'avoué, et à laquelle on veut faire savoir le jour et l'heure de l'audition des témoins ; mais on y trouve aucun acte, pour assigner pareillement à personne ou à domicile la partie qui n'a point d'avoué, si on veut la prévenir du jour et de l'heure de la visite d'experts. D'où on conclut que, quand la procédure est arrivée jusqu'au moment où les experts sont prêts à opérer, sans que le défaillant ait constitué avoué, le tarif, d'accord avec la loi, ne permet pas de donner d'avertissement à ce défaillant obstiné.

D'ailleurs, n'a-t-il pas été suffisamment prévenu ? Le jugement par défaut qui ordonne l'expertise, lui a été signifié à personne ou domicile par un huissier commis; on a laissé écouler les délais accordés pour former opposition; on n'a appelé les experts au serment que quand, par son silence prolongé, la partie défaillante a adhéré au jugement. On s'est donc suffisamment conformé au principe, qui ne permet pas de procéder à l'exécution d'un jugement avant qu'il ait été signifié, et s'il est par défaut, avant l'expiration du délai accordé pour y former opposition : c'est après avoir suivi le Code de Procédure sur ce point, qu'on s'est occupé d'exécuter le jugement, sans nouvel avertissement, parce que la loi et le tarif n'en autorisent pas un second.

Sommation d'être présent à l'opération des experts.

A la requête du sieur E. . . . . ,

Soit déclaré à Me. B. . . . . , avoué du sieur C. . . . . , que par le procès verbal de leur prestation de serment, en date d'hier, les experts sont convenus de se transporter le. . . . . , de ce mois, à. . . . . , heures du matin, en la maison dudit sieur E. . . . . , sise en cette commune, rue. . . . .

En conséquence, soit sommé ledit Me. B. . . . . , de faire trouver à l'opération le sieur C. . . . . , si bon semble à ce dernier; lui déclarant qu'il y sera procédé, tant en absence que présence.

A. . . . . , ce. . . . .

Signé D. . . . . , *avoué.*

Cette sommation n'est donnée qu'à la partie qui, ayant constitué avoué, ne s'est pas trouvée présente, par elle-même ou par son avoué, lors de la prestation de serment des experts.

§ II.

De la rédaction du rapport.

Après leur prestation de serment, les experts se rendent sur les lieux litigieux, aux jour et heure indiqués; et les parties qui desirent s'y trouver, y arrivent de leur côté. Celles qui veulent s'y faire représenter, ou s'y faire assister par leurs avoués, en ont la faculté; mais c'est à leurs frais: car l'*art.* 92 du tarif n'accorde des vacations à l'avoué qui assiste à la visite des experts, que quand il en a été expressément requis par sa partie, et à condition qu'il ne répétera ces mêmes vacations, que contre cette même partie.

Si un des experts qui ont prêté serment ne venait pas remplir sa mission, l'opération n'aurait pas lieu ce jour-là. Quel que soit le motif de l'absence de l'expert, les parties peuvent s'accorder pour choisir un autre expert: elles en font de suite leur déclaration au greffe, et font confirmer leur choix par le tribunal; sinon la partie la plus diligente, sans être astreinte à aucun délai, peut provoquer l'audience pour faire nommer d'office un expert. Aussitôt après la nomination, la partie la plus diligente se munit de l'expédition de l'acte passé au greffe et du jugement, ou du jugement seulement si le tribunal a nommé d'office; elle prend l'ordonnance du juge-commissaire pour la prestation de serment du nouvel expert, lequel, après s'être entendu avec les deux autres, déclare au procès verbal le jour et l'heure où s'opérera la visite des lieux contentieux. On fait ensuite sommation aux parties qui ont avoué, et qui n'ont pas assisté au serment; enfin on se rend sur les lieux aux jour et heure indiqués.

Ce que nous venons de dire du cas où un expert qui a prêté serment, ne se présente pas pour l'opération, aurait lieu si deux experts, ou même si les trois ensemble refusaient de remplir leur mission.

Lorsque la cause qui a empêché un expert de venir le jour indiqué, ne peut lui être imputée, les parties sont libres de convenir que l'opération sera remise à un jour qu'elles fixent, et où l'expert absent ne sera pas empêché. Il y a plus : le tribunal à qui on demanderait la nomination d'un autre expert, pourrait la refuser, si la cause qui a retenu l'expert absent était valable, et si elle devait cesser promptement. Le jugement qui interviendrait pour débouter de la demande en nomination d'un nouvel expert, ayant été motivé sur la connaissance acquise par les juges, de la possibilité où sont les trois experts de procéder sans retard, indiquerait le jour et l'heure de l'opération. Les parties présentes à ce jugement se trouveraient suffisamment averties; celles qui n'y auraient pas assisté, et qui auraient avoué en cause, seraient sommées par acte d'avoué, de se trouver à l'opération.

A l'égard de l'expert qui, après avoir prêté serment, n'a pas de raison valable pour manquer de se trouver à l'opération, il est condamné aux frais frustratoires qu'il occasionne; c'est-à-dire, à ceux qui résultent de la remise de l'opération à un autre jour, et de la nomination d'un nouvel expert. On peut même requérir contre lui des dommages et intérêts, si le retard dont il est cause porte quelque préjudice à quelqu'un. *Code de procéd.*, *art.* 316, § 2.

Observez que l'action qu'on a droit de diriger contre un expert qui, après avoir prêté serment, ne remplit pas sa mission, doit être portée, non pas devant le tribunal de son domicile, suivant le principe général en matière personnelle, mais, en vertu d'une exception particulière, devant le tribunal par qui cet expert a été nommé. *Ibid.*

Dès que les experts sont réunis dans le lieu contentieux aux jour et heure indiqués, le jugement qui a ordonné l'opération leur est remis, ainsi que les pièces qui peuvent leur être nécessaires. Quelquefois cette remise de papiers s'est effectuée précédemment; en sorte que les experts s'en trouvent munis quand ils arrivent. Ce cas a lieu, par exemple, lorsque l'une des parties ne peut pas assister à l'opération; elle confie d'avance aux experts les papiers qu'elle croit utiles à leur instruction.

Quoiqu'il en soit, les experts ouvrent leur procès verbal : ils constatent d'abord la comparution des parties, et font mention de celles qui ne se présentent pas; en second lieu ils déclarent les pièces qui leur ont été remises, soit à l'instant, soit antérieurement ; ensuite ils reçoivent les dires, réquisitions et observations des parties présentes ; après quoi ils déclarent dans quel état ils ont trouvé les objets contentieux, indiquent les différentes opérations auxquelles ils se sont livrés, pour parvenir au but indiqué par le jugement qui ordonne l'expertise.

Il arrive souvent que les experts sont autorisés à recevoir les déclarations de personnes étrangères, par exemple, celles des voisins, pour savoir ce qu'étaient les lieux avant l'évènement qui a occasionné l'expertise. Ces déclarations doivent être consignées sur le procès-verbal ; et si les parties reprochent les personnes de qui les experts prennent des renseignemens, les motifs de reproche doivent être écrits au procès verbal. L'intention n'est pas de donner nécessairement force de preuve à ces déclarations ; mais d'en tirer des lumières pour les juges, qui y auront tel égard qu'il conviendra.

Quelquefois, pendant le cours d'une pareille opération, il s'élève des difficultés que les experts n'ont pas l'autorité de vaincre : alors ils renvoient les parties à se pourvoir, et continuent leur examen, si le point de difficulté n'est pas de nature à les arrêter ; sinon ils interrompent leur travail par la clôture de la vacation, déclarant qu'ils continueront, quand il aura été statué. Dans ce cas, la partie la plus diligente provoque un référé, ou l'audience, selon l'objet à régler ; et quand une décision est intervenue, cette partie en remet une expédition aux experts, qui lui donnent acte de cette remise sur leur procès verbal : ils y indiquent en même tems, le jour et l'heure où ils reprendront la suite de leur opération.

En vertu de cette indication, la même partie fait signifier, par acte d'avoué, la décision intervenue, avec sommation aux parties, de se trouver sur les lieux, au jour et à l'heure indiqués par les experts, pour continuer leur visite.

Si l'opération ne peut pas se terminer en une séance, les experts, en faisant la clôture de la première, indiquent le jour et l'heure de la seconde ; si la seconde séance ne suffit pas, ils indiquent en la finissant le jour et l'heure où se fera la troisième ; et ainsi de suite, jusqu'à ce que l'examen de l'objet contentieux soit achevé. L'indication faite ainsi par les experts, en terminant le procès verbal de chaque vacation, est un avertissement suffisant pour les parties; il n'en doit pas être donné d'autre, même à celles qui n'ont pas assisté à la vacation où a été faite l'indication d'une vacation suivante : c'est ce que le Code de procédure décide par une de ses dispositions générales, *art.* 1034.

A la fin du procès verbal des experts, ils déclarent qu'ils n'ont plus qu'à donner leur avis; et s'ils peuvent le rédiger dans la même vacation, ils se placent dans un lieu où ils peuvent être seuls, ou bien ils invitent les parties à se retirer. S'ils n'ont pas le tems de rédiger leur avis sans désemparer, ils indiquent le lieu, le jour et l'heure où ils se réuniront seuls, pour faire cette seconde partie de leur travail.

On voit qu'un rapport d'experts est formé de deux portions: l'une, qui est le procès verbal, se fait, comme on vient de l'expliquer, en présence des parties qui veulent y assister; l'autre, qui est l'avis des experts, se discute entre eux, hors de la présence des parties. Ils les appellent néanmoins, quand il est besoin de quelqu'explication; mais elles se retirent aussitôt qu'elles l'ont donnée, afin de laisser aux experts toute liberté de délibérer.

Quand ils sont tous trois de la même opinion, la rédaction de l'avis qu'ils doivent présenter ne souffre aucune difficulté; mais s'ils ne pensent pas de même sur le point qu'ils sont chargés d'éclaircir, deux choses sont à remarquer. La première est qu'ils doivent, autant qu'il est possible, se réduire à deux opinions seulement; car alors étant trois à délibérer, l'une des deux opinions réunira nécessairement la majorité des voix. *Code de procéd.*, *art.* 318, § 1.

La seconde chose à remarquer, quand les experts ne sont pas tous trois de la même opinion, c'est qu'ils doivent indiquer les motifs des divers avis, sans faire connaître quel est l'opinion personnelle de chacun d'eux. *Ibid*, § 2.

Cette disposition est fondée, sur ce que les juges ne sont pas astreints à suivre l'avis des experts; en les consultant, le tribunal n'entend recevoir que des lumières, sauf à en faire tel usage qu'il conviendra.

Il est donc bien utile pour éclairer les juges, qu'ils connaissent les motifs des diverses opinions qui ont divisé les experts; et pour éloigner toute prévention qui résulterait quelquefois du nom d'un expert, il ne faut pas qu'ils sachent par qui chaque opinion a été émise.

Lorsqu'il ne s'établit entre les experts que deux opinions, dont l'une par conséquent obtient nécessairement la majorité des voix, doivent-ils donner les motifs de chacune des deux opinions; ou bien, suffit-il qu'ils déduisent les motifs de celle qui a obtenu la majorité des voix?

Quelques praticiens disent que, quand il s'est formé une opinion à la majorité des voix, les experts doivent se contenter de la motiver. Voilà, suivant eux, ce qu'entend la loi lorsqu'elle dit, que les experts ne formeront qu'un seul avis à la pluralité des voix : elle prévoit ensuite le cas où chacun des trois experts tient à un avis particulier; alors, n'y ayant pas possibilité de former une opinion à la majorité des voix, on exige l'énoncé des motifs de chacun des avis différens.

Suivant d'autres, il suffit que les experts ne se trouvent pas d'un avis unanime, pour qu'ils soient tenus de donner les motifs de chacune des opinions qui les divisent, soit qu'il y ait majorité pour l'une d'elles, soit que chacun des experts ait la sienne. Dans l'un et l'autre cas ils sont d'avis différens; la loi qui a demandé les motifs des divers avis, n'a pas spécifié que ce serait seulement lorsqu'il existerait trois opinions. Les experts doivent donc expliquer chaque opinion émise, soit que l'une ait la majorité, soit que chaque expert ait la sienne; en un mot, toutes les fois que les experts sont d'avis différens; c'est-à-dire, toutes les fois qu'ils ne sont pas tous du même sentiment.

Cette décision est fondée, sur ce que les juges ne sont pas liés par le rapport des experts; ils ont droit, ou de prendre l'avis de la minorité, ou de l'un des trois experts, ou même de ne suivre aucune des opinions. Pour être raisonnablement dispensé de motiver l'avis de la minorité, il faudrait que les juges fussent tenus d'adopter celui de la majorité; car, alors il n'aurait pas besoin de savoir ce qui a déterminé l'expert resté seul dans son opinion; or, comme le tribunal n'est jamais lié par un rapport d'experts, fut-il fait à l'unanimité; il en résulte qu'il doit nécessairement connaître les motifs des opinions diverses des experts, toutes les fois qu'ils ne partagent pas la même.

Autrefois, les experts étaient au nombre de deux : s'ils ne tombaient d'accord, chacun dressait son avis séparément, quoique la partie du rapport, que nous appellons procès verbal, eût été faite en commun. Aujourd'hui, le même article 318 ne permet qu'un seul rapport, et par conséquent un seul procès verbal, à la suite duquel est l'avis des experts; sauf, dans cette seconde partie du rapport, à motiver les différentes opinions émises, si les trois experts ne sont pas d'un avis unanime.

Le rapport est rédigé sur le lieu même qui est l'objet de la visite. Cependant, il est souvent fort difficile d'y faire un pareil travail : alors, les experts se contentent de prendre des notes, et ils indiquent un lieu plus commode, ainsi que le jour et l'heure où ils feront leur rédaction; ce qui est mentionné en leur rapport. *Ibid*, *art.* 317.

C'est par l'un des experts que doit être écrit le rapport, qu'ils signent tous les trois; mais, s'ils ne savent pas tous écrire; c'est-à-dire, si un seul des trois experts ne sait pas écrire, le rapport est rédigé et écrit par le greffier de la justice de paix, dans l'étendue de laquelle se fait l'expertise.

§ III.

Modèle d'un rapport d'experts.

D'abord, nous allons donner en entier le modèle d'un rapport : ensuite, nous ferons voir les modifications qu'il peut subir, selon les différentes circonstances.

Rapport d'experts.

A MM. les président et juges du tribunal de. . . .

Aujourd'hui le. . . . ., du mois de. . . . ., de l'an. . . . ., à. . . . ., heure du matin, nous, E. . . ., architecte, demeurant à. . . . ., F. . . ., ingénieur, demeurant à. . . . ., et G. . . . ., entrepreneur de bâtimens, demeurant à. . . . ; tous trois experts nommés par votre jugement du. . . ., entre le sieur A. . . . ., propriétaire, demeurant à. . . . ., et le sieur C. . . . ., entrepreneur de bâtimens, demeurant à. . . . ., à l'effet de faire un rapport sur les objets y énoncés; après avoir prêté serment, suivant le procès verbal du. . . ., devant M. H. . . ., juge commis par ledit jugement, nous nous sommes transportés dans une maison appartenant au sieur A. . . ., sise à. . . ., rue. . . . ., et marquée du n°. . . . .; étant arrivés à ladite maison à. . . . . heures et demie du matin,

S'est présenté le sieur A. . . . ., assisté de M^e^. D. . . . ., son avoué, lequel nous a remis la grosse du jugement qu'il s'agit d'exécuter, et qui a été dûment enregistré et signifié, ainsi que l'original de la sommation faite par acte d'avoué, au sieur C. . . . ., le. . . . ., de se trouver aujourd'hui à notre opération. En conséquence, ils nous ont requis d'y procéder, et ils ont signé.

Signé A. . . . ., *partie.* B. . . . ., *avoué.*

A aussi comparu le sieur C. . . . ., qui nous a dit se présenter au desir dudit jugement, et de ladite sommation à lui faite; déclarant ne point empêcher qu'il soit par nous procédé à la visite ordonnée, pour laquelle il nous a remis le marché fait entre lui et ledit sieur A. . . . ., pour la construction de la maison dont il s'agit, par acte sous seing privé, en date du. . . . ., et dûment enregistré; et il a signé.

Signé C. . . . ., *partie.*

Desquelles comparutions, remises de pièces, et réquisitions nous avons donné actes aux parties, en présence desquelles nous avons procédé à la visite de ladite maison, ainsi qu'il suit.

La maison dont il s'agit, paraît bâtie nouvellement, et les parties s'accordent à dire qu'elle n'est achevée que depuis six mois. Elle a vingt mètres de face, sur huit mètres de profondeur, et l'élévation de ses mur de face sont de douze mètres. Le pignon qui regarde l'orient s'est trouvé détruit, depuis le faîte jusqu'à peu près la moitié de sa hauteur. Il paraît que la chûte de ce pignon a entraîné environ un tiers de la charpente du comble, et de la couverture qui est en tuile. Les parties, conviennent que la destruction du pignon s'est faite subitement; mais l'une prétend que la cause est un vice de construction, tandis que l'autre attribue cet accident à des terres amoncelées, et appuyées en trop grande quantité contre le pignon.

A ce sujet, le sieur C. . . . . nous a fait observer que les terres rapportées, et qui avaient fait violence contre le pignon, s'élevaient à la hauteur de trois mètres : il nous a requis d'en faire mention en notre rapport, ce que nous lui avons octroyé, après avoir reconnu la vérité du fait observé.

De son côté, le sieur A. . . . . nous a requis de constater, que les matériaux de la partie écroulée étaient tombés extérieurement; d'où il conclut, que les terres appuyées sur la face extérieure du pignon, n'ont pas pu occasionner la chûte de ce mur, puisque s'il eût cédé aux efforts des terres rapportées, il serait tombé du côté opposé.

Après avoir bien examiné toutes les circonstances qui concernent l'état actuel de la maison, avoir pris tous les documens et les notes nécessaires pour nous diriger dans notre avis, nous nous sommes ajournées au. . . . de ce mois, en la demeure ci-dessus mentionnée du sieur F. . . . . ., l'un de nous, où nous nous réunirons à . . . . . heure de l'après midi, pour délibérer notre avis, et le rédiger, en l'absence des parties, n'ayant plus besoin de renseignemens, et ayant écouté toutes les observations qu'elles ont voulu nous faire. En conséquence, après avoir vaqué jusqu'à. . . ., heures du soir, nous avons clos le présent procès verbal, qui a été écrit par ledit sieur F. . . . ., l'un de nous, lequel en est resté dépositaire. Les parties comparantes, comme il est dit ci-dessus, ont signé avec nous.

Signé A . . . . ., *partie*. B . . . . ., *avoué*. C . . . . . . *partie*. E. . . . ., *expert*. F . . . . , *expert*. G . . . . ., *expert*.

Et le. . . ., du mois de . . . ., de l'an. . . . ., nous, experts ci-dessus nommés, nous sommes réunis à . . . . heure du soir, en la demeure ci-dessus indiquée, du sieur F . . . . , l'un de nous, où, en l'absence tant des parties que de leurs avoués, nous avons conféré sur la cause de la chûte du pignon par nous visité, comme il est dit ci-dessus, et sur la valeur des travaux à faire pour reconstruire, soit ce même pignon, soit les autres parties de la maison que cette chûte a détruites. Etant tous trois d'un avis unanime, nous l'avons motivé comme il suit ;

1°. Il n'est pas douteux que le pignon dont il s'agit, ne se soit écroulé par vice de construction. D'abord, ce mur qui, suivant les règles de l'art, devait avoir cinquante centimètres d'épaisseur au moins, ne se trouve avoir que quarante-deux centimètres d'épaisseur, dans sa partie la plus forte. De plus, ce pignon n'étant appuyé sur aucun bâtiment, du côté de sa face extérieure, sa maçonnerie devait être soutenue par deux chaînes de gros moëlons formant parpaings ;

or, il n'y en a pas une seule. Enfin, les plâtres d'un pareil pignon devaient être employés avec abondance, et dans leur plus grande vivacité ; tandis qu'il paraît avoir été construit avec plâtre et terre, mêlés ensemble.

A l'égard des terres appuyées contre ce même pignon, elles ne s'élèvent pas assez haut, pour lui avoir causé aucun ébranlement, surtout quand on considère que c'est la partie supérieure qui est tombée. Il paraît donc que cet accident ne vient que de l'insuffisance de la force donnée au pignon, pour supporter sa propre élévation, une charpente et une couverture.

2°. Passant ensuite à l'estimation de la reconstruction du pignon, et du comble qu'il a entraîné dans sa chûte, nous avons été unanimement d'avis que, pour donner à ce pignon l'épaisseur nécessaire, avec deux chaînes de parpaings, et l'emploi de plâtre pur en quantité convenable, il pourra être dépensé une somme de. . . . . . Le rétablissement de la charpente du comble, et de la couverture en tuile, peut être évalué à la somme de. . . . . ; ce qui fait au total celle de. . . . . . ; en observant néanmoins de se servir des matériaux qui ont déjà été employés, et qui se trouveront encore bons.

3°. En ce qui concerne les indemnités pour la non-jouissance du sieur A. . . . . ., elle a pour objet trois mois qui se sont écoulés depuis la chûte du pignon, et trois autres mois pour faire le rétablissement des objets détruits. Or, nous pensons unanimement que le loyer de la maison dont il s'agit, eu égard à la situation, peut être évalué par an, à la somme de. . . . . : en sorte que l'indemnité de six mois formerait la somme de. . . . . .

Ayant vaqué à ce qui est dit ci-dessus, jusqu'à. . . . . . . heures du soir, notre rapport, qui a été écrit par le sieur F. . . . ., l'un de nous, lequel s'est chargé d'en faire le dépôt au greffe, a été clos par nos trois signatures.

Signé E. . . . ., *expert*. F. . . . ., *expert*. G. . . . ., *expert*.

Ce modèle suffit pour faire sentir comment s'expliquent les experts ; comment ils consignent dans leur rapport la comparution des parties, les réquisitions et observations qu'ils en reçoivent ; toutes les circonstances qui concernent l'objet de la visite, et qui varient selon les diverses affaires.

On a supposé ici que l'une des parties était assistée de son avoué ; on aurait constaté de même la présence du second avoué. Cependant nous remarquerons que la présence des avoués aux opérations d'experts, n'entre point en taxe. Ils peuvent néanmoins y assister ; mais seulement quand ils en sont requis : alors ils ne peuvent réclamer leurs vacations que contre leurs parties. Telle est une des dispositions de l'*art.* 92 du tarif des frais et dépens.

Dans l'exemple qu'on vient de donner, on a supposé encore que les deux parties comparaissent devant les experts; mais, si l'une ne se présentait pas, l'autre requerrait que l'opération fût faite tant en présence qu'absence; ensuite les experts, en donnant acte de la comparution et des réquisitions de la partie présente, diraient :

Après avoir attendu jusqu'à heure. . . . le sieur C. . . . ., qui n'a point comparu, ni personne pour lui, nous avons contre lui donné défaut, et avons procédé, en présence du sieur A. . . . ., assisté de son avoué, à la visite de ladite maison, ainsi qu'il suit.

Lorsque les experts sont autorisés à entendre des personnes étrangères à la contestation, les déclarations qu'elles font sont constatées à peu près de cette manière :

Le sieur A. . . . . dit que les terres accumulées contre le pignon, n'y avaient été apportées que depuis la chûte de ce mur; et sur ce fait, il nous a requis d'entendre les voisins. En conséquence, ayant fait inviter le sieur H. . . . ., demeurant dans la maison sise à côté de celle du sieur A. . . . ., de venir sur le lieu où nous étions; il s'est présenté, et nous a déclaré qu'il n'avait point vu de terre près du pignon, avant la chûte de ce mur, et ledit sieur H. . . . . a signé sa déclaration.

Signé H. . . . .

Un autre voisin, le sieur I. . . . ., étant arrivé pour rendre visite au sieur A. . . . ., nous l'avons prié de nous dire s'il avait connaissance de l'époque à laquelle la terre que nous lui avons montrée, avait été apportée à la place où elle se trouve : il nous a déclaré ne pas se rappeler depuis quand il a été apporté des terres près du pignon; mais que certainement la plus grande partie de cette terre n'a été apportée, que depuis la chûte dudit pignon; et ledit sieur I. . . . ., a signé sa déclaration.

Signé I. . . . .

A quoi le sieur C. . . . . nous a répondu, que le témoignage des deux déclarans ne pouvait être d'aucune considération, parce que le premier est parent du sieur A. . . . ., et que le second est d'une intimité si grande avec ledit sieur A. . . . ., que plusieurs fois la semaine ils mangent ensemble, l'un chez l'autre; et ledit sieur C. . . . . a signé.

Signé C. . . . .

Remarquez que les experts ne doivent point recevoir d'autres déclarations, que celles des parties, sans y avoir été expressément autorisés par jugement. Au reste, quelqu'autorisation qu'aient les experts, pour entendre des étrangers à la contestation, les déclarations qu'ils reçoivent n'ont pas la même authenticité, que les témoignagnes reçus dans une enquête. Il ne faut donc en faire usage qu'avec beaucoup de prudence; et les juges n'y doivent voir que des renseignemens qui peuvent être utiles selon les circonstances, et non pas se croire forcés de les regarder comme des preuves.

Enfin, on a supposé dans l'exemple donné, que les experts étaient d'avis unanime; mais il peut arriver qu'il y ait deux avis, et même que chacun des trois experts ait son avis particulier. Si leur délibération s'établit entre deux opinions seulement, ils indiqueront celle qui réunit la majorité des voix, et donneront néanmoins les motifs sur lesquels chaque opinion est fondée; sans indiquer par qui elle a été émise. Alors, au lieu d'annoncer qu'ils sont d'un sentiment unanime, ils s'expliquent de cette manière.

Deux opinions se sont manifestées parmi nous; l'une, qui a réuni la majorité des voix, tend à déclarer que le pignon est tombé par vice de construction, et non par l'effort des terres apportées au pied de ce pignon. Ce qui détermine deux d'entre nous à penser ainsi, c'est que, etc.

A l'égard de l'autre opinion embrassée par l'un de nous, elle consiste à attribuer une partie de l'accident aux terres que le propriétaire a fait placer contre le pignon. Les raisons qui sont données pour cet avis sont que, etc. . .

De là, il résulterait que le sieur C. . . . ., serait tenu seulement d'une somme de . . . . .; c'est-à-dire, de la moitié de l'indemnité dont le charge deux d'entre nous l'opinion qui réunit la pluralité des voix.

Ayant vaqué à ce qui est dit ci-dessus jusqu'à . . . . . heures du soir, etc.

Les trois experts ont-ils émis trois avis différens? Ils essayent de se réduire à deux avis; et s'ils peuvent y parvenir, ils s'énoncent comme on vient de le dire. Si chacun des experts tient à son opinion, et ne veut embrasser aucune des deux autres, il y a impossibilité de former un avis qui réunisse la majorité des voix. On prend le parti d'énoncer le sentiment de chacun, avec les motifs sur lesquels il est appuyé, sans faire connaître celui des experts auquel il appartient. Le rapport alors s'exprime ainsi :

Nous avons été de trois avis différens : l'un a soutenu que le pignon est tombé par vice de construction, et s'est déterminé par trois raisons ; la première, etc.

Un second a pensé au contraire, que les terres placées par le propriétaire étaient la seule cause de l'accident : ses motifs sont que, etc.

Enfin, le troisième d'entre nous, croit que la simple inspection des lieux ne peut conduire à la connaissance de la vérité ; que le vice de construction n'est pas assez considérable pour lui attribuer exclusivement la chûte du pignon ; que l'époque où les terres ont été apportées au bas de ce mur, leur quantité, et la manière dont elle ont été déchargées dans cette place, donneraient des lumières qui manquent pour déterminer la cause de l'accident. Celui de nous qui a émis cette opinion invite le tribunal, avant de prononcer, à ordonner une enquête, pour connaître les diverses circonstances qui ont accompagné le déchargement des terres le long du pignon.

Ayant vaqué à ce qui est dit ci-dessus, jusqu'à . . . . heures du soir, etc.

§ IV.

Où et comment le rapport est déposé.

Suivant l'*art.* 319 du Code de procédure civile, la minute du rapport des experts doit être déposée au greffe du tribunal qui a ordonné la visite. Il est évident que ce dépôt doit être effectué, par ceux dont le rapport est l'ouvrage. Mais on demande si les experts doivent, tous trois ensemble, porter au greffe la minute de leur rapport.

Autrefois la comparution des experts, pour le dépôt de leur travail au greffe, était nécessaire, parce qu'en même tems ils devaient y affirmer que leur repport était sincère et véritable. Aujourd'hui cette formalité, que l'usage seul avait introduite, n'existe plus; les experts ne sont assujétis qu'au seul serment qu'ils prêtent avant l'opération. Quand leur travail est terminé, ils ne sont tenus qu'à le déposer, sans qu'il soit besoin de l'affirmer. *Ibid, art.* 319.

De-là il suit, que la comparution des trois experts au greffe n'est pas utile, puisqu'un seul peut effectuer le dépôt du rapport. Alors il est bon qu'en terminant leur travail, les experts indiquent celui d'entr'eux qui se charge de le déposer, et en fassent mention dans leurs rapports; l'expert désigné répond alors vis-à-vis des deux autres, de la minute qui lui est confiée, jusqu'à ce qu'il l'ait remise au greffe.

Quand le rapport a été écrit par le greffier de la justice de paix du lieu où l'opération, s'est faite il est naturellement chargé d'effectuer le dépôt au greffe du tribunal qui a ordonné l'expertise : il y porte lui-même sa minute; ou bien, s'il est trop éloigné du lieu où siège le tribunal, il envoye cette minute, par la poste, ou par les messageries, dans les formes qui peuvent opérer sa décharge. Celui des experts qui a été indiqué pour déposer le rapport, peut prendre le même moyen de le faire parvenir au greffier du tribunal, lorsque l'éloignement ne permet pas d'entreprendre le voyage sans un trop grand dérangement pour l'expert, ou une trop grande dépense pour les parties.

Quelques personnes disent que, quand l'opération s'est faite loin du tribunal qui l'a ordonnée, un tribunal voisin des lieux contentieux a été autorisé, soit à nommer les experts, soit à commettre un juge pour recevoir leur serment; qu'alors les experts remettent la minute de leur rapport au greffier qui a assisté le juge-commissaire, et le chargent de faire l'envoi de cette minute, avec celle du procès verbal de leur prestation de serment.

On leur répond que la minute de ce procès verbal reste entre les mains du greffier qui l'a rédigé, et qu'il en délivre une expédition à la partie qui poursuit l'expertise; qu'ainsi le greffier dont on parle, n'a rien à envoyer au tribunal qui a ordonné l'opération. Néanmoins, les experts étant embarrassés sur les moyens à prendre, pour que la minute de leur rapport parviennent au greffe où elle doit rester en dépôt, le greffier qui a rédigé le procès verbal de leur prestation de serment, pourrait se charger de faire l'envoi; mais il n'y est point obligé.

Ordinairement la partie qui poursuit l'expertise, avance le montant des vacations dues aux experts, et les frais qu'exige l'envoi de la minute au greffe, si l'éloignement ne permet pas aux experts de la porter eux-mêmes. Cependant, si après l'opération aucune partie ne s'occupe de payer les experts, ils ne sont pas tenus de garder, pendant un tems indéfini, la minute de leur rapport. C'est pourquoi, sans attendre, ils peuvent déposer cette minute, et faire taxer au bas par le président, ce qui leur est dû. Chacun ensuite obtient un exécutoire pour se faire payer par la partie qui a requis l'expertise, ou par celle qui a poursuivi l'opération, si on l'a ordonnée d'office. *Ibid*, *art.* 319.

Lorsque le greffier de la justice de paix a prêté son ministère aux experts, ses vacations sont également taxées au bas de la minute, et on lui délivre l'exécutoire de ce qui lui revient.

S'il arrivait qu'une partie eût payé, ou consigné le montant des vacations des experts, et que ceux-ci fissent refus, ou retardassent de déposer la minute de leur rapport, ils pourraient être assignés, à trois jours, devant le tribunal qui a ordonné l'opération. Pour ne leur accorder que ce court délai, il n'est pas besoin d'en obtenir l'autorisation du président, comme cela est nécessaire quand il y a urgence. Dans ce dernier cas la partie ne doit pas décider; si le cas où elle se trouve est urgent : il est donc besoin qu'elle le soumette préliminairement au juge, qui accorde ou refuse la permission d'assigner à court délai. Mais, quand il s'agit de forcer des experts à déposer leur rapport, le Code de procédure, *art.* 320, déclare qu'il y a urgence, et que l'assignation peut être donnée à trois jours. Ainsi, la permission du juge est inutile : c'est la loi elle-même qui autorise à fixer un court délai, dans l'assignation donnée aux experts, en pareille circonstance.

Ce délai de trois jours est augmenté d'un jour, à raison de trois myriamètres de la distance qui sépare le domicile des experts, et le lieu où siège le tribunal devant lequel ils sont assignés; comme aussi le jour de la signification, et celui de l'échéance de l'assignation ne sont pas compris dans le délai. Ces deux décisions sont générales, pour toutes les sortes de délais concernant les sommations faites à personne, ou à domicile. *Ibid., art.* 1033.

Par l'assignation donnée aux experts, on conclut à ce qu'ils soient condamnés, même par corps, à faire le dépôt de leur minute, et aux dépens de la contestation que leur refus ou leur retard occasionne. Le tribunal statue sommairement sur cette demande, et sans aucune instruction. *Ibid., art.* 320.

Si, par le rapport, l'un des trois experts a été chargé de faire le dépôt, et qu'il soit seul coupable du retard, la contrainte par corps sera prononcée uniquement contre lui. Pareillement, si le greffier de la justice de paix avait rédigé le rapport, il seroit chargé d'en faire le dépôt : il pourrait donc être mis en cause par les experts, et même être attaqué directement. Il serait condamné par corps à effectuer le dépôt de la minute, à moins qu'il l'eût remise à un des experts qui, par le rapport, aurait été chargé de la déposer.

On voit combien il est utile d'exprimer dans le rapport, à qui la minute en a été confiée, avec charge de la remettre au greffe.

Le dépôt du rapport est constaté, par un acte qui en est dressé au greffe. L'expédition de cet acte fait la décharge des experts, et en particulier de celui à qui la minute avait été confiée.

Peut-on forcer les experts à déposer la minute de leur rapport, tant qu'on n'a pas payé, ou au moins consigné le montant de leurs vacations?

Ceux qui pensent pour l'affirmative, disent que la taxe des vacations dues aux experts, ne peut se faire qu'au bas de la minute, après qu'elle a été déposée; que l'exécutoire qui leur est délivré pour le montant de la taxe, est un titre suffisant en vertu duquel ils peuvent employer les voies de droit, pour se faire payer.

Dans l'opinion contraire, on soutient que les experts ne sont pas obligés de s'exposer, à exercer des poursuites contre les parties; que leur travail est le gage naturel de leur paiement ; et qu'ainsi ils ne sont pas en retard de déposer leur rapport, tant qu'ils n'ont pas la certitude de recevoir le prix de leurs vacations. Ne veut on pas qu'ils touchent leur paiement, avant qu'il ait été taxé par le président? On peut au moins, pour leur sûreté, déposer la somme qu'ils déclarent leur être due; sauf à ne leur délivrer que celle qui aura été taxée sur la minute du rapport, après qu'il aura été déposé.

Acte de dépôt du rapport des experts.

Aujourd'hui. . . . . , a comparu au greffe du tribunal de. . . . . , le sieur F. . . . . , qui m'a remis un cahier, contenant sur dix-sept roles de papier timbré, la minute du rapport fait le. . . . . , et jours suivans, tant par lui, que par le sieur E. . . . . , et le sieur D. . . . . , tous trois experts nommés par jugement rendu le. . . . , entre les sieurs A. . . . , et C. . . . . Ledit sieur F. . . . . déclare que, par la clôture dudit rappport, écrit en entier de sa main, et signé par les trois experts, avec paraphe au bas de chaque page et de chaque renvoi, il a été chargé d'en faire le présent dépôt.

En conséquence, la minute dudit rapport dûment enregistrée, ayant été, à l'instant, certifiée véritable, et signé par ledit sieur F. . . . . , a été annexée à la minute dudit jugement, pour en être délivré expédition à qui il appartiendra.

En foi de quoi le présent acte de dépôt a été dressé, et signé par ledit sieur F . . . . . , et par moi greffier.

Signé F. . . . , *expert.* L. . . . , *greffier.*

Si les experts n'ont pas été payés de leurs vacations et frais de voyage, la réquisition qu'ils font de ce qui leur est dû, est énoncée dans l'acte de dépôt: après y avoir annoncé que le rapport demeure annexé au jugement, le greffier continue en ces termes:

Requiert ledit sieur F . . . . . , tant en son nom qu'en celui des deux autres experts, qui l'en ont expressément chargé par la clôture dudit rapport, que la taxe de ce qui leur est dû, soit faite par M. le président, et qu'exécutoire du montant de cette taxe leur soit délivré contre le sieur A . . . . . , qui a requis l'expertise.

En foi de quoi le présent acte, etc.

Lorsque, dans le cas dont on vient de parler, l'opération a été ordonnée d'office, il est dit dans l'acte de dépôt, que l'exécutoire sera délivré *contre le sieur A. . . . , qui a poursuivi l'expertise.*

On peut délivrer un seul exécutoire pour les trois experts, y compris même ce qui est dû au greffier de la justice de paix, quand on a eu recours à son ministère ; cependant, chacun de ceux qui ont intérêt à ce paiement peut demander séparément un exécutoire, pour le montant de ce qui n'est dû qu'à lui seul.

Si le greffier de la justice de paix du lieu où l'opération s'est faite, a été appelé pour rédiger et écrire le rapport, et que, par la clôture de cet acte, un des experts n'ait pas été chargé de le déposer, c'est ce greffier qui en effectue le dépôt dans la forme dont on vient de parler.

Lorsque l'éloignement ne permet pas, soit à l'un des experts, soit au greffier de paix de déposer lui-même le rapport, il en fait l'envoi par les moyens usités.

Par exemple, le tribunal de Paris voulant ordonner, qu'une maison sise à Bordeaux, sera visitée, le jugement autorise le tribunal de cette ville, soit à nommer des experts s'ils n'ont pas été convenus par les parties, soit à commettre un de ses membres pour recevoir le serment des experts. Quand l'opération est terminée, on sent qu'il serait peu raisonnable d'exiger, que l'un des experts fît un aussi long voyage, pour déposer son rapport au greffe de Paris. Il peut donc l'envoyer par la poste ou les messageries : les registres de ces établissemens font la décharge des experts ; et le greffier à qui la pièce parvient en est responsable. Aussitôt que celui-ci a reçu la minute du rapport, son devoir est de l'annexer au jugement : la partie poursuivante veille à l'exécution de cette formalité.

Quant à la délivrance d'un exécutoire, elle ne peut avoir lieu que sur une réquisition légale. Si donc les experts ne viennent pas eux-mêmes, et s'ils ne sont pas payés, ils doivent envoyer des pouvoirs, en vertu desquels leur mandataire demandera la taxe au bas de la minute, et la délivrance de l'exécutoire.

§ V.

De la taxe des Experts.

Les experts sont payés, tantôt à raison du nombre des vacations qu'ils emploient : c'est lorsqu'ils opèrent dans le lieu de leur domicile, ou à une distance qui n'excède pas deux myriamètres ; ce qui fait environ quatre lieues. D'autres fois, c'est-à-dire, quand les experts se transportent au delà de deux myriamètres, on ne les paie plus par vacation : on leur donne d'abord une somme fixe, par chaque myriamètre qu'ils sont obligés de faire, tant pour aller que pour revenir ; ensuite on leur accorde une somme fixe, pour chaque journée qu'ils passent dans le lieu où se fait l'opération. On ne compte la journée comme entière, que quand ils ont employé quatre vacations ; et il est décidé que chaque vacation est de trois heures.

A ces observations, ajoutez que les experts artisans ou laboureurs, ne sont pas payés aussi chèrement, que les experts d'une profession plus distinguée, tels que les architectes et autres artistes.

Enfin on remarquera que les experts qui sont de Paris, obtiennent un paiement plus fort, que ceux qui sont des départemens.

D'après ces premières notions, il est facile d'entendre les dispositions du tarif, en ce qui concerne la taxe des experts.

En premier lieu, l'*art.* 159 de ce réglement accorde aux experts qui procèdent dans le lieu de leur domicile, ou dans une distance de deux myriamètres, une somme fixe par chaque vacation de trois heures : cette somme, dans le département de la Seine, est de 4 francs pour les artisans et laboureurs, et de 8 francs pour les architectes et autres artistes.

Dans les autres départemens, chaque vacation d'expert qui opère dans le lieu de son domicile, ou à la distance de deux myriamètres, est payée 3 fr., s'il est artisan ou laboureur ; et 6 fr., s'il est architecte ou artiste d'un autre genre.

Tant que les experts ne vont pas opérer au delà de deux myriamètres, il ne leur est donc alloué que des vacations, telles qu'on vient de les expliquer; et ils ne peuvent réclamer, ni des frais de transport, ni des frais de nourriture.

Si l'opération appelle un expert hors du lieu de son domicile, à une distance qui excède deux myriamètres, ou environ quatre lieues, on ne le paie plus à raison de chaque vacation. Suivant l'*art.* 160, du tarif, on lui doit des frais de voyage, qui comprennent ceux de transport et de nourriture, tant pour aller, que pour revenir. Si l'expert est de Paris, il lui est alloué 6 fr. pour chaque myriamètre; et il n'a que 4 fr. 50 centimes pour chaque myriamètre, s'il n'est pas de Paris.

Après le voyage pour aller et pour revenir, le tarif accorde pour chaque jour que dure l'opération, un traitement qui, pour chaque expert de Paris, est de 32 francs; pour chaque expert des autres départemens, il est de 24 francs. Ce traitement est ainsi fixé, pourvu que les experts emploient quatre vacations par jour: car, le paiement de chacun des jours où il n'aurait pas été employé quatre vacations, serait réduit proportionnellement; en sorte que la journée pendant laquelle on aurait employé seulement une vacation, ou deux, ou trois, ne serait payée que le quart, ou la moitié, ou les trois quarts de la taxe.

Une disposition particulière aux laboureurs, se trouve dans le même article. Ils ne peuvent pas réclamer de taxe, pour les voyages qui seraient au delà de cinq myriamètres: on n'a pas voulu que les hommes de cette profession, pussent être conduits trop loin de leur domicile. Au surplus, lorsqu'ils remplissent les fonctions d'experts dans le lieu de leur domicile, ou à une distance qui n'excède pas deux myriamètres, ils sont payés par vacation, comme on l'a dit plus haut. Si l'expertise se fait au delà de cette distance, sans excéder néanmoins celle de cinq myriamètres, il leur est alloué, pour frais de voyage, 3 francs seulement par chaque myriamètre, et autant pour le retour. L'exception portée dans cet article pour les frais de voyage des laboureurs, ne s'étend pas au traitement pour le séjour; d'où on conclut qu'il est pour les laboureurs, comme pour les experts qui ne sont pas de Paris; c'est-à-dire, que pendant la durée de l'opération, il est dû à l'expert laboureur, 24 fr. par chaque jour composé de quatre vacations.

Outre le paiement des experts, tel qu'on vient de l'expliquer pour les différens cas, il leur est accordé, par l'*art.* 162 du tarif, une vacation pour leur prestation de serment, et une vacation pour déposer au greffe la minute de leur rapport. Le même article prévoit le cas où les experts sont éloignés du tribunal, de plus de deux myriamètres; alors, il est alloué à chaque expert, pour son transport, afin de prêter serment, le cinquième de ce qui lui revient pour une journée de campagne. Celui des experts qui est chargé de faire le dépôt de la minute au greffe, est payé de même pour son transport.

Ainsi, pour aller prêter serment devant un juge qui est à une distance de leur domicile, moindre que deux myriamètres, les experts n'ont qu'une vacation; il en est de même de l'expert chargé par les deux autres, de déposer la minute du rapport. Mais, si pour remplir l'une ou l'autre formalité, les experts ont à franchir un distance plus grande que deux myriamètres, il leur est accordé, d'abord une vacation, et ensuite le cinquième de ce qui leur reviendrait pour une journée de campagne, d'après la taxe ci-dessus expliquée.

Au moyen de cette taxe les experts ne peuvent rien réclamer, ni pour frais de voyage et de nourriture, ni pour s'être fait aider par des écrivains ou par des toiseurs et porte-chaîne, ni sous quelqu'autre prétexte que ce soit; ces frais, s'ils ont eu lieu, restent à la charge des experts. *Ibid.*

Au reste, si le président, en procédant à la taxe des vacations, en trouve le nombre excessif, eu égard au travail fait, il est autorisé à prononcer telle réduction qui lui paraît convenable. *Ibid.*

On demande si le papier timbré sur lequel est écrit le rapport, est aux frais des experts. Les uns disent que cette dépense est comprise dans la taxe, et ils en donnent pour raison le tarif qui veut de la manière la plus générale, que les experts ne réclament aucune dépense, sous quelque prétexte que ce soit.

D'autres croient que le timbre étant un impôt qui peut varier, n'a pas dû être compris dans une disposition invariable. D'ailleurs l'intention du tarif est évidemment d'empêcher, que les experts ne puissent à volonté augmenter leurs mémoires de frais : or le papier timbré est d'un prix tellement connu, qu'on ne peut pas tromper sur cet article de dépense.

Dans les justices de paix, un expert est payé, non par vacation, mais par journée. Il lui est alloué, selon les *art.* 24 *et* 25 du tarif, à raison d'une journée de travail de sa profession; et s'il a été obligé de se faire remplacer dans son travail pour vaquer à l'expertise, il lui est dû le double d'une journée.

Il n'est accordé aucun frais de voyage à l'expert, qui est domicilié dans le canton du juge de paix avec lequel il opère ; mais, si l'expert s'est transporté hors de son domicile, à une distance qui excède deux myriamètres et demi, ce qui fait environ cinq lieues, il lui est alloué pour frais de voyage, la valeur d'une double journée du travail de sa profession, à raison d'un chemin de cinq myriamètres, ce qui fait environ dix lieues. Le tarif ne dit pas qu'il y aura pareille somme pour revenir, d'où il suit que le prix de la double journée, pour une distance de cinq myriamètres, doit servir pour aller et pour revenir.

Indépendamment des frais de voyage, il doit être accordé à l'expert, le prix de chaque journée qu'il passe sur les lieux contentieux avec le juge de paix. Cette décision résulte de ce que le prix de la double journée par cinq myriamètres, n'est destinée qu'aux frais de voyage.

C'est le juge de paix qui taxe le paiement dû aux experts qu'il a nommés; cette taxe se fait ou par le procès verbal de sa visite, quand la contestation est sujette à l'appel, ou par son jugement quand prononce en dernier ressort, parce qu'alors il n'est point dressé de procès verbal pour constater l'opération.

Pour toute descente de juge, la partie requérante est tenue de déposer les frais de transport, selon qu'il est prescrit par l'*art.* 301 du Code de procédure. Cette disposition s'applique évidemment aux visites et appréciations faites par les juges de paix, puisqu'il y a même raison de le décider. Par ce moyen, les experts, en justice de paix, ne sont point embarrassés pour réclamer ce qui leur est dû.

Au reste, si on avait opéré sans exiger le dépôt du prix du transport, le juge de paix délivrerait un exécutoire aux experts contre la partie requérante.

ARTICLE V.

Du jugement rendu sur rapport d'experts.

Après que le rapport des experts a été déposé au greffe du tribunal qui les a nommés, une expédition en est levée par la partie la plus diligente; elle en fait signifier la copie par acte d'avoué. Si l'autre partie, par un motif quelconque, voulait aussi avoir une expédition du rapport, le greffier ne pourrait pas la lui refuser sous prétexte qu'une première expédition a été levée par la partie adverse; ce rapport appartient également à tous ceux qui ont intérêt dans la contestation.

Quoiqu'il en soit, celle des parties qui se trouve munie d'une expédition du rapport, et qui veut en poursuivre, ou l'entérinement ou la nullité, le fait signifier à l'autre par acte d'avoué; cette forme est formellement prescrite par l'*art.* 321 du Code de procédure civile.

Il suit de là que, si l'opération s'est faite par défaut contre une partie qui n'a pas d'avoué, on ne l'appelle pas plus pour voir entériner le rapport, qu'on ne l'a appellée, pour assister à la visite. Le jugement par défaut qui a ordonné l'expertise, a été signifié à la personne ou au domicile de cette partie, par un huissier commis; et le tems accordé pour former opposition s'est écoulé sans qu'elle ait obéi à justice. Dès-lors son obstination à rester défaillante est punie, par un silence complet gardé envers elle, sur ce qui est fait en vertu de ce jugement par défaut. Voilà pour quoi on ne lui donne pas connaissance du jour et de l'heure indiqués, pour la visite, par le procès verbal de prestation de serment; par la même raison, quand cette opération est terminée, on ne doit pas appeler ce défaillant obstiné à l'entérinement du rapport.

Remarquez que s'il constitue avoué avant qu'il ait été prononcé sur le travail des experts, on devra lui faire signifier une copie du rapport par acte d'avoué; alors cette partie cessant de faire défaut, pourra critiquer l'opération, s'il y a lieu.

La plus diligente des parties, après la signification du rapport par acte d'avoué, provoque l'audience par un à venir : il n'est pas permis, à cet époque, de faire signifier des écritures, pas même de simples conclusions; c'est lors de la plaidoirie seulement, que l'on peut discuter le mérite ou les vices du rapport des experts. *Ibid.*

Si les faits qu'il s'agissait d'éclaircir, se trouvent suffisamment expliqués par la lecture du rapport, et par les plaidoiries respectives, les juges prononcent définitivement sur le fond de la contestation.

Au contraire, quand le travail des experts ne paraît pas avoir atteint le but qu'on s'était proposé, le tribunal peut, sans en être requis, ordonner une nouvelle expertise par un ou trois experts, qui doivent alors nécessairement être nommés d'office. *Ibid.*

Un auteur accrédité, en commentant cette disposition, dit que les parties ne peuvent pas requérir un nouveau rapport; que la demande en serait frustratoire, et occasionnerait des frais sans utilité.

Nous voyons bien dans la loi, une autorisation aux juges d'ordonner un nouveau rapport s'ils le croient nécessaire; mais nous n'y trouvons pas de prohibition aux parties, de demander elles-mêmes que l'opération soit recommencée. Ce qui est bien vrai, c'est que pour raisonner d'une manière quelconque sur le rapport déposé, il n'est pas permis de faire signifier la moindre écriture. Ainsi la demande par écrit d'une nouvelle expertise ne peut pas avoir lieu; mais à l'audience, et sur le barreau, rien n'empêche une des parties de requérir une nouvelle opération; il n'en peut résulter aucun frais. Est-ce que la partie qui a requis une visite, n'en demande pas essentiellement une autre, lorsqu'elle soutient qu'il y a nullité, dans le rapport dont le résultat est présenté à l'approbation de la justice?

Concluons donc que, si le tribunal est autorisé à ordonner une nouvelle expertise, quoique les parties ne l'aient pas requise, ces mêmes parties ont bien aussi le droit de représenter aux juges, qu'il est nécessaire de recourir à de nouveaux experts. L'obligation qui leur est imposée par l'*art.* 321 du Code de procédure, est de n'user de ce droit qu'à l'audience, et nullement par écrit.

Lorsqu'une nouvelle expertise est ordonnée, les gens de l'art par qui elle doit être faite, sont toujours nommés d'office par le même jugement, sans qu'il soit laissé aux parties la faculté de convenir d'un choix entre elles. Pareillement, le tribunal est libre de nommer un seul ou trois experts, selon le degré de lumières et de confiance qu'à fourni le premier rapport, et la nature des nouveaux renseignemens qui sont desirés.

Au reste, celui ou ceux qui sont chargés de la nouvelle opération, peuvent demander aux précédens experts tous les renseignemens qui seront nécessaires, *ibid.* Cette disposition est purement facultative : elle sert à éloigner toute accusation de connivence entre les anciens et les nouveaux experts, lorsqu'ils jugent à propos d'avoir ensemble différentes explications. Au surplus, les nouveaux experts ne sont pas obligés de consulter les anciens; ils peuvent n'y avoir aucun recours, ou ne conférer qu'avec l'un d'eux. On dit la même chose de ceux-ci, ils ne sont pas obligés d'accéder aux invitations que leur font les nouveaux experts, pour obtenir des renseignemens. Néanmoins, si les anciens experts se déplacent, s'ils passent du tems pour instruire les nouveaux, le procès-verbal en fera mention ; et leurs vacations seront payées selon la taxe. Cette décision est une conséquence de la disposition légale dont il s'agit : elle autorise les nouveaux experts à prendre tous les renseignemens qu'ils jugeront pouvoir tirer des anciens ; il est donc essentiellement dans l'esprit de la loi, que ceux-ci soient indemnisés des peines.

et soins que leur causeraient les renseignemens qui leur seraient demandés.

Il est de principe qu'un rapport d'experts n'est qu'une lumière requise par le tribunal, et non pas une règle à laquelle les juges soient obligés de conformer leur décision. Voilà pour quoi la loi oblige les experts, quand ils ne sont pas d'avis unanime, à énoncer les motifs de chacune des différentes opinions. C'est encore sur ce principe qu'est fondé l'*art.* 323 du Code de procédure : il dit que les juges ne sont pas astreints à suivre l'avis des experts, si leur conviction s'y oppose.

Jugement qui entérine le rapport, et condamne le défendeur.

Considérant qu'il résulte du rapport des experts, que le pignon n'est tombé que par le vice de sa construction ;

Le tribunal, faisant droit sur la demande de la partie de D . . . . ., en entérinement du rapport dont il s'agit, entérine ledit rapport ;

En conséquence, condamne la partie de B . . . . . ., à payer à celle de D . . . . ., une somme de . . . . ., à laquelle se monte, au dire des experts, la dépense de reconstruction du pignon tombé, ainsi que de la charpente et de la couverture entraînées par la chûte dudit pignon ;

Condamne en outre ladite partie de B . . . ., à payer à celle de D . . . ., une somme de . . . . ., à quoi a été évaluée par les experts, l'indemnité résultant de la non jouissance de la maison, depuis l'époque où le pignon s'est écroulé ;

Condamme enfin la même partie de B . . . . ., aux dépens.

Jugé à . . . . ce . .

Jugement qui entérine le rapport, et déboute le demandeur.

Considérant qu'il résulte du rapport dont il s'agit, que le pignon dont la chûte fait l'objet de la contestation, s'est écroulé par une cause qui n'est point imputable à la partie de B . . . . . .

Le tribunal faisant droit à la demande en entérinement dudit rapport, formée par la partie de B . . . . . entérine ledit rapport ; en conséquence déboute la partie de D . . . ., de sa demande afin de dommages-intérêts, tant pour le rétablissement des objets détruits, que pour la jouissance dont cet accident l'a privé ; et condamne ladite partie de D . . . , aux dépens.

Jugé à . . . . . .

Jugement qui rejette le rapport, et condamne le demandeur.

Considérant que le rapport ne présente aucun fait capable de prouver, que la chûte du pignon vient d'un vice de construction ; que ce même rapport ne parle pas de l'effet des terres qui ont été déposées contre ledit pignon, quoique les parties conviennent que cet amas de terres existe, et quoique la partie de B . . . . . , ait soutenu, dans un dire consigné au rapport que ces mêmes terres sont la seule cause de la chûte du pignon ;

Le tribunal, sans s'arrêter à la demande de la partie de D . . . . . , en entérinement dudit rapport, la déboute, tant de cette demande que de celle principale, tendant à des indemnités, d'abord pour la chûte, soit du pignon de sa maison, soit de la charpente et de la couverture que cette chûte a entraînées, et ensuite pour la non jouissance de cette maison, depuis l'accident dont est question ;

Condamne ladite partie de D . . . . . , aux dépens.

Jugé à . . . . . .

Jugement qui rejette le rapport, et en ordonne un nouveau.

Considérant que le rapport dont il s'agit, est insuffisant, en ce qu'il ne dit pas, si le pignon écroulé avait les fondations et une épaisseur suffisante ; si les matériaux en étaient de bonne qualité ; si les terres placées le long de ce mur ont pu faire un effort capable d'en occasionner l'écroulement.

Le tribunal, sans s'arrêter à la demande formée par la partie de D . . . . , en entérinement dudit rapport, et avant de faire droit, ordonne que, par le sieur R . . . . . . , expert nommé d'office, le pignon dont il s'agit sera vu et visité, à l'effet de constater les dimensions de ce mur, celle de ses fondations, et la qualité des matériaux dont il a été construit ; de calculer les efforts que les terres placées le long de ce pignon ont pu faire contre sa solidité. Ledit expert, après avoir préalablement prêté serment devant M. V . . . . . , l'un des juges, et que le tribunal commet à cet effet, dressera du tout son rapport, lors duquel les parties pourront faire tels dires, et réquisitions qui leur conviendra ; comme aussi pourra ledit sieur R . . . . . , prendre des experts nommés par le jugement du . . . . . . , tels renseignemens dont il aura besoin ; pour, sur son rapport, être requis par les parties, et ordonné par le tribunal ce qu'il appartiendra : dépens réservés.

Jugé à . . . . . .

FIN.

TABLE

DES CHAPITRES, SECTIONS, ARTICLES, ET PARAGRAPHES.

PREMIERE PARTIE.

SECTION PREMIÈRE.

SECTION II.

SECONDE PARTIE.

CHAPITRE PREMIER.

TROISIÈME PARTIE.

CHAPITRE PREMIER.

Fin de la table des chapitres, sections, articles et paragraphes.

TABLE

DES MATIÈRES,

PAR ORDRE ALPHABÉTIQUE.

A

B.

C.

D.

E.

F.

G.

H.

I.

J.

L.

M.

O.

P.

R.

S.

T.

U.

V.

Fin de la Table alphabétique des Matières.